尚硅谷
www.atguigu.com

程序员硬核技术丛书

U0723389

剑指大数据

企业级数据仓库项目实战

电商版

尚硅谷教育◎编著

電子工業出版社·

Publishing House of Electronics Industry

北京·BEIJING

内 容 简 介

本书按照需求规划、需求实现、可视化的流程进行编排，通过项目开发的主要流程，介绍数据仓库的搭建过程。在整个数据仓库的搭建过程中，本书介绍了主要组件的安装部署、需求实现的具体思路，以及各种问题的解决方案等，并在其中穿插了许多与大数据和数据仓库相关的理论知识，包括数据仓库的概念、电商业务概述、数据仓库理论和数据仓库建模等。

本书共 14 章，其中，第 1～3 章是项目的前期准备阶段，主要介绍了数据仓库的概念和搭建需求，并初步搭建了本数据仓库项目所需的基本环境；第 4～7 章是项目的核心部分，详细介绍了数据仓库的建模理论，并完成了数据从采集到分层搭建的全过程，是本书的重点部分；第 8～14 章是对数据治理各功能模块的实现，针对数据治理的不同功能需求分模块进行实现。

本书适合具有一定编程基础并对大数据感兴趣的读者阅读。通过学习本书，读者可以快速了解数据仓库，全面掌握数据仓库相关技术。

图书在版编目（CIP）数据

剑指大数据：企业级数据仓库项目实战：电商版 /尚硅谷教育编著. —北京：电子工业出版社，2022.9

（程序员硬核技术丛书）

ISBN 978-7-121-44040-3

Ⅰ．①剑… Ⅱ．①尚… Ⅲ．①数据库系统 Ⅳ.①TP311.13

中国版本图书馆 CIP 数据核字（2022）第 134110 号

责任编辑：李　冰　　　　　　特约编辑：田学清
印　　刷：北京捷迅佳彩印刷有限公司
装　　订：北京捷迅佳彩印刷有限公司
出版发行：电子工业出版社
　　　　　北京市海淀区万寿路 173 信箱　　　　　邮编：100036
开　　本：850×1168　　1/16　　印张：35.25　　字数：1117 千字
版　　次：2022 年 9 月第 1 版
印　　次：2024 年 6 月第 3 次印刷
定　　价：168.00 元

凡所购买电子工业出版社图书有缺损问题，请向购买书店调换。若书店售缺，请与本社发行部联系，联系及邮购电话：（010）88254888，88258888。

质量投诉请发邮件至 zlts@phei.com.cn，盗版侵权举报请发邮件至 dbqq@phei.com.cn。

本书咨询联系方式：libing@phei.com.cn。

前 言

数据仓库一直是大数据领域不可逾越的概念。每分每秒，全世界的各个地方都在生成不计其数的数据。这些数据生成出来，不被处理的时候就像一堆砖瓦沙石，占用空间且没有任何价值。想要从数据中提取出价值，就必须对数据进行抽取、组织、分析、展示，将无序的砖瓦沙石组织构建成高楼大厦。

数据仓库就是对无序海量数据进行组织构建后的产物。

尚硅谷教育出版的《大数据分析——数据仓库项目实战》一书带领读者搭建了一个小有规模的数据仓库。通过搭建数据仓库，我们掌握了服务器的搭建和配置、众多大数据组件工具的使用、海量数据的采集分析和展示等知识。更重要的是，我们知道了若想启动一个项目，要经过需求分析、架构设计、需求实现、结果展示等流程。但是读者也深知，技术的发展是何其迅速，一本讲数据仓库的书并不能道尽所有相关知识和技术。所以在深入了解数据仓库相关技术的发展现状、多方调研数据仓库的理论知识之后，我们的教研团队将《大数据分析——数据仓库项目实战》全面升级，编写了这本《剑指大数据——企业级数据仓库项目实战（电商版）》。

本书全面升级了数据仓库的指标体系，根据现有更新、更流行的技术栈升级了数据仓库的总体架构，深入讲解了现有的数据仓库理论体系，增加了数据治理环节。以上的种种升级，我们都进行了反复调研和测试，力求用理论指导实践，技术框架不落人后，需求实现经得起推敲。

永远追求更适合、关注度更高的技术是我们教研团队的准则。在本书中，我们重新调整了数据仓库的整体架构，应用了更新版本的数据采集工具和数据治理工具等。大数据发展至今，各种技术框架层出不穷，当读者需要使用某一个新框架时，常常会面临如何选择版本、功能都有哪些、与现有框架是否兼容、如何安装调试等问题。本书选用的所有技术框架均经过了教研团队的充分调研，为数据仓库项目配备了一整套数据治理解决方案。这些框架的兼容性已经得到验证，并且本书给出了详尽的安装配置过程，读者可以放心使用。技术的发展是永无止境的，我们也永远不会停下研究新技术、新知识的脚步。

相信每位读者在想深入了解数据仓库的理论体系时，都会感觉到，各家理论各擅胜场，可谓百家争鸣，那么读者该如何选择合适的理论知识指导自己的数据仓库项目的建设呢？理论没有最好的，只有最合适的。在正式开始数据仓库架构的搭建之前，本书完整讲解了一套适用本电商数据仓库项目的理论体系。在理论体系中，有重点概念的讲解，辅以恰当的案例图片，并最终给出根据该理论体系搭建数据仓库的完整步骤。

本书共 14 章，其中，第 1～3 章是项目的前期准备阶段，主要介绍了数据仓库的概念和演进过程、本数据仓库项目将要实现的搭建需求，并初步搭建了本数据仓库项目所需的基本环境；第 4～7 章是项目的核心部分，重点讲解了数据仓库的建模理论，并完成了数据从采集到分层搭建的全过程；第 8～14 章是对数据治理各功能模块的实现，包括即席查询、集群监控、安全认证、权限管理等，并对众多的大数据框架进行了讲解，读者可以通过本部分内容查阅实现数据治理的不同功能的经典框架。

阅读本书要求读者具备一定的编程基础，至少掌握一门编程语言（如 Java）和 SQL 查询语言。如果读者对大数据的基本框架（如 Hadoop、Hive 等）有一定了解，那么学习本书将事半功倍。读者如果不具备以上条件，则可以关注"尚硅谷教育"公众号，免费获取相关学习资料。

本书涉及的所有安装包、源码及视频课程资料，均可以通过关注"尚硅谷教育"公众号，回复"电商数仓"关键字免费获取。

感谢电子工业出版社的李冰编辑在本书编写过程中给予的指导，也感谢所有为本书的编写提供技术支持的老师。

关于我们

尚硅谷是一家专业的 IT 教育培训机构，现拥有北京、深圳、上海、武汉、西安 5 处分校，开设 Java EE、大数据、HTML5 前端、UI/UE 设计等多门课程，累计发布的视频教程超 3000 小时，广受赞誉，通过面授课程、视频分享、在线学习、直播课堂、图书出版等多种方式，满足了编程爱好者对多样化学习场景的需求。

尚硅谷一直坚持"技术为王"的发展理念，设有独立的研究院，与多家互联网大型企业的研发团队保持技术交流，保障教学内容始终基于研发一线，坚持聘用名校名企的技术专家进行技术讲解。

希望通过我们的努力，帮助更多需要帮助的人，让天下没有难学的技术，为中国的软件人才培养尽一点绵薄之力。

尚硅谷教育

目　录

第1章

数据仓库概论

在正式开始学习数据仓库之前，先为读者解释一个重要的概念——数据仓库。本章将从数据仓库的主要特点和数据仓库的演进过程展开介绍，主要包含以下几点：

- 数据仓库的概念与特点。
- 数据仓库的演进过程。
- 数据仓库技术。
- 数据仓库基本架构。

对基础概念的理解和梳理，有益于后续数据仓库项目的开发。学习本书读者需要具备一定的编程基础，本章会给出说明。同时，对学习后读者可以收获的成果进行了简单的介绍。

1.1 数据仓库的概念与特点

数据仓库的英文名称为 Data Warehouse，可简写为 DWH 或 DW。数据仓库是为企业所有级别的决策制定过程提供所有类型数据支持的数据集合，是出于给用户提供分析性报告和决策支持的目的而创建的。

数据仓库是一个面向主题的、集成的、相对稳定的、随时间变化的数据集合，用于支持管理决策。数据仓库的概念由数据仓库之父 Bill Inmon 在 1991 年出版的 *Buiding the Data Warehouse* 一书中提出。

1．面向主题的

传统的操作型数据库中的数据是面向事务处理任务组织的，而数据仓库中的数据是按照一定的主题组织的。主题是一个抽象的概念，可以理解为与业务相关的数据的类别，每个主题基本对应一个宏观的分析领域。例如，一个公司要分析与销售相关的数据，需要通过数据回答"每季度的整体销售额是多少"这样的问题，这就是一个销售主题的需求，可以通过建立一个销售主题的数据集合来得到分析结果。

2．集成的

数据仓库中的数据不是从各个业务系统中简单抽取出来的，而是经过一系列加工、整理和汇总出来的。因此，数据仓库中的数据是全局集成的。数据仓库中的数据通常包含大量的历史数据，这些历史数据记录了企业从过去某一个时间点到当前时间点的全部信息，通过这些信息，管理人员可以对企业的未来发展做出可靠分析。

3．相对稳定的

数据一旦进入数据仓库，就不应该再发生改变。操作系统中的数据一般会频繁更新，而数据仓库中的数据一般不进行更新。当有改变的操作型数据进入数据仓库时，数据仓库中会产生新的记录，该记录不会覆盖原有记录，这样就保证了数据仓库中保存了数据变化的全部轨迹。这一点很好理解，数据仓库必须客观记录企业的数据，如果数据可以被修改，那么对历史数据的分析将没有意义。

4．随时间变化的

在进行商务决策分析时，为了能够发现业务中的发展趋势、存在的问题、潜在的发展机会等，管理者需要对大量的历史数据进行分析。数据仓库中的数据反映了某一个时间点的数据快照，随着时间的推移，这个数据快照自然是要发生变化的。虽然数据仓库需要保存大量的历史数据，但是这些数据不可能永远驻留在数据仓库中，数据仓库中的数据都有自己的生命周期，到了一定的时间，数据就需要被移除。移除的方式包括但不限于将细节数据汇总后删除、将旧的数据转存到大容量介质后删除或直接物理删除等。

1.2　数据仓库的演进过程

在了解了数据仓库的概念之后，我们还应该思考数据仓库中的数据从哪里获取。数据仓库中的数据通常来自各个业务数据存储系统，也就是各行业在处理事务过程中产生的数据，比如用户在网站中登录、支付等过程中产生的数据，一般存储在 MySQL、Oracle 等数据库中；也有可能来自用户在使用产品过程中与客户端交互时产生的用户行为数据，如页面的浏览、点击、停留等行为产生的数据。用户行为数据通常存储在日志文件中，这些数据经过一系列的抽取、转换、清洗，最终以一种统一的格式被装载到数据仓库中。数据仓库中的数据作为数据源，提供给即席查询、报表、数据挖掘等系统进行分析。

数据仓库的演进过程就是存储设备的演进过程，也是体系结构的演进过程。事实上，数据仓库和决策支持系统（Decision Support System，DSS）处理的起源可以追溯到计算机和信息系统发展的初期，二者是信息技术长期复杂演化的产物，并且这种演化现在仍然继续进行着。最初的数据存储介质是穿孔卡和纸带，毫无疑问，这种存储介质的局限性是非常大的。随着直接存储设备、个人计算机（PC）及第四代编程语言的涌现，用户可以直接控制数据和系统。此时，诞生了管理信息系统（Management Information System，MIS），除了利用数据进行高性能在线事务处理，它还能进行管理决策的处理。这种理念的提出是很有前瞻性的。

20 世纪 80 年代出现了数据抽取程序，它能够不损害已有系统，使用某些标准来选择合乎要求的数据，并将其传送到其他文件系统或数据库中。起初只是抽取数据，随后是抽取之上的抽取，接着是在此基础之上的抽取。当时，这种失控的抽取处理模式被称为自然演化式体系结构。自然演化式体系结构在解决了使用数据时产生的性能冲突之余，也带来了很多问题，比如数据可信性问题、生产率问题等。

自然演化式体系结构不足以满足将来的需求，数据仓库需要从体系结构上寻求转变，于是迎来了体系结构化的数据仓库环境。体系结构化的数据仓库环境主要将数据分为原始数据和导出数据。原始数据是维持企业日常运行的细节性数据，导出数据是经过汇总或计算来完成公司管理者的决策制定过程所需的数据。最初，信息处理界认为原始数据和导出数据可以配合使用，并且二者能很好地共存于同一个数据库中。事实上，原始数据和导出数据的差异很大，不能共存于同一个数据库中，甚至不能共存于同一个环境中。这种方式使得数据仓库很难较好地工作，会带来很多棘手的问题。例如，某些原始数据由于安全或其他因素不能被直接访问，很难建立和维护数据来源于多个业务系统版本的报表，业务系统的表结构为事务处理性能而优化，有时并不适用于查询与分析，没有适当的方式将有价值的数据合并到特定应用的数据库中，有误用原始数据的风险，并且很有可能影响业务系统的性能。

在体系结构化的数据仓库环境中有 4 个层次的数据——数据操作层、数据仓库层、数据集市层、数据个体层。数据操作层只包含面向应用的原始数据，并且主要服务于高性能事务处理领域；数据仓库层用于存储不可更新的、集成的、原始的历史数据；数据集市层则是为满足用户的部分特殊需求而创建的；数据个体层用于完成大多数的启发式分析。

这样的体系结构在当时产生了大量的冗余数据，事实上相较于自然演化式体系结构的层层数据抽取，这种结构的数据冗余程度反而没有那么高。

体系结构化的数据仓库环境的一个重要作用就是数据的集成，当把数据从操作型环境载入数据仓库环境时，如果不进行集成就没有意义。数据集成的示例如图 1-1 所示。一个用户在数据操作层产生 4 条数据，这 4 条数据分别被存储在用户信息表、订单表、优惠券表、收藏表中，显示了用户的不同操作方式。4 条不同的数据在被抽取到数据仓库层时会进行聚合，得到右侧的集成数据，其中显示了同一个用户的所有行为，我们可以根据用户的这条集成数据得知此用户是一个游戏爱好者，此时给他推送与游戏相关的产品更有可能增加销量。

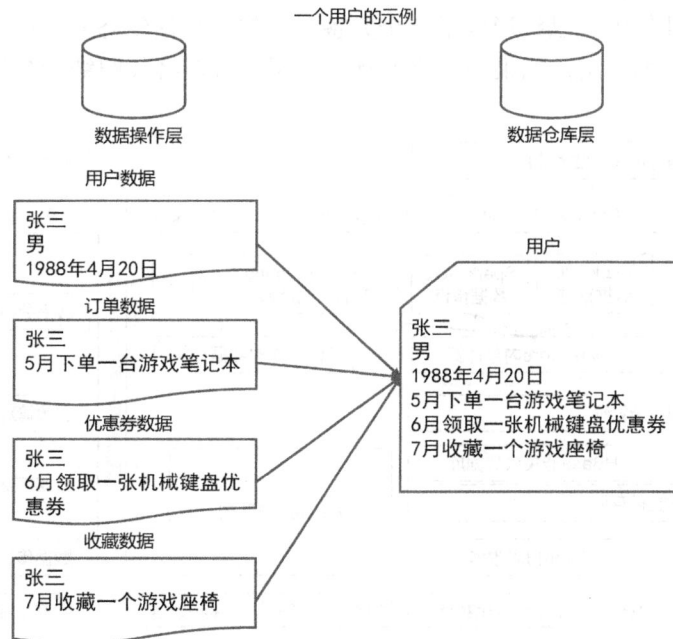

图 1-1　数据集成的示例

数据仓库的演进和发展在架构层面大致经历了 3 个阶段。

1．简单报表阶段

简单报表阶段的主要目标是为业务分析人员提供日常工作中用到的简单报表，以及为领导提供决策所需的汇总数据。该阶段数据仓库的主要表现形式为传统数据库和前端报表工具。

2．数据集市阶段

数据集市阶段的主要目标是根据某个业务部门（如财务部门、市场部门等）的需要，对数据进行采集和整理并进行适当的多维报表展现，提供对该业务部门有所指导的报表数据和对特定领导决策进行支撑的汇总数据等。

3．数据仓库阶段

数据仓库阶段主要是按照一定的数据模型（如关系模型、维度模型）对整个企业的数据进行采集和整理，并且能够根据各个部门的需要，提供跨部门的、具有一致性的业务报表数据，生成对企业总体业务具有指导性的数据，同时为领导决策提供全方位的数据支持。

通过研究数据仓库的演进过程，我们可以发现从数据集市阶段到数据仓库阶段，其中一个重要变化就在于对数据模型的支持。数据模型概念的完善和构建，可以使数据仓库发挥出更大的作用。因此，数据模型的建设对数据仓库而言具有重大意义，在本数据仓库项目的搭建过程中，我们也将对数据模型展开详细探讨。

1.3　数据仓库技术

数据仓库系统是一个信息提供平台，它从业务处理系统获得数据，主要用星形模型和雪花模型来组织数据，并为用户从数据中获取信息和知识提供各种手段。

企业数据仓库的建设是以现有企业业务系统和大量业务数据的积累为基础的。数据仓库不是静态的，只有把数据及时交给有需要的使用者，帮助他们做出改善其业务经营的决策，数据才能发挥作用。把数据加以整理、归纳和重组，并及时提供给相应的管理决策人员，是数据仓库的根本任务。因此，从企业角度看，数据仓库的建设是一个工程。

在大数据飞速发展的几年中，已经形成了一个完备多样的大数据生态圈，如图 1-2 所示。从图 1-2 中可以看出，大数据生态圈分为 7 层，如果进一步概括这 7 层，可以将其归纳为数据采集层、数据计算层和数据应用层。

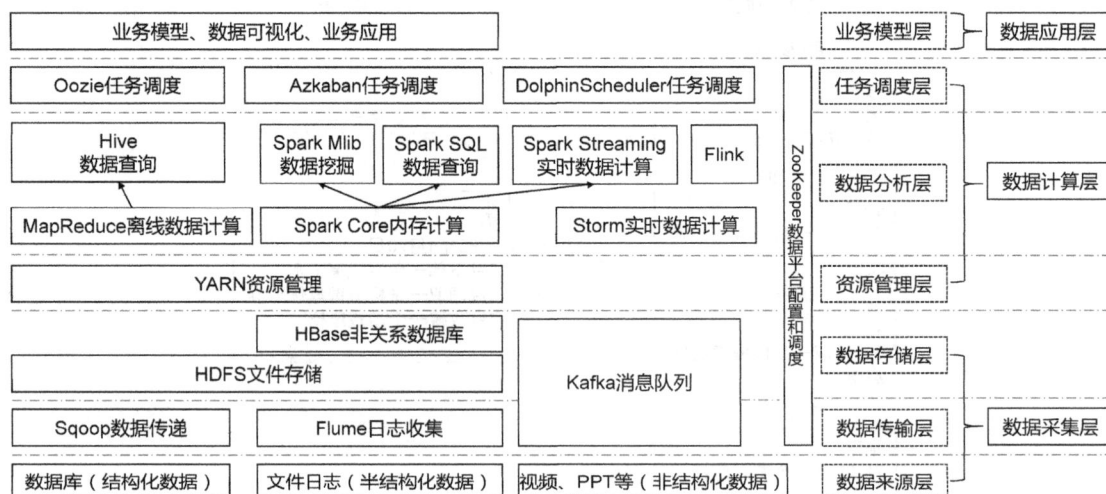

图 1-2　大数据生态圈

1．数据采集层

数据采集层是整个大数据平台的源头，是数据系统的基石。当前许多公司的业务平台每日都会产生海量的日志数据，收集日志数据供离线和在线的分析系统使用是日志收集系统需要做的事情。除了日志数据，数据系统的数据来源还包括来自业务数据库的结构化数据，以及视频、图片等非结构化数据。大数据的重要性日渐突显，数据采集系统的合理搭建显得尤为重要。

数据采集过程中的挑战越来越多，主要来自以下 5 个方面。

- 数据源多种多样。
- 数据量大且变化快。
- 如何保证所采集数据的可靠性。
- 如何避免采集重复的数据。
- 如何保证所采集数据的质量。

针对这些挑战，日志收集系统需要具有高可用性、高可靠性、可扩展性等特征。现在主流的数据传输层的工具有 Sqoop、Flume、DataX 等，多种工具的配合使用，可以完成多种数据源的采集传输工作。在通常情况下，数据传输层还需要对数据进行初步的清洗、过滤、汇总、格式化等一系列转换操作，使数据转换为适合查询的格式。数据采集完成后，需要选用合适的数据存储系统，考虑到数据存储的可靠性及后续计算的便利性，通常选用分布式文件系统，如 HDFS 和 HBase 等。

2．数据计算层

数据被采集到数据存储系统是远远不够的，只有通过整合计算，数据中的潜在价值才可以被挖掘出来。

数据计算层可以分为离线数据计算和实时数据计算。离线数据计算主要是指传统的数据仓库概念，离线数据计算主要以日为单位，还可以细分为小时或汇总为周和月，主要以 $T+1$ 的模式进行，即每日凌晨处理前一日的数据。目前比较常用的离线数据计算框架是 MapReduce，它通过 Hive 实现了对 SQL 的兼容。Spark Core 基于内存的计算设计使离线数据的计算速度得到大幅提升，并且在此基础上提供了 Spark SQL 结构化数据的计算引擎，可以很好地兼容 SQL。

随着业务的发展，部分业务对实时性的要求逐渐提高，实时数据计算开始占有较大的比重，实时数据计算的应用场景也越来越广泛，比如电子商务（简称电商）实时交易数据更新、设备实时运行状态报告、活跃用户区域分布实时变化等。生活中比较常见的有地图与位置服务应用实时分析路况、天气应用实时分析天气变化趋势等。当前比较流行的实时数据计算框架有 Storm、Spark Streaming 和 Flink。

数据计算需要使用的资源是巨大的，大量的数据计算任务通常需要通过资源管理系统共享一个集群的资源，YARN 便是资源管理系统的一个典型代表。资源管理系统使集群的利用率更高、运维成本更低。数据的计算通常不是独立的，一个计算任务的运行很大可能依赖于另一个计算任务的结果，使用任务调度系统可以很好地处理任务之间的依赖关系，实现任务的自动化运行。常用的任务调度系统有 Oozie 和 Azkaban 等。整个数据仓库生命周期的全自动化（从源系统分析到数据的抽取、转换和加载，再到数据仓库的建立、测试和文档化）可以加快产品化进程，降低开发和管理成本，提高数据质量。

数据计算的前提是合理地规划数据，搭建规范统一的数据仓库体系，尽量规避数据冗余和重复计算的问题，使数据的价值发挥到最大程度。因此，数据仓库分层理念逐渐完善，目前应用比较广泛的数据仓库分层理念将数据仓库分为 4 层，分别是原始数据层、明细数据层、汇总数据层和数据应用层。数据仓库不同层次之间的分工分类，使数据更加规范化，可以更快实现用户需求，并且可以更加清楚、明确地管理数据。

3．数据应用层

当数据被整合计算完成之后，需要提供给用户使用，这就是数据应用层的工作。不同的数据平台针对其不同的数据需求有各自相应的数据应用层的规划设计，数据的最终需求计算结果可以构建在不同的数据库上，比如 MySQL、HBase、Redis、Elasticsearch 等。通过这些数据库，用户可以很方便地访问最终的结果数据。

最终的结果数据由于面向的用户不同，因此可能有不同层级的数据调用量，面临不同的挑战。如何能更稳定地为用户提供服务、满足用户各种复杂的数据业务需求、保证数据服务接口的高可用性等是数据应用层需要考虑的问题。数据仓库的用户除了希望数据仓库能稳定给出数据报表，还希望数据仓库可以随时给出用户提供临时查询条件的结果，所以在数据仓库中我们还需要设计即席查询系统，以满足用户即席查询的需求。此外，对数据进行可视化、对数据仓库性能进行全面监控等问题也是数据应用层应该考量的。数据应用层采用的主要技术有 Superset、ECharts、Presto、Kylin、Grafana 等。

1.4　数据仓库基本架构

目前数据仓库比较主流的架构有 Kimball 数据仓库架构、独立数据集市架构、辐射状企业信息工厂 Inmon 架构、混合辐射状架构与 Kimball 架构。通过比较不同的数据仓库架构，可以对数据仓库有更加深入的认识。

Kimball 数据仓库架构如图 1-3 所示。

Kimball 数据仓库架构将数据仓库环境划分为 4 个不同的组成部分，分别是操作型系统、ETL（Extract-Transform-Load，数据的抽取、转换和加载）系统、数据展示区和 BI（Business Intelligence，商业智能）应用。Kimball 数据仓库架构分工明确，资源占用合理，调用链路少，整个系统更加稳定、高效、有保障。其中，ETL 系统高度关注数据的完整性和一致性，在输入数据时就对其质量进行把控，将不同的操作型系统源数据维度进行统一，对数据进行规范化选择，提高用户使用的吞吐率。数据展示区中的数据必须是维度化的、包含详细原子的、以业务为中心的。坚持使用总线结构的企业数据仓库，数据不应按照个别部门的需要来构建。最后一个主要组成部分是 BI 应用，该部分的设计可以简单也可以复杂，依据客户的需求而定。

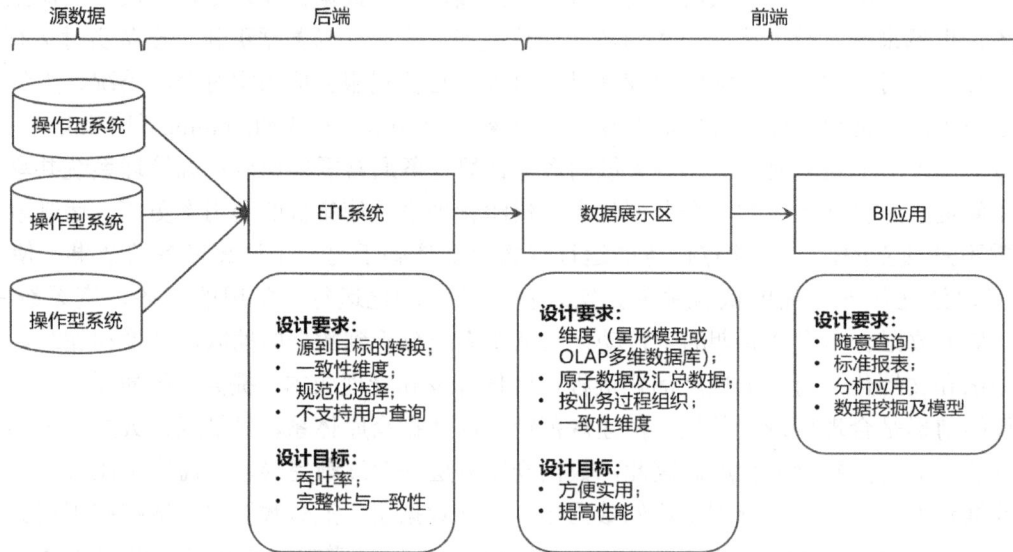

图 1-3　Kimball 数据仓库架构

采用独立数据集市架构，分析型数据以部门来部署，不需要考虑企业级别的信息共享和集成，如图 1-4 所示。

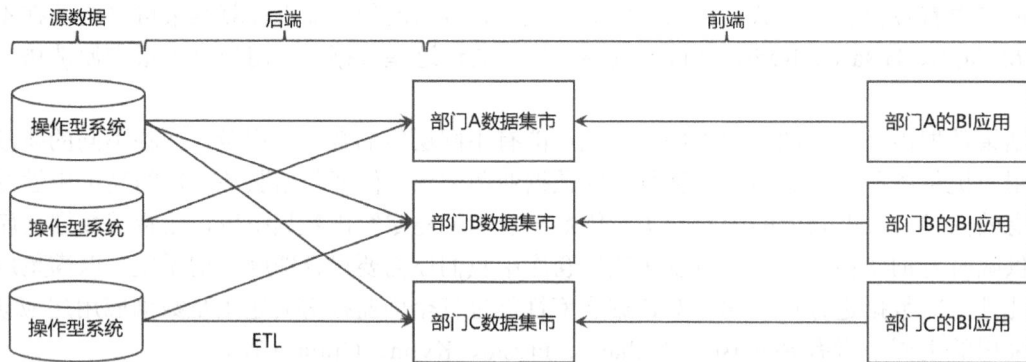

图 1-4　独立数据集市架构

数据集市是按照主题域组织的数据集合，用于支持部门级的决策。针对操作型系统源数据的数据需求，每个部门的技术人员从操作型系统中抽取自己所需的数据，并按照本部门的业务规则和标识，独立展开工作，解决本部门的数据信息需求。这种架构是比较常见的，从短期效果来看，不用考虑跨部门的数据协调问题，可以快速并利用较低成本进行开发，并且采用维度建模的方法，适合部门级的快速响应查询，但是从长远来看，这样的数据组织方式存在很大的弊端，分部门对操作型系统源数据进行抽取、存储造成了数据的冗余，如果不遵循统一的数据标准，部门间的数据协调将非常困难。

辐射状企业信息工厂（Corporate Information Factory，CIF）Inmon 架构由 Bill Inmon 提出，如图 1-5 所示。在 CIF 环境下，从操作型系统中抽取的源数据首先在 ETL 过程中被处理，这一过程称为数据获取。从这一过程中获取的原子数据被保存在符合第三范式的数据库中，这种规范化的、存储原子数据的仓库称为 CIF 架构下的企业数据仓库（Enterprise Data Warehouse，EDW）。EDW 与 Kimball 数据仓库架构中的数据展示区的最大区别就是数据的组织规范不同，CIF 环境下的 EDW 按照第三范式组织数据，而 Kimball 数据仓库架构中的数据展示区则符合星形模型或多维模型。与 Kimball 数据仓库架构类似，CIF 提倡协调和集成企业数据，但 CIF 认为要使规范化的 EDW 承担这一任务，而 Kimball 数据仓库架构则强调具有一致性维度的企业总线的重要性。

采用 CIF 架构的企业，通常允许业务用户根据数据细节程度和数据可用性要求访问 EDW，数据发布过程如图 1-5 所示。各部门的数据集市通常也采用维度结构。

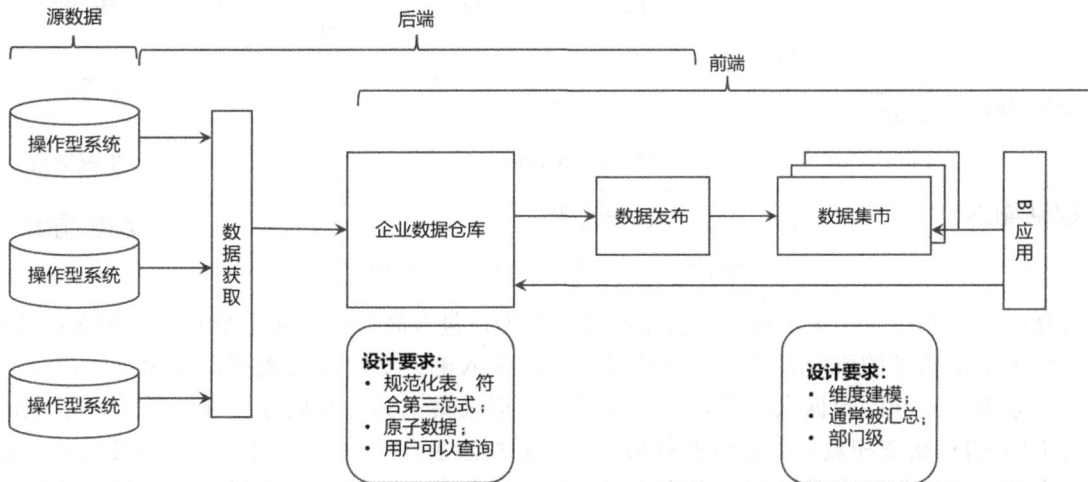

图 1-5 辐射状企业信息工厂 Inmon 架构

最后一种架构是将 Kimball 架构和 CIF 架构嫁接的一种架构，如图 1-6 所示。

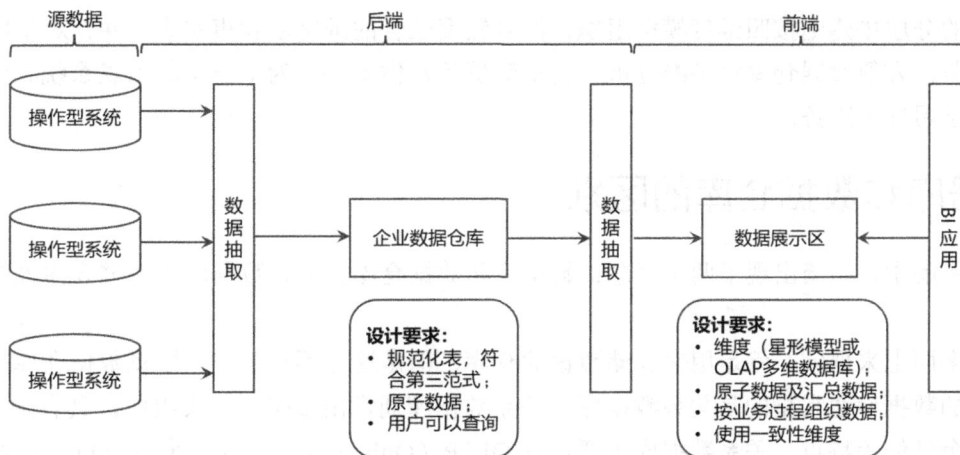

图 1-6 混合辐射状架构与 Kimball 架构

这种架构利用了 CIF 中处于中心地位的 EDW，但是此处的 EDW 与分析和报表用户完全隔离，仅作为 Kimball 数据仓库架构中数据展示区的数据来源。Kimball 数据仓库架构的数据展示区中的数据是维度化的、原子的、以过程为中心的，与企业数据仓库总线结构保持一致。这种方式综合了 Kimball 和 CIF 架构的优点，解决了 EDW 的第三范式的性能和可用性问题，可以离线装载查询到数据展示区，更适合为用户和 BI 应用产品提供服务。

在了解了几种主流数据仓库后可以发现，每种架构都有自己适用的场景，但也都存在一定的局限性，局限性包括开发难度、数据展现难度或数据组织的复杂程度等，各企业在组织自己的数据仓库时，应该充分考虑自己的生产现状，选用合适的一种或多种数据仓库架构。

本数据仓库项目按照功能结构可划分为数据输入、数据分析和数据输出 3 个关键部分，如图 1-7 所示。

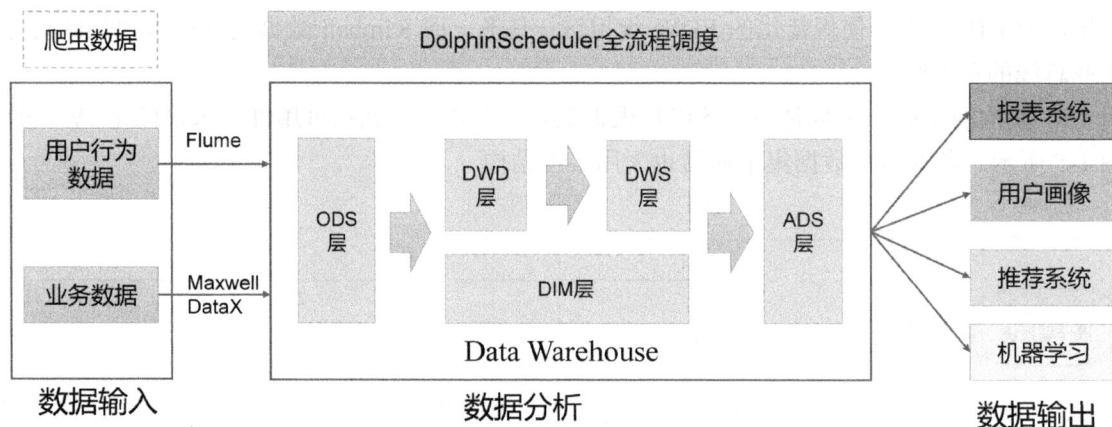

图 1-7　本数据仓库项目采用的架构

本数据仓库项目基本采用 Kimball 数据仓库架构类型，包含高粒度的企业数据，使用多维模型设计。数据仓库主要由星形模型的维度表和事实表构成。数据输入部分负责获取数据，分别对用户行为数据和业务数据进行采集，不同的数据来源需要采用不同的数据采集工具。数据分析部分则承担了 Kimball 数据仓库架构中的 ETL 系统和数据展示区的任务。ETL 系统主要用于对源数据进行一致性处理，还有必要的清洗、去重和重构工作。由于数据仓库的数据来源比较复杂，直接对源数据进行抽取、转换和装载往往比较困难。这部分工作主要在图 1-7 中的 ODS 层完成。在 ODS 层对数据进行统一的转换后，数据结构、数据粒度等都完全一致。后续的数据抽取过程的复杂性得以大大降低，同时最小化了对业务系统的侵入。

后续数据的分层搭建则按照维度模型组织，得到轻度聚合的维度表和事实表，并针对不同的主题进行数据的再次汇总，方便数据仓库对多维分析、需求解析等提供支持，为下一步的报表系统、用户画像、推荐系统和机器学习提供服务。

1.5　数据库和数据仓库的区别

在前面的讲解中，频繁出现了两个概念：数据库和数据仓库。那么数据库和数据仓库究竟存在什么区别呢？

数据库从字面上来理解，就是用来存储数据的仓库，但是这还不够精确，毕竟数据仓库也是用来存储数据的。现在的数据库通常指的是关系数据库。关系数据库通常由多张二元表组成，具有结构化程度高、独立性强、冗余度低等特点。关系数据库主要进行 OLTP（Online Transaction Processing，联机事务处理）分析，例如，用户去银行取一笔钱，银行账户里余额的减少就是典型的 OLTP 操作。

关系数据库对于 OLTP 操作的支持是毋庸置疑的，但是它也有解决不了的问题。例如，一个大型连锁超市拥有上万种商品，在全球拥有成百上千家门店，超市经营者想知道在某个季度某种饮料的总销售额是多少，或者对某商品的销售额影响最大的因素是什么，此时，关系数据库就无法提供所需的数据，数据仓库就应运而生了。以上例子体现的是另外一种数据分析类型——OLAP（Online Analytical Processing，联机分析处理）。所以，数据库与数据仓库的区别实际是 OLTP 与 OLAP 的区别。

OLTP 系统通常面向的是数据的随机读/写操作，采用满足范式理论的关系模型存储数据，从而在事务处理中解决数据的冗余和一致性问题。OLAP 系统主要面向的是数据的批量读/写操作，并不关注事务处理中的一致性问题，主要关注海量数据的整合及在复杂的数据处理和查询中的性能问题，支持管理决策。

1.6　学前导读

1.6.1　学习的基础要求

本书面向的主要读者是具有基本的编程基础、对大数据行业感兴趣的互联网从业人员和想要进一步了解数据仓库的理论知识和搭建流程的大数据行业从业人员。无论读者是想初步了解大数据行业，还是想全面研究数据仓库的搭建流程，都可以从本书中找到自己想要的内容。

在跟随本书进行数据仓库的学习之前，如果读者希望自己能实现对数据仓库的搭建，那么可以提前了解一些基础知识，方便更快地了解本书的内容，在学习后续的众多章节的内容时不会遇到太多困难。

首先，学习大数据技术，读者一定要掌握一个操作大数据技术的利器，这个利器就是一门编程语言，如 Java、Scala、Python 等。本书以 Java 为基础进行编写，所以学习本书读者需要具备一定的 Java 基础知识和 Java 编程经验。

其次，读者还需要掌握一些数据库知识，如 MySQL、Oracle 等，并熟练使用 SQL，本书将出现大量的 SQL 操作。

最后，读者还需要掌握一个操作系统技术，即 Linux，只要能够熟练使用 Linux 的常用系统命令、文件操作命令和一些基本的 Linux Shell 编程即可。数据系统需要处理业务系统服务器产生的海量日志数据，这些数据通常存储在服务端，各大互联网公司常用的操作系统是在实际工作中安全性和稳定性很高的 Linux 或 UNIX。大数据生态圈的各个框架组件也普遍运行在 Linux 上。

如果读者不具备上述基础知识，则可以关注"尚硅谷教育"公众号获取学习资料，根据自身需要选择相应课程进行学习。同时本书提供了与所讲项目相关的视频课程资料，包括尚硅谷大数据的各种学习视频，读者在"尚硅谷教育"公众号回复"电商数仓"可免费获取。

1.6.2　你将学到什么

本书将带领读者完成一个完整的数据仓库搭建及需求实现项目，可以大致将其划分为 3 个部分：项目需求及框架讲解前期准备部分、项目框架搭建数据仓库核心部分和项目需求实现数据治理部分。

在项目需求及框架讲解部分，对数据仓库的架构知识进行了重点讲解，并着重分析了数据仓库应该满足的重要功能和需求，通过学习本部分内容，读者可以全面地了解一个数据仓库项目的具体需求，以及如何根据需求完成框架的选型。读者可以跟随本部分内容一步步搭建自己的虚拟机系统。完成本部分内容的学习，读者需要掌握必要的 Linux 系统操作常识。通过学习本部分内容，相信读者能增进对 Linux 系统的理解。

在项目框架搭建数据仓库核心部分，重点讲解了数据仓库的建模理论，并完成了数据从采集到分层搭建的全过程。在本部分内容中，读者将会了解一条数据在数据仓库中是如何流动、清洗、转换的，并将掌握 DataX、Flume、Kafka 等数据采集工具的工作原理及应用方法。在本部分内容中，也将通过代码完成数据仓库项目的所有指标需求。

在数据治理部分，实现了数据仓库的很多治理功能，包括即席查询、集群监控、安全认证、权限管理、数据质量管理等，对众多的大数据框架进行了讲解。读者可以通过本部分内容查阅实现数据治理的不同功能的经典框架。

通过对数据仓库系统的学习，读者能够对数据仓库项目建立清晰、明确的概念，系统、全面地掌握各个数据仓库项目技术，轻松应对各种数据仓库的难题。

1.7 本章总结

本章首先对数据仓库的概念进行了重点说明，详细讲解了数据仓库的重要特点，介绍了数据仓库是如何伴随技术的变动而演进的。然后以大数据生态圈的结构图为基础，从数据采集、数据计算、数据应用 3 个层面分别介绍了目前使用比较广泛的大数据技术。接着向读者介绍了 4 种主流的数据仓库架构，包括 Kimball 数据仓库架构、独立数据集市架构、辐射状企业信息工厂 Inmon 架构、混合辐射状架构与 Kimball 架构，每种架构都有各自的优劣之处，不存在完美的数据仓库架构。最后为读者接下来的学习做好准备，向读者介绍了学习本书之前应该具备的技术基础，以及可以从本书学到的知识。

第2章

项目需求描述

数据仓库，顾名思义就是存储数据的"仓库"，在建设"仓库"之前，我们首先需要明确以下几点：仓库主要存储的是什么、仓库主要为谁提供服务、仓库中的数据要分成哪几个部分、仓库的建设最终需要达到怎样的标准、在建设仓库的过程中需要用到哪些工具。在建设数据仓库之前同样需要明确这些内容，这个过程就是数据仓库的项目需求分析。本章将从项目架构分析、项目业务概述及系统运行环境3个方面展开介绍。

2.1 前期调研

在建设数据仓库之前，先要对企业的业务和需求进行充分的调研，这是搭建数据仓库的基石，业务调研与需求分析是否充分直接决定了数据仓库的搭建能否成功，这对后期数据仓库总体架构的设计、数据主题的划分有重大影响。前期调研主要从以下几个方面展开。

1．业务调研

企业的实际业务涵盖很多业务领域，不同的业务领域包含很多业务线。数据仓库的搭建是涵盖企业的所有业务领域，还是单独建设每个业务领域，是开发人员需要重点考虑的问题，在业务线方面也面临同样的问题。在搭建数据仓库之前，先要对企业的业务进行深入调研，了解企业的各个业务领域包含哪些业务线、业务线之间存在哪些相同点和不同点、业务线是否可以划分为不同的业务模块等问题。在搭建数据仓库时要对以上问题进行充分考量，本项目不涉及业务领域的划分，但是具有多条业务线，如商品管理、订单管理、用户管理等，所有业务线统一建设数据仓库，为企业决策提供全方位支持。

2．需求调研

对业务系统有充分的了解并不意味着就可以实施数据仓库建设，操作者还需要充分收集数据分析人员、业务运营人员的数据诉求和报表需求。需求调研通常从两个方面展开，一方面是通过与数据分析人员、业务运营人员和产品人员进行沟通来获取需求；另一方面是对现有报表和数据进行分析来获取需求。

例如，业务运营人员想了解最近7日内所有品牌的销售额，针对该需求，我们来分析需要用到哪些维度数据和度量数据，以及明细宽表应该如何设计。

3．数据调研

数据调研是指在搭建数据仓库之前的数据探查工作，开发人员需要充分了解数据库类型、数据来源、每日的数据产生体量、数据库全量数据大小、数据库中表的详细分类，以及所有数据类型的数据格式。通过了解数据格式，可以确定数据是否需要清洗、是否需要做字段一致性规划以及如何从原始数据中提炼出有效信息等。

例如，本项目中的数据类型主要是用户行为数据和业务数据，所以需要对用户行为数据的数据格式进行充分了解，对业务数据的表类型进行细致划分。

2.2　项目架构分析

在搭建数据仓库之前，必须先确定数据仓库的整体架构。从数据仓库的主要需求入手，先分析数据仓库整体需要哪些功能模块，再根据功能模块具体实现过程中的技术痛点决定选用何种大数据框架，最终形成具体的系统流程图。

2.2.1　电商数据仓库产品描述

随着我国互联网的快速普及，电商行业走上了快速发展的轨道，用户量和交易额年年增长，这得益于技术的快速发展，更得益于中国庞大的用户群体。庞大的用户群体产生了海量的用户数据，这些海量数据无序地堆积在企业的服务器中，看起来毫无价值。但是，数据即价值，通过合理地搭建一个数据仓库，可以帮助企业深度挖掘这些海量数据的深层价值。数据仓库搭建的目的就是能够让用户更方便地访问海量数据，从数据中提取隐藏价值，因此，数据仓库需要具有时效性、准确性、可访问性和安全性。

1．时效性

基于电商企业对于数据仓库系统的基本诉求，我们认为数据仓库首先需要做到的是，高效采集不同系统产生的数据。电商系统每日产生大量的数据，这些数据基本可分为两类：一类是日志数据，包括用户行为生成的日志数据和系统产生的日志数据；另一类是业务数据。仓库管理员不仅需要快速、及时地采集这两类数据，并且需要对采集到的数据进行合理的分类处理，还要为决策者提供数据分析的快速通道，做到这些需要对数据仓库进行合理分层及数据建模。以合理的方式对数据仓库进行分层和分析计算，可以使用户和数据仓库的开发人员在较短的时间内得到想要的查询结果。

2．准确性

数据仓库想要实施成功，其中的数据必须准确。数据仓库的搭建过程必须是可靠的，而用户对于数据的来源，以及数据的抽取、转换、装载过程也必须清楚。作为数据仓库的开发人员，需要对数据仓库中的数据质量进行必要把控。

3．可访问性

数据仓库需要对数据进行合理且及时的展现。数据仓库的最终目的是为用户提供数据服务，数据仓库最终面向的用户是业务人员、管理人员或数据分析师，他们对组织内的相关业务非常熟悉，对数据的理解也很充分，但是对于数据仓库的使用和搭建往往不是很熟悉。这就要求我们在提供数据接口时，尽量设计得友好和简单，可以让用户轻易地获取他们需要的数据。

4．安全性

数据仓库中有时含有机密和敏感数据，为了能够提升数据的安全性，必须装置适当的权限管理机制，只有授权用户才能访问这些数据。增加权限管理机制、提升数据仓库的安全性会影响数据仓库的整体性能。因此，在设计之初开发人员就应该提前考虑数据仓库的安全需求，包括设置用户权限（数据仓库中的数据对于最终用户是只读的），提前划分数据的安全等级，制订权限控制方案，设计权限的授予、回收和变动方法。

针对以上要求，本数据仓库项目将设计数据采集、数据分层搭建、任务定时调度、即席查询、元数据管理、数据可视化、权限管理及数据质量监控等模块。这些模块可以全面满足不同的业务需求。

- 及时高效地采集数据。
- 快速实现数据仓库合理分层。
- 实现对数据仓库业务的定时调度和自动报警。
- 对用户提供快速查询服务。

- 实现对元数据的管理。
- 对外提供数据可视化服务。
- 数据仓库的可用性和安全性得到大幅提升。

2.2.2　系统功能结构

如图 2-1 所示，本数据仓库系统主要分为 5 个功能结构，分别是数据采集模块、数据仓库平台、数据可视化、即席查询和数据治理。

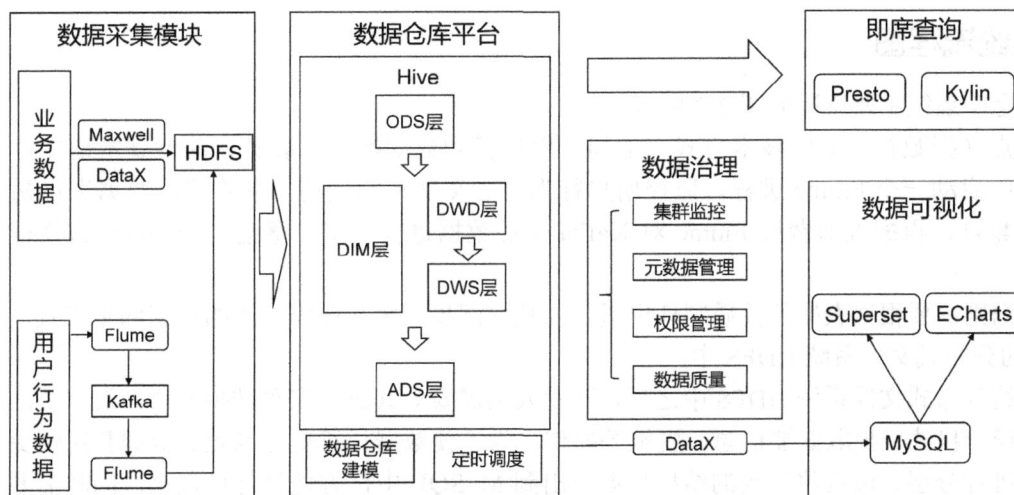

图 2-1　本数据仓库系统的功能结构

数据采集模块主要负责将电商系统前端的用户行为数据及业务数据采集到数据存储系统中，数据采集模块共分为两大体系：用户行为数据采集体系和业务数据采集体系。用户行为数据主要以日志文件的形式落盘（存储在服务器磁盘中，下同）在服务器中，采用 Flume 作为数据采集框架对数据进行实时监控采集；业务数据主要存储在 MySQL 中，采用 DataX 对其进行采集。业务数据中的众多表格存储的数据类型不同，根据业务产生的增改情况，需要制定不同的同步策略。

数据仓库平台负责将原始数据采集到数据仓库中，合理建表并对数据进行清洗、转义、分类、重组、合并、拆分、统计等，将数据合理分层，这极大地减少了数据重复计算的情况。数据仓库的建设离不开数据仓库建模理论的支持，在数据仓库建设之初，数据仓库开发人员就应对数据仓库建模理论有充分的认识，合理地建设数据仓库对于后期数据仓库规模的发展和功能拓展都是大有裨益的。数据仓库每日需要执行的任务非常多，由于涉及分层建设，层与层之间有密切的依赖关系，因此数据仓库平台要有一个成熟的定时调度系统，能够管理任务流依赖关系并提供报警支持。

在针对固定长期需求进行数据仓库的合理建设的同时，还应考虑用户的即席查询需求，需要对外提供即席查询接口，让用户能够更高效地使用数据和挖掘数据存在的价值。

数据可视化主要负责将最终需求结果数据导入 MySQL 中，供用户使用或对数据进行 Web 页面展示。

数据治理部分主要有 4 个功能模块：集群监控、元数据管理、权限管理和数据质量。

集群监控主要用来监控整个数据仓库系统的运行状态。一个数据仓库系统通常包含各种各样的设备组件，其系统构成非常复杂，为了保证整个系统能正常运转，设置一个集群监控系统是必不可少的，其用于实时监控整个系统的集运环境和业务应用系统的可用性，以及获取各个组件的运行状态。如果系统出现异常状态，集群监控系统及时通知数据仓库的运维人员进行维护和调整。

元数据是数据仓库系统的重要组成部分，元数据管理也是企业级数据仓库的数据治理模块中的关键组件。元数据记载了数据仓库中对模型的定义、各层之间的转换关系、表与表之间的依赖关系等，通过对元数据建立完善的管理，可以让平台管理人员更加有效地做好数据仓库系统的维护和管理工作，并对数据仓库的元数据进行管理。

权限管理系统用来给用户分配关键数据的管理权限。数据仓库中的数据通常具有一定的机密性和敏感性，不能完全展现给所有的数据仓库开发人员，利用权限管理系统划分数据的安全等级，决定用户可以访问哪些数据，授予、回收和变动用户的访问权限。

数据质量的高低代表该数据满足数据用户期望的程度，运用数据质量管理技术度量、评估、改进和保证数据的合理使用很有必要。数据质量的考察维度包括准确性、合规性、完备性、及时性、一致性和重复性。本数据仓库项目采用 Shell 脚本的形式进行数据质量监控。

2.2.3 系统流程图

本数据仓库系统主要流程如图 2-2 所示。

前端埋点（指数据采集的技术方式，下同）用户行为数据被日志服务器落盘到本地文件夹，在每台日志服务器中启动一个 Flume 进程，监控用户行为日志文件夹的变动，并将日志数据进行初步分类，发送给 Kafka 集群，再配置消费层 Flume 对 Kafka 中的数据进行消费，落盘到 Hadoop 的分布式文件系统 HDFS 中。

业务数据则需要根据表格的性质制订出适合的数据同步方案，选用适当的数据同步工具，将数据采集至 Hadoop 的分布式文件系统 HDFS 中。

数据到达分布式文件系统 HDFS 中之后，开发人员需要对其进行多种转换操作，最重要的是需要进行初步清洗、统一格式、提取必要信息、脱敏等操作。为了使数据计算更加高效、数据复用性更高，我们还需要对数据进行分层。最终将得到的结果数据导出到 MySQL 中，方便进行可视化，同时需要为用户提供方便的即席查询通道。

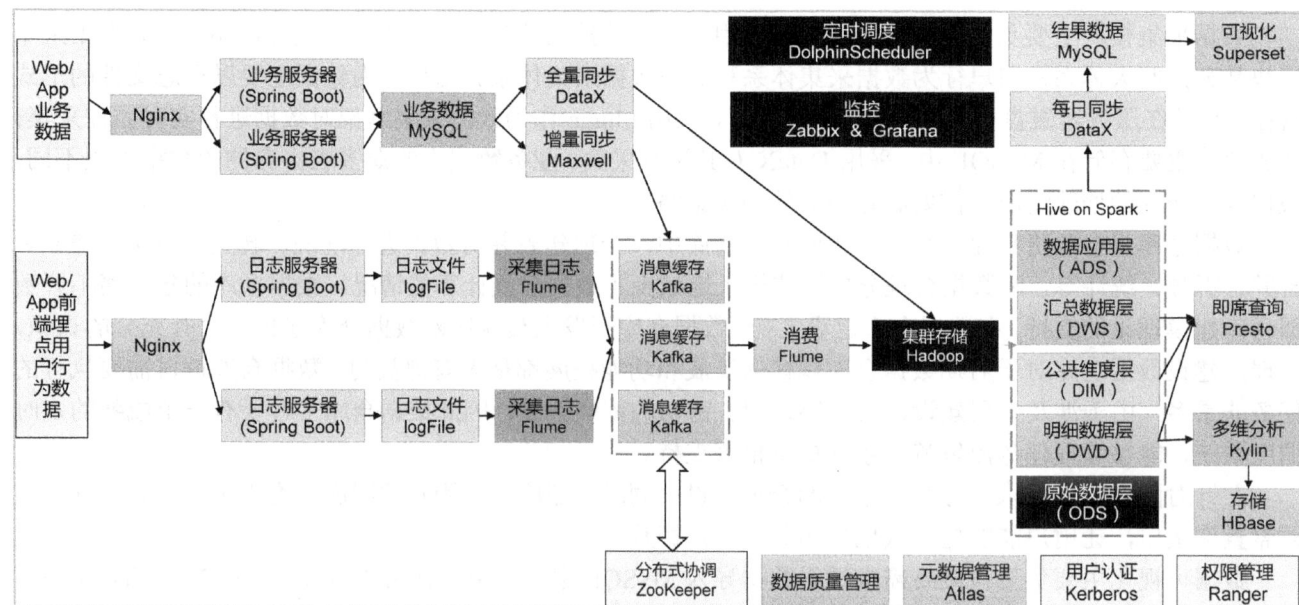

图 2-2　本数据仓库系统主要流程

2.3　项目业务概述

2.3.1　采集模块业务描述

采集模块主要分为两部分：用户行为数据的采集和业务数据的采集，如图 2-3 所示。

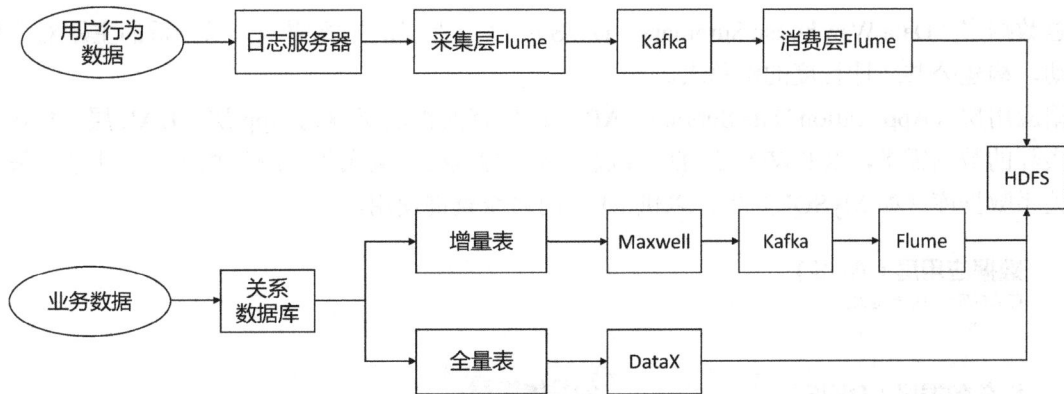

图 2-3 采集模块数据流程

用户行为数据是指用户在使用产品的过程中与客户端交互产生的数据，比如页面浏览、点击、停留、评论、点赞、收藏等。用户行为数据通常存储在服务器的日志文件中，而且是随着用户对产品的使用不断生成的，所以对此类数据的采集需要考虑到对多台服务器的落盘文件的监控，避免采集系统宕机造成数据丢失。采集到的用户行为数据可能有多种类型，在采集过程中需要对数据进行初步分类，可能还需要对数据进行初步清洗，将不能用于分析的非法数据删除。针对这些问题，要求采集系统监控多个日志产生文件夹并能够做到断点续传，实现数据消费至少一次（at least once）语义，能够根据采集到的日志内容对日志进行分类采集落盘，发往不同的 Kafka topic。Kafka 作为一个消息中间件起到日志缓冲的作用，避免同时发生的大量读/写请求造成 HDFS 性能下降，能对 Kafka 的日志生产采集过程进行实时监控，避免消费层 Flume 在落盘 HDFS 过程中产生大量小数据文件，从而降低 HDFS 的运行性能，并对落盘数据采取适当压缩措施，尽量节省存储空间，降低网络 I/O。

业务数据就是各企业在处理业务过程中产生的数据，如用户在电商网站中注册、下单、支付等过程中产生的数据。业务数据通常存储在 MySQL、Oracle、SQL Server 等关系数据库中，并且此类数据是结构化的。为什么不能直接对业务数据库中的数据进行操作，而要将其采集到数据仓库中呢？实际上，在数据仓库技术出现之前，对业务数据的分析采用的就是简单的"直接访问"方式，但是这种访问方式产生了很多问题，例如，某些业务数据出于安全性考虑不能直接访问，误用业务数据对系统造成影响，分析工作对业务系统的性能产生影响。

业务数据的采集与用户行为数据的采集需要考虑的问题截然不同。首先，需要根据现有需求和未来的业务需求，明确抽取的数据表，以及必需字段。其次，确定抽取方式，包括从源系统联机抽取或者间接从一个脱机结构抽取数据。最后，根据数据表性质的不同制定不同的数据抽取策略（全量抽取或者增量抽取）。在本数据仓库项目中，全量抽取的业务数据表使用 DataX 采集，直接落盘至 HDFS。增量抽取的数据表采用 Maxwell 监控数据变化并及时采集发送至 Kafka 中，再通过 Flume 将 Kafka 中的数据落盘至 HDFS。

2.3.2 数据仓库需求业务描述

1. 数据仓库分层建模

数据仓库被分为 5 层，如图 2-4 所示，详细描述如下。

- 原始数据层（Operation Data Store，ODS）：用来存放原始数据，直接装载原始日志，数据保持原貌不做处理。
- 明细数据层（Data Warehouse Detail，DWD）：基于维度建模理论进行构建，存放维度模型中的事实表，保存各业务过程最细粒度的操作记录。
- 公共维度层（Dimension，DIM）：基于维度建模理论进行构建，存放维度模型中的维度表，保存一致性维度信息。

- 汇总数据层（Data Warehouse Summary，DWS）：基于上层的指标需求，以分析的主题对象作为建模驱动，构建公共统计粒度的汇总表。
- 数据应用层（Application Data Service，ADS）：也有人将这层称为 App 层、DAL 层、DM 层等。面向实际的数据需求，以 DWD 层、DWS 层的数据为基础，组成各种统计报表，统计结果最终被同步到关系数据库（如 MySQL）中，以供 BI 应用系统查询使用。

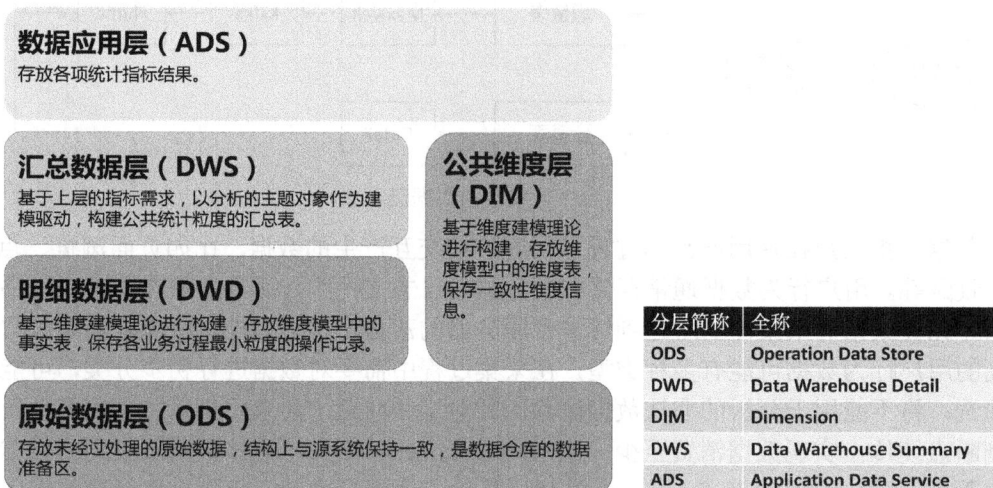

图 2-4　数据仓库分层结构

2．需求实现

电商业务发展日益成熟，如果运营人员缺少精细化运营的意识和数据驱动的经验，那么业务发展将会陷入瓶颈。作为电商数据分析的重要工具——数据仓库，其作用就是为运营人员和决策团队提供关键指标的分析数据。电商平台的数据分析主要关注五大关键数据指标，包括活跃用户量、转化、留存、复购、GMV，以及三大关键思路，包括商品运营、用户运营和产品运营。本数据仓库项目要实现的主要需求如下。

（1）流量主题。
- 最近 1/7/30 日，各渠道访客数、会话平均停留时长、会话平均浏览页面数、总会话数、跳出率。
- 最近 1/7/30 日，用户访问浏览路径分析。

（2）用户主题。
- 最近 1/7/30 日，新增用户数、活跃用户数。
- 最近 1/7/30 日，新增下单人数、新增支付人数。
- 最近 1 日，流失用户数、回流用户数。
- 最近 1/7/30 日，用户行为漏斗分析。
- 每日的 1 至 7 日用户留存率。

（3）商品主题。
- 最近 1/7/30 日，各品牌商品的订单数、下单人数、退单数、退单人数。
- 最近 1/7/30 日，各分类商品的订单数、下单人数、退单数、退单人数。
- 最近 7/30 日，各品牌复购率。
- 最近 1/7/30 日，各分类商品购物车存量 Top10。

（4）交易主题。
- 最近 1/7/30 日，订单总额、订单数、下单人数、退单数、退单人数。
- 最近 1/7/30 日，全国各省份的订单数和订单金额。

（5）优惠券主题。
各优惠券补贴率。

（6）活动主题。

各活动补贴率。

要求将全部需求实现的结果数据存储在 ADS 层中，并且编写可用于工作调度的脚本，实现任务自动调度。

2.3.3　数据可视化业务描述

数据可视化是指将数据或信息转换为页面中的可见对象，如点、线、图形等，其目的是将信息更加清晰、有效地传递给用户，是数据分析的关键技术之一。使用数据可视化，企业可以更加快速地找到数据中隐藏的有价值信息，最大限度地提高信息变现效率，让数据的价值实现最大化。

数据仓库项目中的数据可视化业务通常指的是需求实现后得到的结果数据的最终展示，目前常用的数据可视化工具有 Superset、DataV、ECharts 等，它们都需要对接关系数据库，所以我们需要将需求计算的结果数据导出到关系数据库中。

在 MySQL 中，根据 ADS 层的结果数据创建对应的表，使用 DataX 工具定时将结果数据导出到 MySQL 中，并使用数据可视化工具对数据进行展示，如图 2-5 所示。

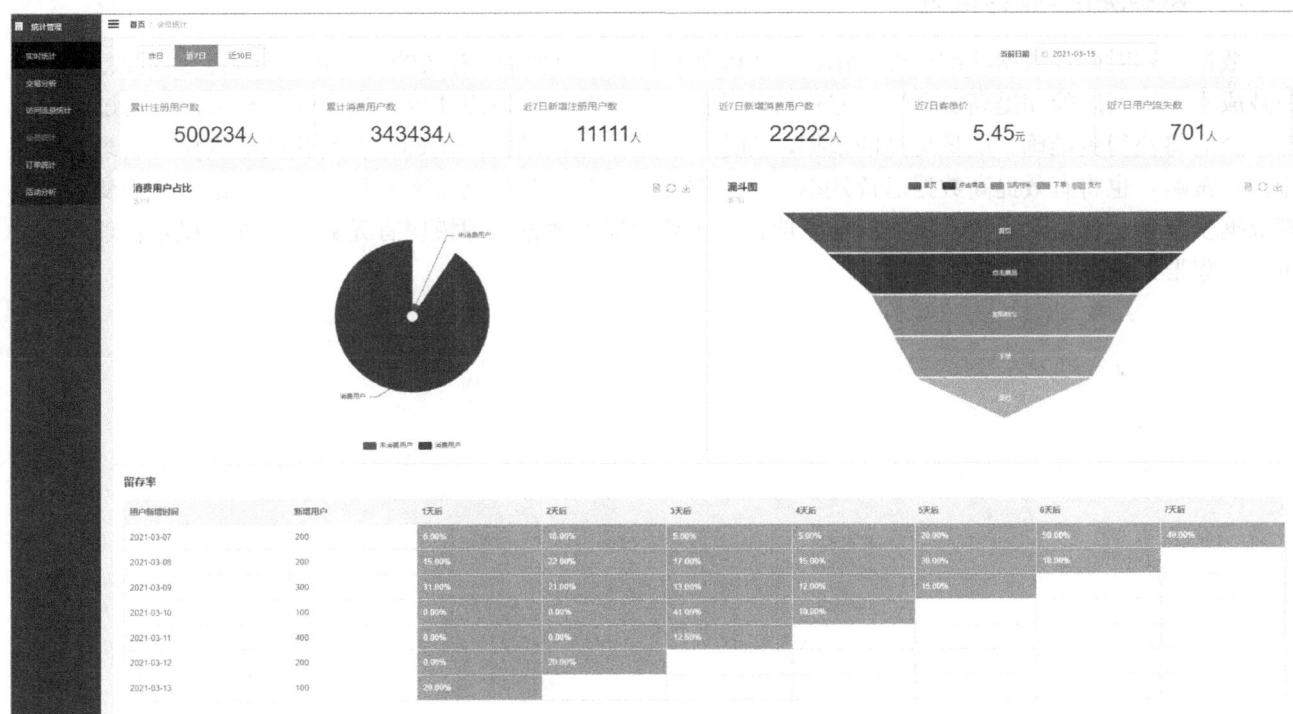

图 2-5　数据可视化

2.3.4　即席查询业务描述

数据仓库除了需要满足用户提出的需求，做出相应的数据报表，有时还需要满足用户的临时查询需求，根据临时产生的查询条件及时给出用户查询结果，此业务需求就是即席查询。即席查询是指用户根据自己的需求，灵活地选择查询条件，系统能够根据用户的查询条件生成相应的统计报表。即席查询与普通的应用需求相比，最大的不同之处在于普通的应用需求是定制开发的，而即席查询是用户自定义查询条件。

对海量数据来说，即席查询是一项不小的挑战，一般的大数据分析需求通常会涉及 TB 级甚至 PB 级的数据，计算时间有可能高达几十分钟甚至几小时。如果想要做到即时给出用户的查询结果，即席查询的自定义查询条件和系统都需要满足一些条件。本数据仓库系统考量了两种即席查询系统，分别是 Presto 和 Kylin。Presto 是专为大数据实时查询计算而设计开发的产品，特点是支持多数据源、支持 SQL、灵活扩展、支持多数据源的混合计算、拥有 10 倍于 Hive 的查询性能等。Kylin 是一个开源的、分布式的分析型数据仓库，提供 Hadoop/Spark 之上的 SQL 查询接口及多维分析能力以支持超大规模数据。Kylin 还可以与多种数据可视化工具整合，使用户可以使用 BI 工具对 Hadoop 数据进行分析。即席查询原理框图如图 2-6 所示。

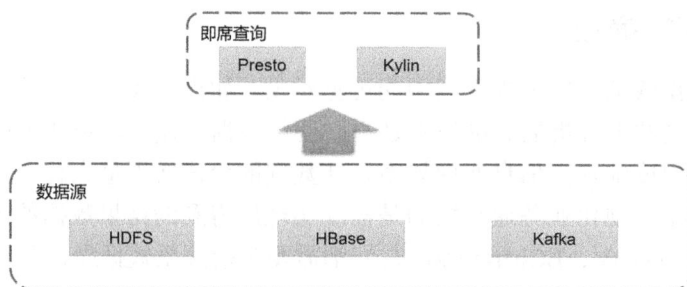

图 2-6　即席查询原理框图

2.3.5　数据治理业务描述

数据治理对确保数据的准确性、适度分享和保护是至关重要的。有效的数据治理计划会通过改进决策、缩减成本、降低风险和提高安全性等方式将价值回馈于业务，并最终体现为增加收入和利润。通过数据治理，企业将获得更准确、质量更高的数据，为进一步的数据活动打好基础；标准化的数据资产管理方法、流程和策略，也将有效提高数据运营效率，使数据更容易与业务建立紧密联系、推动数据资产的变现，提高数据安全性、保证合规性。本数据仓库项目中主要设置的数据治理模块有元数据管理、权限管理、数据质量和集群监控，如图 2-7 所示。

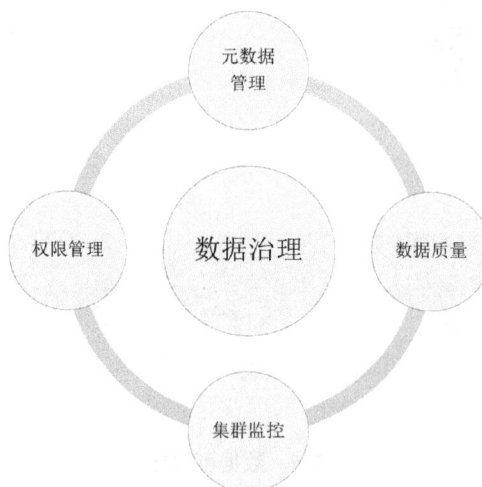

图 2-7　数据治理模块

元数据通常被定义为"关于数据的数据"，元数据贯穿了数据仓库的整个生命周期，使用元数据驱动数据仓库的开发，可以使数据仓库实现自动化、可视化。元数据打通了源数据、数据仓库和数据应用全流程，记录了数据从产生到消费的全过程。元数据管理模块采用的框架是 Atlas。Atlas 是一个可伸缩且功能丰富的元数据管理系统，深度对接 Hadoop 的大数据组件。通过元数据管理可以对元数据进行整合、控制，对外提供元数据服务。

集群监控模块采用的框架是 Zabbix。Zabbix 软件能够监控众多网络参数和服务器的健康度和完整性。Zabbix 具有灵活的报警机制，允许用户为任何事件配置基于电子邮件的报警，使用户可以快速响应服务器出现的问题。

权限管理模块采用的是 Ranger 服务。权限管理从表面上可以认为是通过某些技术手段限制用户的可能行为，但实际上权限管理的目的可以归结为提高数据安全系数、降低人为操作风险、隔离数据环境、提高工作效率、划分权限责任、规范业务流程。Ranger 为用户提供集中式的权限管理框架，可以对 Hadoop 生态中的 HDFS、Hive、YARN、Kafka 等组件进行细粒度的权限访问控制，并且提供了 Web UI，以方便管理员进行操作。

数据质量的高低代表该数据满足数据用户期望的程度，这种程度基于他们对数据的使用预期，只有达到数据的使用预期才能给予管理层正确的决策参考。数据质量作为数据治理的一个重要模块，主要可以分为数据的健康标准量化、监控和保障。本数据仓库项目主要通过 Python 脚本，验证增量数据的记录数、全表空值记录数、全表记录数是否在合理范围之内，以及验证数据来源表和目标表的一致性，确定当日的数据是否符合健康标准，实现数据质量的监控与管理。

2.4　系统运行环境

2.4.1　硬件环境

在实际生产环境中，我们需要进行服务器的选型，确定选择物理机还是云主机。

1．机器成本考虑

物理机以 128GB 内存、20 核物理 CPU、40 线程、8TB HDD 和 2TB SSD 的戴尔品牌机为例，单台报价约 4 万元，还需要考虑托管服务器的费用，一般物理机寿命为 5 年左右。

云主机以阿里云为例，与上述物理机的配置相似，每年的费用约为 5 万元。

2．运维成本考虑

物理机需要由专业运维人员维护，云主机的运维工作由服务提供方完成，运维工作相对轻松。

实际上，服务器的选型除了参考上述条件，还应该根据数据量来确定集群规模。

在本数据仓库项目中，读者可以在个人计算机上搭建测试集群，建议将计算机配置为 16GB 内存、8 核物理 CPU、i7 处理器、1TB SSD。测试服务器规划如表 2-1 所示。

表 2-1　测试服务器规划

服 务 名 称	子 服 务	节点服务器 hadoop102	节点服务器 hadoop103	节点服务器 hadoop104
HDFS	NameNode	√		
	DataNode	√	√	√
	SecondaryNameNode			√
YARN	NodeManager	√	√	√
	ResourceManager		√	
ZooKeeper	ZooKeeper Server	√	√	√
Flume（采集日志）	Flume	√	√	
Maxwell	Maxwell	√		
Kafka	Kafka	√	√	√
Flume（消费 Kafka 日志数据）	Flume			√
Flume（消费 Kafka 业务数据）	Flume			√
DataX		√	√	√
Hive	Hive	√	√	√
Spark	Spark	√	√	√
MySQL	MySQL	√		

续表

服 务 名 称	子 服 务	节点服务器 hadoop102	节点服务器 hadoop103	节点服务器 hadoop104
Superset	Superset	√		
Presto	Coordinator	√		
	Worker		√	√
DolphinScheduler	MasterServer	√		
	WorkerServer	√	√	√
	LoggerServer	√	√	√
	ApiApplicationServer	√		
	AlertServer	√		
HBase	HMaster	√		
	HRegionServer	√	√	√
Kylin	Kylin	√		
Zabbix	Zabbix-agent	√	√	√
	Zabbix-server	√		
	Zabbix-web	√		
Solr	Solr	√	√	√
Atlas	Atlas	√		
Kerberos	krb5-server	√		
	kadmin	√		
	krb5-workstation	√	√	√
Ranger	RangerAdmin	√		
	RangerUsersunc	√		
服务数总计		31	16	17

2.4.2 软件环境

1．技术选型

在数据采集运输方面，本数据仓库项目主要完成 3 个方面的需求：将服务器中的日志数据实时采集到数据存储系统中，防止数据丢失及数据堵塞；将业务数据库中的数据采集到数据仓库中；将需求计算结果导出到关系数据库中，以方便展示。为此我们选用了 Flume、Kafka、DataX、Maxwell。

Flume 是一个高可用、高可靠、分布式的海量数据收集系统，可以从多种源数据系统采集、聚集和移动大量的数据并集中存储。Flume 提供了丰富多样的组件供用户使用，不同的组件可以自由组合，组合方式基于用户设置的配置文件，非常灵活，可以满足各种数据采集传输需求。

Kafka 是一个提供容错存储、高实时性的分布式消息队列平台。我们可以将它用在应用和处理系统间高实时性和高可靠性的流式数据存储中。Kafka 也可以实时地为流式应用传送和反馈流式数据。

DataX 是一个基于 select 查询的离线、批量同步工具，通过配置可以实现多种数据源与多种目的存储介质之间的数据传输。使用离线、批量的数据同步工具可以获取到业务数据库中的数据，但是无法获取到所有的变动数据。

变动数据的同步和抓取工具选用的是 Maxwell。Maxwell 通过监控 MySQL 的 binlog 日志文件，可以实时抓取到所有数据变动操作。Maxwell 在采集到变动数据后可以直接将其发送至对应的 Kafka 主题中，再通过 Flume 将数据落盘至 HDFS 文件系统中。

在数据存储方面，本数据仓库项目主要完成对海量原始数据及转化后各层数据仓库中数据的存储，以及对最终结果数据的存储。对海量原始数据的存储，我们选用了 HDFS。HDFS 是 Hadoop 的分布式文件系统，适用于大规模的数据集，将大规模的数据集以分布式的方式存储于集群中的各台节点服务器上，提高文件存储的可靠性。由于数据体量比较小，且为了方便访问，对最终结果数据的存储，我们选用了 MySQL。

在数据计算方面，我们选用了 Hive on Spark 作为计算组件。Hive on Spark 是由 Cloudera 发起的，由 Intel、MapR 等公司共同参与的开源项目，其目的是把 Spark 作为 Hive 的一个计算引擎，将 Hive 的查询作为 Spark 的任务提交到 Spark 的集群上进行计算。通过该项目可以提高 Hive 查询的性能，同时为计算机上已经部署了 Hive 或 Spark 的用户提供更加灵活的选择，从而进一步提高 Hive 和 Spark 的使用效率。

在数据可视化方面，我们提供了两种解决方案：一种是方便快捷的可视化工具 Superset；另一种是 ECharts 可视化，它的配置更加灵活但是需要用户掌握一定的 Spring Boot 知识。数据仓库结果数据的可视化工具有很多，方式也多种多样，用户可以根据自己的需要进行选择。

我们选用 DolphinScheduler 作为任务流的定时调度系统。DolphinScheduler 是一个分布式、易扩展的可视化 DAG 工作流任务调度平台，致力于解决数据处理流程中错综复杂的依赖关系，使调度系统在数据处理流程中开箱即用。

在即席查询方面，我们对当前比较流行的两种即席查询系统都进行了探索，分别是 Presto 和 Kylin。这两种即席查询系统各有千秋，Presto 基于内存计算，Kylin 基于预 Cube 创建计算。

面对海量数据的处理需求，对元数据的管理随着数据体量的增大显得尤为重要。为寻求数据治理的开源解决方案，Hortonworks 公司联合其他厂商与用户于 2015 年发起数据治理倡议，包括数据分类、集中策略引擎、数据血缘、安全、生命周期管理等方面。Apache Atlas 项目就是这个倡议的结果，社区伙伴持续为该项目提供新的功能和特性。该项目用于管理共享元数据、数据分级、审计、安全性、数据保护等方面。

在集群监控方面，我们选用了灵活的集群监控框架 Zabbix，支持用户灵活配置监控项，并为监控项设置电子邮件报警，方便运维人员快速定位问题并进行处理。我们还为 Zabbix 配置了 Grafana 作为监控项的可视化平台，用户可以更加直观地看到各个监控项的实时变化情况。

随着数据资产的规模逐渐壮大，大数据平台的用户安全认证也变得越来越重要。企业的数据平台需要一套完善的用户安全认证体系来确保不被攻击。在本数据仓库项目中，我们选用 Kerberos 来进行用户安全认证。Kerberos 是一种计算机网络认证协议，用来在非安全网络中对个人通信以安全的手段进行身份认证。Kerberos 又是麻省理工学院为计算机网络协议开发的一款计算机软件。在软件设计上，Kerberos 采用客户/服务器结构，并且能够进行相互认证，即客户端和服务端均可对对方进行身份认证。

对于大数据而言，权限管理十分重要，本数据仓库项目选用 Ranger 作为权限管理服务，Ranger 可以提供细粒度的权限访问控制，并提供 Web UI 方便用户进行可视化管理。

总结如下。

- 数据采集传输：Flume、Kafka、DataX、Maxwell。
- 数据存储：MySQL、HDFS。
- 数据计算：Hive on Spark。
- 任务调度：DolphinScheduler。
- 可视化：Superset、ECharts。
- 即席查询：Presto、Kylin。
- 元数据管理：Atlas。
- 集群监控：Zabbix、Grafana。
- 用户认证：Kerberos。
- 权限管理：Ranger。

2．框架选型

框架选型要求满足数据仓库平台的几大核心需求：子功能不设局限，国内外资料及社区尽量丰富，组件服务的成熟度和流行度较高。待选择版本如下。

- Apache：运维过程烦琐，组件间的兼容性需要自己调研（本次选用）。
- CDH：国内使用较多，不开源，不用担心组件兼容问题。
- HDP：开源，但没有 CDH 稳定，使用较少。

笔者经过考量决定选择 Apache 原生版本大数据框架，原因有两个方面：一方面我们可以自由定制所需要的功能组件；另一方面 CDH 和 HDP 版本框架体量较大，对服务器配置要求相对较高。本数据仓库项目用到的组件较少，Apache 原生版本即可满足需求。

笔者经过对框架版本兼容性的调研，确定的版本选型如表 2-2 所示。本数据仓库项目采用目前大数据生态体系中最新且最稳定的框架版本，并且笔者对框架版本的兼容性进行充分调研，对安装部署过程中可能产生的问题尽可能进行明确的说明，读者可以放心使用。

表 2-2　版本选型

产　　品	版　　本
JDK	1.8
Hadoop	3.1.3
Flume	1.9.0
Maxwell	1.29.2
ZooKeeper	3.5.7
Kafka	2.4.1
MySQL	5.7.16
DataX	3.0
Hive	3.1.2
Spark	3.0.0
DolphinScheduler	1.3.9
Superset	1.3.2
Presto	0.196
HBase	2.0.5
Kylin	3.0.1
Zabbix	5.0
Solr	7.7.3
Atlas	2.1.0
Kerberos	5
Ranger	2.0.0

2.5　本章总结

本章主要对本书的项目需求进行了介绍，首先介绍了本数据仓库项目即将搭建的数据仓库产品需要实现的系统目标、系统功能结构和系统流程图；然后对各主要功能模块进行重点描述，并对每个模块的重点需求进行介绍；最后根据项目的整体需求对系统运行的硬件环境和软件环境进行配置选型。

第3章

项目部署的环境准备

通过前面章节的分析，我们已经明确了将要使用的框架类型和框架版本，本章将根据前面章节所描述的需求分析，搭建一个完整的项目开发环境，即便读者的计算机中已经具备这些环境，也建议浏览一遍本章内容，因为这对后续开发过程中代码和命令行的理解很有帮助。

3.1 Linux 环境准备

3.1.1 VMware 安装

本节介绍的虚拟机软件是 VMware。VMware 可以使用户在一台计算机上同时运行多个操作系统，还可以像 Windows 应用程序一样来回切换。用户可以如同操作真实安装的系统一样操作虚拟机系统，甚至可以在一台计算机上将几个虚拟机系统连接为一个局域网或将其连接到互联网。

在虚拟机系统中，每台虚拟产生的计算机都被称为"虚拟机"，而用来存储所有虚拟机的计算机则被称为"宿主机"。使用 VMware 安装虚拟机可以减少因安装新系统导致的数据丢失问题，还可以使用户方便地体验各种系统，以进行学习和测试。

VMware 支持多种平台，可以安装在 Windows、Linux 等操作系统上，初学者大多使用 Windows，可下载 VMware Workstation for Windows 版本。VMware 的安装非常简单，与其他 Windows 软件类似，本书不进行详细讲解。值得一提的是，在安装过程中安装的类型包括典型安装和自定义安装，笔者建议初学者选择典型安装类型。

VMware 安装完成并启动后，即可进行 Linux 的安装部署。

推荐使用版本：VMware Workstation Pro 或 VMware Workstation Player。其中，VMware Workstation Player 版本供个人用户使用，非商业用途，是免费的，其他 VMware 版本在此不进行过多介绍。

3.1.2 CentOS 安装

在安装 CentOS 之前，用户需要先检查本机 BIOS 是否支持虚拟化，开机后进入 BIOS 页面（不同的计算机进入 BIOS 页面的操作有所不同），然后进入 Security 下的 Virtualization，选择 Enable 即可。

启动 VMware，进入主页面，依次进行新虚拟机的设置，然后选择配置类型为"自定义（高级）"，如图 3-1 所示。

单击"下一步"按钮，进入"选择虚拟机硬件兼容性"页面，选择本机使用的 VMware Workstation 版本，如图 3-2 所示。

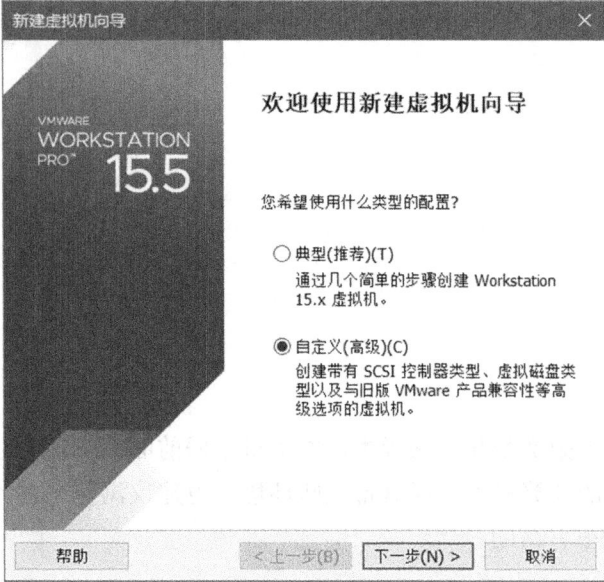

图 3-1　选择配置类型

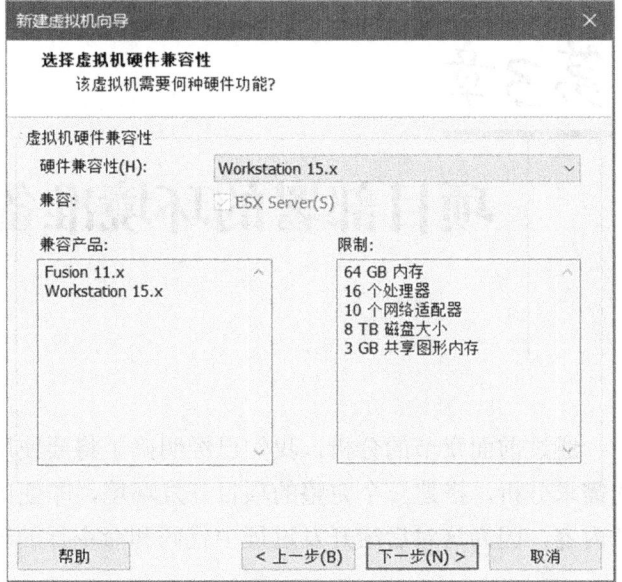

图 3-2　选择虚拟机硬件兼容性

单击"下一步"按钮，进入"安装客户机操作系统"页面，选中"稍后安装操作系统"单选按钮，如图 3-3 所示。

单击"下一步"按钮，在"选择客户机操作系统"页面的"版本"下拉列表中选择对应的要安装的 Linux 版本，此处选择"CentOS 7 64 位"版本，如图 3-4 所示。

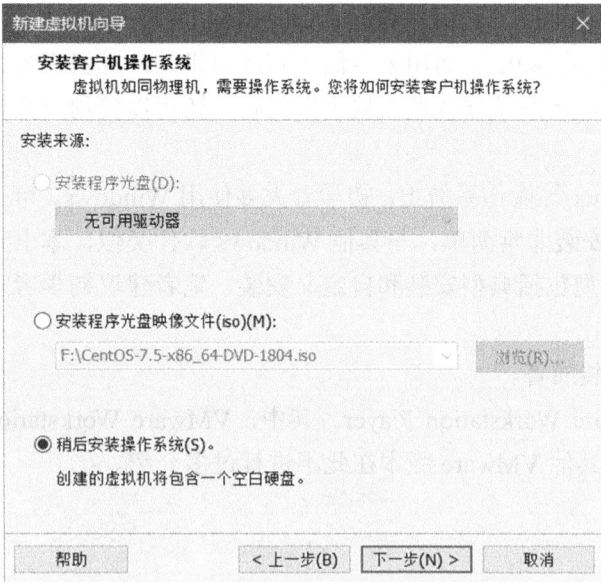

图 3-3　安装客户机操作系统

图 3-4　选择客户机操作系统

单击"下一步"按钮，进入"命名虚拟机"页面，为虚拟机命名，虚拟机创建完成后还可以更改，单击"浏览"按钮，选择虚拟机系统安装文件的保存位置，如图 3-5 所示。

单击"下一步"按钮，进入"处理器配置"页面，为此虚拟机指定处理器配置，处理器内核总数不应多于本机处理器内核总数，如图 3-6 所示。

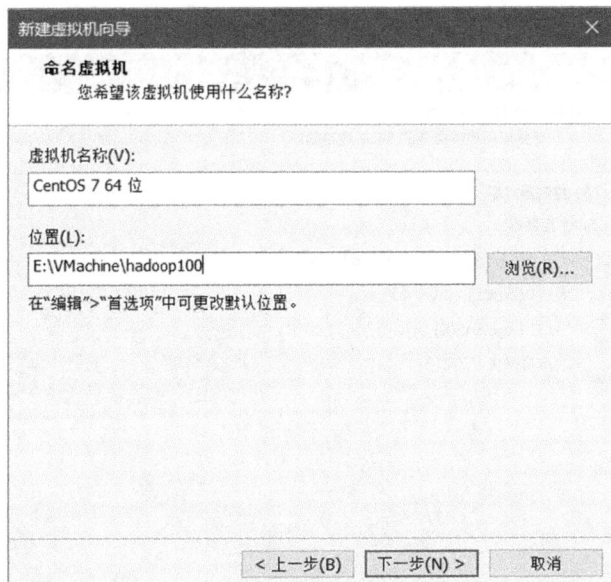

图 3-5 命名虚拟机

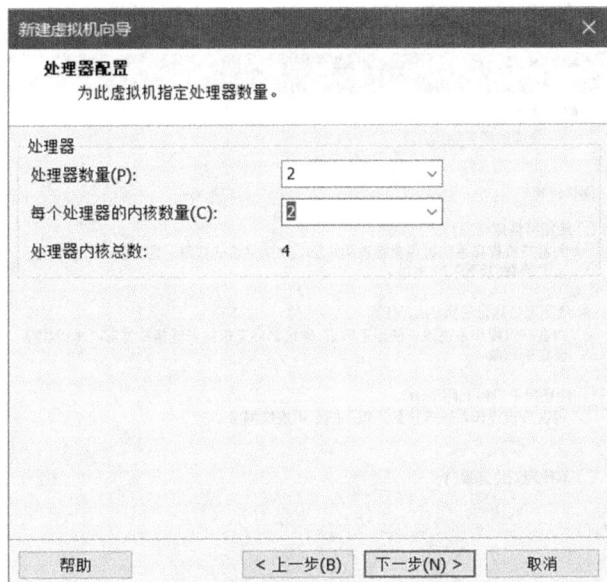

图 3-6 处理器配置

单击"下一步"按钮，进入"此虚拟机的内存"页面，为虚拟机分配内存大小，最小为 1GB，后续也可以根据需要进行修改，如图 3-7 所示。

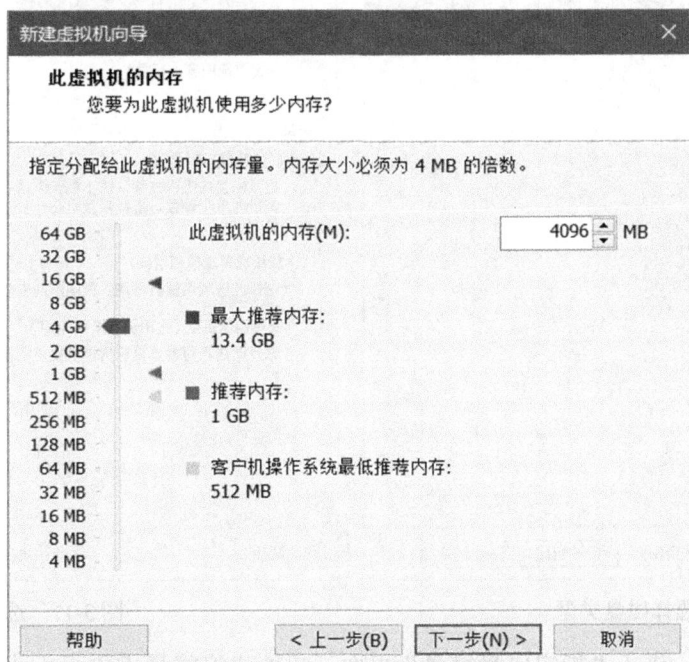

图 3-7 虚拟机内存配置

单击"下一步"按钮，进入"网络类型"页面，选择虚拟机网络连接类型，这里选中"使用网络地址转换（NAT）"单选按钮，如图 3-8 所示。

单击"下一步"按钮，进入"选择 I/O 控制器类型"页面，这里使用默认配置，即选中"LSI Logic（L）（推荐）"单选按钮，如图 3-9 所示。

单击"下一步"按钮，进入"选择磁盘类型"页面，这里使用默认配置，不做修改，如图 3-10 所示。

单击"下一步"按钮，进入"选择磁盘"页面，这里使用默认配置，不做修改，如图 3-11 所示。

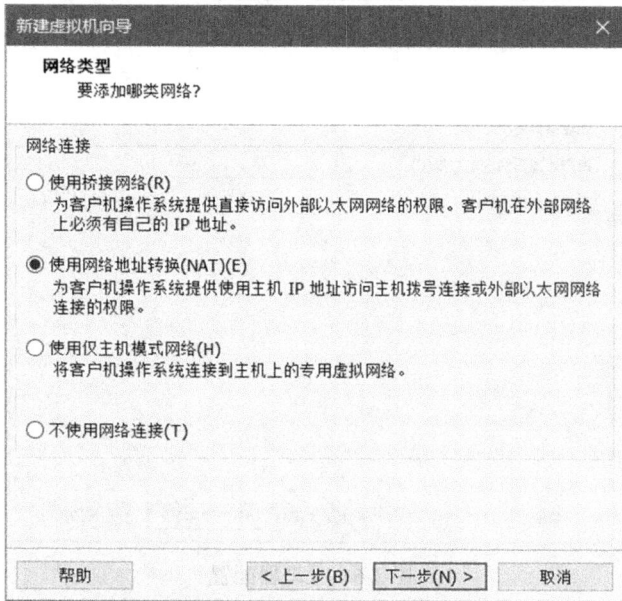

图 3-8 选择虚拟机网络连接类型

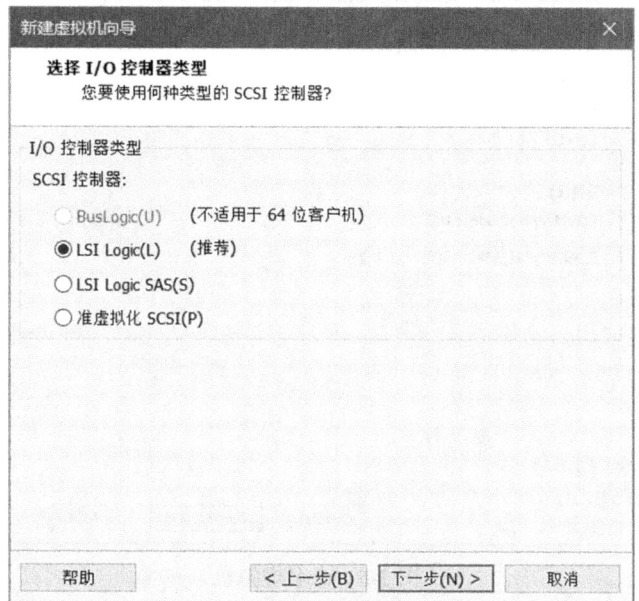

图 3-9 选择 I/O 控制器类型

图 3-10 选择磁盘类型

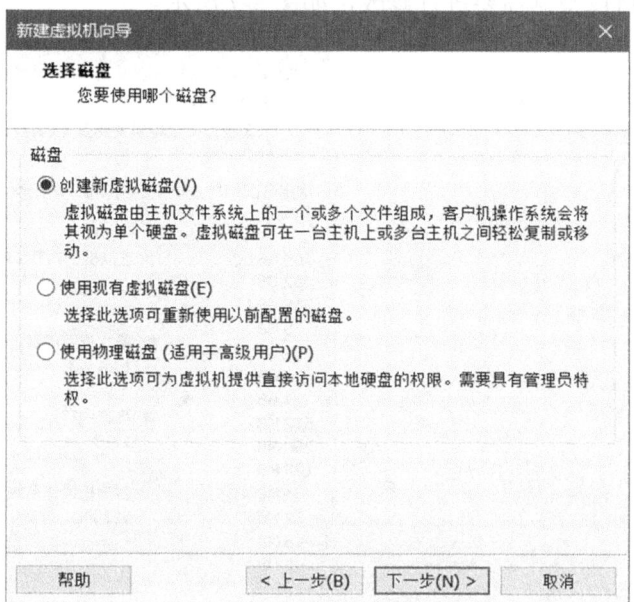

图 3-11 选择磁盘

单击"下一步"按钮，进入"指定磁盘容量"页面，此处建议将最大磁盘大小设置为 50GB，以满足数据仓库项目对服务器的存储要求，如图 3-12 所示。

单击"下一步"按钮，进入"指定磁盘文件"页面，指定磁盘文件的存储路径，默认将磁盘文件存储在"命名虚拟机"一步中指定的存储路径中，不必进行修改，如图 3-13 所示。

单击"下一步"按钮，进入"已准备好创建虚拟机"页面，单击"自定义硬件"按钮，如图 3-14 所示，进入"虚拟机设置"页面，在左侧列表框中选择 CD/DVD(IDE)选项，在右侧"连接"选项组中选中"使用 ISO 映像文件"单选按钮，单击"浏览"按钮，找到 ISO 映像文件所在的路径即可，如图 3-15 所示。

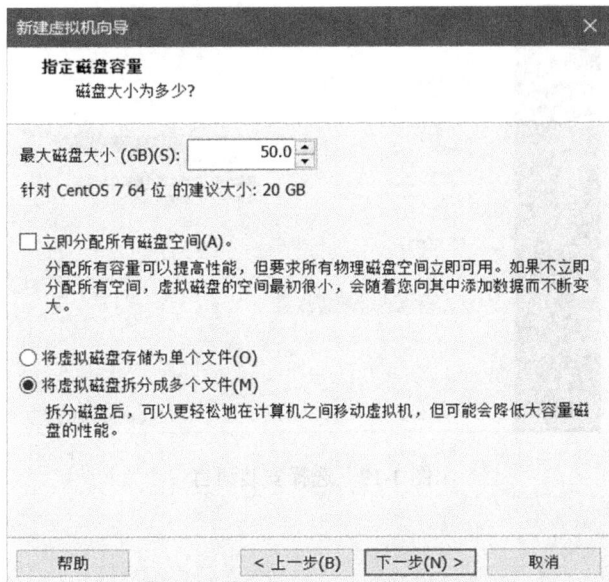

图 3-12　指定磁盘容量

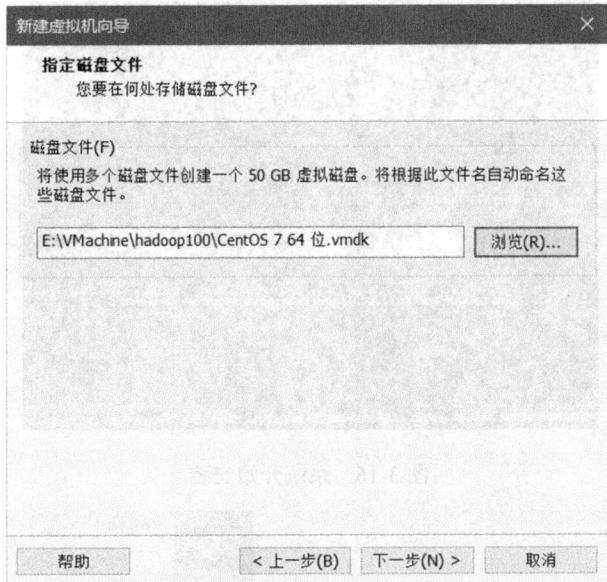

图 3-13　指定磁盘文件的存储路径

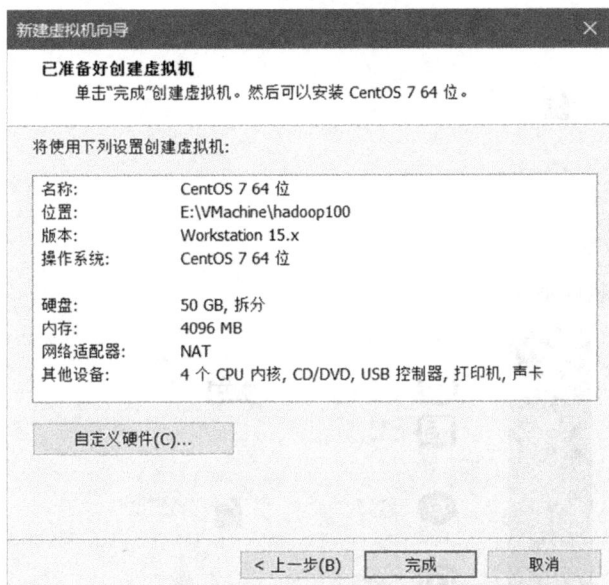

图 3-14　"已准备好创建虚拟机"页面

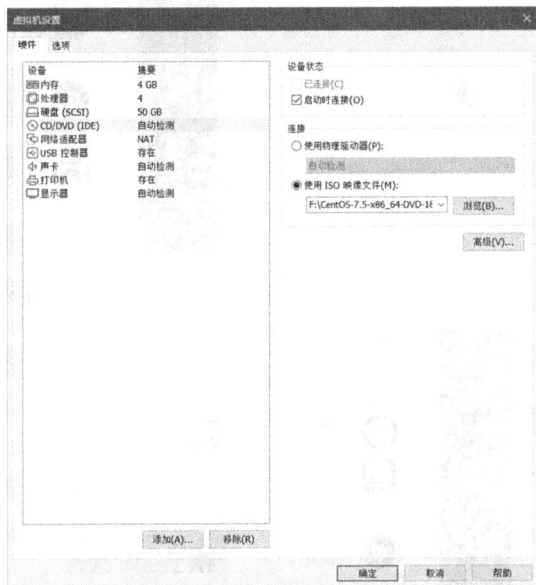

图 3-15　选择映像文件

配置完映像文件后，单击"确定"按钮，回到"已准备好创建虚拟机"页面，单击"完成"按钮，开始安装，进入如图 3-16 所示的页面。

使用键盘上的上下方向键可以移动光标，按 Enter 键确定，这里选择"Install CentOS 7"选项，进入选择安装语言页面，选择"简体中文（中国）"作为安装语言，如图 3-17 所示。

单击"继续"按钮，进入安装页面，在该页面进行必要配置，将"日期和时间"配置为"亚洲/上海 时区"，"键盘"配置为"汉语"，"语言支持"配置为"简体中文（中国）"，如图 3-18 所示。

单击"软件选择"按钮，进行软件安装配置，选中"GNOME 桌面"单选按钮，如图 3-19 所示。

单击"安装位置"按钮，进行手动分区配置，如图 3-20 所示。

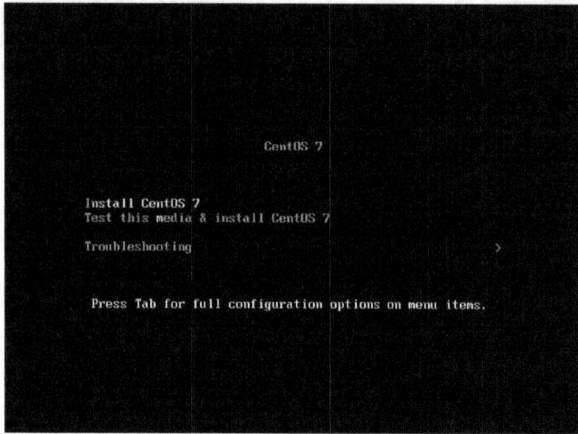

图 3-16　系统开始安装

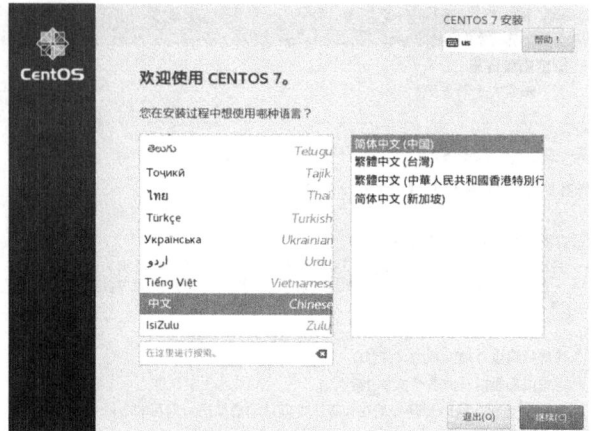

图 3-17　选择安装语言

图 3-18　安装页面

图 3-19　软件安装配置

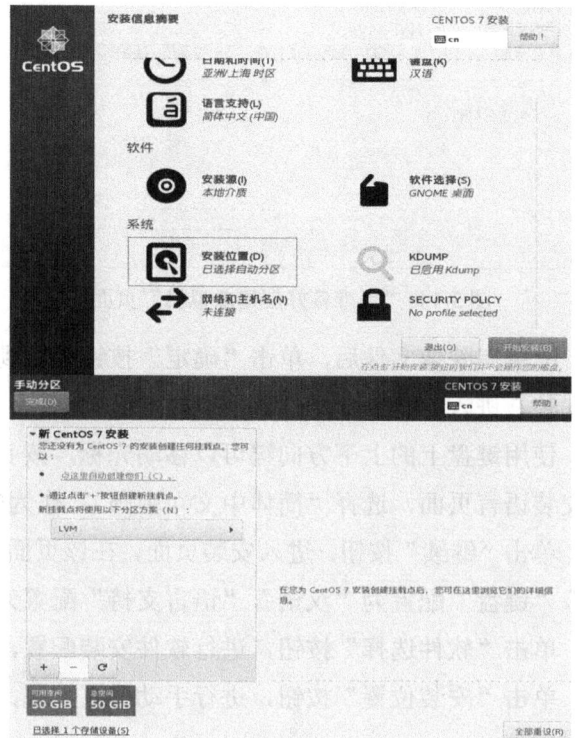

图 3-20　手动分区配置

在"手动分区"页面进行分区配置，单击"+"按钮添加分区，此处添加"/boot"分区，将"期望容量"设置为"1G"，配置完成后，单击"添加挂载点"按钮，回到"手动分区"页面，在右侧将"设备类型"设置为"标准分区"，"文件系统"设置为"ext4"，如图 3-21 所示。

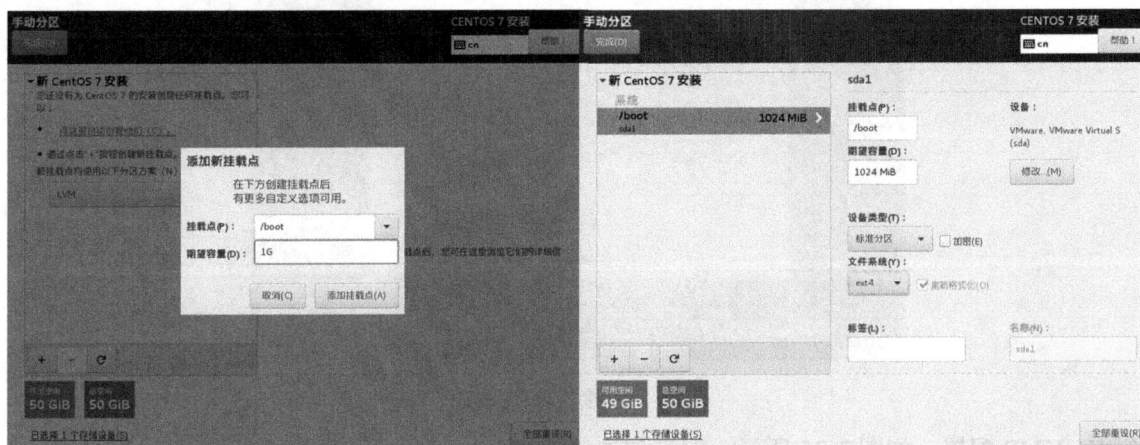

图 3-21　手动配置"/boot"分区

按照上述流程，分别配置 swap 分区和根目录，如图 3-22 和图 3-23 所示。

图 3-22　手动配置 swap 分区

图 3-23　手动配置根目录

手动配置完分区后，单击"完成"按钮，出现如图 3-24 所示的提示，单击"接受更改"按钮。

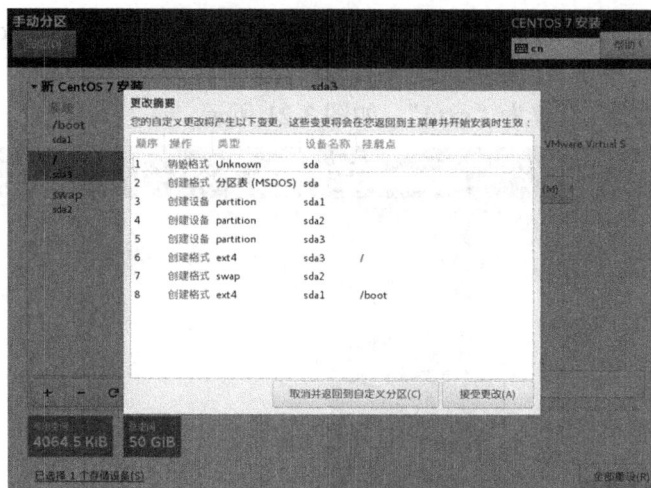

图 3-24　接受分区更改

进行 KDUMP 配置，如图 3-25 所示，取消勾选"启用 kdump"复选框。

图 3-25　KDUMP 配置

进行网络和主机名配置，如图 3-26 所示。

图 3-26　网络和主机名配置

网络和主机名配置完成后，单击"开始安装"按钮，正式开始安装，如图 3-27 所示。

在开始安装页面，配置 root 用户和密码，如图 3-28 所示。

图 3-27 开始安装

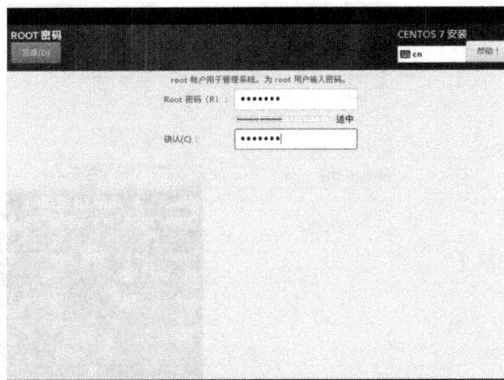

图 3-28 配置 root 用户和密码

root 用户和密码配置完成后，等待安装结束，整个安装过程大约需要 20 分钟，安装完成后，单击"重启"按钮，如图 3-29 所示。

重启后，根据页面提示，依次进行接收许可证、选择系统语言、关闭位置服务、选择时区、跳过关联账号和创建普通用户并设置普通用户密码操作，即可开始使用 CentOS 系统，这些步骤由读者自行配置，此处不进行图片展示。配置完成后的页面如图 3-30 所示。

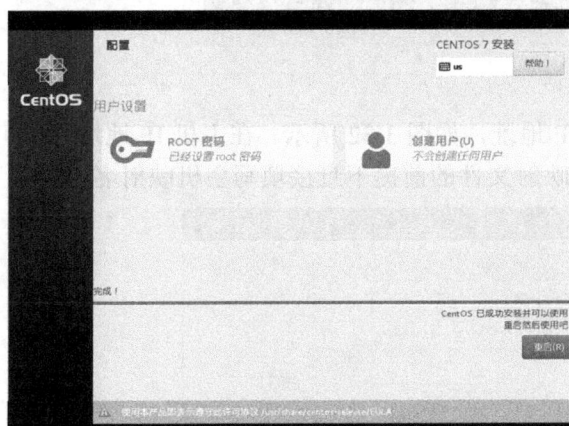

图 3-29 安装完成后重启

图 3-30 配置完成后的页面

注意：在虚拟机和宿主机之间，鼠标不能同时起作用，如果从宿主机进入虚拟机，则需要把鼠标指针移入虚拟机；如果从虚拟机返回宿主机，则需要按 Ctrl+Alt 组合键退出虚拟机。

3.1.3 远程终端安装

大多数服务器的日常管理操作是通过使用远程管理工具进行的。常见的远程管理方法包括 VNC 的图形远程管理、Webmin 的基于浏览器的远程管理，不过常用的是命令行操作。在 Linux 中，远程管理使用的是 SSH 协议，本节先介绍两个远程管理工具的使用方法。

1．Xshell

Xshell 是一款非常强大的安全终端模拟软件，也是目前市场上比较主流、应用比较广泛的远程管理客户端工具。Xshell 的功能非常丰富，支持 SSH1、SSH2 及 Microsoft Windows 平台的 TELNET 协议，给用户提供了很好的终端用户体验。Xshell 的安装非常简单，并为普通用户提供了免费版本。

用户可以在 Xshell 官网下载安装包，在本书提供的学习资料中，也附有 Xshell 的安装包，直接双击即可进行安装。在开始使用前用户需要选择使用类型，勾选"免费为家庭/学校"复选框即可免费使用。

打开 Xshell，单击页面左上角的"新建会话"按钮，如图 3-31 所示。

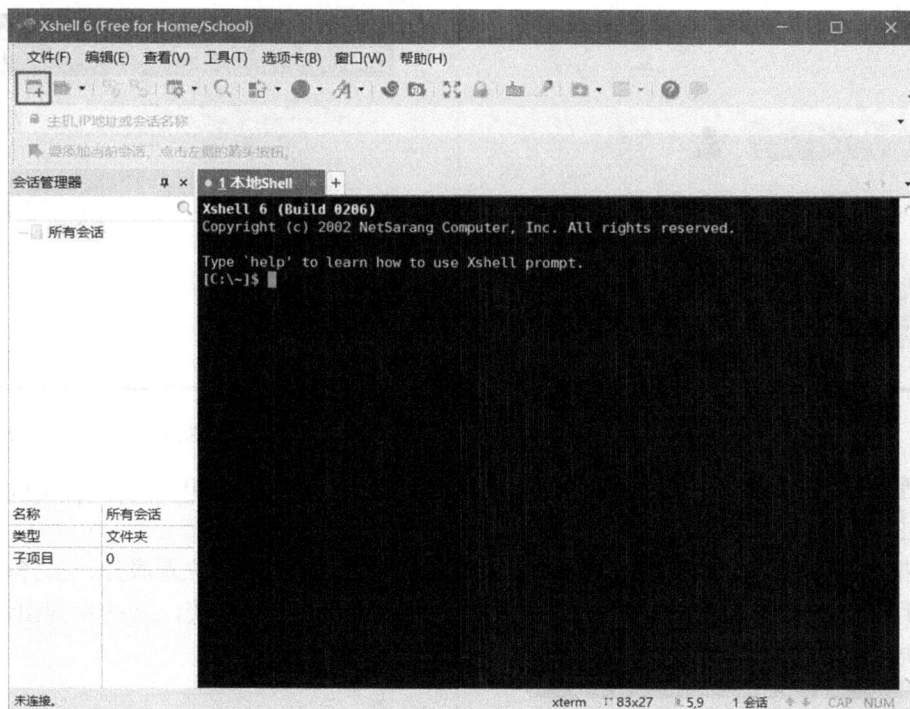

图 3-31　新建会话

在"新建会话属性"页面，编辑会话名称，填写主机 IP 地址，如图 3-32 所示。在主机 IP 地址栏中可以直接写服务器的 IP 地址，也可以在系统已经修改过主机映射文件的前提下直接填写主机映射名。

图 3-32　新建连接主机

选择左侧的"用户身份验证"选项，设置连接用的用户名和密码，如图 3-33 所示。设置完成后，单击"确定"按钮，即可创建新的连接信息。

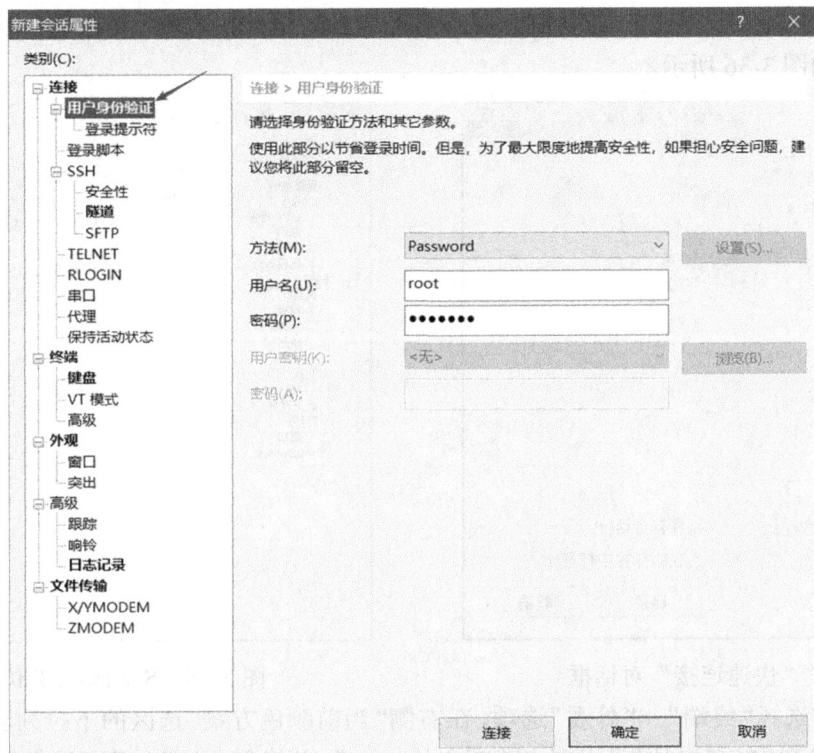

图 3-33　设置用户名和密码

连接创建完成后，在连接列表双击，在第一次连接时，弹出如图 3-34 所示的"SSH 安全警告"页面，单击"接受并保存"按钮，接受主机密钥。

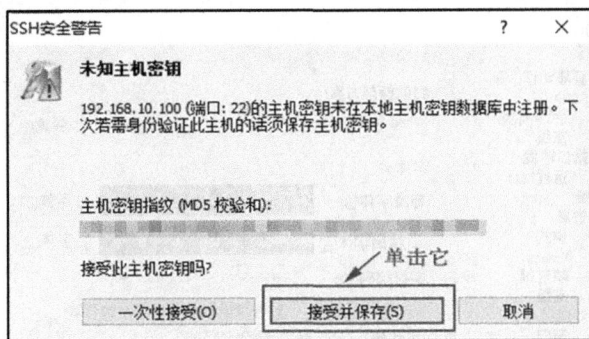

图 3-34　"SSH 安全警告"页面

通过以上方式，就可以创建其他主机的连接了，读者也可以自行探索 Xshell 提供的其他功能。

2．SecureCRT

SecureCRT 将 SSH（Secure Shell）的安全登录、数据传送性能和 Windows 终端仿真提供的可靠性、可用性、易配置性结合在一起。如果需要管理多台服务器，使用 SecureCRT 可以很方便地记住多个地址，并且可以通过配置设置自动登录，方便远程管理，提高效率。SecureCRT 的缺点是需要安装，而且它是一款共享软件，不付费注册则不能使用。

安装 SecureCRT 并启动后，单击"快速连接"按钮，弹出"快速连接"对话框，如图 3-35 所示，输入想要连接的"主机名"和"用户名"，单击"连接"按钮，按照提示输入密码即可登录。

SecureCRT 默认不支持中文，中文会显示为乱码，解决方法如下。

在建立连接后，选择"选项"→"会话选项"命令，在弹出的对话框左侧列表框中选择"终端"→"仿真"选项，在右侧"终端"下拉列表中选择 Xterm 选项，勾选"ANSI 颜色"复选框，以支持颜色显示，单击"确定"按钮，如图 3-36 所示。

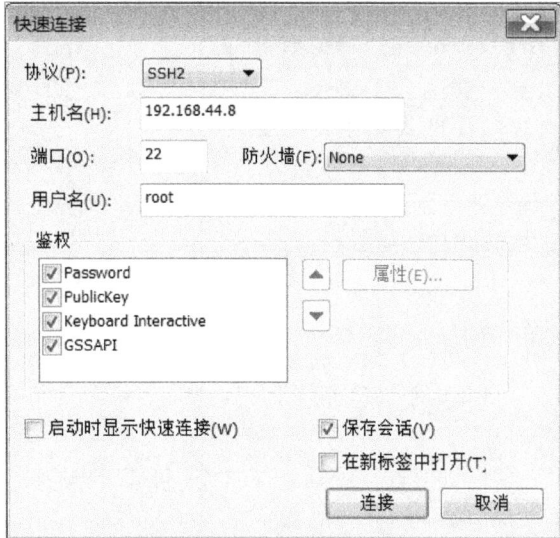

图 3-35　"快速连接"对话框

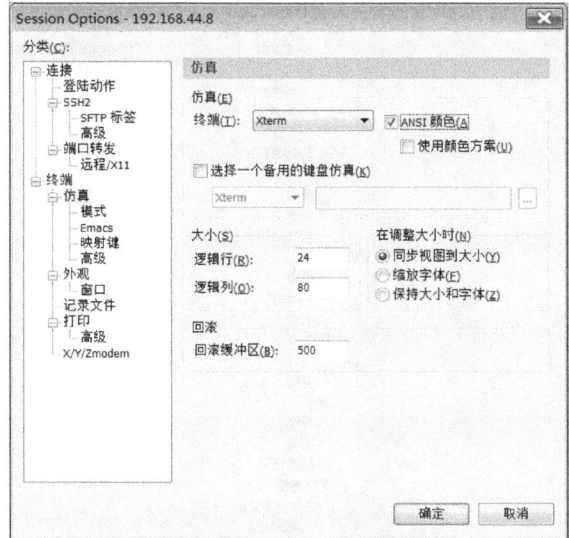

图 3-36　SecureCRT 仿真设置

在左侧列表框中选择"终端"→"外观"选项，在右侧"当前颜色方案"选区的下拉列表中选择 Traditional 选项，在"标准字体"和"精确字体"中均选择"新宋体 11pt"，并确保"字符编码"选择为"UTF-8"（CentOS 默认使用中文字符集 UTF-8），取消勾选"使用 Unicode 线条绘制字符"复选框，单击"确定"按钮，如图 3-37 所示。

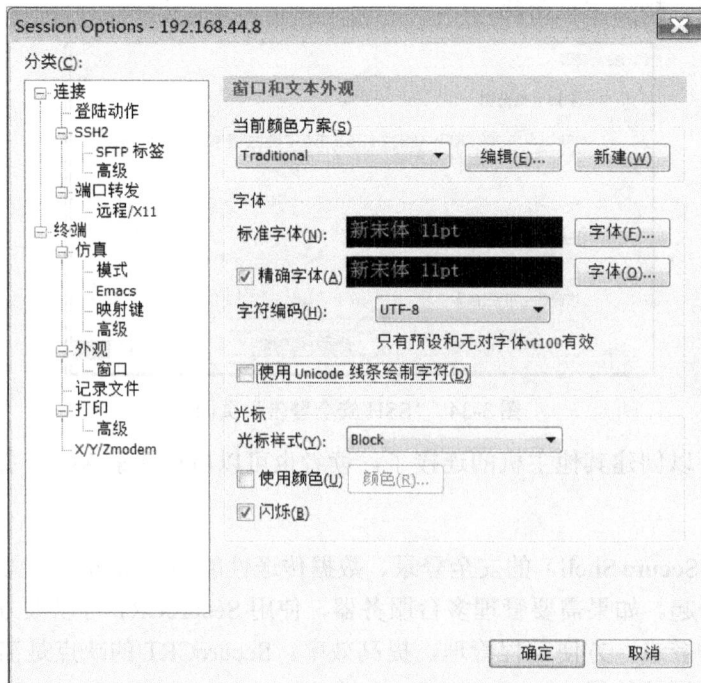

图 3-37　SecureCRT 窗口和文本外观设置

至此，我们就搭建好了初步的学习实验环境。

3.2　Linux 环境配置

3.2.1　网络配置

对安装好的 VMware 进行网络配置，方便虚拟机连接网络，本次设置建议选择 NAT 模式，需要宿主机的 Windows 和虚拟机的 Linux 进行网络连接，同时虚拟机的 Linux 可以通过宿主机的 Windows 进入互联网。

选择"编辑"→"虚拟网络编辑器"命令，如图 3-38 所示，对虚拟机进行网络配置。

在打开的"虚拟网络编辑器"对话框中，选择 NAT 模式并修改虚拟机的子网 IP 地址，如图 3-39 所示。

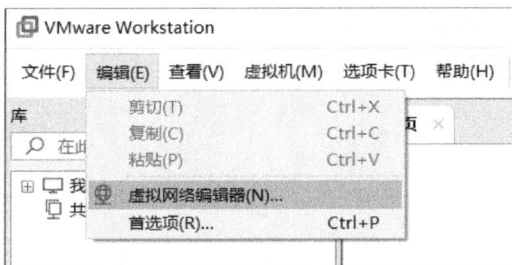

图 3-38　"虚拟网络编辑器"命令　　　　　　图 3-39　选择 NAT 模式并修改虚拟机的子网 IP 地址

单击"NAT 设置"按钮，在打开的"NAT 设置"对话框中查看网关设置，如图 3-40 所示。

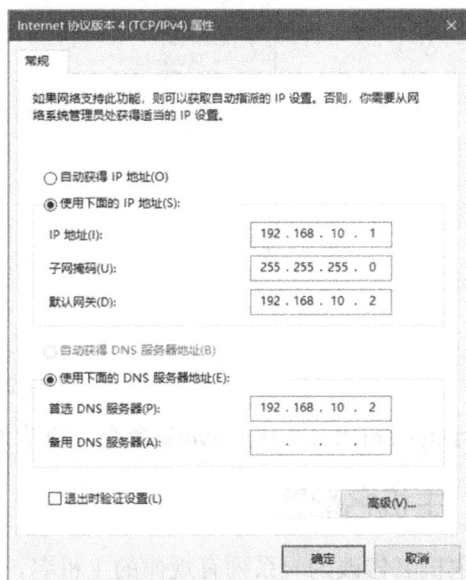

查看 Windows 环境中的 vmnet8 网络配置，如图 3-41 所示，查看路径为"控制面板"→"网络和 Internet"→"网络连接"。

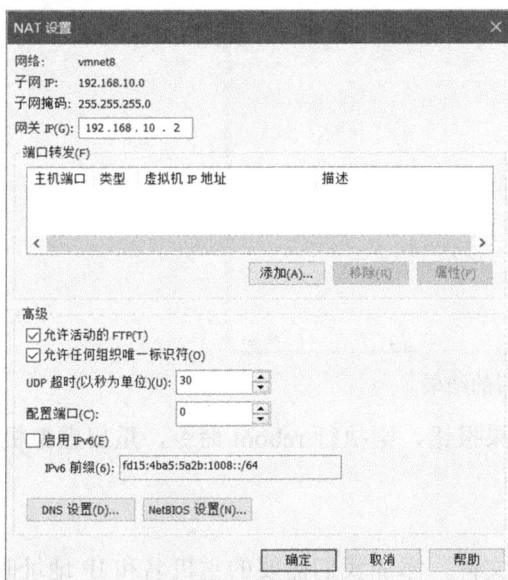

图 3-40　查看网关设置　　　　　　　　　图 3-41　Windows 环境中的 vmnet8 网络配置

3.2.2 网络 IP 地址配置

将网络 IP 地址修改为静态 IP 地址，避免 IP 地址经常变化，从而方便节点服务器间的互相通信。

```
[root@hadoop100 ~] #vim /etc/sysconfig/network-scripts/ifcfg-ens33
```

以下加粗的项必须修改，有值的按照下面的值修改，没有该项的则需要增加。

```
TYPE="Ethernet"          #网络类型（通常是 Ethernet）
PROXY_METHOD="none"
BROWSER_ONLY="no"
#IP 地址的配置方法为[none|static|bootp|dhcp]（引导时不使用协议|静态分配 IP 地址|BOOTP 协议|DHCP 协议）
BOOTPROTO="static"
DEFROUTE="yes"
IPV4_FAILURE_FATAL="no"
IPV6INIT="yes"
IPV6_AUTOCONF="yes"
IPV6_DEFROUTE="yes"
IPV6_FAILURE_FATAL="no"
IPV6_ADDR_GEN_MODE="stable-privacy"
NAME="ens33"
UUID="e83804c1-3257-4584-81bb-660665ac22f6"     #随机 id
DEVICE="ens33"                                   #接口名（设备，网卡）
ONBOOT="yes"                                     #系统启动时网络接口是否有效（yes/no）
#IP 地址
IPADDR=192.168.10.100
#网关
GATEWAY=192.168.10.2
#域名解析器
DNS1=192.168.10.2
```

修改 IP 地址后的结果如图 3-42 所示。执行:wq 命令，保存后退出。

图 3-42　修改 IP 地址后的结果

执行 systemctl restart network 命令，重启网络服务。如果报错，则执行 reboot 命令，重启虚拟机。

3.2.3 主机名配置

将主机名修改为一系列有规律的主机名，并修改 hosts 文件，添加我们需要的主机名和 IP 地址映射，以方便管理，以及方便节点服务器间通过主机名进行通信。

1．修改 Linux 的主机映射文件（hosts 文件）

（1）进入 Linux，执行 hostname 命令查看本机的主机名。

```
[root@hadoop100 ~]# hostname
hadoop100
```

（2）如果感觉此主机名不合适，则可以进行修改。通过编辑/etc/hostname 文件修改主机名。

```
[root@hadoop100 ~]# vim /etc/hostname
hadoop100
```

注意：主机名不要有"_"（下画线）。

（3）打开/etc/hostname 文件后，可以看到主机名，在此处可以对主机名进行修改，但是这里不做修改，主机名仍为 hadoop100。

（4）保存并退出。

（5）打开/etc/hosts 文件。

```
[root@hadoop100 ~]# vim /etc/hosts
```

添加如下内容。

```
192.168.10.100 hadoop100
192.168.10.101 hadoop101
192.168.10.102 hadoop102
192.168.10.103 hadoop103
192.168.10.104 hadoop104
192.168.10.105 hadoop105
192.168.10.106 hadoop106
192.168.10.107 hadoop107
192.168.10.108 hadoop108
```

（6）重启设备，查看主机名，可以看到主机名已经修改成功。

2．修改 Windows 的主机映射文件（hosts 文件）

（1）进入 C:\Windows\System32\drivers\etc 路径。

（2）将 hosts 文件复制到桌面上。

（3）打开桌面上的 hosts 文件并添加如下内容。

```
192.168.10.100 hadoop100
192.168.10.101 hadoop101
192.168.10.102 hadoop102
192.168.10.103 hadoop103
192.168.10.104 hadoop104
192.168.10.105 hadoop105
192.168.10.106 hadoop106
192.168.10.107 hadoop107
192.168.10.108 hadoop108
```

（4）用桌面上的 hosts 文件覆盖 C:\Windows\System32\drivers\etc 路径中的 hosts 文件。

3.2.4　防火墙配置

为了使 Windows 或其他系统可以访问 Linux 虚拟机内的服务，有时候需要关闭虚拟机的防火墙，以下是常见的防火墙开/关命令。

1．临时关闭

（1）查看防火墙状态。

```
[root@hadoop100 ~]# systemctl status firewalld
```
（2）临时关闭防火墙。
```
[root@hadoop100 ~]# systemctl stop firewalld
```

2．关闭开机自启

（1）查看开机启动时防火墙的状态。
```
[root@hadoop100 ~]# systemctl list-unit-files|grep firewalld
```
（2）设置开机时不自动启动防火墙。
```
[root@hadoop100 ~]# systemctl disable firewalld.service
```

3.2.5　一般用户设置

root 用户具有很大的操作权限，而在实际操作中又需要对用户的权限有所限制，因此我们需要创建一般用户。

（1）添加 atguigu 用户，并对其设置密码。
```
[root@hadoop100 ~]#useradd atguigu
[root@hadoop100 ~]#passwd atguigu
```
（2）配置 atguigu 用户具有 root 权限，接下来的所有操作都将在一般用户身份下完成。

修改配置文件，路径如下。
```
[root@hadoop100 ~]#vi /etc/sudoers
```
打开/etc/sudoers 文件，找到第 91 行代码，在 root 下面添加一行代码。
```
## Allow root to run any commands anywhere
root    ALL=(ALL)    ALL
atguigu  ALL=(ALL)    ALL
```
或者配置成在执行 sudo 命令时，不需要输入密码。
```
## Allow root to run any commands anywhere
root    ALL=(ALL)    ALL
atguigu  ALL=(ALL)    NOPASSWD:ALL
```
修改完成后，一般用户使用 atguigu 账户或执行 sudo 命令进行登录，即可获得 root 操作权限。

3.3　Hadoop 环境搭建

在搭建完 Linux 环境后，我们正式开始搭建 Hadoop 分布式集群环境。

3.3.1　虚拟机环境准备

1．克隆虚拟机

关闭要被克隆的虚拟机，右击虚拟机名称，在弹出的快捷菜单中选择"管理"→"克隆"命令，如图 3-43 所示。

在欢迎页面单击"下一步"按钮，打开"克隆虚拟机向导"页面，选中"虚拟机中的当前状态"单选按钮，克隆虚拟机，如图 3-44 所示。

将"克隆方法"设置为"创建完整克隆"，如图 3-45 所示。

设置克隆的"虚拟机名称"和"位置"，如图 3-46 所示。

图 3-43　克隆虚拟机入口

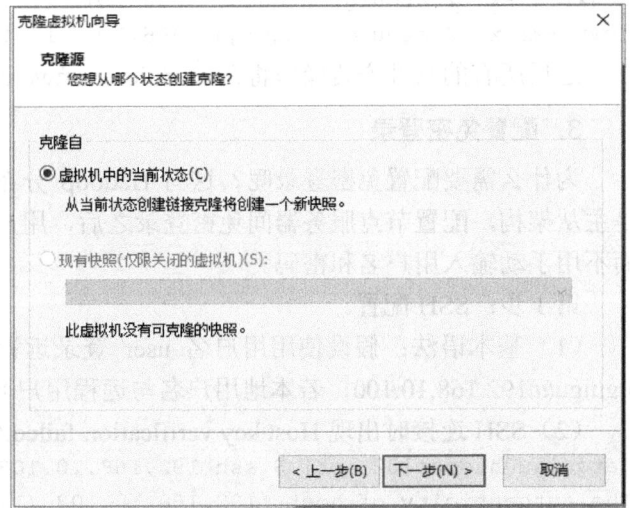

图 3-44　克隆虚拟机

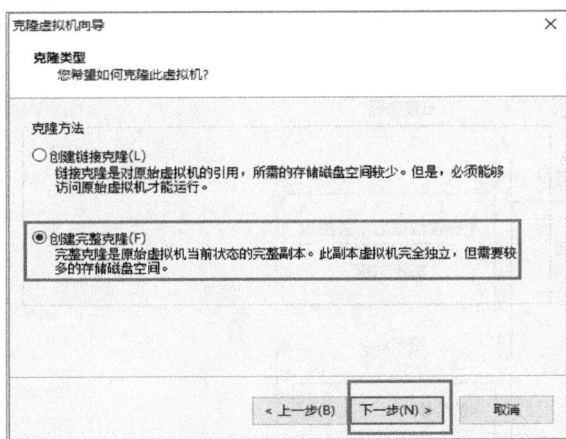

图 3-45　将"克隆方法"设置为"创建完整克隆"

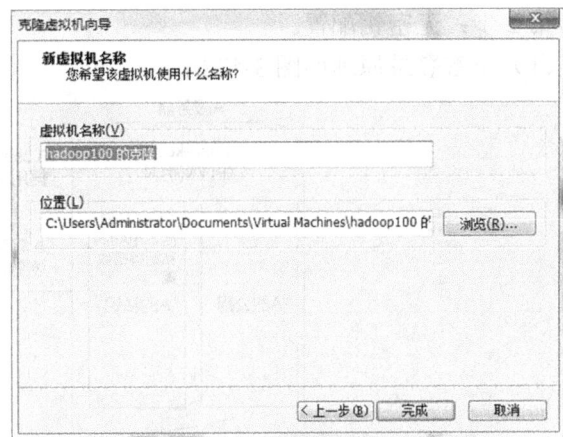

图 3-46　设置克隆的"虚拟机名称"和"位置"

单击"完成"按钮，开始克隆，需要等待一段时间，克隆完成后，单击"关闭"按钮。

修改克隆后的虚拟机的 IP 地址，路径如下。

```
[root@hadoop100 /]#vim /etc/sysconfig/network-scripts/ifcfg-ens33
```

将其修改为想要设置的 IP 地址。

```
IPADDR=192.168.10.102        #IP 地址
```

按照 3.2.3 节中主机名的配置方法修改主机名。

重启服务器，按照上述操作分别克隆 3 台虚拟机，并将其命名为 hadoop102、hadoop103、hadoop104，主机名和 IP 地址分别与 3.2.3 节中 hosts 文件的设置一一对应。

2．创建安装目录

（1）在/opt 目录下创建 module、software 文件夹。

```
[atguigu@hadoop102 opt]$ sudo mkdir module
[atguigu@hadoop102 opt]$ sudo mkdir software
```

（2）修改 module、software 文件夹的所有者。

```
[atguigu@hadoop102 opt]$ sudo chown atguigu:atguigu module/ software/
[atguigu@hadoop102 opt]$ ll
总用量 8
drwxr-xr-x. 2 atguigu atguigu 4096 1月  17 14:37 module
drwxr-xr-x. 2 atguigu atguigu 4096 1月  17 14:38 software
```

之后所有的软件安装操作将在 module、software 文件夹中进行。

3. 配置免密登录

为什么需要配置免密登录呢？这与 Hadoop 分布式集群的架构有关。我们搭建的 Hadoop 分布式集群是主从架构，配置节点服务器间免密登录之后，用户就可以方便地通过主节点服务器启动从节点服务器，而不用手动输入用户名和密码。

第 1 步：SSH 配置。

（1）基本语法：假设使用用户名 user 登录远程主机 host，只需要输入 ssh user@host 即可，如 ssh atguigu@192.168.10.100，若本地用户名与远程用户名一致，在登录时则可以省略用户名，如 ssh host。

（2）SSH 连接时出现 Host key verification failed.错误提示，直接输入 yes 即可。

```
[atguigu@hadoop102 opt] $ ssh 192.168.10.103
The authenticity of host '192.168.10.103 (192.168.10.103)' can't be established.
RSA key fingerprint is cf:1e:de:d7:d0:4c:2d:98:60:b4:fd:ae:b1:2d:ad:06.
Are you sure you want to continue connecting (yes/no)?
Host key verification failed.
```

第 2 步：无密钥配置。

（1）免密登录原理如图 3-47 所示。

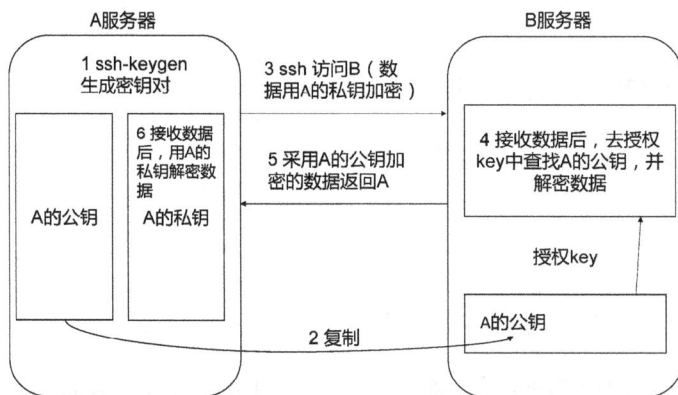

图 3-47　免密登录原理

（2）生成公钥和私钥。

```
[atguigu@hadoop102 .ssh]$ ssh-keygen -t rsa
```

连续按 3 次 Enter 键，就会生成 2 个文件：id_rsa（私钥）、id_rsa.pub（公钥）。

（3）将公钥复制到免密登录的目标机器上。

```
[atguigu@hadoop102 .ssh]$ ssh-copy-id hadoop102
[atguigu@hadoop102 .ssh]$ ssh-copy-id hadoop103
[atguigu@hadoop102 .ssh]$ ssh-copy-id hadoop104
```

注意：需要在 hadoop102 虚拟机上采用 root 账户配置免密登录到 hadoop102、hadoop103、hadoop104 虚拟机上；还需要在 hadoop103 虚拟机上采用 atguigu 账户配置免密登录到 hadoop102、hadoop103、hadoop104 虚拟机上。

.ssh 文件夹下的文件功能解释如下。

- known_hosts：记录 SSH 访问过的计算机的公钥。

- id_rsa：生成的私钥。
- id_rsa.pub：生成的公钥。
- authorized_keys：用于存放授权过的免密登录服务器公钥。

4．配置时间同步

为什么要配置节点服务器间的时间同步呢？

在搭建 Hadoop 分布式集群之前需要解决两个问题：数据的存储和数据的计算。

Hadoop 对大型文件的存储采用分块的方法，将文件切分成多块，以块为单位分发到各台节点服务器上进行存储。当这个大型文件再次被访问到时，首先需要从 3 台节点服务器上分别拿出数据，然后进行计算。由于计算机之间的通信和数据的传输一般是以时间为约定条件的，如果 3 台节点服务器的时间不一致，就会导致在读取块数据的时候出现时间延迟，可能会导致访问文件时间过长，甚至失败，因此配置节点服务器间的时间同步非常重要。

第 1 步：配置时间服务器（必须使用 root 用户）。

（1）检查所有节点服务器的 ntp 服务状态和开机自启动状态。

```
[root@hadoop102 ~]# systemctl status ntpd
[root@hadoop102 ~]# systemctl is-enabled ntpd
```

（2）关闭所有节点服务器的 ntp 服务和开机自启动。

```
[root@hadoop102 ~]# systemctl stop ntpd
[root@hadoop102 ~]# systemctl disable ntpd
```

（3）修改 ntp 配置文件，路径如下。

```
[root@hadoop102 ~]# vim /etc/ntp.conf
```

修改内容如下。

① 修改 1（设置本地网络上的主机不受限制），将以下配置前的"#"删除，解开此行注释。

```
#restrict 192.168.10.0 mask 255.255.255.0 nomodify notrap
```

② 修改 2（设置为不采用公共的服务器）。

```
server 0.centos.pool.ntp.org iburst
server 1.centos.pool.ntp.org iburst
server 2.centos.pool.ntp.org iburst
server 3.centos.pool.ntp.org iburst
```

将上述内容修改为：

```
#server 0.centos.pool.ntp.org iburst
#server 1.centos.pool.ntp.org iburst
#server 2.centos.pool.ntp.org iburst
#server 3.centos.pool.ntp.org iburst
```

③ 修改 3（添加一个默认的内部时钟数据，使用它为局域网用户提供服务）。

```
server 127.127.1.0
fudge 127.127.1.0 stratum 10
```

（4）修改/etc/sysconfig/ntpd 文件。

```
[root@hadoop102 ~]# vim /etc/sysconfig/ntpd
```

增加如下内容（让硬件时间与系统时间同步）。

```
SYNC_HWCLOCK=yes
```

重新启动/etc/sysconfig/ntpd 文件。

```
[root@hadoop102 ~]# systemctl status ntpd
ntpd 已停
[root@hadoop102 ~]# systemctl start ntpd
正在启动 ntpd:                                    [确定]
```

执行如下命令。

```
[root@hadoop102 ~]# systemctl enable ntpd
```
第 2 步：配置其他服务器（必须使用 root 用户）。

配置其他服务器 10 分钟与时间服务器同步一次。
```
[root@hadoop103 ~]# crontab -e
```
编写脚本。
```
*/10 * * * * /usr/sbin/ntpdate hadoop102
```
修改 hadoop103 节点服务器的时间，使其与另外两台节点服务器的时间不同步。
```
[root@hadoop103 hadoop]# date -s "2017-9-11 11:11:11"
```
10 分钟后查看该节点服务器是否与时间服务器同步。
```
[root@hadoop103 hadoop]# date
```

5．编写集群分发脚本

集群间数据的复制通用的两个命令是 scp 和 rsync，其中，rsync 命令可以只对差异文件进行更新，非常方便，但是在使用时需要操作者频繁输入各种命令参数，为了能够更方便地使用该命令，我们编写一个集群分发脚本，主要用于实现目前集群间的数据分发。

第 1 步：脚本需求分析。将脚本循环复制到所有节点服务器的相同目录下。

（1）原始复制。
```
rsync -rv /opt/module root@hadoop103:/opt/
```
（2）期望脚本效果。
```
xsync path/filename #要同步的文件路径或文件名
```
（3）在/home/atguigu/bin 目录下存放的脚本，atguigu 用户可以在系统任何地方直接执行。

第 2 步：脚本实现。

（1）在/home/atguigu 目录下创建 bin 目录，并在 bin 目录下使用 vim 命令创建 xsync 脚本，脚本内容如下。
```
[atguigu@hadoop102 ~]$ mkdir bin
[atguigu@hadoop102 ~]$ cd bin/
[atguigu@hadoop102 bin]$ touch xsync
[atguigu@hadoop102 bin]$ vim xsync
#!/bin/bash
#获取输入参数个数，如果没有参数，则直接退出
pcount=$#
if((pcount==0)); then
echo no args;
exit;
fi

#获取脚本名称
p1=$1
fname=`basename $p1`
echo fname=$fname

#获取上级目录到绝对路径
pdir=`cd -P $(dirname $p1); pwd`
echo pdir=$pdir

#获取当前用户名称
user=`whoami`
```

```
#循环
for((host=103; host<105; host++)); do
    echo -------------------- hadoop$host ------------------
    rsync -rvl $pdir/$fname $user@hadoop$host:$pdir
done
```

（2）修改 xsync 脚本，使其具有执行权限。

```
[atguigu@hadoop102 bin]$ chmod 777 xsync
```

（3）调用脚本，形式为 xsync 脚本名称。

```
[atguigu@hadoop102 bin]$ xsync /home/atguigu/bin
```

3.3.2　JDK 安装

JDK 是 Java 的开发工具箱，是整个 Java 的核心，包括 Java 运行环境、Java 工具和 Java 基础类库。JDK 是学习大数据技术的基础工具之一。即将搭建的 Hadoop 分布式集群的安装程序就是用 Java 开发的，所有 Hadoop 分布式集群想要正常运行，必须安装 JDK。

（1）分别在 3 台虚拟机上卸载现有的 JDK。

① 检查计算机中是否已安装 Java 软件。

```
[atguigu@hadoop102 opt]$ rpm -qa | grep java
```

② 如果安装的版本低于 1.7，则卸载该 JDK。

```
[atguigu@hadoop102 opt]$ sudo rpm -e 软件包
```

（2）将 JDK 软件包导入 opt 目录下的 software 文件夹中。

① 在 Linux 下的 opt 目录中查看软件包是否导入成功。

```
[atguigu@hadoop102 opt]$ cd software/
[atguigu@hadoop102 software]$ ls
jdk-8u144-linux-x64.tar.gz
```

② 将 JDK 软件包解压缩到/opt/module 目录下，tar 命令用来解压缩.tar 或.tar.gz 格式的压缩包，通过-z 选项指定解压缩.tar.gz 格式的压缩包，-f 选项用于指定解压缩文件，-x 选项用于指定解压缩操作，-v 选项用于显示解压缩过程，-C 选项用于指定解压缩路径。

```
[atguigu@hadoop102 software]$ tar -zxvf jdk-8u144-linux-x64.tar.gz -C /opt/
module/
```

（3）配置 JDK 环境变量，以方便使用 JDK 的程序调用 JDK。

① 先获取 JDK 路径。

```
[atgui@hadoop102 jdk1.8.0_144]$ pwd
/opt/module/jdk1.8.0_144
```

② 新建/etc/profile.d/my_env.sh 文件，需要注意的是，/etc/profile.d 路径属于 root 用户，需要使用 sudo vim 命令才可以对它进行编辑。

```
[atguigu@hadoop102 software]$ sudo vim /etc/profile.d/my_env.sh
```

在/etc/profile.d/my_env.sh 文件末尾添加 JDK 路径，添加的内容如下。

```
#JAVA_HOME
export JAVA_HOME=/opt/module/jdk1.8.0_144
export PATH=$PATH:$JAVA_HOME/bin
```

保存后退出。

```
:wq
```

③ 修改环境变量后，需要执行 source 命令使修改后的文件生效。

```
[atguigu@hadoop102 jdk1.8.0_144]$ source /etc/profile.d/my_env.sh
```

（4）通过执行 java -version 命令，测试 JDK 是否安装成功。

```
[atguigu@hadoop102 jdk1.8.0_144]# java -version
```

```
java version "1.8.0_144"
```

如果执行 java -version 命令后无法显示 Java 版本，则执行以下命令重启服务器。

```
[atguigu@hadoop102 jdk1.8.0_144]$ sync
[atguigu@hadoop102 jdk1.8.0_144]$ sudo reboot
```

（5）给所有节点服务器分发 JDK。

```
[atguigu@hadoop102 jdk1.8.0_144]$ xsync /opt/module/jdk1.8.0_144
```

（6）分发环境变量。

```
[atguigu@hadoop102 jdk1.8.0_144]$ xsync /etc/profile.d/my_env.sh
```

（7）执行 source 命令，使环境变量在每台虚拟机上生效。

```
[atguigu@hadoop103 jdk1.8.0_144]$ source /etc/profile.d/my_env.sh
[atguigu@hadoop104 jdk1.8.0_144]$ source /etc/profile.d/my_env.sh
```

3.3.3 Hadoop 安装

在搭建 Hadoop 分布式集群时，因为每台节点服务器上的 Hadoop 配置基本相同，所以只需在 hadoop102 节点服务器上操作，配置完成后同步到另外两台节点服务器上即可。

（1）将 Hadoop 的安装包 hadoop-3.1.3.tar.gz 导入 opt 目录下的 software 文件夹中，该文件夹被指定用来存储各软件的安装包。

① 进入 Hadoop 安装包路径。

```
[atguigu@hadoop102 ~]$ cd /opt/software/
```

② 将安装包解压缩到/opt/module 目录下。

```
[atguigu@hadoop102 software]$ tar -zxvf hadoop-3.1.3.tar.gz -C /opt/module/
```

③ 查看是否解压缩成功。

```
[atguigu@hadoop102 software]$ ls /opt/module/
hadoop-3.1.3
```

（2）将 Hadoop 添加到环境变量，可以直接使用 Hadoop 的相关指令进行操作，而不用指定 Hadoop 的目录。

① 获取 Hadoop 安装路径。

```
[atguigu@ hadoop102 hadoop-3.1.3]$ pwd
/opt/module/hadoop-3.1.3
```

② 打开/etc/profile.d/my_env.sh 文件。

```
[atguigu@ hadoop102 hadoop-3.1.3]$ sudo vim /etc/profile.d/my_env.sh
```

在/etc/profile.d/my_env.sh 文件末尾添加 Hadoop 安装路径，添加的内容如下。

```
##HADOOP_HOME
export HADOOP_HOME=/opt/module/hadoop-3.1.3
export PATH=$PATH:$HADOOP_HOME/bin
export PATH=$PATH:$HADOOP_HOME/sbin
```

③ 保存后退出。

```
:wq
```

④ 执行 source 命令，使修改后的文件生效。

```
[atguigu@ hadoop102 hadoop-3.1.3]$ source /etc/profile.d/my_env.sh
```

（3）测试是否安装成功。

```
[atguigu@hadoop102 ~]$ hadoop version
Hadoop 3.1.3
```

如果执行 hadoop version 命令后无法显示 Hadoop 版本，则执行以下命令重启服务器。

```
[atguigu@ hadoop102 hadoop-3.1.3]$ sync
[atguigu@ hadoop102 hadoop-3.1.3]$ sudo reboot
```

（4）给所有节点分发 Hadoop。

```
[atguigu@hadoop102 hadoop-3.1.3]$ xsync /opt/module/hadoop-3.1.3
```

（5）分发环境变量。

```
[atguigu@hadoop102 hadoop-3.1.3]$ xsync /etc/profile.d/my_env.sh
```

（6）执行 source 命令，使环境变量在每台虚拟机上生效。

```
[atguigu@hadoop103 hadoop-3.1.3]$ source /etc/profile.d/my_env.sh
[atguigu@hadoop104 hadoop-3.1.3]$ source /etc/profile.d/my_env.sh
```

3.3.4　Hadoop 分布式集群部署

Hadoop 的运行模式包括本地模式、伪分布式模式及完全分布式模式。本次主要搭建实际生产环境中比较常用的完全分布式模式，在搭建完全分布式模式之前，需要先对集群部署进行提前规划，不要将过多的服务集中到一台节点服务器上。我们将负责管理工作的 NameNode 和 ResourceManager 服务分别部署到两台节点服务器上，在其中一台节点服务器上部署 SecondaryNameNode 服务，在所有节点服务器上均部署 DataNode 和 NodeManager 服务，并且 DataNode 和 NodeManager 服务通常存储在同一台节点服务器上，所有服务尽量做到均衡分配。

（1）集群部署规划如表 3-1 所示。

表 3-1　集群部署规划

服 务 名 称	节点服务器		
	hadoop102	hadoop103	hadoop104
HDFS	NameNode		SecondaryNameNode
	DataNode	DataNode	DataNode
YARN		ResourceManager	
	NodeManager	NodeManager	NodeManager

（2）集群服务的分配主要依靠配置文件，配置集群文件的细节如下。

① 核心配置文件为 core-site.xml，该配置文件是 Hadoop 的全局配置文件，我们主要对分布式文件系统 NameNode 的入口地址和分布式文件系统中数据落地到服务器本地磁盘的位置进行配置，代码如下。

```
[atguigu@hadoop102 hadoop]$ vim core-site.xml
<?xml version="1.0" encoding="UTF-8"?>
<?xml-stylesheet type="text/xsl" href="configuration.xsl"?>

<configuration>
    <!-- 指定 NameNode 的地址 -->
    <property>
        <name>fs.defaultFS</name>
        <value>hdfs://hadoop102:8020</value>
    </property>
    <!-- 指定 Hadoop 数据的存储目录 -->
    <property>
        <name>hadoop.tmp.dir</name>
        <value>/opt/module/hadoop-3.1.3/data</value>
    </property>

    <!-- 配置 HDFS 网页登录使用的静态用户为 atguigu -->
    <property>
        <name>hadoop.http.staticuser.user</name>
        <value>atguigu</value>
    </property>
```

```
    <!-- 配置该 atguigu(superUser)用户允许通过代理访问的主机节点 -->
    <property>
        <name>hadoop.proxyuser.atguigu.hosts</name>
        <value>*</value>
    </property>
    <!-- 配置该 atguigu(superUser)用户允许代理的用户所属组 -->
    <property>
        <name>hadoop.proxyuser.atguigu.groups</name>
        <value>*</value>
    </property>
    <!-- 配置该 atguigu(superUser)用户允许代理的用户-->
    <property>
        <name>hadoop.proxyuser.atguigu.users</name>
        <value>*</value>
    </property>
</configuration>
```

② Hadoop 的环境配置文件为 hadoop-env.sh，在这个配置文件中，我们主要需要指定 JDK 的路径为 JAVA_HOME，避免在程序运行过程中出现找不到 JAVA_HOME 的异常。

```
[atguigu@hadoop102 hadoop]$ vim hadoop-env.sh
export JAVA_HOME=/opt/module/jdk1.8.0_144
```

③ HDFS 的配置文件为 hdfs-site.xml，在这个配置文件中，我们主要对 HDFS 的参数进行配置。

```
[atguigu@hadoop102 hadoop]$ vim hdfs-site.xml
<?xml version="1.0" encoding="UTF-8"?>
<?xml-stylesheet type="text/xsl" href="configuration.xsl"?>

<configuration>
    <!-- NameNode Web 端访问地址-->
    <property>
        <name>dfs.namenode.http-address</name>
        <value>hadoop102:9870</value>
    </property>

    <!-- SecondaryNameNode Web 端访问地址-->
    <property>
        <name>dfs.namenode.secondary.http-address</name>
        <value>hadoop104:9868</value>
    </property>

    <!-- 在测试环境下，指定 HDFS 副本的数量为 1 -->
    <property>
        <name>dfs.replication</name>
        <value>1</value>
    </property>
</configuration >
```

④ YARN 的环境配置文件为 yarn-env.sh，同样指定 JDK 的路径为 JAVA_HOME。

```
[atguigu@hadoop102 hadoop]$ vim yarn-env.sh
export JAVA_HOME=/opt/module/jdk1.8.0_144
```

⑤ 关于 YARN 的配置文件 yarn-site.xml，主要配置如下参数。

```
[atguigu@hadoop102 hadoop]$ vim yarn-site.xml
<?xml version="1.0" encoding="UTF-8"?>
<?xml-stylesheet type="text/xsl" href="configuration.xsl"?>

<configuration>
    <!-- 为 NodeManager 配置额外的 Shuffle 服务 -->
    <property>
        <name>yarn.nodemanager.aux-services</name>
        <value>mapreduce_shuffle</value>
    </property>

    <!-- 指定 ResourceManager 的地址-->
    <property>
        <name>yarn.resourcemanager.hostname</name>
        <value>hadoop103</value>
    </property>

    <!-- task 继承 NodeManager 环境变量-->
    <property>
        <name>yarn.nodemanager.env-whitelist</name>
        <value>JAVA_HOME,HADOOP_COMMON_HOME,HADOOP_HDFS_HOME,HADOOP_CONF_DIR,
CLASSPATH_PREPEND_DISTCACHE,HADOOP_YARN_HOME,HADOOP_MAPRED_HOME</value>
    </property>

    <!-- YARN 容器允许分配的最大、最小内存 -->
    <property>
        <name>yarn.scheduler.minimum-allocation-mb</name>
        <value>512</value>
    </property>
    <property>
        <name>yarn.scheduler.maximum-allocation-mb</name>
        <value>4096</value>
    </property>

    <!-- YARN 容器允许管理的物理内存大小 -->
    <property>
        <name>yarn.nodemanager.resource.memory-mb</name>
        <value>4096</value>
    </property>

    <!-- 关闭 YARN 对物理内存和虚拟内存的限制检查 -->
    <property>
        <name>yarn.nodemanager.pmem-check-enabled</name>
        <value>false</value>
    </property>
    <property>
        <name>yarn.nodemanager.vmem-check-enabled</name>
        <value>false</value>
    </property>
    <!-- 开启日志聚集功能 -->
    <property>
```

```
        <name>yarn.log-aggregation-enable</name>
        <value>true</value>
    </property>

    <!-- 设置日志聚集服务器地址 -->
    <property>
        <name>yarn.log.server.url</name>
        <value>http://hadoop102:19888/jobhistory/logs</value>
    </property>

    <!-- 设置日志保留时间为 7 日 -->
    <property>
        <name>yarn.log-aggregation.retain-seconds</name>
        <value>604800</value>
    </property>
</configuration >
```

⑥ MapReduce 的环境配置文件为 mapred-env.sh，同样指定 JDK 的路径为 JAVA_HOME。

```
[atguigu@hadoop102 hadoop]$ vim mapred-env.sh
export JAVA_HOME=/opt/module/jdk1.8.0_144
```

⑦ 关于 MapReduce 的配置文件 mapred-site.xml，主要配置一个参数，用于指明 MapReduce 的运行框架为 YARN。

```
[atguigu@hadoop102 hadoop]$ vim mapred-site.xml
<?xml version="1.0" encoding="UTF-8"?>
<?xml-stylesheet type="text/xsl" href="configuration.xsl"?>

<configuration>
<!-- 指定 MapReduce 程序运行在 YARN 上 -->
<property>
    <name>mapreduce.framework.name</name>
    <value>yarn</value>
</property>
<!-- 历史服务器端地址 -->
<property>
    <name>mapreduce.jobhistory.address</name>
    <value>hadoop102:10020</value>
</property>

<!-- 历史服务器 Web 端地址 -->
<property>
    <name>mapreduce.jobhistory.webapp.address</name>
    <value>hadoop102:19888</value>
</property>

</configuration >
```

⑧ 在配置文件中已经对主节点服务器的 NameNode 和 ResourceManager 服务进行了配置，接下来还需要对从节点服务器的服务进行指定，workers 配置文件就是用来配置 Hadoop 分布式集群中各台从节点服务器的服务的。代码如下所示，对 workers 配置文件进行修改，将 3 台节点服务器全部指定为从节点服务器，启动 DataNode 和 NodeManager 服务。

```
[atguigu@hadoop102 hadoop]$ vim workers
hadoop102
```

```
hadoop103
hadoop104
```

⑨ 在集群上分发配置好的 Hadoop 配置文件,这样,3 台节点服务器就可以享有相同的 Hadoop 配置。

```
[atguigu@hadoop102 hadoop]$ xsync /opt/module/hadoop-3.1.3/
```

⑩ 查看文件分发情况。

```
[atguigu@hadoop103 hadoop]$ cat /opt/module/hadoop-3.1.3/etc/hadoop/core-site.xml
```

(3) 创建数据目录。

根据 core-site.xml 文件中配置的分布式文件系统数据最终落地到服务器本地磁盘的位置/opt/module/hadoop-3.1.3/data,自行创建数据目录。

```
[atguigu@hadoop102 hadoop-3.1.3]$ mkdir /opt/module/hadoop-3.1.3/data
[atguigu@hadoop103 hadoop-3.1.3]$ mkdir /opt/module/hadoop-3.1.3/data
[atguigu@hadoop104 hadoop-3.1.3]$ mkdir /opt/module/hadoop-3.1.3/data
```

(4) 启动 Hadoop 分布式集群。

① 如果是第 1 次启动集群,则需要格式化 NameNode。

```
[atguigu@hadoop102 hadoop-3.1.3]$ hadoop namenode -format
```

② 在配置 NameNode 所在的节点服务器后,通过执行 start-dfs.sh 命令启动 HDFS,即可同时启动所有的 DataNode 和 SecondaryNameNode。

```
[atguigu@hadoop102 hadoop-3.1.3]$ sbin/start-dfs.sh
[atguigu@hadoop102 hadoop-3.1.3]$ jps
4166 NameNode
4482 Jps
4263 DataNode
[atguigu@hadoop103 hadoop-3.1.3]$ jps
3218 DataNode
3288 Jps
[atguigu@hadoop104 hadoop-3.1.3]$ jps
3221 DataNode
3283 SecondaryNameNode
3364 Jps
```

③ 通过执行 start-yarn.sh 命令启动 YARN,即可同时启动 ResourceManager 和所有的 NodeManager。需要注意的是,如果 NameNode 和 ResourceManger 不在同一台服务器上,则不能在 NameNode 所在的服务器上启动 YARN,应该在 ResouceManager 所在的服务器上启动 YARN。

```
[atguigu@hadoop103 hadoop-3.1.3]$ sbin/start-yarn.sh
```

通过执行 jps 命令可在各台节点服务器上查看服务启动情况,如果显示如下内容,则表示启动成功。

```
[atguigu@hadoop103 hadoop-3.1.3]$ sbin/start-yarn.sh
[atguigu@hadoop102 hadoop-3.1.3]$ jps
4166 NameNode
4482 Jps
4263 DataNode
4485 NodeManager
[atguigu@hadoop103 hadoop-3.1.3]$ jps
3218 DataNode
3288 Jps
3290 ResourceManager
3299 NodeManager
[atguigu@hadoop104 hadoop-3.1.3]$ jps
3221 DataNode
3283 SecondaryNameNode
```

```
3364 Jps
3389 NodeManager
```

（5）通过 Web UI 查看集群是否启动成功。

① 在 Web 端输入之前配置的 NameNode 所在的节点服务器地址和端口（9870），即可查看 HDFS 文件系统。例如，在浏览器中输入 http://hadoop102:9870，可以检查 NameNode 和 DataNode 是否正常。NameNode 的 Web 端如图 3-48 所示。

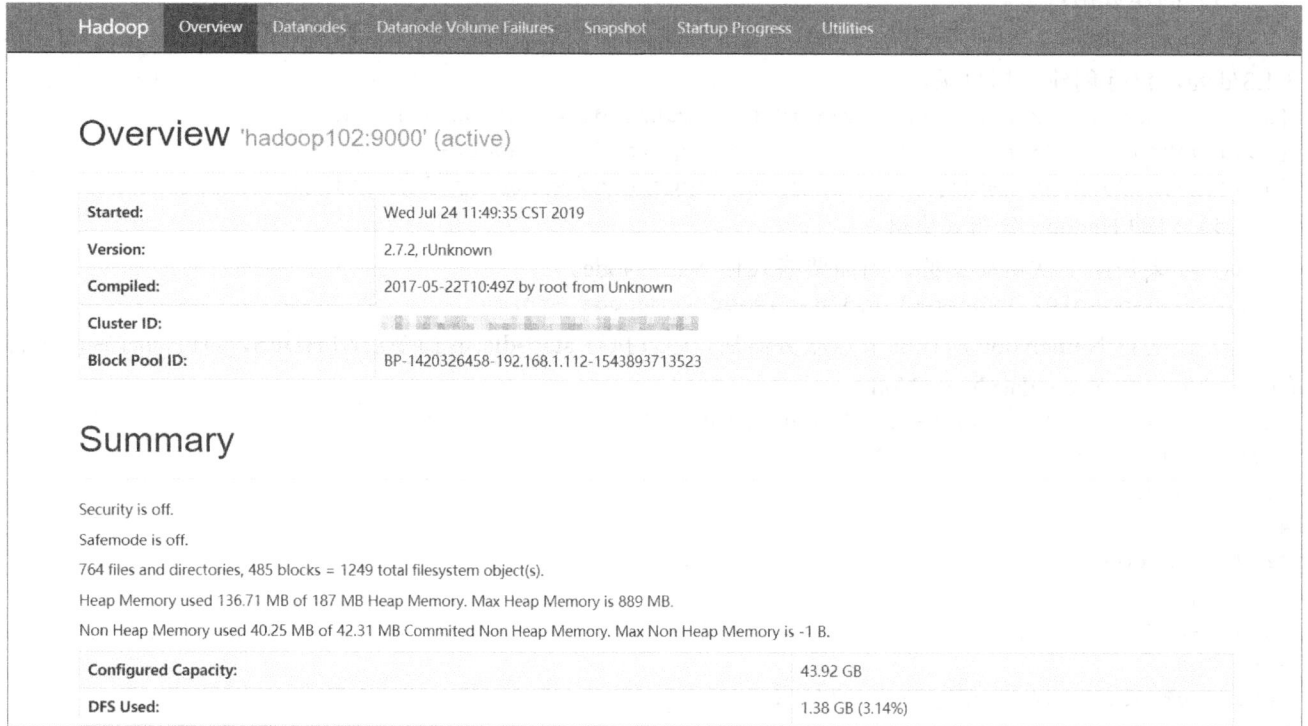

图 3-48　NameNode 的 Web 端

② 在 Web 端输入 ResourceManager 所在的节点服务器地址和端口（8088），可以查看 YARN 上任务的运行情况。例如，在浏览器中输入 http://hadoop103:8088，即可查看本集群 YARN 的运行情况。YARN 的 Web 端如图 3-49 所示。

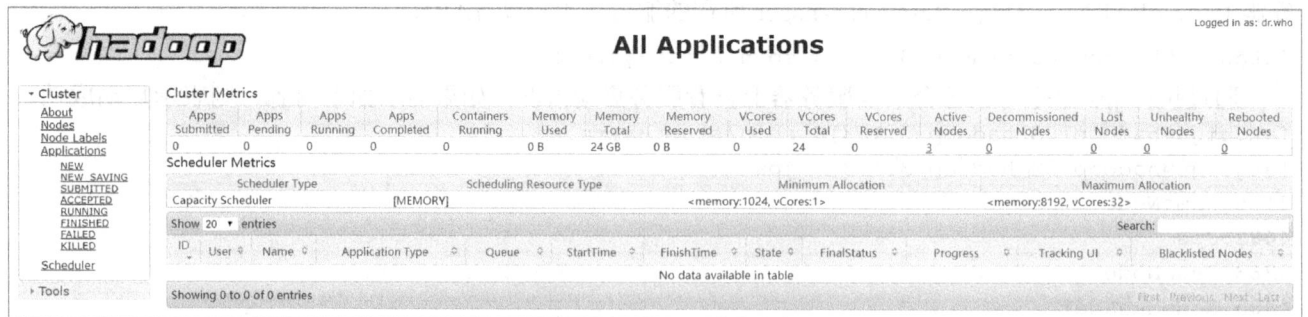

图 3-49　YARN 的 Web 端

（6）运行 PI 实例，查看集群是否启动成功。

在集群任意节点服务器上执行下面的命令，如果看到如图 3-50 所示的运行结果，则说明集群启动成功。

```
[atguigu@hadoop102 hadoop]$ cd /opt/module/hadoop-3.1.3/share/hadoop/mapreduce/
[atguigu@hadoop102 mapreduce]$ hadoop jar hadoop-mapreduce-examples-3.1.3.jar pi 10 10
```

```
文件(F)  编辑(E)  查看(V)  搜索(S)  终端(T)  帮助(H)
                    Reduce input records=20
                    Reduce output records=0
                    Spilled Records=40
                    Shuffled Maps =10
                    Failed Shuffles=0
                    Merged Map outputs=10
                    GC time elapsed (ms)=12714
                    CPU time spent (ms)=34750
                    Physical memory (bytes) snapshot=3152039936
                    Virtual memory (bytes) snapshot=28619735040
                    Total committed heap usage (bytes)=2688024576
                    Peak Map Physical memory (bytes)=302624768
                    Peak Map Virtual memory (bytes)=2606067712
                    Peak Reduce Physical memory (bytes)=192966656
                    Peak Reduce Virtual memory (bytes)=2606747648
            Shuffle Errors
                    BAD_ID=0
                    CONNECTION=0
                    IO_ERROR=0
                    WRONG_LENGTH=0
                    WRONG_MAP=0
                    WRONG_REDUCE=0
            File Input Format Counters
                    Bytes Read=180
            File Output Format Counters
                    Bytes Written=97
Job Finished in 52.439 seconds
2020-09-16 15:32:28,485 INFO sasl.SaslDataTransferClient: SASL encryption trust check: localH
ostTrusted = false, remoteHostTrusted = false
Estimated value of Pi is 3.20000000000000000000
```

图 3-50　PI 实例运行结果

最后输出为 Estimated value of Pi is 3.20000000000000000000。

3.4　本章总结

本章主要对项目运行所需的环境进行安装和部署，从虚拟机和 CentOS 到 JDK 和 Hadoop，对安装部署过程进行了详细介绍。本章是整个项目的基础，重点在于 Hadoop 集群的搭建和配置，读者务必掌握。

第4章

用户行为数据采集模块

根据第 2 章对于数据采集模块的整体分析，用户行为数据的主要表现就是用户行为日志，所以本章主要采集的数据就是用户行为日志。在介绍如何采集用户行为日志之前，首先讲解用户行为日志是如何生成的，生成的日志数据是什么格式的，本项目在不对接真实电商项目的前提下又是如何获取海量日志数据的。对于重点采集的部分，将围绕两个重要框架展开——Kafka 和 Flume。如何发挥好 Kafka 的消息中间件的作用，以及如何根据需求选定合适的 Flume 组件，将是我们需要重点解决的问题。

4.1 日志生成

4.1.1 数据埋点

用户行为日志的内容主要包括用户的各项行为信息，以及行为所处的环境信息。收集这些信息的主要目的是优化产品和为各项分析统计指标提供数据支撑。通常以埋点方式收集这些信息。

目前主流的埋点方式有代码埋点（前端或后端）、可视化埋点、全埋点。

代码埋点通过调用埋点 SDK 函数，在需要埋点的业务逻辑功能位置调用接口，上报埋点数据。例如，我们对页面中的某个按钮进行埋点后，当这个按钮被单击时，可以在这个按钮对应的 OnClick() 函数中调用 SDK 提供的数据发送接口来发送数据。

可视化埋点只需要研发人员集成采集 SDK，不需要写埋点代码。业务人员可以通过使用分析平台的圈选功能来圈出需要对用户行为进行捕捉的控件，并对该事件进行命名。圈选完毕后，这些配置会被同步到各个用户的终端上，由采集 SDK 按照圈选的配置自动进行用户行为日志的采集和发送。

全埋点通过在产品中嵌入采集 SDK，前端就会自动采集页面上的全部用户行为事件，上报埋点数据，相当于先做了一个统一的埋点，然后通过页面配置需要在系统中分析的数据。

埋点数据上报时机包括两种方式。

方式一：在离开该页面时，上传在这个页面上发生的所有事情（页面、事件、曝光、错误等）。这种方式的优点是，采用批处理方式，减轻了服务器接收数据的压力；缺点是，响应不是特别及时。

方式二：每个事件、动作、错误等产生后就立即发送。这种方式的优点是，响应及时；缺点是，服务器接收数据的压力比较大。

本项目按照方式一进行埋点。

4.1.2 用户行为日志内容

我们要收集和分析的数据主要包括页面浏览记录、动作记录、曝光记录、启动记录和错误记录。

页面浏览记录用于记录访客对页面的浏览行为，该行为的环境信息主要有用户信息、时间信息、地理位置信息、设备信息、应用信息、渠道信息及页面信息，如表 4-1 所示。

表 4-1　页面浏览记录信息表

环 境 信 息	信 息 内 容
用户信息	用户 id、设备 id
时间信息	用户跳入页面的时间
地理位置信息	用户浏览页面时所处的地理位置
设备信息	设备品牌、设备型号、设备系统
应用信息	用户访问页面所使用的应用的信息，如 App 版本号
渠道信息	应用的下载渠道
页面信息	用户浏览的页面的相关信息，包括页面 id、页面对象

动作记录用于记录用户的业务操作行为，例如，收藏、添加购物车、领取优惠券等，这些操作行为的环境信息主要有用户信息、时间信息、地理位置信息、设备信息、应用信息、渠道信息及动作目标对象信息，如表 4-2 所示。

表 4-2　动作记录信息表

环 境 信 息	信 息 内 容
用户信息	用户 id、设备 id
时间信息	动作发生的时间
地理位置信息	动作发生时用户所处的地理位置
设备信息	设备品牌、设备型号、设备系统
应用信息	用户访问页面所使用的应用的信息，如 App 版本号
渠道信息	应用的下载渠道
动作目标对象信息	动作目标对象相关信息，包括对象类型、对象 id

曝光是指页面的展示，曝光数据主要记录页面展示的内容，包括曝光对象、曝光类型等信息，该行为的环境信息主要有用户信息、时间信息、地理位置信息、设备信息、应用信息、渠道信息及曝光对象信息，如表 4-3 所示。

表 4-3　曝光记录信息表

环 境 信 息	信 息 内 容
用户信息	用户 id、设备 id
时间信息	曝光时间
地理位置信息	曝光行为发生时用户所处的地理位置
设备信息	设备品牌、设备型号、设备系统
应用信息	用户访问页面所使用的应用的信息，如 App 版本号
渠道信息	应用的下载渠道
曝光对象信息	曝光对象相关信息，包括对象类型、对象 id

启动记录用于记录应用启动时的相关信息，包括启动入口、启动加载时间、开屏广告等，该行为的环境信息主要有用户信息、时间信息、地理位置信息、设备信息、应用信息、渠道信息、启动类型及开屏广告信息，如表 4-4 所示。

表 4-4　启动记录信息表

环 境 信 息	信 息 内 容
用户信息	用户 id、设备 id
时间信息	启动时间
地理位置信息	启动时用户所处的地理位置
设备信息	设备品牌、设备型号、设备系统

续表

环 境 信 息	信 息 内 容
应用信息	用户访问页面所使用的应用的信息，如 App 版本号
渠道信息	应用的下载渠道
启动类型	图标和推送信息
开屏广告信息	广告 id 等信息

错误记录用于记录用户使用设备过程中的错误，包括错误编码及错误信息。

4.1.3 用户行为日志格式

日志大致可分为两类：一类是页面埋点日志；另一类是启动日志。

（1）页面埋点日志以页面浏览行为为单位，即一次页面浏览行为会生成一条页面埋点日志。一条完整的页面埋点日志包含一个页面浏览记录、用户在该页面所做的若干个动作记录、若干个该页面的曝光记录，以及一个在该页面发生的错误记录。除了上述行为信息，页面埋点日志还包含这些行为所处的各种环境信息，即用户信息、时间信息、地理位置信息、设备信息、应用信息、渠道信息等。

```
{
  "common": {                        -- 公共信息
    "ar": "230000",                  -- 地区编码
    "ba": "iPhone",                  -- 手机品牌
    "ch": "Appstore",               -- 渠道
    "is_new": "1",                   -- 是否是首日使用，首次使用的当日，该字段值为1，过了24:00，该字段值被置为0
    "md": "iPhone 8",                -- 手机型号
    "mid": "YXfhjAYH6As2z9Iq",       -- 设备 id
    "os": "iOS 13.2.9",              -- 操作系统
    "uid": "485",                    -- 会员 id
    "vc": "v2.1.134"                 -- App 版本号
  },
  "actions": [                       -- 动作信息（事件）
    {
      "action_id": "favor_add",      -- 动作类型 id
      "item": "3",                   -- 动作目标 id
      "item_type": "sku_id",         -- 动作目标类型
      "ts": 1585744376605            -- 动作发生的时间
    }
  ],
  "displays": [                      -- 曝光信息（页面显示）
    {
      "displayType": "query",        -- 曝光类型
      "item": "3",                   -- 曝光对象 id
      "item_type": "sku_id",         -- 曝光对象类型
      "order": 1,                    -- 曝光顺序
      "pos_id": 2                    -- 曝光位置
    },
    {
      "displayType": "promotion",
      "item": "6",
      "item_type": "sku_id",
      "order": 2,
      "pos_id": 1
    },
```

```
  {
    "displayType": "promotion",
    "item": "9",
    "item_type": "sku_id",
    "order": 3,
    "pos_id": 3
  },
  {
    "displayType": "recommend",
    "item": "6",
    "item_type": "sku_id",
    "order": 4,
    "pos_id": 2
  },
  {
    "displayType": "query ",
    "item": "6",
    "item_type": "sku_id",
    "order": 5,
    "pos_id": 1
  }
],
"page": {                              -- 页面信息
  "during_time": 7648,                 -- 停留时间（毫秒）
  "item": "3",                         -- 目标 id
  "item_type": "sku_id",               -- 目标类型
  "last_page_id": "login",             -- 上页页面类型 id
  "page_id": "good_detail",            -- 页面类型 id
  "sourceType": "promotion"            -- 页面来源类型
},
"err":{                               -- 错误
  "error_code": "1234",               -- 错误编码
  "msg": "***********"                 -- 错误信息
},
"ts": 1585744374423                   -- 跳入时间
}
```

（2）启动日志以启动行为为单位，即一次启动行为生成一条启动日志。一条完整的启动日志包括一个启动记录、一个本次启动时的错误记录，以及启动时用户所处的环境信息（包括用户信息、时间信息、地理位置信息、设备信息、应用信息、渠道信息等）。

```
{
  "common": {
    "ar": "370000",
    "ba": "Honor",
    "ch": "wandoujia",
    "is_new": "1",
    "md": "Honor 20s",
    "mid": "eQF5boERMJFOujcp",
    "os": "Android 11.0",
    "uid": "76",
    "vc": "v2.1.134"
  },
```

```
"start": {                                --启动信息
  "entry": "icon",                        --启动入口
  "loading_time": 18803,                  --启动加载时间
  "open_ad_id": 7,                        --开屏广告 id
  "open_ad_ms": 3449,                     --广告播放时间
  "open_ad_skip_ms": 1989                 --用户跳过广告时间
},
  "err":{                                 --错误
      "error_code": "1234",               --错误编码
      "msg": "***********"                --错误信息
},
      "ts": 1585744304000
}
```

通过以上两个日志数据，我们可以看到，除 common（公共信息）外，一条页面埋点日志通常包含 actions（动作信息）、displays（曝光信息）、page（页面信息）和 err（错误）；一条启动日志包含 start（启动信息）和 err（错误）。

页面信息中的字段如表 4-5 所示。

表 4-5　页面信息中的字段

字 段 名 称	字 段 描 述	字 段 值
page_id	页面类型 id	home("首页"), category("分类页"), discovery("发现页"), top_n("热门排行"), favor("收藏页"), search("搜索页"), good_list("商品列表页"), good_detail("商品详情页"), good_spec("商品规格"), comment("评价"), comment_done("评价完成"), comment_list("评价列表"), cart("购物车"), trade("下单结算"), payment("支付页面"), payment_done("支付完成"), orders_all("全部订单"), orders_unpaid("订单待支付"), orders_undelivered("订单待发货"), orders_unreceipted("订单待收货"), orders_wait_comment("订单待评价"), mine("我的"), activity("活动"), login("登录"), register("注册")
last_page_id	上页页面类型 id	同 page_id

字 段 名 称	字 段 描 述	字 段 值
page_item_type	页面对象类型	sku_id("商品 skuId"), keyword("搜索关键词"), sku_ids("多个商品 skuId"), activity_id("活动 id"), coupon_id("优惠券 id")
page_item	页面对象 id	页面对象 id 值
sourceType	页面来源类型	promotion("商品推广"), recommend("算法推荐商品"), query("查询结果商品"), activity("促销活动")
during_time	停留时间（毫秒）	停留时间毫秒值

动作信息中的字段如表 4-6 所示。

表 4-6　动作信息中的字段

字 段 名 称	字 段 描 述	字 段 值
action_id	动作类型 id	favor_add("收藏"), favor_cancel("取消收藏"), cart_add("添加购物车"), cart_remove("删除购物车"), cart_add_num("增加购物车商品数量"), cart_minus_num("减少购物车商品数量"), trade_add_address("增加收货地址"), get_coupon("领取优惠券")
item_type	动作目标类型	sku_id("商品"), coupon_id("优惠券 id")
item	动作目标 id	动作目标 id 值
ts	动作发生时间	时间戳

曝光信息中的字段如表 4-7 所示。

表 4-7　曝光信息中的字段

字 段 名 称	字 段 描 述	字 段 值
displayType	曝光类型	promotion("商品推广"), recommend("算法推荐商品"), query("查询结果商品"), activity("促销活动")
item_type	曝光对象类型	sku_id("商品 skuId"), activity_id("活动 id")
item	曝光对象 id	曝光对象 id 值
order	曝光顺序	曝光顺序编号
pos_id	曝光位置	曝光位置编号

启动信息中的字段如表 4-8 所示。

表 4-8　启动信息中的字段

字　段　名　称	字　段　描　述	字　段　值
entry	启动入口	icon("图标"), notification("通知"), install("安装后启动")
loading_time	启动加载时间	启动加载时间毫秒值
open_ad_id	开屏广告 id	开屏广告 id 值
open_ad_ms	广告播放时间	广告播放时间毫秒值
open_ad_skip_ms	用户跳过广告时间	用户跳过广告时间毫秒值

错误中的字段如表 4-9 所示。

表 4-9　错误中的字段

字　段　名　称	字　段　描　述	字　段　值
error_code	错误编码	数字值
msg	错误信息	具体报错信息

4.1.4　数据模拟

本数据仓库项目需要读者模仿前端日志数据落盘过程自行生成模拟日志数据，读者可通过"尚硅谷教育"公众号中的项目资料获取这部分代码，可同时获取完整 jar 包。通过后续的日志生成操作，可以在虚拟机的/opt/module/applog/log 目录下生成每日的日志数据。

1．日志生成

（1）将 application.yml、gmall2020-mock-log-2021-10-10.jar、path.json、logback.xml 上传到 hadoop102 节点服务器的/opt/module/applog 目录下，并将/opt/module/applog 目录分发给 hadoop103 和 hadoop104 节点服务器。

```
[atguigu@hadoop102 module]$ mkdir applog
[atguigu@hadoop102 applog]$ ls
application.yml  gmall2020-mock-log-2021-10-10.jar  logback.xml  path.json
[atguigu@hadoop102 module]$ xsync applog
```

（2）修改 application.yml 配置文件，通过修改该配置文件中的 mock.date 参数，可以得到不同日期的日志数据，读者也可以根据注释并按照自身要求修改其余参数。

```
[atguigu@hadoop102 applog]$ vim application.yml

# 打开外部配置
logging.config: "./logback.xml"
#业务日期
mock.date: "2020-06-14"

#模拟数据发送模式
mock.type: "log"
#启动次数
mock.startup.count: 200
#设备最大值
mock.max.mid: 1000000
#会员最大值
mock.max.uid: 1000
#商品最大值
mock.max.sku-id: 35
```

```
#页面平均访问时间
mock.page.during-time-ms: 20000
#错误概率（百分比）
mock.error.rate: 3
#日志间发送延迟（ms）
mock.log.sleep: 20
#商品详情的不同来源权重比，来源分别是用户查询、商品推广、智能推荐、促销活动
mock.detail.source-type-rate: "40:25:15:20"

#领取优惠券概率
mock.if_get_coupon_rate: 75

#优惠券最大 id
mock.max.coupon-id: 3

#搜索关键词
mock.search.keyword: "图书,小米,iphone11,电视,口红,ps5,苹果手机,小米盒子"

#35 个商品的男女浏览商品比重
mock.sku-weight.male:
"10:10:10:10:10:10:10:5:5:5:5:5:5:10:10:10:10:12:12:12:12:12:5:5:5:5:3:3:3:3:3:3:3:3:10:10"
mock.sku-weight.female:
"1:1:1:1:1:1:1:1:5:5:5:5:5:1:1:1:1:2:2:2:2:2:8:8:8:8:15:15:15:15:15:15:15:15:1:1"
```

（3）修改 path.json 配置文件。通过修改该配置文件，可以灵活配置用户点击路径。

```
[atguigu@hadoop102 applog]$ vim path.json
[
{"path":["home","good_list","good_detail","cart","trade","payment"],"rate":20 },
 {"path":["home","search","good_list","good_detail","login","good_detail","cart",
"trade","payment"],"rate":30 },
 {"path":["home","search","good_list","good_detail","login","register","good_detail",
"cart","trade","payment"],"rate":20 },
 {"path":["home","mine","orders_unpaid","trade","payment"],"rate":10 },
 {"path":["home","mine","orders_unpaid","good_detail","good_spec","comment","trade",
"payment"],"rate":5 },
 {"path":["home","mine","orders_unpaid","good_detail","good_spec","comment","home"],
"rate":5 },
 {"path":["home","good_detail"],"rate":20 },
 {"path":["home"  ],"rate":10 }
]
```

（4）修改 logback.xml 配置文件。通过修改该配置文件可以配置日志生成路径，修改内容如下。

```xml
<?xml version="1.0" encoding="UTF-8"?>
<configuration>
    <property name="LOG_HOME" value="/opt/module/applog/log" />
    <appender name="console" class="ch.qos.logback.core.ConsoleAppender">
        <encoder>
            <pattern>%msg%n</pattern>
        </encoder>
    </appender>

    <appender name="rollingFile" class="ch.qos.logback.core.rolling.RollingFileAppender">
        <rollingPolicy class="ch.qos.logback.core.rolling.TimeBasedRollingPolicy">
```

```
            <fileNamePattern>${LOG_HOME}/app.%d{yyyy-MM-dd}.log</fileNamePattern>
        </rollingPolicy>
        <encoder>
            <pattern>%msg%n</pattern>
        </encoder>
    </appender>

    <!-- 单独打印某一个包下的日志 -->
    <logger name="com.atgugu.gmall2020.mock.log.util.LogUtil"
            level="INFO" additivity="false">
        <appender-ref ref="rollingFile" />
        <appender-ref ref="console" />
    </logger>

    <root level="error"  >
        <appender-ref ref="console" />
    </root>
</configuration>
```

（5）修改完配置文件后，将配置文件分发给 hadoop103 和 hadoop104 节点服务器。

```
[atguigu@hadoop102 applog]$ xsync application.yml
[atguigu@hadoop102 applog]$ xsync path.json
[atguigu@hadoop102 applog]$ xsync logback.xml
```

（6）在/opt/module/applog 目录下执行日志生成命令。

```
[atguigu@hadoop102 applog]$ java -jar gmall2020-mock-log-2021-10-10.jar
```

（7）在/opt/module/applog/log 目录下查看生成的日志。

```
[atguigu@hadoop102 log]$ ll
```

2. 集群日志生成脚本

将集群日志生成的命令编写成脚本，可以方便用户调用执行，具体操作步骤如下。

（1）在/home/atguigu/bin 目录下创建脚本 lg.sh。

```
[atguigu@hadoop102 bin]$ vim lg.sh
```

（2）脚本思路：通过 i 变量在 hadoop102 和 hadoop103 节点服务器间进行遍历，分别通过 ssh 命令进入这 2 台节点服务器，执行 java 命令，运行日志生成 jar 包，在两台节点服务器上分别生成模拟日志文件。

在脚本中编写如下内容。

```
#! /bin/bash

for i in hadoop102 hadoop103
do
    echo "========== $i =========="
    ssh $i "cd /opt/module/applog/; java -jar gmall2020-mock-log-2021-10-10.jar >/dev/null 2>&1 &"
done
```

（3）增加脚本执行权限。

```
[atguigu@hadoop102 bin]$ chmod u+x lg.sh
```

（4）测试执行 lg.sh 脚本。

```
[atguigu@hadoop102 module]$ lg.sh
```

（5）分别在 hadoop102 和 hadoop103 节点服务器的/opt/module/applog/log 目录下查看生成的数据，判断脚本是否生效。

```
[atguigu@hadoop102 log]$ ls
app.2020-11-18.log
[atguigu@hadoop103 log]$ ls
app.2020-11-18.log
```

注意：文件名称的日期是 logback.xml 文件中配置的当日日期，其中的数据时间戳才是 application.yml 文件中配置的数据日期，即 2020-11-18。

3．集群所有进程查看脚本

在启动集群后，用户需要通过 jps 命令查看各台节点服务器进程的启动情况，操作起来比较麻烦，所以我们通过编写一个集群所有进程查看脚本来实现使用一个脚本查看所有节点服务器进程的目的。

（1）在/home/atguigu/bin 目录下创建脚本 xcall.sh。

```
[atguigu@hadoop102 bin]$ vim xcall.sh
```

（2）脚本思路：通过 i 变量在 hadoop102、hadoop103 和 hadoop104 节点服务器间进行遍历，分别通过 ssh 命令进入这 3 台节点服务器，执行传入参数指定命令。

在脚本中编写如下内容。

```
#! /bin/bash

for i in hadoop102 hadoop103 hadoop104
do
    echo --------- $i ----------
    ssh $i "$*"
done
```

（3）增加脚本执行权限。

```
[atguigu@hadoop102 bin]$ chmod 777 xcall.sh
```

（4）测试执行 xcall.sh 脚本。

```
[atguigu@hadoop102 bin]$ xcall.sh jps
```

4.2　消息队列 Kafka

Apache Kafka 最早是由 LinkedIn 开源的分布式消息系统，现在是 Apache 旗下的一个顶级子项目，并且已经成为开源领域应用广泛的消息系统。Kafka 具有数据缓冲和负载均衡的作用，大大减轻了数据存储系统的压力。在向 Kafka 发送日志之前，需要先安装 Kafka，而在安装 Kafka 之前需要先安装 ZooKeeper，用于为 Kafka 提供分布式服务。本节主要带领读者完成 ZooKeeper 和 Kafka 的安装部署。

4.2.1　ZooKeeper 安装

ZooKeeper 是一个能够高效开发和维护分布式应用的协调服务，主要用于为分布式应用提供一致性服务，功能包括维护配置信息、名字服务、分布式同步、组服务等。

ZooKeeper 的安装步骤如下。

1．集群规划

在 hadoop102、hadoop103 和 hadoop104 这 3 台节点服务器上部署 ZooKeeper。

2．解压缩安装包

（1）将 ZooKeeper 安装包解压缩到/opt/module/目录下。

```
[atguigu@hadoop102 software]$ tar -zxvf apache-zookeeper-3.5.7-bin.tar.gz -C /opt/module/
```

（2）将 apache-zookeeper-3.5.7-bin 名称修改为 zookeeper-3.5.7。

```
[atguigu@hadoop102 module]$ mv apache-zookeeper-3.5.7-bin/ zookeeper-3.5.7
```

（3）将/opt/module/zookeeper-3.5.7 目录内容同步到 hadoop103、hadoop104 节点服务器上。

```
[atguigu@hadoop102 module]$ xsync zookeeper-3.5.7/
```

3．配置 zoo.cfg 文件

（1）将/opt/module/zookeeper-3.5.7/conf 目录下的 zoo_sample.cfg 重命名为 zoo.cfg。

```
[atguigu@hadoop102 conf]$ mv zoo_sample.cfg zoo.cfg
```

（2）打开 zoo.cfg 文件。

```
[atguigu@hadoop102 conf]$ vim zoo.cfg
```

在文件中找到如下内容，将数据存储目录 dataDir 做如下配置，这个目录需要自行创建。

```
dataDir=/opt/module/zookeeper-3.5.7/zkData
```

增加如下配置，指出 ZooKeeper 集群的 3 台节点服务器信息。

```
#######################cluster#########################
server.2=hadoop102:2888:3888
server.3=hadoop103:2888:3888
server.4=hadoop104:2888:3888
```

（3）配置参数解读。

```
Server.A=B:C:D。
```

- A 是一个数字，表示第几台服务器。
- B 是这台服务器的 IP 地址。
- C 是这台服务器与集群中的 Leader 服务器交换信息的端口。
- D 表示当集群中的 Leader 服务器无法正常运行时，需要通过一个端口来重新选举，选举出一个新的 Leader 服务器，而这个端口就是执行选举时服务器相互通信的端口。

在集群模式下需要配置一个 myid 文件，这个文件存储在配置的 dataDir 的目录下，其中有一个数据就是 A 的值，ZooKeeper 在启动时读取此文件，并将其中的数据与 zoo.cfg 文件中的配置信息进行比较，从而判断是哪台服务器。

（4）分发 zoo.cfg 文件。

```
[atguigu@hadoop102 conf]$ xsync zoo.cfg
```

4．配置服务器编号

（1）在/opt/module/zookeeper-3.5.7/目录下创建 zkData 文件夹。

```
[atguigu@hadoop102 zookeeper-3.5.7]$ mkdir zkData
```

（2）在/opt/module/zookeeper-3.5.7/zkData 目录下创建一个 myid 文件。

```
[atguigu@hadoop102 zkData]$ vi myid
```

在文件中添加与 Server 对应的编号，根据在 zoo.cfg 文件中配置的 Server id 与节点服务器的 IP 地址的对应关系进行添加，例如，在 hadoop102 节点服务器中添加 2。

```
2
```

注意：一定要在 Linux 中创建 myid 文件，在文本编辑工具中创建有可能出现乱码。

（3）将配置好的 myid 文件复制到其他节点服务器上，并分别在 hadoop103、hadoop104 节点服务器上将 myid 文件中的内容修改为 3、4。

```
[atguigu@hadoop102 zookeeper-3.5.7]$ xsync zkData
```

5．集群操作

（1）在 3 台节点服务器中分别启动 ZooKeeper。

```
[atguigu@hadoop102 zookeeper-3.5.7]# bin/zkServer.sh start
[atguigu@hadoop103 zookeeper-3.5.7]# bin/zkServer.sh start
[atguigu@hadoop104 zookeeper-3.5.7]# bin/zkServer.sh start
```

（2）执行如下命令，在 3 台节点服务器中查看 ZooKeeper 的服务状态。

```
[atguigu@hadoop102 zookeeper-3.5.7]# bin/zkServer.sh status
JMX enabled by default
Using config: /opt/module/zookeeper-3.5.7/bin/../conf/zoo.cfg
Mode: follower
[atguigu@hadoop103 zookeeper-3.5.7]# bin/zkServer.sh status
JMX enabled by default
Using config: /opt/module/zookeeper-3.5.7/bin/../conf/zoo.cfg
Mode: leader
[atguigu@hadoop104 zookeeper-3.5.7]# bin/zkServer.sh status
JMX enabled by default
Using config: /opt/module/zookeeper-3.5.7/bin/../conf/zoo.cfg
Mode: follower
```

4.2.2　ZooKeeper 集群启动、停止脚本

由于 ZooKeeper 没有提供多台服务器同时启动、停止的脚本，而使用单台节点服务器执行服务器启动、停止命令的操作较烦琐，因此可将 ZooKeeper 启动、停止命令编写成脚本。具体操作步骤如下。

（1）在 hadoop102 节点服务器的/home/atguigu/bin 目录下创建脚本 zk.sh。

```
[atguigu@hadoop102 bin]$ vim zk.sh
```

脚本思路：首先执行 ssh 命令分别登录集群节点服务器，然后执行启动、停止或查看服务状态的命令。

在脚本中编写如下内容。

```
#! /bin/bash

case $1 in
"start"){
 for i in hadoop102 hadoop103 hadoop104
 do
  ssh $i "/opt/module/zookeeper-3.5.7/bin/zkServer.sh start"
 done
};;
"stop"){
 for i in hadoop102 hadoop103 hadoop104
 do
  ssh $i "/opt/module/zookeeper-3.5.7/bin/zkServer.sh stop"
 done
};;
"status"){
 for i in hadoop102 hadoop103 hadoop104
 do
  ssh $i "/opt/module/zookeeper-3.5.7/bin/zkServer.sh status"
 done
};;
esac
```

（2）增加脚本执行权限。

```
[atguigu@hadoop102 bin]$ chmod 777 zk.sh
```

（3）执行 ZooKeeper 集群启动脚本。

```
[atguigu@hadoop102 module]$ zk.sh start
```

（4）执行 ZooKeeper 集群停止脚本。

```
[atguigu@hadoop102 module]$ zk.sh stop
```

4.2.3　Kafka 安装

Kafka 是一个优秀的分布式消息队列系统。将日志消息先发送至 Kafka，可以规避数据丢失的风险，增加数据处理的可扩展性，提高数据处理的灵活性和峰值处理能力，提高系统可用性，为消息消费提供顺序保证，并且可以控制优化数据流经系统的速度，解决消息生产和消息消费速度不一致的问题。

Kafka 集群需要依赖 ZooKeeper 提供服务来保存一些元数据信息，以保证系统的可用性。在完成 ZooKeeper 的安装之后，即可安装 Kafka，具体安装步骤如下。

（1）Kafka 集群规划如表 4-10 所示。

表 4-10　Kafka 集群规划

hadoop102	hadoop103	hadoop104
ZooKeeper	ZooKeeper	ZooKeeper
Kafka	Kafka	Kafka

（2）下载安装包。

下载 Kafka 的安装包。

（3）解压缩安装包。

```
[atguigu@hadoop102 software]$ tar -zxvf kafka_2.11-2.4.1.tgz -C /opt/module/
```

（4）修改解压缩后的文件名称。

```
[atguigu@hadoop102 module]$ mv kafka_2.11-2.4.1/ kafka
```

（5）在/opt/module/kafka 目录下创建 logs 文件夹，用于保存 Kafka 运行过程中产生的日志文件。

```
[atguigu@hadoop102 kafka]$ mkdir logs
```

（6）进入 Kafka 的配置目录，打开 server.properties 配置文件，修改该配置文件，Kafka 的配置文件都是以键/值对的形式存在的，需要修改的内容如下。

```
[atguigu@hadoop102 kafka]$ cd config/
[atguigu@hadoop102 config]$ vim server.properties
```

修改以下内容。

```
# broker 的全局唯一编号，不能重复（修改）
broker.id=0
# 开启删除 topic 的功能
delete.topic.enable=true
# Kafka 运行日志存放的路径（修改）
log.dirs=/opt/module/kafka/data
# 配置连接 ZooKeeper 集群的地址（修改）
zookeeper.connect=hadoop102:2181,hadoop103:2181,hadoop104:2181/kafka
```

（7）配置环境变量。将 Kafka 的安装目录配置到系统环境变量中，可以方便用户执行 Kafka 的相关命令。在配置完环境变量后，需要执行 source 命令使环境变量生效。

```
[atguigu@hadoop102 module]# sudo vim /etc/profile.d/my_env.sh
#KAFKA_HOME
export KAFKA_HOME=/opt/module/kafka
export PATH=$PATH:$KAFKA_HOME/bin

[atguigu@hadoop102 module]# source /etc/profile.d/my_env.sh
```

（8）安装和配置全部完成后，将安装包和环境变量分发到集群其他节点服务器上，并使环境变量生效。

```
[atguigu@hadoop102 ~]# sudo /home/atguigu/bin/xsync /etc/profile.d/my_env.sh
[atguigu@hadoop102 module]$ xsync kafka/
[atguigu@hadoop103 module]# source /etc/profile.d/my_env.sh
[atguigu@hadoop104 module]# source /etc/profile.d/my_env.sh
```

（9）修改 broker.id。

分别在 hadoop103 和 hadoop104 节点服务器上修改配置文件/opt/module/kafka/config/server.properties 中的 broker.id=1、broker.id=2。

注意：broker.id 为识别 Kafka 集群不同节点服务器的标识，不可以重复。

（10）启动集群。

依次在 hadoop102、hadoop103 和 hadoop104 节点服务器上启动 Kafka。

```
[atguigu@hadoop102 kafka]$ bin/kafka-server-start.sh -daemon config/server.properties
[atguigu@hadoop103 kafka]$ bin/kafka-server-start.sh -daemon config/server.properties
[atguigu@hadoop104 kafka]$ bin/kafka-server-start.sh -daemon config/server.properties
```

（11）关闭集群。

```
[atguigu@hadoop102 kafka]$ bin/kafka-server-stop.sh
[atguigu@hadoop103 kafka]$ bin/kafka-server-stop.sh
[atguigu@hadoop104 kafka]$ bin/kafka-server-stop.sh
```

4.2.4　Kafka Eagle 安装

Kafka Eagle 是一个简单高效的监控系统，兼容 Kafka 的所有版本，部署简单快速，仪表盘灵活多样。Kafka Eagle 用于监控 Kafka 集群中 topic 被消费的信息，包括 log 的产生、offset 的变动、partition 的分布、owner 和 topic 被创建的时间和修改的时间等信息。

注意：如果想要使用 Kafka Eagle，则需要先安装 MySQL，安装 MySQL 的内容将在 5.2.1 节中介绍。

具体安装部署的步骤如下。

（1）修改 Kafka 的启动命令文件 kafka-server-start.sh，在命令文件中增加如下加粗的内容。

```
[atguigu@hadoop102 kafka]$ vim bin/kafka-server-start.sh
if [ "x$KAFKA_HEAP_OPTS" = "x" ]; then
    export KAFKA_HEAP_OPTS="-server -Xms2G -Xmx2G -XX:PermSize=128m -XX:+UseG1GC -
XX:MaxGCPauseMillis=200 -XX:ParallelGCThreads=8 -XX:ConcGCThreads=5 -
XX:InitiatingHeapOccupancyPercent=70"
    export JMX_PORT="9999"
    #export KAFKA_HEAP_OPTS="-Xmx1G -Xms1G"
fi
```

修改之后将启动命令文件分发至其他节点服务器上。

```
[atguigu@hadoop102 kafka]$ xsync bin/kafka-server-start.sh
```

（2）将安装包 kafka-eagle-bin-2.0.0.tar.gz 上传至节点服务器的/opt/software 目录下，并解压缩到本地路径。

```
atguigu@hadoop102 software]$ tar -zxvf kafka-eagle-bin-2.0.0.tar.gz
```

（3）查看解压缩后的安装包，可以看到仍然是一个压缩安装包，继续解压缩至/opt/module 目录下，并将解压缩后的文件夹重命名为 eagle。

```
[atguigu@hadoop102 kafka-eagle-bin-2.0.0]$ ll
总用量 71632
-rw-rw-r--. 1 atguigu atguigu 73350853 7 月  3 2020 kafka-eagle-web-2.0.0-bin.tar.gz
[atguigu@hadoop102 kafka-eagle-bin-2.0.0]$ tar -zxvf kafka-eagle-web-2.0.0-bin.tar.gz -C
/opt/module/
[atguigu@hadoop102 module]$ mv kafka-eagle-web-2.0.0/ eagle
```

（4）修改配置文件，主要注意以下内容中的加粗部分。

```
[atguigu@hadoop102 eagle]$ vim conf/system-config.properties

######################################
```

```
# multi zookeeper & kafka cluster list
######################################
kafka.eagle.zk.cluster.alias=cluster1
cluster1.zk.list=hadoop102:2181,hadoop103:2181,hadoop104:2181/kafka

######################################
# kafka offset storage
######################################
cluster1.kafka.eagle.offset.storage=kafka

######################################
# kafka sql topic records max
######################################
kafka.eagle.sql.topic.records.max=5000
kafka.eagle.sql.fix.error=false

######################################
# kafka mysql jdbc driver address
######################################
kafka.eagle.driver=com.mysql.jdbc.Driver
kafka.eagle.url=jdbc:mysql://hadoop102:3306/ke?useUnicode=true&characterEncoding=UTF-
8&zeroDateTimeBehavior=convertToNull
kafka.eagle.username=root
kafka.eagle.password=000000
```

（5）配置环境变量。将 Kafka Eagle 的安装目录配置到系统环境变量中。在配置完环境变量后，需要执行 source 命令使环境变量生效。

```
[atguigu@hadoop102 module]# sudo vim /etc/profile.d/my_env.sh
#KE_HOME
export KE_HOME=/opt/module/eagle
export PATH=$PATH:$KE_HOME/bin
[atguigu@hadoop102 module]# source /etc/profile.d/my_env.sh
```

（6）执行启动命令。

```
[atguigu@hadoop102 eagle]$ bin/ke.sh start
... ...
Version 2.0.0 -- Copyright 2016-2020
*****************************************************************
* Kafka Eagle Service has started success.
* Welcome, Now you can visit 'http://192.168.10.102:8048'
* Account:admin ,Password:123456
*****************************************************************
* <Usage> ke.sh [start|status|stop|restart|stats] </Usage>
* <Usage> https://www.kafka-eagle.org/ </Usage>
*****************************************************************
[atguigu@hadoop102 eagle]$
```

注意：在启动 Kafka Eagle 之前需要先启动 ZooKeeper 及 Kafka。

（7）通过 http://hadoop102:8048 登录监控主页，查看监控数据，如图 4-1 所示。

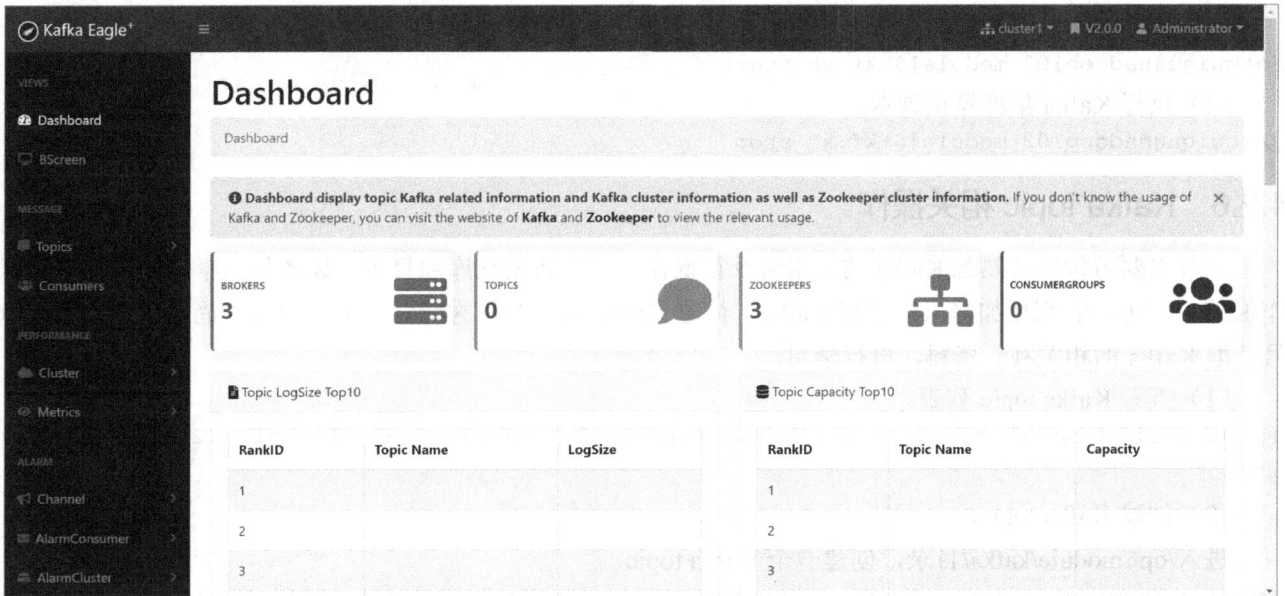

图 4-1 Kafka Eagle 监控主页

4.2.5 Kafka 集群启动、停止脚本

同 ZooKeeper 一样，将 Kafka 集群的启动、停止命令编写成脚本，方便以后调用执行。

（1）在/home/atguigu/bin 目录下创建脚本 kf.sh。

```
[atguigu@hadoop102 bin]$ vim kf.sh
```

在脚本中编写如下内容。

```
#! /bin/bash

case $1 in
"start"){
      for i in hadoop102 hadoop103 hadoop104
      do
            echo " --------启动 $i Kafka-------"

            ssh $i "source /etc/profile ; /opt/module/kafka/bin/kafka-server-start.sh -
daemon /opt/module/kafka/config/server.properties "
      done
};;
"stop"){
      for i in hadoop102 hadoop103 hadoop104
      do
            echo " --------停止 $i Kafka-------"
            ssh $i " source /etc/profile ; /opt/module/kafka/bin/kafka-server-stop.sh"
      done
};;
esac
```

（2）增加脚本执行权限。

```
[atguigu@hadoop102 bin]$ chmod 777 kf.sh
```

（3）执行 Kafka 集群启动脚本。

```
[atguigu@hadoop102 module]$ kf.sh start
```

（4）执行 Kafka 集群停止脚本。

```
[atguigu@hadoop102 module]$ kf.sh stop
```

4.2.6 Kafka topic 相关操作

本节主要带领读者熟悉 Kafka 的常用命令行操作。在本数据仓库项目中，读者只需学会使用命令行操作 Kafka 即可，若想更加深入地了解 Kafka，体验 Kafka 其余的优秀特性，可以通过"尚硅谷教育"公众号获取 Kafka 的相关视频资料，自行学习。

（1）查看 Kafka topic 列表。

```
[atguigu@hadoop102 kafka]$ bin/kafka-topics.sh --zookeeper hadoop102:2181/kafka --list
```

（2）创建 Kafka topic。

进入/opt/module/kafka/目录，创建一个 Kafka topic。

```
[atguigu@hadoop102 kafka]$ bin/kafka-topics.sh --zookeeper hadoop102:2181/kafka  --create --replication-factor 1 --partitions 1 --topic topic_log
```

（3）删除 Kafka topic 的命令。

若在创建主题时出现错误，则可以使用删除 Kafka topic 的命令对主题进行删除。

```
[atguigu@hadoop102 kafka]$ bin/kafka-topics.sh --delete --zookeeper hadoop102:2181/kafka --topic topic_log
```

（4）Kafka 控制台生产消息测试。

```
 [atguigu@hadoop102 kafka]$ bin/kafka-console-producer.sh \
--broker-list hadoop102:9092 --topic topic_log
>hello world
>atguigu atguigu
```

（5）Kafka 控制台消费消息测试。

```
[atguigu@hadoop102 kafka]$ bin/kafka-console-consumer.sh \
--bootstrap-server hadoop102:9092 --from-beginning --topic topic_log
```

其中，--from-beginning 表示将主题中以往所有的数据都读取出来。用户可根据业务场景选择是否增加该配置。

（6）查看 Kafka topic 详情。

```
[atguigu@hadoop102 kafka]$ bin/kafka-topics.sh --zookeeper hadoop102:2181/kafka --describe --topic topic_log
```

4.3 采集日志的 Flume

如图 4-2 所示，采集日志层 Flume 需要完成的任务为将日志从落盘文件中采集出来，传递给消息队列组件，这期间要保证数据不丢失，程序出现故障导致系统死机后可以快速重启，并对日志进行初步分类，分别发往不同的 Kafka topic，方便后续对日志数据进行分类处理。

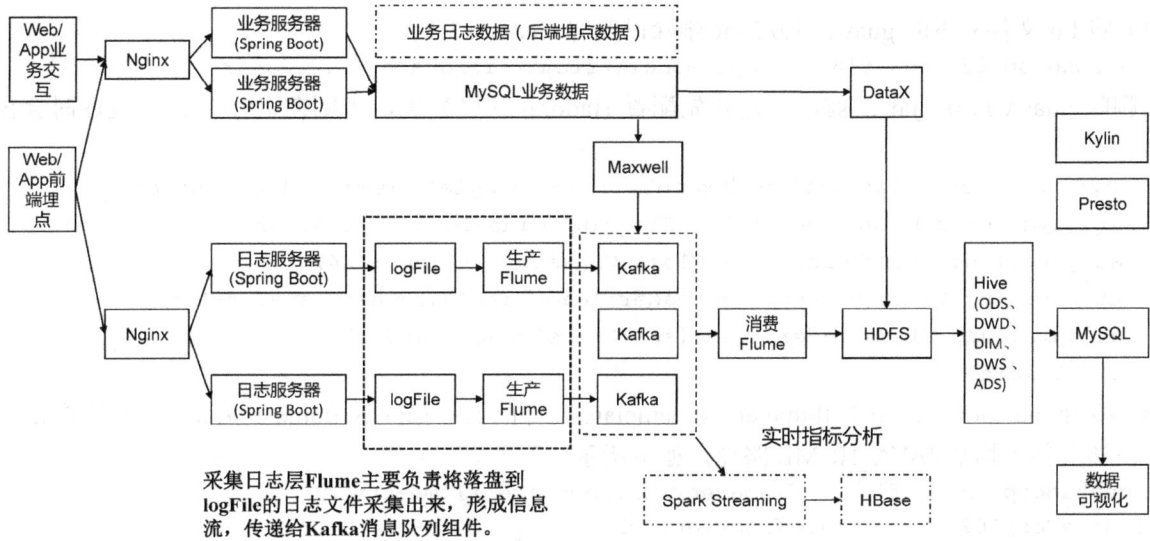

图 4-2 采集日志层 Flume 的流向

4.3.1 Flume 组件

Flume 整体上是 Source-Channel-Sink 的 3 层架构，其中，Source 层用于完成日志的收集，将日志封装成 event 传入 Channel 层中；Channel 层主要提供队列的功能，为从 Source 层中传入的数据提供简单的缓存功能；Sink 层用于取出 Channel 层中的数据，将数据送入存储文件系统中，或者对接其他的 Source 层。

Flume 以 Agent 为最小独立运行单位，一个 Agent 就是一个 JVM，单个 Agent 由 Source、Sink 和 Channel 三大组件构成。

Flume 将数据表示为 event（事件），event 由一字节数组的主体 body 和一个 key/value 结构的报头 header 构成。其中，主体 body 中封装了 Flume 传送的数据，报头 header 中容纳的 key-value 信息则是为了给数据增加标识，用于跟踪发送事件的优先级，用户可通过拦截器（Interceptor）进行修改。

Flume 的数据流由 event 贯穿始终，这些 event 由 Agent 外部的 Source 生成，Source 捕获事件后会先对其进行特定的格式化，然后 Source 会把事件推入 Channel 中，Channel 中的 event 会由 Sink 来拉取，Sink 拉取 event 后可以将 event 持久化或者推向另一个 Source。

此外，Flume 还有一些使其应用更加灵活的组件：拦截器、Channel 选择器（Selector）、Sink 组和 Sink 处理器。其功能如下。

- 拦截器可以部署在 Source 和 Channel 之间，用于对事件进行预处理或者过滤。Flume 内置了很多类型的拦截器，用户也可以自定义自己的拦截器。
- Channel 选择器可以决定 Source 接收的一个特定事件写入哪些 Channel 组件中。
- Sink 组和 Sink 处理器可以帮助用户实现负载均衡和故障转移。

4.3.2 Flume 安装

在进行采集日志层的 Flume Agent 配置之前，我们首先需要安装 Flume。Flume 需要被安装部署到每一台节点服务器上，具体安装步骤如下。

（1）将 apache-flume-1.9.0-bin.tar.gz 上传到 Linux 的/opt/software 目录下。

（2）将 apache-flume-1.9.0-bin.tar.gz 解压缩到/opt/module/目录下。

```
[atguigu@hadoop102 software]$ tar -zxvf apache-flume-1.9.0-bin.tar.gz -C /opt/module/
```

（3）修改 apache-flume-1.9.0-bin 的名称为 flume。

```
[atguigu@hadoop102 module]$ mv apache-flume-1.9.0-bin flume
```

（4）将 lib 文件夹下的 guava-11.0.2.jar 删除以兼容 Hadoop 3.1.3。

```
[atguigu@hadoop102 module]$ rm /opt/module/flume/lib/guava-11.0.2.jar
```

在删除 guava-11.0.2.jar 之前，一定要先配置 Hadoop 环境变量，否则在运行 Flume 程序时会出现如下异常。

```
Caused by: java.lang.ClassNotFoundException:com.google.common.collect.Lists
        at java.net.URLClassLoader.findClass(URLClassLoader.java:382)
        at java.lang.ClassLoader.loadClass(ClassLoader.java:424)
        at sun.misc.Launcher$AppClassLoader.loadClass(Launcher.java:349)
        at java.lang.ClassLoader.loadClass(ClassLoader.java:357)
        ... 1 more
```

（5）将 flume/conf 目录下的 flume-env.sh.template 文件的名称修改为 flume-env.sh，并配置 flume-env.sh 文件，在该文件中增加 JAVA_HOME 路径，如下所示。

```
[atguigu@hadoop102 conf]$ mv flume-env.sh.template flume-env.sh
[atguigu@hadoop102 conf]$ vim flume-env.sh
export JAVA_HOME=/opt/module/jdk1.8.0_144
```

（6）将配置好的 Flume 分发到集群中其他节点服务器上。

```
[atguigu@hadoop102 module]$ xsync flume/
```

4.3.3 采集日志的 Flume 配置

1．Flume 配置分析

针对本数据仓库项目，在编写 Flume Agent 配置文件之前，首先需要进行组件选型。

（1）Source。本项目主要从一个实时写入数据的文件夹中读取数据，Source 主要包括 Spooling Directory Source、Exec Source 和 Taildir Source。Taildir Source 相比 Exec Source、Spooling Directory Source 具有很多优势。Taildir Source 可以实现断点续传、多目录监控配置。而在 Flume 1.6 以前用户需要自定义 Source 来记录每次读取数据的位置，从而实现断点续传。Exec Source 可以实时搜集数据，但是在 Flume 不运行或者 Shell 命令出错的情况下，数据将会丢失，从而不能记录读取数据的位置，无法实现断点续传。Spooling Directory Source 可以实现目录监控配置，但是不能实时采集数据。

（2）Channel。由于采集日志层 Flume 在读取数据后主要将数据送往 Kafka 消息队列中，因此可以使用 Kafka Channel，同时，使用 Kafka Channel 可以不配置 Sink，从而提高效率。

注意：在 Flume 1.7 以前，Kafka Channel 很少有人使用，因为人们发现 parseAsFlumeEvent 这个配置参数不起作用。也就是说，无论 parseAsFlumeEvent 配置为 true 还是 false，数据都会被转为 Flume event 保存到 Kafka 中。这样造成的结果是，始终把 Flume 的 header 中的信息与内容一起写入 Kafka 的消息队列中，这显然不是我们需要的，只需要把内容写入即可。在 Flume 1.7 以后，开发者对这个组件进行了优化，通过配置 parseAsFlumeEvent 参数为 false，可以避免将 Flume 的 header 中的信息与内容一起写入 Kafka 的消息队列中。

（3）拦截器。本项目中使用拦截器对日志数据进行初步清洗，通过自定义 Flume 拦截器，判断日志数据是否具有完整的 JSON 结构，从而可以清洗一部分脏数据。

完整采集日志的 Flume 配置思路如图 4-3 所示，Flume 直接通过 Taildir Source 监控 hadoop102 和 hadoop103 节点服务器上实时生成的日志文件，使用拦截器对日志数据进行初步清洗，对 JSON 格式的日志数据进行合法校验，通过 Kafka Channel 将校验通过的日志数据发向 Kafka 的 topic_log 主题。

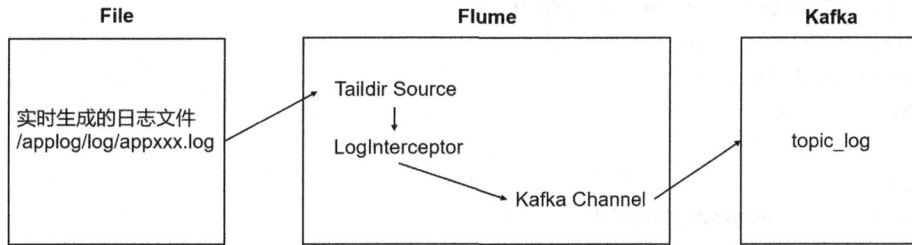

图 4-3　完整采集日志的 Flume 配置思路

2．Flume 具体配置

在/opt/module/flume/conf 目录下创建 file-flume-kafka.conf 文件。

```
[atguigu@hadoop102 conf]$ vim file-flume-kafka.conf
```

在文件中配置如下内容，加粗的内容是需要读者特别注意的，其中拦截器的代码在 4.3.4 节中讲解。

```
#为各组件命名
a1.sources = r1
a1.channels = c1


#描述 Source
a1.sources.r1.type = TAILDIR
a1.sources.r1.filegroups = f1
a1.sources.r1.filegroups.f1 = /opt/module/applog/log/app.*
a1.sources.r1.positionFile = /opt/module/flume/taildir_position.json
a1.sources.r1.interceptors = i1
a1.sources.r1.interceptors.i1.type                                    =
com.atguigu.flume.interceptor.log.ETLInterceptor$Builder


#描述 Channel
a1.channels.c1.type = org.apache.flume.channel.kafka.KafkaChannel
a1.channels.c1.kafka.bootstrap.servers = hadoop102:9092,hadoop103:9092
a1.channels.c1.kafka.topic = topic_log
a1.channels.c1.parseAsFlumeEvent = false

#绑定 Source 和 Channel 以及 Sink 和 Channel 的关系
a1.sources.r1.channels = c1
```

注意：com.atguigu.flume.interceptor.log.ETLInterceptor 是笔者自定义的拦截器的全类名。读者需要根据自定义的拦截器进行相应修改。

4.3.4　Flume 的拦截器

本采集日志层 Flume 需要自定义拦截器，通过自定义拦截器过滤 JSON 结构不完整的日志数据，做到对日志数据的初步清洗。

拦截器的定义步骤如下。

（1）创建 Maven 工程：flume-interceptor。

（2）创建包名：com.atguigu.flume.interceptor.log。

（3）在 pom.xml 文件中添加如下依赖。

```
<dependencies>
  <dependency>
    <groupId>org.apache.flume</groupId>
```

```
        <artifactId>flume-ng-core</artifactId>
        <version>1.9.0</version>
        <scope>provided</scope>
    </dependency>

    <dependency>
        <groupId>com.alibaba</groupId>
        <artifactId>fastjson</artifactId>
        <version>1.2.62</version>
    </dependency>
</dependencies>

<build>
    <plugins>
        <plugin>
            <artifactId>maven-compiler-plugin</artifactId>
            <version>2.3.2</version>
            <configuration>
                <source>1.8</source>
                <target>1.8</target>
            </configuration>
        </plugin>
        <plugin>
            <artifactId>maven-assembly-plugin</artifactId>
            <configuration>
                <descriptorRefs>
                    <descriptorRef>jar-with-dependencies</descriptorRef>
                </descriptorRefs>
            </configuration>
            <executions>
                <execution>
                    <id>make-assembly</id>
                    <phase>package</phase>
                    <goals>
                        <goal>single</goal>
                    </goals>
                </execution>
            </executions>
        </plugin>
    </plugins>
</build>
```

需要注意的是，<scope></scope>标签中 provided 的含义是在编译时使用该 jar 包，但在打包时不使用。因为在集群上已经存在 Flume 的 jar 包。

（4）在 com.atguigu.flume.interceptor.log 包中创建 JSONUtils 类。

```
package com.atguigu.flume.interceptor.log;

import com.alibaba.fastjson.JSON;
import com.alibaba.fastjson.JSONException;

public class JSONUtils {
    public static boolean isJSONValidate(String log){
```

```
        try {
            JSON.parse(log);
            return true;
        }catch (JSONException e){
            return false;
        }
    }
}
```

（5）在 com.atguigu.flume.interceptor.log 包中创建 ETLInterceptor 类。

```
package com.atguigu.flume.interceptor.log;

import com.alibaba.fastjson.JSON;
import org.apache.flume.Context;
import org.apache.flume.Event;
import org.apache.flume.interceptor.Interceptor;

import java.nio.charset.StandardCharsets;
import java.util.Iterator;
import java.util.List;

public class ETLInterceptor implements Interceptor {

    @Override
    public void initialize() {

    }

    @Override
    public Event intercept(Event event) {

        byte[] body = event.getBody();
        String log = new String(body, StandardCharsets.UTF_8);

        if (JSONUtils.isJSONValidate(log)) {
            return event;
        } else {
            return null;
        }
    }

    @Override
    public List<Event> intercept(List<Event> list) {

        Iterator<Event> iterator = list.iterator();

        while (iterator.hasNext()){
            Event next = iterator.next();
            if(intercept(next)==null){
                iterator.remove();
            }
```

```
        }

        return list;
    }

    public static class Builder implements Interceptor.Builder{

        @Override
        public Interceptor build() {
            return new ETLInterceptor();
        }
        @Override
        public void configure(Context context) {

        }

    }

    @Override
    public void close() {

    }
}
```

（6）打包。

拦截器打包完成后，将依赖包上传。拦截器打包完成后要将其放入 Flume 的 lib 目录下，拦截器 jar 包如图 4-4 所示。

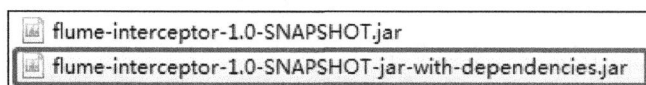

```
flume-interceptor-1.0-SNAPSHOT.jar
flume-interceptor-1.0-SNAPSHOT-jar-with-dependencies.jar
```

图 4-4 拦截器 jar 包

（7）需要先将打好的包放入 hadoop102 节点服务器的/opt/module/flume/lib 目录下。

```
[atguigu@hadoop102 lib]$ ls | grep interceptor
flume-interceptor-1.0-SNAPSHOT-jar-with-dependencies.jar
```

（8）将 Flume 分发到 hadoop103 和 hadoop104 节点服务器中。

```
[atguigu@hadoop102 module]$ xsync flume/
```

（9）因为在模拟日志时，lg.sh 脚本在 hadoop102 和 hadoop103 节点服务器上生成了模拟数据，所以分别在 hadoop102 和 hadoop103 两台节点服务器上执行 flume-ng agent 命令，将上述配置文件启动，对生成的数据进行采集。

在以下命令中，--name 选项用于指定本次命令执行的 Agent 名字，在本配置文件中为 a1；--conf-file 选项用于指定 job 配置文件的存储路径；--conf 选项用于指定 Flume 配置文件所在路径。在执行 Flume 采集程序的启动命令之后，由于数据发送的下游目的地 Kafka 还未开启，因此程序会报错。

```
[atguigu@hadoop102 flume]$ bin/flume-ng agent --name a1 --conf-file conf/file-flume-
kafka.conf --conf conf/
```

（10）测试数据是否采集成功。

执行 Kafka 集群启动脚本，启动 Kafka 集群。

```
[atguigu@hadoop102 module]$ kf.sh start
```

执行以下命令，在 Kafka 中创建对应 topic（如果已经创建，则可以忽略）。

```
[atguigu@hadoop102 kafka]$ bin/kafka-topics.sh --zookeeper hadoop102:2181/kafka  --create
--replication-factor 1 --partitions 1 --topic topic_log
```

启动 Flume 的采集日志程序，采集目标文件夹中生成的日志文件。

```
[atguigu@hadoop102 flume]$ bin/flume-ng agent --name a1 --conf-file conf/file-flume-
kafka.conf --conf conf/
```

启动集群日志生成脚本，模拟日志生成。

```
[atguigu@hadoop102 module]$ lg.sh
```

启动 Kafka 的控制台消费者，查看 Flume 将数据发送到 Kafka 的情况。

```
[atguigu@hadoop102 kafka]$ bin/kafka-console-consumer.sh \
--bootstrap-server hadoop102:9092 --from-beginning --topic topic_log
```

若能看到控制台不停地消费日志数据，则表示采集日志的 Flume 配置成功。

4.3.5　采集日志的 Flume 启动、停止脚本

同 Kafka 一样，我们将采集日志层 Flume 的启动、停止命令编写成脚本，以方便后续调用执行。

（1）在/home/atguigu/bin 目录下创建脚本 f1.sh。

```
[atguigu@hadoop102 bin]$ vim f1.sh
```

脚本思路：通过匹配输入参数的值，选择是否启动采集程序，启动采集程序后，设置日志不打印，且程序在后台运行。若停止程序，则通过管道符切割等操作获取程序的编号，并通过 kill 命令停止程序。在脚本中编写如下内容。

```
#! /bin/bash

case $1 in
"start"){
        for i in hadoop102 hadoop103
        do
                echo " --------启动 $i 采集 Flume-------"
                ssh  $i  "nohup  /opt/module/flume/bin/flume-ng  agent  --conf-file
/opt/module/flume/conf/file-flume-kafka.conf --name a1 --conf /opt/module/flume/conf/ -
Dflume.root.logger=INFO,console >/opt/module/flume/log1.txt 2>&1 &"
        done
};;
"stop"){
        for i in hadoop102 hadoop103
        do
                echo " --------停止 $i 采集 Flume-------"
                ssh $i "ps -ef | grep file-flume-kafka | grep -v grep |awk '{print \$2}' |
xargs -n1 kill -9 "
        done

};;
esac
```

脚本说明如下。

说明 1：nohup 命令可以在用户退出账户或关闭终端之后继续运行相应的进程。nohup 就是不挂起的意思，不间断地运行。

说明 2：

① "ps -ef | grep file-flume-kafka" 用于获取 Flume 进程，通过查看结果可以发现存在 2 个进程 id，但是我们只想获取第 1 个进程 id（21319）。

```
atguigu  21319      1 57 15:14 ?         00:00:03
```

```
......
atguigu  21428 11422  0 15:14 pts/1    00:00:00 grep file-flume-kafka
```

② "ps -ef | grep file-flume-kafka | grep -v grep"用于过滤包含 grep 信息的进程。

```
atguigu  21319     1 57 15:14 ?          00:00:03
......
```

③ "ps -ef | grep file-flume-kafka | grep -v grep |awk '{print \$2}'"采用 awk，默认用空格分隔后，取第 2 个字段，获取 21319 进程 id。

④ "ps -ef | grep file-flume-kafka | grep -v grep |awk '{print \$2}' | xargs -n1 kill -9"，xargs 表示获取前一阶段的运行结果（即 21319），作为下一个命令 kill 的输入参数。实际执行的是 kill 21319。

（2）增加脚本执行权限。

```
[atguigu@hadoop102 bin]$ chmod 777 f1.sh
```

（3）执行 f1 集群启动脚本。

```
[atguigu@hadoop102 module]$ f1.sh start
```

（4）执行 f1 集群停止脚本。

```
[atguigu@hadoop102 module]$ f1.sh stop
```

4.4 消费日志的 Flume

将日志数据从采集日志层 Flume 发送到 Kafka 消息队列后，接下来的工作需要将日志数据进行落盘存储，我们依然将这部分工作交给 Flume 处理，如图 4-5 所示。

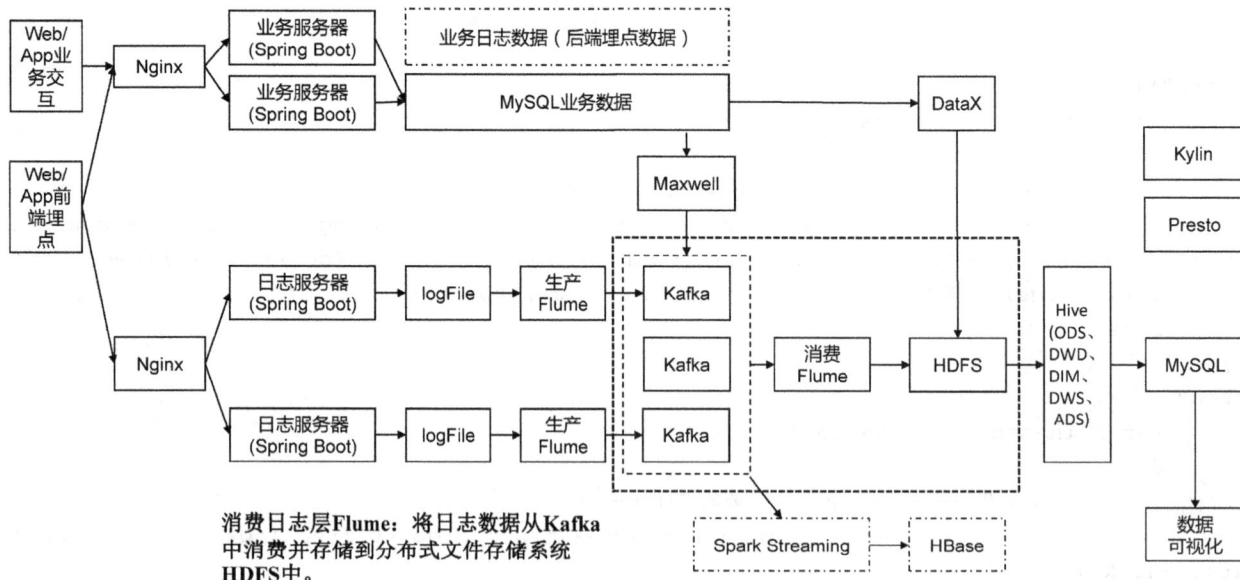

消费日志层Flume：将日志数据从Kafka中消费并存储到分布式文件存储系统HDFS中。

图 4-5　消费日志层 Flume 的流向

将消费日志层 Flume Agent 程序部署在 hadoop104 节点服务器上，实现 hadoop102、hadoop103 节点服务器负责日志的生成和采集，hadoop104 节点服务器负责日志的消费存储。在实际生产环境中应尽量做到将不同的任务部署在不同的节点服务器上。消费日志层 Flume 集群规划如表 4-11 所示。

表 4-11　消费日志层 Flume 集群规划

hadoop102	hadoop103	hadoop104
		Flume

4.4.1 消费日志的 Flume 配置

1．Flume 配置分析

消费日志层 Flume 主要从 Kafka 中读取消息，所以本数据仓库项目选用 Kafka Source。

Channel 主要包括 File Channel 和 Memory Channel。Memory Channel 传输数据的速度快，但是因为数据保存在 JVM 的堆内存中，若 Agent 进程失败则会导致数据丢失，其应用于对数据质量要求不高的场景。File Channel 相对于 Memory Channel 传输数据的速度较慢，但是数据安全保障高，即使 Agent 进程失败也可以从失败中恢复数据。两种 Channel 各有利弊，对数据要求精度比较高的金融类企业，通常会选用 File Channel。若对数据传输的速度有更高要求，则应选用 Memory Channel。本数据仓库项目选用 File Channel。

可以通过配置 dataDirs 属性指向多个路径，每个路径对应不同的硬盘来增大 Flume 的吞吐量。尽量将 checkpointDir 和 backupCheckpointDir 配置在不同硬盘对应的目录中，以保证 checkpointDir 出现问题后，可以快速使用 backupCheckpointDir 恢复数据。

本数据仓库项目选用 HDFS Sink，可以将日志数据直接落盘到 HDFS 中。将日志数据保存到 HDFS 中，方便后续使用 Hive 等分析计算引擎对日志数据进行分析，但是在使用 HDFS Sink 的同时应注意合理配置相关属性，避免 HDFS 存入大量小文件。

由于 HDFS 的文件保存机制的特性，每个文件都有一份元数据，其中包括文件路径、文件名、所有者、所属组、访问权限、创建时间等，这些信息都保存在 NameNode 的内存中，若小文件过多，则会占用 NameNode 服务器大量内存，影响 NameNode 的性能和使用寿命。在计算层面，默认情况下 MapReduce 程序会对每个小文件开启一个 Map 任务进行计算，非常影响计算性能，也影响磁盘寻址时间。

基于以上考虑，在对 HDFS Sink 进行配置时，可以通过调整 Flume 官方提供的 3 个参数，避免在 HDFS 中写入大量小文件，这 3 个参数分别是 hdfs.rollInterval、hdfs.rollSize、hdfs.rollCount。将 3 个参数的值分别配置为 hdfs.rollInterval=3600、hdfs.rollSize=134217728、hdfs.rollCount =0。几个参数综合作用，效果如下。

（1）文件在达到 128MB 时会滚动生成新文件。

（2）文件创建时间超过 3600 秒时会滚动生成新文件。

（3）不通过 event 个数来决定何时滚动生成新文件。

综上所述，消费日志的 Flume 配置思路如图 4-6 所示。

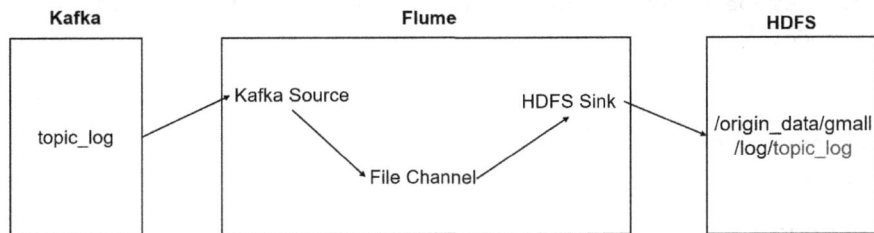

图 4-6　消费日志的 Flume 配置思路

2．Flume 具体配置

（1）在 hadoop104 节点服务器的/opt/module/flume/conf 目录下创建 kafka-flume-hdfs.conf 文件。

```
[atguigu@hadoop104 conf]$ vim kafka-flume-hdfs.conf
```

（2）在 kafka-flume-hdfs.conf 文件中配置如下内容。

```
## 组件
a1.sources=r1
a1.channels=c1
a1.sinks=k1

## Source1
```

```
a1.sources.r1.type = org.apache.flume.source.kafka.KafkaSource
a1.sources.r1.batchSize = 5000
a1.sources.r1.batchDurationMillis = 2000
a1.sources.r1.kafka.bootstrap.servers = hadoop102:9092,hadoop103:9092,hadoop104:9092
a1.sources.r1.kafka.topics=topic_log
a1.sources.r1.interceptors = i1
#拦截器全类名应该根据所编写的拦截器进行配置
a1.sources.r1.interceptors.i1.type = com.atguigu.flume.interceptor.log.
TimeStampInterceptor$Builder

## Channel1
a1.channels.c1.type = file
a1.channels.c1.checkpointDir = /opt/module/flume/checkpoint/behavior1
a1.channels.c1.dataDirs = /opt/module/flume/data/behavior1/
a1.channels.c1.maxFileSize = 2146435071
a1.channels.c1.capacity = 1000000
a1.channels.c1.keep-alive = 6


## Sink
a1.sinks.k1.type = hdfs
a1.sinks.k1.hdfs.path = /origin_data/gmall/log/topic_log/%Y-%m-%d
a1.sinks.k1.hdfs.filePrefix = log-
a1.sinks.k1.hdfs.round = false

## 暂时使用 10 秒的文件滚动，在实际生产中需要修改为 3600 秒
a1.sinks.k1.hdfs.rollInterval = 10
a1.sinks.k1.hdfs.rollSize = 134217728
a1.sinks.k1.hdfs.rollCount = 0

## 控制输出文件为原生文件
a1.sinks.k1.hdfs.fileType = CompressedStream
a1.sinks.k1.hdfs.codeC = gzip

## 拼装
a1.sources.r1.channels = c1
a1.sinks.k1.channel= c1
```

4.4.2　时间戳拦截器

由于 Flume 默认会用 Linux 系统时间作为输出到 HDFS 路径的时间。如果数据是 23:59 产生的，Flume 在消费 Kafka 里面的数据时，有可能已经是第 2 日了，那么这部分数据会被发往第 2 日的 HDFS 路径。我们希望根据日志里面的实际时间，将数据发往 HDFS 路径，所以下面拦截器的作用是获取日志中的实际时间。

解决思路：拦截 JSON 格式的日志，通过 fastjson 框架解析 JSON 格式的日志，获取实际时间 ts。将获取的 ts 写入拦截器 header 中，header 的 key 值必须是 timestamp，因为 Flume 框架会根据这个 key 值识别时间并将数据写入 HDFS 对应时间的路径下。

（1）在 com.atguigu.flume.interceptor.log 包下创建 TimeStampInterceptor 类。

```
package com.atguigu.flume.interceptor.log;
```

```java
import com.alibaba.fastjson.JSONObject;
import org.apache.flume.Context;
import org.apache.flume.Event;
import org.apache.flume.interceptor.Interceptor;

import java.nio.charset.StandardCharsets;
import java.util.ArrayList;
import java.util.List;
import java.util.Map;

public class TimeStampInterceptor implements Interceptor {

    private ArrayList<Event> events = new ArrayList<>();

    @Override
    public void initialize() {

    }

    @Override
    public Event intercept(Event event) {

        Map<String, String> headers = event.getHeaders();
        String log = new String(event.getBody(), StandardCharsets.UTF_8);

        JSONObject jsonObject = JSONObject.parseObject(log);

        String ts = jsonObject.getString("ts");
        headers.put("timestamp", ts);

        return event;
    }

    @Override
    public List<Event> intercept(List<Event> list) {
        events.clear();
        for (Event event : list) {
            events.add(intercept(event));
        }

        return events;
    }

    @Override
    public void close() {

    }

    public static class Builder implements Interceptor.Builder {
        @Override
        public Interceptor build() {
```

```
            return new TimeStampInterceptor();
        }

        @Override
        public void configure(Context context) {
        }
    }
}
```

（2）重新打包，如图 4-7 所示。

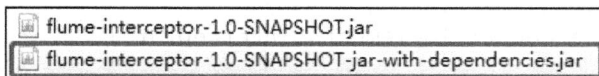

```
flume-interceptor-1.0-SNAPSHOT.jar
flume-interceptor-1.0-SNAPSHOT-jar-with-dependencies.jar
```

图 4-7　Flume 拦截器 jar 包

（3）将之前上传的包删除。

```
[atguigu@hadoop102 lib]$ rm flume-interceptor-1.0-SNAPSHOT-jar-with-dependencies.jar
```

（4）重新将打好的包放入 hadoop102 节点服务器的/opt/module/flume/lib 目录下。

```
[atguigu@hadoop102 lib]$ ls | grep interceptor
flume-interceptor-1.0-SNAPSHOT-jar-with-dependencies.jar
```

（5）将 Flume 分发到 hadoop103、hadoop104 节点服务器中。

```
[atguigu@hadoop102 module]$ xsync flume/
```

4.4.3　消费日志的 Flume 启动、停止脚本

将消费日志层 Flume 的启动、停止命令编写成脚本，方便后续调用执行。脚本包括启动消费日志层 Flume 程序和根据 Flume 的任务编号停止其运行。与采集日志层 Flume 启动、停止脚本类似，编写步骤如下。

（1）在/home/atguigu/bin 目录下创建脚本 f2.sh。

```
[atguigu@hadoop102 bin]$ vim f2.sh
```

在脚本中编写如下内容。

```
#! /bin/bash

case $1 in
"start"){
    for i in hadoop104
    do
        echo " --------启动 $i 消费 Flume-------"
        ssh   $i   "nohup   /opt/module/flume/bin/flume-ng   agent   --conf-file
/opt/module/flume/conf/kafka-flume-hdfs.conf --name a1 --conf /opt/module/flume/conf/ -
Dflume.root.logger=INFO,console >/opt/module/flume/log2.txt 2>&1  &"
    done
};;
"stop"){
    for i in hadoop104
    do
        echo " --------停止 $i 消费 Flume-------"
        ssh $i " ps -ef | grep kafka-flume-hdfs | grep -v grep |awk '{print \$2}' |
xargs -n1 kill -9"
    done
};;
esac
```

（2）增加脚本执行权限。

```
[atguigu@hadoop102 bin]$ chmod 777 f2.sh
```

（3）执行 f2 集群启动脚本。

```
[atguigu@hadoop102 module]$ f2.sh start
```

（4）执行 f2 集群停止脚本。

```
[atguigu@hadoop102 module]$ f2.sh stop
```

4.4.4　数据通道测试

根据需求分别生成 2020-06-14 和 2020-06-15 两个日期的数据。

（1）执行 Kafka 启动脚本，启动 Kafka 集群。

```
[atguigu@hadoop102 module]$ kf.sh start
```

（2）执行 Flume 启动脚本，启动 Flume 的消费日志程序。

```
[atguigu@hadoop102 module]$ f2.sh start
[atguigu@hadoop102 module]$ f1.sh start
```

（3）修改/opt/module/applog/application.yml 文件中的业务日期为 2020-06-14。

```
# 业务日期
mock.date: "2020-06-14"
```

（4）执行脚本，生成 2020-06-14 的日志数据。

```
[atguigu@hadoop102 ~]$ lg.sh
```

（5）再次修改/opt/module/applog/application.yml 文件中的业务日期为 2020-06-15。

```
# 业务日期
mock.date: "2020-06-15"
```

（6）再次执行脚本，生成 2020-06-15 的日志数据。

```
[atguigu@hadoop102 ~]$ lg.sh
```

（7）不断观察 Hadoop 的 HDFS 路径上是否有数据，如图 4-8 所示。

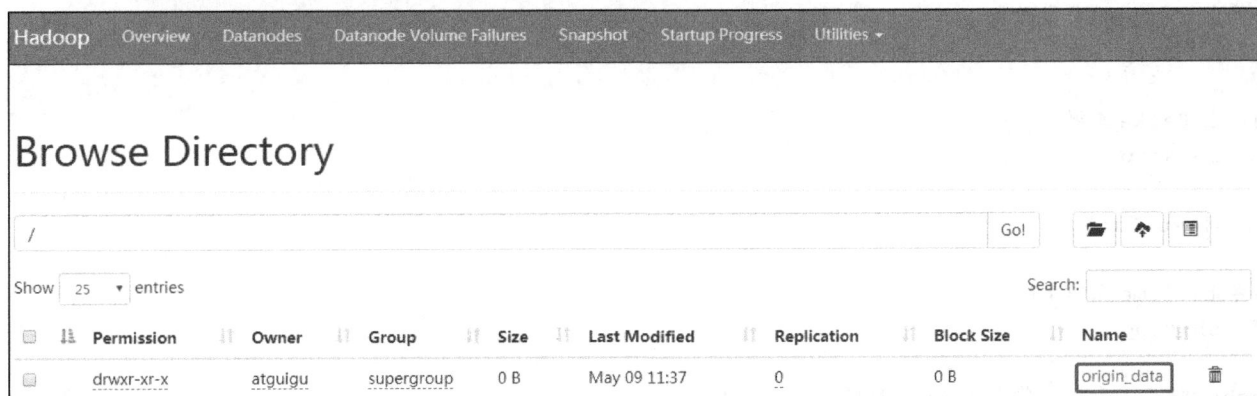

图 4-8　HDFS 落盘成功的日志文件

4.5　采集通道启动、停止脚本

在完成所有的采集日志落盘工作后，我们需要将本章涉及的所有命令和脚本统一编写成采集通道启动、停止脚本，否则逐一开启采集通道的进程也是非常耗时的，编写步骤如下。

（1）在/home/atguigu/bin 目录下创建脚本 cluster.sh。

```
[atguigu@hadoop102 bin]$ vim cluster.sh
```

在脚本中编写如下内容。

```
#! /bin/bash
```

```
case $1 in
"start"){
 echo " -------- 启动 集群 -------"

#启动 ZooKeeper 集群
 zk.sh start

echo " -------- 启动 Hadoop 集群 -------"
 /opt/module/hadoop-3.1.3/sbin/start-dfs.sh
 ssh hadoop103 "source /etc/profile ; /opt/module/hadoop-3.1.3/sbin/start-yarn.sh"

#启动 Flume 采集集群
 f1.sh start

#启动 Kafka 集群
    #Kafka 集群的启动需要一定时间，此时间根据用户计算机的性能而定，可适当调整
    kf.sh start

    sleep 6s;

#启动 Flume 消费集群
 f2.sh start
};;
"stop"){
    echo " -------- 停止 集群 -------"


#停止 Flume 消费集群
 f2.sh stop

#停止 Kafka 集群
 kf.sh stop

    sleep 6s;

#停止 Flume 采集集群
 f1.sh stop


echo " -------- 停止 Hadoop 集群 -------"
 ssh hadoop103 "/opt/module/hadoop-3.1.3/sbin/stop-yarn.sh"
 /opt/module/hadoop-3.1.3/sbin/stop-dfs.sh

#停止 ZooKeeper 集群
 zk.sh stop
};;
esac
```

（2）增加脚本执行权限。

```
[atguigu@hadoop102 bin]$ chmod 777 cluster.sh
```

（3）执行 cluster 集群启动脚本。

```
[atguigu@hadoop102 module]$ cluster.sh start
```

（4）执行 cluster 集群停止脚本。

```
[atguigu@hadoop102 module]$ cluster.sh stop
```

4.6　本章总结

　　本章主要对用户行为数据采集模块进行讲解，包括采集框架 Flume 的安装配置、Kafka 的安装部署和 ZooKeeper 的安装部署，并对整个采集系统的整体框架进行了详细讲解。在本章中，读者除了需要学会搭建完整的数据采集系统，还需要掌握数据采集框架 Flume 的基本用法。例如，如何编辑 Flume 的 Agent 配置文件，以及如何设置 Flume 的各项属性，此外，还应具备一定的 Shell 脚本编写能力，学会编写基本的程序启动、停止脚本。

第5章

业务数据采集模块

第 4 章介绍了如何采集用户行为数据，这部分数据只是数据仓库中数据源的一部分，另一部分重要的数据源就是业务数据。业务数据通常是指各企业在处理业务过程中产生的数据，例如，用户在电商网站中注册、下单、支付等过程中产生的数据。业务数据通常是存储在 Oracle、MySQL 等关系数据库中的结构化数据，将业务数据采集到数据仓库系统中是非常有必要的。本章主要讲解业务数据采集模块如何搭建，以及电商业务的基础知识。

5.1 电商业务概述

在进行需求实现之前，先对业务数据仓库的基础理论进行讲解，包含本数据仓库项目主要涉及的电商方面的相关常识及业务流程、电商业务数据表的结构等。

5.1.1 电商业务流程

如图 5-1 所示，电商业务流程以一个普通用户的浏览足迹为例进行讲解，用户打开电商网站首页开始浏览，可能通过分类查询也可能通过全文搜索寻找自己中意的商品，这些商品都被存储在后台的管理系统中。

当用户找到自己中意的商品，想要购买时，可能将商品添加到购物车，此时发现需要登录，登录后对商品进行结算，这时候购物车的管理和商品订单信息的生成都会对业务数据仓库产生影响，会生成相应的订单数据和支付数据。

订单正式生成后，系统还会对订单进行跟踪处理，直到订单全部完成。

电商的主要业务流程包括用户在前台浏览商品时的商品详情的管理，用户将商品加入购物车进行支付时用户个人中心和支付服务的管理，用户支付完成后订单后台服务的管理，这些流程涉及十几张或几十张业务数据表，甚至更多。

数据仓库是用于辅助管理者决策的，与业务流程息息相关，建设数据模型的首要前提是了解业务流程，只有了解了业务流程才能为数据仓库的建设提供指导方向，从而反过来为业务提供更好的决策数据支撑，让数据仓库的价值实现最大化。

图 5-1　电商业务流程

5.1.2　电商常识

SKU 是 Stock Keeping Unit（存货单位）的简称，现在已经被引申为产品统一编号，每种产品均对应唯一的 SKU。SPU 是 Standard Product Unit（标准产品单位）的简称，是商品信息聚合的最小单位，是一组可复用、易检索的标准化信息集合。通过 SPU 表示一类商品的好处就是该类商品各型号间可以共用商品图片、海报、销售属性等。

例如，iPhone 11 手机就是 SPU。一部白色、128GB 内存的 iPhone 11，就是 SKU。在电商网站的商品详情页，所有不同类型的 iPhone 11 手机可以共用商品海报和商品图片等信息，避免了数据的冗余。

平台属性是指在对商品进行检索时所选择的属性值，是一类商品的共有属性，比如当用户选购手机时，所关注的内存属性、CPU 属性、屏幕尺寸属性等。销售属性是由该商品的卖家管理的，只是这一件商品的属性，比如当用户购买一部 iPhone 11 手机时，所选择的外壳颜色、内存大小等属性。

5.1.3　电商业务表结构

表 5-1～表 5-34 所示为本数据仓库项目电商业务系统中所有的相关表。电商业务表结构对于数据仓库的搭建非常重要，在进行数据导入之前，开发人员首先要做的就是熟悉电商业务表结构。

开发人员可按照如下 3 步来熟悉电商业务表结构。

第 1 步大概观察所有表的类型，了解表大概分为哪几类以及每张表里包含哪些数据，通过观察可以发现，所有表大体与活动、订单、优惠券、用户相关且包括各类码表等。

第 2 步应认真分析了解每一张表的每一行数据代表的含义，例如，订单表中的一行数据代表的是一条订单信息，用户表中的一行数据代表的是一个用户的信息，评价表中的一行数据代表的是用户对某个商品的一条评价等。

第 3 步要详细查看每一张表的每一个字段的含义及业务逻辑，通过了解每一个字段的含义，可以知道每张表都与哪些表产生了关联，例如，订单表中出现了 user_id 字段，就可以肯定订单表与用户表有关联。表的业务逻辑是指什么操作会造成这张表中数据的修改、删除或新增。还以订单表为例，当用户产生下单行为时，会新增一条订单数据，当订单状态发生变化时，订单状态字段就会被修改。

通过以上 3 步，开发人员可以对所有表了然于胸，这对后续数据仓库需求的分析也是大有裨益的。

表 5-1　活动信息表（activity_info）

字　段　名	字　段　说　明
id	活动 id
activity_name	活动名称
activity_type	活动类型（1=满减，2=折扣）
activity_desc	活动描述
start_time	开始时间
end_time	结束时间
create_time	创建时间

表 5-2　活动规则表（activity_rule）

字　段　名	字　段　说　明
id	活动规则 id
activity_id	活动 id
activity_type	活动类型（1=满减，2=折扣）
condition_amount	满减金额，当活动类型为满减时，此字段有值
condition_num	满减件数，当活动类型为折扣时，此字段有值
benefit_amount	优惠金额，当活动类型为满减时，此字段有值
benefit_discount	优惠折扣，当活动类型为折扣时，此字段有值
benefit_level	优惠级别

表 5-3　活动商品关联表（activity_sku）

字　段　名	字　段　说　明
id	编号
activity_id	活动 id
sku_id	商品 id
create_time	创建时间

表 5-4　平台属性表（base_attr_info）

字　段　名	字　段　说　明
id	编号
attr_name	平台属性名称
category_id	分类 id
category_level	分类层级

表 5-5　平台属性值表（base_attr_value）

字　段　名	字　段　说　明
id	编号
value_name	平台属性值名称
attr_id	平台属性 id

表 5-6　一级分类表（base_category1）

字　段　名	字　段　说　明
id	一级分类 id
name	一级分类名称

表 5-7　二级分类表（base_category2）

字　段　名	字　段　说　明
id	二级分类 id
name	二级分类名称
category1_id	一级分类 id

表 5-8　三级分类表（base_category3）

字　段　名	字　段　说　明
id	三级分类 id
name	三级分类名称
category2_id	二级分类 id

表 5-9　编码字典表（base_dic）

字　段　名	字　段　说　明
dic_code	编号
dic_name	编码名称
parent_code	父编号
create_time	创建日期
operate_time	修改日期

表 5-10　省份表（base_province）

字　段　名	字　段　说　明
id	省份 id
name	省份名称
region_id	地区 id
area_code	地区编码
iso_code	旧版 ISO-3166-2 编码，供可视化使用
iso_3166_2	新版 ISO-3166-2 编码，供可视化使用

表 5-11　地区表（base_region）

字　段　名	字　段　说　明
id	地区 id
region_name	地区名称

表 5-12　品牌表（base_trademark）

字　段　名	字　段　说　明
id	品牌 id
tm_name	品牌名称
logo_url	品牌 Logo 的图片路径

表 5-13　购物车表（cart_info）

字　段　名	字　段　说　明
id	编号
user_id	用户 id
sku_id	商品 id
cart_price	放入购物车时的价格
sku_num	加购物车件数
img_url	商品图片地址
sku_name	商品名称（冗余）
is_checked	是否被选中
create_time	加购物车时间
operate_time	修改时间
is_ordered	是否已经下单
order_time	下单时间
source_type	来源类型
source_id	来源类型 id

表 5-14　评价表（comment_info）

字　段　名	字　段　说　明
id	编号
user_id	用户 id
nick_name	用户昵称
head_img	头像
sku_id	商品 id
spu_id	标准产品单位 id
order_id	订单 id
appraise	评价（1=好评，2=中评，3=差评）
comment_txt	评价内容
create_time	评价时间
operate_time	修改时间

表 5-15　优惠券信息表（coupon_info）

字　段　名	字　段　说　明
id	编号
coupon_name	优惠券名称
coupon_type	优惠券类型（1=现金券，2=折扣券，3=满减券，4=满件打折券）
condition_amount	满减金额，若优惠券类型为满减券，则此字段有值
condition_num	满减件数，若优惠券类型为满件打折券，则此字段有值
activity_id	活动 id
benefit_amount	优惠金额，若优惠券类型为现金券或满减券，则此字段有值
benefit_discount	折扣，若优惠券类型为折扣券或满件打折券，则此字段有值
create_time	创建时间
range_type	范围类型字典码（3301=分类券，3302=品牌券，3303=单品券）
limit_num	最多领取次数

字　段　名	字　段　说　明
taken_count	已领取次数
start_time	领取开始时间
end_time	领取结束时间
operate_time	修改时间
expire_time	过期时间
range_desc	范围描述

表 5-16　优惠券优惠范围表（coupon_range）

字　段　名	字　段　说　明
id	编号
coupon_id	优惠券 id
range_type	范围类型字典码（3301=分类券，3302=品牌券，3303=单品券）
range_id	优惠范围对象 id

表 5-17　优惠券领用表（coupon_use）

字　段　名	字　段　说　明
id	编号
coupon_id	优惠券 id
user_id	用户 id
order_id	订单 id
coupon_status	优惠券状态（1=未使用，2=已使用）
create_time	创建时间
get_time	领取时间
using_time	使用时间
used_time	支付时间
expire_time	过期时间

表 5-18　收藏表（favor_info）

字　段　名	字　段　说　明
id	编号
user_id	用户 id
sku_id	商品 id
spu_id	标准产品单位 id
is_cancel	是否已取消（0=正常，1=已取消）
create_time	收藏时间
cancel_time	取消收藏时间

表 5-19　订单明细表（order_detail）

字　段　名	字　段　说　明
id	编号
order_id	订单 id
sku_id	商品 id
sku_name	商品名称（冗余）
img_url	商品图片地址

字　段　名	字　段　说　明
order_price	购买价格（下单时的商品价格）
sku_num	购买件数
create_time	创建时间
source_type	来源类型
source_id	来源类型 id
split_total_amount	拆分后商品金额
split_activity_amount	拆分后活动优惠金额
split_coupon_amount	拆分后优惠券优惠金额

表 5-20　订单明细活动关联表（order_detail_activity）

字　段　名	字　段　说　明
id	编号
order_id	订单 id
order_detail_id	订单明细 id
activity_id	活动 id
activity_rule_id	活动规则 id
sku_id	商品 id
create_time	创建时间

表 5-21　订单明细优惠券关联表（order_detail_coupon）

字　段　名	字　段　说　明
id	编号
order_id	订单 id
order_detail_id	订单明细 id
coupon_id	优惠券 id
coupon_use_id	优惠券领取 id
sku_id	商品 id
create_time	创建时间

表 5-22　订单表（order_info）

字　段　名	字　段　说　明
id	编号
consignee	收件人
consignee_tel	收件人电话
total_amount	总金额
order_status	订单状态
user_id	用户 id
payment_way	付款方式
delivery_address	送货地址
order_comment	订单备注
out_trade_no	订单交易编号（第三方支付用）
trade_body	订单描述（第三方支付用）

字　段　名	字　段　说　明
create_time	创建时间
operate_time	修改时间
expire_time	失效时间
process_status	进度状态
tracking_no	物流单编号
parent_order_id	父订单编号
img_url	图片路径
province_id	省份 id
activity_reduce_amount	促销金额
coupon_reduce_amount	优惠券
original_total_amount	原价金额
feight_fee	运费
feight_fee_reduce	运费减免
refundable_time	可退款日期（签收后 30 日）

表 5-23　退单表（order_refund_info）

字　段　名	字　段　说　明
id	编号
user_id	用户 id
order_id	订单 id
sku_id	商品 id
refund_type	退款类型
refund_num	退单商品件数
refund_amount	退款金额
refund_reason_type	原因类型
refund_reason_txt	原因内容
refund_status	退款状态（0=待审批，1=已退款）
create_time	创建时间

表 5-24　订单状态流水表（order_status_log）

字　段　名	字　段　说　明
id	编号
order_id	订单 id
order_status	订单状态
operate_time	修改时间

表 5-25　支付表（payment_info）

字　段　名	字　段　说　明
id	编号
out_trade_no	对外业务编号
order_id	订单 id
user_id	用户 id
payment_type	支付类型（微信或支付宝）

续表

字　段　名	字　段　说　明
trade_no	交易编号
total_amount	支付金额
subject	交易内容
payment_status	支付状态
create_time	创建时间
callback_time	回调时间
callback_content	回调信息

表 5-26　退款表（refund_payment）

字　段　名	字　段　说　明
id	编号
out_trade_no	对外业务编号
order_id	订单 id
sku_id	商品 id
payment_type	支付类型（微信或支付宝）
trade_no	交易编号
total_amount	退款金额
subject	交易内容
refund_status	退款状态
create_time	创建时间
callback_time	回调时间
callback_content	回调信息

表 5-27　SKU 平台属性表（sku_attr_value）

字　段　名	字　段　说　明
id	编号
attr_id	平台属性 id（冗余）
value_id	平台属性值 id
sku_id	商品 id
attr_name	平台属性名称
value_name	平台属性值名称

表 5-28　SKU 信息表（sku_info）

字　段　名	字　段　说　明
id	商品 id
spu_id	标准产品单位 id
price	价格
sku_name	商品名称
sku_desc	商品描述
weight	重量
tm_id	品牌 id（冗余）
category3_id	三级分类 id（冗余）
sku_default_img	默认显示图片（冗余）

字　段　名	字　段　说　明
is_sale	是否在售（1=是，0=否）
create_time	创建时间

表 5-29　SKU 销售属性表（sku_sale_attr_value）

字　段　名	字　段　说　明
id	编号
sku_id	商品 id
spu_id	标准产品单位 id（冗余）
sale_attr_value_id	销售属性值 id
sale_attr_id	销售属性 id
sale_attr_name	销售属性名称
sale_attr_value_name	销售属性值名称

表 5-30　SPU 信息表（spu_info）

字　段　名	字　段　说　明
id	标准产品单位 id
spu_name	标准产品单位名称
description	商品描述（后台简述）
category3_id	三级分类 id
tm_id	品牌 id

表 5-31　SPU 销售属性表（spu_sale_attr）

字　段　名	字　段　说　明
id	编号（业务中无关联）
spu_id	标准产品单位 id
sale_attr_id	销售属性 id
sale_attr_name	销售属性名称（冗余）

表 5-32　SPU 销售属性值表（spu_sale_attr_value）

字　段　名	字　段　说　明
id	编号
spu_id	标准产品单位 id
sale_attr_id	销售属性 id
sale_attr_value_name	销售属性值名称
sale_attr_name	销售属性名称（冗余）

表 5-33　用户地址表（user_address）

字　段　名	字　段　说　明
id	编号
user_id	用户 id
province_id	省份 id
user_address	用户地址
consignee	收件人
phone_num	手机号码
is_default	是否是默认的

表 5-34　用户表（user_info）

字　段　名	字　段　说　明
id	编号
login_name	用户名称
nick_name	用户昵称
passwd	用户密码
name	用户姓名
phone_num	手机号码
email	邮箱
head_img	头像
user_level	用户级别
birthday	用户生日
gender	性别（M=男，F=女）
create_time	创建时间
operate_time	修改时间
status	状态

图 5-2 和图 5-3 所示为本电商数据仓库系统涉及的业务数据表关系图。图 5-2 所示为电商业务相关表关系图。图 5-3 所示为后台管理系统相关表关系图。前面所述的 34 张表以订单表、用户表、SKU 信息表、活动规则表和优惠券信息表为中心，延伸出了优惠券领用表、支付表、订单明细表、订单状态流水表、评价表、退款表等。用户表用于提供用户的详细信息，支付表用于提供订单的支付详情，订单明细表用于提供订单的商品数量等信息，SKU 信息表用于为订单明细表提供商品的详细信息。

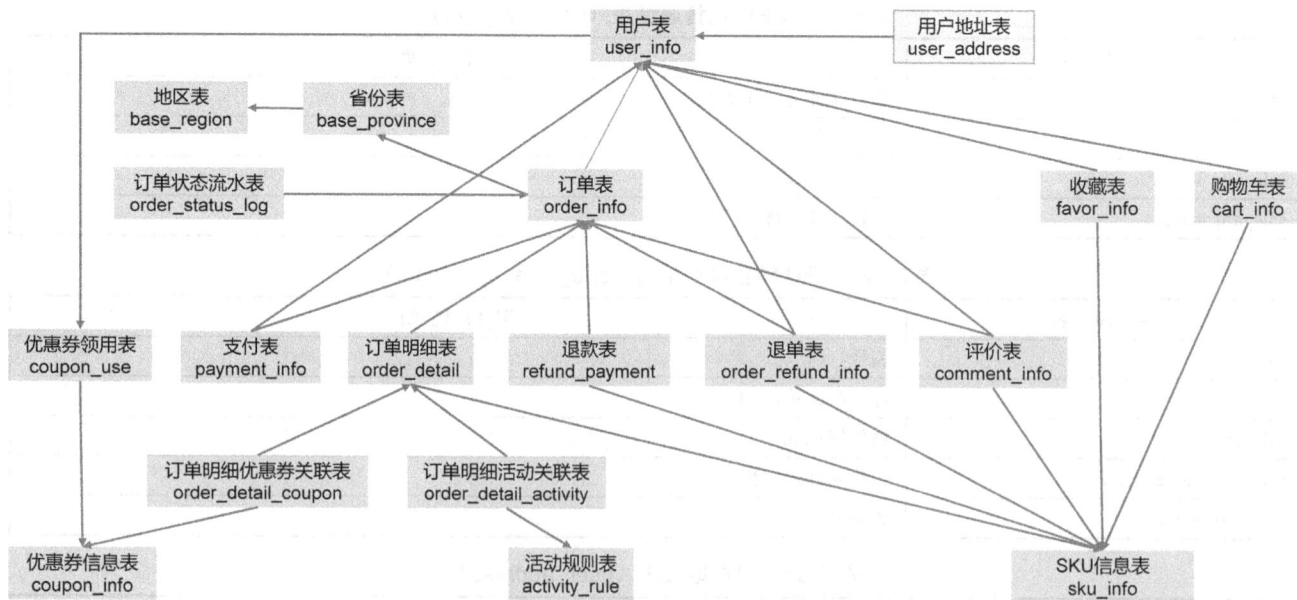

图 5-2　电商业务相关表关系图

如果只通过图片了解表之间的关系，则熟悉起来会比较困难。建议读者以业务线为主要思路来进行梳理，如图 5-2 所示，每条业务线都会涉及一张本业务的主表。例如：

- 评价业务涉及的表有评价表。
- 收藏业务涉及的表有收藏表、用户表、SKU 信息表。
- 加购物车业务涉及的表有购物车表、用户表和 SKU 信息表。
- 领取优惠券业务涉及的表有优惠券领用表、用户表、优惠券信息表。

- 下单业务属于比较复杂的业务，涉及的表也比较多，有订单表、用户表、省份表、地区表、订单状态流水表、订单明细表、订单明细优惠券关联表、订单明细活动关联表、优惠券信息表、活动规则表。
- 支付业务涉及的表有支付表、订单表、用户表。
- 退单业务涉及的表有退单表、订单表、用户表、SKU 信息表。
- 退款业务涉及的表有退款表、订单表、SKU 信息表。
- 评价业务涉及的表有评价表、用户表、订单表、SKU 信息表。

后台管理系统涉及的表主要分为 3 个部分，分别是商品部分、活动部分和优惠券部分。商品部分以 SKU 信息表为中心，活动部分以活动商品关联表为中心，优惠券部分以优惠券优惠范围表为中心，如图 5-3 所示。

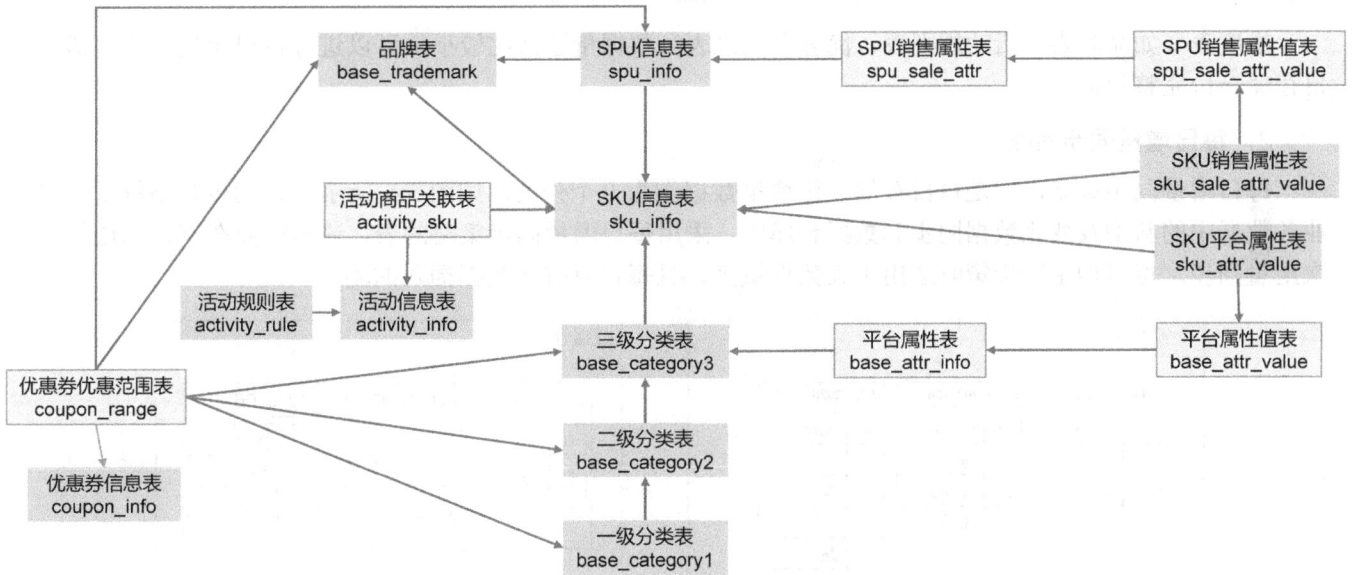

图 5-3　后台管理系统相关表关系图

注意：如图 5-2 和图 5-3 所示，浅色底纹的表无须同步至数据仓库中。在实际开发环境中，开发人员会根据统计指标规划需要同步的业务数据表。

5.1.4　数据同步策略

数据同步是指将数据从关系数据库同步到数据存储系统中，业务数据是数据仓库的重要数据来源，我们需要每日定时从业务数据库中抽取数据，传输到数据仓库中，之后再对数据进行分析统计。

为保证统计结果的正确性，需要保证数据仓库中的数据与业务数据库中的数据是同步的，离线数据仓库的计算周期通常为日，所以数据同步周期也通常为日，即每日同步一次。

针对不同类型的表应该设置不同的同步策略，本数据仓库项目主要用到的同步策略有全量同步和增量同步。

1．每日全量同步策略

每日全量同步策略，就是每日存储一份完整数据作为一个分区，如图 5-4 所示。该同步策略适用于表数据量不大，且每日既有新数据插入，又有旧数据修改的场景。

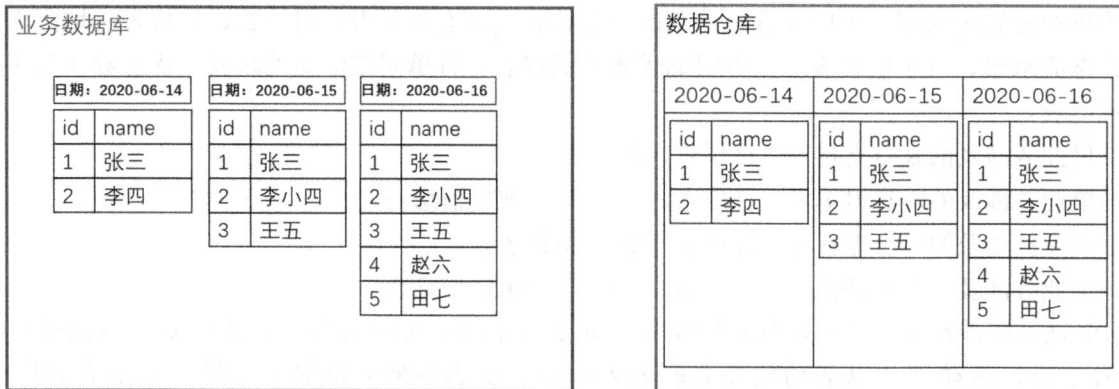

图 5-4　每日全量同步策略示意图

维度表（如品牌表、活动规则表、优惠券信息表）数据量通常比较小，可以进行每日全量同步，即每日存储一份完整数据。

2．每日增量同步策略

每日增量同步策略，就是每日存储一份增量数据作为一个分区，如图 5-5 所示。该同步策略每日只将业务数据中的新增及变化数据同步到数据仓库中。采用每日增量同步策略的表，通常需要在首日先进行一次全量同步。每日增量同步策略适用于表数据量大，且每日只有新数据插入的场景。

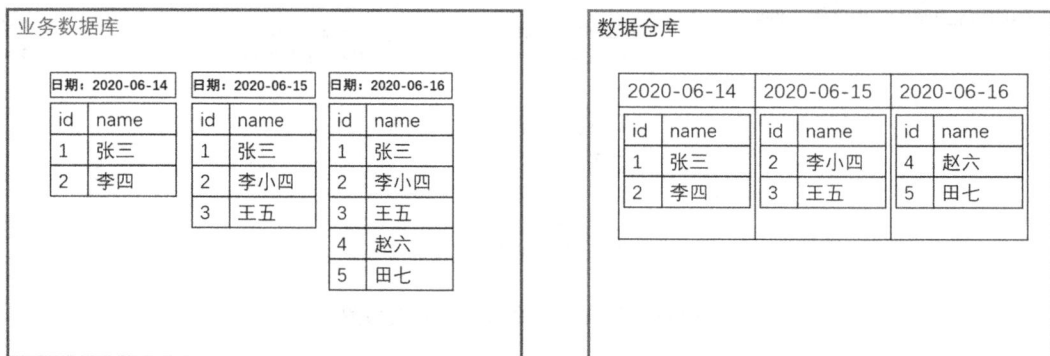

图 5-5　每日增量同步策略示意图

例如，支付表每日只会发生数据的新增，不会发生历史数据的修改，适合采用每日增量同步策略。

以上 2 种数据同步策略都能保证数据仓库和业务数据库的数据同步，那应该如何选择呢？下面对这 2 种策略进行简要对比，如表 5-35 所示。

表 5-35　同步策略对比

同步策略	优　点	缺　点
全量同步	逻辑简单	在某些情况下效率较低。例如，某张表数据较大，但是每日数据的变化比例很低，若采用每日全量同步策略，则会重复同步和存储大量相同的数据
增量同步	效率高，无须同步和存储重复数据	逻辑复杂，需要将每日的新增及变化数据与原来的数据进行整合，才能使用

根据上述对比，可以得出以下结论。

若业务表数据量比较大，且每日数据变化的比例比较低，则应采用增量同步策略，否则采用全量同步策略。

针对现有 34 张表的特点制定各表的同步策略，如图 5-6 所示。

其中，cart_info 表在全量同步策略与增量同步策略中均有出现，此处暂不做解释，在后续章节中会进行详细讲解。

全量同步		增量同步	
activity_info 活动信息表	base_trademark 品牌表	**cart_info 购物车表（特殊）**	order_info 订单表
activity_rule 活动规则表	**cart_info 购物车表（特殊）**	comment_info 评价表	order_refund_info 退单表
base_category1 一级分类表	coupon_info 优惠券信息表	coupon_use 优惠卷领用表	order_status_log 订单状态流水表
base_category2 二级分类表	sku_attr_value SKU平台属性表	favor_info 收藏表	payment_info 支付表
base_category3 三级分类表	sku_sale_attr_value SKU销售属性表	order_detail_activity 订单明细活动关联表	refund_payment 退款表
base_dic 编码字典表	sku_info SKU信息表	order_detail_coupon 订单明细优惠券关联表	user_info 用户表
base_province 省份表	spu_info SPU信息表	order_detail 订单明细表	
base_region 地区表			

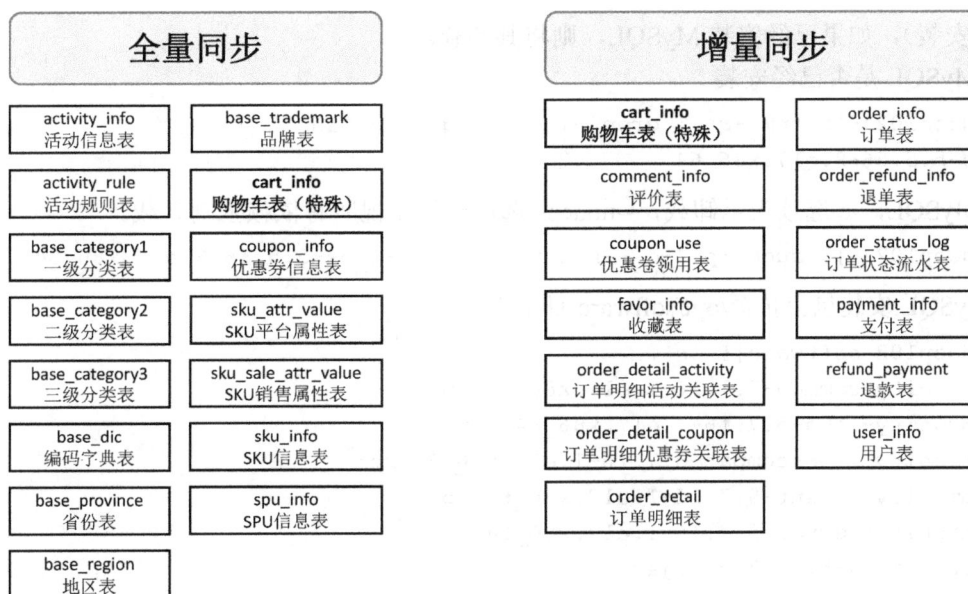

图 5-6　业务数据表同步策略

5.1.5　数据同步工具选择

数据同步工具种类繁多，大致可分为两类：一类是以 DataX、Sqoop 为代表的基于 select 查询的离线批量同步工具；另一类是以 Maxwell、Canal 为代表的基于数据库数据变动日志（如 MySQL 的 binlog，它会实时记录数据库所有的 insert、update 及 delete 操作）的实时流式同步工具。

全量同步通常使用 DataX、Sqoop 等基于 select 查询的离线批量同步工具，而增量同步既可以使用 DataX、Sqoop 等工具，也可以使用 Maxwell、Canal 等工具。增量同步工具对比如表 5-36 所示。

表 5-36　增量同步工具对比

增量同步工具	对数据库的要求	数据的中间状态
DataX/Sqoop	基于 select 查询，若想通过 select 查询获取新增及变化数据，就要求数据表中存在 create_time、update_time 等字段，然后根据这些字段获取变动数据	由于是离线批量同步，因此若一条数据在一日内变化多次，则该方案只能获取最后一个状态，无法获取中间状态
Maxwell/Canal	要求数据库记录变动操作，例如，MySQL 需要开启 binlog	由于是实时获取所有的数据变动操作，因此可以获取变动数据的所有中间状态

基于表 5-36，本数据仓库项目选用 Maxwell 作为增量同步工具，以保证采集到所有的数据变动操作，获取变动数据的所有中间状态。

选用 DataX 作为全量同步工具。

5.2　业务数据采集

业务数据通常存储在关系数据库中，为了采集数据，首先要生成业务数据，然后选用合适的数据采集工具。本数据仓库项目选用 MySQL 作为业务数据的生成和存储数据库，选用 DataX 作为数据采集工具。本节主要讲解 MySQL 和 DataX 的安装部署、业务数据的生成和业务数据导入数据仓库的相关内容。

5.2.1　MySQL 安装

1. 安装包准备

（1）使用 rpm 命令配合管道符查看 MySQL 是否已经安装，其中，-q 选项为 query，-a 选项为 all（意思为查询全部安装），如果已经安装 MySQL，则将其卸载。

① 查看 MySQL 是否已经安装。

```
[atguigu@hadoop102 ~]$ rpm -qa | grep -i -E mysql\|mariadb
mariadb-libs-5.5.56-2.el7.x86_64
```

② 卸载 MySQL，-e 选项表示卸载，--nodeps 选项表示无视所有依赖强制卸载。

```
[atguigu@hadoop102 ~]$ sudo rpm -e --nodeps mariadb-libs-5.5.56-2.el7.x86_64
```

（2）将 MySQL 安装包上传至/opt/software 目录下。

```
[atguigu@hadoop102 software]# ls
01_mysql-community-common-5.7.16-1.el7.x86_64.rpm
02_mysql-community-libs-5.7.16-1.el7.x86_64.rpm
03_mysql-community-libs-compat-5.7.16-1.el7.x86_64.rpm
04_mysql-community-client-5.7.16-1.el7.x86_64.rpm
05_mysql-community-server-5.7.16-1.el7.x86_64.rpm
mysql-connector-java-5.1.27-bin.jar
```

2. 安装 MySQL 服务器

（1）使用 rpm 命令安装 MySQL 所需要的依赖，-i 选项为 install，-v 选项为 vision，-h 选项用于展示安装过程。

```
[atguigu@hadoop102 software]$ sudo rpm -ivh 01_mysql-community-common-5.7.16-1.el7.x86_64.rpm
[atguigu@hadoop102 software]$ sudo rpm -ivh 02_mysql-community-libs-5.7.16-1.el7.x86_64.rpm
[atguigu@hadoop102 software]$ sudo rpm -ivh 03_mysql-community-libs-compat-5.7.16-1.el7.x86_64.rpm
```

（2）安装 mysql-client。

```
[atguigu@hadoop102 software]$ sudo rpm -ivh 04_mysql-community-client-5.7.16-1.el7.x86_64.rpm
```

（3）安装 mysql-server。

```
[atguigu@hadoop102 software]$ sudo rpm -ivh 05_mysql-community-server-5.7.16-1.el7.x86_64.rpm
```

注意：如果报如下错误，则表示系统缺少 libaio 依赖。

```
warning: 05_mysql-community-server-5.7.16-1.el7.x86_64.rpm: Header V3 DSA/SHA1 Signature,
key ID 5072e1f5: NOKEY
error: Failed dependencies:
libaio.so.1()(64bit) is needed by mysql-community-server-5.7.16-1.el7.x86_64
```

解决办法：使用以下命令安装缺少的依赖。

```
[atguigu@hadoop102 software]$ sudo yum -y install libaio
```

（4）启动 MySQL。

```
[atguigu@hadoop102 software]$ sudo systemctl start mysqld
```

（5）查看 MySQL 密码。

```
[atguigu@hadoop102 software]$ sudo cat /var/log/mysqld.log | grep password
A temporary password is generated for root@localhost: veObwRCAX7%B
```

（6）登录 MySQL，以 root 用户身份登录，密码为安装服务端时自动生成的随机密码，在第（5）步代码的末尾。

```
[atguigu@hadoop102 software]# mysql -uroot -p'veObwRCAX7%B'
```

（7）设置复杂密码（根据 MySQL 密码策略，此密码必须足够复杂）。

```
mysql> set password=password("Qs23=zs32");
```

（8）更改 MySQL 密码策略。

```
mysql> set global validate_password_length=4;
mysql> set global validate_password_policy=0;
```

（9）设置简单好记的密码。

```
mysql> set password=password("000000");
```

（10）进入 mysql 数据库。

```
mysql> use mysql;
```

（11）查询 user 表。

```
mysql> select user, host from user;
```

（12）修改 user 表，把 host 值修改为%。

```
mysql> update user set host="%" where user="root";
```

（13）刷新。

```
mysql> flush privileges;
```

（14）退出 MySQL。

```
mysql> exit
```

5.2.2　业务数据生成

业务数据的建库、建表和数据生成通过导入脚本完成。建议读者安装一个数据库可视化工具，本节以 SQLyog 为例进行讲解，SQLyog 的安装包可以在本书提供的公众号中获取，安装过程不再讲解，数据生成步骤如下。

1. 导入建表语句

（1）通过 SQLyog 创建数据库 gmall。

（2）设置数据库编码，如图 5-7 所示。

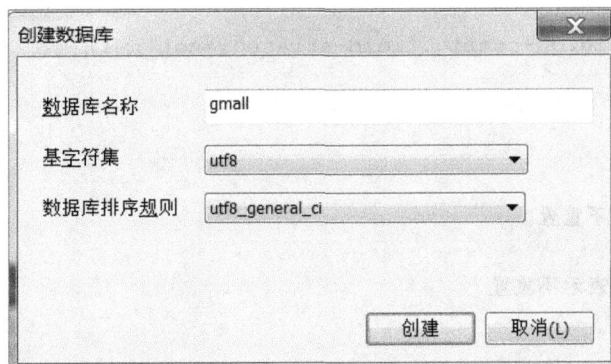

图 5-7　设置数据库编码

（3）导入数据库结构脚本 gmall.sql，如图 5-8 和图 5-9 所示。

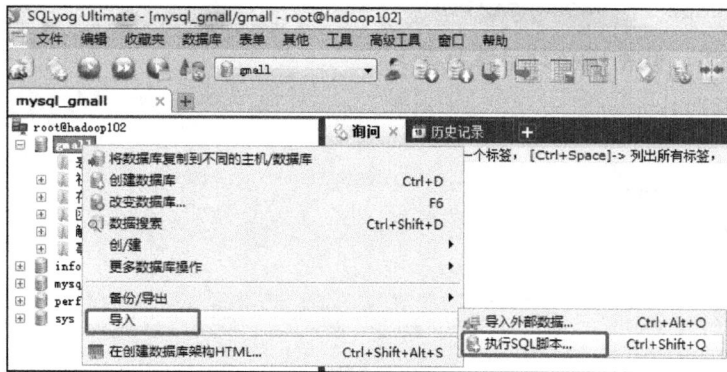

图 5-8　准备导入数据库结构脚本

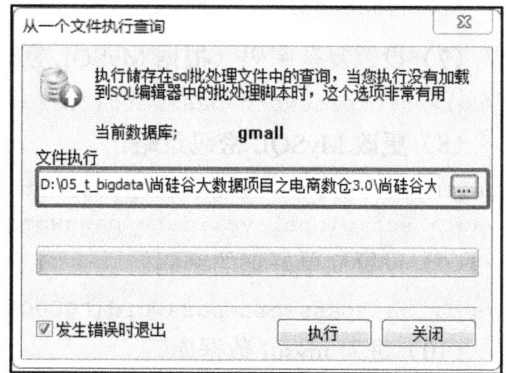

图 5-9　导入数据库结构脚本 gmall.sql

2．数据生成

（1）在 hadoop102 节点服务器的/opt/module/目录下创建 db_log 文件夹。

```
[atguigu@hadoop102 module]$ mkdir db_log
```

（2）在本书附赠的资料中找到 gmall2020-mock-db-2021-11-14.jar 和 application.properties，把 gmall2020-mock-db-2021-11-14.jar 和 application.properties 上传到 hadoop102 节点服务器的/opt/module/db_log 目录下。

（3）根据需求修改 application.properties 的相关配置，通过修改业务日期的配置，可以生成不同日期的业务数据。

```
logging.level.root=info

spring.datasource.driver-class-name=com.mysql.jdbc.Driver
spring.datasource.url=jdbc:mysql://hadoop102:3306/gmall?characterEncoding=utf-8&useSSL=false&serverTimezone=GMT%2B8
spring.datasource.username=root
spring.datasource.password=000000

logging.pattern.console=%m%n

mybatis-plus.global-config.db-config.field-strategy=not_null

#业务日期
mock.date=2020-06-14
#是否重置，1 表示重置，0 表示不重置
mock.clear=1
#是否重置用户，1 表示重置，0 表示不重置
mock.clear.user=1

#生成新用户数量
mock.user.count=100
#男性比例
mock.user.male-rate=20
#用户数据变化概率
mock.user.update-rate:20
```

```
#取消收藏比例
mock.favor.cancel-rate=10
#收藏数量
mock.favor.count=100

#每个用户添加购物车的概率
mock.cart.user-rate=50
#每次每个用户最多可以向购物车添加多少种商品
mock.cart.max-sku-count=8
#每种商品最多可以买几件
mock.cart.max-sku-num=3

#购物车来源比例：用户查询：商品推广：智能推荐：促销活动
mock.cart.source-type-rate=60:20:10:10

#用户下单比例
mock.order.user-rate=50
#用户从购物车中购买商品的比例
mock.order.sku-rate=50
#是否参与活动
mock.order.join-activity=1
#是否使用优惠券
mock.order.use-coupon=1
#优惠券领取人数
mock.coupon.user-count=100

#支付比例
mock.payment.rate=70
#支付方式比例：支付宝：微信：银联
mock.payment.payment-type=30:60:10

#评价比例：好：中：差：自动
mock.comment.appraise-rate=30:10:10:50

#退款原因比例：质量问题：商品描述与实际描述不一致：缺货：号码不合适：拍错：不想买了：其他
mock.refund.reason-rate=30:10:20:5:15:5:5
```

（4）在/opt/module/db_log 目录下执行如下命令，生成 2020-06-14 的数据。

```
[atguigu@hadoop102 db_log]$ java -jar gmall2020-mock-db-2021-11-14.jar
```

（5）在配置文件 application.properties 中修改如下配置，其中，mock.clear 和 mock.clear.user 参数用于决定此次数据模拟是否清空原有数据。在第 2 次模拟数据时，将这 2 个参数的值修改为 0，表示不清空。

```
mock.date=2020-06-15
mock.clear=0
mock.clear.user=0
```

（6）再次执行第（4）步中的命令，生成 2020-06-15 的数据。

```
[atguigu@hadoop102 db_log]$ java -jar gmall2020-mock-db-2021-11-14.jar
```

101

5.2.3　业务数据模型梳理

我们需要处理的业务数据，有时并没有表与表之间的关系图，所以需要自己梳理业务数据表之间的关系。在本数据仓库项目中，我们借助 EZDML 这款数据库设计工具来辅助梳理复杂的业务数据表关系，具体过程如下。

读者可以从本书提供的公众号中获取 EZDML 安装包，安装过程比较简单，此处不再赘述，下面对使用过程进行详细介绍。

（1）选择菜单栏中的"模型"→"新建模型"命令，新建一个数据模型，如图 5-10 所示。

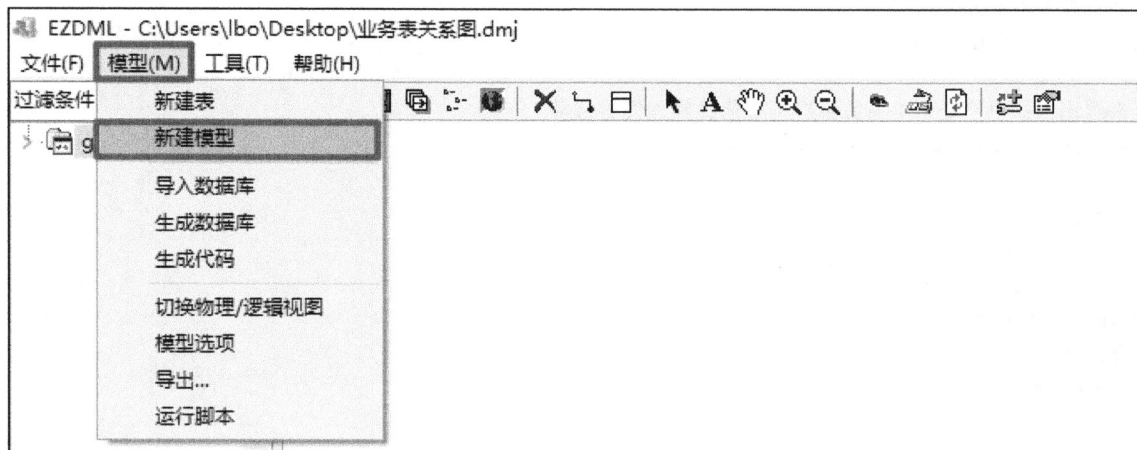

图 5-10　新建模型

（2）将新建的数据模型重命名为 gmall，如图 5-11 所示。

图 5-11　修改数据模型名称

（3）选中数据模型，选择菜单栏中的"模型"→"导入数据库"命令，如图 5-12 所示。

图 5-12　将数据库导入新建的数据模型中

（4）连接数据库配置。正确填写项目的业务数据所在 MySQL 的连接地址及用户名和密码，单击"确定"按钮，如图 5-13 所示。

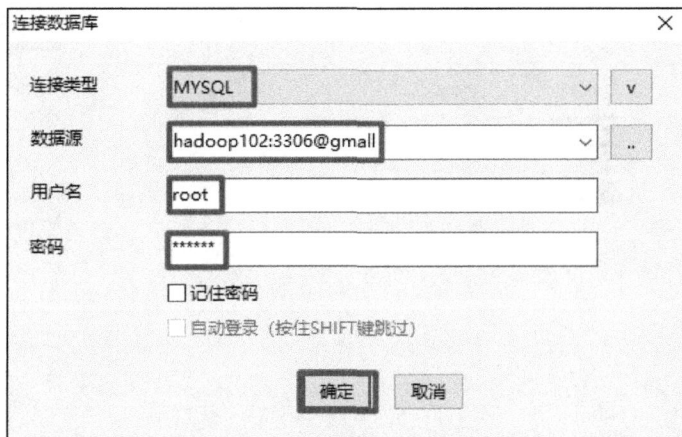

图 5-13　连接数据库配置

（5）选择要导入的表，如图 5-14 所示。这里需要注意，不勾选圆点标注的表。

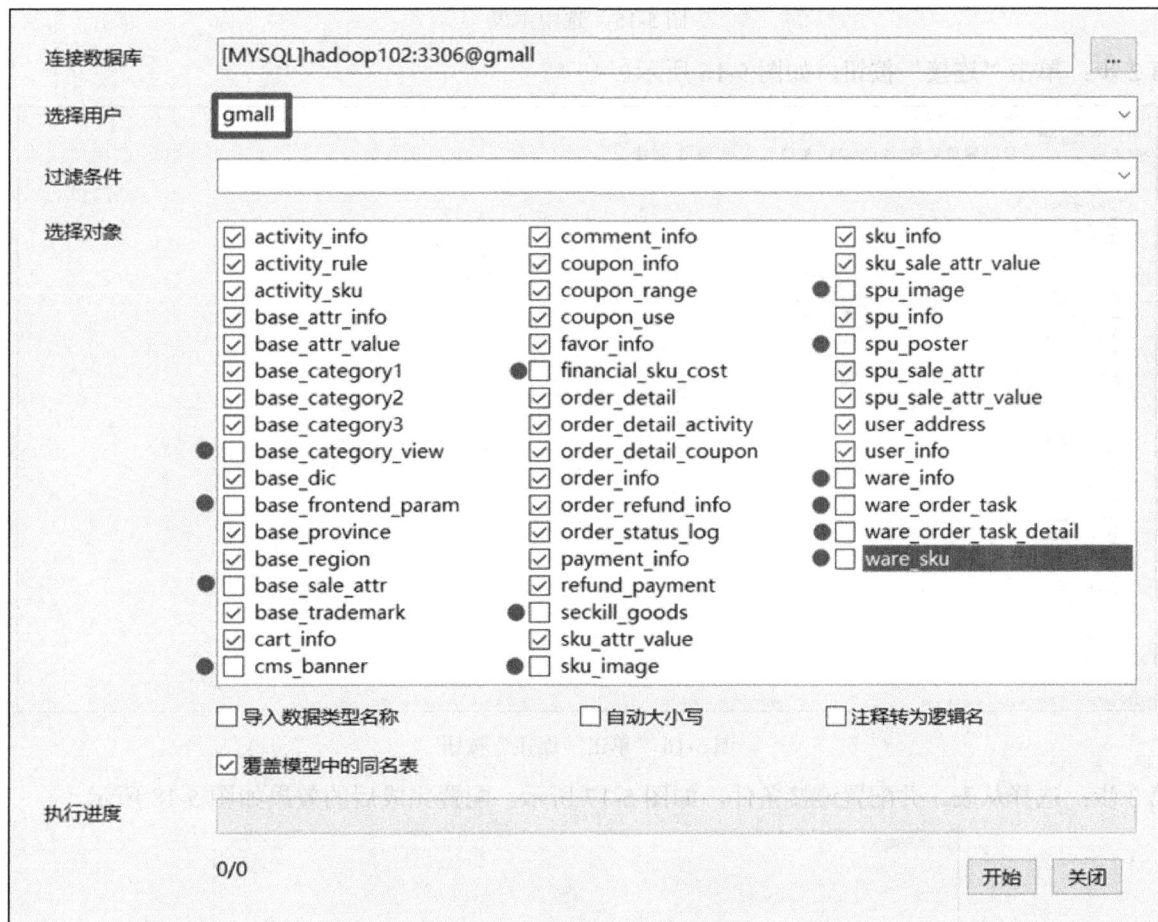

图 5-14　选择要导入的表

（6）建立表关系。

第 1 步：单击选中主表，即主键所在的表，如图 5-15 所示。

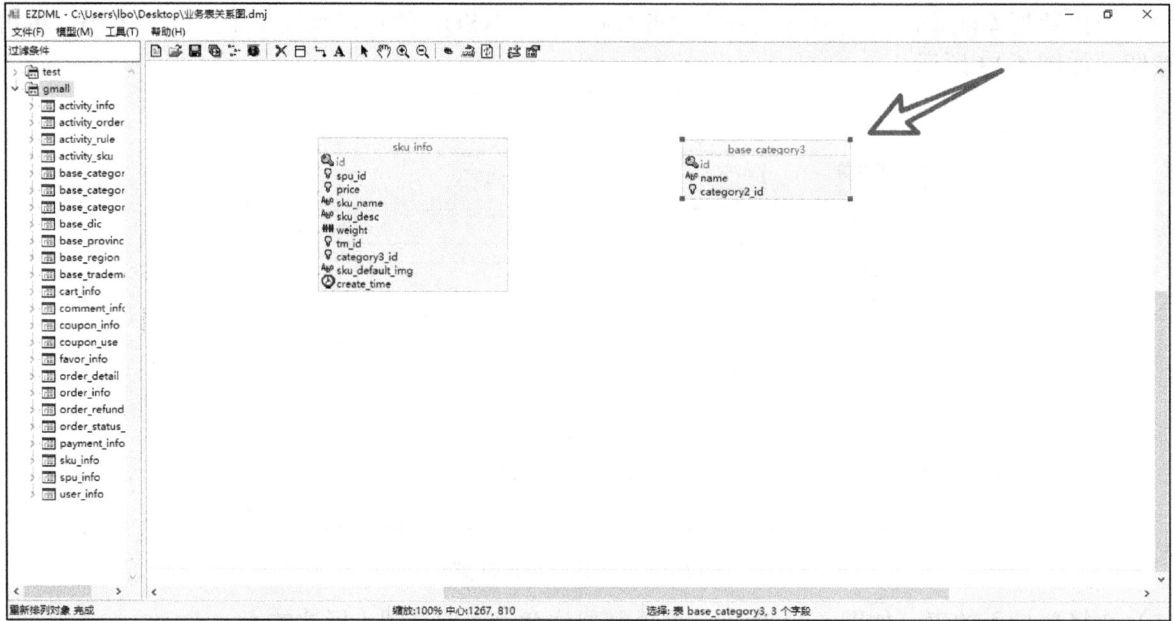

图 5-15　选中主表

第 2 步：单击"连接"按钮，如图 5-16 所示。

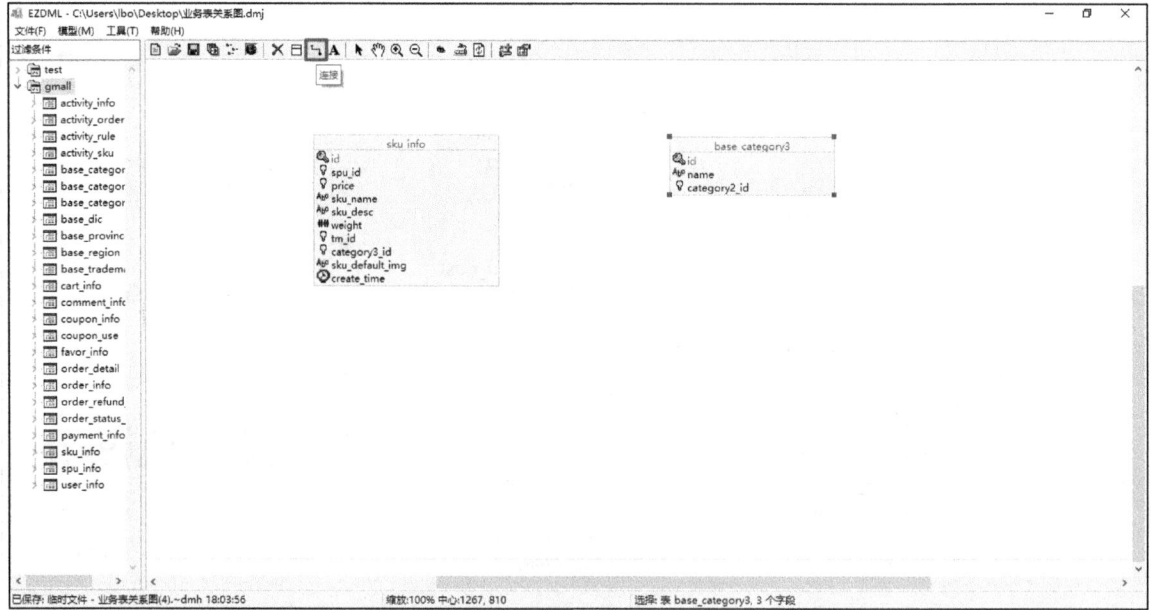

图 5-16　单击"连接"按钮

第 3 步：选择从表，并配置连接条件，如图 5-17 所示。配置完成后的效果如图 5-18 所示。

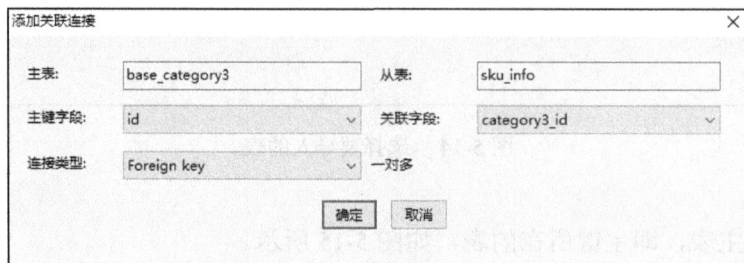

图 5-17　配置连接条件

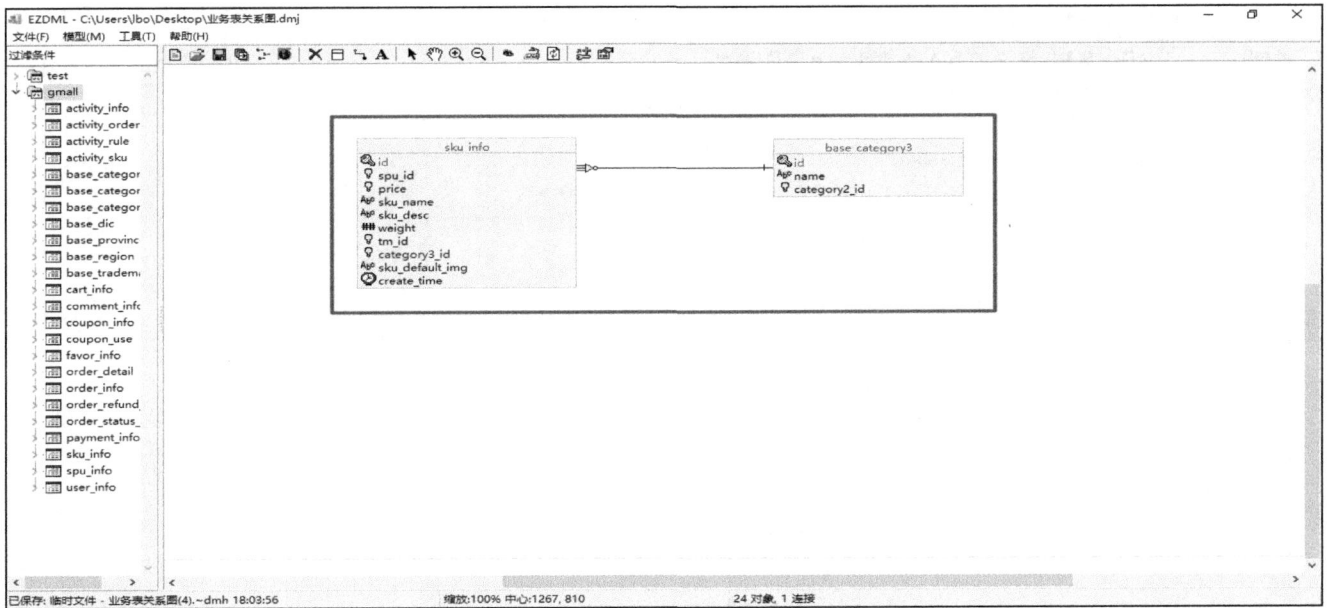

图 5-18　表与表关联完成

（7）按照上述步骤，将所有数据表进行关联，最终效果如图 5-19 所示。

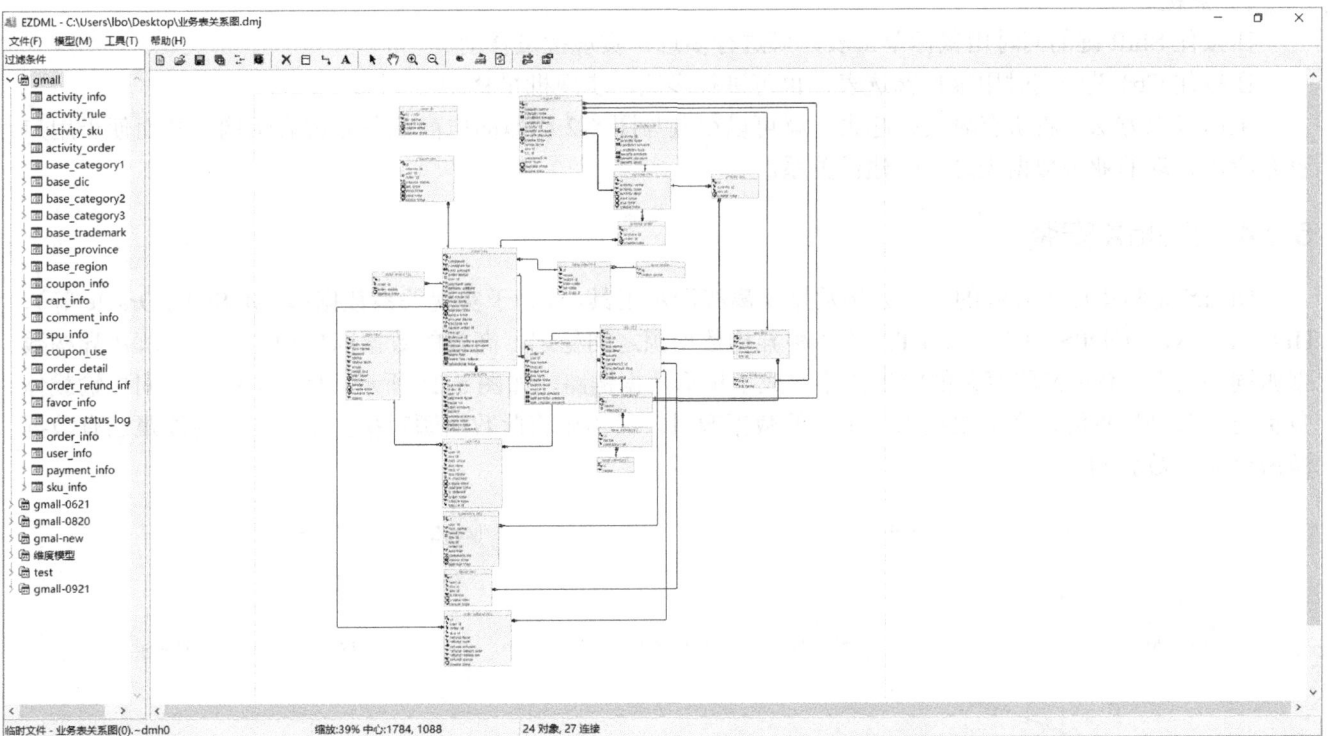

图 5-19　所有表关联完成后的效果

（8）使用技巧。

① 缩略图。

单击如图 5-20 所示的"缩略图"按钮，可以查看所有表的关联关系。

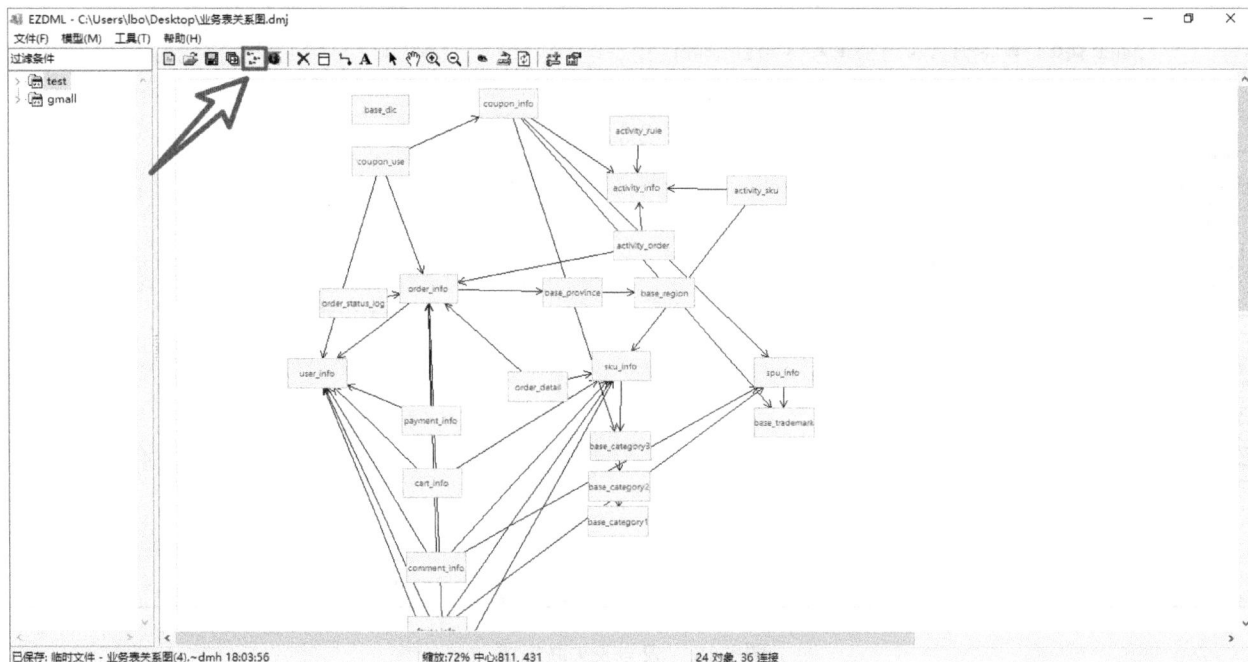

图 5-20　所有表关联关系缩略图

② 热键。

在按住 Shift 键的同时用鼠标单击表，可进行多选，实现批量移动。

在按住 Ctrl 键的同时用鼠标圈选表，也可进行多选，实现批量移动。

采用以上方法，将所有表关联起来，就可以得到与图 5-2 相似的电商业务系统表结构，从而便于用户查看所需处理的业务数据表之间的建模关系。

5.2.4　DataX 安装

DataX 是阿里巴巴开源的一个异构数据源离线同步工具，致力于实现关系数据库（MySQL、Oracle 等）、HDFS、Hive、ODPS、HBase、FTP 等各种异构数据源之间稳定、高效的数据同步功能。为了解决异构数据源同步问题，DataX 将复杂的同步链路变成了星形数据链路，如图 5-21 所示，DataX 作为中间传输载体负责连接各种数据源。当需要接入一个新的数据源时，只需要将此数据源对接到 DataX，便能跟已有数据源做到无缝数据同步。

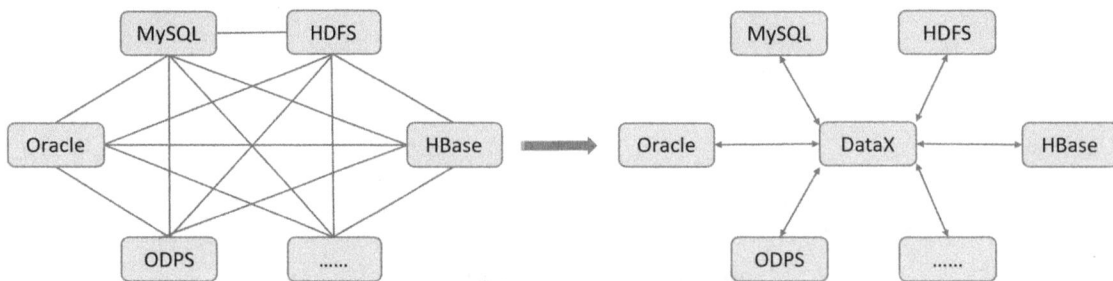

图 5-21　DataX 数据同步链路

DataX 作为离线数据同步框架，采用 Framework+Plugin 架构。将数据源的读取和写入操作抽象为 Reader/Writer 插件，纳入整个同步框架中。其中，Reader 插件是数据采集模块，负责采集数据并将数据发送给 Framework。Writer 插件是数据写入模块，负责从 Framework 读取数据并写入目的端。

DataX 目前已经拥有比较全面的插件体系，主流的 RDBMS（关系数据库管理系统）、NoSQL、大数据计算系统都已经接入。其目前支持的数据库插件如表 5-37 所示。

表 5-37　DataX 目前支持的数据库插件

类　型	数　据　源	Reader（读）	Writer（写）
RDBMS	MySQL	√	√
	Oracle	√	√
	OceanBase	√	√
	SQL Server	√	√
	PostgreSQL	√	√
	DRDS	√	√
	通用 RDBMS	√	√
阿里云数据仓库数据存储	ODPS	√	√
	ADS		√
	OSS	√	√
	OCS	√	√
NoSQL 数据存储	OTS	√	√
	HBase 0.94	√	√
	HBase 1.1	√	√
	Phoenix 4.x	√	√
	Phoenix 5.x	√	√
	MongoDB	√	√
	Hive	√	√
	Cassandra	√	√
无结构化数据存储	TxtFile	√	√
	FTP	√	√
	HDFS	√	√
	Elasticsearch		√
时间序列数据库	OpenTSDB	√	
	TSDB	√	√

DataX 的使用十分简单，用户只需根据自己同步数据的数据源和目的地选择相应的 Reader 和 Writer，并将 Reader 和 Writer 的信息配置在一个 JSON 格式的文件中，然后执行对应的命令行提交数据同步任务即可。

DataX 采集到的数据可以在 HDFS Reader 中配置格式，在本数据仓库项目中，将落盘为用"\t"分隔的 TEXT 格式文件。

DataX 的安装步骤如下。

（1）将安装包 datax.tar.gz 上传至 hadoop102 节点服务器的/opt/software 目录下。

（2）将安装包解压缩至/opt/module 目录下。

```
[atguigu@hadoop102 software]$ tar -zxvf datax.tar.gz -C /opt/module/
```

（3）执行如下自检命令。

```
[atguigu@hadoop102 ~]$ python /opt/module/datax/bin/datax.py /opt/module/datax/job/job.json
```

若出现以下内容，则说明安装成功。

```
... ...
2021-10-12 21:51:12.335 [job-0] INFO  JobContainer -
任务启动时刻                    : 2021-10-12 21:51:02
任务结束时刻                    : 2021-10-12 21:51:12
```

任务总计耗时	:	10s
任务平均流量	:	253.91KB/s
记录写入速度	:	10000rec/s
读出记录总数	:	100000
读写失败总数	:	0

5.2.5 Maxwell 安装

Maxwell 是由美国 Zendesk 公司开源，用 Java 编写的 MySQL 变动数据抓取软件。它会实时监控 MySQL 的数据变动操作（包括 insert、update、delete），并将变动数据以 JSON 格式发送给 Kafka、Kinesi 等流数据处理平台。

Maxwell 的工作原理是实时读取 MySQL 的二进制日志（binlog），并从中获取变动数据，再将变动数据以 JSON 格式发送至 Kafka 等流数据处理平台。二进制日志（binlog）是 MySQL 服务端非常重要的一种日志，它会保存 MySQL 的所有数据变动记录。

Maxwell 监控到 MySQL 的变动数据后，将其输出至 Kafka 中，格式示例如图 5-22 所示。

插入	更新	删除
mysql> **insert** into gmall.student values(1,'zhangsan');	mysql> **update** gmall.student set name='lisi' where id=1;	mysql> **delete** from gmall.student where id=1;
maxwell 输出： `{ "database": "gmall", "table": "student", "type": "insert", "ts": 1634004537, "xid": 1530970, "commit": true, "data": { "id": 1, "name": "zhangsan" } }`	maxwell 输出： `{ "database": "gmall", "table": "student", "type": "update", "ts": 1634004653, "xid": 1531916, "commit": true, "data": { "id": 1, "name": "lisi" }, "old": { "name": "zhangsan" } }`	maxwell 输出： `{ "database": "gmall", "table": "student", "type": "delete", "ts": 1634004751, "xid": 1532725, "commit": true, "data": { "id": 1, "name": "lisi" } }`

图 5-22　Maxwell 输出数据格式示例

图 5-22 中的 JSON 字段说明如表 5-38 所示。

表 5-38　Maxwell 输出的 JSON 字段说明

字　　段	说　　明
database	变动数据所属的数据库
table	变动数据所属的表
type	数据变动类型
ts	数据变动发生的时间
xid	事务 id
commit	事务提交标志，可用于重新组装事务
data	对于 insert 类型，表示插入的数据；对于 update 类型，表示修改之后的数据；对于 delete 类型，表示删除的数据
old	对于 update 类型，表示修改之前的数据，只包含变动字段

Maxwell 除了提供监控 MySQL 数据变动的功能，还提供历史数据的 bootstrap（全量同步）功能，命令如下。

```
[atguigu@hadoop102 maxwell]$ /opt/module/maxwell/bin/maxwell-bootstrap --database gmall --table user_info --config /opt/module/maxwell/config.properties
```

采用 bootstrap 功能输出的数据与如图 5-22 所示的变动数据格式有所不同，如下代码所示。第一条 type 为 bootstrap-start 和最后一条 type 为 bootstrap-complete 的内容是 bootstrap 开始和结束的标志，不包含数据，中间的 type 为 bootstrap-insert 的内容中的 data 字段才是表格数据，且一次 bootstrap 输出的所有记录的 ts 都相同，为 bootstrap 开始的时间。

```
{
    "database": "fooDB",
    "table": "barTable",
    "type": "bootstrap-start",
    "ts": 1450557744,
    "data": {}
}
{
    "database": "fooDB",
    "table": "barTable",
    "type": "bootstrap-insert",
    "ts": 1450557744,
    "data": {
        "txt": "hello"
    }
}
{
    "database": "fooDB",
    "table": "barTable",
    "type": "bootstrap-insert",
    "ts": 1450557744,
    "data": {
        "txt": "bootstrap!"
    }
}
{
    "database": "fooDB",
    "table": "barTable",
    "type": "bootstrap-complete",
    "ts": 1450557744,
    "data": {}
}
```

读者应该对 Maxwell 输出数据的格式有所了解，方便后续对数据进行分析解读。

Maxwell 的安装与配置步骤如下。

1. 下载并解压缩安装包

（1）下载安装包。Maxwell-1.30 及其以上的版本不再支持 JDK 1.8，若读者的集群环境为 JDK 1.8，则需下载 Maxwell-1.29 及其以下版本。

（2）将安装包 maxwell-1.29.2.tar.gz 上传至/opt/software 目录下。

（3）将安装包解压缩至/opt/module 目录下。

```
[atguigu@hadoop102 maxwell]$ tar -zxvf maxwell-1.29.2.tar.gz -C /opt/module/
```

（4）修改名称。

```
[atguigu@hadoop102 module]$ mv maxwell-1.29.2/ maxwell
```

2．配置 MySQL

MySQL 服务器的 binlog 默认是关闭的，如果需要同步日志数据，则需要在配置文件中将其开启。

（1）打开 MySQL 的配置文件 my.cnf。

```
[atguigu@hadoop102 ~]$ sudo vim /etc/my.cnf
```

（2）增加如下配置。

```
[mysqld]

#数据库 id
server-id = 1
#启动 binlog, log-bin 参数的值会作为 binlog 的文件名
log-bin=mysql-bin
#binlog 类型，Maxwell 要求 binlog 类型为 row
binlog_format=row
#启用 binlog 的数据库，需要根据实际情况进行修改
binlog-do-db=gmall
```

其中，binlog_format 参数配置的是 MySQL 的 binlog 类型，共有如下 3 种可选类型。

① statement：基于语句。binlog 会记录所有会修改数据的 SQL 语句，包括 insert、update、delete 等。

优点：节省空间。

缺点：有可能造成数据不一致，例如，insert 语句中包含 now()函数，当写入 binlog 和读取 binlog 时，函数的所得值不同。

② row：基于行。binlog 会记录每次写操作后，被操作行记录的变化。

优点：保持数据的绝对一致性。

缺点：占用较大空间。

③ mixed：混合模式。默认为 statement，如果 SQL 语句可能导致数据不一致，就自动切换到 row。

Maxwell 要求 binlog 必须采用 row 类型。

3．创建 Maxwell 所需的数据库和用户

因为 Maxwell 需要在 MySQL 中存储其运行过程中所需的一些数据，包括 binlog 同步的断点位置（Maxwell 支持断点续传）等，所以需要在 MySQL 中为 Maxwell 创建数据库及用户。

（1）创建数据库。

```
msyql> CREATE DATABASE maxwell;
```

（2）更改 MySQL 数据库密码策略。

```
mysql> set global validate_password_policy=0;
mysql> set global validate_password_length=4;
```

（3）创建 maxwell 用户并赋予其必要权限。

```
mysql> CREATE USER 'maxwell'@'%' IDENTIFIED BY 'maxwell';
mysql> GRANT ALL ON maxwell.* TO 'maxwell'@'%';
mysql> GRANT SELECT, REPLICATION CLIENT, REPLICATION SLAVE ON *.* TO 'maxwell'@'%';
```

4．配置 Maxwell

（1）修改 Maxwell 配置文件的名称。

```
[atguigu@hadoop102 maxwell]$ cd /opt/module/maxwell
[atguigu@hadoop102 maxwell]$ cp config.properties.example config.properties
```

（2）修改 Maxwell 配置文件。

```
[atguigu@hadoop102 maxwell]$ vim config.properties
```

```
#Maxwell 数据发送目的地,可选配置有 stdout、file、kafka、kinesis、pubsub、sqs、rabbitmq、redis
producer=kafka
#目标 Kafka 集群地址
kafka.bootstrap.servers=hadoop102:9092,hadoop103:9092
#目标 Kafka topic,可采用静态配置,如 maxwell,也可采用动态配置,如%{database}_%{table}
kafka_topic=maxwell

#MySQL 相关配置
host=hadoop102
user=maxwell
password=maxwell
jdbc_options=useSSL=false&serverTimezone=Asia/Shanghai
```

5．Maxwell 的启动与停止

若 Maxwell 发送数据的目的地为 Kafka 集群,则需要先确保 Kafka 集群为启动状态。

（1）启动 Maxwell。

```
[atguigu@hadoop102 ~]$ /opt/module/maxwell/bin/maxwell --config /opt/module/maxwell/
config.properties --daemon
```

（2）停止 Maxwell。

```
[atguigu@hadoop102 ~]$ ps -ef | grep maxwell | grep -v grep | grep maxwell | awk '{print
$2}' | xargs kill -9
```

（3）Maxwell 启动、停止脚本。

① 创建 Maxwell 启动、停止脚本。

```
[atguigu@hadoop102 bin]$ vim mxw.sh
```

② 脚本内容如下,根据脚本传入参数判断是执行启动命令还是停止命令。

```bash
#!/bin/bash

MAXWELL_HOME=/opt/module/maxwell

status_maxwell(){
    result=`ps -ef | grep maxwell | grep -v grep | wc -l`
    return $result
}

start_maxwell(){
    status_maxwell
    if [[ $? -lt 1 ]]; then
        echo "启动 Maxwell"
        $MAXWELL_HOME/bin/maxwell --config $MAXWELL_HOME/config.properties --daemon
    else
        echo "Maxwell 正在运行"
    fi
}

stop_maxwell(){
    status_maxwell
    if [[ $? -gt 0 ]]; then
        echo "停止 Maxwell"
        ps -ef | grep maxwell | grep -v grep | awk '{print $2}' | xargs kill -9
```

111

```
    else
        echo "Maxwell 未运行"
    fi
}

case $1 in
    start )
        start_maxwell
    ;;
    stop )
        stop_maxwell
    ;;
    restart )
        stop_maxwell
        start_maxwell
    ;;
esac
```

5.2.6 全量同步

全量数据由 DataX 从 MySQL 业务数据库直接同步到 HDFS 中，具体数据流向如图 5-23 所示。

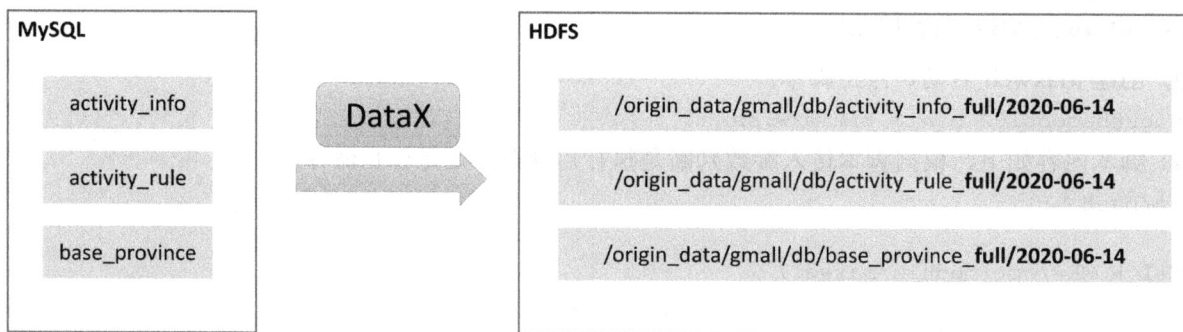

注：目标路径中的表名必须包含后缀full，表示该表采用全量同步策略；
目标路径中包含一层日期，用于对不同日期的数据进行区分。

图 5-23 全量同步数据流向

1. DataX 配置文件示例

我们需要为每张需要执行全量同步策略的表编写一个 DataX 的 JSON 配置文件，此处以 activity_info 表为例，配置文件内容如下。

```
{
    "job": {
        "content": [
            {
                "reader": {
                    "name": "mysqlreader",
                    "parameter": {
                        "column": [
                            "id",
                            "activity_name",
                            "activity_type",
                            "activity_desc",
                            "start_time",
```

```json
                    "end_time",
                    "create_time"
                ],
                "connection": [
                    {
                        "jdbcUrl": [
                            "jdbc:mysql://hadoop102:3306/gmall"
                        ],
                        "table": [
                            "activity_info"
                        ]
                    }
                ],
                "password": "000000",
                "splitPk": "",
                "username": "root"
            }
        },
        "writer": {
            "name": "hdfswriter",
            "parameter": {
                "column": [
                    {
                        "name": "id",
                        "type": "bigint"
                    },
                    {
                        "name": "activity_name",
                        "type": "string"
                    },
                    {
                        "name": "activity_type",
                        "type": "string"
                    },
                    {
                        "name": "activity_desc",
                        "type": "string"
                    },
                    {
                        "name": "start_time",
                        "type": "string"
                    },
                    {
                        "name": "end_time",
                        "type": "string"
                    },
                    {
                        "name": "create_time",
                        "type": "string"
                    }
                ],
```

```
                    "compress": "gzip",
                    "defaultFS": "hdfs://hadoop102:8020",
                    "fieldDelimiter": "\t",
                    "fileName": "activity_info",
                    "fileType": "text",
                    "path": "${targetdir}",
                    "writeMode": "append"
                }
            }
        }
    ],
    "setting": {
        "speed": {
            "channel": 1
        }
    }
}
}
```

注意： 由于目标路径包含一层日期，用于对不同日期的数据进行区分，因此 path 参数并未写入固定值，需要在提交任务时通过参数动态传入，参数名称为 targetdir。

2．DataX 配置文件生成脚本

本数据仓库项目需要执行全量同步策略的表一共有 15 张，在实际生产环境中会更多，依次编写配置文件意味着巨大的工作量。为方便起见，此处提供 DataX 配置文件生成脚本，脚本内容及使用方式如下。

（1）在 hadoop102 节点服务器的/home/atguigu/bin 目录下创建 gen_import_config.py 脚本。

```
[atguigu@hadoop102 bin]$ vim ~/bin/gen_import_config.py
```

脚本内容如下。

```python
# coding=utf-8
import json
import getopt
import os
import sys
import MySQLdb

#MySQL 相关配置，需要根据实际情况做出修改
mysql_host = "hadoop102"
mysql_port = "3306"
mysql_user = "root"
mysql_passwd = "000000"

#HDFS NameNode 相关配置，需要根据实际情况做出修改
hdfs_nn_host = "hadoop102"
hdfs_nn_port = "8020"

#生成配置文件的目标路径，可根据实际情况做出修改
output_path = "/opt/module/datax/job/import"


def get_connection():
```

```
    return    MySQLdb.connect(host=mysql_host,    port=int(mysql_port),    user=mysql_user,
passwd=mysql_passwd)


def get_mysql_meta(database, table):
    connection = get_connection()
    cursor = connection.cursor()
    sql    =   "SELECT    COLUMN_NAME,DATA_TYPE    from    information_schema.COLUMNS    WHERE
TABLE_SCHEMA=%s AND TABLE_NAME=%s ORDER BY ORDINAL_POSITION"
    cursor.execute(sql, [database, table])
    fetchall = cursor.fetchall()
    cursor.close()
    connection.close()
    return fetchall


def get_mysql_columns(database, table):
    return map(lambda x: x[0], get_mysql_meta(database, table))


def get_hive_columns(database, table):
    def type_mapping(mysql_type):
        mappings = {
            "bigint": "bigint",
            "int": "bigint",
            "smallint": "bigint",
            "tinyint": "bigint",
            "decimal": "string",
            "double": "double",
            "float": "float",
            "binary": "string",
            "char": "string",
            "varchar": "string",
            "datetime": "string",
            "time": "string",
            "timestamp": "string",
            "date": "string",
            "text": "string"
        }
        return mappings[mysql_type]

    meta = get_mysql_meta(database, table)
    return map(lambda x: {"name": x[0], "type": type_mapping(x[1].lower())}, meta)


def generate_json(source_database, source_table):
    job = {
        "job": {
            "setting": {
                "speed": {
                    "channel": 3
```

115

```
                },
                "errorLimit": {
                    "record": 0,
                    "percentage": 0.02
                }
            },
            "content": [{
                "reader": {
                    "name": "mysqlreader",
                    "parameter": {
                        "username": mysql_user,
                        "password": mysql_passwd,
                        "column": get_mysql_columns(source_database, source_table),
                        "splitPk": "",
                        "connection": [{
                            "table": [source_table],
                            "jdbcUrl": ["jdbc:mysql://" + mysql_host + ":" + mysql_port + "/"
+ source_database]
                        }]
                    }
                },
                "writer": {
                    "name": "hdfswriter",
                    "parameter": {
                        "defaultFS": "hdfs://" + hdfs_nn_host + ":" + hdfs_nn_port,
                        "fileType": "text",
                        "path": "${targetdir}",
                        "fileName": source_table,
                        "column": get_hive_columns(source_database, source_table),
                        "writeMode": "append",
                        "fieldDelimiter": "\t",
                        "compress": "gzip"
                    }
                }
            }]
        }
    }
    if not os.path.exists(output_path):
        os.makedirs(output_path)
    with    open(os.path.join(output_path,    ".".join([source_database,    source_table,
"json"])), "w") as f:
        json.dump(job, f)


def main(args):
    source_database = ""
    source_table = ""

    options, arguments = getopt.getopt(args, '-d:-t:', ['sourcedb=', 'sourcetbl='])
    for opt_name, opt_value in options:
        if opt_name in ('-d', '--sourcedb'):
```

```
        source_database = opt_value
    if opt_name in ('-t', '--sourcetbl'):
        source_table = opt_value

    generate_json(source_database, source_table)


if __name__ == '__main__':
    main(sys.argv[1:])
```

（2）由于需要使用 Python 访问 MySQL，因此需要安装 Python MySQL 驱动，命令如下。

```
[atguigu@hadoop102 bin]$ sudo yum install -y MySQL-python
```

（3）脚本使用说明。

```
python gen_import_config.py -d database -t table
```

通过-d 传入数据库名，-t 传入表名，执行上述命令即可生成该表的 DataX 同步配置文件。

（4）在 hadoop102 节点服务器的/home/atguigu/bin 目录下创建 gen_import_config.sh 脚本，用于调用 DataX 配置文件生成脚本，生成批量的 DataX 配置文件。

```
[atguigu@hadoop102 bin]$ vim ~/bin/gen_import_config.sh
```

脚本内容如下。

```
#!/bin/bash

python ~/bin/gen_import_config.py -d gmall -t activity_info
python ~/bin/gen_import_config.py -d gmall -t activity_rule
python ~/bin/gen_import_config.py -d gmall -t base_category1
python ~/bin/gen_import_config.py -d gmall -t base_category2
python ~/bin/gen_import_config.py -d gmall -t base_category3
python ~/bin/gen_import_config.py -d gmall -t base_dic
python ~/bin/gen_import_config.py -d gmall -t base_province
python ~/bin/gen_import_config.py -d gmall -t base_region
python ~/bin/gen_import_config.py -d gmall -t base_trademark
python ~/bin/gen_import_config.py -d gmall -t cart_info
python ~/bin/gen_import_config.py -d gmall -t coupon_info
python ~/bin/gen_import_config.py -d gmall -t sku_attr_value
python ~/bin/gen_import_config.py -d gmall -t sku_info
python ~/bin/gen_import_config.py -d gmall -t sku_sale_attr_value
python ~/bin/gen_import_config.py -d gmall -t spu_info
```

（5）为 gen_import_config.sh 脚本增加执行权限。

```
[atguigu@hadoop102 bin]$ chmod +x ~/bin/gen_import_config.sh
```

（6）执行 gen_import_config.sh 脚本，生成批量的 DataX 配置文件。

```
[atguigu@hadoop102 bin]$ gen_import_config.sh
```

（7）观察生成的 DataX 配置文件。

```
[atguigu@hadoop102 bin]$ ll /opt/module/datax/job/import/
总用量 60
-rw-rw-r-- 1 atguigu atguigu  957 10 月 15 22:17 gmall.activity_info.json
-rw-rw-r-- 1 atguigu atguigu 1049 10 月 15 22:17 gmall.activity_rule.json
-rw-rw-r-- 1 atguigu atguigu  651 10 月 15 22:17 gmall.base_category1.json
-rw-rw-r-- 1 atguigu atguigu  711 10 月 15 22:17 gmall.base_category2.json
-rw-rw-r-- 1 atguigu atguigu  711 10 月 15 22:17 gmall.base_category3.json
-rw-rw-r-- 1 atguigu atguigu  835 10 月 15 22:17 gmall.base_dic.json
-rw-rw-r-- 1 atguigu atguigu  865 10 月 15 22:17 gmall.base_province.json
-rw-rw-r-- 1 atguigu atguigu  659 10 月 15 22:17 gmall.base_region.json
```

```
-rw-rw-r-- 1 atguigu atguigu  709 10月 15 22:17 gmall.base_trademark.json
-rw-rw-r-- 1 atguigu atguigu 1301 10月 15 22:17 gmall.cart_info.json
-rw-rw-r-- 1 atguigu atguigu 1545 10月 15 22:17 gmall.coupon_info.json
-rw-rw-r-- 1 atguigu atguigu  867 10月 15 22:17 gmall.sku_attr_value.json
-rw-rw-r-- 1 atguigu atguigu 1121 10月 15 22:17 gmall.sku_info.json
-rw-rw-r-- 1 atguigu atguigu  985 10月 15 22:17 gmall.sku_sale_attr_value.json
-rw-rw-r-- 1 atguigu atguigu  811 10月 15 22:17 gmall.spu_info.json
```

3．测试生成的 DataX 配置文件

以 activity_info 表为例，测试用脚本生成的 DataX 配置文件是否可用。

（1）由于 DataX 同步任务要求目标路径提前存在，因此需要用户手动创建路径，当前 activity_info 表的目标路径应为/origin_data/gmall/db/activity_info_full/2020-06-14。

```
[atguigu@hadoop102 bin]$ hadoop fs -mkdir /origin_data/gmall/db/activity_info_full/2020-06-14
```

（2）执行 DataX 同步命令。

```
[atguigu@hadoop102 bin]$ python /opt/module/datax/bin/datax.py -p"-Dtargetdir=/origin_data/gmall/db/activity_info_full/2020-06-14" /opt/module/datax/job/import/gmall.activity_info.json
```

（3）观察 HDFS 目标路径是否出现同步数据，如图 5-24 所示。

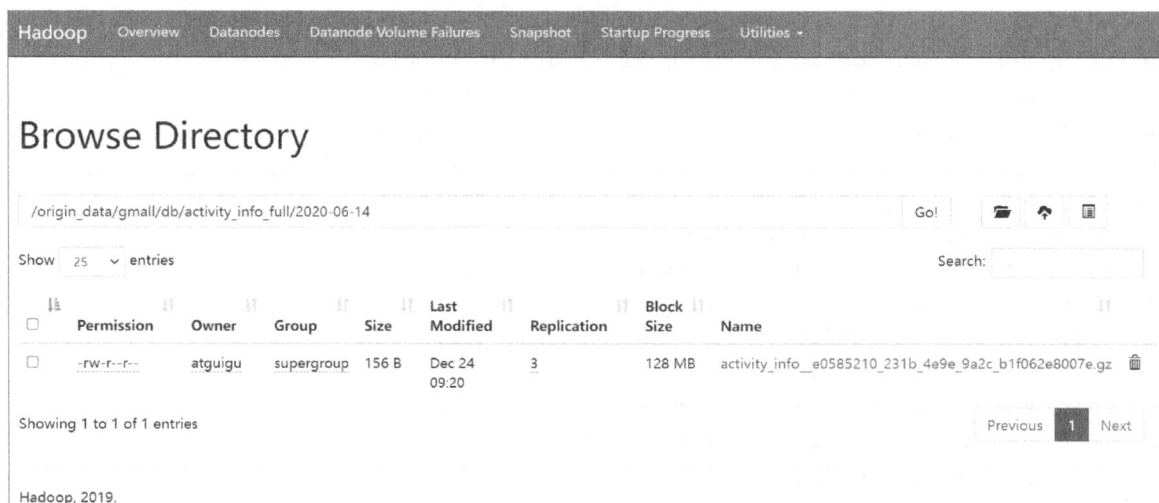

图 5-24　HDFS 目标路径出现同步数据

4．全量同步脚本

为方便使用以及后续的任务调度，此处编写一个全量同步脚本。

（1）在/home/atguigu/bin 目录下创建 mysql_to_hdfs_full.sh 脚本。

```
[atguigu@hadoop102 bin]$ vim ~/bin/mysql_to_hdfs_full.sh
```

脚本内容如下。

```
#!/bin/bash

DATAX_HOME=/opt/module/datax

#如果传入日期，则 do_date 等于传入的日期，否则等于前一日的日期
if [ -n "$2" ] ;then
    do_date=$2
else
    do_date=`date -d "-1 day" +%F`
```

```
fi
```
#处理目标路径，此处的处理逻辑是：如果目标路径不存在，则创建；若存在，则清空，目的是保证同步任务可重复执行
```
handle_targetdir() {
  hadoop fs -test -e $1
  if [[ $? -eq 1 ]]; then
    echo "路径$1 不存在，正在创建……"
    hadoop fs -mkdir -p $1
  else
    echo "路径$1 已经存在"
    fs_count=$(hadoop fs -count $1)
    content_size=$(echo $fs_count | awk '{print $3}')
    if [[ $content_size -eq 0 ]]; then
      echo "路径$1 为空"
    else
      echo "路径$1 不为空，正在清空……"
      hadoop fs -rm -r -f $1/*
    fi
  fi
}

#数据同步
import_data() {
  datax_config=$1
  target_dir=$2

  handle_targetdir $target_dir
  python $DATAX_HOME/bin/datax.py -p"-Dtargetdir=$target_dir" $datax_config
}

case $1 in
"activity_info")
  import_data  /opt/module/datax/job/import/gmall.activity_info.json  /origin_data/gmall/
db/activity_info_full/$do_date
  ;;
"activity_rule")
  import_data  /opt/module/datax/job/import/gmall.activity_rule.json  /origin_data/gmall/
db/activity_rule_full/$do_date
  ;;
"base_category1")
  import_data /opt/module/datax/job/import/gmall.base_category1.json /origin_data/gmall/
db/base_category1_full/$do_date
  ;;
"base_category2")
  import_data /opt/module/datax/job/import/gmall.base_category2.json /origin_data/gmall/
db/base_category2_full/$do_date
  ;;
"base_category3")
  import_data /opt/module/datax/job/import/gmall.base_category3.json /origin_data/gmall/
db/base_category3_full/$do_date
  ;;
"base_dic")
  import_data  /opt/module/datax/job/import/gmall.base_dic.json  /origin_data/gmall/  db/
base_dic_full/$do_date
```

```
  ;;
"base_province")
  import_data  /opt/module/datax/job/import/gmall.base_province.json  /origin_data/gmall/
db/base_province_full/$do_date
  ;;
"base_region")
  import_data   /opt/module/datax/job/import/gmall.base_region.json   /origin_data/gmall/
db/base_region_full/$do_date
  ;;
"base_trademark")
  import_data /opt/module/datax/job/import/gmall.base_trademark.json /origin_data/gmall/
db/base_trademark_full/$do_date
  ;;
"cart_info")
  import_data /opt/module/datax/job/import/gmall.cart_info.json /origin_data/gmall/ db/
cart_info_full/$do_date
  ;;
"coupon_info")
  import_data /opt/module/datax/job/import/gmall.coupon_info.json /origin_data/gmall/db/
coupon_info_full/$do_date
  ;;
"sku_attr_value")
  import_data /opt/module/datax/job/import/gmall.sku_attr_value.json /origin_data/gmall/
db/sku_attr_value_full/$do_date
  ;;
"sku_info")
  import_data   /opt/module/datax/job/import/gmall.sku_info.json   /origin_data/gmall/ db/
sku_info_full/$do_date
  ;;
"sku_sale_attr_value")
  import_data  /opt/module/datax/job/import/gmall.sku_sale_attr_value.json  /origin_data/
gmall/db/sku_sale_attr_value_full/$do_date
  ;;
"spu_info")
  import_data /opt/module/datax/job/import/gmall.spu_info.json /origin_data/gmall/db/spu_
info_full/$do_date
  ;;
"all")
  import_data  /opt/module/datax/job/import/gmall.activity_info.json  /origin_data/gmall/
db/activity_info_full/$do_date
  import_data  /opt/module/datax/job/import/gmall.activity_rule.json  /origin_data/gmall/
db/activity_rule_full/$do_date
  import_data /opt/module/datax/job/import/gmall.base_category1.json /origin_data/gmall/
db/base_category1_full/$do_date
  import_data /opt/module/datax/job/import/gmall.base_category2.json /origin_data/gmall/
db/base_category2_full/$do_date
  import_data /opt/module/datax/job/import/gmall.base_category3.json /origin_data/gmall/
db/base_category3_full/$do_date
  import_data  /opt/module/datax/job/import/gmall.base_dic.json  /origin_data/gmall/ db/
base_dic_full/$do_date
  import_data /opt/module/datax/job/import/gmall.base_province.json /origin_data/gmall/
db/base_province_full/$do_date
```

```
  import_data   /opt/module/datax/job/import/gmall.base_region.json   /origin_data/gmall/
db/base_region_full/$do_date
  import_data /opt/module/datax/job/import/gmall.base_trademark.json /origin_data/gmall/
db/base_trademark_full/$do_date
  import_data /opt/module/datax/job/import/gmall.cart_info.json /origin_data/gmall/ db/
cart_info_full/$do_date
  import_data /opt/module/datax/job/import/gmall.coupon_info.json /origin_data/gmall/ db/
coupon_info_full/$do_date
  import_data /opt/module/datax/job/import/gmall.sku_attr_value.json /origin_data/gmall/
db/sku_attr_value_full/$do_date
  import_data  /opt/module/datax/job/import/gmall.sku_info.json  /origin_data/gmall/ db/
sku_info_full/$do_date
  import_data  /opt/module/datax/job/import/gmall.sku_sale_attr_value.json  /origin_data/
gmall/db/sku_sale_attr_value_full/$do_date
  import_data   /opt/module/datax/job/import/gmall.spu_info.json   /origin_data/gmall/db/
spu_info_full/$do_date
  ;;
esac
```

（2）为 **mysql_to_hdfs_full.sh** 脚本增加执行权限。

```
[atguigu@hadoop102 bin]$ chmod +x ~/bin/mysql_to_hdfs_full.sh
```

（3）测试同步脚本。

```
[atguigu@hadoop102 bin]$ mysql_to_hdfs_full.sh all 2020-06-14
```

（4）查看 HDFS 目标路径是否出现全量数据，全量表共有 15 张，如图 5-25 所示。

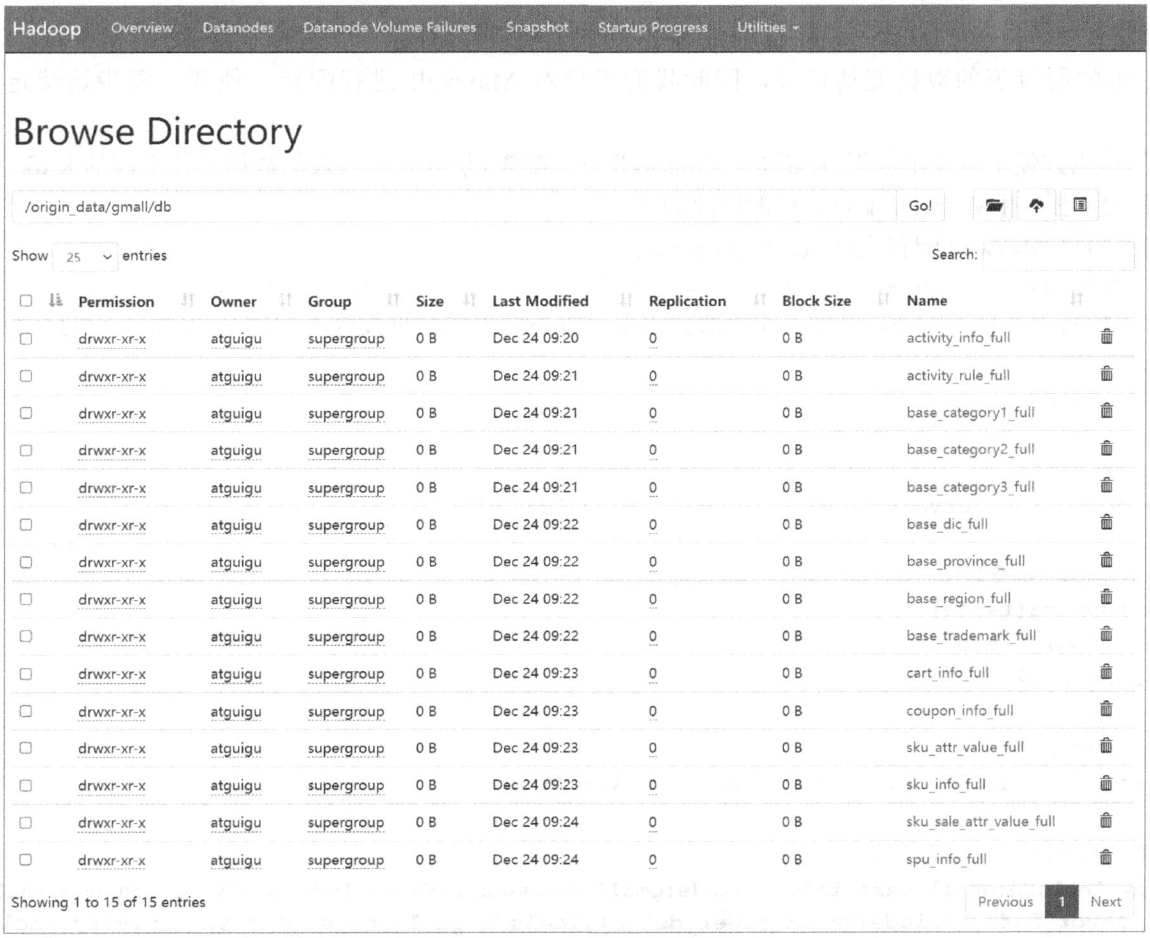

图 5-25　HDFS 目标路径出现全量数据

5.2.7　增量同步

在选择数据同步工具时，我们已经决定使用 Maxwell 进行增量同步。如图 5-26 所示，首先通过 Maxwell 将需要执行增量同步策略的表的变动数据发送至 Kafka 的对应 topic 中，然后使用 Flume 将 Kafka 中的数据采集落盘至 HDFS 中。

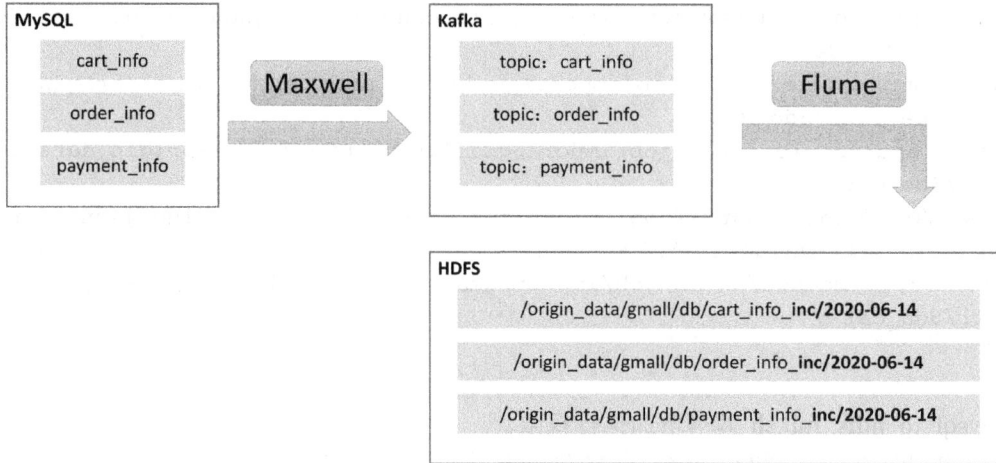

注：目标路径中的表名必须包含后缀inc，表示该表采用增量同步策略；
目标路径中包含一层日期，用于对不同日期的数据进行区分。

图 5-26　增量同步数据流向

1．Maxwell 配置及启动测试

按照规划，有 cart_info、comment_info 等 13 张表需要进行增量同步。在默认情况下，Maxwell 会同步 binlog 中的所有表的数据变动记录，因此我们需要对 Maxwell 进行配置，使其只同步这特定的 13 张表。

另外，为方便下游使用数据，还需要对 Maxwell 进行配置，使其将不同表的数据发往不同的 Kafka topic。

综上所述，对 Maxwell 配置文件的修改如下。

（1）打开 Maxwell 配置文件 config.properties。

```
[atguigu@hadoop102 maxwell]$ vim /opt/module/maxwell/config.properties
```

（2）配置参数修改如下，其中，加粗部分实现了将不同表的数据发往不同的 Kafka topic 和只同步特定表的数据。

```
log_level=info

producer=kafka
kafka.bootstrap.servers=hadoop102:9092,hadoop103:9092

#Kafka topic 动态配置
kafka_topic=%{table}
# mysql login info
host=hadoop102
user=maxwell
password=maxwell
jdbc_options=useSSL=false&serverTimezone=Asia/Shanghai

#表过滤，只同步特定的 13 张表
filter= include:gmall.cart_info,include:gmall.comment_info,include:gmall.coupon_use,include:
gmall.favor_info,include:gmall.order_detail,include:gmall.order_detail_activity,include:
gmall.order_detail_coupon,include:gmall.order_info,include:gmall.order_refund_info,include
```

```
:gmall.order_status_log,include:gmall.payment_info,include:gmall.refund_payment,include:
gmall.user_info
```

（3）采集通道测试。

① 启动 ZooKeeper 及 Kafka 集群。

```
[atguigu@hadoop102 module]$ zk.sh start
[atguigu@hadoop102 module]$ kf.sh start
```

② 启动一个 Kafka 控制台消费者，消费任意 topic 数据。

```
[atguigu@hadoop103 kafka]$ bin/kafka-console-consumer.sh --bootstrap-server hadoop102:
9092 --topic cart_info
```

③ 启动 Maxwell。

```
[atguigu@hadoop102 bin]$ mxw.sh start
```

④ 模拟业务数据生成。

```
[atguigu@hadoop102 bin]$ cd /opt/module/db_log/
[atguigu@hadoop102 db_log]$ java -jar gmall2020-mock-db-2021-11-14.jar
```

⑤ 观察 Kafka 消费者能否消费到数据。

```
{"database":"gmall","table":"cart_info","type":"update","ts":1592270938,"xid":13090,"xof
fset":1573,"data":{"id":100924,"user_id":"93","sku_id":16,"cart_price":4488.00,"sku_num"
:1,"img_url":"http://47.93.148.192:8080/group1/M00/00/02/rBHu8l-
sklaALrngAAHGDqdpFtU741.jpg","sku_name":"华为 HUAWEI P40 麒麟 990 5G SoC芯片 5000万超感知徕卡
三摄 30倍数字变焦 8GB+128GB 亮黑色全网通5G手机","is_checked":null,"create_time":"2020-06-14
09:28:57","operate_time":null,"is_ordered":1,"order_time":"2021-10-17
09:28:58","source_type":"2401","source_id":null},"old":{"is_ordered":0,"order_time":null
}}
```

2. Flume 配置及启动测试

Flume 需要将 Kafka 中各 topic 的数据传输到 HDFS 中，所以需要选用 Kafka Source 及 HDFS Sink，Channel 选用 File Channel。

需要注意的是，Kafka Source 需要订阅 Kafka 中的 13 个 topic，HDFS Sink 需要将不同 topic 的数据写到不同的路径中，并且路径中应包含一层日期，用于区分不同日期的数据。

Flume 关键配置如图 5-27 所示。

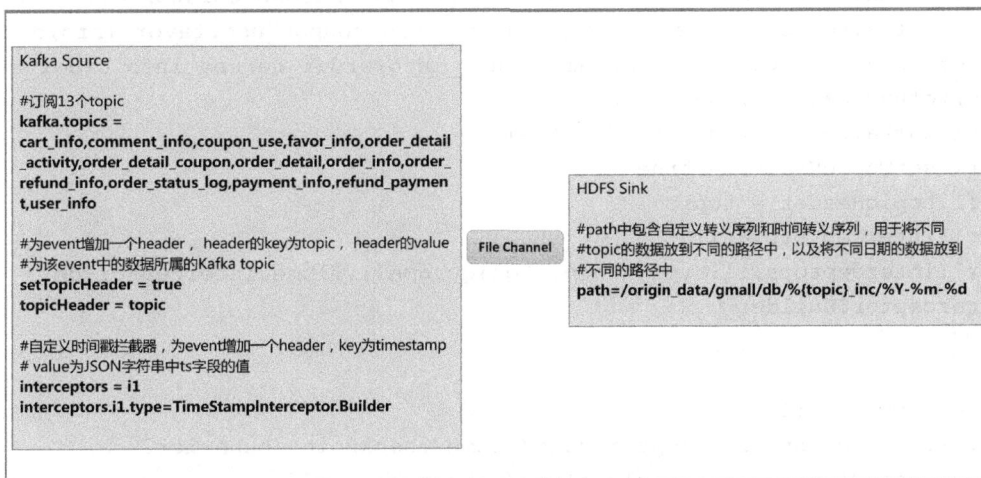

图 5-27　Flume 关键配置

具体数据示例如图 5-28 所示，一条变动数据被 Maxwell 采集并发送到 Kafka 的 comment_info topic 中，其中包含 ts（时间戳）。Flume 的 Kafka Source 在采集到这条数据后，通过如图 5-27 所示的关键配置，将 topic→comment_info 和 timestamp→1592097204000 这两个键/值对写入 header 中。HDFS 可以根据 header

中封装的 topic 和 timestamp 信息，将这条数据写入对应的文件夹中。通过以上操作，数据可以存放于对应 topic 命名的文件夹下的对应时间命名的文件中。

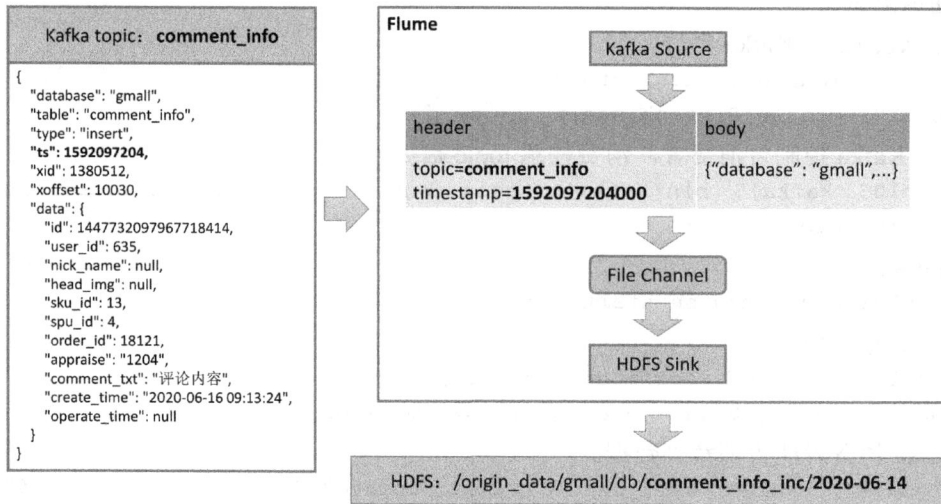

图 5-28　Flume 具体数据示例

Flume 的具体配置及测试过程如下。

（1）在 hadoop104 节点服务器的 Flume 的 job 目录下创建 kafka_to_hdfs_db.conf 文件。

```
[atguigu@hadoop104 flume]$ mkdir job
[atguigu@hadoop104 flume]$ vim job/kafka_to_hdfs_db.conf
```

（2）配置文件内容如下。

```
a1.sources = r1
a1.channels = c1
a1.sinks = k1

a1.sources.r1.type = org.apache.flume.source.kafka.KafkaSource
a1.sources.r1.batchSize = 5000
a1.sources.r1.batchDurationMillis = 2000
a1.sources.r1.kafka.bootstrap.servers = hadoop102:9092,hadoop103:9092
a1.sources.r1.kafka.topics = cart_info,comment_info,coupon_use,favor_info,order_detail_
activity,order_detail_coupon,order_detail,order_info,order_refund_info,order_status_log,
payment_info,refund_payment,user_info
a1.sources.r1.kafka.consumer.group.id = flume
a1.sources.r1.setTopicHeader = true
a1.sources.r1.topicHeader = topic
a1.sources.r1.interceptors = i1
a1.sources.r1.interceptors.i1.type = com.atguigu.gmall.flume.interceptor.db.
TimestampInterceptor$Builder


a1.channels.c1.type = file
a1.channels.c1.checkpointDir = /opt/module/flume/checkpoint/behavior2
a1.channels.c1.dataDirs = /opt/module/flume/data/behavior2/
a1.channels.c1.maxFileSize = 2146435071
a1.channels.c1.capacity = 1000000
a1.channels.c1.keep-alive = 6


a1.sinks.k1.type = hdfs
```

```
a1.sinks.k1.hdfs.path = /origin_data/gmall/db/%{topic}_inc/%Y-%m-%d
a1.sinks.k1.hdfs.filePrefix = db
a1.sinks.k1.hdfs.round = false


a1.sinks.k1.hdfs.rollInterval = 10
a1.sinks.k1.hdfs.rollSize = 134217728
a1.sinks.k1.hdfs.rollCount = 0


a1.sinks.k1.hdfs.fileType = CompressedStream
a1.sinks.k1.hdfs.codeC = gzip

## 拼装
a1.sources.r1.channels = c1
a1.sinks.k1.channel= c1
```

（3）编写 Flume 拦截器。

此拦截器用于将 Maxwell 采集到的数据中的时间戳添加到 header 中，并将秒级时间戳转换为毫秒级时间戳。

① 在 4.3.4 节创建的 Maven 工程 flume-interceptor 中创建包 com.atguigu.gmall.flume.interceptor.db，并在包下创建 TimestampInterceptor 类，代码如下。

```java
package com.atguigu.gmall.flume.interceptor.db;

import com.alibaba.fastjson.JSONObject;
import org.apache.flume.Context;
import org.apache.flume.Event;
import org.apache.flume.interceptor.Interceptor;

import java.nio.charset.StandardCharsets;
import java.util.List;
import java.util.Map;

public class TimestampInterceptor implements Interceptor {
    @Override
    public void initialize() {

    }

    @Override
    public Event intercept(Event event) {

        Map<String, String> headers = event.getHeaders();
        String log = new String(event.getBody(), StandardCharsets.UTF_8);

        JSONObject jsonObject = JSONObject.parseObject(log);

        Long ts = jsonObject.getLong("ts");

        //Maxwell 输出的数据中的 ts 字段的单位为秒, Flume HDFS Sink 要求的单位为毫秒
        String timeMills = String.valueOf(ts * 1000);
```

125

```
        headers.put("timestamp", timeMills);

        return event;

    }

    @Override
    public List<Event> intercept(List<Event> events) {

        for (Event event : events) {
            intercept(event);
        }

        return events;

    }

    @Override
    public void close() {

    }

    public static class Builder implements Interceptor.Builder {


        @Override
        public Interceptor build() {
            return new TimestampInterceptor();
        }

        @Override
        public void configure(Context context) {

        }
    }
}
```

② 重新打包，结果如图 5-29 所示。

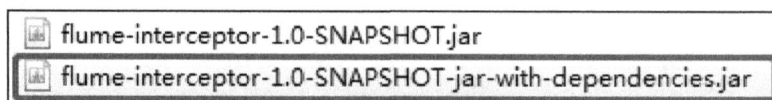

```
flume-interceptor-1.0-SNAPSHOT.jar
flume-interceptor-1.0-SNAPSHOT-jar-with-dependencies.jar
```

图 5-29　打包结果

③ 将打好的包放入 hadoop104 节点服务器的/opt/module/flume/lib 目录下。

```
[atguigu@hadoop104 lib]$ ls | grep interceptor
flume-interceptor-1.0-SNAPSHOT-jar-with-dependencies.jar
```

（4）采集通道测试。

① 确保 ZooKeeper、Kafka 集群、Maxwell 已经启动。

② 启动 hadoop104 节点服务器的 Flume Agent。

```
[atguigu@hadoop104 flume]$ bin/flume-ng agent -n a1 -c conf/ -f job/kafka_to_hdfs_db.conf
-Dflume.root.logger=info,console
```

③ 模拟生成业务数据。

```
[atguigu@hadoop104 bin]$ cd /opt/module/db_log/
[atguigu@hadoop104 db_log]$ java -jar gmall2020-mock-db-2021-11-14.jar
```

④ 观察 HDFS 目标路径是否有增量数据出现，如图 5-30 所示。

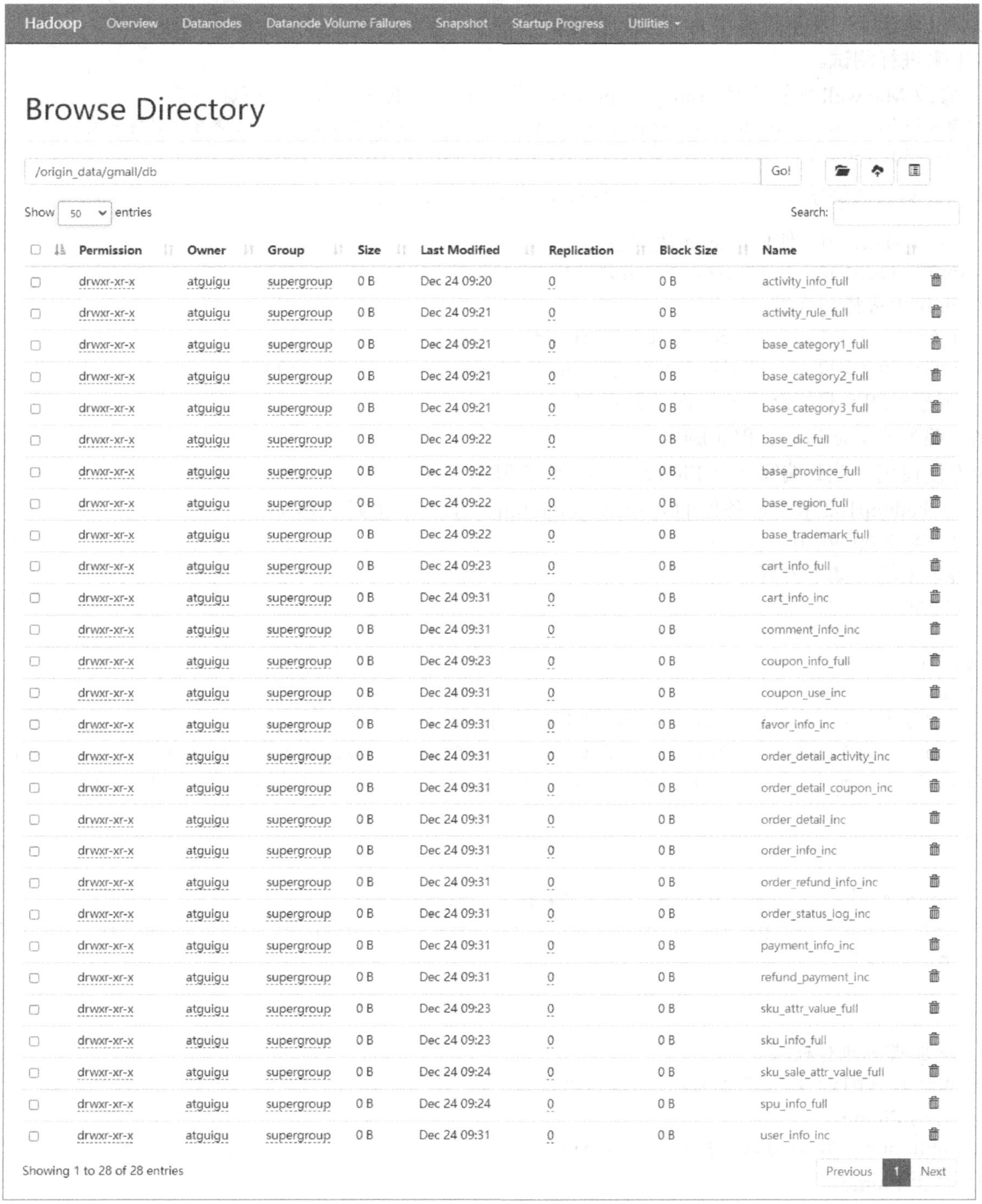
Hadoop　Overview　Datanodes　Datanode Volume Failures　Snapshot　Startup Progress　Utilities

Browse Directory

/origin_data/gmall/db　Go!

Show 50 entries　Search:

Permission	Owner	Group	Size	Last Modified	Replication	Block Size	Name
drwxr-xr-x	atguigu	supergroup	0 B	Dec 24 09:20	0	0 B	activity_info_full
drwxr-xr-x	atguigu	supergroup	0 B	Dec 24 09:21	0	0 B	activity_rule_full
drwxr-xr-x	atguigu	supergroup	0 B	Dec 24 09:21	0	0 B	base_category1_full
drwxr-xr-x	atguigu	supergroup	0 B	Dec 24 09:21	0	0 B	base_category2_full
drwxr-xr-x	atguigu	supergroup	0 B	Dec 24 09:21	0	0 B	base_category3_full
drwxr-xr-x	atguigu	supergroup	0 B	Dec 24 09:22	0	0 B	base_dic_full
drwxr-xr-x	atguigu	supergroup	0 B	Dec 24 09:22	0	0 B	base_province_full
drwxr-xr-x	atguigu	supergroup	0 B	Dec 24 09:22	0	0 B	base_region_full
drwxr-xr-x	atguigu	supergroup	0 B	Dec 24 09:22	0	0 B	base_trademark_full
drwxr-xr-x	atguigu	supergroup	0 B	Dec 24 09:23	0	0 B	cart_info_full
drwxr-xr-x	atguigu	supergroup	0 B	Dec 24 09:31	0	0 B	cart_info_inc
drwxr-xr-x	atguigu	supergroup	0 B	Dec 24 09:31	0	0 B	comment_info_inc
drwxr-xr-x	atguigu	supergroup	0 B	Dec 24 09:23	0	0 B	coupon_info_full
drwxr-xr-x	atguigu	supergroup	0 B	Dec 24 09:31	0	0 B	coupon_use_inc
drwxr-xr-x	atguigu	supergroup	0 B	Dec 24 09:31	0	0 B	favor_info_inc
drwxr-xr-x	atguigu	supergroup	0 B	Dec 24 09:31	0	0 B	order_detail_activity_inc
drwxr-xr-x	atguigu	supergroup	0 B	Dec 24 09:31	0	0 B	order_detail_coupon_inc
drwxr-xr-x	atguigu	supergroup	0 B	Dec 24 09:31	0	0 B	order_detail_inc
drwxr-xr-x	atguigu	supergroup	0 B	Dec 24 09:31	0	0 B	order_info_inc
drwxr-xr-x	atguigu	supergroup	0 B	Dec 24 09:31	0	0 B	order_refund_info_inc
drwxr-xr-x	atguigu	supergroup	0 B	Dec 24 09:31	0	0 B	order_status_log_inc
drwxr-xr-x	atguigu	supergroup	0 B	Dec 24 09:31	0	0 B	payment_info_inc
drwxr-xr-x	atguigu	supergroup	0 B	Dec 24 09:31	0	0 B	refund_payment_inc
drwxr-xr-x	atguigu	supergroup	0 B	Dec 24 09:23	0	0 B	sku_attr_value_full
drwxr-xr-x	atguigu	supergroup	0 B	Dec 24 09:23	0	0 B	sku_info_full
drwxr-xr-x	atguigu	supergroup	0 B	Dec 24 09:24	0	0 B	sku_sale_attr_value_full
drwxr-xr-x	atguigu	supergroup	0 B	Dec 24 09:24	0	0 B	spu_info_full
drwxr-xr-x	atguigu	supergroup	0 B	Dec 24 09:31	0	0 B	user_info_inc

Showing 1 to 28 of 28 entries　Previous　1　Next

图 5-30　HDFS 目标路径出现增量数据

若 HDFS 目标路径已有增量数据出现，就证明数据通道已经打通。

（5）数据目标路径的日期说明。

仔细观察，会发现目标路径中的日期并非模拟数据的业务日期，而是当前日期。这是由于 Maxwell 输出的 JSON 字符串中的 ts 字段的值是 MySQL 中 binlog 日志的数据变动日期。在本模拟项目中，数据的业务日期在模拟日志过程中通过修改配置文件来指定，所以与数据变动日期可能不一致。而在真实场景下，数据的业务日期与变动日期应当是一致的。

此处为了模拟真实环境，将 Maxwell 源码进行改动，增加一个参数 mock_date，该参数的作用就是指定 Maxwell 输出 JSON 字符串中 ts 字段的日期。

接下来进行测试。

① 修改 Maxwell 配置文件 config.properties，增加 mock_date 参数，代码如下。

```
#该日期需要和/opt/module/db_log/application.properties 中的 mock.date 参数值保持一致
mock_date=2020-06-14
```

注：该参数仅供学习使用，修改该参数后重启 Maxwell 才可生效。

② 重启 Maxwell，使修改的参数生效。

```
[atguigu@hadoop102 bin]$ mxw.sh restart
```

③ 重新生成模拟数据。

```
[atguigu@hadoop102 bin]$ cd /opt/module/db_log/
[atguigu@hadoop102 db_log]$ java -jar gmall2020-mock-db-2021-11-14.jar
```

④ 观察 HDFS 目标路径的日期是否正常。

（6）编写 Flume 启动、停止脚本。

为方便使用，此处编写一个 Flume 启动、停止脚本。

① 在 hadoop102 节点服务器的/home/atguigu/bin 目录下创建脚本 f3.sh。

```
[atguigu@hadoop102 bin]$ vim f3.sh
```

在脚本中填写如下内容。

```
#!/bin/bash

case $1 in
"start")
        echo " --------启动 hadoop104 业务数据 Flume-------"
        ssh    hadoop104    "nohup    /opt/module/flume/bin/flume-ng    agent    -n    a1    -c
/opt/module/flume/conf -f /opt/module/flume/job/kafka_to_hdfs_db.conf >/dev/null 2>&1 &"
;;
"stop")

        echo " --------停止 hadoop104 业务数据 Flume-------"
        ssh hadoop104 "ps -ef | grep kafka_to_hdfs_db | grep -v grep |awk '{print \$2}' |
xargs -n1 kill"
;;
esac
```

② 增加脚本执行权限。

```
[atguigu@hadoop102 bin]$ chmod +x f3.sh
```

③ 启动 Flume。

```
[atguigu@hadoop102 module]$ f3.sh start
```

④ 停止 Flume。

```
[atguigu@hadoop102 module]$ f3.sh stop
```

3. 增量数据首日全量同步

在通常情况下，增量数据需要在首日进行一次全量同步，将现有数据一次性同步至数据仓库中，后续每日再进行增量同步。首日全量同步可以使用 Maxwell 的 bootstrap 功能，为方便起见，下面编写一个增量数据首日全量同步脚本。

（1）在/home/atguigu/bin 目录下创建 mysql_to_kafka_inc_init.sh 脚本。

```
[atguigu@hadoop102 bin]$ vim mysql_to_kafka_inc_init.sh
```

脚本内容如下。

```bash
#!/bin/bash

# 该脚本的作用是初始化所有的增量表，只需执行一次

MAXWELL_HOME=/opt/module/maxwell

import_data() {
    $MAXWELL_HOME/bin/maxwell-bootstrap    --database    gmall    --table    $1    --config
$MAXWELL_HOME/config.properties
}

case $1 in
"cart_info")
  import_data cart_info
  ;;
"comment_info")
  import_data comment_info
  ;;
"coupon_use")
  import_data coupon_use
  ;;
"favor_info")
  import_data favor_info
  ;;
"order_detail")
  import_data order_detail
  ;;
"order_detail_activity")
  import_data order_detail_activity
  ;;
"order_detail_coupon")
  import_data order_detail_coupon
  ;;
"order_info")
  import_data order_info
  ;;
"order_refund_info")
  import_data order_refund_info
  ;;
"order_status_log")
  import_data order_status_log
  ;;
"payment_info")
  import_data payment_info
  ;;
"refund_payment")
  import_data refund_payment
  ;;
```

```
"user_info")
  import_data user_info
  ;;
"all")
  import_data cart_info
  import_data comment_info
  import_data coupon_use
  import_data favor_info
  import_data order_detail
  import_data order_detail_activity
  import_data order_detail_coupon
  import_data order_info
  import_data order_refund_info
  import_data order_status_log
  import_data payment_info
  import_data refund_payment
  import_data user_info
  ;;
esac
```

（2）为 mysql_to_kafka_inc_init.sh 脚本增加执行权限。

```
[atguigu@hadoop102 bin]$ chmod +x ~/bin/mysql_to_kafka_inc_init.sh
```

（3）清理历史数据。

为方便查看结果，现将之前 HDFS 上同步的增量数据删除。

```
[atguigu@hadoop102 ~]$ hadoop fs -ls /origin_data/gmall/db | grep _inc | awk '{print $8}'
| xargs hadoop fs -rm -r -f
```

（4）执行 mysql_to_kafka_inc_init.sh 脚本。

```
[atguigu@hadoop102 bin]$ mysql_to_kafka_inc_init.sh all
```

（5）检查同步结果。

观察 HDFS 上是否重新出现同步数据。

4．增量同步总结

在进行增量同步时，需要先在首日进行一次全量同步，后续每日进行增量同步。在首日进行全量同步时，需要先启动数据通道，包括 Maxwell、Kafka、Flume，然后执行增量数据首日全量同步脚本 mysql_to_kafka_inc_init.sh 进行同步，后续每日只需保证采集通道正常运行即可，Maxwell 便会实时将变动数据发往 Kafka 中。

5.3 本章总结

本章主要对业务数据采集模块进行了搭建，在搭建过程中，读者可以发现，业务数据的数据表数量众多且多种多样，所以需要针对不同类型的数据表制定不同的数据同步策略，在制定好策略的前提下选用合适的数据采集工具。经过本章的学习，希望读者对电商业务数据的采集工作有更多的了解。

第6章

数据仓库搭建模块

前两章主要进行数据采集模块的搭建，分别将用户行为数据和业务数据采集到数据存储系统中。此时，数据在数据存储系统中还没有发挥任何价值，本章将完成数据仓库搭建的核心工作，对采集到的数据进行计算和分析。想从海量数据中获取有用的信息并不像想象中那么简单，并不是执行简单的数据提取操作就可以做到的。在进行数据的分析和计算之前，我们首先讲解数据仓库的关键理论知识，然后搭建数据分析处理的开发环境，最后以数据仓库的理论知识为指导，分层搭建数据仓库，得到最终需求数据。

6.1　数据仓库理论准备

无论数据仓库的规模有多大，在搭建数据仓库之初读者都应对基础理论知识有一定的掌握，对数据仓库的整体架构有所规划，这样才能搭建出合理高效的数据仓库体系。

本章将围绕数据建模展开，介绍数据仓库建模理论的深层内核知识。

6.1.1　数据建模概述

数据模型是描述数据、数据联系、数据语义及一致性约束的概念工具的集合。数据建模简单来说就是基于对业务的理解，将各种数据进行整合和关联，并最终使得这些数据有更强的可用性和可读性，让数据使用者可以快速地获取自己关心的有价值的数据，提高数据响应速度，为企业带来更高的效益。

那么为什么要进行数据建模呢？

如果把数据看作图书馆里的书，我们希望看到它们在书架上分门别类地放置；如果把数据看作城市的建筑，我们希望城市规划布局合理；如果把数据看作计算机中的文件和文件夹，我们希望按照自己的习惯整理文件夹，而不希望有糟糕混乱的桌面，经常为找一个文件而不知所措。

数据建模是一套面向数据的方法，用来指导数据的整合和存储，使数据的存储和组织更有意义，具有以下优点。

- 进行全面的业务梳理，改进业务流程。

在进行数据建模之前，必须对企业进行全面的业务梳理。通过建立业务模型，我们可以全面了解企业的业务架构和整个业务的运行情况，能够将业务按照一定的标准进行分类和规范，以提高业务效率。

- 建立全方位的数据视角，消除信息孤岛和数据差异。

通过构建数据模型，可以为企业提供一个整体的数据视角，而不再是每个部分各自为政。通过构建数据模型，可以勾勒出各部门之间内在的业务联系，消除部门之间的信息孤岛。通过规范化的数据模型建设，还可以实现各部门间的数据一致性，消除部门间的数据差异。

- 提高数据仓库的灵活性。

通过构建数据模型，能够很好地将底层技术与上层业务分离开。当上层业务发生变化时，通过查看数据模型，底层技术可以轻松完成业务变动，从而提高整个数据仓库的灵活性。

- 加快数据仓库系统建设速度。

通过构建数据模型，开发人员和业务人员可以更加清晰地制定系统建设任务以及进行长期目标的规划，明确当前开发任务，加快系统建设速度。

综上所述，合理的数据建模可以提升查询性能、提高用户效率、改善用户体验、提升数据质量、降低企业成本。

所以数据存储系统需要使用数据模型来指导数据的组织和存储，以便在性能、成本、效率和质量之间取得平衡。数据建模要遵循的原则如下。

- 高内聚和低耦合。

将业务相近或相关、粒度相同的数据设计为一个逻辑或物理模式，将有高概率同时访问的数据放在一起，将低概率同时访问的数据分开存储。

- 核心模型与扩展模型分离。

建立核心模型与扩展模型体系，核心模型包括的字段支持常用的核心业务，扩展模型包括的字段支持个性化或少量应用的业务，两种模型尽量分离，以提高核心模型体系的简洁性和可维护性。

- 成本与性能平衡。

适当的数据冗余可以换取数据查询性能的提升，但是不宜过度冗余。

- 数据可回滚。

在不改变处理逻辑、不修改代码的情况下，重新执行任务后结果不变。

- 一致性。

不同表的相同字段命名与定义具有一致性。

- 命名清晰、可理解。

表名要清晰、一致，易于理解，方便使用。

6.1.2 关系模型与范式理论

数据仓库搭建过程中应采用哪种建模理论是大数据领域绕不过去的一个讨论命题。主流的数据仓库设计模型有两种，分别是 Bill Inmon 支持的关系模型（Relation Model）及 Ralph Kimball 支持的维度模型。

关系模型用表的集合来表示数据和数据之间的关系。每张表有多个列，每列有唯一的列名。关系模型是基于记录的模型的一种。每张表包含某种特定类型的记录，每个记录类型定义了固定数目的字段（或属性）。表的列对应记录类型的属性。在商用数据处理应用中，关系模型已经成为当今主要使用的数据模型，之所以占据主要位置，是因为和早期的数据模型（如网络模型或层次模型）相比，关系模型以其简易性简化了编程者的工作。

Bill Inmon 的建模理论中将数据建模分为 3 个层次：高层建模（ER 模型，Entity Relationship）、中间层建模（称为数据项集或 DIS）、底层建模（称为物理模型）。高层建模是指站在全企业的高度，以实体（Entity）和关系（Relationship）为特征来描述企业业务。中间层建模是以 ER 模型为基础，将每一个主题域进一步扩展成各自的中间层模型的。底层建模是从中间层数据模型创建扩展而来的，使模型中开始包含一些关键字和物理特性。

通过上文可以看到，关系数据库基于关系模型，使用一系列表来表达数据以及这些数据之间的联系。一般而言，关系数据库设计的目的是生成一组关系模式，使用户在存储信息时可以避免不必要的冗余，并且让用户可以方便地获取信息。这是通过设计满足范式（Normal Form）的模式来实现的。目前业界的范式包括第一范式（1NF）、第二范式（2NF）、第三范式（3NF）、巴斯-科德范式（BCNF）、第四范式（4NF）和第五范式（5NF）。范式可以理解为一张数据表的表结构符合的设计标准的级别。使用范式的根本目的包括如下两点。

（1）减少数据冗余，尽量让每个数据只出现一次。

（2）保证数据的一致性。

以上两点非常重要，因为在数据仓库发展之初，磁盘是很贵的存储介质，必须减少数据冗余，才能减少磁盘存储空间，降低开发成本。而且以前是没有分布式系统的，若想扩充存储空间，只能增加磁盘，而磁盘的个数也是有限的，并且若数据冗余严重，对数据进行一次修改，则需要修改多张表，很难保证数据的一致性。

严格遵循范式理论的缺点是在获取数据时，需要通过表与表之间的关联拼接出最后的数据。

1. 什么是函数依赖

函数依赖示例如表 6-1 所示。

表 6-1　函数依赖示例：学生成绩表

学　号	姓　名	系　名	系 主 任	课　名	分　数
1	李小明	经济系	王强	高等数学	95
1	李小明	经济系	王强	大学英语	87
1	李小明	经济系	王强	普通化学	76
2	张莉莉	经济系	王强	高等数学	72
2	张莉莉	经济系	王强	大学英语	98
2	张莉莉	经济系	王强	计算机基础	82
3	高芳芳	法律系	刘玲	高等数学	88
3	高芳芳	法律系	刘玲	法学基础	84

函数依赖分为完全函数依赖、部分函数依赖和传递函数依赖。

（1）完全函数依赖。

设（X，Y）是关系 R 的两个属性集合，X' 是 X 的真子集，存在 $X{\rightarrow}Y$，但对每一个 X' 都有 $X'!{\rightarrow}Y$，则称 Y 完全依赖于 X。

比如，通过（学号，课名）可推出分数，但是单独用学号推不出分数，那么可以说分数完全依赖于（学号，课名）。

即通过（A，B）能得出 C，但是单独通过 A 或 B 得不出 C，那么可以说 C 完全依赖于（A，B）。

（2）部分函数依赖。

假如 Y 依赖于 X，但同时 Y 并不完全依赖于 X，那么可以说 Y 部分依赖于 X。

比如，通过（学号，课名）可推出姓名，也可以直接通过学号推出姓名，所以姓名部分依赖于（学号，课名）。

即通过（A，B）能得出 C，通过 A 也能得出 C，或者通过 B 也能得出 C，那么可以说 C 部分依赖于（A，B）。

（3）传递函数依赖。

设（X，Y，Z）是关系 R 中互不相同的属性集合，存在 $X{\rightarrow}Y(Y!{\rightarrow}X),Y{\rightarrow}Z$，则称 Z 传递依赖于 X。

比如，通过学号可推出系名，通过系名可推出系主任，但是通过系主任推不出学号，系主任主要依赖于系名。这种情况可以说系主任传递依赖于学号。

即通过 A 可得到 B，通过 B 可得到 C，但是通过 C 得不到 A，那么可以说 C 传递依赖于 A。

2. 第一范式

第一范式（1NF）的核心原则是属性不可分割。如表 6-2 所示，商品列中的数据不是原子数据项，是可以分割的，明显不符合第一范式。

表 6-2　不符合第一范式的表格设计

id	商　品	商　家 id	用　户 id
001	5 台计算机	×××旗舰店	00001

对表 6-2 进行修改，使表格符合第一范式的要求，如表 6-3 所示。

表 6-3　符合第一范式的表格设计

id	商　品	数　量	商　家　id	用　户　id
001	计算机	5	×××旗舰店	00001

实际上，第一范式是所有关系数据库的最基本要求，在关系数据库（如 SQL Server、Oracle、MySQL）中创建数据表时，如果数据表的设计不符合这个最基本的要求，那么操作一定是不能成功的。也就是说，只要在关系数据库中已经存在的数据表，就一定是符合第一范式的。

3．第二范式

第二范式（2NF）的核心原则是不能存在部分函数依赖。

表 6-1 明显存在部分函数依赖。这张表的主键是（学号，课名），分数确实完全依赖于（学号，课名），但是姓名并不完全依赖于（学号，课名）。

将表 6-1 进行调整，去掉部分函数依赖，使其符合第二范式，如表 6-4 和表 6-5 所示。

表 6-4　学号-课名-分数表

学　号	课　名	分　数
1	高等数学	95
1	大学英语	87
1	普通化学	76
2	高等数学	72
2	大学英语	98
2	计算机基础	82
3	高等数学	88
3	法学基础	84

表 6-5　学号-姓名-系明细表

学　号	姓　名	系　名	系　主　任
1	李小明	经济系	王强
2	张莉莉	经济系	王强
3	高芳芳	法律系	刘玲

4．第三范式

第三范式（3NF）的核心原则是不能存在传递函数依赖。

表 6-5 中存在传递函数依赖，通过系主任不能推出学号，将表格进行进一步拆分，使其符合第三范式，如表 6-6 和表 6-7 所示。

表 6-6　学号-姓名表

学　号	姓　名	系　名
1	李小明	经济系
2	张莉莉	经济系
3	高芳芳	法律系

表 6-7　系名-系主任表

系　名	系　主　任
经济系	王强
法律系	刘玲

关系模型示意图如图 6-1 所示，其严格遵循第三范式（3NF），从图 6-1 中可以看出，模型较为松散、

零碎，物理表数量多，但数据冗余程度低。由于数据分布于众多的表中，因此这些数据可以更为灵活地被应用，功能性较强。关系模型主要应用于 OLTP（On-Line Transaction Processing，联机事务处理）系统中，OLTP 是传统的关系数据库的主要应用，主要用于基本的、日常的事务处理，如银行交易等。为了保证数据的一致性及避免冗余，大部分业务系统的表遵循第三范式。

规范化带来的好处是显而易见的，但是在数据仓库的搭建中，规范化程度越高，意味着划分的表越多，在查询数据时就会出现更多的表连接操作。

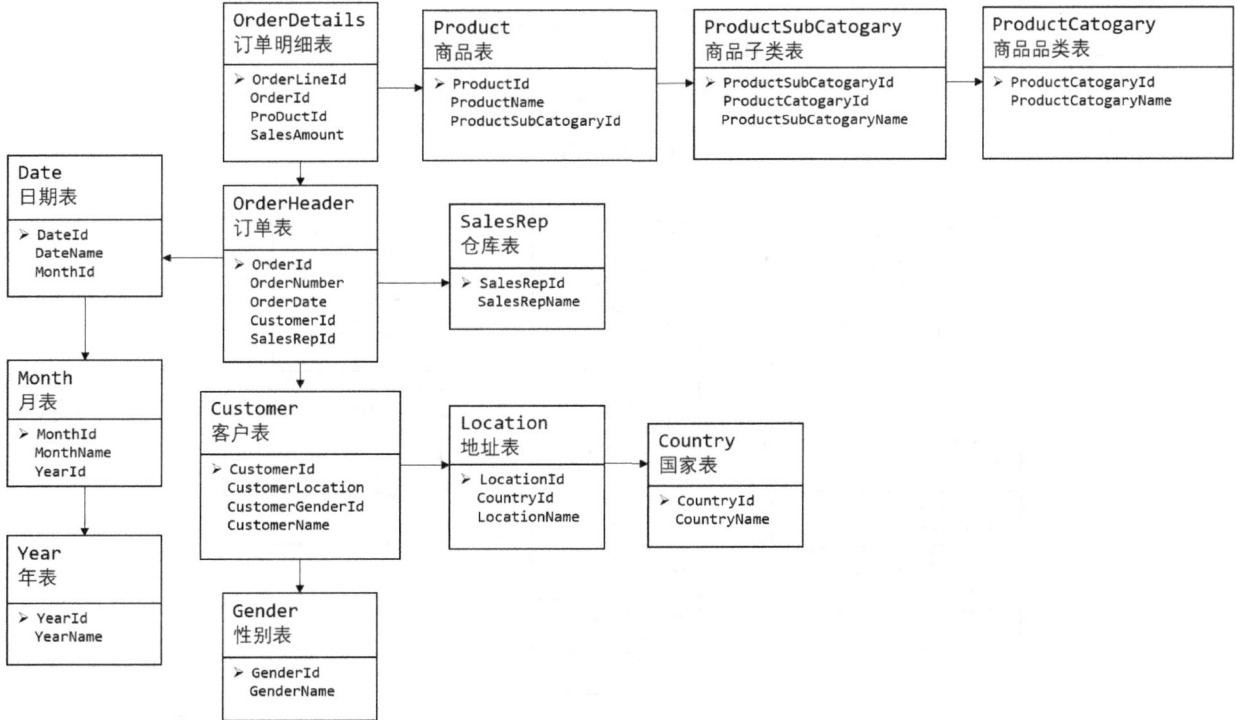

图 6-1　关系模型示意图

6.1.3　维度模型

当今的数据处理大致可以分成两大类：联机事务处理（OLTP）、联机分析处理（On-Line Analytical Processing，OLAP）。OLTP 已经讲过，它是传统的关系数据库的主要应用，主要用于基本的、日常的事务处理。而 OLAP 是数据仓库系统的主要应用，支持复杂的分析操作，侧重决策支持，并且可提供直观、易懂的查询结果。二者的主要区别如表 6-8 所示。

表 6-8　OLTP 与 OLAP 的主要区别

对 比 属 性	OLTP	OLAP
读特性	每次查询只返回少量记录	对大量记录进行汇总
写特性	随机、低延时写入用户的输入	批量导入
使用场景	用户，Java EE 项目	内部分析师，为决策提供支持
数据表征	最新数据状态	随时间变化的历史状态
数据规模	GB	TP 到 PB

维度模型是一种将大量数据结构化的逻辑设计手段，包含维度和度量指标。维度模型不像关系模型（目的是消除冗余数据），它面向分析设计，最终目的是提高查询性能，最终结果会增加数据冗余，并且违反第三范式。

维度建模是数据仓库领域的另一位大师——Ralph Kimball 所支持和倡导的数据仓库建模理论。维度模型将复杂的业务通过事实和维度两个概念呈现。事实通常对应业务过程，而维度通常对应业务过程发生时所处的环境。

一个典型的维度模型示意图如图 6-2 所示，其中位于中心的 SalesOrder（销售流水表）为事实表，保存的是下单这个业务过程的所有记录。位于周围的每张表都是维度表，包括 Customer（客户表）、Date（日期表）、Location（地址表）和 Product（商品表）等，这些维度表组成了每个订单发生时所处的环境，即何人、何时、在何地购买了何种商品。从图 6-2 中可以看出，维度模型相对清晰、简洁。

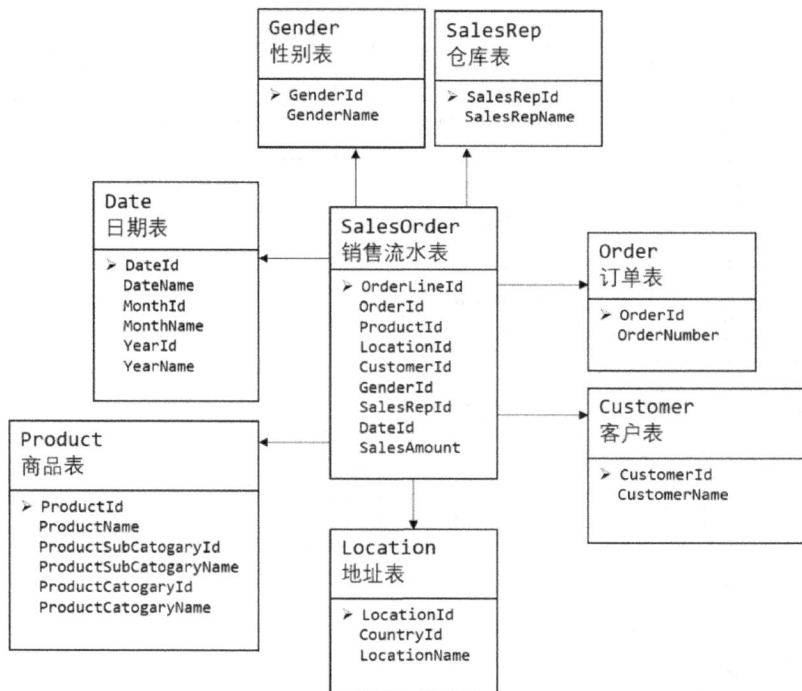

图 6-2　维度模型示意图

维度模型主要应用于 OLAP 系统中，通常以某一张事实表为中心进行表的组织，主要面向查询，特征是可能存在数据冗余，但是用户能方便地获取数据。

采用关系模型建模虽然数据冗余程度低，但是在大规模数据中进行跨表分析统计查询时，会造成多表关联，这会大大降低执行效率。所以通常我们采用维度模型建模，把各种相关表整理成事实表和维度表，所有的维度表围绕事实表进行解释。

6.1.4　维度建模理论之事实表

在数据仓库维度建模理论中，通常将表分为事实表和维度表两大类。事实表加维度表能够描述一个完整的业务事件。

事实表指存储有事实记录的表。事实表中的每行数据代表一个业务事件，如下单、支付、退款、评价等。"事实"这个术语表示的是业务事件中的度量，如可统计次数、个数、金额等。例如，2020 年 5 月 21日，宋老师在京东花费 2500 元买了一部手机，在这个业务事件中，涉及的维度有时间、用户、商家、商品，涉及的事实则是 2500 元、一部。

事实表作为数据仓库建模的核心，需要根据业务过程来设计，包含了引用的维度和与业务过程有关的度量。事实表中的每行数据包括具有可加性的数值类型的度量和与维度表相连接的外键，并且通常都具有两个及两个以上的外键。

事实表的特征有以下 3 点。

（1）通常数据量会比较大。

（2）内容相对比较窄，列数通常比较少，主要是一些外键 id 和度量字段。

（3）经常会发生变化，每日都会增加新数据。

作为度量业务过程的事实，一般为整型或浮点型的十进制数值类型，有可加性、半可加性和不可加性 3 种类型。

（1）可加性事实。最灵活、最有用的事实是完全可加的，可加性事实可以按照与事实表关联的任意维度进行汇总，如订单金额。

（2）半可加性事实。半可加性事实可以对某些维度进行汇总，但不能对所有维度进行汇总。差额是常见的半可加性事实，除时间维度外，差额可以跨所有维度进行汇总操作，如每日的余额加起来毫无意义。

（3）不可加性事实。一些事实是完全不可加的，如比率。对不可加性事实，一种好的方法是将其分解为可加的组件来实现聚集。

事实表通常有以下几种。

（1）事务事实表。

事务事实表是指以每个事务或事件为单位的表，例如，一笔支付记录作为事实表中的一行数据。

（2）周期快照事实表。

周期快照事实表中不会保留所有数据，只保留固定时间间隔的数据，例如，每日或每月的销售额，以及每月的账户余额等。

（3）累积快照事实表。

累积快照事实表用于跟踪业务事实的变化。

下面对各事实表进行详细介绍。

1．事务事实表

事务事实表用来记录各业务过程，它保存的是各业务过程的原子操作事件，即最细粒度的操作事件。粒度是指事实表中一行数据所表达的业务细节程度。

事务事实表可用于分析与各业务过程相关的各项统计指标，由于其保存了最细粒度的记录，因此可以提供最大限度的灵活性，可以支持无法预期的各种细节层次的统计需求。

在构建事务事实表时，一般可遵循以下 4 个步骤：选择业务过程→声明粒度→确认维度→确认事实。

（1）选择业务过程。

在业务系统中，挑选我们感兴趣的业务过程，业务过程可以概括为一个个不可拆分的行为事件，例如电商交易中的下单、取消订单、付款、退单等都是业务过程。在通常情况下，一个业务过程对应一张事务事实表。

（2）声明粒度。

在确定业务过程后，需要为每个业务过程声明粒度，即精确定义每张事务事实表的每行数据表示什么。应该尽可能选择最细粒度，以此来满足各种细节程度的统计需求。

典型的粒度声明：订单事实表中的一行数据表示的是一个订单中的一个商品项。

（3）确定维度。

确定维度具体是指确定与每张事务事实表相关的维度。

在确定维度时应尽可能多地选择与业务过程相关的环境信息。因为维度的丰富程度决定了维度模型能够支持的指标丰富程度。

（4）确定事实。

此处的"事实"一词，指的是每个业务过程的度量（通常是可累加的数值类型的值，如次数、个数、件数、金额等）。

经过上述 4 个步骤，事务事实表就基本设计完成了。第 1 步可以确定有哪些事务事实表，第 2 步可以确定每张事务事实表的每行数据是什么，第 3 步可以确定每张事务事实表的维度外键，第 4 步可以确定每张事务事实表的度量字段。

事务事实表可以保存所有业务过程的最细粒度的操作事件，所以理论上可以满足与各业务过程相关的各种统计粒度的需求，但对于某些特定类型的需求，其逻辑可能会比较复杂，或者效率会比较低。例如：

（1）存量型指标。

存量型指标包括商品库存、账户余额等。此处以电商中的虚拟货币业务为例，虚拟货币业务主要包含的业务过程为获取货币和使用货币，两个业务过程各自对应一张事务事实表，一张用于存储所有获取货币的原子操作事件，另一张用于存储所有使用货币的原子操作事件。

假定现在有一个需求，要求统计截至当日的各用户虚拟货币余额。由于获取货币和使用货币均会影响余额，因此需要对两张事务事实表进行聚合，且需要区分二者对余额的影响（加或减），另外需要对这两张表的全表数据进行聚合才能得到统计结果。

可以看到，无论是从逻辑上还是从效率上考虑，这都不是一个好的方案。

（2）多事务关联统计。

例如，现在需要统计最近 30 日，用户下单到支付的时间间隔的平均值。统计思路应该是先找到下单事务事实表和支付事务事实表，过滤出最近 30 日的记录，然后按照订单 id 对这两张事实表进行关联，接着用支付时间减去下单时间，最后求出平均值。

逻辑上虽然并不复杂，但是其效率较低，因为下单事务事实表和支付事务事实表均为大表，大表与大表的关联操作应尽量避免。

可以看到，在上述两种场景下事务事实表的表现并不理想。下面介绍的另外两种类型的事实表就是为了弥补事务事实表的不足的。

2. 周期快照事实表

周期快照事实表以具有规律性的、可预见的时间间隔来记录事实，主要用于分析一些存量型（如商品库存、账户余额）或者状态型（如空气温度、行驶速度）指标。

表 6-9 所示为某电商网站商品的历史至今快照事实表中的一行数据，记录了商品历史至今的交易数量、交易金额、加入购物车次数、收藏次数。

表 6-9　周期快照事实表

商 品 id	业 务 日 期	交 易 数 量	交 易 金 额	加入购物车次数	收 藏 次 数
001	2020-06-24	100	5000	203	323

对于商品库存、账户余额这些存量型指标，业务系统中通常会计算并保存最新结果，所以定期同步一份全量数据到数据仓库，构建周期快照事实表，就能轻松应对此类统计需求，而无须再对事务事实表中大量的历史记录进行聚合。

对于空气温度、行驶速度这些状态型指标，由于它们的值往往是连续的，我们无法捕获其变动的原子事务操作，因此无法使用事务事实表统计此类数据，而只能定期对其进行采样，构建周期快照事实表。

构建周期快照事实表的步骤如下。

（1）确定粒度。

周期快照事实表的粒度可由采样周期和维度描述，所以确定采样周期和维度后即可确定粒度。

采样周期通常选择每日。

维度可根据统计指标决定，例如，统计指标为统计每个仓库中每种商品的库存，则可确定维度为仓库和商品。

确定完采样周期和维度后，即可确定该表的粒度为每日、仓库、商品。

（2）确认事实。

事实也可根据统计指标决定，例如，统计指标为统计每个仓库中每种商品的库存，则事实为商品库存。

3．累积快照事实表

累积快照事实表是基于一个业务流程中的多个关键业务过程联合处理而构建的事实表，如交易流程中的下单、支付、发货、确认收货业务过程。

如表 6-10 所示，数据仓库中可能需要累计或者存储从下单开始，到订单商品被打包、运输和签收的各个业务阶段的时间点数据来跟踪订单生命周期的进展情况。当这个业务过程进行时，事实表的记录也要不断更新。

表 6-10　累积快照事实表

订　单　id	用　户　id	下　单　时　间	打　包　时　间	发　货　时　间	签　收　时　间
001	000001	2020-02-12 10:10	2020-02-12 11:10	2020-02-12 12:10	2020-02-12 13:10

累积快照事实表通常具有多个日期字段，每个日期对应业务流程中的一个关键业务过程（里程碑）。

累积快照事实表主要用于分析业务过程（里程碑）之间的时间间隔等需求。例如，前文提到的用户下单到支付的平均时间间隔，使用累积快照事实表进行统计，就能避免两个事务事实表的关联操作，从而使操作变得简单、高效。

累积快照事实表的构建流程与事务事实表类似，也可采用以下 4 个步骤，下面重点描述与事务事实表的不同之处。

（1）选择业务过程。

选择一个业务流程中需要进行关联分析的多个关键业务过程，多个业务过程对应一张累积快照事实表。

（2）声明粒度。

精确定义每行数据表示的含义，尽量选择最细粒度。

（3）确认维度。

选择与各业务过程相关的维度，需要注意的是，每个业务过程均需要一个日期维度。

（4）确认事实。

选择各业务过程的度量。

6.1.5　维度建模理论之维度表

维度表也称维表，有时也称查找表，是与事实表相对应的一种表。维度表保存了维度的属性值，可以与事实表做关联，相当于将事实表中经常重复出现的属性抽取、规范出来用一张表进行管理。维度表一般存储的是对事实的描述信息。每一张维度表对应现实世界中的一个对象或概念，如用户、商品、日期和地区等。比如，订单状态表、商品分类表等，如表 6-11 和表 6-12 所示。

表 6-11　订单状态表

订单状态编号	订单状态名称
1	未支付
2	支付
3	发货中
4	已发货
5	已完成

表 6-12　商品分类表

商品分类编号	分　类　名　称
1	服装
2	保健品
3	电器
4	图书

维度表通常具有以下 3 个特征。

（1）维度表的范围很宽，通常具有很多属性，列比较多。

（2）与事实表相比，维度表的行数相对较少，通常小于 10 万行。

（3）维度表的内容相对固定，不会轻易发生改变。

使用维度表可以大大缩小事实表，便于对维度进行管理和维护，当增加、删除和修改维度的属性时，不必对事实表的大量记录进行改动。维度表可以为多张事实表服务，减少重复工作。

维度表的构建步骤如下所示。

（1）确定维度（表）。

在构建事实表时，已经确定了与每张事实表相关的维度，理论上每个相关维度均需对应一张维度表。需要注意的是，可能存在多张事实表与同一个维度都相关的情况，这种情况需要保证维度的唯一性，即只创建一张维度表。另外，如果某些维度表的维度属性很少，例如只有一个国家名称，则可不创建该维度表，而把该表的维度属性直接增加到与它相关的事实表中，这个操作称为维度退化。

（2）确定主维表和相关维表。

此处的主维表和相关维表均指业务系统中与某维度相关的表。例如，业务系统中与商品相关的表有 sku_info、spu_info、base_trademark、base_category3、base_category2、base_category1 等，其中，sku_info 称为商品维度的主维表，其余表则称为商品维度的相关维表。维度表的粒度通常与主维表相同。

（3）确定维度属性。

确定维度属性即确定维度表字段。维度属性主要来自业务系统中与该维度对应的主维表和相关维表。维度属性可直接从主维表或相关维表中选择，也可通过进一步加工得到。

在确定维度属性时，需要遵循以下原则。

（1）尽可能生成丰富的维度属性。

维度属性是后续做分析统计时的查询约束条件、分组字段的基本来源，是数据易用性的关键。维度属性的丰富程度直接影响数据模型能够支持的指标的丰富程度。

（2）尽量不使用编码，而使用明确的文字说明，一般编码和文字说明可以共存。

（3）尽量沉淀出通用的维度属性。

有些维度属性的获取需要进行比较复杂的逻辑处理，例如，需要通过多个字段拼接得到。为避免后续每次使用时进行重复处理，可将这些维度属性沉淀到维度表中。

维度表的四大设计要点如下。

1．规范化与反规范化

规范化是指使用一系列范式设计数据库的过程，其目的是减少数据冗余，增强数据的一致性。在通常情况下，规范化之后，一张表中的字段会被拆分到多张表中。

反规范化是指将多张表的数据合并到一张表中，其目的是减少表之间的关联操作，提高查询性能。

在构建维度表时，如果对其进行规范化，得到的维度模型称为雪花模型，如果对其进行反规范化，得到的模型称为星形模型。

关于星形模型与雪花模型，将在 6.1.6 节中做详细讲解。

数据仓库系统主要用于数据分析和统计，所以是否方便用户进行统计和分析决定了模型的优劣。采用雪花模型，用户在统计和分析的过程中需要进行大量的关联操作，使用复杂度高，同时查询性能很差，而星形模型则方便、易用且性能好。所以出于易用性和性能的考虑，维度表一般不是很规范化。

2．维度变化

维度属性通常不是静态的，而是随时间变化的，数据仓库的一个重要特点就是反映历史的变化，所以如何保存维度数据的历史状态是维度设计的重要工作之一。通常采用全量快照表或拉链表保存维度数据的历史状态。

（1）全量快照表。

离线数据仓库的计算周期通常为每日一次，所以可以每日保存一份全量的维度数据。这种方式的优点和缺点都很明显。

优点是简单有效，开发和维护成本低，方便理解和使用。

缺点是浪费存储空间，尤其是当数据的变化比例比较低时。

（2）拉链表。

拉链表的意义在于能够更加高效地保存维度数据的历史状态。

什么是拉链表？

拉链表是维护历史状态及最新状态数据的一种表，用于记录每条信息的生命周期，一旦一条信息的生命周期结束，就重新开始记录一条新的信息，并把当前日期作为生效开始日期，如表 6-13 所示。

如果当前信息至今有效，则在生效结束日期中填入一个极大值（如 9999-12-31）。

表 6-13　用户状态拉链表

用 户 id	手 机 号 码	生效开始日期	生效结束日期
1	136****9090	2019-01-01	2019-05-01
1	137****8989	2019-05-02	2019-07-02
1	182****7878	2019-07-03	2019-09-05
1	155****1234	2019-09-06	9999-12-31

为什么要做拉链表？

拉链表适用于如下场景：数据量比较大，且数据部分字段会发生变化，变化的比例不大且频率不高。若采用每日全量同步策略导入数据，则会占用大量内存且会保存很多不变的信息。在此种情况下使用拉链表，既能反映数据的历史状态，又能最大限度地节省存储空间。

比如，用户信息会发生变化，但是变化比例不大。如果用户数量具有一定规模，则按照每日全量的方式保存，效率会很低。

用户表中的数据每日有可能新增，也有可能修改，但修改频率并不高，属于缓慢变化维度，所以此处采用拉链表存储用户维度数据。

如何使用拉链表？

某张用户信息拉链表如表 6-14 所示，存放的是所有用户的姓名信息，若想获取某个日期的数据全量切片，可通过生效开始日期≤某个日期≤生效结束日期得到。

表 6-14　用户信息拉链表

用户 id	姓　　名	生效开始时间	生效结束日期
1	张三	2019-01-01	9999-12-31
2	李四	2019-01-01	2019-01-02
2	李小四	2019-01-03	9999-12-31
3	王五	2019-01-01	9999-12-31
4	赵六	2019-01-02	9999-12-31

例如，若想获取 2019-01-01 的全量用户数据，可通过使用 SQL 语句 select * from user_info where start_date<='2019-01-01' and end_date>='2019-01-01';得到，结果如表 6-15 所示。

表 6-15 查询结果

用户 id	姓　　名	生效开始时间	生效结束日期
1	张三	2019-01-01	9999-12-31
2	李四	2019-01-01	2019-01-02
3	王五	2019-01-01	9999-12-31

3．多值维度

事实表中的一条记录在某张维度表中有多条记录与之对应，称为多值维度。例如，下单事实表中的一条记录为一个订单，一个订单可能包含多个商品，所以商品维度表中就可能有多条数据与之对应。

针对这种情况，通常采用以下 2 种方案解决。

第 1 种：降低事实表的粒度，例如，将订单事实表的粒度由一个订单降低为一个订单中的一个商品项。

第 2 种：在事实表中采用多字段保存多个维度值，每个字段保存一个维度 id。这种方案只适用于多值维度个数固定的情况。

建议尽量采用第 1 种方案解决多值维度问题。

4．多值属性

维度表中的某个属性同时有多个值，称为"多值属性"，例如，商品维度的平台属性和销售属性，每个商品均有多个属性值。

针对这种情况，通常采用以下 2 种方案解决。

第 1 种：将多值属性放到一个字段，该字段内容为"key1:value1,key2:value2"的形式，例如，一部手机的平台属性值为"品牌:华为,系统:鸿蒙,CPU:麒麟 990"。

第 2 种：将多值属性放到多个字段，每个字段对应一个属性。这种方案只适用于多值属性个数固定的情况。

6.1.6　雪花模型、星形模型与星座模型

在维度建模的基础上又分为 3 种模型：星形模型、雪花模型与星座模型。其中，最常用的是星形模型。

星形模型中有一张事实表，以及 0 张或多张维度表，事实表与维度表通过主键、外键相关联，维度表之间没有关联。当所有维度表都直接连接到事实表上时，整个图解就像星星一样，所以将该模型称为星形模型，如图 6-3 所示。星形模型是最简单也是最常用的模型。由于星形模型只有一张大表，因此相对于其他模型来说，其更适合被用于进行大数据处理，而其他模型也可以通过一定的转换，变为星形模型。星形模型是一种非规范化的结构，多维数据集的每一个维度都直接与事实表相连接，不存在渐变维度，所以数据有一定的冗余。例如，在地域维度表中，存在国家 *A* 省 *B* 的城市 *C* 以及国家 *A* 省 *B* 的城市 *D* 两条记录，那么国家 *A* 和省 *B* 的信息分别存储了两次，即存在冗余。

当有一张或多张维度表没有直接连接到事实表上，而是通过其他维度表连接到事实表上时，其图解就像多个雪花连接在一起，所以称为雪花模型。雪花模型是对星形模型的扩展。它对星形模型的维度表进行进一步层次化，原有的各维度表可能被扩展为小的事实表，形成一些局部的"层次"区域，这些被分解的表都连接到主维表而不是事实表上，如图 6-4 所示。雪花模型的优点是通过最大限度地减少数据存储量以及联合较小的维度表来改善查询性能。雪花模型去除了数据冗余，比较靠近第三范式，但是无法完全遵守，因为遵守第三范式的成本太高。

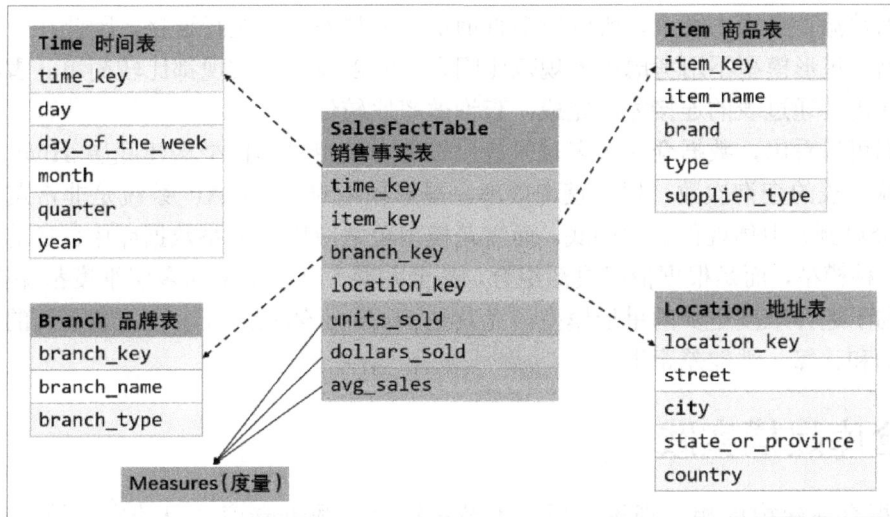

图 6-3 星形模型建模示意图

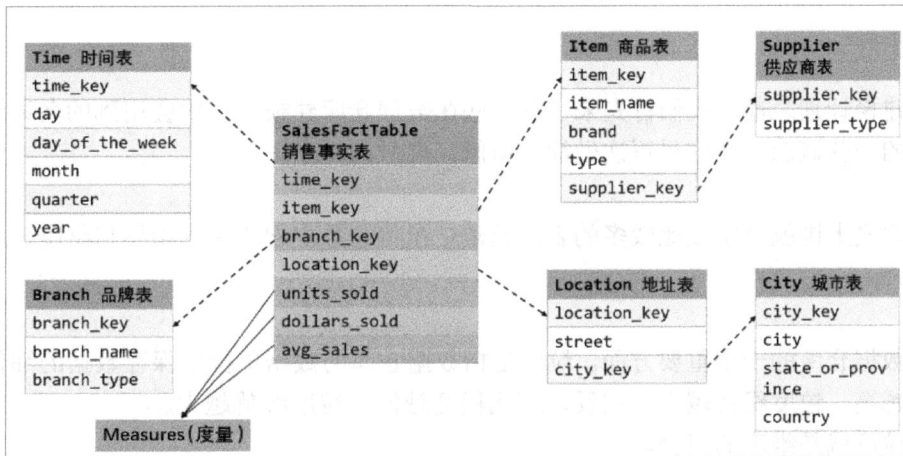

图 6-4 雪花模型建模示意图

星座模型与前两种模型的区别是事实表的数量,星座模型是基于多张事实表的,且事实表之间共享一些维度表。星座模型与前两种模型并不冲突。图 6-5 所示为星座模型建模示意图。因为很多数据仓库包含多张事实表,所以通常使用星座模型。

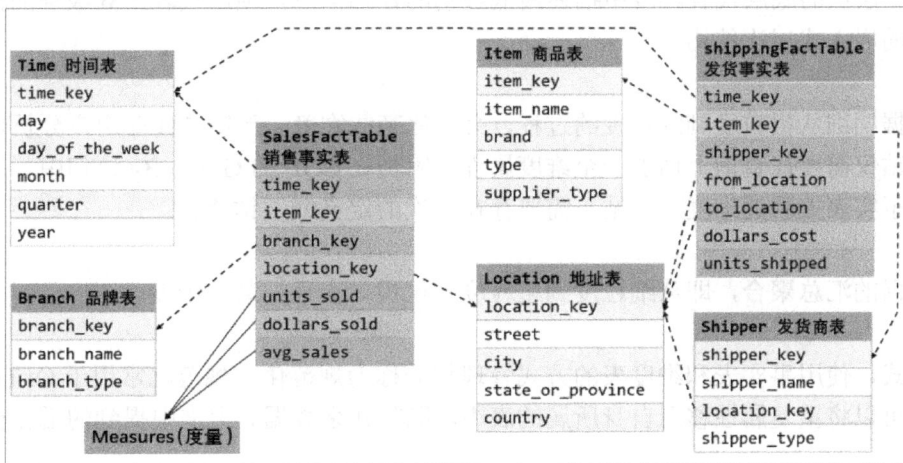

图 6-5 星座模型建模示意图

143

星形模型因为数据存在很大冗余，所以很多查询不需要与外部表进行连接，因此在一般情况下查询效率比雪花模型要高。星形模型不用考虑很多规范化因素，所以设计与实现都比较简单。雪花模型由于去除了冗余，有些统计需要通过表的连接才能完成，查询效率比较低。

通过对比我们可以看出，数据仓库大多时候是比较适合使用星形模型构建底层 Hive 数据表的，大量数据的冗余可以减少表的查询次数，提升查询效率。星形模型对于 OLAP 系统是非常友好的，这一点在 Kylin（后面章节会讲到）中体现得非常彻底。而雪花模型更常应用于关系数据库中。目前在企业实际开发中，不会只选择一种模型，而是根据情况灵活组合，甚至并存（一层维度和多层维度都保存）。但是从整体来看，企业更倾向于选择维度更少的星形模型。尤其是 Hadoop 体系，减少表与表之间的连接操作就是减少中间数据的传输和计算，性能差距很大。

6.2 数据仓库建模实践

在了解了数据仓库建模的相关理论之后，本节将针对本数据仓库项目的实际情况做出具体的建模计划。

6.2.1 名词概念

在做具体的建模计划之前，我们首先来了解一些在数据仓库建模过程中会用到的名词概念，这其中也包含曾经提到过的一些概念，在这里再次做简单讲解，温故而知新。

- 宽表。

宽表从字面意义上讲就是字段比较多的表，通常是指将业务主题相关的指标与维度、属性关联在一起的表。

- 粒度。

粒度是设计数据仓库的一个重要方面。粒度是指数据仓库的数据单位中保存数据的细化或综合程度的级别。细化程度越高，粒度级就越小；相反，细化程度越低，粒度级就越大。

笼统地说，粒度就是维度的组合。

- 维度退化。

将一些常用的维度属性直接写到事实表中的维度操作称为维度退化。

- 维度层次。

维度层次是指维度中的一些描述属性以层次方式或一对多的方式相互关联，可以理解为包含连续主从关系的属性层次。层次的底层代表维度中描述最低级别的详细信息，顶层代表最高级别的概要信息。维度常常有多个这样的嵌入式层次结构。

- 下钻。

下钻是指数据明细从粗粒度到细粒度的过程，会细化某些维度。下钻是商业用户分析数据时采用的最基本的方法。下钻仅需要在查询上增加一个维度属性，附加在 SQL 的 Group By 语句中。属性可以来自任何与查询使用的事实表关联的维度。下钻不需要存在层次的定义或下钻路径。

- 上卷。

上卷是指数据的汇总聚合，即从细粒度到粗粒度的过程，会无视某些维度。

- 规范化。

按照第三范式，使用事实表和维度表的方式管理数据称为规范化。规范化常用于 OLTP 系统的设计。通过规范化处理可以将重复属性移至自身所属的表中，删除冗余数据。上文中提到的雪花模型就是典型的数据规范化处理。

- 反规范化。

将维度的属性合并到单个维度中的操作称为反规范化。反规范化会产生包含全部信息的宽表，形成数据冗余，实现用维度表的空间换取数据简明性和查询性能提升的效果，常用于 OLAP 系统的设计。

- 业务过程。

业务过程是组织完成的操作型活动，如获得订单、付款、退货等。多数事实表关注某一业务过程的结果，过程的选择是非常重要的，因为过程定义了特定的设计目标，以及粒度、维度和事实。每个业务过程对应企业数据仓库总线矩阵的一行。

- 原子指标。

原子指标基于某一业务过程的度量，是业务定义中不可再拆解的指标，原子指标的核心功能就是对指标的聚合逻辑进行定义。我们可以得出结论，原子指标包含三要素，分别是业务过程、度量和聚合逻辑。

- 派生指标。

派生指标基于原子指标、时间周期和维度，用于圈定业务统计范围并分析获取业务统计指标的数值。

- 衍生指标。

衍生指标是在一个或多个派生指标的基础上，通过各种逻辑运算复合而成的。例如，比率、比例等类型的指标。衍生指标也会对应实际的统计需求。

- 数据域。

数据域是联系较为紧密的数据主题的集合。通常根据业务类别、数据来源、数据用途等多个维度，对企业的业务数据进行区域划分。将同类型数据存放在一起，便于使用者快速查找需要的内容。不同使用目的的数据，分类标准不同。例如，电商行业通常可以划分为交易域、流量域、用户域、互动域、工具域等。

- 业务总线矩阵。

企业数据仓库的业务总线矩阵是用于设计企业数据仓库总线架构的基本工具。矩阵的行表示业务过程，列表示维度。矩阵中的点表示维度与给定的业务过程的关系。

6.2.2　为什么要分层

想要使数据仓库中的数据真正发挥最大的作用，必须对其进行分层，数据仓库分层的优点如下。

- 将复杂问题简单化。可以将一个复杂的任务分解成多个步骤来完成，每一层只处理单一的任务。
- 减少重复开发。规范数据分层，通过使用中间层数据，可以大大减少重复计算量，增加计算结果的复用性。
- 隔离原始数据。使真实数据与最终统计数据解耦。
- 清晰数据结构。每个数据分层都有它的作用域，这样我们在使用表的时候更方便定位和理解。
- 数据血缘追踪。我们最终向业务人员展示的是一张能直观看到结果的数据表，但是这张表的数据来源可能有很多，如果结果表出现问题，则可以快速定位到问题位置，并清楚危害范围。

数据仓库具体如何分层取决于设计者对数据仓库的整体规划，不过大部分的思路是相似的。本书将数据仓库分为 5 层，如图 6-6 所示。

- 原始数据层（ODS）：存放原始数据，直接装载原始日志、数据，数据保持原貌不做处理。
- 明细数据层（DWD）：对 ODS 层中的数据进行清洗（去除空值、脏数据、超过极限范围的数据）、维度退化、脱敏等。
- 汇总数据层（DWS）：以 DWD 层中的数据为基础，按日进行轻度汇总。
- 公共维度层（DIM）：基于维度建模理论进行构建，存放维度模型中的维度表，保存一致性维度信息。
- 数据应用层（ADS）：面向实际的数据需求，为各种统计报表提供数据。

数据应用层（ADS）
存放各项统计指标结果。

汇总数据层（DWS）
基于上层的指标需求，以分析的主题对象作为建模驱动，构建公共统计粒度的汇总表。

明细数据层（DWD）
基于维度建模理论进行构建，存放维度模型中的事实表，保存各业务过程最小粒度的操作记录。

原始数据层（ODS）
存放未经过处理的原始数据，结构上与源系统保持一致，是数据仓库的数据准备区。

公共维度层（DIM）
基于维度建模理论进行构建，存放维度模型中的维度表，保存一致性维度信息。

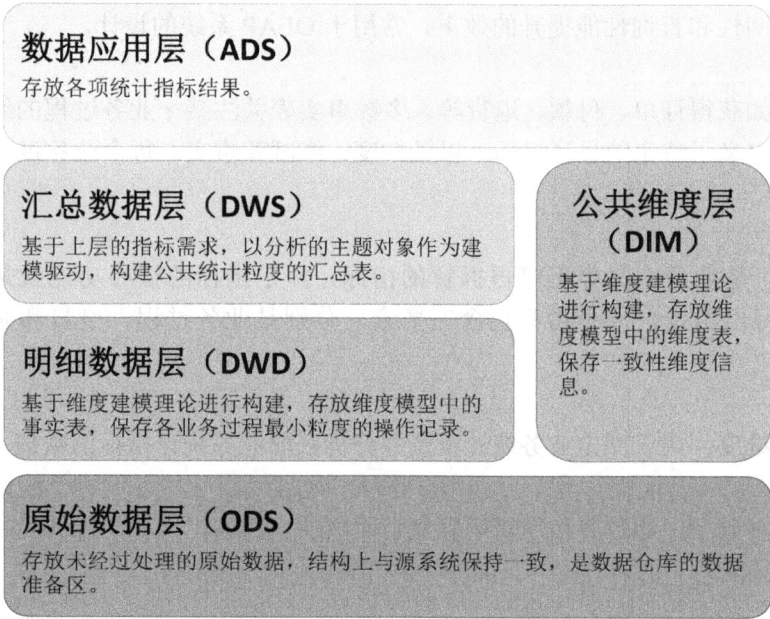

分层简称	全称
ODS	Operation Data Store
DWD	Data Warehouse Detail
DIM	Dimension
DWS	Data Warehouse Summary
ADS	Application Data Service

图 6-6　数据仓库分层规划

6.2.3　数据仓库搭建流程

图 6-7 所示为数据仓库搭建流程。

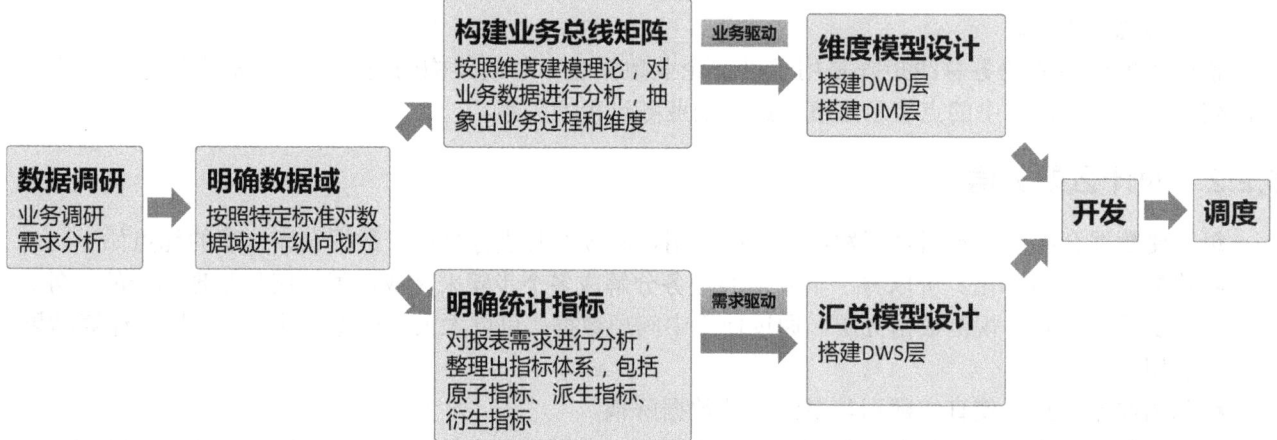

图 6-7　数据仓库搭建流程

1．数据调研

数据调研的工作分为两项，分别是业务调研和需求分析。这两项工作做的是否充分，直接影响数据仓库的质量。

（1）业务调研。

业务调研的主要目的是熟悉业务流程和业务数据。

熟悉业务流程要求做到明确每个业务的具体流程，需要将该业务所包含的具体业务过程一一列举出来。

熟悉业务数据要求做到将数据（包括埋点日志和业务数据表）与业务过程对应起来，明确每个业务过程会对哪些表的数据产生影响，以及产生什么影响。产生的影响需要具体到，是新增一条数据，还是修改一条数据，并且需要明确新增的内容或者修改的逻辑。

下面以电商的交易业务为例进行演示，交易业务涉及的业务过程有买家下单、买家支付、卖家发货、买家收货，具体流程如图 6-8 所示。

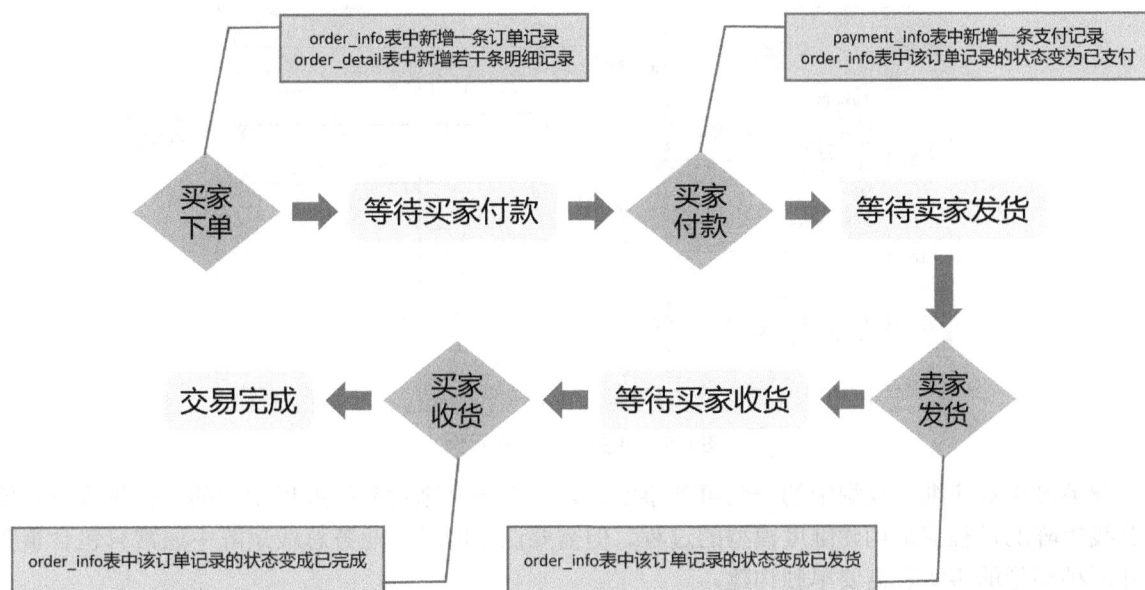

图 6-8 交易业务具体流程

（2）需求分析。

例如，统计最近一日各省份手机分类的订单总额。

在分析以上需求时，需要明确需求所包括的业务过程及维度，例如，该需求所包括的业务过程是买家下单，所包括的维度有日期、省份、商品分类。

（3）总结。

做完业务调研和需求分析之后，要保证每个需求都能找到与之对应的业务过程及维度。若现有数据无法满足需求，则需要和业务方进行沟通，例如，某个页面需要新增某个行为的埋点。

2. 明确数据域

数据仓库模型设计除了进行横向分层，通常还需要根据业务情况纵向划分数据域。

划分数据域的意义是便于数据的管理和应用。通常可以根据业务过程或者部门进行划分，本数据仓库项目根据业务过程进行划分，需要注意的是，一个业务过程只能属于一个数据域。

表 6-16 所示为本数据仓库项目所需的所有业务过程及数据域划分详情。

表 6-16 本数据仓库项目所需的所有业务过程及数据域划分详情

数 据 域	业 务 过 程
交易域	加购物车、下单、取消订单、支付成功、退单、退款成功
流量域	页面浏览、启动、动作、曝光、错误
用户域	注册、登录
互动域	收藏、评价
工具域	优惠券领取、优惠券使用（下单）、优惠券使用（支付）

3. 构建业务总线矩阵

业务总线矩阵中包含维度模型所需的所有事实（业务过程）和维度，以及各业务过程与各维度的关系。如图 6-9 所示，矩阵的行是一个个业务过程，矩阵的列是一个个的维度，行列的交点表示业务过程与维度的关系。

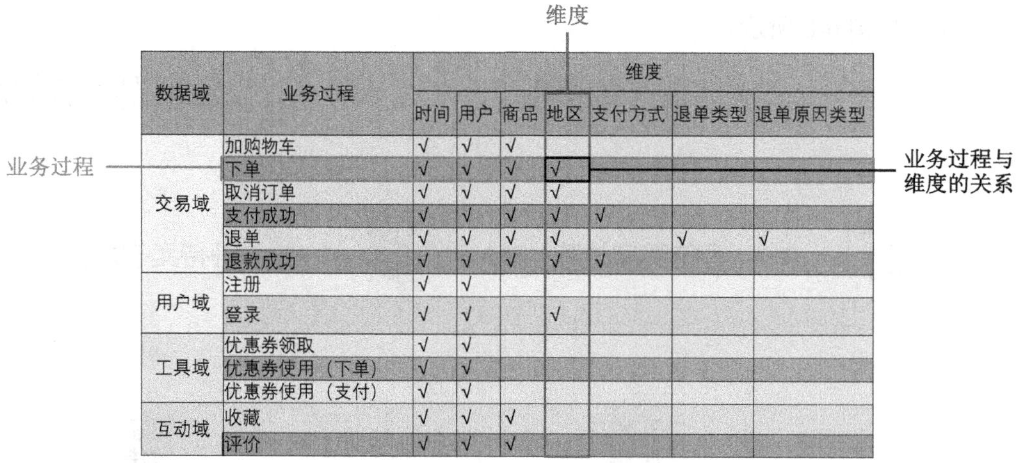

维度

数据域	业务过程	维度						
		时间	用户	商品	地区	支付方式	退单类型	退单原因类型
交易域	加购物车	√	√	√				
	下单	√	√	√	√			
	取消订单	√	√	√	√			
	支付成功	√	√	√	√	√		
	退单	√	√	√	√		√	√
	退款成功	√	√	√	√			
用户域	注册	√	√					
	登录	√	√		√			
工具域	优惠券领取	√	√					
	优惠券使用（下单）	√	√					
	优惠券使用（支付）	√	√					
互动域	收藏	√	√	√				
	评价	√	√	√				

业务过程 ←

业务过程与维度的关系 →

图 6-9 业务总线矩阵示例

一个业务过程对应维度模型中的一张事务事实表，一个维度则对应维度模型中的一张维度表，所以构建业务总线矩阵的过程就是构建维度模型的过程。但需要注意的是，业务总线矩阵中通常只包含事务事实表，另外两种类型的事实表需要单独构建。

按照事务事实表的构建流程（选择业务过程→声明粒度→确定维度→确定事实），得到的最终的业务总线矩阵如表 6-17 所示，后续 DWD 层与 DIM 层的搭建都需要参考该矩阵。

表 6-17 业务总线矩阵

数据域	业务过程	粒 度	维 度											度 量
			时间	用户	商品	地区	活动	优惠券	支付方式	退单类型	退单原因类型	渠道	设备	
交易域	加购物车	一次添加购物车的操作	√	√	√									商品件数
	下单	一个订单中的一个商品项	√	√	√	√	√	√						下单商品件数/下单原始金额/下单最终金额/活动优惠金额/优惠券优惠金额
	取消订单	一次取消订单操作	√	√	√	√	√	√						下单商品件数/下单原始金额/下单最终金额/活动优惠金额/优惠券优惠金额
	支付成功	一个订单中一个商品项的支付成功操作	√	√	√	√	√	√	√					支付商品件数/支付原始金额/支付最终金额/活动优惠金额/优惠券优惠金额
	退单	一次退单操作	√	√	√	√				√	√			退单商品件数/退单金额
	退款成功	一次退款成功操作	√	√	√	√					√			退款商品件数/退款金额
流量域	页面浏览	一次页面浏览记录	√	√		√						√	√	浏览时长
	动作	一次动作记录	√	√		√	√					√	√	无事实（次数1）
	曝光	一次曝光记录	√	√		√	√					√	√	无事实（次数1）
	启动	一次启动记录	√	√		√						√	√	无事实（次数1）
	错误	一次错误记录	√	√								√	√	无事实（次数1）
用户域	注册	一次注册操作	√	√		√								无事实（次数1）
	登录	一次登录操作	√	√		√								无事实（次数1）

续表

数据域	业务过程	粒　度	维　度											度　量
			时间	用户	商品	地区	活动	优惠券	支付方式	退单类型	退单原因类型	渠道	设备	
工具域	优惠券领取	一次优惠券领取操作	√	√				√						无事实（次数1）
	优惠券使用（下单）	一次优惠券使用（下单）操作	√	√				√						无事实（次数1）
	优惠券使用（支付）	一次优惠券使用（支付）操作	√	√				√						无事实（次数1）
互动域	收藏	一次收藏操作	√	√	√									无事实（次数1）
	评价	一次评价操作	√	√	√									无事实（次数1）

4．明确统计指标

明确统计指标具体的工作是：深入分析需求，构建指标体系。构建指标体系的主要意义就是使指标定义标准化。所有指标的定义都必须遵循同一套标准，这样能有效地避免指标定义存在歧义、指标定义重复等问题。

指标体系的相关概念在 6.2.1 节中已经有过解释，此处进行更进一步的讲解。

（1）原子指标。

原子指标基于某一业务过程的度量，是业务定义中不可再拆解的指标，原子指标的核心功能就是对指标的聚合逻辑进行定义。我们可以得出结论，原子指标包含三要素，分别是业务过程、度量和聚合逻辑。

例如，订单总额就是一个典型的原子指标，其中的业务过程为用户下单，度量为订单金额，聚合逻辑为 sum() 求和。需要注意的是，原子指标只是用来辅助定义指标的一个概念，通常不会有实际统计需求与之对应。

（2）派生指标。

派生指标基于原子指标，其与原子指标的关系如图 6-10 所示。派生指标就是在原子指标的基础上增加修饰限定，如日期限定、业务限定、粒度限定等。如图 6-10 所示，在订单总额这个原子指标上增加日期限定（最近一日）、业务限定（手机分类）、粒度限定（省份）就获得了一个派生指标：最近一日各省份手机分类的订单总额。

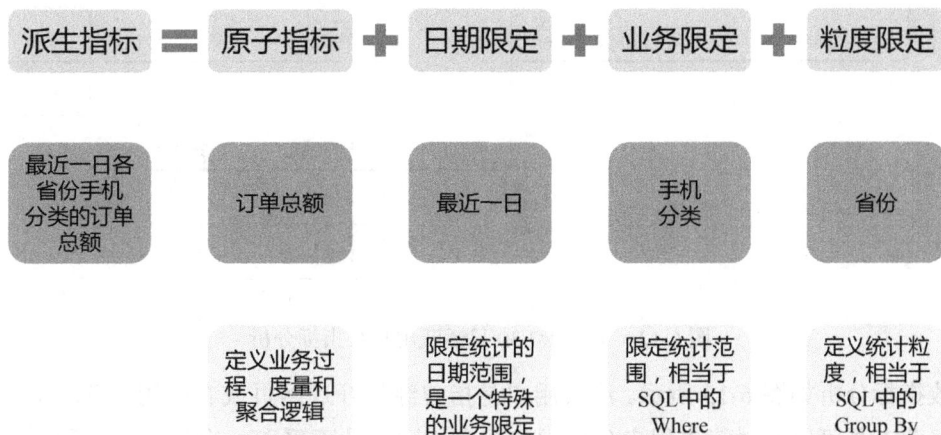

图 6-10　派生指标与原子指标的关系

与原子指标不同，派生指标通常会对应实际的统计需求。读者可从图 6-10 中体会指标定义标准化的含义。

（3）衍生指标。

衍生指标是在一个或多个派生指标的基础上，通过各种逻辑运算复合而成的，如比率、比例等类型的指标。衍生指标也会对应实际的统计需求。如图 6-11 所示，有两个派生指标，分别是最近 30 日各品牌下单次数和最近 30 日各品牌退单次数，通过这两个派生指标之间的逻辑运算，可以得到衍生指标，即最近 30 日各品牌退货率。

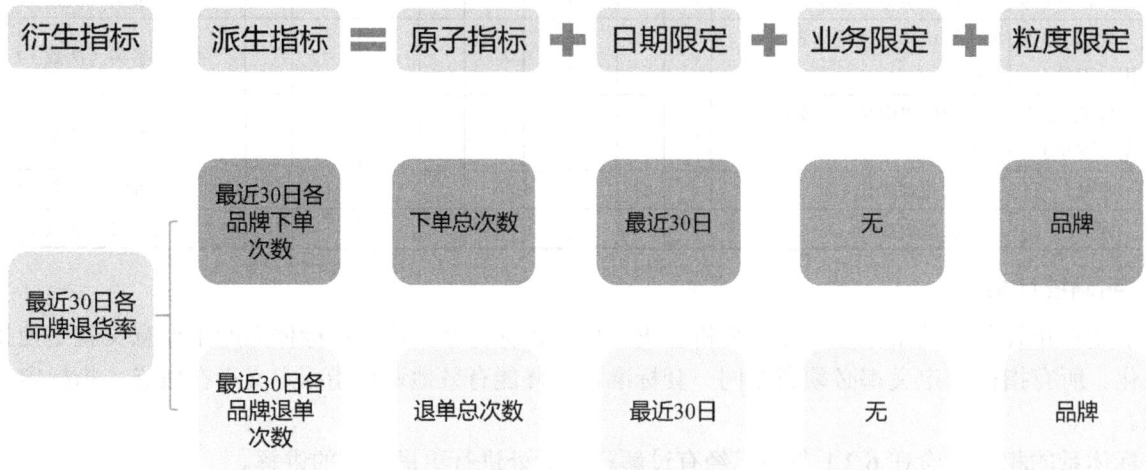

图 6-11　基于派生指标得到衍生指标

通过上述两个具体的案例可以看出，绝大多数的统计需求可以使用原子指标、派生指标及衍生指标这套标准来定义。根据以上的指标体系，对本数据仓库项目的需求进行分析，几个比较典型的需求分析如图 6-12～图 6-17 所示。

最近 1/7/30 日活跃用户数指标分析如图 6-12 所示。活跃用户是指在当日打开过网页或者应用的用户，不考虑用户的使用情况。

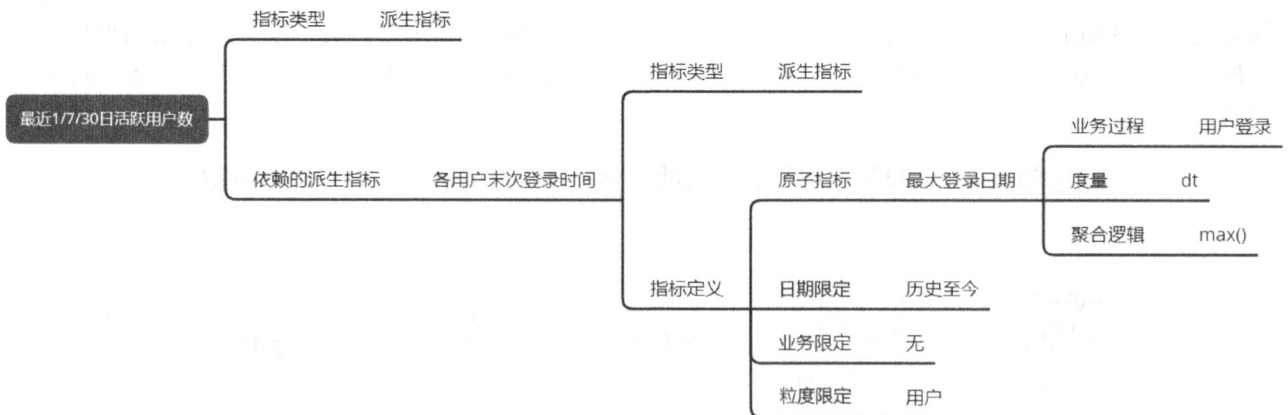

图 6-12　最近 1/7/30 日活跃用户数指标分析

流失用户数指标分析如图 6-13 所示。流失用户是指曾经打开过网页或者应用，但是 n 日以上没有再打开过的用户。运营人员可以针对流失用户分析用户流失原因，从而采取一定的运营手段，提升用户黏性，尽量挽回流失用户。

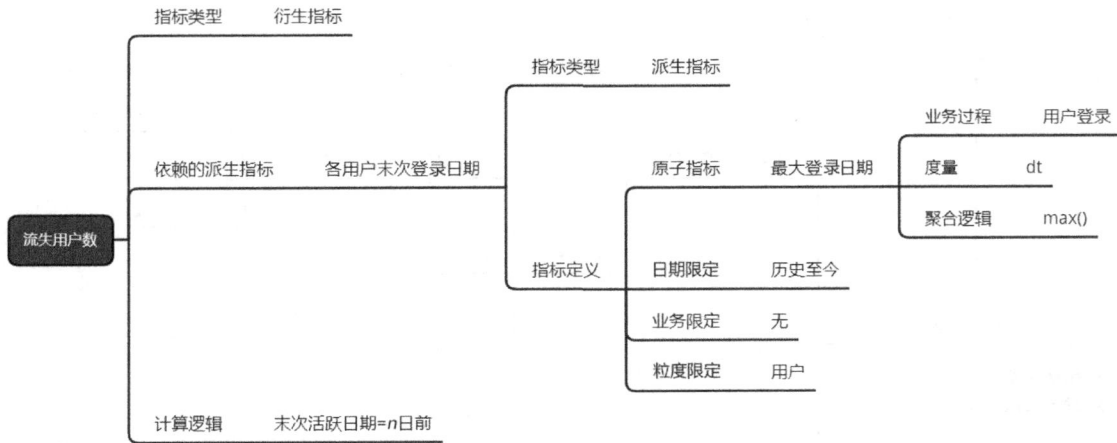

图 6-13　流失用户数指标分析

最近 1/7/30 日各渠道跳出率指标分析如图 6-14 所示。跳出率是指只浏览了一个页面就离开网站或应用的次数占总浏览次数的比例。

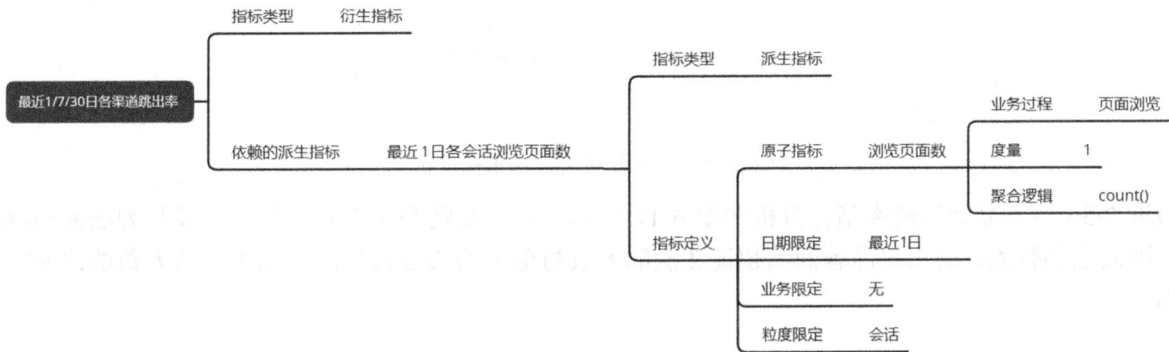

图 6-14　最近 1/7/30 日各渠道跳出率指标分析

回流用户数指标分析如图 6-15 所示。回流用户是指有一段时间没活跃，但是又重新打开网页或应用的用户。

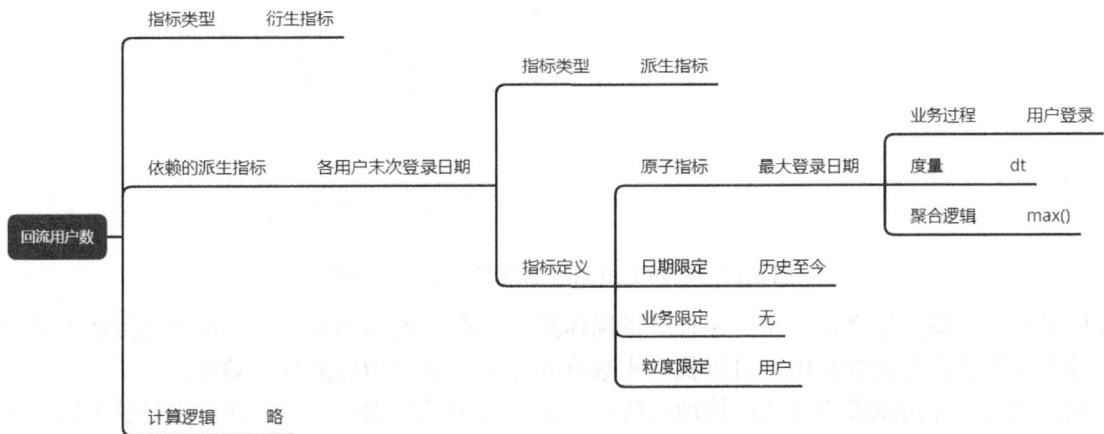

图 6-15　回流用户数指标分析

用户新增留存率指标分析如图 6-16 所示。新增用户是指在第一次打开网页或应用后，经过一段时间，仍然继续使用该应用的用户，这部分用户占当日总新增用户的比例即用户新增留存率。

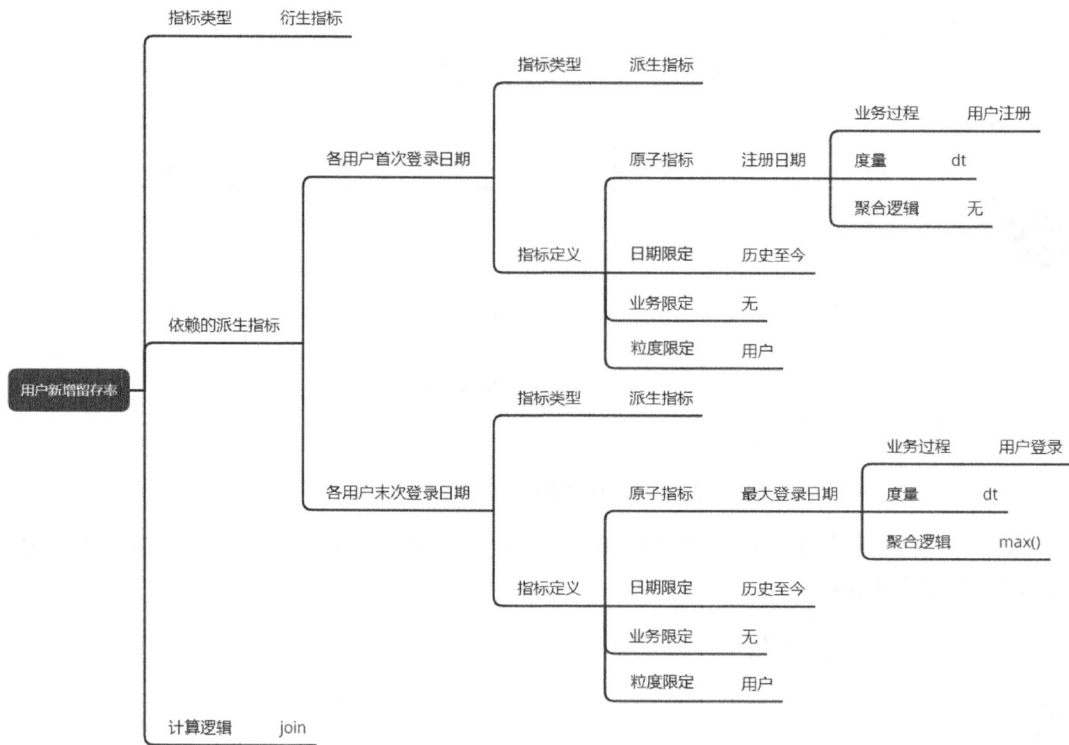

图 6-16　用户新增留存率指标分析

最近 7/30 日各品牌复购率指标分析如图 6-17 所示。品牌复购是指用户在购买过某品牌商品后继续购买该品牌商品的行为。购买该品牌商品超过 2 次的人数与至少购买过该品牌商品 1 次的人数的比率即品牌复购率。

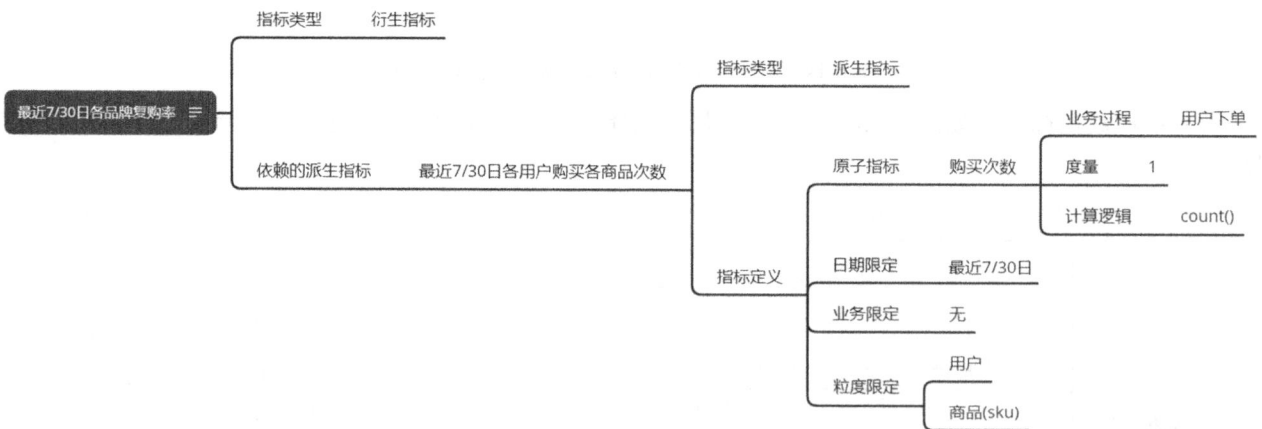

图 6-17　最近 7/30 日各品牌复购率指标分析

在分析了几个典型指标之后，相信读者对指标体系已经有了更具体的了解。在本书附赠的资料（可通过"尚硅谷教育"公众号获取）中，可以找到本数据仓库项目所有指标的分析脑图。

我们发现这些统计需求都直接或间接地对应一个或者多个派生指标。当统计需求足够多时，必然会出现部分统计需求对应的派生指标相同的情况。在这种情况下，我们可以考虑将这些公用的派生指标保存下来，这样做的主要目的就是减少重复计算，提高数据的复用性。

这些公用的派生指标统一保存在数据仓库的 DWS 层中。因此 DWS 层的设计，就可以参考我们根据现有的统计需求整理出的派生指标。从指标体系中抽取出来的所有派生指标（将相同派生指标做合并处理）如表 6-18 所示（使用不同的背景颜色对派生指标进行区分，相邻且背景颜色相同的派生指标将被合并）。

表 6-18　派生指标

原子指标			日期限定	业务限定	粒度限度	派生指标
业务过程	度量	聚合逻辑				
页面浏览	*	*	最近 1 日		会话	最近 1 日会话页面浏览情况
页面浏览	during_time	sum()	最近 1 日		会话	最近 1 日各会话停留总时长
页面浏览	1	count()	最近 1 日		会话	最近 1 日各会话浏览页面数
页面浏览	1	count()	最近 1/7/30 日		访客、页面	最近 1/7/30 日各访客浏览各页面次数
登录	date_id	max()	历史至今		用户	各用户末次登录日期
加购物车	1	count()	最近 1/7/30 日		用户	最近 1/7/30 日各用户加购物车次数
下单	订单金额	sum()	最近 1/7/30 日		用户	最近 1/7/30 日各用户下单总额
下单	order_id	count(distinct())	最近 1/7/30 日		用户	最近 1/7/30 日各用户下单次数
下单	date_id	min()	历史至今		用户	各用户首次下单日期
下单	date_id	max()	历史至今		用户	各用户末次下单日期
下单	1	count()	最近 1/7/30 日		用户、商品	最近 1/7/30 日各用户购买各商品次数
下单	order_id	count(distinct)	最近 1/7/30 日		省份	最近 1/7/30 日各省份下单次数
下单	订单金额	sum()	最近 1/7/30 日		省份	最近 1/7/30 日各省份下单金额
下单	订单原始金额	sum()	最近 30 日	订单使用优惠券且优惠券发布日期在最近 30 日内	优惠券	使用最近 30 日发布的优惠券的订单原始金额
下单	优惠券优惠金额	sum()	最近 30 日	订单使用优惠券且优惠券发布日期在最近 30 日内	优惠券	使用最近 30 日发布的优惠券的订单优惠金额
下单	订单原始金额	sum()	最近 30 日	订单参与活动且活动的发布日期在最近 30 日内	活动	参与最近 30 日发布的活动的订单原始金额
下单	活动优惠金额	sum()	最近 30 日	订单参与活动且活动的发布日期在最近 30 日内	活动	参与最近 30 日发布的活动的订单优惠金额
退单	1	count()	最近 1/7/30 日		用户、商品	最近 1/7/30 日各用户退单各商品次数
退单	1	count()	最近 1/7/30 日		用户	最近 1/7/30 日各用户退单次数
支付	date_id	min()	历史至今		用户	各用户首次支付日期
支付	order_id	count(distinct())	最近 1/7/30 日		用户	最近 1/7/30 日各用户支付次数

注：*表示没有度量的聚合。

5．维度模型设计

维度模型的设计参照上文中提到的业务总线矩阵即可。事实表存储在 DWD 层中，维度表存储在 DIM 层中。

6．汇总模型设计

汇总模型的设计参考上述整理出的指标体系（主要是派生指标）即可。汇总表与派生指标的对应关系是：一张汇总表通常包含业务过程相同、日期限定相同、粒度限定相同的多个派生指标。请思考：汇总表与事实表的关系是什么？一张事实表可能会产生多张汇总表，但是一张汇总表只能来源于一张事实表。

6.2.4　数据仓库开发规范

如果在数据仓库开发前期缺乏规划，随着业务的发展，则会暴露出越来越多的问题，例如，同一个指标，命名不一样，将导致重复计算；字段数据不完整、不准确，则无法确认字段含义；不同表的相同字段命名不同等。所以在数据仓库开发之初，就应该制定完善的规范，从设计、开发、部署和应用的层面，避免重复建设、指标冗余建设、混乱建设等问题，从而保障数据口径的规范和统一。要做到数据仓库开发规范化，需要从以下几个方面入手。

- 标准建模。按照标准规范设计和管理数据模型。
- 规范研发。整个开发过程需要严格遵守开发规范。
- 统一定义。做到指标定义一致性、数据来源一致性、统计口径一致性、维度一致性、维度和指标数据出口唯一性。
- 词根规范。建立企业词根词典。
- 指标规范。
- 命名规范。

在数据仓库开发过程中，开发人员要遵守一定的数据仓库开发规范，本数据仓库项目的开发规范如下。

1．命名规范

（1）表名、字段名命名规范。

表名、字段名采用下画线分隔词根，每部分使用小写英文单词，通用字段需要满足通用该字段信息定义原则；

表名、字段名均以字母开头，长度不宜超过 64 个英文字符；

优先使用词根中已有关键字（制定数据仓库词根管理标准），定期检查新增命名的合理性；

表名、字段名中禁止采用非标准的缩写；

字段名要求有实际意义，根据词根组合而成。

- ODS 层命名为 ods_表名。
- DIM 层命名为 dim_表名。
- DWD 层命名为 dwd_表名。
- DWS 层命名为 dws_表名。
- ADS 层命名为 ads_表名。
- 临时表命名为 tmp_表名。
- 用户行为表以 log 为后缀。

（2）脚本命名规范。

脚本命名格式为数据源_to_目标_db/log.sh。

用户行为需求相关脚本以 log 为后缀；业务需求相关脚本以 db 为后缀。

（3）表字段类型。

数量字段的类型通常为 bigint。

金额字段的类型通常为 decimal(16,2)，表示 16 位有效数字，其中小数部分是 2 位。

字符串字段（如名字、描述信息等）的类型为 string。

主键、外键的字段类型为 string。

时间戳字段的类型为 bigint。

2．数据仓库层级开发规范

（1）确认数据报表（如业务产品）及数据使用方（如推荐后台）对数据的需求。

（2）确定业务板块和数据域。

（3）确定业务过程的上报时机，梳理每个业务过程对应的纬度、度量，构建业务总线矩阵。

（4）确定 DWD 层的设计细节。

（5）确定派生指标和衍生指标。

（6）梳理维度对应的关联维度。

（7）确定 DWS 层的设计细节。

（8）应用报表工具，或自行加工设计出 ADS 层。

3. 数据仓库层级调用规范

（1）原则上不允许不同的任务修改同一张表。

（2）DWS 层要调用 DWD 层的数据。

（3）ADS 层可以调用 DWS 层或 DWD 层的数据。

（4）如果 ODS 层过于特例化，而统计诉求单一，且长期考虑不会有新的扩展需求，可以跳过 DWD 层或 DWS 层。但是如果后期出现多个脚本需要访问同一个 ODS 层的表，则必须拓展出 DWD 层及 DWS 层的表。

（5）宽表建设相当于用存储换计算，过度的宽表存储，可能会威胁底层表的存储资源，甚至影响集群稳定性，从而影响计算性能，造成本末倒置的问题。

4. 表存储规范

（1）全量存储：以日为单位的全量存储，以业务日期作为分区，每个分区存放截至业务日期的全量业务数据。

（2）增量存储：以日为单位的增量存储，以业务日期作为分区，每个分区存放每日增量的业务数据。

（3）拉链存储：拉链存储通过新增两个时间戳字段（开始时间和结束时间），将所有以日为粒度的变动数据都记录下来，通常分区字段也是这两个时间戳字段。这样，下游应用可以通过限制时间戳字段来获取历史数据。该方法不利于数据使用者对数据仓库的理解，同时因为限定生效日期，会产生大量分区，这不利于长远的数据仓库维护。

拉链存储虽然可以压缩大量的存储空间，但使用麻烦。

综上所述，在通常情况下推荐使用全量存储处理缓慢变化维度。在数据量巨大的情况下，建议使用拉链存储。

5. DIM 层开发规范

（1）仅包括非流水计算产生的维度表。

（2）相同 key 的维度需要保持一致。

如果由于历史原因相同 key 的维度暂时不一致，则必须在规范的维度定义一个标准维度属性，不同的物理名也必须是标准维度属性的别名。

在不同的实际物理表中，如果由于维度角色的差异需要使用其他的名称，则其名称也必须是规范的维度属性的别名，比如，视频所属账号 id 与视频分享账号 id。

（3）不同 key 的维度，含义不要有交叉，避免产生同一口径，不同上报的问题。

（4）将业务相关性强的字段尽量放在一张维度表中实现。相关性一般指经常需要一起查询、报表展现，比如商品基本属性和所属品牌。

6. DWD 层开发规范

（1）确定涉及业务总线矩阵中的哪些一致性维度、一致性度量、业务过程。

（2）数据粒度同 ODS 层一样，不做任何汇总操作，原则上不做维度表关联。

（3）底层公用的处理逻辑应该在数据调度依赖的底层进行封装与实现，不要让公用的处理逻辑暴露给应用层实现，不要让公用逻辑在多处同时存在。

（4）相同业务板块的 DWD 层表，需要保持统一的公参列表。

（5）被 ETL 变动的维度或度量，在名称上要有区分。

（6）将不可加性事实分解为可加性事实。

（7）减少过滤条件不同产生的不同口径的表，尽量保留全表，用维度区分口径。

（8）适当的数据冗余可换取查询和刷新性能的提升，在一张宽表中，维度属性的冗余，应该遵循以下建议准则。

- 冗余字段与表中其他字段被高频率同时访问。
- 冗余字段的引入不应造成其本身的刷新完成时间产生过多延迟。

7．DWS 层开发规范

（1）需要考虑基于某些维度的聚集是否经常被用于数据分析，并且不要有太多的维度，不然没有聚合的意义。

（2）适当地与维度表进行关联，方便下游使用。

（3）长周期的汇总计算，建议以日或小时为单位来累计，避免周头或月头资源紧张。

（4）空值的处理原则如下。

- 将汇总类指标的空值填充为零。
- 若维度属性值为空，在将其汇总到对应维度上时，对于无法对应的统计事实，记录行会填充为 null。

8．指标规范

指标的定义口径（如一些常用的流量指标：日活跃度、周活跃度、月活跃度、页面访问次数、页面平均停留时长等）需要与业务方、运营人员或数据分析师共同决定。

指标类型包括原子指标、派生指标和衍生指标。原子指标是指不能再拆解的指标，通常用于表达业务实体原子量化属性且不可再分，如订单数，其命名遵循单个原子指标词根+修饰词原则。派生指标是指建立在原子指标之上，通过一定运算规则形成的计算指标集合，如人均费用、跳转率等。衍生指标是指原子指标或派生指标与维度等相结合产生的指标，如最近 7 日注册用户数，其命名遵循多个原子指标词根+修饰词原则。

每设定一个指标都要经过业务方与数据部门人员的共同评审，判定指标是否必要、如何定义等，明确指标名称、指标编码、业务口径、责任人等信息。

9．分区规范

明确在什么情况下需要分区，明确分区字段，确定分区字段命名规范。

10．开发规范总体原则

开发规范的总体原则是：指标支持任务重新运行而不影响结果、数据声明周期合理、任务迭代不会严重影响任务产出时间。

（1）数据清洗规范。

- 字段统一。
- 字段类型统一。
- 注释补全。
- 时间格式统一。
- 枚举值统一。
- 复杂数据解析方式统一。
- 空值清洗或替换规则统一。
- 隐私数据脱敏规则统一。

（2）SQL 语句编写规范。

- 要求代码行清晰、整齐，具有一定的可观赏性。
- 代码编写要以执行速度最快为原则。

- 代码行整体层次分明、结构化强。
- 代码中应添加必要的注释以增强代码的可读性。
- 表名、字段名、保留字等全部小写。
- SQL 语句按照子句进行分行编写，不同关键字另起一行。
- 同一级别的子句要对齐。
- 算术运算符、逻辑运算符的前后保留一个空格。
- 在建表时每个字段后面使用字段中文名作为注释。
- 无效脚本采用单行或多行注释。
- 多表连接时，使用表的别名来引用列。

6.3　数据仓库搭建环境准备

Hive 是基于 Hadoop 的一个数据仓库工具。因为 Hive 是基于 Hadoop 的，所以 Hive 的默认计算引擎是 Hadoop 的计算框架 MapReduce。MapReduce 是 Hadoop 提供的，可以用于大规模数据集的计算编程模型，在推出之初解决了大数据计算领域的很多问题，但是其始终无法满足开发人员对于大数据计算速度上的要求。随着 Hive 的升级更新，目前 Hive 还支持另外两个计算引擎，分别是 Tez 和 Spark。

Tez 和 Spark 都从不同角度大大提升了 Hive 的计算速度，也是目前数据仓库计算中使用较多的计算引擎。本数据仓库项目使用 Spark 作为 Hive 的计算引擎。Spark 有两种模式，分别是 Hive on Spark 和 Spark on Hive。

在 Hive on Spark 中，Hive 既负责存储元数据又负责解析和优化 SQL 语句，SQL 语法采用 HQL 语法，由 Spark 负责计算。

在 Spark on Hive 中，Hive 只负责存储元数据，由 Spark 负责解析和优化 SQL 语句，SQL 语法采用 Spark SQL 语法，同样由 Spark 负责计算。

本数据仓库项目将采用 Hive on Spark 模式。

6.3.1　Hive 安装

Hive 是一款用类 SQL 语句来协助读/写、管理存储在分布式系统上的大数据集的数据仓库软件。Hive 可以将类 SQL 语句解析成 MapReduce 程序，从而避免编写繁杂的 MapReduce 程序，使用户分析数据变得容易。Hive 要分析的数据存储在 HDFS 上，所以它本身不提供数据存储功能。Hive 将数据映射成一张张的表，而将表的结构信息存储在关系数据库（如 MySQL）中，所以在安装 Hive 之前，我们需要先安装 MySQL。

在 5.2.1 节中，已经讲解过如何在 hadoop102 节点服务器上安装 MySQL，在安装 MySQL 后，我们可以着手对 Hive 进行正式的安装部署。

1. 兼容性说明

本书将会使用 Hive 3.1.2 和 Spark 3.0.0，而从官方网站下载的 Hive 3.1.2 和 Spark 3.0.0 默认是不兼容的。因为官方网站提供的 Hive 3.1.2 安装包默认支持的 Spark 版本是 2.3.0，所以我们需要重新编译 Hive 3.1.2 版本的安装包。

编译步骤：从官方网站下载 Hive 3.1.2 源码包，将 pom.xml 文件中引用的 Spark 版本修改为 3.0.0，如果编译通过，则直接打包获取安装包。如果报错，就根据提示，修改相关方法，直到不报错，然后打包获取正确的安装包。读者可以从本书提供的资料中直接获取安装包。

2. 安装及配置 Hive

（1）把编译过的 Hive 的安装包 apache-hive-3.1.2-bin.tar.gz 上传到 Linux 的/opt/software 目录下，并将 apache-hive-3.1.2-bin.tar.gz 解压缩到/opt/module/目录下。

```
[atguigu@hadoop102 software]$ tar -zxvf apache-hive-3.1.2-bin.tar.gz -C /opt/module/
```

（2）将 apache-hive-3.1.2-bin 的名称修改为 hive。

```
[atguigu@hadoop102 module]$ mv apache-hive-3.1.2-bin/ hive
```

（3）修改/etc/profile.d/my_env.sh 文件，添加环境变量。

```
[atguigu@hadoop102 software]$ sudo vim /etc/profile.d/my_env.sh
```

添加如下内容。

```
#HIVE_HOME
export HIVE_HOME=/opt/module/hive
export PATH=$PATH:$HIVE_HOME/bin
```

执行以下命令使环境变量生效。

```
[atguigu@hadoop102 software]$ source /etc/profile.d/my_env.sh
```

（4）进入/opt/module/hive/lib 目录执行以下命令，解决日志 jar 包冲突问题。

```
[atguigu@hadoop102 lib]$ mv log4j-slf4j-impl-2.10.0.jar log4j-slf4j-impl-2.10.0.jar.bak
```

3. 驱动复制

（1）在/opt/software/mysql-libs 目录下解压缩 mysql-connector-java-5.1.27.tar.gz 驱动包。

```
[root@hadoop102 mysql-libs]# tar -zxvf mysql-connector-java-5.1.27.tar.gz
```

（2）将/opt/software/mysql-libs/mysql-connector-java-5.1.27 目录下的 mysql-connector-java-5.1.27-bin.jar 复制到/opt/module/hive/lib/目录下，用于稍后启动 Hive 时连接 MySQL。

```
[root@hadoop102 mysql-connector-java-5.1.27]# cp mysql-connector-java-5.1.27-bin.jar
/opt/module/hive/lib/
```

4. 配置 Metastore 到 MySQL

（1）在/opt/module/hive/conf 目录下创建一个 hive-site.xml 文件。

```
[atguigu@hadoop102 conf]$ vim hive-site.xml
```

（2）在 hive-site.xml 文件中根据官方文档配置参数，关键配置参数如下所示。

```xml
<?xml version="1.0"?>
<?xml-stylesheet type="text/xsl" href="configuration.xsl"?>
<configuration>
<!--配置 Hive 保存元数据信息所需的 MySQL URL-->
<property>
  <name>javax.jdo.option.ConnectionURL</name>
  <value>jdbc:mysql://hadoop102:3306/metastore?createDatabaseIfNotExist=true
</value>
  <description>JDBC connect string for a JDBC metastore</description>
 </property>
<!--配置 Hive 连接 MySQL 的驱动全类名-->
 <property>
  <name>javax.jdo.option.ConnectionDriverName</name>
  <value>com.mysql.jdbc.Driver</value>
  <description>Driver class name for a JDBC metastore</description>
 </property>
<!--配置 Hive 连接 MySQL 的用户名 -->
 <property>
  <name>javax.jdo.option.ConnectionUserName</name>
  <value>root</value>
  <description>username to use against metastore database</description>
```

```xml
  </property>
<!--配置 Hive 连接 MySQL 的密码 -->
 <property>
   <name>javax.jdo.option.ConnectionPassword</name>
   <value>000000</value>
   <description>password to use against metastore database</description>
 </property>
<property>
       <name>hive.metastore.warehouse.dir</name>
       <value>/user/hive/warehouse</value>
   </property>


   <property>
       <name>hive.metastore.schema.verification</name>
       <value>false</value>
   </property>


   <property>
       <name>hive.server2.thrift.port</name>
       <value>10000</value>
   </property>


   <property>
       <name>hive.server2.thrift.bind.host</name>
       <value>hadoop102</value>
   </property>


   <property>
       <name>hive.metastore.event.db.notification.api.auth</name>
       <value>false</value>
   </property>


   <property>
       <name>hive.cli.print.header</name>
       <value>true</value>
   </property>


   <property>
       <name>hive.cli.print.current.db</name>
       <value>true</value>
   </property>
   <!-- 开启动态分区非严格模式 -->
   <property>
       <name>hive.exec.dynamic.partition.mode</name>
       <value>nonstrict</value>
   </property>


</configuration>
```

5．初始化元数据库

（1）启动 MySQL。

```
[atguigu@hadoop103 mysql-libs]$ mysql -uroot -p000000
```

（2）新建 Hive 元数据库。

```
mysql> create database metastore;
mysql> quit;
```

（3）初始化 Hive 元数据库。

```
[atguigu@hadoop102 conf]$ schematool -initSchema -dbType mysql -verbose
```

6．启动 Hive

（1）启动 Hive 客户端。

```
[atguigu@hadoop102 hive]$ bin/hive
```

（2）查看数据库。

```
hive (default)> show databases;
```

6.3.2　Hive on Spark 配置

本数据仓库项目采用的是 Hive on Spark 模式，因此需要对 Spark 进行安装部署。

1．在 Hive 所在节点服务器部署 Spark

（1）解压缩安装包，并将目录名称修改为 spark。

```
[atguigu@hadoop102 software]$ tar -zxvf spark-3.0.0-bin-hadoop3.2.tgz -C /opt/module/
[atguigu@hadoop102 software]$ mv /opt/module/spark-3.0.0-bin-hadoop3.2 /opt/module/spark
```

（2）配置 SPARK_HOME 环境变量。

```
[atguigu@hadoop102 software]$ sudo vim /etc/profile.d/my_env.sh
```

添加如下内容。

```
# SPARK_HOME
export SPARK_HOME=/opt/module/spark
export PATH=$PATH:$SPARK_HOME/bin
```

执行以下命令使环境变量生效。

```
[atguigu@hadoop102 software]$ source /etc/profile.d/my_env.sh
```

2．在 Hive 中创建 Spark 配置文件

（1）在 Hive 的安装目录下创建 Spark 配置文件。

```
[atguigu@hadoop102 software]$ vim /opt/module/hive/conf/spark-defaults.conf
```

（2）在配置文件中添加如下内容（将根据如下参数执行相关任务）。

```
spark.master                          yarn
spark.eventLog.enabled                true
spark.eventLog.dir                    hdfs://hadoop102:8020/spark-history
spark.executor.memory                 1g
spark.driver.memory                   1g
```

（3）在 HDFS 中创建如下目录，用于存储 Spark 产生的历史日志。

```
[atguigu@hadoop102 software]$ hadoop fs -mkdir /spark-history
```

3．向 HDFS 上传 Spark 纯净版 jar 包

说明 1：由于 Spark 3.0.0 非纯净版默认支持的是 Hive 2.3.7，直接使用会和已安装的 Hive 3.1.2 出现兼容性问题，因此本数据仓库项目采用 Spark 纯净版 jar 包，即不包含 Hadoop 和 Hive 相关依赖，避免冲突。

说明 2：Hive 任务最终将由 Spark 来执行，Spark 任务资源分配由 YARN 来调度，该任务有可能被分配到集群的任何一个节点，所以需要将 Spark 的依赖上传到 HDFS 集群路径，这样集群中的任何一个节点

都能获取该任务。

（1）从 Spark 官方网站下载 Spark 3.0.0 纯净版安装包，将 spark-3.0.0-bin-without-hadoop.tgz 上传并解压缩至/opt/software 目录下。

```
[atguigu@hadoop102 software]$ tar -zxvf /opt/software/spark-3.0.0-bin-without-hadoop.tgz
```

（2）将解压缩的 Spark 安装包中的 Spark 相关依赖 jar 包上传到 HDFS。

```
[atguigu@hadoop102 software]$ hadoop fs -mkdir /spark-jars

[atguigu@hadoop102 software]$ hadoop fs -put spark-3.0.0-bin-without-hadoop/jars/* /spark-jars
```

4．修改 Hive 的配置文件

打开 hive-site.xml 文件。

```
[atguigu@hadoop102 ~]$ vim /opt/module/hive/conf/hive-site.xml
```

添加如下内容，指定 Hive 的计算引擎为 Spark。

```
<!--Spark 依赖位置（注意：端口号 8020 必须和 NameNode 的端口号一致）-->
<property>
    <name>spark.yarn.jars</name>
    <value>hdfs://hadoop102:8020/spark-jars/*</value>
</property>

<!--Hive 计算引擎-->
<property>
    <name>hive.execution.engine</name>
    <value>spark</value>
</property>

<!--Hive 和 Spark 连接超时时间-->
<property>
    <name>hive.spark.client.connect.timeout</name>
    <value>10000ms</value>
</property>
```

注意：hive.spark.client.connect.timeout 的默认值是 1000ms，在执行 Hive 的 insert 语句时，如果出现如下异常，则可以将该参数调整为 10000ms。

```
FAILED: SemanticException Failed to get a spark session: org.apache.hadoop.hive.
ql.metadata.HiveException: Failed to create Spark client for Spark session d9e0224c-3d14-
4bf4-95bc-ee3ec56df48e
```

5．测试

（1）启动 Hive 客户端。

```
[atguigu@hadoop102 hive]$ bin/hive
```

（2）创建一张测试表 student。

```
hive (default)> create table student(id int, name string);
```

（3）通过执行 insert 语句测试效果。

```
hive (default)> insert into table student values(1,'abc');
```

若结果如图 6-18 所示，则说明配置成功。

```
hive (default)> insert into table student values(1,'abc');
Query ID = atguigu_20200719001740_b025ae13-c573-4a68-9b74-50a4d018664b
Total jobs = 1
Launching Job 1 out of 1
In order to change the average load for a reducer (in bytes):
  set hive.exec.reducers.bytes.per.reducer=<number>
In order to limit the maximum number of reducers:
  set hive.exec.reducers.max=<number>
In order to set a constant number of reducers:
  set mapreduce.job.reduces=<number>
--------------------------------------------------------------------------------
        STAGES   ATTEMPT      STATUS  TOTAL  COMPLETED  RUNNING  PENDING  FAILED
--------------------------------------------------------------------------------
Stage-2 ........       0    FINISHED      1          1        0        0       0
Stage-3 ........       0    FINISHED      1          1        0        0       0
--------------------------------------------------------------------------------
STAGES: 02/02   [==========================>>] 100% ELAPSED TIME: 1.01 s
--------------------------------------------------------------------------------
Spark job[1] finished successfully in 1.01 second(s)
Loading data to table default.student
OK
col1    col2
Time taken: 1.514 seconds
hive (default)>
```

图 6-18　insert 语句测试效果

6.3.3　YARN 容量调度器并发度问题

容量调度器对每个资源队列中同时运行的 Application Master 占用的资源进行了限制，该限制通过 yarn.scheduler.capacity.maximum-am-resource-percent 参数实现，其默认值是 0.1，表示每个资源队列上 Application Master 最多可使用的资源为该队列总资源的 10%，目的是防止大部分资源都被 Application Master 占用，而导致 Map/Reduce Task 无法执行。

在实际生产环境中，该参数可使用默认值，但在学习环境中，集群资源总数很少，如果只分配 10%的资源给 Application Master，则可能出现同一时刻只能运行一个 Job 的情况，因为一个 Application Master 使用的资源就可能已经达到 10%的上限了，所以此处可将该值适当调大。

（1）在 hadoop102 节点服务器的/opt/module/hadoop-3.1.3/etc/hadoop/capacity-scheduler.xml 配置文件中修改如下参数值。

```
[atguigu@hadoop102 hadoop]$ vim capacity-scheduler.xml

<property>
    <name>yarn.scheduler.capacity.maximum-am-resource-percent</name>
    <value>0.5</value>
    <description>
    集群中用于运行应用程序Application Master 的资源比例上限，该参数用于限制提交的应用程序数量。该参数类
型为浮点型，默认值是 0.1，表示 10%。所有队列的 Application  Master 资源比例上限可通过参数
yarn.scheduler.capacity.maximum-am-resource-percent 设置，而单个队列的 Application Master 资源
比例上限可通过参数 yarn.scheduler.capacity.queue-path.maximum-am-resource-percent 设置。
    </description>
 </property>
```

（2）分发 capacity-scheduler.xml 配置文件。

```
[atguigu@hadoop102 hadoop]$ xsync capacity-scheduler.xml
```

（3）关闭正在运行的任务，重新启动 YARN 集群。

```
[atguigu@hadoop103 hadoop-3.1.3]$ sbin/stop-yarn.sh
[atguigu@hadoop103 hadoop-3.1.3]$ sbin/start-yarn.sh
```

6.3.4　数据仓库开发环境配置

数据仓库开发工具可选用 DBeaver 或 DataGrip，两者都需要通过 JDBC 协议连接到 Hive，所以理论上

需要启动 Hive 的 HiveServer2 服务。DataGrip 的安装比较简单，此处不对安装过程进行演示，只演示连接服务的过程。

（1）启动 Hive 的 HiveServer2 服务。

```
[atguigu@hadoop102 hive]$ hiveserver2
```

（2）选择 Data Source→Apache Hive 选项，添加数据源，配置连接，如图 6-19 所示。

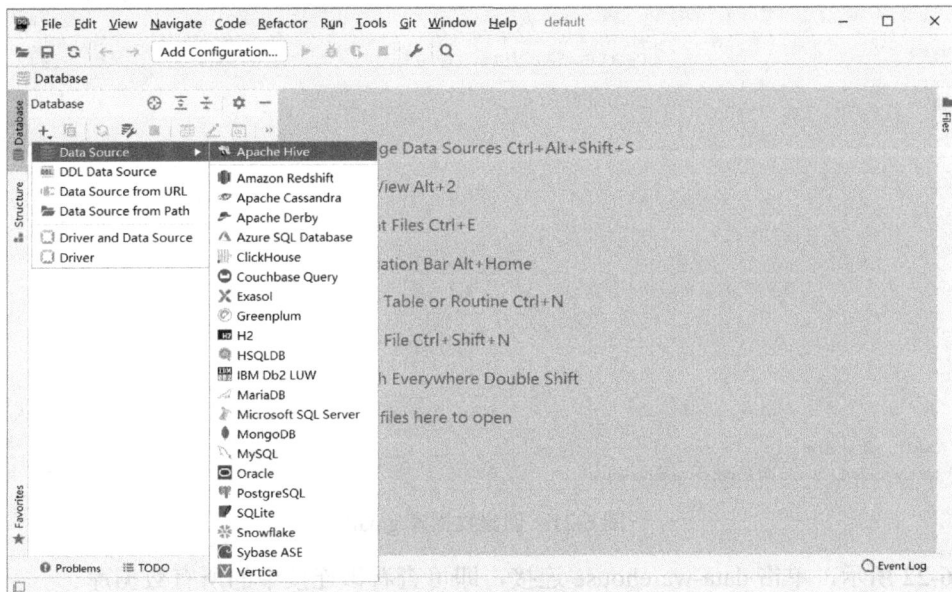

图 6-19　添加数据源

（3）配置连接属性，如图 6-20 所示，配置连接名为 data-warehouse，属性配置完毕后，单击 Test Connection 按钮进行测试。

初次使用，配置过程中会提示缺少 JDBC 驱动，按照提示下载即可。

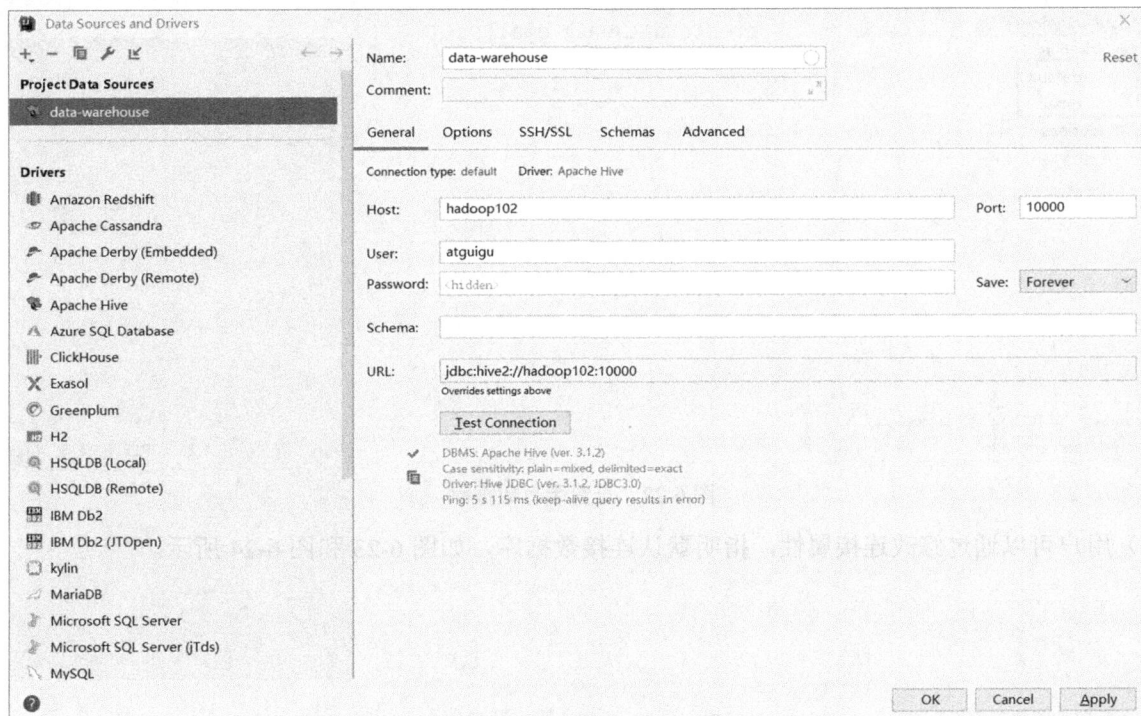

图 6-20　配置连接属性

（4）在控制台输入如图 6-21 所示的 SQL 语句，创建数据库 gmall，并观察是否创建成功。

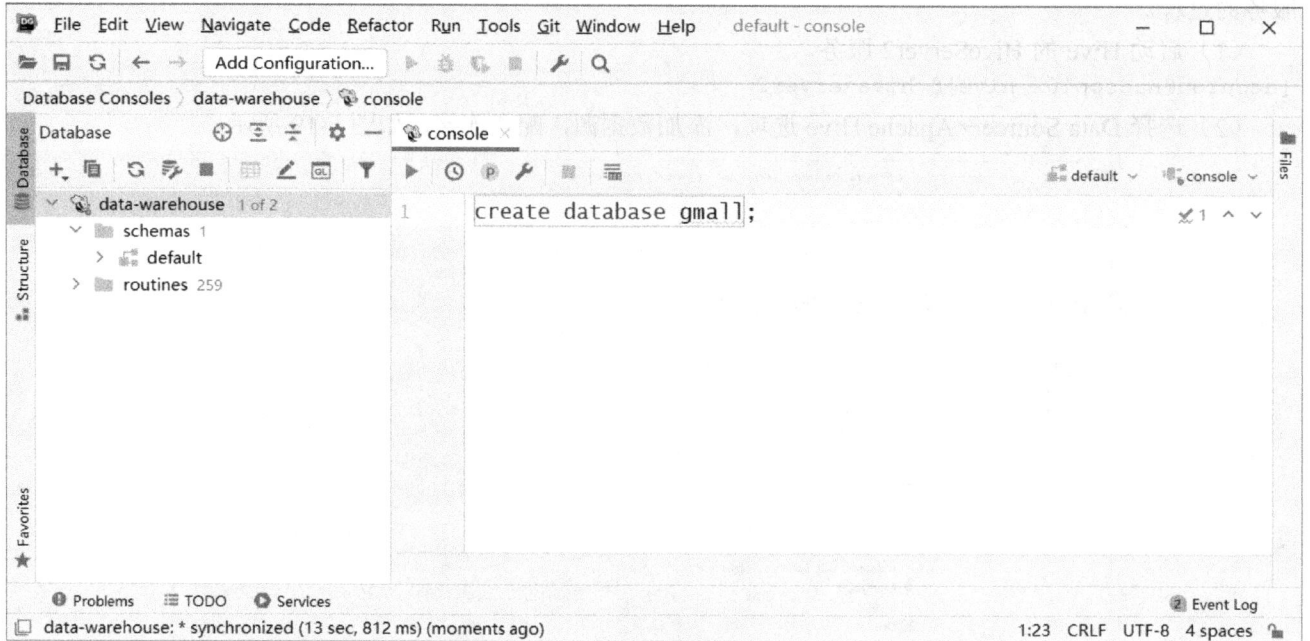

图 6-21　创建数据库 gmall

（5）如图 6-22 所示，单击 data-warehouse 连接，即可查看该连接中的所有数据库。

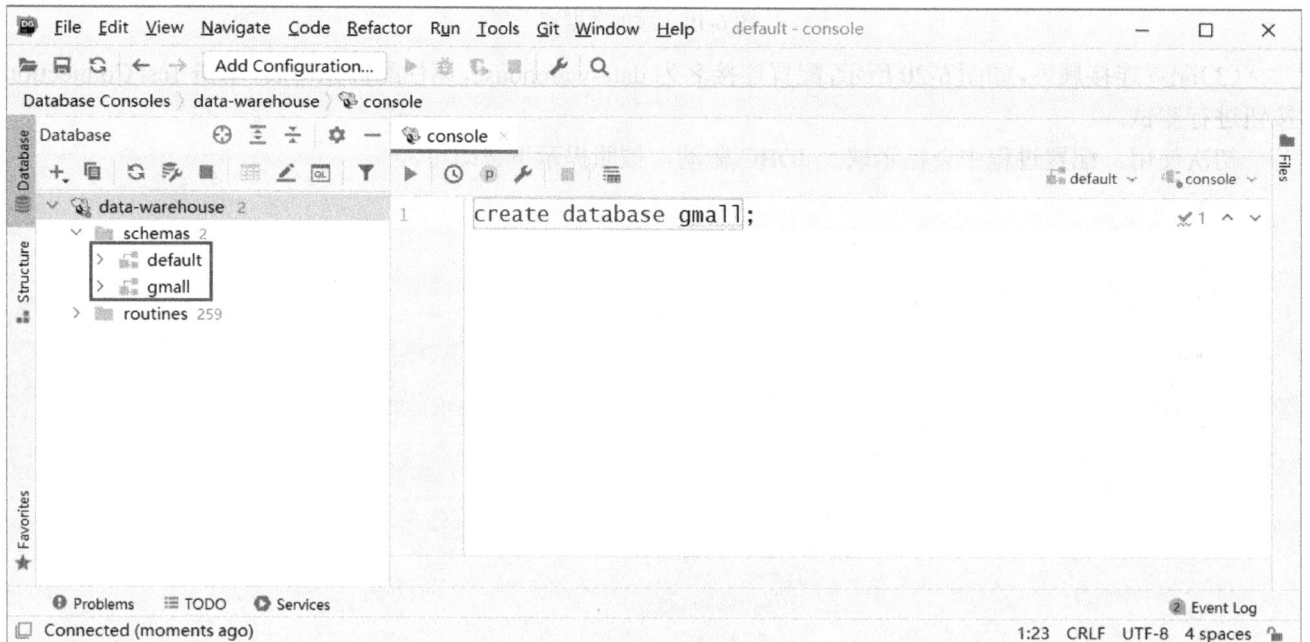

图 6-22　查看所有数据库

（6）用户可以通过修改连接属性，指明默认连接数据库，如图 6-23 和图 6-24 所示。

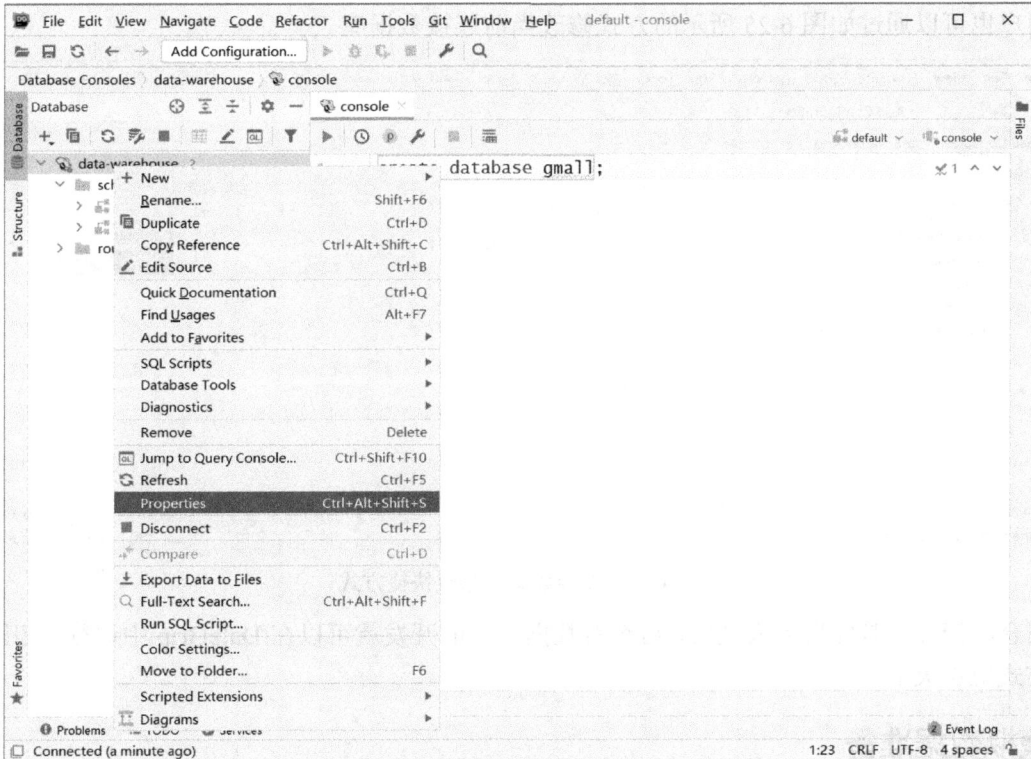

图 6-23　连接属性修改入口

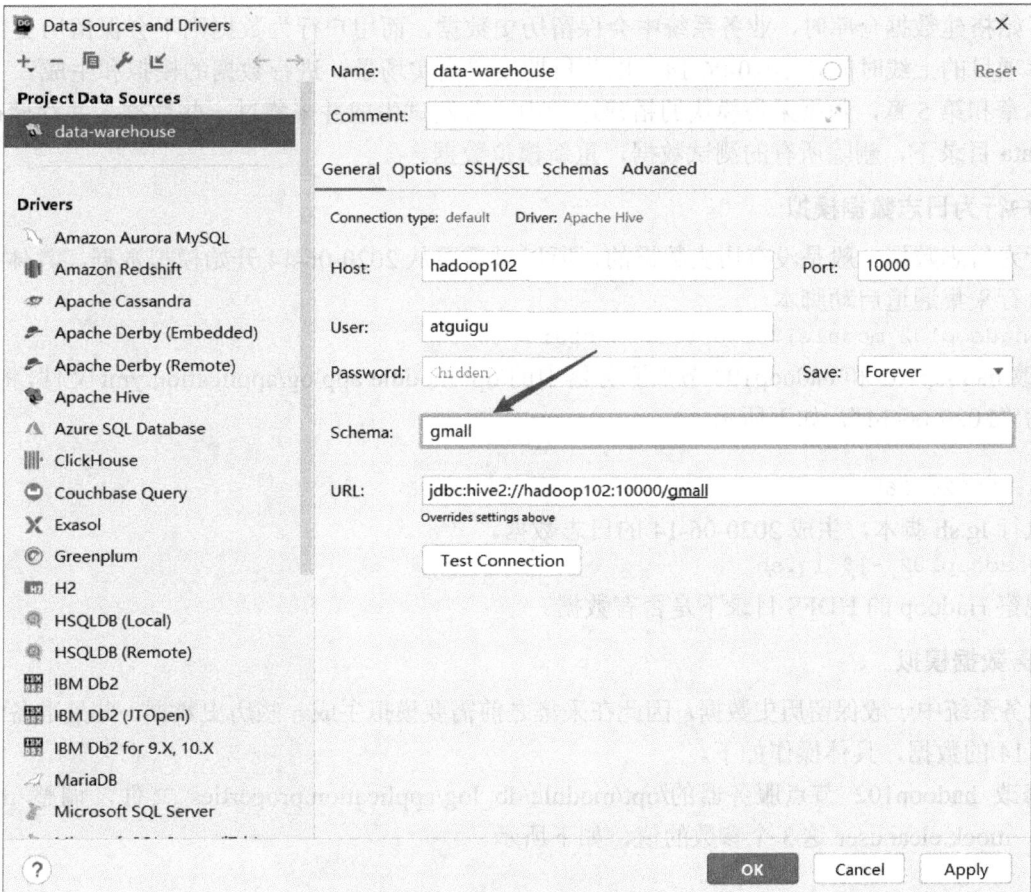

图 6-24　修改默认连接数据库

（7）用户也可以通过如图 6-25 所示的方式修改当前连接数据库。

图 6-25　连接数据库修改快捷方式

将数据仓库开发工具配置完成之后，后续对数据仓库的开发就可以在 DataGrip 中进行，相比命令行开发，这种方式更加灵活。

6.3.5　模拟数据准备

数据仓库的搭建需要基于数据源，也就是在第 4 章和第 5 章中讲解过的用户行为数据和业务数据。通常企业在开始搭建数据仓库时，业务系统中会保留历史数据，而用户行为数据则不会保留历史数据。假定本数据仓库项目的上线时间是 2020-06-14，以此日期模拟真实场景，进行数据的模拟和生成。

在第 4 章和第 5 章，数据采集模块的搭建过程中，曾测试生成并采集过一些数据，并存储在了 HDFS 的/origin_data 目录下，删除所有的测试数据，重新模拟数据。

1．用户行为日志数据模拟

用户行为日志数据一般是没有历史数据的，所以只需要从 2020-06-14 开始模拟数据，具体操作如下。

（1）执行采集通道启动脚本。

```
[atguigu@hadoop102 module]$ cluster.sh start
```

（2）修改 hadoop102 和 hadoop103 节点服务器中的/opt/module/applog/application.yml 文件，将 mock.date 参数修改为"2020-06-14"，如下所示。

```
#业务日期
mock.date: "2020-06-14"
```

（3）执行 lg.sh 脚本，生成 2020-06-14 的日志数据。

```
[atguigu@hadoop102 ~]$ lg.sh
```

（4）观察 Hadoop 的 HDFS 目录下是否有数据。

2．业务数据模拟

由于业务系统中一般保留历史数据，因此在采集之前需要模拟生成一些历史数据，此处准备 2020-06-10 至 2020-06-14 的数据，具体操作如下。

（1）修改 hadoop102 节点服务器的/opt/module/db_log/application.properties 文件，调整 mock.date、mock.clear、mock.clear.user 这 3 个参数的值，如下所示。

```
#业务日期
mock.date=2020-06-10
#是否重置
```

```
mock.clear=1
#是否重置用户
mock.clear.user=1
```

（2）执行业务数据的模拟生成命令，生成第 1 日（2020-06-10）的数据。

```
[atguigu@hadoop102 db_log]$ java -jar gmall2020-mock-db-2021-11-14.jar
```

（3）修改 hadoop102 节点服务器的/opt/module/db_log/application.properties 文件，调整 mock.date、mock.clear、mock.clear.user 这 3 个参数的值，如下所示。

```
#业务日期
mock.date=2020-06-11
#是否重置
mock.clear=0
#是否重置用户
mock.clear.user=0
```

（4）执行业务数据的模拟生成命令，生成第 2 日（2020-06-11）的数据。

```
[atguigu@hadoop102 db_log]$ java -jar gmall2020-mock-db-2021-11-14.jar
```

（5）重复执行第（2）、（3）、（4）步，将 mock.date 参数的值分别修改为"2020-06-12""2020-06-13""2020-06-14"，并分别生成对应日期的数据。

（6）执行全量同步脚本。

```
[atguigu@hadoop102 bin]$ mysql_to_hdfs_full.sh all 2020-06-14
```

（7）增量同步。

① 确保 ZooKeeper、Kafka、HDFS 集群均已开启。

② 清除 Maxwell 的断点记录。

由于 Maxwell 支持断点续传，而上述重新生成业务数据的过程，会产生大量的 MySQL binlog 操作日志，这些日志我们并不需要，因此此处需要清除 Maxwell 的断点记录，使其从 binlog 最新的位置开始采集。

关闭 Maxwell。

```
[atguigu@hadoop102 bin]$ mxw.sh stop
```

清空 Maxwell 数据库，相当于初始化 Maxwell。

```
mysql>
drop table maxwell.bootstrap;
drop table maxwell.columns;
drop table maxwell.databases;
drop table maxwell.heartbeats;
drop table maxwell.positions;
drop table maxwell.schemas;
drop table maxwell.tables;
```

③ 修改 Maxwell 配置文件中的 mock_date 参数。

```
[atguigu@hadoop102 maxwell]$ vim /opt/module/maxwell/config.properties

mock_date=2020-06-14
```

重新启动 Maxwell。

```
[atguigu@hadoop102 bin]$ mxw.sh start
```

④ 执行增量数据首日全量同步脚本。

```
[atguigu@hadoop102 bin]$ mysql_to_kafka_inc_init.sh all 2020-06-14
```

此时获取的增量数据并非真正的数据变动操作产生的数据，而是 2020-06-14 之前的全量数据，真正的数据变动操作产生的数据将从 2020-06-15 开始正式获取。

6.3.6　常用函数

在正式搭建数据仓库之前，读者应对 Hive 常用的比较复杂的函数有一定的了解。

1．concat()函数

concat()函数用于连接字符串，在连接字符串时，只要其中一个字符串是 NULL，结果就返回 NULL。

```
hive> select concat('a','b');
ab

hive> select concat('a','b',NULL);
NULL
```

2．concat_ws()函数

concat_ws()函数同样用于连接字符串，在连接字符串时，只要有一个字符串不是 NULL，结果就不会返回 NULL。concat_ws()函数需要指定分隔符。

```
hive> select concat_ws('-','a','b');
a-b

hive> select concat_ws('-','a','b',NULL);
a-b

hive> select concat_ws('','a','b',NULL);
ab
```

3．collect_set()函数

（1）创建原数据表。

```
hive (default)>
drop table if exists stud;
create table stud (name string, area string, course string, score int);
```

（2）向原数据表中插入数据。

```
hive (default)>
insert into table stud values('zhang3','bj','math',88);
insert into table stud values('li4','bj','math',99);
insert into table stud values('wang5','sh','chinese',92);
insert into table stud values('zhao6','sh','chinese',54);
insert into table stud values('tian7','bj','chinese',91);
```

（3）查询表中的数据。

```
hive (default)> select * from stud;
stud.name       stud.area       stud.course     stud.score
zhang3          bj              math            88
li4             bj              math            99
wang5           sh              chinese         92
zhao6           sh              chinese         54
tian7           bj              chinese         91
```

（4）把同一分组中不同行的数据聚合成一个集合。

```
hive (default)> select course, collect_set(area), avg(score) from stud group by course;
chinese ["sh","bj"]     79.0
math    ["bj"] 93.5
```

（5）使用下标获取聚合结果的某一个值。

```
hive (default)> select course, collect_set(area)[0], avg(score) from stud group by course;
chinese sh      79.0
math    bj      93.5
```

4．nvl()函数

基本语法：nvl(表达式 1,表达式 2)。

如果表达式 1 为空值，则 nvl 返回表达式 2 的值，否则返回表达式 1 的值。nvl()函数的目的是把一个空值（NULL）转换成一个实际的值。其表达式的数据类型可以是数值型、字符型和日期型。需要注意的是，表达式 1 和表达式 2 的数据类型必须相同。

例如：

```
hive (default)> select nvl(1,0);
1
hive (default)> select nvl(NULL,"hello");
hello
```

5．日期处理函数

（1）date_format()函数（根据格式整理日期）。

```
hive (default)> select date_format('2020-06-14','yyyy-MM');
2020-06
```

（2）date_add()函数（加减日期）。

```
hive (default)> select date_add('2020-06-14',-1);
2020-06-13
hive (default)> select date_add('2020-06-14',1);
2020-06-15
```

6．时间戳转换函数 from_utc_timestamp()

计算机中的 UNIX 时间戳是以 GMT/UTC 时间（1970-01-01T00:00:00）为起点，到具体时间的秒数。通过 from_utc_timestamp()函数可以将时间戳转换为中国北京所处的东八区时间，使用方式如下。

```
hive (default)> select from_utc_timestamp(2592000000,'GMT+8');
1970-01-30 08:00:00
hive (default)> select from_utc_timestamp(2592000.0, 'GMT+8');
1970-01-30 08:00:00
hive (default)> select from_utc_timestamp(timestamp '1970-01-30 16:00:00', 'GMT+8');
1970-01-30 08:00:00
```

从上面的示例中可以看出，第 1 个参数值可以是日期型、整数型和浮点型。其中，整数型被认为是毫秒值，浮点型被认为是秒值。在使用的过程中需要注意秒级时间戳及毫秒级时间戳之间的转换。

6.3.7　复杂数据类型

Hive 有 3 种复杂数据类型，分别是 array、map 和 struct，如表 6-19 所示。array 和 map 与 Java 中的 Array 和 Map 类似。struct 与 C 语言中的 Struct 类似，封装了一个命名字段集合。复杂数据类型允许任意层次的嵌套。

表 6-19　Hive 的复杂数据类型

数 据 类 型	描　　述	语 法 示 例
struct	与 C 语言中的 Struct 类似，都可以通过 "." 符号访问元素内容。例如，某列的数据类型是 struct{first string, last string}，那么第 1 个元素可以通过字段.first 来引用	struct<street:string, city:string>
map	map 是一组键/值对元组集合，可以使用数组表示法访问数据。例如，某列的数据类型是 map，其中键/值对是'first'→'John'和'last'→'Doe'，那么可以通过字段['last']获取最后一个元素	map<string, int>
array	数组是一组具有相同类型和名称的变量的集合。这些变量称为数组的元素，每个数组元素都有一个编号，编号从零开始。例如，数组值为['John','Doe']，那么第 2 个元素可以通过数组名[1]引用	array<string>

在 Hive 中可以使用 JsonSerDe（JSON Serializer and Deserializer）配合 3 种复杂数据类型解析 JSON 格式的数据，如下代码所示的一行 JSON 数据与复杂数据类型存在对应关系。

```
{
    "name": "songsong",
    "friends": ["bingbing" , "lili"] , //array<string>
    "children": {                        //map<string, int>
        "xiao song": 18 ,
        "xiaoxiao song": 19
    },
    "address": {                         //struct<street:string, city:string>

        "street": "hui long guan" ,
        "city": "beijing"
    }
}
```

基于上述 JSON 数据与复杂数据类型的对应关系，在 Hive 中创建测试表 person_info，如下所示。

```
hive (default)> create table person_info(
name string,
friends array<string>,
children map<string, int>,
address struct<street:string, city:string>
)
ROW FORMAT SERDE 'org.apache.hadoop.hive.serde2.JsonSerDe';
```

首先将上述 JSON 数据保存至 person.json 文件中，再将文件导入测试表 person_info 中。

```
hive (default)> load data local inpath '/opt/module/datas/person.json' into table
person_info;
```

通过如下语句访问数据。

```
hive (default)> select friends[1],children['xiao song'],address.city from person_info
where name="songsong";
OK
_c0    _c1    city
lili   18     beijing
Time taken: 0.076 seconds, Fetched: 1 row(s)
```

6.4　数据仓库搭建——ODS 层

ODS 层为原始数据层，设计的基本原则有以下几点。

- 要求保持数据原貌不做任何修改，表结构的设计依托于从业务系统同步过来的数据结构，ODS 层起到备份数据的作用。
- 数据适当采用压缩格式，以节省磁盘存储空间。因为该层需要保存全部历史数据，所以应选择压缩比较高的压缩格式，此处选择 gzip。
- 创建分区表，可以避免后续在对表进行查询时进行全表扫描操作。
- 创建外部表。在企业开发中，除自己用的临时表需创建内部表外，绝大多数情况下需创建外部表。
- 在进行 ODS 层数据的导入之前，先要创建数据库，用于存储整个电商数据仓库项目的所有数据信息。
- 表的命名规范为：ods_表名_分区增量/全量（inc/full）标识。

6.4.1　用户行为数据

在用户行为数据的 ODS 层中，我们不对原始数据进行任何拆分、计算和修改。数据在通过 Flume 采集，发送到 Kafka，再落盘到 HDFS 的过程中，我们已经对其进行了初步清洗和判空，排除了格式不符合要求的脏数据。在 ODS 层中要做的主要工作是对原始数据进行压缩，最大限度地节省磁盘储存空间。

ODS 层不进行额外的数据计算工作，最主要的工作是最大限度地将原始数据展示出来。在进行用户行为日志的采集工作时，我们已经分析过，需要采集的两大类用户行为日志——页面埋点日志和启动日志，都是完整的 JSON 结构。在 Hive 中可以使用 JsonSerDe 对 JSON 格式的日志进行处理，如图 6-26 所示。所创建的 ods_log_inc 表中将包含页面埋点日志和启动日志的 JSON 结构中所有的可能值，包括 common、actions、displays、page、start、err 和 ts。通过 Hive 的 load data 命令将数据装载至表中后，JsonSerDe 会对日志进行处理，将数据值与字段值对应起来，若字段无对应值，则该值为 null。

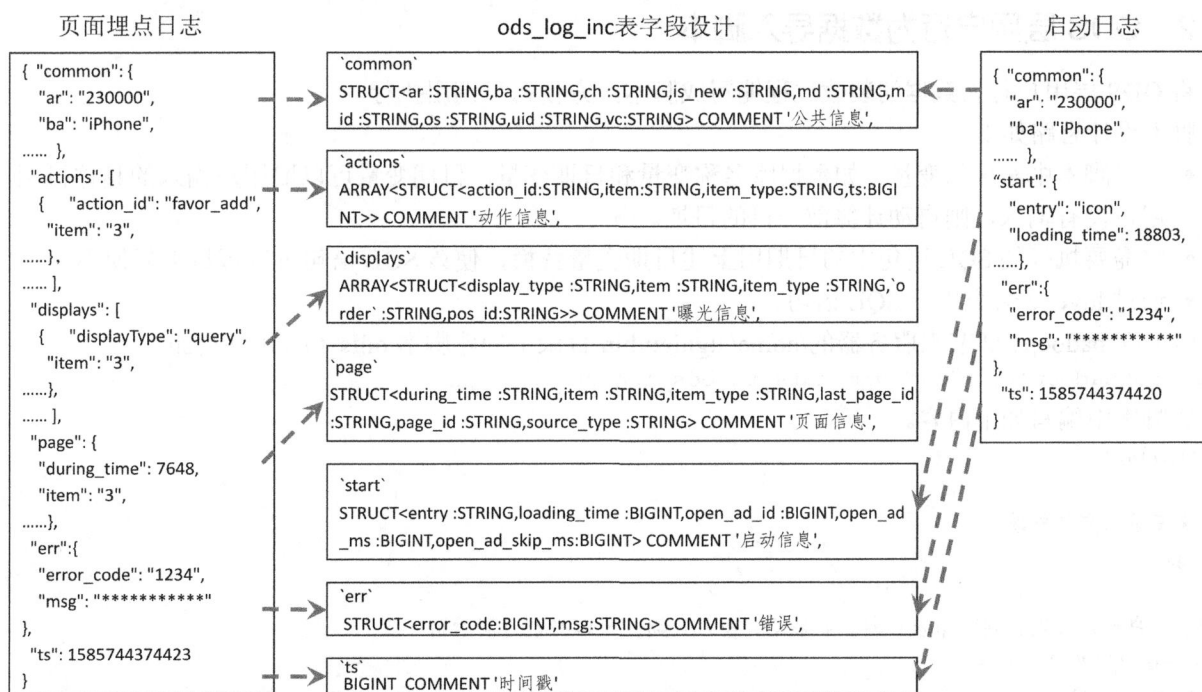

图 6-26　使用 JsonSerDe 对 JSON 格式的日志进行处理

表结构创建完成后，直接使用 Hive 的 load data 命令，将数据装载至表中即可。

具体操作如下。

（1）按照上述思路创建用户行为日志表。

```
DROP TABLE IF EXISTS ods_log_inc;
CREATE EXTERNAL TABLE ods_log_inc
```

```
(
    `common`    STRUCT<ar :STRING,ba :STRING,ch :STRING,is_new :STRING,md :STRING,
mid :STRING,os :STRING,uid :STRING,vc :STRING> COMMENT '公共信息',
    `page`      STRUCT<during_time :STRING,item :STRING,item_type :STRING,last_page_id :
STRING,page_id :STRING,source_type :STRING> COMMENT '页面信息',
    `actions`  ARRAY<STRUCT<action_id:STRING,item:STRING,item_type:STRING,ts:BIGINT>>
COMMENT '动作信息',
    `displays` ARRAY<STRUCT<display_type :STRING,item :STRING,item_type :STRING,
`order` :STRING,pos_id :STRING>> COMMENT '曝光信息',
    `start`     STRUCT<entry :STRING,loading_time :BIGINT,open_ad_id :BIGINT,open_ad_ms :
BIGINT,open_ad_skip_ms :BIGINT> COMMENT '启动信息',
    `err`       STRUCT<error_code:BIGINT,msg:STRING> COMMENT '错误',
    `ts`        BIGINT  COMMENT '时间戳'
) COMMENT '用户行为日志表'
    PARTITIONED BY (`dt` STRING)
    ROW FORMAT SERDE 'org.apache.hadoop.hive.serde2.JsonSerDe'
    LOCATION '/warehouse/gmall/ods/ods_log_inc/';
```

（2）装载数据，将每日数据的分区信息指定为具体到日的日期（暂不执行，在后续脚本中执行）。

```
hive (gmall)>
load data inpath '/origin_data/gmall/log/topic_log/2020-06-14' into table ods_log_inc
partition(dt='2020-06-14');
```

注意：将日期格式配置成 yyyy-MM-dd，这是 Hive 默认支持的日期格式。

6.4.2 ODS 层用户行为数据导入脚本

将 ODS 层用户行为数据的装载过程编写成脚本，方便每日调用执行。

脚本设计思路如下。

- 定义脚本中常用的变量，如数据库名称变量和日期变量。日期变量可以取用户输入的具体日期，若用户没有输入，则自动计算前一日的日期。
- 将需要执行的 SQL 语句中的日期用上述日期变量替换，使该 SQL 语句可以每日重复使用。
- 通过 hive -e 命令执行 SQL 语句。

（1）在 hadoop102 节点服务器的/home/atguigu/bin 目录下创建脚本 hdfs_to_ods_log.sh。

```
[atguigu@hadoop102 bin]$ vim hdfs_to_ods_log.sh
```

在脚本中编写如下内容。

```
#!/bin/bash

# 定义变量，方便修改
APP=gmall

# 如果用户输入日期，则取输入日期；如果没有输入日期，则取当前时间的前一日
if [ -n "$1" ] ;then
   do_date=$1
else
   do_date=`date -d "-1 day" +%F`
fi

echo ================== 日志日期为 $do_date ==================
sql="
```

```
load data inpath '/origin_data/$APP/log/topic_log/$do_date' into table ${APP}.ods_log_inc
partition(dt='$do_date');
"
hive -e "$sql"
```

说明：

① [-n 变量值]的用法。

[-n 变量值] 用于判断变量的值是否为空。

如果变量的值非空，则返回 true。

如果变量的值为空，则返回 false。

② Shell 中不同引号的区别。

在/home/atguigu/bin 目录下创建一个脚本 test.sh。

```
[atguigu@hadoop102 bin]$ vim test.sh
```

在脚本中添加如下内容。

```
#!/bin/bash
do_date=$1

echo '$do_date'
echo "$do_date"
echo "'$do_date'"
echo '"$do_date"'
echo `date`
```

查看执行结果。

```
[atguigu@hadoop102 bin]$ test.sh 2020-06-14
$do_date
2020-06-14
'2020-06-14'
"$do_date"
2020 年 06 月 18 日 星期四 21:02:08 CST
```

总结如下。

- 单引号表示不取出变量值。
- 双引号表示取出变量值。
- 双引号内部嵌套单引号表示取出变量值。
- 单引号内部嵌套双引号表示不取出变量值。
- 反引号表示执行引号中的命令。

（2）增加脚本执行权限。

```
[atguigu@hadoop102 bin]$ chmod +x hdfs_to_ods_log.sh
```

（3）执行脚本，导入数据。

```
[atguigu@hadoop102 module]$ hdfs_to_ods_log.sh 2020-06-14
```

（4）查询导入的数据。

```
hive (gmall)>
select * from ods_log_inc where dt='2020-06-14' limit 2;
```

6.4.3　业务数据

业务数据的 ODS 层的搭建与用户行为数据的 ODS 层的搭建相同，都是保留原始数据，不对数据做任何转换处理。首先根据分析需求选取业务数据库中表的必需字段进行建表，然后将采集的原始业务数据装载至所建表中。

业务数据的同步与用户行为数据的同步有所不同，在采集业务数据时，对所有的业务数据表进行了同步策略的划分，按照同步策略的不同，业务数据表分为全量表和增量表。

其中，全量同步使用的是 DataX。使用 DataX 同步的数据字段间通过"\t"进行分隔，所以在创建这一类表的 ODS 层表结构时，直接对应业务数据表的原结构创建字段，并使用"\t"进行分隔即可。

增量同步使用的是 Maxwell。Maxwell 通过监控 MySQL 的 binlog 变化来获取变动数据，最终落盘至 HDFS 中的变动数据是 JSON 格式的，所以此处使用 JsonSerDe 对 JSON 格式的变动数据进行处理。

具体的建表语句如下，括号中标注的是表在进行数据同步时使用的同步策略。

1．创建活动信息表（全量）

```
hive (gmall)>
DROP TABLE IF EXISTS ods_activity_info_full;
CREATE EXTERNAL TABLE ods_activity_info_full
(
    `id`            STRING COMMENT '活动id',
    `activity_name` STRING COMMENT '活动名称',
    `activity_type` STRING COMMENT '活动类型（1=满减，2=折扣）',
    `activity_desc` STRING COMMENT '活动描述',
    `start_time`    STRING COMMENT '开始时间',
    `end_time`      STRING COMMENT '结束时间',
    `create_time`   STRING COMMENT '创建时间'
) COMMENT '活动信息表'
    PARTITIONED BY (`dt` STRING)
    ROW FORMAT DELIMITED FIELDS TERMINATED BY '\t'
    NULL DEFINED AS ''
    LOCATION '/warehouse/gmall/ods/ods_activity_info_full/';
```

2．创建活动规则表（全量）

```
hive (gmall)>
DROP TABLE IF EXISTS ods_activity_rule_full;
CREATE EXTERNAL TABLE ods_activity_rule_full
(
    `id`               STRING COMMENT '活动规则id',
    `activity_id`      STRING COMMENT '活动id',
    `activity_type`    STRING COMMENT '活动类型（1=满减，2=折扣）',
    `condition_amount` DECIMAL(16,2) COMMENT '满减金额',
    `condition_num`    BIGINT COMMENT '满减件数',
    `benefit_amount`   DECIMAL(16,2) COMMENT '优惠金额',
    `benefit_discount` DECIMAL(16,2) COMMENT '优惠折扣',
    `benefit_level`    STRING COMMENT '优惠级别'
) COMMENT '活动规则表'
    PARTITIONED BY (`dt` STRING)
    ROW FORMAT DELIMITED FIELDS TERMINATED BY '\t'
    NULL DEFINED AS ''
    LOCATION '/warehouse/gmall/ods/ods_activity_rule_full/';
```

3．创建一级分类表（全量）

```
hive (gmall)>
DROP TABLE IF EXISTS ods_base_category1_full;
CREATE EXTERNAL TABLE ods_base_category1_full
```

```
(
    `id`    STRING COMMENT '一级分类 id',
    `name`  STRING COMMENT '一级分类名称'
) COMMENT '一级分类表'
    PARTITIONED BY (`dt` STRING)
    ROW FORMAT DELIMITED FIELDS TERMINATED BY '\t'
    NULL DEFINED AS ''
    LOCATION '/warehouse/gmall/ods/ods_base_category1_full/';
```

4. 创建二级分类表（全量）

```
hive (gmall)>
DROP TABLE IF EXISTS ods_base_category2_full;
CREATE EXTERNAL TABLE ods_base_category2_full
(
    `id`          STRING COMMENT '二级分类 id',
    `name`        STRING COMMENT '二级分类名称',
    `category1_id` STRING COMMENT '一级分类 id'
) COMMENT '二级分类表'
    PARTITIONED BY (`dt` STRING)
    ROW FORMAT DELIMITED FIELDS TERMINATED BY '\t'
    NULL DEFINED AS ''
    LOCATION '/warehouse/gmall/ods/ods_base_category2_full/';
```

5. 创建三级分类表（全量）

```
hive (gmall)>
DROP TABLE IF EXISTS ods_base_category3_full;
CREATE EXTERNAL TABLE ods_base_category3_full
(
    `id`          STRING COMMENT '三级分类 id',
    `name`        STRING COMMENT '三级分类名称',
    `category2_id` STRING COMMENT '二级分类 id'
) COMMENT '三级分类表'
    PARTITIONED BY (`dt` STRING)
    ROW FORMAT DELIMITED FIELDS TERMINATED BY '\t'
    NULL DEFINED AS ''
    LOCATION '/warehouse/gmall/ods/ods_base_category3_full/';
```

6. 创建编码字典表（全量）

```
hive (gmall)>
DROP TABLE IF EXISTS ods_base_dic_full;
CREATE EXTERNAL TABLE ods_base_dic_full
(
    `dic_code`    STRING COMMENT '编号',
    `dic_name`    STRING COMMENT '编码名称',
    `parent_code` STRING COMMENT '父编号',
    `create_time` STRING COMMENT '创建日期',
    `operate_time` STRING COMMENT '修改日期'
) COMMENT '编码字典表'
    PARTITIONED BY (`dt` STRING)
    ROW FORMAT DELIMITED FIELDS TERMINATED BY '\t'
    NULL DEFINED AS ''
    LOCATION '/warehouse/gmall/ods/ods_base_dic_full/';
```

7. 创建省份表（全量）

```
hive (gmall)>
DROP TABLE IF EXISTS ods_base_province_full;
CREATE EXTERNAL TABLE ods_base_province_full
(
    `id`          STRING COMMENT '省份id',
    `name`        STRING COMMENT '省份名称',
    `region_id`   STRING COMMENT '地区id',
    `area_code`   STRING COMMENT '地区编码',
    `iso_code`    STRING COMMENT '旧版ISO-3166-2编码，供可视化使用',
    `iso_3166_2`  STRING COMMENT '新版ISO-3166-2编码，供可视化使用'
) COMMENT '省份表'
    PARTITIONED BY (`dt` STRING)
    ROW FORMAT DELIMITED FIELDS TERMINATED BY '\t'
    NULL DEFINED AS ''
    LOCATION '/warehouse/gmall/ods/ods_base_province_full/';
```

8. 创建地区表（全量）

```
hive (gmall)>
DROP TABLE IF EXISTS ods_base_region_full;
CREATE EXTERNAL TABLE ods_base_region_full
(
    `id`          STRING COMMENT '地区id',
    `region_name` STRING COMMENT '地区名称'
) COMMENT '地区表'
    PARTITIONED BY (`dt` STRING)
    ROW FORMAT DELIMITED FIELDS TERMINATED BY '\t'
    NULL DEFINED AS ''
    LOCATION '/warehouse/gmall/ods/ods_base_region_full/';
```

9. 创建品牌表（全量）

```
hive (gmall)>
DROP TABLE IF EXISTS ods_base_trademark_full;
CREATE EXTERNAL TABLE ods_base_trademark_full
(
    `id`        STRING COMMENT '品牌id',
    `tm_name`   STRING COMMENT '品牌名称',
    `logo_url`  STRING COMMENT '品牌Logo的图片路径'
) COMMENT '品牌表'
    PARTITIONED BY (`dt` STRING)
    ROW FORMAT DELIMITED FIELDS TERMINATED BY '\t'
    NULL DEFINED AS ''
    LOCATION '/warehouse/gmall/ods/ods_base_trademark_full/';
```

10. 创建购物车表（全量）

```
hive (gmall)>
DROP TABLE IF EXISTS ods_cart_info_full;
CREATE EXTERNAL TABLE ods_cart_info_full
(
    `id`          STRING COMMENT '编号',
    `user_id`     STRING COMMENT '用户id',
```

```
    `sku_id`        STRING COMMENT '商品id',
    `cart_price`    DECIMAL(16,2) COMMENT '放入购物车时的价格',
    `sku_num`       BIGINT COMMENT '数量',
    `img_url`       BIGINT COMMENT '商品图片地址',
    `sku_name`      STRING COMMENT '商品名称（冗余）',
    `is_checked`    STRING COMMENT '是否被选中',
    `create_time`   STRING COMMENT '加购物车时间',
    `operate_time`  STRING COMMENT '修改时间',
    `is_ordered`    STRING COMMENT '是否已经下单',
    `order_time`    STRING COMMENT '下单时间',
    `source_type`   STRING COMMENT '来源类型',
    `source_id`     STRING COMMENT '来源类型id'
) COMMENT '购物车全量表'
    PARTITIONED BY (`dt` STRING)
    ROW FORMAT DELIMITED FIELDS TERMINATED BY '\t'
    NULL DEFINED AS ''
    LOCATION '/warehouse/gmall/ods/ods_cart_info_full/';
```

11．创建优惠券信息表（全量）

```
hive (gmall)>
DROP TABLE IF EXISTS ods_coupon_info_full;
CREATE EXTERNAL TABLE ods_coupon_info_full
(
    `id`                STRING COMMENT '编号',
    `coupon_name`       STRING COMMENT '优惠券名称',
    `coupon_type`       STRING COMMENT '优惠券类型（1=现金券，2=折扣券，3=满减券，4=满件打折券）',
    `condition_amount`  DECIMAL(16,2) COMMENT '满减金额',
    `condition_num`     BIGINT COMMENT '满减件数',
    `activity_id`       STRING COMMENT '活动id',
    `benefit_amount`    DECIMAL(16,2) COMMENT '优惠金额',
    `benefit_discount`  DECIMAL(16,2) COMMENT '折扣',
    `create_time`       STRING COMMENT '创建时间',
    `range_type`        STRING COMMENT '范围类型字典码（3301=分类券，3302=品牌券，3303=单品券）',
    `limit_num`         BIGINT COMMENT '最多领取次数',
    `taken_count`       BIGINT COMMENT '已领取次数',
    `start_time`        STRING COMMENT '领取开始时间',
    `end_time`          STRING COMMENT '领取结束时间',
    `operate_time`      STRING COMMENT '修改时间',
    `expire_time`       STRING COMMENT '过期时间'
) COMMENT '优惠券信息表'
    PARTITIONED BY (`dt` STRING)
    ROW FORMAT DELIMITED FIELDS TERMINATED BY '\t'
    NULL DEFINED AS ''
    LOCATION '/warehouse/gmall/ods/ods_coupon_info_full/';
```

12．创建 SKU 平台属性表（全量）

```
hive (gmall)>
DROP TABLE IF EXISTS ods_sku_attr_value_full;
CREATE EXTERNAL TABLE ods_sku_attr_value_full
(
    `id`        STRING COMMENT '编号',
    `attr_id`   STRING COMMENT '平台属性id（冗余）',
```

```
    `value_id`    STRING COMMENT '平台属性值 id',
    `sku_id`      STRING COMMENT '商品 id',
    `attr_name`   STRING COMMENT '平台属性名称',
    `value_name`  STRING COMMENT '平台属性值名称'
) COMMENT 'SKU 平台属性表'
    PARTITIONED BY (`dt` STRING)
    ROW FORMAT DELIMITED FIELDS TERMINATED BY '\t'
    NULL DEFINED AS ''
    LOCATION '/warehouse/gmall/ods/ods_sku_attr_value_full/';
```

13．创建 SKU 信息表（全量）

```
hive (gmall)>
DROP TABLE IF EXISTS ods_sku_info_full;
CREATE EXTERNAL TABLE ods_sku_info_full
(
    `id`             STRING COMMENT '商品 id',
    `spu_id`         STRING COMMENT '标准产品单位 id',
    `price`          DECIMAL(16,2) COMMENT '价格',
    `sku_name`       STRING COMMENT '商品名称',
    `sku_desc`       STRING COMMENT '商品描述',
    `weight`         DECIMAL(16,2) COMMENT '重量',
    `tm_id`          STRING COMMENT '品牌 id（冗余）',
    `category3_id`   STRING COMMENT '三级分类 id（冗余）',
    `sku_default_img` STRING COMMENT '默认显示图片（冗余）',
    `is_sale`        STRING COMMENT '是否在售',
    `create_time`    STRING COMMENT '创建时间'
) COMMENT 'SKU 信息表'
    PARTITIONED BY (`dt` STRING)
    ROW FORMAT DELIMITED FIELDS TERMINATED BY '\t'
    NULL DEFINED AS ''
    LOCATION '/warehouse/gmall/ods/ods_sku_info_full/';
```

14．创建 SKU 销售属性表（全量）

```
hive (gmall)>
DROP TABLE IF EXISTS ods_sku_sale_attr_value_full;
CREATE EXTERNAL TABLE ods_sku_sale_attr_value_full
(
    `id`                 STRING COMMENT '编号',
    `sku_id`             STRING COMMENT '商品 id',
    `spu_id`             STRING COMMENT '标准产品单位 id（冗余）',
    `sale_attr_value_id` STRING COMMENT '销售属性值 id',
    `sale_attr_id`       STRING COMMENT '销售属性 id',
    `sale_attr_name`     STRING COMMENT '销售属性名称',
    `sale_attr_value_name` STRING COMMENT '销售属性值名称'
) COMMENT 'SKU 销售属性表'
    PARTITIONED BY (`dt` STRING)
    ROW FORMAT DELIMITED FIELDS TERMINATED BY '\t'
    NULL DEFINED AS ''
    LOCATION '/warehouse/gmall/ods/ods_sku_sale_attr_value_full/';
```

15．创建 SPU 信息表（全量）

```
hive (gmall)>
```

```
DROP TABLE IF EXISTS ods_spu_info_full;
CREATE EXTERNAL TABLE ods_spu_info_full
(
    `id`          STRING COMMENT '标准产品单位id',
    `spu_name`    STRING COMMENT '标准产品单位名称',
    `description`  STRING COMMENT '商品描述（后台简述）',
    `category3_id` STRING COMMENT '三级分类id',
    `tm_id`       STRING COMMENT '品牌id'
) COMMENT 'SPU信息表'
    PARTITIONED BY (`dt` STRING)
    ROW FORMAT DELIMITED FIELDS TERMINATED BY '\t'
    NULL DEFINED AS ''
    LOCATION '/warehouse/gmall/ods/ods_spu_info_full/';
```

16．创建购物车表（增量）

```
hive (gmall)>
DROP TABLE IF EXISTS ods_cart_info_inc;
CREATE EXTERNAL TABLE ods_cart_info_inc
(
    `type` STRING COMMENT '变动类型',
    `ts`   BIGINT COMMENT '变动时间',
    `data`
STRUCT<id :STRING,user_id :STRING,sku_id :STRING,cart_price :DECIMAL(16,2),sku_num :BIGI
NT,img_url :STRING,sku_name :STRING,is_checked :STRING,create_time :STRING,operate_time
:STRING,is_ordered :STRING,order_time :STRING,source_type :STRING,source_id :STRING>
COMMENT '数据',
    `old` MAP<STRING,STRING> COMMENT '旧值'
) COMMENT '购物车增量表'
    PARTITIONED BY (`dt` STRING)
    ROW FORMAT SERDE 'org.apache.hadoop.hive.serde2.JsonSerDe'
    LOCATION '/warehouse/gmall/ods/ods_cart_info_inc/';
```

17．创建评价表（增量）

```
hive (gmall)>
DROP TABLE IF EXISTS ods_comment_info_inc;
CREATE EXTERNAL TABLE ods_comment_info_inc
(
    `type` STRING COMMENT '变动类型',
    `ts`   BIGINT COMMENT '变动时间',
    `data` STRUCT<id :STRING,user_id :STRING,nick_name :STRING,head_img :STRING,sku_id :
STRING,spu_id :STRING,order_id :STRING,appraise :STRING,comment_txt :STRING,create_time
:STRING,operate_time :STRING> COMMENT '数据',
    `old` MAP<STRING,STRING> COMMENT '旧值'
) COMMENT '评价表'
    PARTITIONED BY (`dt` STRING)
    ROW FORMAT SERDE 'org.apache.hadoop.hive.serde2.JsonSerDe'
    LOCATION '/warehouse/gmall/ods/ods_comment_info_inc/';
```

18．创建优惠券领用表（增量）

```
hive (gmall)>
DROP TABLE IF EXISTS ods_coupon_use_inc;
CREATE EXTERNAL TABLE ods_coupon_use_inc
```

```
(
    `type` STRING COMMENT '变动类型',
    `ts`  BIGINT COMMENT '变动时间',
    `data` STRUCT<id :STRING,coupon_id :STRING,user_id :STRING,order_id :STRING,coupon_
status :STRING,get_time :STRING,using_time :STRING,used_time :STRING,expire_time :STRING>
COMMENT '数据',
    `old` MAP<STRING,STRING> COMMENT '旧值'
) COMMENT '优惠券领用表'
    PARTITIONED BY (`dt` STRING)
    ROW FORMAT SERDE 'org.apache.hadoop.hive.serde2.JsonSerDe'
    LOCATION '/warehouse/gmall/ods/ods_coupon_use_inc/';
```

19. 创建收藏表（增量）

```
hive (gmall)>
DROP TABLE IF EXISTS ods_favor_info_inc;
CREATE EXTERNAL TABLE ods_favor_info_inc
(
    `type` STRING COMMENT '变动类型',
    `ts`  BIGINT COMMENT '变动时间',
    `data` STRUCT<id :STRING,user_id :STRING,sku_id :STRING,spu_id :STRING,is_cancel :
STRING,create_time :STRING,cancel_time :STRING> COMMENT '数据',
    `old` MAP<STRING,STRING> COMMENT '旧值'
) COMMENT '收藏表'
    PARTITIONED BY (`dt` STRING)
    ROW FORMAT SERDE 'org.apache.hadoop.hive.serde2.JsonSerDe'
    LOCATION '/warehouse/gmall/ods/ods_favor_info_inc/';
```

20. 创建订单明细表（增量）

```
hive (gmall)>
DROP TABLE IF EXISTS ods_order_detail_inc;
CREATE EXTERNAL TABLE ods_order_detail_inc
(
    `type` STRING COMMENT '变动类型',
    `ts`  BIGINT COMMENT '变动时间',
    `data` STRUCT<id :STRING,order_id :STRING,sku_id :STRING,sku_name :STRING,img_url :
STRING,order_price :DECIMAL(16,2),sku_num :BIGINT,create_time :STRING,source_
type :STRING, source_id :STRING,split_total_amount :DECIMAL(16,2),split_activity_
amount :DECIMAL(16,2),split_coupon_amount:DECIMAL(16,2)> COMMENT '数据',
    `old` MAP<STRING,STRING> COMMENT '旧值'
) COMMENT '订单明细表'
    PARTITIONED BY (`dt` STRING)
    ROW FORMAT SERDE 'org.apache.hadoop.hive.serde2.JsonSerDe'
    LOCATION '/warehouse/gmall/ods/ods_order_detail_inc/';
```

21. 创建订单明细活动关联表（增量）

```
hive (gmall)>
DROP TABLE IF EXISTS ods_order_detail_activity_inc;
CREATE EXTERNAL TABLE ods_order_detail_activity_inc
(
    `type` STRING COMMENT '变动类型',
    `ts`  BIGINT COMMENT '变动时间',
```

```
    `data`  STRUCT<id :STRING,order_id :STRING,order_detail_id :STRING,activity_id :
STRING,activity_rule_id :STRING,sku_id :STRING,create_time :STRING> COMMENT '数据',
    `old`  MAP<STRING,STRING> COMMENT '旧值'
) COMMENT '订单明细活动关联表'
    PARTITIONED BY (`dt` STRING)
    ROW FORMAT SERDE 'org.apache.hadoop.hive.serde2.JsonSerDe'
    LOCATION '/warehouse/gmall/ods/ods_order_detail_activity_inc/';
```

22．创建订单明细优惠券关联表（增量）

```
hive (gmall)>
DROP TABLE IF EXISTS ods_order_detail_coupon_inc;
CREATE EXTERNAL TABLE ods_order_detail_coupon_inc
(
    `type`  STRING COMMENT '变动类型',
    `ts`   BIGINT COMMENT '变动时间',
    `data`  STRUCT<id :STRING,order_id :STRING,order_detail_id :STRING,coupon_id :
STRING,coupon_use_id :STRING,sku_id :STRING,create_time :STRING> COMMENT '数据',
    `old`  MAP<STRING,STRING> COMMENT '旧值'
) COMMENT '订单明细优惠券关联表'
    PARTITIONED BY (`dt` STRING)
    ROW FORMAT SERDE 'org.apache.hadoop.hive.serde2.JsonSerDe'
    LOCATION '/warehouse/gmall/ods/ods_order_detail_coupon_inc/';
```

23．创建订单表（增量）

```
hive (gmall)>
DROP TABLE IF EXISTS ods_order_info_inc;
CREATE EXTERNAL TABLE ods_order_info_inc
(
    `type`  STRING COMMENT '变动类型',
    `ts`   BIGINT COMMENT '变动时间',
    `data` STRUCT<id :STRING,consignee :STRING,consignee_tel :STRING,total_amount :
DECIMAL(16,2),order_status :STRING,user_id :STRING,payment_way :STRING,delivery_address
:STRING,order_comment :STRING,out_trade_no :STRING,trade_body :STRING,create_time :STRIN
G,operate_time :STRING,expire_time :STRING,process_status :STRING,tracking_no :STRING,pa
rent_order_id :STRING,img_url :STRING,province_id :STRING,activity_reduce_amount :DECIMA
L(16,2),coupon_reduce_amount :DECIMAL(16,2),original_total_amount : DECIMAL(16,2),
freight_fee :DECIMAL(16,2),freight_fee_reduce :DECIMAL(16,2),refundable_time :
DECIMAL(16,2)> COMMENT '数据',
    `old`  MAP<STRING,STRING> COMMENT '旧值'
) COMMENT '订单表'
    PARTITIONED BY (`dt` STRING)
    ROW FORMAT SERDE 'org.apache.hadoop.hive.serde2.JsonSerDe'
    LOCATION '/warehouse/gmall/ods/ods_order_info_inc/';
```

24．创建退单表（增量）

```
hive (gmall)>
DROP TABLE IF EXISTS ods_order_refund_info_inc;
CREATE EXTERNAL TABLE ods_order_refund_info_inc
(
    `type`  STRING COMMENT '变动类型',
    `ts`   BIGINT COMMENT '变动时间',
```

```
    `data` STRUCT<id :STRING,user_id :STRING,order_id :STRING,sku_id :STRING,refund_
type :STRING,refund_num :BIGINT,refund_amount :DECIMAL(16,2),refund_reason_
type :STRING,refund_reason_txt :STRING, refund_status :STRING,create_time :STRING>
COMMENT '数据',
    `old`  MAP<STRING,STRING> COMMENT '旧值'
) COMMENT '退单表'
    PARTITIONED BY (`dt` STRING)
    ROW FORMAT SERDE 'org.apache.hadoop.hive.serde2.JsonSerDe'
    LOCATION '/warehouse/gmall/ods/ods_order_refund_info_inc/';
```

25. 创建订单状态流水表（增量）

```
hive (gmall)>
DROP TABLE IF EXISTS ods_order_status_log_inc;
CREATE EXTERNAL TABLE ods_order_status_log_inc
(
    `type` STRING COMMENT '变动类型',
    `ts`  BIGINT COMMENT '变动时间',
    `data` STRUCT<id :STRING,order_id :STRING,order_status :STRING,operate_time :STRING>
COMMENT '数据',
    `old`  MAP<STRING,STRING> COMMENT '旧值'
) COMMENT '订单状态流水表'
    PARTITIONED BY (`dt` STRING)
    ROW FORMAT SERDE 'org.apache.hadoop.hive.serde2.JsonSerDe'
    LOCATION '/warehouse/gmall/ods/ods_order_status_log_inc/';
```

26. 创建支付表（增量）

```
hive (gmall)>
DROP TABLE IF EXISTS ods_payment_info_inc;
CREATE EXTERNAL TABLE ods_payment_info_inc
(
    `type` STRING COMMENT '变动类型',
    `ts`  BIGINT COMMENT '变动时间',
    `data` STRUCT<id :STRING,out_trade_no :STRING,order_id :STRING,user_id : STRING,
payment_type :STRING,trade_no :STRING,total_amount :DECIMAL(16,2),subject :STRING,
payment_status : STRING,create_time :STRING,callback_time :STRING,callback_
content :STRING> COMMENT '数据',
    `old`  MAP<STRING,STRING> COMMENT '旧值'
) COMMENT '支付表'
    PARTITIONED BY (`dt` STRING)
    ROW FORMAT SERDE 'org.apache.hadoop.hive.serde2.JsonSerDe'
    LOCATION '/warehouse/gmall/ods/ods_payment_info_inc/';
```

27. 创建退款表（增量）

```
hive (gmall)>
DROP TABLE IF EXISTS ods_refund_payment_inc;
CREATE EXTERNAL TABLE ods_refund_payment_inc
(
    `type` STRING COMMENT '变动类型',
    `ts`  BIGINT COMMENT '变动时间',
    `data` STRUCT<id :STRING,out_trade_no :STRING,order_id :STRING,sku_id :STRING,
payment_type :STRING,trade_no :STRING,total_amount :DECIMAL(16,2),subject :STRING,
```

```
refund_status :STRING,create_time :STRING, callback_time :STRING,callback_
content :STRING> COMMENT '数据',
    `old`  MAP<STRING,STRING> COMMENT '旧值'
) COMMENT '退款表'
    PARTITIONED BY (`dt` STRING)
    ROW FORMAT SERDE 'org.apache.hadoop.hive.serde2.JsonSerDe'
    LOCATION '/warehouse/gmall/ods/ods_refund_payment_inc/';
```

28．创建用户表（增量）

```
hive (gmall)>
DROP TABLE IF EXISTS ods_user_info_inc;
CREATE EXTERNAL TABLE ods_user_info_inc
(
    `type` STRING COMMENT '变动类型',
    `ts`   BIGINT COMMENT '变动时间',
    `data`  STRUCT<id  :STRING,login_name :STRING,nick_name :STRING,passwd :STRING,
name :STRING,phone_num :STRING,email :STRING,head_img :STRING,user_level :STRING,birthda
y :STRING,gender :STRING,create_time :STRING,operate_time :STRING,status :STRING> COMMENT
'数据',
    `old`  MAP<STRING,STRING> COMMENT '旧值'
) COMMENT '用户表'
    PARTITIONED BY (`dt` STRING)
    ROW FORMAT SERDE 'org.apache.hadoop.hive.serde2.JsonSerDe'
    LOCATION '/warehouse/gmall/ods/ods_user_info_inc/'';
```

6.4.4　ODS 层业务数据导入脚本

将 ODS 层业务数据中首日数据的装载过程编写成脚本，方便调用执行。

脚本思路与 ODS 层用户行为数据导入脚本思路相似。

- 获取日期变量值。
- 对需要执行的 SQL 语句进行拼接。具体逻辑是：循环判断将要执行数据装载操作的路径是否存在，若存在，则将 SQL 语句拼接至 sql 字符串中，在循环结束后，得到完整的 SQL 语句，统一使用 hive -e 命令执行。
- 编写逻辑判断脚本并输入参数，根据传入的表名决定执行哪张表的数据装载操作。

（1）在/home/atguigu/bin 目录下创建脚本 hdfs_to_ods_db.sh。

```
[atguigu@hadoop102 bin]$ vim hdfs_to_ods_db.sh
```

在脚本中编写如下内容。

```
#!/bin/bash

APP=gmall

if [ -n "$2" ] ;then
  do_date=$2
else
  do_date=`date -d '-1 day' +%F`
fi

load_data(){
    sql=""
    for i in $*; do
```

```
      #判断路径是否存在
      hadoop fs -test -e /origin_data/$APP/db/${i:4}/$do_date
      #若路径存在，则可装载数据
      if [[ $? = 0 ]]; then
          sql=$sql"load data inpath '/origin_data/$APP/db/${i:4}/$do_date' OVERWRITE into
table ${APP}.$i partition(dt='$do_date');"
      fi
   done
   hive -e "$sql"
}

case $1 in
   "ods_activity_info_full")
       load_data "ods_activity_info_full"
   ;;
   "ods_activity_rule_full")
       load_data "ods_activity_rule_full"
   ;;
   "ods_base_category1_full")
       load_data "ods_base_category1_full"
   ;;
   "ods_base_category2_full")
       load_data "ods_base_category2_full"
   ;;
   "ods_base_category3_full")
       load_data "ods_base_category3_full"
   ;;
   "ods_base_dic_full")
       load_data "ods_base_dic_full"
   ;;
   "ods_base_province_full")
       load_data "ods_base_province_full"
   ;;
   "ods_base_region_full")
       load_data "ods_base_region_full"
   ;;
   "ods_base_trademark_full")
       load_data "ods_base_trademark_full"
   ;;
   "ods_cart_info_full")
       load_data "ods_cart_info_full"
   ;;
   "ods_coupon_info_full")
       load_data "ods_coupon_info_full"
   ;;
   "ods_sku_attr_value_full")
       load_data "ods_sku_attr_value_full"
   ;;
   "ods_sku_info_full")
       load_data "ods_sku_info_full"
   ;;
```

```
    "ods_sku_sale_attr_value_full")
        load_data "ods_sku_sale_attr_value_full"
    ;;
    "ods_spu_info_full")
        load_data "ods_spu_info_full"
    ;;

    "ods_cart_info_inc")
        load_data "ods_cart_info_inc"
    ;;
    "ods_comment_info_inc")
        load_data "ods_comment_info_inc"
    ;;
    "ods_coupon_use_inc")
        load_data "ods_coupon_use_inc"
    ;;
    "ods_favor_info_inc")
        load_data "ods_favor_info_inc"
    ;;
    "ods_order_detail_inc")
        load_data "ods_order_detail_inc"
    ;;
    "ods_order_detail_activity_inc")
        load_data "ods_order_detail_activity_inc"
    ;;
    "ods_order_detail_coupon_inc")
        load_data "ods_order_detail_coupon_inc"
    ;;
    "ods_order_info_inc")
        load_data "ods_order_info_inc"
    ;;
    "ods_order_refund_info_inc")
        load_data "ods_order_refund_info_inc"
    ;;
    "ods_order_status_log_inc")
        load_data "ods_order_status_log_inc"
    ;;
    "ods_payment_info_inc")
        load_data "ods_payment_info_inc"
    ;;
    "ods_refund_payment_inc")
        load_data "ods_refund_payment_inc"
    ;;
    "ods_user_info_inc")
        load_data "ods_user_info_inc"
    ;;
    "all")
        load_data "ods_activity_info_full" "ods_activity_rule_full"
"ods_base_category1_full" "ods_base_category2_full" "ods_base_category3_full"
"ods_base_dic_full" "ods_base_province_full" "ods_base_region_full"
"ods_base_trademark_full" "ods_cart_info_full" "ods_coupon_info_full"
```

```
"ods_sku_attr_value_full" "ods_sku_info_full" "ods_sku_sale_attr_value_full"
"ods_spu_info_full" "ods_cart_info_inc" "ods_comment_info_inc" "ods_coupon_use_inc"
"ods_favor_info_inc" "ods_order_detail_inc" "ods_order_detail_activity_inc"
"ods_order_detail_coupon_inc" "ods_order_info_inc" "ods_order_refund_info_inc"
"ods_order_status_log_inc" "ods_payment_info_inc" "ods_refund_payment_inc"
"ods_user_info_inc"
    ;;
esac
```

（2）增加脚本执行权限。

```
[atguigu@hadoop102 bin]$ chmod +x hdfs_to_ods_db.sh
```

（3）执行脚本，第1个参数传入 all，第2个参数传入 2020-06-14，导入 2020-06-14 的数据。

```
[atguigu@hadoop102 bin]$ hdfs_to_ods_db.sh all 2020-06-14
```

（4）查询导入的数据。

```
hive (gmall)> select * from ods_order_detail_inc where dt='2020-06-14' limit 10;
```

6.5 数据仓库搭建——DIM 层

本节参照在 6.2.3 节中指定的数据仓库业务总线矩阵来搭建本数据仓库项目的 DIM 层。在业务总线矩阵中，共出现了 11 种维度，其中的支付方式、退单类型、退单原因类型、渠道、设备维度内容较少，已经被合并到涉及的事实表中，无须创建维度表。

DIM 层的设计要点如下。

- 设计依据是维度建模理论，该层用于存储维度模型的维度表。
- 数据存储格式为 ORC 列式存储+Snappy 压缩。
- 表的命名规范为 dim_表名_全量表/拉链表（full/zip）标识。

接下来对几张主要的维度表进行讲解。

6.5.1 商品维度表（全量）

商品维度表需要体现所有与一件商品相关的且具有分析意义的属性值，这样用户在分析商品的某个属性时，不需要再与其他表进行关联。在商品维度表中，通过与三级分类表、二级分类表、一级分类表、SPU 信息表、品牌表、SKU 平台属性表、SKU 销售属性表进行 union（连表）查询，获取关键属性信息。

（1）建表语句。

```
hive (gmall)>
DROP TABLE IF EXISTS dim_sku_full;
CREATE EXTERNAL TABLE dim_sku_full
(
    `id`               STRING COMMENT '商品 id',
    `price`            DECIMAL(16,2) COMMENT '商品价格',
    `sku_name`         STRING COMMENT '商品名称',
    `sku_desc`         STRING COMMENT '商品描述',
    `weight`           DECIMAL(16,2) COMMENT '重量',
    `is_sale`          BOOLEAN COMMENT '是否在售',
    `spu_id`           STRING COMMENT '标准产品单位 id',
    `spu_name`         STRING COMMENT '标准产品单位名称',
    `category3_id`     STRING COMMENT '三级分类 id',
    `category3_name`   STRING COMMENT '三级分类名称',
    `category2_id`     STRING COMMENT '二级分类 id',
    `category2_name`   STRING COMMENT '二级分类名称',
```

```
    `category1_id`          STRING COMMENT '一级分类id',
    `category1_name`          STRING COMMENT '一级分类名称',
    `tm_id`              STRING COMMENT '品牌id',
    `tm_name`             STRING COMMENT '品牌名称',
    `sku_attr_values`            ARRAY<STRUCT<attr_id :STRING,value_id :STRING,attr_name :
STRING,value_name:STRING>> COMMENT '平台属性',
    `sku_sale_attr_values` ARRAY<STRUCT<sale_attr_id :STRING,sale_attr_value_id :STRING,
sale_attr_name :STRING,sale_attr_value_name:STRING>> COMMENT '销售属性',
    `create_time`         STRING COMMENT '创建时间'
) COMMENT '商品维度表'
    PARTITIONED BY (`dt` STRING)
    STORED AS ORC
    LOCATION '/warehouse/gmall/dim/dim_sku_full/'
    TBLPROPERTIES ('orc.compress' = 'snappy');
```

（2）数据装载。

```
hive (gmall)>
with
sku as
(
    select
        id,
        price,
        sku_name,
        sku_desc,
        weight,
        is_sale,
        spu_id,
        category3_id,
        tm_id,
        create_time
    from ods_sku_info_full
    where dt='2020-06-14'
),
spu as
(
    select
        id,
        spu_name
    from ods_spu_info_full
    where dt='2020-06-14'
),
c3 as
(
    select
        id,
        name,
        category2_id
    from ods_base_category3_full
    where dt='2020-06-14'
),
c2 as
```

```
(
    select
        id,
        name,
        category1_id
    from ods_base_category2_full
    where dt='2020-06-14'
),
c1 as
(
    select
        id,
        name
    from ods_base_category1_full
    where dt='2020-06-14'
),
tm as
(
    select
        id,
        tm_name
    from ods_base_trademark_full
    where dt='2020-06-14'
),
attr as
(
    select
        sku_id,
        collect_set(named_struct('attr_id',attr_id,'value_id',value_id,'attr_name',attr_
name,'value_name',value_name)) attrs
    from ods_sku_attr_value_full
    where dt='2020-06-14'
    group by sku_id
),
sale_attr as
(
    select
        sku_id,
        collect_set(named_struct('sale_attr_id',sale_attr_id,'sale_attr_value_id',sale_
attr_value_id,'sale_attr_name',sale_attr_name,'sale_attr_value_name',sale_attr_value_nam
e)) sale_attrs
    from ods_sku_sale_attr_value_full
    where dt='2020-06-14'
    group by sku_id
)
insert overwrite table dim_sku_full partition(dt='2020-06-14')
select
    sku.id,
    sku.price,
    sku.sku_name,
    sku.sku_desc,
```

```
    sku.weight,
    sku.is_sale,
    sku.spu_id,
    spu.spu_name,
    sku.category3_id,
    c3.name,
    c3.category2_id,
    c2.name,
    c2.category1_id,
    c1.name,
    sku.tm_id,
    tm.tm_name,
    attr.attrs,
    sale_attr.sale_attrs,
    sku.create_time
from sku
left join spu on sku.spu_id=spu.id
left join c3 on sku.category3_id=c3.id
left join c2 on c3.category2_id=c2.id
left join c1 on c2.category1_id=c1.id
left join tm on sku.tm_id=tm.id
left join attr on sku.id=attr.sku_id
left join sale_attr on sku.id=sale_attr.sku_id;
```

6.5.2　优惠券维度表（全量）

优惠券维度表在继承 ODS 层的优惠券信息表原有字段的基础上，又增加了 3 个字段，分别是 coupon_type_name（优惠券类型名称）、benefit_rule（优惠规则）、range_type_name（优惠券范围类型名称）。在原业务数据表中，优惠券类型和优惠券范围类型是两个编码值，在这里通过与编码字典表关联获取这两个字段值的文字说明。优惠规则字段则通过复杂的字段拼接处理，将详细的优惠规则沉淀至该维度表中，避免后续需要使用时进行反复拼接处理。

（1）建表语句。

```
hive (gmall)>
DROP TABLE IF EXISTS dim_coupon_full;
CREATE EXTERNAL TABLE dim_coupon_full
(
    `id`                STRING COMMENT '编号',
    `coupon_name`       STRING COMMENT '优惠券名称',
    `coupon_type_code`  STRING COMMENT '优惠券类型编码',
    `coupon_type_name`  STRING COMMENT '优惠券类型名称',
    `condition_amount`  DECIMAL(16,2) COMMENT '满减金额',
    `condition_num`     BIGINT COMMENT '满减件数',
    `activity_id`       STRING COMMENT '活动id',
    `benefit_amount`    DECIMAL(16,2) COMMENT '优惠金额',
    `benefit_discount`  DECIMAL(16,2) COMMENT '折扣',
    `benefit_rule`      STRING COMMENT '优惠规则:满*元减*元,满*件打*折',
    `create_time`       STRING COMMENT '创建时间',
    `range_type_code`   STRING COMMENT '优惠券范围类型编码',
    `range_type_name`   STRING COMMENT '优惠券范围类型名称',
    `limit_num`         BIGINT COMMENT '最多领取次数',
    `taken_count`       BIGINT COMMENT '已领取次数',
```

```
    `start_time`        STRING COMMENT '领取开始时间',
    `end_time`          STRING COMMENT '领取结束时间',
    `operate_time`      STRING COMMENT '修改时间',
    `expire_time`       STRING COMMENT '过期时间'
) COMMENT '优惠券维度表'
    PARTITIONED BY (`dt` STRING)
    STORED AS ORC
    LOCATION '/warehouse/gmall/dim/dim_coupon_full/'
    TBLPROPERTIES ('orc.compress' = 'snappy');
```

（2）数据装载。

```
hive (gmall)>
insert overwrite table dim_coupon_full partition(dt='2020-06-14')
select
    id,
    coupon_name,
    coupon_type,
    coupon_dic.dic_name,
    condition_amount,
    condition_num,
    activity_id,
    benefit_amount,
    benefit_discount,
    case coupon_type
        when '3201' then concat('满',condition_amount,'元减',benefit_amount,'元')
        when '3202' then concat('满',condition_num,'件打',10*(1-benefit_discount),'折')
        when '3203' then concat('减',benefit_amount,'元')
    end benefit_rule,
    create_time,
    range_type,
    range_dic.dic_name,
    limit_num,
    taken_count,
    start_time,
    end_time,
    operate_time,
    expire_time
from
(
    select
        id,
        coupon_name,
        coupon_type,
        condition_amount,
        condition_num,
        activity_id,
        benefit_amount,
        benefit_discount,
        create_time,
        range_type,
        limit_num,
        taken_count,
```

```
        start_time,
        end_time,
        operate_time,
        expire_time
    from ods_coupon_info_full
    where dt='2020-06-14'
)ci
left join
(
    select
        dic_code,
        dic_name
    from ods_base_dic_full
    where dt='2020-06-14'
    and parent_code='32'
)coupon_dic
on ci.coupon_type=coupon_dic.dic_code
left join
(
    select
        dic_code,
        dic_name
    from ods_base_dic_full
    where dt='2020-06-14'
    and parent_code='33'
)range_dic
on ci.range_type=range_dic.dic_code;
```

6.5.3 活动维度表（全量）

活动维度表中字段的设置与优惠券维度表比较类似，在活动信息表与活动规则表的基础上又增加了两个字段——activity_type_name（活动类型名称）与 benefit_rule（优惠规则）。其中，活动类型名称通过与编码字典表关联获取，优惠规则通过复杂的字段拼接获取。

（1）建表语句。

```
hive (gmall)>
DROP TABLE IF EXISTS dim_activity_full;
CREATE EXTERNAL TABLE dim_activity_full
(
    `activity_rule_id`    STRING COMMENT '活动规则 id',
    `activity_id`         STRING COMMENT '活动 id',
    `activity_name`       STRING COMMENT '活动名称',
    `activity_type_code`  STRING COMMENT '活动类型编码',
    `activity_type_name`  STRING COMMENT '活动类型名称',
    `activity_desc`       STRING COMMENT '活动描述',
    `start_time`          STRING COMMENT '开始时间',
    `end_time`            STRING COMMENT '结束时间',
    `create_time`         STRING COMMENT '创建时间',
    `condition_amount`    DECIMAL(16,2) COMMENT '满减金额',
    `condition_num`       BIGINT COMMENT '满减件数',
    `benefit_amount`      DECIMAL(16,2) COMMENT '优惠金额',
    `benefit_discount`    DECIMAL(16,2) COMMENT '优惠折扣',
```

```
    `benefit_rule`        STRING COMMENT '优惠规则',
    `benefit_level`       STRING COMMENT '优惠级别'
) COMMENT '活动维度表'
    PARTITIONED BY (`dt` STRING)
    STORED AS ORC
    LOCATION '/warehouse/gmall/dim/dim_activity_full/'
    TBLPROPERTIES ('orc.compress' = 'snappy');
```

（2）数据装载。

```
hive (gmall)>
insert overwrite table dim_activity_full partition(dt='2020-06-14')
select
    rule.id,
    info.id,
    activity_name,
    rule.activity_type,
    dic.dic_name,
    activity_desc,
    start_time,
    end_time,
    create_time,
    condition_amount,
    condition_num,
    benefit_amount,
    benefit_discount,
    case rule.activity_type
        when '3101' then concat('满',condition_amount,'元减',benefit_amount,'元')
        when '3102' then concat('满',condition_num,'件打',10*(1-benefit_discount),'折')
        when '3103' then concat('打',10*(1-benefit_discount),'折')
    end benefit_rule,
    benefit_level
from
(
    select
        id,
        activity_id,
        activity_type,
        condition_amount,
        condition_num,
        benefit_amount,
        benefit_discount,
        benefit_level
    from ods_activity_rule_full
    where dt='2020-06-14'
)rule
left join
(
    select
        id,
        activity_name,
        activity_type,
        activity_desc,
```

```
        start_time,
        end_time,
        create_time
    from ods_activity_info_full
    where dt='2020-06-14'
)info
on rule.activity_id=info.id
left join
(
    select
        dic_code,
        dic_name
    from ods_base_dic_full
    where dt='2020-06-14'
    and parent_code='31'
)dic
on rule.activity_type=dic.dic_code;
```

6.5.4　地区维度表（全量）

地区维度表的构建主要是将地区表的地区属性信息退化至省份表中。

（1）建表语句。

```
hive (gmall)>
DROP TABLE IF EXISTS dim_province_full;
CREATE EXTERNAL TABLE dim_province_full
(
    `id`            STRING COMMENT '省份 id',
    `province_name` STRING COMMENT '省份名称',
    `area_code`     STRING COMMENT '地区编码',
    `iso_code`      STRING COMMENT '旧版 ISO-3166-2 编码, 供可视化使用',
    `iso_3166_2`    STRING COMMENT '新版 ISO-3166-2 编码, 供可视化使用',
    `region_id`     STRING COMMENT '地区 id',
    `region_name`   STRING COMMENT '地区名称'
) COMMENT '地区维度表'
    PARTITIONED BY (`dt` STRING)
    STORED AS ORC
    LOCATION '/warehouse/gmall/dim/dim_province_full/'
    TBLPROPERTIES ('orc.compress' = 'snappy');
```

（2）数据装载。

```
hive (gmall)>
insert overwrite table dim_province_full partition(dt='2020-06-14')
select
    province.id,
    province.name,
    province.area_code,
    province.iso_code,
    province.iso_3166_2,
    region_id,
    region_name
from
(
```

```
select
    id,
    name,
    region_id,
    area_code,
    iso_code,
    iso_3166_2
from ods_base_province_full
where dt='2020-06-14'
)province
left join
(
    select
        id,
        region_name
    from ods_base_region_full
    where dt='2020-06-14'
)region
on province.region_id=region.id;
```

6.5.5 时间维度表（特殊）

时间维度表的数据装载相对特殊。在通常情况下，该维度表的数据并不是来自业务系统，而是开发人员手动写入的，并且由于时间维度表的数据具有可预见性，因此无须每日导入，一般可一次性导入一年的数据。

（1）建表语句。

```
hive (gmall)>
DROP TABLE IF EXISTS dim_date_info;
CREATE EXTERNAL TABLE dim_date_info
(
    `date_id`    STRING COMMENT '日期id',
    `week_id`    STRING COMMENT '周id,一年中的第几周',
    `week_day`   STRING COMMENT '周几',
    `day`        STRING COMMENT '每月的第几日',
    `month`      STRING COMMENT '一年中的第几月',
    `quarter`    STRING COMMENT '一年中的第几季度',
    `year`       STRING COMMENT '年份',
    `is_workday` STRING COMMENT '是否是工作日',
    `holiday_id` STRING COMMENT '节假日'
) COMMENT '时间维度表'
    STORED AS ORC
    LOCATION '/warehouse/gmall/dim/dim_date_info/'
    TBLPROPERTIES ('orc.compress' = 'snappy');
```

（2）创建临时表。

```
hive (gmall)>
DROP TABLE IF EXISTS tmp_dim_date_info;
CREATE EXTERNAL TABLE tmp_dim_date_info (
    `date_id` STRING COMMENT '日期id',
    `week_id` STRING COMMENT '周id,一年中的第几周',
    `week_day` STRING COMMENT '周几',
    `day` STRING COMMENT '每月的第几日',
```

```
     `month` STRING COMMENT '一年中的第几月',
     `quarter` STRING COMMENT '一年中的第几季度',
     `year` STRING COMMENT '年份',
     `is_workday` STRING COMMENT '是否是工作日',
     `holiday_id` STRING COMMENT '节假日'
) COMMENT '时间维度表'
ROW FORMAT DELIMITED FIELDS TERMINATED BY '\t'
LOCATION '/warehouse/gmall/tmp/tmp_dim_date_info/';
```

（3）将数据文件 date.info（在本书提供的资料中可以找到）上传到 HDFS 上临时表指定目录 /warehouse/gmall/tmp/tmp_dim_date_info/。

（4）执行以下语句，将数据文件 date.info 导入时间维度表。

```
hive (gmall)>
insert overwrite table dim_date_info select * from tmp_dim_date_info;
```

（5）检查数据是否导入成功。

```
hive (gmall)>
select * from dim_date_info;
```

6.5.6　用户维度表（拉链表）

用户维度表的分区规划如图 6-27 所示，每日分区中存放的是当日过期的用户数据，9999-12-31 分区中存放的是全量最新的用户数据。

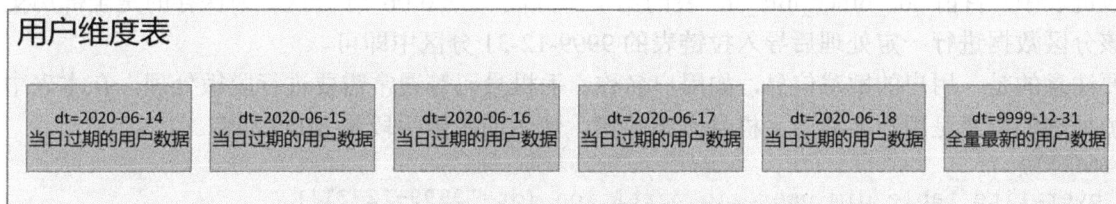

图 6-27　用户维度表的分区规划

用户维度表的数据装载与其他维度表不同，需要将当日新增及变化的用户数据与分区为 9999-12-31 的全量最新的用户数据进行合并，将过期数据放入每日分区中，最新数据放入 9999-12-31 分区中，如图 6-28 所示。

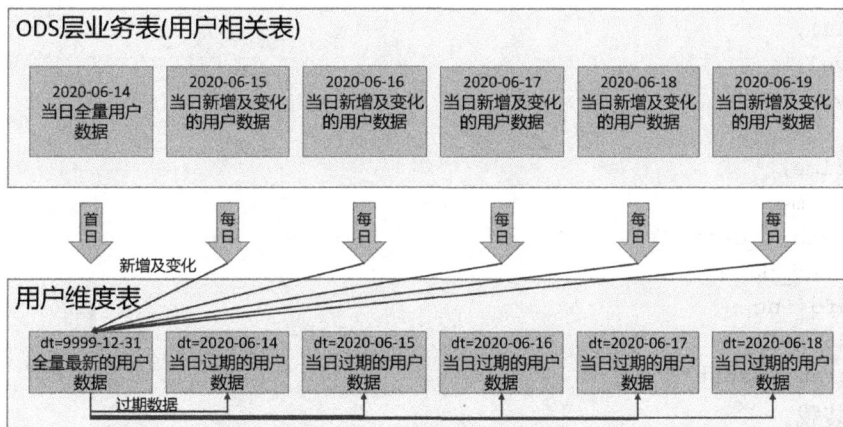

图 6-28　用户维度表数据装载思路

（1）建表语句。

```
hive (gmall)>
DROP TABLE IF EXISTS dim_user_zip;
```

```
CREATE EXTERNAL TABLE dim_user_zip(
    `id` STRING COMMENT '编号',
    `login_name` STRING COMMENT '用户名称',
    `nick_name` STRING COMMENT '用户昵称',
    `name` STRING COMMENT '用户姓名',
    `phone_num` STRING COMMENT '手机号码',
    `email` STRING COMMENT '邮箱',
    `user_level` STRING COMMENT '用户等级',
    `birthday` STRING COMMENT '用户生日',
    `gender` STRING COMMENT '性别',
    `create_time` STRING COMMENT '创建时间',
    `operate_time` STRING COMMENT '操作时间',
    `start_date` STRING COMMENT '开始日期',
    `end_date` STRING COMMENT '结束日期'
) COMMENT '用户维度表'
PARTITIONED BY (`dt` STRING)
STORED AS ORC
LOCATION '/warehouse/gmall/dim/dim_user_zip/'
TBLPROPERTIES ('orc.compress' = 'snappy');
```

（2）首日数据装载。

拉链表首日数据装载，需要进行初始化操作，具体工作为将截至初始化当日的全部历史用户数据一次性导入拉链表中。目前 ods_order_info_inc 表的第 1 个分区（2020-06-14 分区）中保存的是全部历史用户数据，将该分区数据进行一定处理后导入拉链表的 9999-12-31 分区中即可。

需要注意的是，用户的敏感信息，如用户名称、手机号码等通常需要进行脱敏处理。在本表中，需要进行脱敏处理的信息是用户名称、手机号码和邮箱，使用的脱敏手段是 MD5 加密。

```
hive (gmall)>
insert overwrite table dim_user_zip partition (dt='9999-12-31')
select
    data.id,
    data.login_name,
    data.nick_name,
    md5(data.name),
    md5(data.phone_num),
    md5(data.email),
    data.user_level,
    data.birthday,
    data.gender,
    data.create_time,
    data.operate_time,
    '2020-06-14' start_date,
    '9999-12-31' end_date
from ods_user_info_inc
where dt='2020-06-14'
and type='bootstrap-insert';
```

（3）每日数据装载。

每日数据装载思路如图 6-29 所示。

先将截至前一日的全量最新数据与当日新增及变化数据进行 union 操作。

然后使用开窗函数 row_number()对上述数据中每个用户的新老状态进行标识，row_number()函数需要按照 id 进行分区、按照 start_data 进行降序排列，在得到的结果中，序号为 1 的状态为最新状态，序号为 2 的状态为过期状态。

接着根据序号,对数据进行修改。将序号为 2 的状态的技术日期改为前一日,序号为 1 的数据不做修改。

最后使用动态分区将数据分别写入 9999-12-31 分区和前一日分区中。

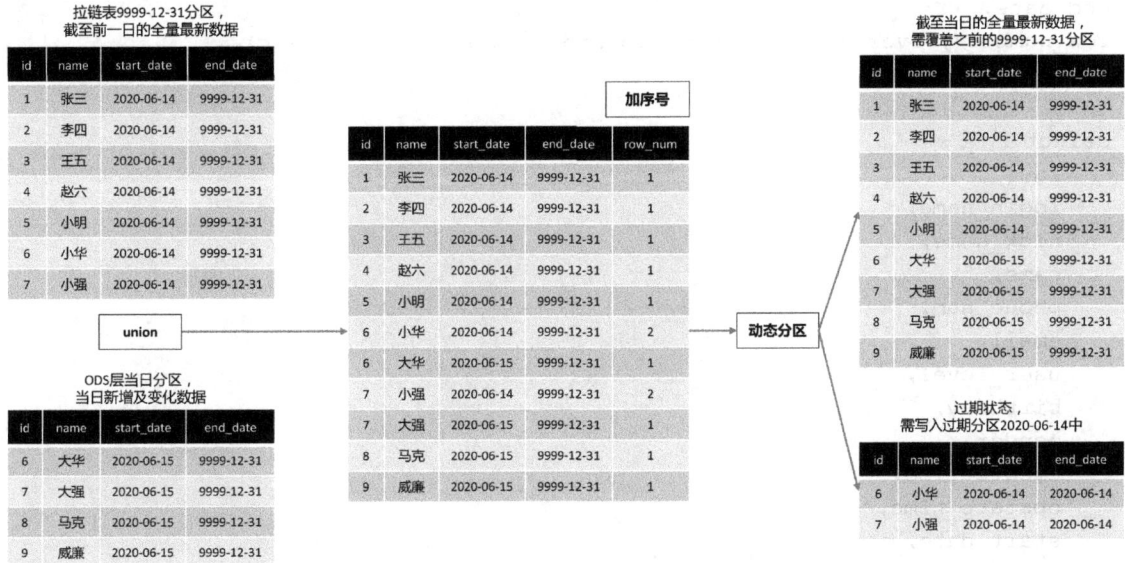

图 6-29　用户维度表每日数据装载思路

代码如下。

```
hive (gmall)>
insert overwrite table dim_user_zip partition(dt)
select
    id,
    login_name,
    nick_name,
    name,
    phone_num,
    email,
    user_level,
    birthday,
    gender,
    create_time,
    operate_time,
    start_date,
    if(rk=2,date_sub('2020-06-15',1),end_date) end_date,
    if(rk=2,date_sub('2020-06-15',1),end_date) dt
from
(
    select
        id,
        login_name,
        nick_name,
        name,
        phone_num,
        email,
        user_level,
```

```
        birthday,
        gender,
        create_time,
        operate_time,
        start_date,
        end_date,
        row_number() over (partition by id order by start_date desc) rk
    from
    (
        select
            id,
            login_name,
            nick_name,
            name,
            phone_num,
            email,
            user_level,
            birthday,
            gender,
            create_time,
            operate_time,
            start_date,
            end_date
        from dim_user_zip
        where dt='9999-12-31'
        union
        select
            id,
            login_name,
            nick_name,
            md5(name) name,
            md5(phone_num) phone_num,
            md5(email) email,
            user_level,
            birthday,
            gender,
            create_time,
            operate_time,
            '2020-06-15' start_date,
            '9999-12-31' end_date
        from
        (
            select
                data.id,
                data.login_name,
                data.nick_name,
                data.name,
                data.phone_num,
                data.email,
                data.user_level,
                data.birthday,
                data.gender,
                data.create_time,
```

```
            data.operate_time,
            row_number() over (partition by data.id order by ts desc) rk
        from ods_user_info_inc
        where dt='2020-06-15'
    )t1
    where rk=1
  )t2
)t3;
```

6.5.7　DIM 层首日数据装载脚本

在 DIM 层的搭建中，因为用户维度表使用了拉链表的形式，首日数据装载与每日数据装载方法存在不同之处，所以 DIM 层的数据装载脚本也将分为首日数据装载脚本与每日数据装载脚本。

DIM 层首日数据装载脚本设计思路与 ODS 层脚本设计思路类似。首先获取执行日期变量；然后进行每张维度表装载数据的 SQL 拼接工作，将日期变量拼接进执行 SQL 中；最后通过判断输入的表名决定执行哪张表的数据装载工作。

（1）在/home/atguigu/bin 目录下创建脚本 ods_to_dim_init.sh。

```
[atguigu@hadoop102 bin]$ vim ods_to_dim_init.sh
```

编写脚本内容（脚本内容过长，此处不再赘述，读者可从本书附赠的资料中获取完整脚本）。

（2）增加脚本执行权限。

```
[atguigu@hadoop102 bin]$ chmod +x ods_to_dim_init.sh
```

（3）执行脚本，导入数据。

```
[atguigu@hadoop102 bin]$ ods_to_dim_init.sh all 2020-06-14
```

（4）查看数据是否导入成功。

```
hive (gmall)>select * from dim_user_zip where dt='2020-06-14';
```

6.5.8　DIM 层每日数据装载脚本

DIM 层每日数据装载脚本设计思路与首日数据装载脚本设计思路类似，区别在于用户维度表的装载语句。

（1）在/home/atguigu/bin 目录下创建脚本 ods_to_dim.sh。

```
[atguigu@hadoop102 bin]$ vim ods_to_dim.sh
```

编写脚本内容（脚本内容过长，此处不再赘述，读者可从本书附赠的资料中获取完整脚本）。

（2）增加脚本执行权限。

```
[atguigu@hadoop102 bin]$ chmod +x ods_to_dim.sh
```

（3）执行脚本。需要注意的是，因为此时数据仓库中还没有采集 2020-06-15 的数据，所以先不要执行此处的命令。

```
[atguigu@hadoop102 bin]$ ods_to_dim.sh all 2020-06-15
```

（4）查看数据是否导入成功。

```
select * from dim_user_zip where dt='2020-06-15';
```

6.6　数据仓库搭建——DWD 层

DWD 层是原始数据与数据仓库的隔离层，需要对原始数据进行初步清洗和规范化操作。例如，对用户行为数据进行规范化解析，使其能真正融入数据仓库体系；对业务数据进行系统化建模设计，使其更加规范化。DWD 层的设计要点如下。

- 设计依据是维度建模理论，该层用于存储维度模型的事实表。
- 数据存储格式为 ORC 列式存储+Snappy 压缩。

● 表的命名规范为 dwd_数据域_表名_分区增量/全量（inc/full）标识。

本节参照 6.2.3 节指定的业务总线矩阵来搭建本数据仓库项目的 DWD 层。在业务总线矩阵中，一个业务过程对应维度模型中的一张事务事实表。本数据仓库项目的业务总线矩阵的数据域与业务过程总结如表 6-20 所示。我们将围绕如表 6-20 所示的 5 个数据域和 18 个业务过程构建事务事实表。

表 6-20　数据域与业务过程总结

数　据　域	业　务　过　程
交易域	加购物车
	下单
	取消订单
	支付成功
	退单
	退款成功
流量域	页面浏览
	动作
	曝光
	启动
	错误
用户域	注册
	登录
工具域	优惠券领取
	优惠券使用（下单）
	优惠券使用（支付）
互动域	收藏
	评价

在制定业务数据的同步策略时，我们曾经提出，购物车表同时执行全量同步与增量同步策略。这是因为针对用户使用购物车这一业务过程，有两个需求分析方向，分别是用户添加购物车行为分析和购物车存量商品分析。

其中，用户添加购物车行为分析针对的是用户将商品添加进购物车的行为，主要关注的是购物车表的插入（insert）和更改（update）操作，所以需要对购物车表进行增量同步。购物车存量商品分析主要针对的是现有购物车中的所有商品，所以需要对购物车表进行全量同步。

针对购物车表的增量同步数据，在 DWD 层构建一张事务事实表；针对购物车表的全量同步数据，在 DWD 层构建一张周期快照事实表。

6.6.1　交易域加购物车事务事实表

表 6-21 所示为交易域加购物车事务事实表的建模分析。加购物车事务事实表的粒度是一次添加购物车的操作，涉及的维度有时间、用户和商品，度量是商品件数。

表 6-21　交易域加购物车事务事实表的建模分析

数据域	业务过程	粒　度	时间	用户	商品	地区	活动	优惠券	支付方式	退单类型	退单原因类型	渠道	设备	度　量
交易域	加购物车	一次添加购物车的操作	√	√	√									商品件数

图 6-30 所示为交易域加购物车事务事实表的字段设计及来源，主要字段来自表 ods_cart_info_inc，通过关联表 ods_base_dic_full，获取来源类型名称字段。

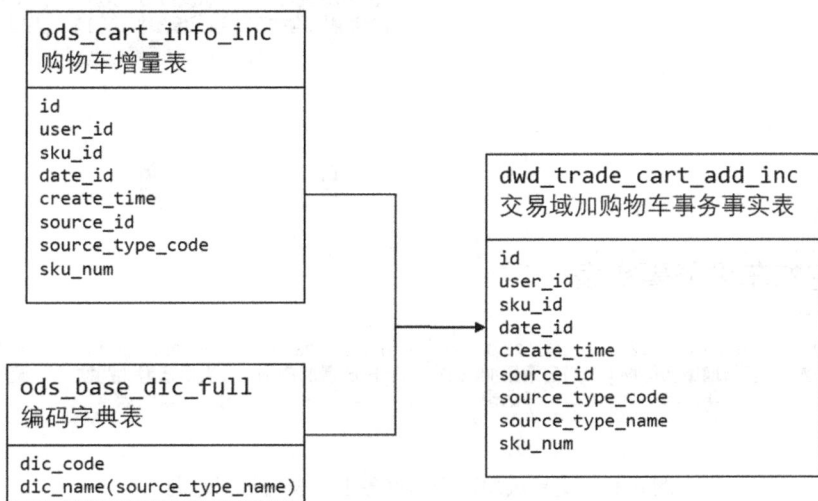

图 6-30　交易域加购物车事务事实表的字段设计及来源

数据装载思路如下。

1．首日数据装载思路

增量数据表的首日数据通过 Maxwell 的 bootstrap（全量同步）功能获取。在第 5 章讲解 Maxwell 时已经提过，在通过 bootstrap 功能获取的表格全量数据中，只有 type 为 bootstrap-insert 的内容中的 data 字段才是表格数据。所以首先过滤 ods_cart_info_inc 表中 type 为 bootstrap-insert 的并且分区为首日日期的数据，然后通过 source_type 字段与编码字典表进行关联。

使用动态分区功能，根据插入数据的最后一个字段值（create_time）进行分区。

2．每日数据装载思路

每日数据装载要对每日新增的购物车变动数据进行过滤，只分析 type 为 insert 或 update 且商品件数增加的变动操作。关键的事实表度量字段，当 type 为 insert 时，直接取 sku_num 值；当 type 为 update 时，则取 sku_num 相对旧数据的 sku_num 的增长值。

当日变动数据在经过分析处理后被直接放入当日分区中。

交易域加购物车事务事实表的分区设计如图 6-31 所示，每日分区中保存的是当日新增加购物车记录。

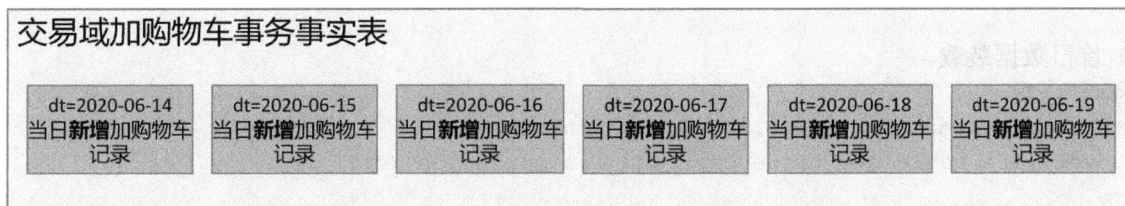

图 6-31　交易域加购物车事务事实表的分区设计

交易域加购物车事务事实表的数据流向如图 6-32 所示，首日的全量加购物车记录经过处理后，被放入数据的 create_time 字段对应的日期分区中，每日的增量加购物车记录则被放入当日分区中。

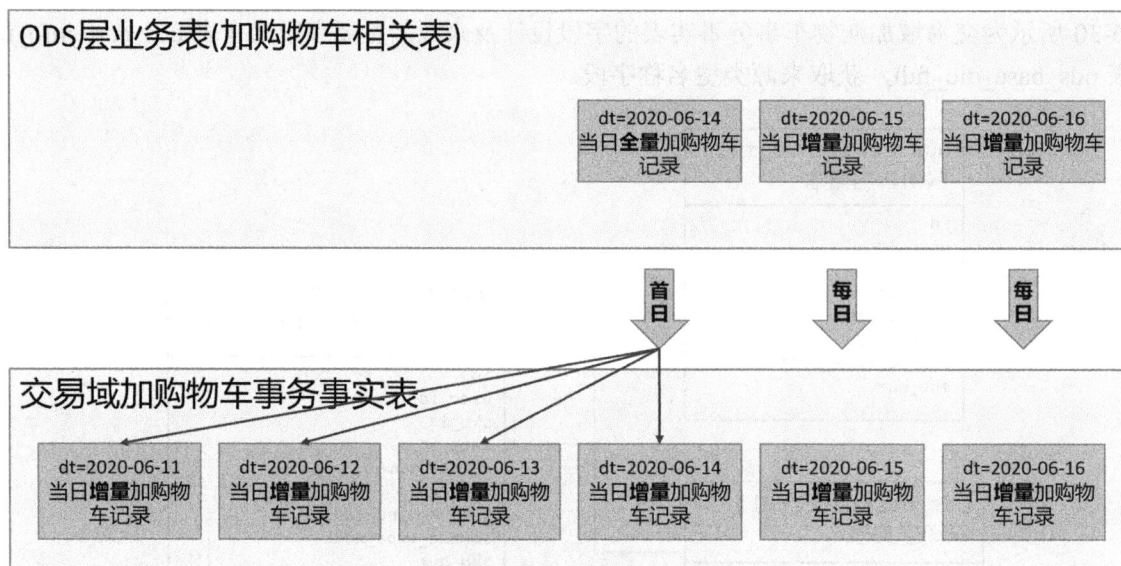

图 6-32　交易域加购物车事务事实表的数据流向

（1）建表语句。

```
hive (gmall)>
DROP TABLE IF EXISTS dwd_trade_cart_add_inc;
CREATE EXTERNAL TABLE dwd_trade_cart_add_inc
(
    `id`                 STRING COMMENT '编号',
    `user_id`            STRING COMMENT '用户 id',
    `sku_id`             STRING COMMENT '商品 id',
    `date_id`            STRING COMMENT '时间 id',
    `create_time`        STRING COMMENT '加购物车时间',
    `source_id`          STRING COMMENT '来源类型 id',
    `source_type_code`   STRING COMMENT '来源类型编码',
    `source_type_name`   STRING COMMENT '来源类型名称',
    `sku_num`            BIGINT COMMENT '加购物车商品件数'
) COMMENT '交易域加购物车事务事实表'
    PARTITIONED BY (`dt` STRING)
    ROW FORMAT DELIMITED FIELDS TERMINATED BY '\t'
    STORED AS ORC
    LOCATION '/warehouse/gmall/dwd/dwd_trade_cart_add_inc/'
    TBLPROPERTIES ('orc.compress' = 'snappy')
;
```

（2）首日数据装载。

```
hive (gmall)>
set hive.exec.dynamic.partition.mode=nonstrict;
insert overwrite table dwd_trade_cart_add_inc partition (dt)
select
    id,
    user_id,
    sku_id,
    date_format(create_time,'yyyy-MM-dd') date_id,
    create_time,
    source_id,
    source_type,
```

```
    dic.dic_name,
    sku_num,
    date_format(create_time, 'yyyy-MM-dd')
from
(
    select
        data.id,
        data.user_id,
        data.sku_id,
        data.create_time,
        data.source_id,
        data.source_type,
        data.sku_num
    from ods_cart_info_inc
    where dt = '2020-06-14'
    and type = 'bootstrap-insert'
)ci
left join
(
    select
        dic_code,
        dic_name
    from ods_base_dic_full
    where dt='2020-06-14'
    and parent_code='24'
)dic
on ci.source_type=dic.dic_code;
```

（3）每日数据装载。

```
hive (gmall)>
insert overwrite table dwd_trade_cart_add_inc partition(dt='2020-06-15')
select
    id,
    user_id,
    sku_id,
    date_id,
    create_time,
    source_id,
    source_type_code,
    source_type_name,
    sku_num
from
(
    select
        data.id,
        data.user_id,
        data.sku_id,
        date_format(from_utc_timestamp(ts*1000,'GMT+8'),'yyyy-MM-dd') date_id,
        date_format(from_utc_timestamp(ts*1000,'GMT+8'),'yyyy-MM-dd HH:mm:ss') create_time,
        data.source_id,
        data.source_type source_type_code,
        if(type='insert',data.sku_num,data.sku_num-old['sku_num']) sku_num
```

```
from ods_cart_info_inc
where dt='2020-06-15'
and (type='insert'
or(type='update' and old['sku_num'] is not null and data.sku_num>cast(old['sku_num']
as int)))
)cart
left join
(
    select
        dic_code,
        dic_name source_type_name
    from ods_base_dic_full
    where dt='2020-06-15'
    and parent_code='24'
)dic
on cart.source_type_code=dic.dic_code;
```

6.6.2 交易域下单事务事实表

表 6-22 所示为交易域下单事务事实表的建模分析。交易域下单事务事实表的粒度是一个订单中的一个商品项，涉及的维度有时间、用户、商品、地区、活动和优惠券，度量是下单商品件数、下单原始金额、下单最终金额、活动优惠金额和优惠券优惠金额。

表 6-22　交易域下单事务事实表的建模分析

数 据 域	业务过程	粒　　度	维　　度											度　　量
			时间	用户	商品	地区	活动	优惠券	支付方式	退单类型	退单原因类型	渠道	设备	
交易域	下单	一个订单中的一个商品项	√	√	√	√	√	√						下单商品件数/下单原始金额/下单最终金额/活动优惠金额/优惠券优惠金额

图 6-33 所示为交易域下单事务事实表的字段设计及来源，主要字段来自表 ods_order_detail_inc，通过关联表 ods_order_info_inc 获取用户维度与地区维度，通过关联表 ods_order_detail_activity_inc 获取活动维度，通过关联表 ods_order_detail_coupon_inc 获取优惠券维度，通过关联表 ods_base_dic_full 获取来源类型名称字段。

数据装载思路如下。

1．首日数据装载思路

筛选每张表中 type 为 bootstrap-insert 的数据，将表 ods_order_detail_inc 与表 ods_order_info_inc、ods_order_detail_activity_inc、ods_order_detail_coupon_inc、ods_base_dic_full 进行关联操作，获取对应的维度 id 字段。

使用动态分区功能，根据插入数据的最后一个字段值（create_time）进行分区。

2．每日数据装载思路

筛选每张表中 type 为 insert 的数据，将表 ods_order_detail_inc 与表 ods_order_info_inc、ods_order_detail_activity_inc、ods_order_detail_coupon_inc、ods_base_dic_full 进行关联操作，获取对应的维度 id 字段。

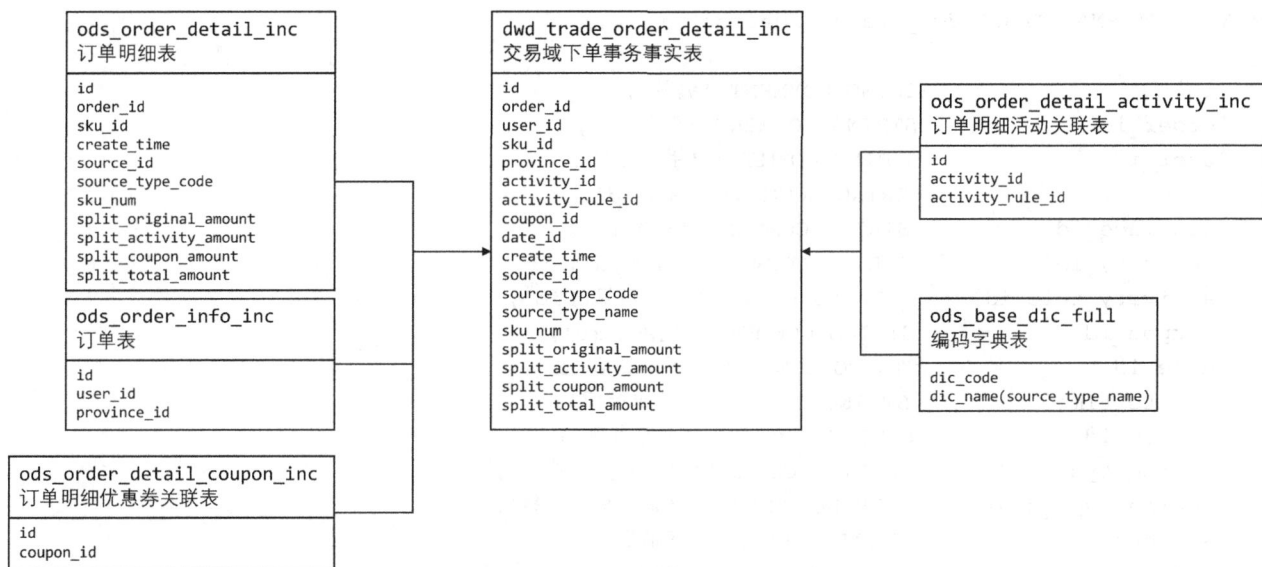

图 6-33　交易域下单事务事实表的字段设计及来源

当日变动数据在经过分析处理后被直接放入当日分区中。

交易域下单事务事实表的分区设计如图 6-34 所示，每日分区中保存的是当日新增下单记录。

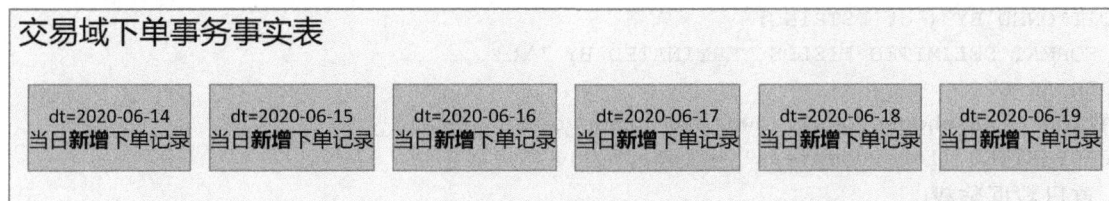

图 6-34　交易域下单事务事实表的分区设计

交易域下单事务事实表的数据流向如图 6-35 所示，首日的全量下单记录经过处理后，被放入数据的 create_time 字段对应的日期分区中，每日的增量下单记录则被放入当日分区中。

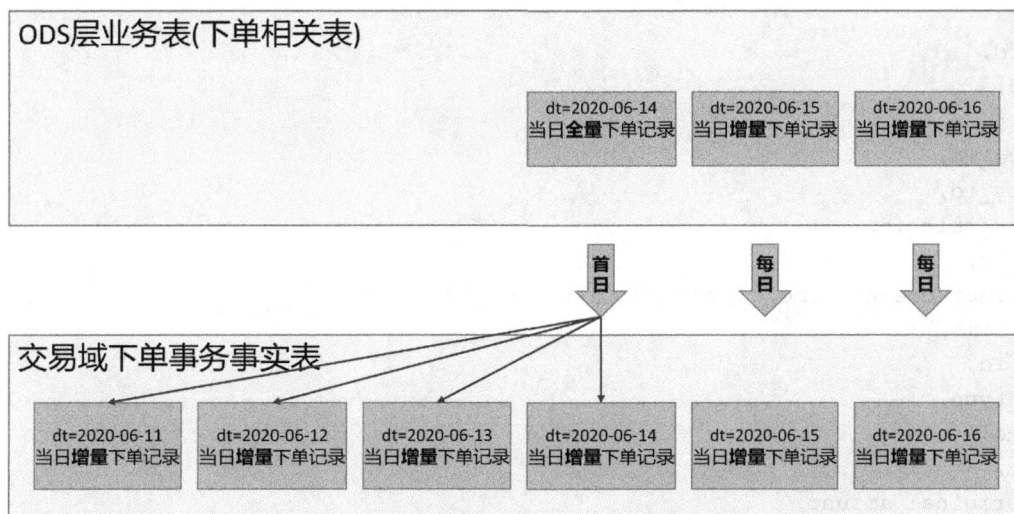

图 6-35　交易域下单事务事实表的数据流向

（1）建表语句。

```
hive (gmall)>
DROP TABLE IF EXISTS dwd_trade_order_detail_inc;
```

```
CREATE EXTERNAL TABLE dwd_trade_order_detail_inc
(
    `id`                    STRING COMMENT '编号',
    `order_id`              STRING COMMENT '订单id',
    `user_id`               STRING COMMENT '用户id',
    `sku_id`                STRING COMMENT '商品id',
    `province_id`           STRING COMMENT '省份id',
    `activity_id`           STRING COMMENT '活动id',
    `activity_rule_id`      STRING COMMENT '活动规则id',
    `coupon_id`             STRING COMMENT '优惠券id',
    `date_id`               STRING COMMENT '下单日期id',
    `create_time`           STRING COMMENT '下单时间',
    `source_id`             STRING COMMENT '来源类型id',
    `source_type_code`      STRING COMMENT '来源类型编码',
    `source_type_name`      STRING COMMENT '来源类型名称',
    `sku_num`               BIGINT COMMENT '商品数量',
    `split_original_amount` DECIMAL(16,2) COMMENT '原始价格',
    `split_activity_amount` DECIMAL(16,2) COMMENT '活动优惠分摊',
    `split_coupon_amount`   DECIMAL(16,2) COMMENT '优惠券优惠分摊',
    `split_total_amount`    DECIMAL(16,2) COMMENT '最终价格分摊'
) COMMENT '交易域下单事务事实表'
    PARTITIONED BY (`dt` STRING)
    ROW FORMAT DELIMITED FIELDS TERMINATED BY '\t'
    STORED AS ORC
    LOCATION '/warehouse/gmall/dwd/dwd_trade_order_detail_inc/'
    TBLPROPERTIES ('orc.compress' = 'snappy');
```

（2）首日数据装载。

```
hive (gmall)>
set hive.exec.dynamic.partition.mode=nonstrict;
insert overwrite table dwd_trade_order_detail_inc partition (dt)
select
    od.id,
    order_id,
    user_id,
    sku_id,
    province_id,
    activity_id,
    activity_rule_id,
    coupon_id,
    date_format(create_time, 'yyyy-MM-dd') date_id,
    create_time,
    source_id,
    source_type,
    dic_name,
    sku_num,
    split_original_amount,
    split_activity_amount,
    split_coupon_amount,
    split_total_amount,
    date_format(create_time,'yyyy-MM-dd')
from
```

```
(
    select
        data.id,
        data.order_id,
        data.sku_id,
        data.create_time,
        data.source_id,
        data.source_type,
        data.sku_num,
        data.sku_num * data.order_price split_original_amount,
        data.split_total_amount,
        data.split_activity_amount,
        data.split_coupon_amount
    from ods_order_detail_inc
    where dt = '2020-06-14'
    and type = 'bootstrap-insert'
) od
left join
(
    select
        data.id,
        data.user_id,
        data.province_id
    from ods_order_info_inc
    where dt = '2020-06-14'
    and type = 'bootstrap-insert'
) oi
on od.order_id = oi.id
left join
(
    select
        data.order_detail_id,
        data.activity_id,
        data.activity_rule_id
    from ods_order_detail_activity_inc
    where dt = '2020-06-14'
    and type = 'bootstrap-insert'
) act
on od.id = act.order_detail_id
left join
(
    select
        data.order_detail_id,
        data.coupon_id
    from ods_order_detail_coupon_inc
    where dt = '2020-06-14'
    and type = 'bootstrap-insert'
) cou
on od.id = cou.order_detail_id
left join
(
```

```
    select
        dic_code,
        dic_name
    from ods_base_dic_full
    where dt='2020-06-14'
    and parent_code='24'
)dic
on od.source_type=dic.dic_code;
```

（3）每日数据装载。

```
hive (gmall)>
insert overwrite table dwd_trade_order_detail_inc partition (dt='2020-06-15')
select
    od.id,
    order_id,
    user_id,
    sku_id,
    province_id,
    activity_id,
    activity_rule_id,
    coupon_id,
    date_id,
    create_time,
    source_id,
    source_type,
    dic_name,
    sku_num,
    split_original_amount,
    split_activity_amount,
    split_coupon_amount,
    split_total_amount
from
(
    select
        data.id,
        data.order_id,
        data.sku_id,
        date_format(data.create_time, 'yyyy-MM-dd') date_id,
        data.create_time,
        data.source_id,
        data.source_type,
        data.sku_num,
        data.sku_num * data.order_price split_original_amount,
        data.split_total_amount,
        data.split_activity_amount,
        data.split_coupon_amount
    from ods_order_detail_inc
    where dt = '2020-06-15'
    and type = 'insert'
) od
left join
```

```
(
    select
        data.id,
        data.user_id,
        data.province_id
    from ods_order_info_inc
    where dt = '2020-06-15'
    and type = 'insert'
) oi
on od.order_id = oi.id
left join
(
    select
        data.order_detail_id,
        data.activity_id,
        data.activity_rule_id
    from ods_order_detail_activity_inc
    where dt = '2020-06-15'
    and type = 'insert'
) act
on od.id = act.order_detail_id
left join
(
    select
        data.order_detail_id,
        data.coupon_id
    from ods_order_detail_coupon_inc
    where dt = '2020-06-15'
    and type = 'insert'
) cou
on od.id = cou.order_detail_id
left join
(
    select
        dic_code,
        dic_name
    from ods_base_dic_full
    where dt='2020-06-15'
    and parent_code='24'
)dic
on od.source_type=dic.dic_code;
```

6.6.3　交易域取消订单事务事实表

表 6-23 所示为交易域取消订单事务事实表的建模分析，粒度是一次取消订单操作，涉及的维度有时间、用户、商品、地区、活动和优惠券，度量是下单商品件数、下单原始金额、下单最终金额、活动优惠金额和优惠券优惠金额。

表6-23　交易域取消订单事务事实表的建模分析

数据域	业务过程	粒　度	维　度											度　量
			时间	用户	商品	地区	活动	优惠券	支付方式	退单类型	退单原因类型	渠道	设备	
交易域	取消订单	一次取消订单操作	√	√	√	√	√	√						下单商品件数/下单原始金额/下单最终金额/活动优惠金额/优惠券优惠金额

图 6-36 所示为交易域取消订单事务事实表的字段设计及来源，与交易域下单事务事实表类似。

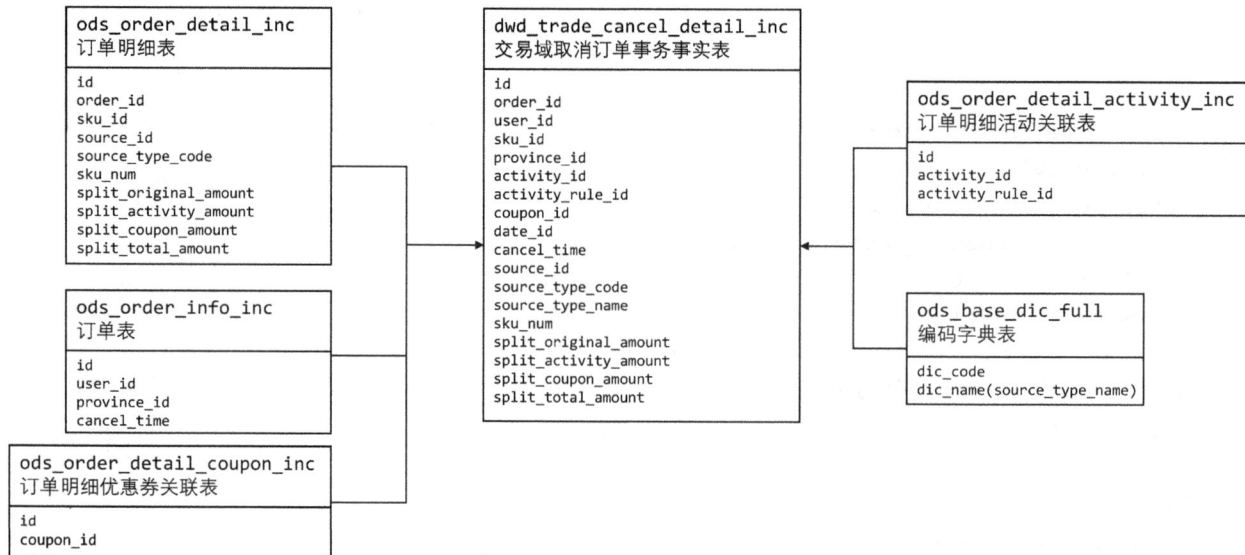

图 6-36　交易域取消订单事务事实表的字段设计及来源

数据装载思路与交易域下单事务事实表类似，但是在过滤表 ods_order_info_inc 时，需要过滤 order_status 字段值是 1003 的数据，得到的将是取消订单的数据。

分区设计和数据流向与交易域下单事务事实表相同，此处不再赘述。

（1）建表语句。

```
hive (gmall)>
DROP TABLE IF EXISTS dwd_trade_cancel_detail_inc;
CREATE EXTERNAL TABLE dwd_trade_cancel_detail_inc
(
    `id`                  STRING COMMENT '编号',
    `order_id`            STRING COMMENT '订单id',
    `user_id`             STRING COMMENT '用户id',
    `sku_id`              STRING COMMENT '商品id',
    `province_id`         STRING COMMENT '省份id',
    `activity_id`         STRING COMMENT '活动id',
    `activity_rule_id`    STRING COMMENT '活动规则id',
    `coupon_id`           STRING COMMENT '优惠券id',
    `date_id`             STRING COMMENT '取消订单日期id',
    `cancel_time`         STRING COMMENT '取消订单时间',
    `source_id`           STRING COMMENT '来源类型id',
    `source_type_code`    STRING COMMENT '来源类型编码',
    `source_type_name`    STRING COMMENT '来源类型名称',
```

```
    `sku_num`                BIGINT COMMENT '商品数量',
    `split_original_amount`  DECIMAL(16,2)  COMMENT '原始价格',
    `split_activity_amount`  DECIMAL(16,2)  COMMENT '活动优惠分摊',
    `split_coupon_amount`    DECIMAL(16,2)  COMMENT '优惠券优惠分摊',
    `split_total_amount`     DECIMAL(16,2)  COMMENT '最终价格分摊'
) COMMENT '交易域取消订单事务事实表'
    PARTITIONED BY (`dt` STRING)
    ROW FORMAT DELIMITED FIELDS TERMINATED BY '\t'
    STORED AS ORC
    LOCATION '/warehouse/gmall/dwd/dwd_trade_cancel_detail_inc/'
    TBLPROPERTIES ('orc.compress' = 'snappy');
```

（2）首日数据装载。

```
hive (gmall)>
set hive.exec.dynamic.partition.mode=nonstrict;
insert overwrite table dwd_trade_cancel_detail_inc partition (dt)
select
    od.id,
    order_id,
    user_id,
    sku_id,
    province_id,
    activity_id,
    activity_rule_id,
    coupon_id,
    date_format(cancel_time,'yyyy-MM-dd') date_id,
    cancel_time,
    source_id,
    source_type,
    dic_name,
    sku_num,
    split_original_amount,
    split_activity_amount,
    split_coupon_amount,
    split_total_amount,
    date_format(cancel_time,'yyyy-MM-dd')
from
(
    select
        data.id,
        data.order_id,
        data.sku_id,
        data.source_id,
        data.source_type,
        data.sku_num,
        data.sku_num * data.order_price split_original_amount,
        data.split_total_amount,
        data.split_activity_amount,
        data.split_coupon_amount
    from ods_order_detail_inc
    where dt = '2020-06-14'
    and type = 'bootstrap-insert'
```

```
) od
join
(
    select
        data.id,
        data.user_id,
        data.province_id,
        data.operate_time cancel_time
    from ods_order_info_inc
    where dt = '2020-06-14'
    and type = 'bootstrap-insert'
    and data.order_status='1003'
) oi
on od.order_id = oi.id
left join
(
    select
        data.order_detail_id,
        data.activity_id,
        data.activity_rule_id
    from ods_order_detail_activity_inc
    where dt = '2020-06-14'
    and type = 'bootstrap-insert'
) act
on od.id = act.order_detail_id
left join
(
    select
        data.order_detail_id,
        data.coupon_id
    from ods_order_detail_coupon_inc
    where dt = '2020-06-14'
    and type = 'bootstrap-insert'
) cou
on od.id = cou.order_detail_id
left join
(
    select
        dic_code,
        dic_name
    from ods_base_dic_full
    where dt='2020-06-14'
    and parent_code='24'
)dic
on od.source_type=dic.dic_code;
```

（3）每日数据装载。

```
hive (gmall)>
insert overwrite table dwd_trade_cancel_detail_inc partition (dt='2020-06-15')
select
    od.id,
    order_id,
```

```
        user_id,
        sku_id,
        province_id,
        activity_id,
        activity_rule_id,
        coupon_id,
        date_format(cancel_time,'yyyy-MM-dd') date_id,
        cancel_time,
        source_id,
        source_type,
        dic_name,
        sku_num,
        split_original_amount,
        split_activity_amount,
        split_coupon_amount,
        split_total_amount
from
(
    select
        data.id,
        data.order_id,
        data.sku_id,
        data.source_id,
        data.source_type,
        data.sku_num,
        data.sku_num * data.order_price split_original_amount,
        data.split_total_amount,
        data.split_activity_amount,
        data.split_coupon_amount
    from ods_order_detail_inc
    where (dt='2020-06-15' or dt=date_add('2020-06-15',-1))
    and (type = 'insert' or type= 'bootstrap-insert')
) od
join
(
    select
        data.id,
        data.user_id,
        data.province_id,
        data.operate_time cancel_time
    from ods_order_info_inc
    where dt = '2020-06-15'
    and type = 'update'
    and data.order_status='1003'
    and array_contains(map_keys(old),'order_status')
) oi
on order_id = oi.id
left join
(
```

```
select
    data.order_detail_id,
    data.activity_id,
    data.activity_rule_id
from ods_order_detail_activity_inc
where (dt='2020-06-15' or dt=date_add('2020-06-15',-1))
and (type = 'insert' or type= 'bootstrap-insert')
) act
on od.id = act.order_detail_id
left join
(
    select
        data.order_detail_id,
        data.coupon_id
    from ods_order_detail_coupon_inc
    where (dt='2020-06-15' or dt=date_add('2020-06-15',-1))
    and (type = 'insert' or type= 'bootstrap-insert')
) cou
on od.id = cou.order_detail_id
left join
(
    select
        dic_code,
        dic_name
    from ods_base_dic_full
    where dt='2020-06-15'
    and parent_code='24'
)dic
on od.source_type=dic.dic_code;
```

6.6.4　交易域支付成功事务事实表

表 6-24 所示为交易域支付成功事务事实表的建模分析，粒度是一个订单中一个商品项的支付成功操作，涉及的维度有时间、用户、商品、地区、活动、优惠券和支付方式，度量是支付商品件数、支付原始金额、支付最终金额、活动优惠金额和优惠券优惠金额。

表 6-24　交易域支付成功事务事实表的建模分析

数据域	业务过程	粒　度	维　度											度　量
			时间	用户	商品	地区	活动	优惠券	支付方式	退单类型	退单原因类型	渠道	设备	
交易域	支付成功	一个订单中一个商品项的支付成功操作	√	√	√	√	√	√	√					支付商品件数/支付原始金额/支付最终金额/活动优惠金额/优惠券优惠金额

图 6-37 所示为交易域支付成功事务事实表的字段设计及来源，主要字段来自表 ods_order_detail_inc 和表 ods_payment_info_inc，再通过与表 ods_order_info_inc 关联获取地区维度，与表 ods_order_detail_activity_inc 关联获取活动维度，与表 ods_order_detail_coupon_inc 关联获取优惠券维度，与表 ods_base_dic_full 关联获取一些编码字段值。

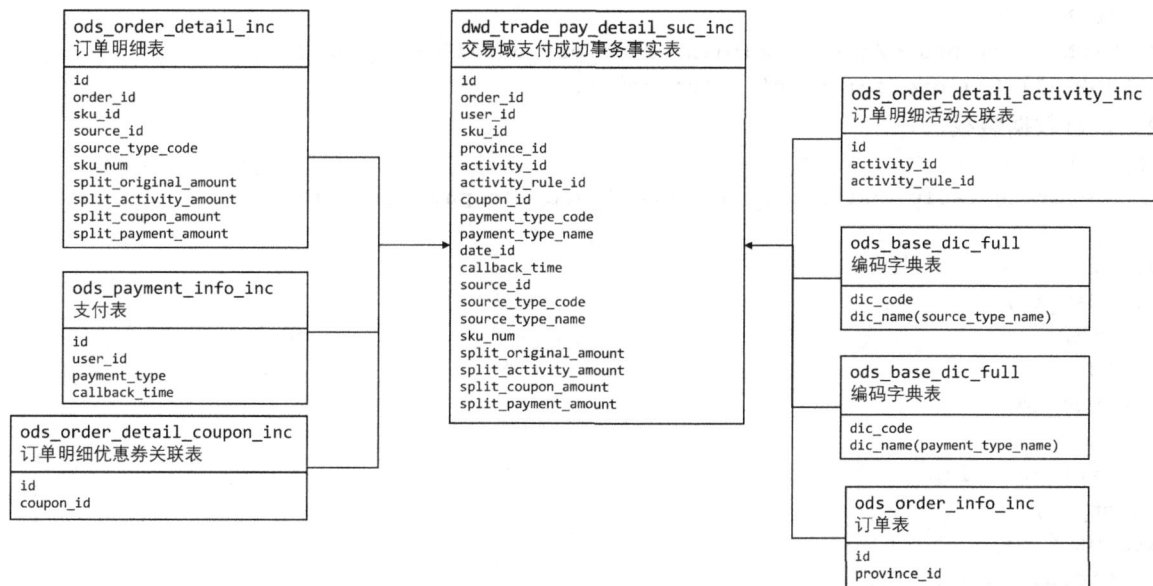

图 6-37　交易域支付成功事务事实表的字段设计及来源

数据装载思路与交易域下单事务事实表相似，需要先过滤 ODS 层的支付表中所有支付成功的数据，然后与其余表关联获取对应的维度数据。

分区设计和数据流向与交易域下单事务事实表相同，此处不再赘述。

（1）建表语句。

```
hive (gmall)>
DROP TABLE IF EXISTS dwd_trade_pay_detail_suc_inc;
CREATE EXTERNAL TABLE dwd_trade_pay_detail_suc_inc
(
    `id`                    STRING COMMENT '编号',
    `order_id`              STRING COMMENT '订单id',
    `user_id`               STRING COMMENT '用户id',
    `sku_id`                STRING COMMENT '商品id',
    `province_id`           STRING COMMENT '省份id',
    `activity_id`           STRING COMMENT '活动id',
    `activity_rule_id`      STRING COMMENT '活动规则id',
    `coupon_id`             STRING COMMENT '优惠券id',
    `payment_type_code`     STRING COMMENT '支付类型编码',
    `payment_type_name`     STRING COMMENT '支付类型名称',
    `date_id`               STRING COMMENT '支付日期id',
    `callback_time`         STRING COMMENT '支付成功时间',
    `source_id`             STRING COMMENT '来源类型id',
    `source_type_code`      STRING COMMENT '来源类型编码',
    `source_type_name`      STRING COMMENT '来源类型名称',
    `sku_num`               BIGINT COMMENT '商品数量',
    `split_original_amount` DECIMAL(16,2) COMMENT '应支付原始金额',
    `split_activity_amount` DECIMAL(16,2) COMMENT '支付活动优惠分摊',
    `split_coupon_amount`   DECIMAL(16,2) COMMENT '支付优惠券优惠分摊',
    `split_payment_amount`  DECIMAL(16,2) COMMENT '支付金额'
) COMMENT '交易域支付成功事务事实表'
    PARTITIONED BY (`dt` STRING)
    ROW FORMAT DELIMITED FIELDS TERMINATED BY '\t'
```

```
    STORED AS ORC
    LOCATION '/warehouse/gmall/dwd/dwd_trade_pay_detail_suc_inc/'
    TBLPROPERTIES ('orc.compress' = 'snappy');
```

（2）首日数据装载。

```
hive (gmall)>
insert overwrite table dwd_trade_pay_detail_suc_inc partition (dt)
select
    od.id,
    od.order_id,
    user_id,
    sku_id,
    province_id,
    activity_id,
    activity_rule_id,
    coupon_id,
    payment_type,
    pay_dic.dic_name,
    date_format(callback_time,'yyyy-MM-dd') date_id,
    callback_time,
    source_id,
    source_type,
    src_dic.dic_name,
    sku_num,
    split_original_amount,
    split_activity_amount,
    split_coupon_amount,
    split_total_amount,
    date_format(callback_time,'yyyy-MM-dd')
from
(
    select
        data.id,
        data.order_id,
        data.sku_id,
        data.source_id,
        data.source_type,
        data.sku_num,
        data.sku_num * data.order_price split_original_amount,
        data.split_total_amount,
        data.split_activity_amount,
        data.split_coupon_amount
    from ods_order_detail_inc
    where dt = '2020-06-14'
    and type = 'bootstrap-insert'
) od
join
(
    select
        data.user_id,
        data.order_id,
        data.payment_type,
```

```
        data.callback_time
    from ods_payment_info_inc
    where dt='2020-06-14'
    and type='bootstrap-insert'
    and data.payment_status='1602'
) pi
on od.order_id=pi.order_id
left join
(
    select
        data.id,
        data.province_id
    from ods_order_info_inc
    where dt = '2020-06-14'
    and type = 'bootstrap-insert'
) oi
on od.order_id = oi.id
left join
(
    select
        data.order_detail_id,
        data.activity_id,
        data.activity_rule_id
    from ods_order_detail_activity_inc
    where dt = '2020-06-14'
    and type = 'bootstrap-insert'
) act
on od.id = act.order_detail_id
left join
(
    select
        data.order_detail_id,
        data.coupon_id
    from ods_order_detail_coupon_inc
    where dt = '2020-06-14'
    and type = 'bootstrap-insert'
) cou
on od.id = cou.order_detail_id
left join
(
    select
        dic_code,
        dic_name
    from ods_base_dic_full
    where dt='2020-06-14'
    and parent_code='11'
) pay_dic
on pi.payment_type=pay_dic.dic_code
left join
(
    select
```

```
        dic_code,
        dic_name
    from ods_base_dic_full
    where dt='2020-06-14'
    and parent_code='24'
)src_dic
on od.source_type=src_dic.dic_code;
```

（3）每日数据装载。

```
hive (gmall)>
insert overwrite table dwd_trade_pay_detail_suc_inc partition (dt='2020-06-15')
select
    od.id,
    od.order_id,
    user_id,
    sku_id,
    province_id,
    activity_id,
    activity_rule_id,
    coupon_id,
    payment_type,
    pay_dic.dic_name,
    date_format(callback_time,'yyyy-MM-dd') date_id,
    callback_time,
    source_id,
    source_type,
    src_dic.dic_name,
    sku_num,
    split_original_amount,
    split_activity_amount,
    split_coupon_amount,
    split_total_amount
from
(
    select
        data.id,
        data.order_id,
        data.sku_id,
        data.source_id,
        data.source_type,
        data.sku_num,
        data.sku_num * data.order_price split_original_amount,
        data.split_total_amount,
        data.split_activity_amount,
        data.split_coupon_amount
    from ods_order_detail_inc
    where (dt = '2020-06-15' or dt = date_add('2020-06-15',-1))
    and (type = 'insert' or type = 'bootstrap-insert')
) od
join
(
    select
```

```
        data.user_id,
        data.order_id,
        data.payment_type,
        data.callback_time
    from ods_payment_info_inc
    where dt='2020-06-15'
    and type='update'
    and array_contains(map_keys(old),'payment_status')
    and data.payment_status='1602'
) pi
on od.order_id=pi.order_id
left join
(
    select
        data.id,
        data.province_id
    from ods_order_info_inc
    where (dt = '2020-06-15' or dt = date_add('2020-06-15',-1))
    and (type = 'insert' or type = 'bootstrap-insert')
) oi
on od.order_id = oi.id
left join
(
    select
        data.order_detail_id,
        data.activity_id,
        data.activity_rule_id
    from ods_order_detail_activity_inc
    where (dt = '2020-06-15' or dt = date_add('2020-06-15',-1))
    and (type = 'insert' or type = 'bootstrap-insert')
) act
on od.id = act.order_detail_id
left join
(
    select
        data.order_detail_id,
        data.coupon_id
    from ods_order_detail_coupon_inc
    where (dt = '2020-06-15' or dt = date_add('2020-06-15',-1))
    and (type = 'insert' or type = 'bootstrap-insert')
) cou
on od.id = cou.order_detail_id
left join
(
    select
        dic_code,
        dic_name
    from ods_base_dic_full
    where dt='2020-06-15'
    and parent_code='11'
) pay_dic
```

219

```
on pi.payment_type=pay_dic.dic_code
left join
(
    select
        dic_code,
        dic_name
    from ods_base_dic_full
    where dt='2020-06-15'
    and parent_code='24'
)src_dic
on od.source_type=src_dic.dic_code;
```

6.6.5 交易域退单事务事实表

表 6-25 所示为交易域退单事务事实表的建模分析，粒度是一次退单操作，涉及的维度有时间、用户、商品、地区、退单类型和退单原因类型，度量是退单商品件数和退单金额。

表 6-25 交易域退单事务事实表的建模分析

数据域	业务过程	粒 度	维 度											度 量
			时间	用户	商品	地区	活动	优惠券	支付方式	退单类型	退单原因类型	渠道	设备	
交易域	退单	一次退单操作	√	√	√	√				√	√			退单商品件数/退单金额

图 6-38 所示为交易域退单事务事实表的字段设计及来源，主要字段来自 ODS 层的表 ods_order_refund_info_inc，其中已经包含时间、用户、商品、退单类型和退单原因类型维度，通过与表 ods_order_info_inc 关联获取地区维度，与表 ods_base_dic_full 关联获取一些编码字段值。

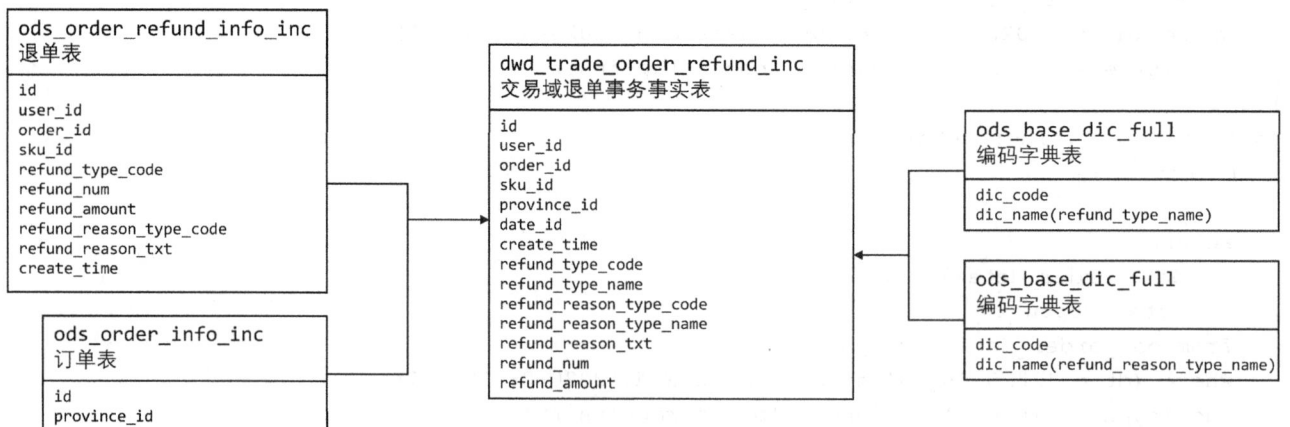

图 6-38 交易域退单事务事实表的字段设计及来源

数据装载思路与交易域下单事务事实表相似，将 ODS 层的退单表与其余表关联获取对应的维度数据。分区设计和数据流向与交易域下单事务事实表相同，此处不再赘述。

（1）建表语句。

```
hive (gmall)>
DROP TABLE IF EXISTS dwd_trade_order_refund_inc;
CREATE EXTERNAL TABLE dwd_trade_order_refund_inc
(
    `id`                    STRING COMMENT '编号',
```

```
  `user_id`                STRING COMMENT '用户id',
  `order_id`               STRING COMMENT '订单id',
  `sku_id`                 STRING COMMENT '商品id',
  `province_id`            STRING COMMENT '省份id',
  `date_id`                STRING COMMENT '日期id',
  `create_time`            STRING COMMENT '退单时间',
  `refund_type_code`       STRING COMMENT '退单类型编码',
  `refund_type_name`       STRING COMMENT '退单类型名称',
  `refund_reason_type_code` STRING COMMENT '退单原因类型编码',
  `refund_reason_type_name` STRING COMMENT '退单原因类型名称',
  `refund_reason_txt`      STRING COMMENT '退单原因描述',
  `refund_num`             BIGINT COMMENT '退单商品件数',
  `refund_amount`          DECIMAL(16,2) COMMENT '退单金额'
) COMMENT '交易域退单事务事实表'
    PARTITIONED BY (`dt` STRING)
    STORED AS ORC
    LOCATION '/warehouse/gmall/dwd/dwd_trade_order_refund_inc/'
    TBLPROPERTIES ("orc.compress" = "snappy");
```

（2）首日数据装载。

```
hive (gmall)>
insert overwrite table dwd_trade_order_refund_inc partition(dt)
select
    ri.id,
    user_id,
    order_id,
    sku_id,
    province_id,
    date_format(create_time,'yyyy-MM-dd') date_id,
    create_time,
    refund_type,
    type_dic.dic_name,
    refund_reason_type,
    reason_dic.dic_name,
    refund_reason_txt,
    refund_num,
    refund_amount,
    date_format(create_time,'yyyy-MM-dd')
from
(
    select
        data.id,
        data.user_id,
        data.order_id,
        data.sku_id,
        data.refund_type,
        data.refund_num,
        data.refund_amount,
        data.refund_reason_type,
        data.refund_reason_txt,
        data.create_time
    from ods_order_refund_info_inc
```

221

```
   where dt='2020-06-14'
   and type='bootstrap-insert'
)ri
left join
(
   select
       data.id,
       data.province_id
   from ods_order_info_inc
   where dt='2020-06-14'
   and type='bootstrap-insert'
)oi
on ri.order_id=oi.id
left join
(
   select
       dic_code,
       dic_name
   from ods_base_dic_full
   where dt='2020-06-14'
   and parent_code = '15'
)type_dic
on ri.refund_type=type_dic.dic_code
left join
(
   select
       dic_code,
       dic_name
   from ods_base_dic_full
   where dt='2020-06-14'
   and parent_code = '13'
)reason_dic
on ri.refund_reason_type=reason_dic.dic_code;
```

（3）每日数据装载。

```
hive (gmall)>
insert overwrite table dwd_trade_order_refund_inc partition(dt='2020-06-15')
select
   ri.id,
   user_id,
   order_id,
   sku_id,
   province_id,
   date_format(create_time,'yyyy-MM-dd') date_id,
   create_time,
   refund_type,
   type_dic.dic_name,
   refund_reason_type,
   reason_dic.dic_name,
   refund_reason_txt,
   refund_num,
   refund_amount
```

```
from
(
    select
        data.id,
        data.user_id,
        data.order_id,
        data.sku_id,
        data.refund_type,
        data.refund_num,
        data.refund_amount,
        data.refund_reason_type,
        data.refund_reason_txt,
        data.create_time
    from ods_order_refund_info_inc
    where dt='2020-06-15'
    and type='insert'
)ri
left join
(
    select
        data.id,
        data.province_id
    from ods_order_info_inc
    where dt='2020-06-15'
    and type='update'
    and data.order_status='1005'
    and array_contains(map_keys(old),'order_status')
)oi
on ri.order_id=oi.id
left join
(
    select
        dic_code,
        dic_name
    from ods_base_dic_full
    where dt='2020-06-15'
    and parent_code = '15'
)type_dic
on ri.refund_type=type_dic.dic_code
left join
(
    select
        dic_code,
        dic_name
    from ods_base_dic_full
    where dt='2020-06-15'
    and parent_code = '13'
)reason_dic
on ri.refund_reason_type=reason_dic.dic_code;
```

6.6.6 交易域退款成功事务事实表

表 6-26 所示为交易域退款成功事务事实表的建模分析，粒度是一次退款成功操作，涉及的维度有时间、用户、商品、地区和支付方式，度量是退款商品件数和退款金额。

表6-26 交易域退款成功事务事实表的建模分析

数据域	业务过程	粒　度	维　　度											度　　量
			时间	用户	商品	地区	活动	优惠券	支付方式	退单类型	退单原因类型	渠道	设备	
交易域	退款成功	一次退款成功操作	√	√	√	√			√					退款商品件数/退款金额

图 6-39 所示为交易域退款成功事务事实表的字段设计及来源，主要字段来自表 ods_refund_payment_inc，其中包含了时间、商品和支付方式维度，通过与表 ods_order_info_inc 关联获取用户和地区维度，与表 ods_order_refund_info_inc 关联获取退款商品件数度量，与表 ods_base_dic_full 关联获取支付方式名称。

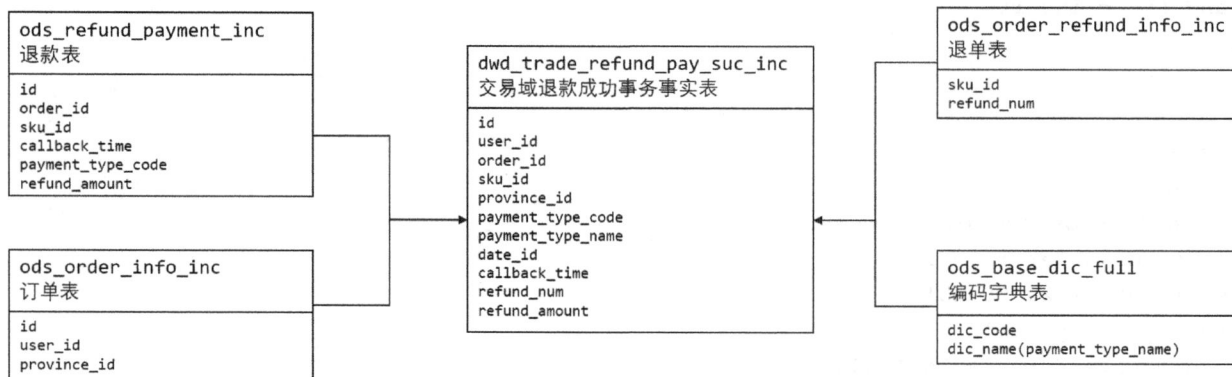

图 6-39 交易域退款成功事务事实表的字段设计及来源

数据装载思路与下单事务事实表相似，将 ODS 层的退款表与其余表关联获取对应的维度数据。

分区设计和数据流向与交易域下单事务事实表相同，此处不再赘述。

（1）建表语句。

```
hive (gmall)>
DROP TABLE IF EXISTS dwd_trade_refund_pay_suc_inc;
CREATE EXTERNAL TABLE dwd_trade_refund_pay_suc_inc
(
    `id`                STRING COMMENT '编号',
    `user_id`           STRING COMMENT '用户id',
    `order_id`          STRING COMMENT '订单id',
    `sku_id`            STRING COMMENT '商品id',
    `province_id`       STRING COMMENT '省份id',
    `payment_type_code` STRING COMMENT '支付类型编码',
    `payment_type_name` STRING COMMENT '支付类型名称',
    `date_id`           STRING COMMENT '日期id',
    `callback_time`     STRING COMMENT '退款成功时间',
    `refund_num`        DECIMAL(16,2) COMMENT '退款商品件数',
    `refund_amount`     DECIMAL(16,2) COMMENT '退款金额'
) COMMENT '交易域退款成功事务事实表'
    PARTITIONED BY (`dt` STRING)
    STORED AS ORC
    LOCATION '/warehouse/gmall/dwd/dwd_trade_refund_pay_suc_inc/'
```

```
TBLPROPERTIES ("orc.compress" = "snappy");
```

（2）首日数据装载。

```
hive (gmall)>
insert overwrite table dwd_trade_refund_pay_suc_inc partition(dt)
select
    rp.id,
    user_id,
    rp.order_id,
    rp.sku_id,
    province_id,
    payment_type,
    dic_name,
    date_format(callback_time,'yyyy-MM-dd') date_id,
    callback_time,
    refund_num,
    total_amount,
    date_format(callback_time,'yyyy-MM-dd')
from
(
    select
        data.id,
        data.order_id,
        data.sku_id,
        data.payment_type,
        data.callback_time,
        data.total_amount
    from ods_refund_payment_inc
    where dt='2020-06-14'
    and type = 'bootstrap-insert'
    and data.refund_status='1602'
)rp
left join
(
    select
        data.id,
        data.user_id,
        data.province_id
    from ods_order_info_inc
    where dt='2020-06-14'
    and type='bootstrap-insert'
)oi
on rp.order_id=oi.id
left join
(
    select
        data.order_id,
        data.sku_id,
        data.refund_num
    from ods_order_refund_info_inc
    where dt='2020-06-14'
    and type='bootstrap-insert'
```

225

```
)ri
on rp.order_id=ri.order_id
and rp.sku_id=ri.sku_id
left join
(
    select
        dic_code,
        dic_name
    from ods_base_dic_full
    where dt='2020-06-14'
    and parent_code='11'
)dic
on rp.payment_type=dic.dic_code;
```

（3）每日数据装载。

```
hive (gmall)>
insert overwrite table dwd_trade_refund_pay_suc_inc partition(dt='2020-06-15')
select
    rp.id,
    user_id,
    rp.order_id,
    rp.sku_id,
    province_id,
    payment_type,
    dic_name,
    date_format(callback_time,'yyyy-MM-dd') date_id,
    callback_time,
    refund_num,
    total_amount
from
(
    select
        data.id,
        data.order_id,
        data.sku_id,
        data.payment_type,
        data.callback_time,
        data.total_amount
    from ods_refund_payment_inc
    where dt='2020-06-15'
    and type = 'update'
    and array_contains(map_keys(old),'refund_status')
    and data.refund_status='1602'
)rp
left join
(
    select
        data.id,
        data.user_id,
        data.province_id
    from ods_order_info_inc
    where dt='2020-06-15'
```

```
    and type='update'
    and data.order_status='1006'
    and array_contains(map_keys(old),'order_status')
)oi
on rp.order_id=oi.id
left join
(
    select
        data.order_id,
        data.sku_id,
        data.refund_num
    from ods_order_refund_info_inc
    where dt='2020-06-15'
    and type='update'
    and data.refund_status='0705'
    and array_contains(map_keys(old),'refund_status')
)ri
on rp.order_id=ri.order_id
and rp.sku_id=ri.sku_id
left join
(
    select
        dic_code,
        dic_name
    from ods_base_dic_full
    where dt='2020-06-15'
    and parent_code='11'
)dic
on rp.payment_type=dic.dic_code;
```

6.6.7　交易域购物车周期快照事实表

交易域购物车周期快照事实表的构建首先需要确定粒度，采样周期为每日，统计指标通常为购物车存量中各种商品以及各种用户的分布情况，所以确定维度为商品和用户，最终将粒度确定为每日、用户、商品，度量则为商品件数。

交易域购物车周期快照事实表的数据来自 ODS 层全量同步的业务数据购物车表 ods_cart_info_full，表中已经包含了所有需要的维度和度量，所以数据装载过程比较简单，直接将表 ods_cart_info_full 中的数据装载进对应日期分区的 DWD 层的表中即可。

（1）建表语句。

```
hive (gmall)>
DROP TABLE IF EXISTS dwd_trade_cart_full;
CREATE EXTERNAL TABLE dwd_trade_cart_full
(
    `id`       STRING COMMENT '编号',
    `user_id`  STRING COMMENT '用户id',
    `sku_id`   STRING COMMENT '商品id',
    `sku_name` STRING COMMENT '商品名称',
    `sku_num`  BIGINT COMMENT '加购物车商品件数'
) COMMENT '交易域购物车周期快照事实表'
    PARTITIONED BY (`dt` STRING)
```

```
ROW FORMAT DELIMITED FIELDS TERMINATED BY '\t'
STORED AS ORC
LOCATION '/warehouse/gmall/dwd/dwd_trade_cart_full/'
TBLPROPERTIES ('orc.compress' = 'snappy');
```
（2）数据装载。
```
hive (gmall)>
insert overwrite table dwd_trade_cart_full partition(dt='2020-06-14')
select
    id,
    user_id,
    sku_id,
    sku_name,
    sku_num
from ods_cart_info_full
where dt='2020-06-14'
and is_ordered='0';
```

6.6.8　工具域优惠券领取事务事实表

表 6-27 所示为工具域优惠券领取事务事实表的建模分析，粒度是一次优惠券领取操作，涉及的维度有时间、用户和优惠券，度量是次数。

表 6-27　工具域优惠券领取事务事实表的建模分析

数据域	业务过程	粒度	维度											度量
			时间	用户	商品	地区	活动	优惠券	支付方式	退单类型	退单原因类型	渠道	设备	
工具域	优惠券领取	一次优惠券领取操作	√	√				√						无事实（次数1）

工具域优惠券领取事务事实表的所有相关维度和度量都在 ODS 层的表 ods_coupon_use_inc 中存在，不需要额外获取。首日数据装载与每日数据装载的区别在于，从 ODS 层的表中筛选数据时使用的条件不同以及数据所使用的分区不同。

分区设计和数据流向与交易域下单事务事实表相同，此处不再赘述。

（1）建表语句。
```
hive (gmall)>
DROP TABLE IF EXISTS dwd_tool_coupon_get_inc;
CREATE EXTERNAL TABLE dwd_tool_coupon_get_inc
(
    `id`        STRING COMMENT '编号',
    `coupon_id` STRING COMMENT '优惠券id',
    `user_id`   STRING COMMENT '用户id',
    `date_id`   STRING COMMENT '日期id',
    `get_time`  STRING COMMENT '领取时间'
) COMMENT '工具域优惠券领取事务事实表'
    PARTITIONED BY (`dt` STRING)
    STORED AS ORC
    LOCATION '/warehouse/gmall/dwd/dwd_tool_coupon_get_inc/'
    TBLPROPERTIES ("orc.compress" = "snappy");
```
（2）首日数据装载。
```
hive (gmall)>
insert overwrite table dwd_tool_coupon_get_inc partition(dt)
```

```
select
    data.id,
    data.coupon_id,
    data.user_id,
    date_format(data.get_time,'yyyy-MM-dd') date_id,
    data.get_time,
    date_format(data.get_time,'yyyy-MM-dd')
from ods_coupon_use_inc
where dt='2020-06-14'
and type='bootstrap-insert';
```

（3）每日数据装载。

```
hive (gmall)>
insert overwrite table dwd_tool_coupon_get_inc partition (dt='2020-06-15')
select
    data.id,
    data.coupon_id,
    data.user_id,
    date_format(data.get_time,'yyyy-MM-dd') date_id,
    data.get_time
from ods_coupon_use_inc
where dt='2020-06-15'
and type='insert';
```

6.6.9　工具域优惠券使用（下单）事务事实表

表 6-28 所示为工具域优惠券使用（下单）事务事实表的建模分析，粒度是一次优惠券使用（下单）操作，涉及的维度有时间、用户和优惠券，度量是次数。

表 6-28　工具域优惠券使用（下单）事务事实表的建模分析

数据域	业务过程	粒　　度	维　　度						度　　量
			时间	用户	商品	地区	活动	优惠券	支付方式	退单类型	退单原因类型	渠道	设备	

数据域	业务过程	粒　　度	时间	用户	商品	地区	活动	优惠券	支付方式	退单类型	退单原因类型	渠道	设备	度　　量
工具域	优惠券使用（下单）	一次优惠券使用（下单）操作	√	√				√						无事实（次数1）

工具域优惠券使用（下单）事务事实表的所有相关维度和度量都在 ODS 层的表 ods_coupon_use_inc 中存在，不需要额外获取。

数据装载思路如下。

1. 首日数据装载

过滤表 ods_coupon_use_inc 中 using_time 字段不为空的数据，即使用优惠券下单的数据。

2. 每日数据装载

过滤表 ods_coupon_use_inc 中增量数据类型为 update 且被修改的字段为 using_time 的数据，即使用优惠券下单的变动操作。

分区设计和数据流向与交易域下单事务事实表相同，此处不再赘述。

（1）建表语句。

```
hive (gmall)>
DROP TABLE IF EXISTS dwd_tool_coupon_order_inc;
CREATE EXTERNAL TABLE dwd_tool_coupon_order_inc
(
```

```
    `id`        STRING COMMENT '编号',
    `coupon_id`  STRING COMMENT '优惠券id',
    `user_id`    STRING COMMENT '用户id',
    `order_id`   STRING COMMENT '订单id',
    `date_id`    STRING COMMENT '日期id',
    `order_time` STRING COMMENT '使用优惠券下单时间'
) COMMENT '工具域优惠券使用（下单）事务事实表'
    PARTITIONED BY (`dt` STRING)
    STORED AS ORC
    LOCATION '/warehouse/gmall/dwd/dwd_tool_coupon_order_inc/'
    TBLPROPERTIES ("orc.compress" = "snappy");
```

（2）首日数据装载。

```
hive (gmall)>
insert overwrite table dwd_tool_coupon_order_inc partition(dt)
select
    data.id,
    data.coupon_id,
    data.user_id,
    data.order_id,
    date_format(data.using_time,'yyyy-MM-dd') date_id,
    data.using_time,
    date_format(data.using_time,'yyyy-MM-dd')
from ods_coupon_use_inc
where dt='2020-06-14'
and type='bootstrap-insert'
and data.using_time is not null;
```

（3）每日数据装载。

```
hive (gmall)>
insert overwrite table dwd_tool_coupon_order_inc partition(dt='2020-06-15')
select
    data.id,
    data.coupon_id,
    data.user_id,
    data.order_id,
    date_format(data.using_time,'yyyy-MM-dd') date_id,
    data.using_time
from ods_coupon_use_inc
where dt='2020-06-15'
and type='update'
and array_contains(map_keys(old),'using_time');
```

6.6.10　工具域优惠券使用（支付）事务事实表

表 6-29 所示为工具域优惠券使用（支付）事务事实表的建模分析，粒度是一次优惠券使用（支付）操作，涉及的维度有时间、用户和优惠券，度量是次数。

表 6-29　工具域优惠券使用（支付）事务事实表的建模分析

数据域	业务过程	粒　　度	维　　度											度　　量
			时间	用户	商品	地区	活动	优惠券	支付方式	退单类型	退单原因类型	渠道	设备	
工具域	优惠券使用（支付）	一次优惠券使用（支付）操作	√	√				√						无事实（次数1）

工具域优惠券使用（支付）事务事实表的所有相关维度和度量都在 ODS 层的表 ods_coupon_use_inc 中存在，不需要额外获取。

数据装载思路如下。

1．首日数据装载

过滤表 ods_coupon_use_inc 中 used_time 字段不为空的数据，即使用优惠券支付的数据。

2．每日数据装载

过滤表 ods_coupon_use_inc 中增量数据类型为 update 且被修改的字段为 used_time 的数据，即使用优惠券支付的变动操作。

分区设计和数据流向与交易域下单事务事实表相同，此处不再赘述。

（1）建表语句。

```
hive (gmall)>
DROP TABLE IF EXISTS dwd_tool_coupon_pay_inc;
CREATE EXTERNAL TABLE dwd_tool_coupon_pay_inc
(
    `id`           STRING COMMENT '编号',
    `coupon_id`    STRING COMMENT '优惠券 id',
    `user_id`      STRING COMMENT '用户 id',
    `order_id`     STRING COMMENT '订单 id',
    `date_id`      STRING COMMENT '日期 id',
    `payment_time` STRING COMMENT '使用优惠券支付时间'
) COMMENT '工具域优惠券使用（支付）事务事实表'
    PARTITIONED BY (`dt` STRING)
    STORED AS ORC
    LOCATION '/warehouse/gmall/dwd/dwd_tool_coupon_pay_inc/'
    TBLPROPERTIES ("orc.compress" = "snappy");
```

（2）首日数据装载。

```
hive (gmall)>
insert overwrite table dwd_tool_coupon_pay_inc partition(dt)
select
    data.id,
    data.coupon_id,
    data.user_id,
    data.order_id,
    date_format(data.used_time,'yyyy-MM-dd') date_id,
    data.used_time,
    date_format(data.used_time,'yyyy-MM-dd')
from ods_coupon_use_inc
where dt='2020-06-14'
and type='bootstrap-insert'
and data.used_time is not null;
```

（3）每日数据装载。

```
hive (gmall)>
insert overwrite table dwd_tool_coupon_pay_inc partition(dt='2020-06-15')
select
    data.id,
    data.coupon_id,
    data.user_id,
    data.order_id,
    date_format(data.used_time,'yyyy-MM-dd') date_id,
    data.used_time
from ods_coupon_use_inc
where dt='2020-06-15'
and type='update'
and array_contains(map_keys(old),'used_time');
```

6.6.11　互动域收藏事务事实表

表 6-30 所示为互动域收藏事务事实表的建模分析，粒度是一次收藏操作，涉及的维度有时间、用户和商品，度量是次数。

表 6-30　收藏事务事实表建模分析表

数据域	业务过程	粒　　度	维度											度　　量
			时间	用户	商品	地区	活动	优惠券	支付方式	退单类型	退单原因类型	渠道	设备	
互动域	收藏	一次收藏操作	√	√	√									无事实（次数1）

互动域收藏事务事实表的所有相关维度和度量都在 ODS 层的表 ods_favor_info_inc 中存在，不需要额外获取。首日数据装载与每日数据装载的不同之处在于，从 ODS 层的表中筛选数据时使用的条件以及数据所使用的分区。

分区设计和数据流向与交易域下单事务事实表相同，此处不再赘述。

（1）建表语句。

```
hive (gmall)>
DROP TABLE IF EXISTS dwd_interaction_favor_add_inc;
CREATE EXTERNAL TABLE dwd_interaction_favor_add_inc
(
    `id`          STRING COMMENT '编号',
    `user_id`     STRING COMMENT '用户id',
    `sku_id`      STRING COMMENT '商品id',
    `date_id`     STRING COMMENT '日期id',
    `create_time` STRING COMMENT '收藏时间'
) COMMENT '互动域收藏事务事实表'
    PARTITIONED BY (`dt` STRING)
    STORED AS ORC
    LOCATION '/warehouse/gmall/dwd/dwd_interaction_favor_add_inc/'
    TBLPROPERTIES ("orc.compress" = "snappy");
```

（2）首日数据装载。

```
hive (gmall)>
set hive.exec.dynamic.partition.mode=nonstrict;
insert overwrite table dwd_interaction_favor_add_inc partition(dt)
select
    data.id,
```

```
        data.user_id,
        data.sku_id,
        date_format(data.create_time,'yyyy-MM-dd') date_id,
        data.create_time,
        date_format(data.create_time,'yyyy-MM-dd')
from ods_favor_info_inc
where dt='2020-06-14'
and type = 'bootstrap-insert';
```

（3）每日数据装载。

```
hive (gmall)>
insert overwrite table dwd_interaction_favor_add_inc partition(dt='2020-06-15')
select
        data.id,
        data.user_id,
        data.sku_id,
        date_format(data.create_time,'yyyy-MM-dd') date_id,
        data.create_time
from ods_favor_info_inc
where dt='2020-06-15'
and type = 'insert';
```

6.6.12　互动域评价事务事实表

表 6-31 所示为互动域评价事务事实表的建模分析，粒度是一次评价操作，涉及的维度有时间、用户和商品，度量是次数。

表 6-31　互动域评价事务事实表的建模分析

数据域	业务过程	粒度	维　度											度　量
			时间	用户	商品	地区	活动	优惠券	支付方式	退单类型	退单原因类型	渠道	设备	
互动域	评价	一次评价操作	√	√	√									无事实（次数1）

互动域评价事务事实表的所有相关维度和度量都在 ODS 层的表 ods_comment_info_inc 中存在，但是需要与表 ods_base_dic_full 关联获取评价名称字段。首日数据装载与每日数据装载的不同之处在于，从 ODS 层的表中筛选数据时使用的条件以及数据所使用的分区不同。

分区设计和数据流向与交易域下单事务事实表相同，此处不再赘述。

（1）建表语句。

```
hive (gmall)>
DROP TABLE IF EXISTS dwd_interaction_comment_inc;
CREATE EXTERNAL TABLE dwd_interaction_comment_inc
(
    `id`            STRING COMMENT '编号',
    `user_id`       STRING COMMENT '用户id',
    `sku_id`        STRING COMMENT '商品id',
    `order_id`      STRING COMMENT '订单id',
    `date_id`       STRING COMMENT '日期id',
    `create_time`   STRING COMMENT '评价时间',
    `appraise_code` STRING COMMENT '评价编码',
    `appraise_name` STRING COMMENT '评价名称'
) COMMENT '互动域评价事务事实表'
    PARTITIONED BY (`dt` STRING)
```

```
STORED AS ORC
LOCATION '/warehouse/gmall/dwd/dwd_interaction_comment_inc/'
TBLPROPERTIES ("orc.compress" = "snappy");
```

（2）首日数据装载。

```
hive (gmall)>
insert overwrite table dwd_interaction_comment_inc partition(dt)
select
    id,
    user_id,
    sku_id,
    order_id,
    date_format(create_time,'yyyy-MM-dd') date_id,
    create_time,
    appraise,
    dic_name,
    date_format(create_time,'yyyy-MM-dd')
from
(
    select
        data.id,
        data.user_id,
        data.sku_id,
        data.order_id,
        data.create_time,
        data.appraise
    from ods_comment_info_inc
    where dt='2020-06-14'
    and type='bootstrap-insert'
)ci
left join
(
    select
        dic_code,
        dic_name
    from ods_base_dic_full
    where dt='2020-06-14'
    and parent_code='12'
)dic
on ci.appraise=dic.dic_code;
```

（3）每日数据装载。

```
hive (gmall)>
insert overwrite table dwd_interaction_comment_inc partition(dt='2020-06-15')
select
    id,
    user_id,
    sku_id,
    order_id,
    date_format(create_time,'yyyy-MM-dd') date_id,
    create_time,
```

```
    appraise,
    dic_name
from
(
    select
        data.id,
        data.user_id,
        data.sku_id,
        data.order_id,
        data.create_time,
        data.appraise
    from ods_comment_info_inc
    where dt='2020-06-15'
    and type='insert'
)ci
left join
(
    select
        dic_code,
        dic_name
    from ods_base_dic_full
    where dt='2020-06-15'
    and parent_code='12'
)dic
on ci.appraise=dic.dic_code;
```

6.6.13　流量域页面浏览事务事实表

表 6-32 所示为流量域页面浏览事务事实表的建模分析，粒度是一次页面浏览记录，涉及的维度有时间、用户、地区、渠道和设备，度量是浏览时长。

表 6-32　流量域页面浏览事务事实表的建模分析

数据域	业务过程	粒　　度	维　　度											度　　量
			时间	用户	商品	地区	活动	优惠券	支付方式	退单类型	退单原因类型	渠道	设备	
流量域	页面浏览	一次页面浏览记录	√	√		√						√	√	浏览时长

图 6-40 所示为流量域页面浏览事务事实表的字段设计及来源，主要字段来自表 ods_log_inc，需要与表 ods_base_province_full 关联获取地区维度。

数据装载思路如下。

流量域页面浏览事务事实表的数据来自用户行为日志，用户行为日志从数据仓库搭建之初开始收集，所以不存在首日数据装载与每日数据装载的区别。在进行数据装载时，首先需要从表 ods_log_inc 中过滤 page 字段不为空的页面浏览日志，然后从表中解析出所有 common 字段和 page 字段中的详细信息，最后通过 area_code 字段与表 ods_base_province_full 关联，获取地区维度，方便进行与地区有关的分析。在这个过程中还需要使用 from_utc_timestamp() 函数将 UTC（世界标准时）转换为北京时间，并格式化成 yyyy-MM-dd 的形式。

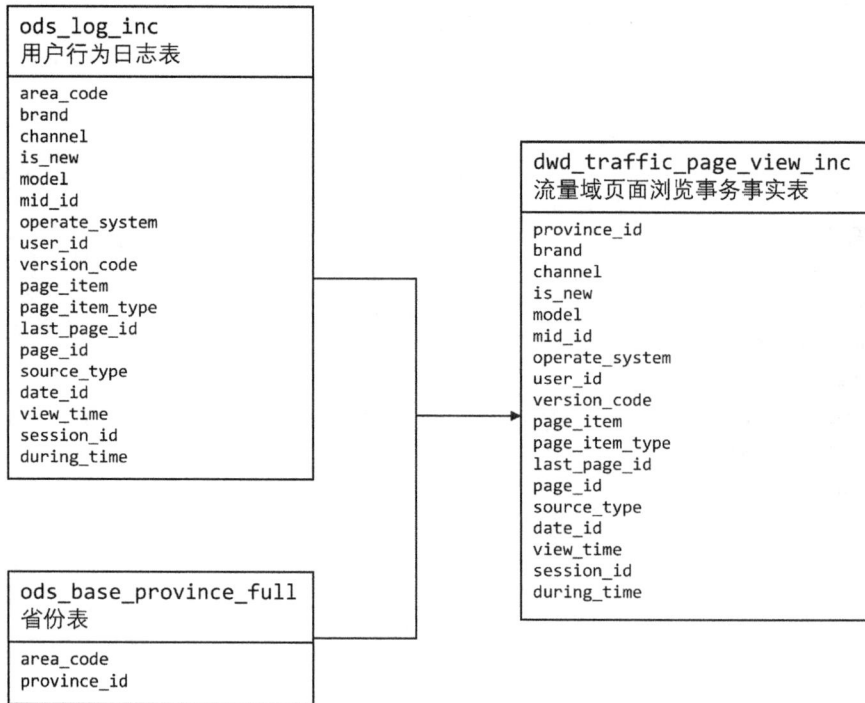

图 6-40　流量域页面浏览事务事实表的字段设计及来源

需要注意的是，在执行装载数据的 SQL 语句时，需要将基于性能开销优化策略（cost based optimize）关闭，这样在通过 struct 结构体筛选数据时，不会出现过滤无效的情况。

将每日装载的数据放入每日对应的分区中即可。

（1）建表语句。

```
hive (gmall)>
DROP TABLE IF EXISTS dwd_traffic_page_view_inc;
CREATE EXTERNAL TABLE dwd_traffic_page_view_inc
(
    `province_id`      STRING COMMENT '省份 id',
    `brand`            STRING COMMENT '手机品牌',
    `channel`          STRING COMMENT '渠道',
    `is_new`           STRING COMMENT '是否是首次启动',
    `model`            STRING COMMENT '手机型号',
    `mid_id`           STRING COMMENT '设备 id',
    `operate_system`   STRING COMMENT '操作系统',
    `user_id`          STRING COMMENT '会员 id',
    `version_code`     STRING COMMENT 'App 版本号',
    `page_item`        STRING COMMENT '目标 id ',
    `page_item_type`   STRING COMMENT '目标类型',
    `last_page_id`     STRING COMMENT '上页页面类型',
    `page_id`          STRING COMMENT '页面类型 id',
    `source_type`      STRING COMMENT '页面来源类型',
    `date_id`          STRING COMMENT '日期 id',
    `view_time`        STRING COMMENT '跳入时间',
    `session_id`       STRING COMMENT '所属会话 id',
    `during_time`      BIGINT COMMENT '停留时间（毫秒）'
) COMMENT '流量域页面浏览事务事实表'
    PARTITIONED BY (`dt` STRING)
```

```
STORED AS ORC
LOCATION '/warehouse/gmall/dwd/dwd_traffic_page_view_inc'
TBLPROPERTIES ('orc.compress' = 'snappy');
```

（2）数据装载。

```
hive (gmall)>
set hive.cbo.enable=false;
insert overwrite table dwd_traffic_page_view_inc partition (dt='2020-06-14')
select
    province_id,
    brand,
    channel,
    is_new,
    model,
    mid_id,
    operate_system,
    user_id,
    version_code,
    page_item,
    page_item_type,
    last_page_id,
    page_id,
    source_type,
    date_format(from_utc_timestamp(ts,'GMT+8'),'yyyy-MM-dd') date_id,
    date_format(from_utc_timestamp(ts,'GMT+8'),'yyyy-MM-dd HH:mm:ss') view_time,
    concat(mid_id,'-',last_value(session_start_point,true) over (partition by mid_id order
by ts)) session_id,
    during_time
from
(
    select
        common.ar area_code,
        common.ba brand,
        common.ch channel,
        common.is_new is_new,
        common.md model,
        common.mid mid_id,
        common.os operate_system,
        common.uid user_id,
        common.vc version_code,
        page.during_time,
        page.item page_item,
        page.item_type page_item_type,
        page.last_page_id,
        page.page_id,
        page.source_type,
        ts,
        if(page.last_page_id is null,ts,null) session_start_point
    from ods_log_inc
    where dt='2020-06-14'
    and page is not null
)log
```

```
left join
(
    select
        id province_id,
        area_code
    from ods_base_province_full
    where dt='2020-06-14'
)bp
on log.area_code=bp.area_code;
```

6.6.14　流量域启动事务事实表

表 6-33 所示为流量域启动事务事实表的建模分析，粒度是一次启动记录，涉及的维度有时间、用户、地区、渠道和设备，度量是次数。

表 6-33　流量域启动事务事实表的建模分析

数据域	业务过程	粒　度	维　度											度　量
			时间	用户	商品	地区	活动	优惠券	支付方式	退单类型	退单原因类型	渠道	设备	
流量域	启动	一次启动记录	√	√		√						√	√	无事实（次数 1）

图 6-41 所示为流量域启动事务事实表的字段设计及来源，主要字段来自表 ods_log_inc，需要与表 ods_base_province_full 关联获取地区维度。

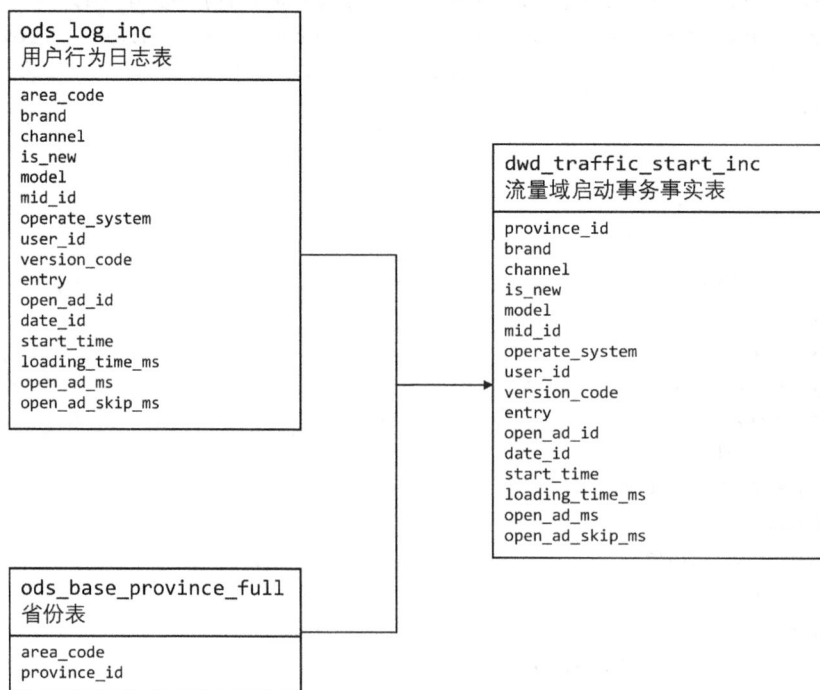

图 6-41　流量域启动事务事实表的字段设计及来源

数据装载思路如下。

流量域启动事务事实表的数据来自用户行为日志，其装载思路、时间戳转换、字段获取、分区设计均与流量域页面浏览事务事实表相同。

将每日装载的数据放入每日对应的分区中即可。

（1）建表语句。

```
hive (gmall)>
```

```
DROP TABLE IF EXISTS dwd_traffic_start_inc;
CREATE EXTERNAL TABLE dwd_traffic_start_inc
(
    `province_id`       STRING COMMENT '省份id',
    `brand`             STRING COMMENT '手机品牌',
    `channel`           STRING COMMENT '渠道',
    `is_new`            STRING COMMENT '是否是首次启动',
    `model`             STRING COMMENT '手机型号',
    `mid_id`            STRING COMMENT '设备id',
    `operate_system`    STRING COMMENT '操作系统',
    `user_id`           STRING COMMENT '会员id',
    `version_code`      STRING COMMENT 'App版本号',
    `entry`             STRING COMMENT '启动入口',
    `open_ad_id`        STRING COMMENT '广告页id',
    `date_id`           STRING COMMENT '日期id',
    `start_time`        STRING COMMENT '启动时间',
    `loading_time_ms`   BIGINT COMMENT '启动加载时间',
    `open_ad_ms`        BIGINT COMMENT '广告总共播放时间',
    `open_ad_skip_ms`   BIGINT COMMENT '用户跳过广告时间'
) COMMENT '流量域启动事务事实表'
    PARTITIONED BY (`dt` STRING)
    STORED AS ORC
    LOCATION '/warehouse/gmall/dwd/dwd_traffic_start_inc'
    TBLPROPERTIES ('orc.compress' = 'snappy');
```

（2）数据装载。

```
hive (gmall)>
set hive.cbo.enable=false;
insert overwrite table dwd_traffic_start_inc partition(dt='2020-06-14')
select
    province_id,
    brand,
    channel,
    is_new,
    model,
    mid_id,
    operate_system,
    user_id,
    version_code,
    entry,
    open_ad_id,
    date_format(from_utc_timestamp(ts,'GMT+8'),'yyyy-MM-dd') date_id,
    date_format(from_utc_timestamp(ts,'GMT+8'),'yyyy-MM-dd HH:mm:ss') start_time,
    loading_time,
    open_ad_ms,
    open_ad_skip_ms
from
(
    select
        common.ar area_code,
        common.ba brand,
        common.ch channel,
```

```
        common.is_new,
        common.md model,
        common.mid mid_id,
        common.os operate_system,
        common.uid user_id,
        common.vc version_code,
        `start`.entry,
        `start`.loading_time,
        `start`.open_ad_id,
        `start`.open_ad_ms,
        `start`.open_ad_skip_ms,
        ts
    from ods_log_inc
    where dt='2020-06-14'
    and `start` is not null
)log
left join
(
    select
        id province_id,
        area_code
    from ods_base_province_full
    where dt='2020-06-14'
)bp
on log.area_code=bp.area_code;
```

6.6.15 流量域动作事务事实表

表 6-34 所示为流量域动作事务事实表的建模分析，粒度是一次动作记录，涉及的维度有时间、用户、商品、地区、优惠券、渠道和设备，度量是次数。

表 6-34 流量域动作事务事实表的建模分析

数据域	业务过程	粒　　度	维　　度											度　　量
			时间	用户	商品	地区	活动	优惠券	支付方式	退单类型	退单原因类型	渠道	设备	
流量域	动作	一次动作记录	√	√	√	√		√				√	√	无事实（次数 1）

图 6-42 所示为流量域动作事务事实表的字段设计及来源，主要字段来自表 ods_log_inc，需要与表 ods_base_province_full 关联获取地区维度。

数据装载思路如下。

流量域动作事务事实表的数据来自用户行为日志，其装载思路、时间戳转换、字段获取、分区设计与流量域页面浏览事务事实表大体相同。稍微有所不同的是，在使用 struct 结构体解析 JSON 格式的用户行为日志时，动作日志会被解析成 array 数组。因为流量域动作事务事实表的粒度是一次动作记录，所以需要使用 explode()函数将 array 数组拆分成单条数据，并结合 lateral view，即可对每一条 action 日志进行解析。

将每日装载的数据放入每日对应的分区中即可。

```
ods_log_inc
用户行为日志表

area_code
brand
channel
is_new
model
mid_id
operate_system
user_id
version_code
during_time
page_item
page_item_type
last_page_id
page_id
source_type
action_id
action_item
action_item_type
date_id
action_time
```

```
dwd_traffic_action_inc
流量域动作事务事实表

province_id
brand
channel
is_new
model
mid_id
operate_system
user_id
version_code
during_time
page_item
page_item_type
last_page_id
page_id
source_type
action_id
action_item
action_item_type
date_id
action_time
```

```
ods_base_province_full
省份表

area_code
province_id
```

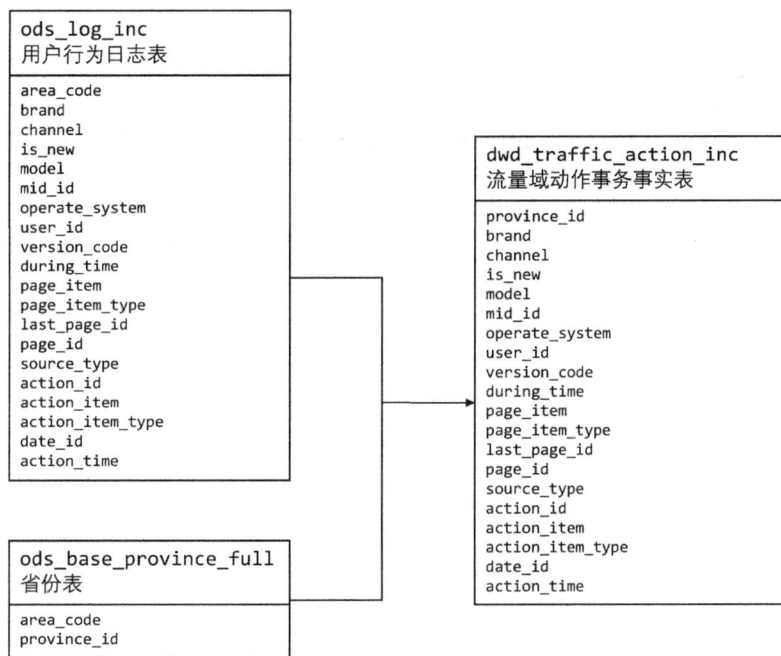

图 6-42　流量域动作事务事实表的字段设计及来源

（1）建表语句。

```
hive (gmall)>
DROP TABLE IF EXISTS dwd_traffic_action_inc;
CREATE EXTERNAL TABLE dwd_traffic_action_inc
(
    `province_id`        STRING COMMENT '省份 id',
    `brand`              STRING COMMENT '手机品牌',
    `channel`            STRING COMMENT '渠道',
    `is_new`             STRING COMMENT '是否是首次启动',
    `model`              STRING COMMENT '手机型号',
    `mid_id`             STRING COMMENT '设备 id',
    `operate_system`     STRING COMMENT '操作系统',
    `user_id`            STRING COMMENT '会员 id',
    `version_code`       STRING COMMENT 'App 版本号',
    `during_time`        BIGINT COMMENT '停留时间（毫秒）',
    `page_item`          STRING COMMENT '目标 id ',
    `page_item_type`     STRING COMMENT '目标类型',
    `last_page_id`       STRING COMMENT '上页页面类型',
    `page_id`            STRING COMMENT '页面类型 id ',
    `source_type`        STRING COMMENT '页面来源类型',
    `action_id`          STRING COMMENT '动作 id',
    `action_item`        STRING COMMENT '目标 id ',
    `action_item_type`   STRING COMMENT '目标类型',
    `date_id`            STRING COMMENT '日期 id',
    `action_time`        STRING COMMENT '动作发生时间'
) COMMENT '流量域动作事务事实表'
    PARTITIONED BY (`dt` STRING)
    STORED AS ORC
    LOCATION '/warehouse/gmall/dwd/dwd_traffic_action_inc'
    TBLPROPERTIES ('orc.compress' = 'snappy');
```

（2）数据装载。

```
hive (gmall)>
set hive.cbo.enable=false;
insert overwrite table dwd_traffic_action_inc partition(dt='2020-06-14')
select
    province_id,
    brand,
    channel,
    is_new,
    model,
    mid_id,
    operate_system,
    user_id,
    version_code,
    during_time,
    page_item,
    page_item_type,
    last_page_id,
    page_id,
    source_type,
    action_id,
    action_item,
    action_item_type,
    date_format(from_utc_timestamp(ts,'GMT+8'),'yyyy-MM-dd') date_id,
    date_format(from_utc_timestamp(ts,'GMT+8'),'yyyy-MM-dd HH:mm:ss') action_time
from
(
    select
        common.ar area_code,
        common.ba brand,
        common.ch channel,
        common.is_new,
        common.md model,
        common.mid mid_id,
        common.os operate_system,
        common.uid user_id,
        common.vc version_code,
        page.during_time,
        page.item page_item,
        page.item_type page_item_type,
        page.last_page_id,
        page.page_id,
        page.source_type,
        action.action_id,
        action.item action_item,
        action.item_type action_item_type,
        action.ts
    from ods_log_inc lateral view explode(actions) tmp as action
    where dt='2020-06-14'
    and actions is not null
)log
```

```
left join
(
    select
        id province_id,
        area_code
    from ods_base_province_full
    where dt='2020-06-14'
)bp
on log.area_code=bp.area_code;
```

6.6.16　流量域曝光事务事实表

表 6-35 所示为流量域曝光事务事实表的建模分析，粒度是一次曝光记录，涉及的维度有时间、用户、商品、地区、活动、渠道和设备，度量是次数。

表 6-35　流量域曝光事务事实表的建模分析

数据域	业务过程	粒　　度	维　　度											度　　量
			时间	用户	商品	地区	活动	优惠券	支付方式	退单类型	退单原因类型	渠道	设备	
流量域	曝光	一次曝光记录	√	√	√	√	√					√	√	无事实（次数 1）

图 6-43 所示为流量域曝光事务事实表的字段设计及来源，主要字段来自表 ods_log_inc，需要与表 ods_base_province_full 关联获取地区维度。

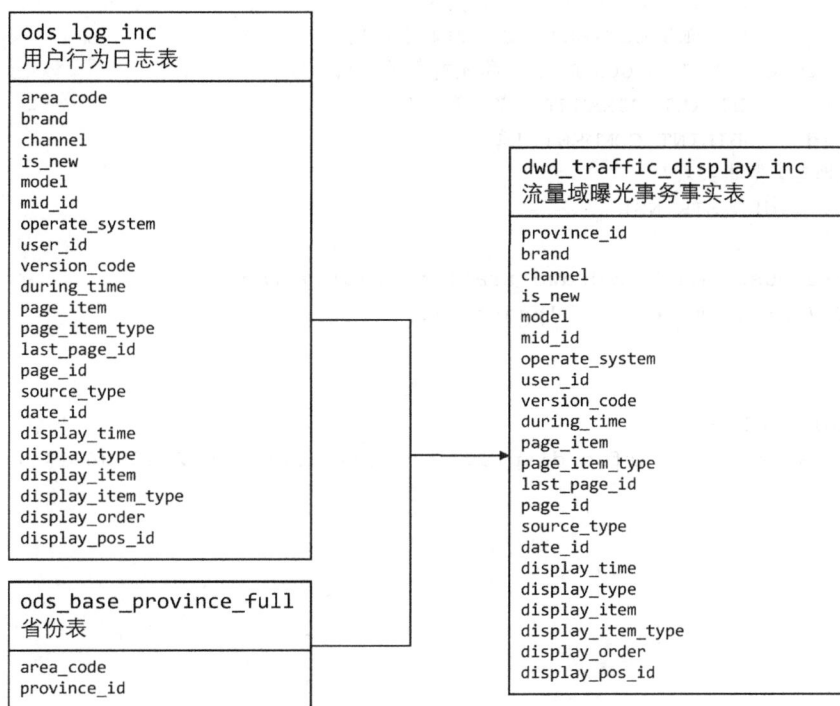

图 6-43　流量域曝光事务事实表的字段设计及来源

数据装载思路如下。

流量域曝光事务事实表的数据来自用户行为日志，其装载思路、时间戳转换、字段获取、分区设计与流量域页面浏览事务事实表大体相同。曝光日志与动作日志相同，都会被解析成 array 数组，同样需要借助 explode()函数和 lateral view 对每一条曝光日志进行解析。

将每日装载的数据放入每日对应的分区中即可。

（1）建表语句。

```
hive (gmall)>
DROP TABLE IF EXISTS dwd_traffic_display_inc;
CREATE EXTERNAL TABLE dwd_traffic_display_inc
(
    `province_id`         STRING COMMENT '省份id',
    `brand`               STRING COMMENT '手机品牌',
    `channel`             STRING COMMENT '渠道',
    `is_new`              STRING COMMENT '是否是首次启动',
    `model`               STRING COMMENT '手机型号',
    `mid_id`              STRING COMMENT '设备id',
    `operate_system`      STRING COMMENT '操作系统',
    `user_id`             STRING COMMENT '会员id',
    `version_code`        STRING COMMENT 'App版本号',
    `during_time`         BIGINT COMMENT '停留时间（毫秒）',
    `page_item`           STRING COMMENT '目标id ',
    `page_item_type`      STRING COMMENT '目标类型',
    `last_page_id`        STRING COMMENT '上页页面类型',
    `page_id`             STRING COMMENT '页面类型id',
    `source_type`         STRING COMMENT '页面来源类型',
    `date_id`             STRING COMMENT '日期id',
    `display_time`        STRING COMMENT '曝光时间',
    `display_type`        STRING COMMENT '曝光类型',
    `display_item`        STRING COMMENT '曝光对象id ',
    `display_item_type`   STRING COMMENT '曝光对象类型',
    `display_order`       BIGINT COMMENT '曝光顺序',
    `display_pos_id`      BIGINT COMMENT '曝光位置'
) COMMENT '流量域曝光事务事实表'
    PARTITIONED BY (`dt` STRING)
    STORED AS ORC
    LOCATION '/warehouse/gmall/dwd/dwd_traffic_display_inc'
    TBLPROPERTIES ('orc.compress' = 'snappy');
```

（2）数据装载。

```
hive (gmall)>
set hive.cbo.enable=false;
insert overwrite table dwd_traffic_display_inc partition(dt='2020-06-14')
select
    province_id,
    brand,
    channel,
    is_new,
    model,
    mid_id,
    operate_system,
    user_id,
    version_code,
    during_time,
    page_item,
    page_item_type,
    last_page_id,
    page_id,
```

```
    source_type,
    date_format(from_utc_timestamp(ts,'GMT+8'),'yyyy-MM-dd') date_id,
    date_format(from_utc_timestamp(ts,'GMT+8'),'yyyy-MM-dd HH:mm:ss') display_time,
    display_type,
    display_item,
    display_item_type,
    display_order,
    display_pos_id
from
(
    select
        common.ar area_code,
        common.ba brand,
        common.ch channel,
        common.is_new,
        common.md model,
        common.mid mid_id,
        common.os operate_system,
        common.uid user_id,
        common.vc version_code,
        page.during_time,
        page.item page_item,
        page.item_type page_item_type,
        page.last_page_id,
        page.page_id,
        page.source_type,
        display.display_type,
        display.item display_item,
        display.item_type display_item_type,
        display.`order` display_order,
        display.pos_id display_pos_id,
        ts
    from ods_log_inc lateral view explode(displays) tmp as display
    where dt='2020-06-14'
    and displays is not null
)log
left join
(
    select
        id province_id,
        area_code
    from ods_base_province_full
    where dt='2020-06-14'
)bp
on log.area_code=bp.area_code;
```

6.6.17　流量域错误事务事实表

表 6-36 所示为流量域错误事务事实表的建模分析，粒度是一次错误记录，涉及的维度有时间、用户、渠道和设备，度量是次数。

表 6-36 流量域错误事务事实表的建模分析

数据域	业务过程	粒　　度	维　度											度　　量
			时间	用户	商品	地区	活动	优惠券	支付方式	退单类型	退单原因类型	渠道	设备	
流量域	错误	一次错误记录	√	√								√	√	无事实（次数1）

图 6-44 所示为流量域错误事务事实表的字段设计及来源，主要字段来自表 ods_log_inc，需要与表 ods_base_province_full 关联获取地区维度。

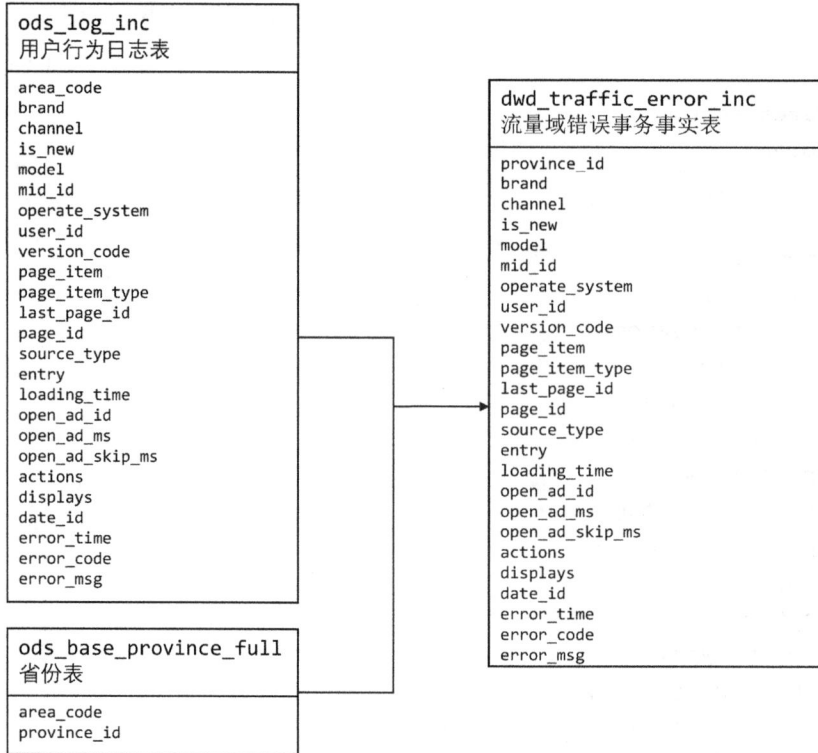

图 6-44 流量域错误事务事实表的字段设计及来源

数据装载思路如下。

流量域错误事务事实表的数据来自用户行为日志，其装载思路、时间戳转换、字段获取、分区设计均与流量域页面浏览事务事实表相同。

将每日装载的数据放入每日对应的分区中即可。

（1）建表语句。

```
hive (gmall)>
DROP TABLE IF EXISTS dwd_traffic_error_inc;
CREATE EXTERNAL TABLE dwd_traffic_error_inc
(
    `province_id`      STRING COMMENT '省份id',
    `brand`            STRING COMMENT '手机品牌',
    `channel`          STRING COMMENT '渠道',
    `is_new`           STRING COMMENT '是否是首次启动',
    `model`            STRING COMMENT '手机型号',
    `mid_id`           STRING COMMENT '设备id',
    `operate_system`   STRING COMMENT '操作系统',
    `user_id`          STRING COMMENT '会员id',
    `version_code`     STRING COMMENT 'App 版本号',
```

```
      `page_item`       STRING COMMENT '目标 id',
      `page_item_type`  STRING COMMENT '目标类型',
      `last_page_id`    STRING COMMENT '上页页面类型',
      `page_id`         STRING COMMENT '页面类型 id',
      `source_type`     STRING COMMENT '页面来源类型',
      `entry`           STRING COMMENT '启动入口',
      `loading_time`    STRING COMMENT '启动加载时间',
      `open_ad_id`      STRING COMMENT '广告页 id',
      `open_ad_ms`      STRING COMMENT '广告总共播放时间',
      `open_ad_skip_ms` STRING COMMENT '用户跳过广告时间',
      `actions`         ARRAY<STRUCT<action_id:STRING,item:STRING,item_type:STRING,ts:BIGINT>>
COMMENT '动作信息',
      `displays`            ARRAY<STRUCT<display_type :STRING,item :STRING,item_type :STRING,
`order` :STRING,pos_id :STRING>> COMMENT '曝光信息',
      `date_id`         STRING COMMENT '日期 id',
      `error_time`      STRING COMMENT '错误时间',
      `error_code`      STRING COMMENT '错误编码',
      `error_msg`       STRING COMMENT '错误信息'
) COMMENT '流量域错误事务事实表'
    PARTITIONED BY (`dt` STRING)
    STORED AS ORC
    LOCATION '/warehouse/gmall/dwd/dwd_traffic_error_inc'
    TBLPROPERTIES ('orc.compress' = 'snappy');
```

（2）数据装载。

```
hive (gmall)>
set hive.cbo.enable=false;
set hive.execution.engine=mr;
insert overwrite table dwd_traffic_error_inc partition(dt='2020-06-14')
select
    province_id,
    brand,
    channel,
    is_new,
    model,
    mid_id,
    operate_system,
    user_id,
    version_code,
    page_item,
    page_item_type,
    last_page_id,
    page_id,
    source_type,
    entry,
    loading_time,
    open_ad_id,
    open_ad_ms,
    open_ad_skip_ms,
    actions,
    displays,
    date_format(from_utc_timestamp(ts,'GMT+8'),'yyyy-MM-dd') date_id,
```

```
    date_format(from_utc_timestamp(ts,'GMT+8'),'yyyy-MM-dd HH:mm:ss') error_time,
    error_code,
    error_msg
from
(
    select
        common.ar area_code,
        common.ba brand,
        common.ch channel,
        common.is_new,
        common.md model,
        common.mid mid_id,
        common.os operate_system,
        common.uid user_id,
        common.vc version_code,
        page.during_time,
        page.item page_item,
        page.item_type page_item_type,
        page.last_page_id,
        page.page_id,
        page.source_type,
        `start`.entry,
        `start`.loading_time,
        `start`.open_ad_id,
        `start`.open_ad_ms,
        `start`.open_ad_skip_ms,
        actions,
        displays,
        err.error_code,
        err.msg error_msg,
        ts
    from ods_log_inc
    where dt='2020-06-14'
    and err is not null
)log
join
(
    select
        id province_id,
        area_code
    from ods_base_province_full
    where dt='2020-06-14'
)bp
on log.area_code=bp.area_code;
```

6.6.18 用户域注册事务事实表

表 6-37 所示为用户域注册事务事实表的建模分析，粒度是一次注册操作，涉及的维度有时间、用户、地区、渠道和设备，度量是次数。

表 6-37　用户域注册事务事实表的建模分析

数据域	业务过程	粒　　度	维　　度											度　　量
			时间	用户	商品	地区	活动	优惠券	支付方式	退单类型	退单原因类型	渠道	设备	
用户域	注册	一次注册操作	√	√		√						√	√	无事实（次数 1）

图 6-45 所示为用户域注册事务事实表的字段设计及来源，主要字段来自表 ods_user_info 和表 ods_log_inc，再通过与表 ods_base_province_full 关联获取地区维度。

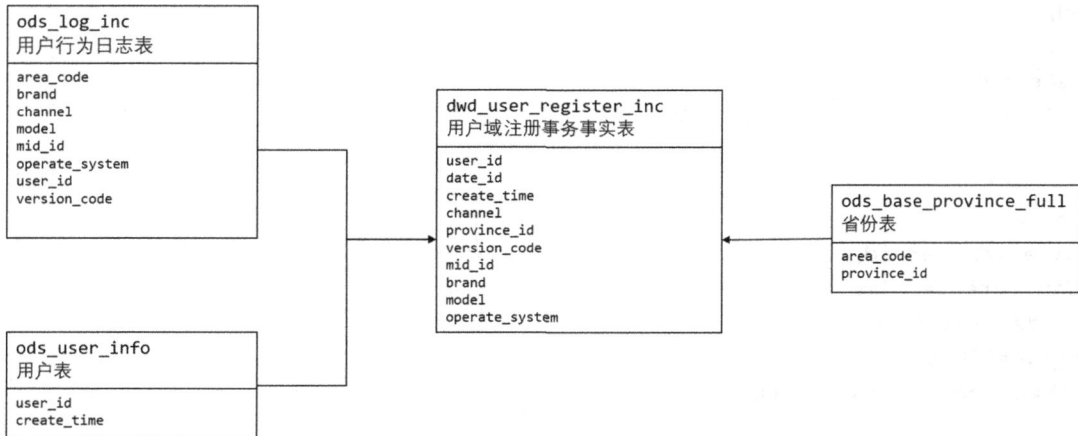

图 6-45　用户域注册事务事实表的字段设计及来源

数据装载思路：将当日注册的用户与表 ods_log_inc 中所有的注册页面日志数据关联，可以获取时间、用户、渠道和设备维度，再通过与表 ods_base_province_full 关联获取地区维度。首日数据装载与每日数据装载的不同之处在于分区的处理方式，此处不再赘述。

（1）建表语句。

```
hive (gmall)>
DROP TABLE IF EXISTS dwd_user_register_inc;
CREATE EXTERNAL TABLE dwd_user_register_inc
(
    `user_id`          STRING COMMENT '用户id',
    `date_id`          STRING COMMENT '日期id',
    `create_time`      STRING COMMENT '注册时间',
    `channel`          STRING COMMENT '渠道',
    `province_id`      STRING COMMENT '省份id',
    `version_code`     STRING COMMENT 'App 版本号',
    `mid_id`           STRING COMMENT '设备id',
    `brand`            STRING COMMENT '设备品牌',
    `model`            STRING COMMENT '设备型号',
    `operate_system` STRING COMMENT '操作系统'
) COMMENT '用户域注册事务事实表'
    PARTITIONED BY (`dt` STRING)
    STORED AS ORC
    LOCATION '/warehouse/gmall/dwd/dwd_user_register_inc/'
    TBLPROPERTIES ("orc.compress" = "snappy");
```

（2）首日数据装载。

```
hive (gmall)>
set hive.exec.dynamic.partition.mode=nonstrict;
```

```
insert overwrite table dwd_user_register_inc partition(dt)
select
    ui.user_id,
    date_format(create_time,'yyyy-MM-dd') date_id,
    create_time,
    channel,
    province_id,
    version_code,
    mid_id,
    brand,
    model,
    operate_system,
    date_format(create_time,'yyyy-MM-dd')
from
(
    select
        data.id user_id,
        data.create_time
    from ods_user_info_inc
    where dt='2020-06-14'
    and type='bootstrap-insert'
)ui
left join
(
    select
        common.ar area_code,
        common.ba brand,
        common.ch channel,
        common.md model,
        common.mid mid_id,
        common.os operate_system,
        common.uid user_id,
        common.vc version_code
    from ods_log_inc
    where dt='2020-06-14'
    and page.page_id='register'
    and common.uid is not null
)log
on ui.user_id=log.user_id
left join
(
    select
        id province_id,
        area_code
    from ods_base_province_full
    where dt='2020-06-14'
)bp
on log.area_code=bp.area_code;
```

（3）每日数据装载。

```
hive (gmall)>
insert overwrite table dwd_user_register_inc partition(dt='2020-06-15')
```

```
select
    ui.user_id,
    date_format(create_time,'yyyy-MM-dd') date_id,
    create_time,
    channel,
    province_id,
    version_code,
    mid_id,
    brand,
    model,
    operate_system
from
(
    select
        data.id user_id,
        data.create_time
    from ods_user_info_inc
    where dt='2020-06-15'
    and type='insert'
)ui
left join
(
    select
        common.ar area_code,
        common.ba brand,
        common.ch channel,
        common.md model,
        common.mid mid_id,
        common.os operate_system,
        common.uid user_id,
        common.vc version_code
    from ods_log_inc
    where dt='2020-06-15'
    and page.page_id='register'
    and common.uid is not null
)log
on ui.user_id=log.user_id
left join
(
    select
        id province_id,
        area_code
    from ods_base_province_full
    where dt='2020-06-14'
)bp
on log.area_code=bp.area_code;
```

6.6.19　用户域登录事务事实表

表 6-38 所示为用户域登录事务事实表的建模分析，粒度是一次登录操作，涉及的维度有时间、用户、地区、渠道和设备，度量是次数。

表 6-38　用户域登录事务事实表的建模分析

数据域	业务过程	粒　　度	维　　度											度　　量
			时间	用户	商品	地区	活动	优惠券	支付方式	退单类型	退单原因类型	渠道	设备	
用户域	登录	一次登录操作	√	√		√						√	√	无事实（次数 1）

图 6-46 所示为用户域登录事务事实表的字段设计及来源，主要字段来自表 ods_log_inc，再通过与表 ods_base_province_full 关联获取地区维度。

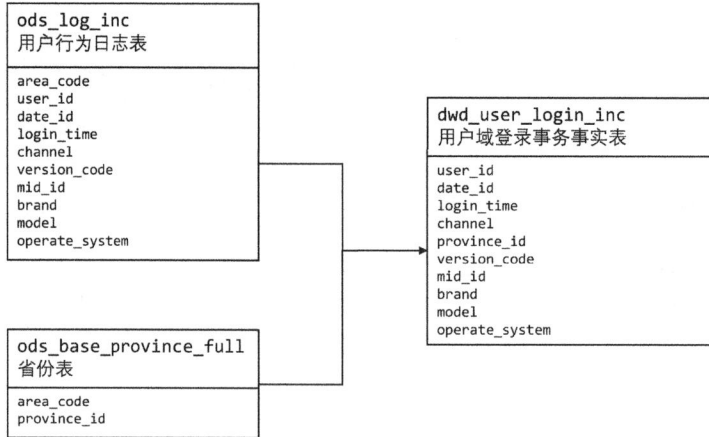

图 6-46　用户域登录事务事实表的字段设计及来源

数据装载思路如下。

用户域登录事务事实表构建的关键之处在于如何在众多页面浏览日志中找到用户登录日志。在这里，我们首先通过会话 id 找到同一个会话下的所有页面浏览日志，然后使用开窗函数将同一会话下的所有页面浏览日志按照时间排序，排名第一的页面浏览日志即用户登录行为所产生的数据。

将每日装载的数据放入每日对应的分区中即可。

（1）建表语句。

```
hive (gmall)>
DROP TABLE IF EXISTS dwd_user_login_inc;
CREATE EXTERNAL TABLE dwd_user_login_inc
(
    `user_id`        STRING COMMENT '用户 id',
    `date_id`        STRING COMMENT '日期 id',
    `login_time`     STRING COMMENT '登录时间',
    `channel`        STRING COMMENT '渠道',
    `province_id`    STRING COMMENT '省份 id',
    `version_code`   STRING COMMENT 'App 版本号',
    `mid_id`         STRING COMMENT '设备 id',
    `brand`          STRING COMMENT '设备品牌',
    `model`          STRING COMMENT '设备型号',
    `operate_system` STRING COMMENT '操作系统'
) COMMENT '用户域登录事务事实表'
    PARTITIONED BY (`dt` STRING)
    STORED AS ORC
    LOCATION '/warehouse/gmall/dwd/dwd_user_login_inc/'
    TBLPROPERTIES ("orc.compress" = "snappy");
```

（2）数据装载。

```
hive (gmall)>
```

```
insert overwrite table dwd_user_login_inc partition(dt='2020-06-14')
select
    user_id,
    date_format(from_utc_timestamp(ts,'GMT+8'),'yyyy-MM-dd') date_id,
    date_format(from_utc_timestamp(ts,'GMT+8'),'yyyy-MM-dd HH:mm:ss') login_time,
    channel,
    province_id,
    version_code,
    mid_id,
    brand,
    model,
    operate_system
from
(
    select
        user_id,
        channel,
        area_code,
        version_code,
        mid_id,
        brand,
        model,
        operate_system,
        ts
    from
    (
        select
            user_id,
            channel,
            area_code,
            version_code,
            mid_id,
            brand,
            model,
            operate_system,
            ts,
            row_number() over (partition by session_id order by ts) rn
        from
        (
            select
                user_id,
                channel,
                area_code,
                version_code,
                mid_id,
                brand,
                model,
                operate_system,
                ts,
                concat(mid_id,'-',last_value(session_start_point,true)  over(partition  by
mid_id order by ts)) session_id
```

253

```
        from
        (
            select
                common.uid user_id,
                common.ch channel,
                common.ar area_code,
                common.vc version_code,
                common.mid mid_id,
                common.ba brand,
                common.md model,
                common.os operate_system,
                ts,
                if(page.last_page_id is null,ts,null) session_start_point
            from ods_log_inc
            where dt='2020-06-14'
            and page is not null
        )t1
    )t2
    where user_id is not null
)t3
where rn=1
)t4
left join
(
    select
        id province_id,
        area_code
    from ods_base_province_full
    where dt='2020-06-14'
)bp
on t4.area_code=bp.area_code;
```

6.6.20 DWD 层首日业务数据装载脚本

关于每层的数据装载脚本编写思路，在前文中曾多次讲解，读者可在本书附赠的资料中找到完整的数据装载脚本。

将 DWD 层的首日数据装载过程编写成脚本，方便调用执行。

（1）在/home/atguigu/bin 目录下创建脚本 ods_to_dwd_init.sh。

```
[atguigu@hadoop102 bin]$ vim ods_to_dwd_init.sh
```

在脚本中编写内容，此处不再展示。

（2）增加脚本执行权限。

```
[atguigu@hadoop102 bin]$  chmod +x ods_to_dwd_init.sh
```

（3）执行脚本，导入数据。

```
[atguigu@hadoop102 bin]$ ods_to_dwd_init.sh  all 2020-06-14
```

6.6.21 DWD 层每日业务数据装载脚本

读者可在本书附赠的资料中找到完整的数据装载脚本。

将 DWD 层的每日数据装载过程编写成脚本，方便每日调用执行。

（1）在/home/atguigu/bin 目录下创建脚本 ods_to_dwd.sh。

```
[atguigu@hadoop102 bin]$ vim ods_to_dwd.sh
```
在脚本中编写内容，此处不再展示。

（2）增加脚本执行权限。
```
[atguigu@hadoop102 bin]$ chmod 777 ods_to_dwd.sh
```
（3）执行脚本。需要注意的是，因为此时数据仓库中还没有采集 2020-06-15 的数据，所以先不要执行此处的命令。
```
[atguigu@hadoop102 bin]$ ods_to_dwd.sh all 2020-06-15
```

6.7　数据仓库搭建——DWS 层

DWS 层的搭建根据我们在数据仓库搭建流程讲解中对指标的分析和总结结果展开。表 6-39 所示为对所有派生指标的汇总。

在 DWS 层的搭建过程中，我们参照表 6-39，将业务过程与粒度限定相同的派生指标合并统计，并按照日期限定分为最近 1 日、最近 n 日和历史至今 3 个类型，例如，业务过程为下单、粒度限定为用户的 4 个派生指标，在 DWS 层将体现为交易域用户粒度下单最近 1 日汇总表、交易域用户粒度下单最近 n 日汇总表和交易域用户粒度下单历史至今汇总表。在表 6-39 中，使用不同的背景颜色对派生指标进行区分，相邻且背景颜色相同的派生指标将被合并。

表 6-39　派生指标总结

原子指标			日期限定	业务限定	粒度限定	派生指标
业务过程	度量	聚合逻辑				
页面浏览	*	*	最近 1 日		会话	最近 1 日各会话页面浏览情况
页面浏览	during_time	sum()	最近 1 日		会话	最近 1 日各会话停留总时长
页面浏览	1	count()	最近 1 日		会话	最近 1 日各会话浏览页面数
页面浏览	1	count()	最近 1/7/30 日		访客、页面	最近 1/7/30 日各访客浏览各页面次数
登录	date_id	max()	历史至今		用户	各用户末次登录日期
加购物车	1	count()	最近 1/7/30 日		用户	最近 1/7/30 日各用户加购物车次数
下单	订单金额	sum()	最近 1/7/30 日		用户	最近 1/7/30 日各用户下单总额
下单	order_id	count(distinct())	最近 1/7/30 日		用户	最近 1/7/30 日各用户下单次数
下单	date_id	min()	历史至今		用户	各用户首次下单日期
下单	date_id	max()	历史至今		用户	各用户末次下单日期
下单	1	count()	最近 1/7/30 日		用户、商品	最近 1/7/30 日各用户购买各商品次数
下单	order_id	count(distinct)	最近 1/7/30 日		省份	最近 1/7/30 日各省份下单次数
下单	订单金额	sum()	最近 1/7/30 日		省份	最近 1/7/30 日各省份下单金额
下单	订单原始金额	sum()	最近 30 日	订单使用优惠券且优惠券发布日期在最近 30 日内	优惠券	使用最近 30 日发布的优惠券的订单原始金额
下单	优惠券优惠金额	sum()	最近 30 日	订单使用优惠券且优惠券发布日期在最近 30 日内	优惠券	使用最近 30 日发布的优惠券的订单优惠金额
下单	订单原始金额	sum()	最近 30 日	订单参与活动且活动的发布日期在最近 30 日内	活动	参与最近 30 日发布的活动的订单原始金额
下单	活动优惠金额	sum()	最近 30 日	订单参与活动且活动的发布日期在最近 30 日内	活动	参与最近 30 日发布的活动的订单优惠金额

续表

原子指标			日期限定	业务限定	粒度限定	派生指标
业务过程	度量	聚合逻辑				
退单	1	count()	最近 1/7/30 日		用户、商品	最近 1/7/30 日各用户退单各商品次数
退单	1	count()	最近 1/7/30 日		用户	最近 1/7/30 日各用户退单次数
支付	date_id	min()	历史至今		用户	各用户首次支付日期
支付	order_id	count(distinct())	最近 1/7/30 日		用户	最近 1/7/30 日各用户支付次数

注：*表示没有度量的聚合。

DWS 层的设计要点如下。

- 参考指标体系进行设计。
- 数据存储格式为 ORC 列式存储+Snappy 压缩。
- 表的命名规范为 dws_数据域_粒度限定_业务过程_日期限定（1d/nd/td），其中，1d 表示最近 1 日，nd 表示最近 *n* 日，td 表示历史至今。

6.7.1 最近 1 日汇总表

本节主要统计所有 DWS 层中日期限定为最近 1 日的数据。

1. 交易域用户商品粒度下单最近 1 日汇总表

将业务过程为下单、粒度限定为用户和商品的派生指标进行合并统计，生成交易域用户商品粒度下单最近 1 日汇总表。

DWS 层中保存的是汇总表，用于为后续的需求指标计算提供服务，为了方便进行更多的指标计算，在汇总表中，一些维度属性可以产生冗余，如商品的分类 id、品牌 id 等。具体哪些维度属性可以产生冗余，一般由需求指标决定，例如，在需求指标中对用户按照年龄段分类统计非常感兴趣，那么在 DWS 层粒度限定为用户的汇总表中，用户的年龄段属性就可以产生冗余。因为大量冗余的维度属性会占用过多存储空间，所以维度属性是否产生冗余、哪些维度属性产生冗余，需要数据仓库设计者审慎地考虑。

考虑到在本汇总表中有大量需要针对品牌和分类进行统计的需求指标，我们通过关联商品维度表使商品的分类 id 和品牌 id 等维度属性产生冗余。

（1）建表语句。

```
hive (gmall)>
DROP TABLE IF EXISTS dws_trade_user_sku_order_1d;
CREATE EXTERNAL TABLE dws_trade_user_sku_order_1d
(
    `user_id`              STRING COMMENT '用户 id',
    `sku_id`               STRING COMMENT '商品 id',
    `sku_name`             STRING COMMENT '商品名称',
    `category1_id`         STRING COMMENT '一级分类 id',
    `category1_name`       STRING COMMENT '一级分类名称',
    `category2_id`         STRING COMMENT '二级分类 id',
    `category2_name`       STRING COMMENT '二级分类名称',
    `category3_id`         STRING COMMENT '三级分类 id',
    `category3_name`       STRING COMMENT '三级分类名称',
    `tm_id`                STRING COMMENT '品牌 id',
    `tm_name`              STRING COMMENT '品牌名称',
    `order_count_1d`       BIGINT COMMENT '最近 1 日下单次数',
    `order_num_1d`         BIGINT COMMENT '最近 1 日下单商品件数',
```

```
      `order_original_amount_1d`  DECIMAL(16,2)  COMMENT '最近1日下单原始金额',
      `activity_reduce_amount_1d`  DECIMAL(16,2)  COMMENT '最近1日活动优惠金额',
      `coupon_reduce_amount_1d`   DECIMAL(16,2)  COMMENT '最近1日优惠券优惠金额',
      `order_total_amount_1d`     DECIMAL(16,2)  COMMENT '最近1日下单最终金额'
) COMMENT '交易域用户商品粒度下单最近1日汇总表'
    PARTITIONED BY (`dt` STRING)
    STORED AS ORC
    LOCATION '/warehouse/gmall/dws/dws_trade_user_sku_order_1d'
    TBLPROPERTIES ('orc.compress' = 'snappy');
```

（2）首日数据装载。

数据装载思路：首先通过 DWD 层的交易域下单事务事实表对用户、商品粒度进行汇总，统计下单次数、下单商品件数、下单金额总和等，然后与商品维度表关联，获得商品的分类 id 和品牌 id 等维度属性。

```
hive (gmall)>
set hive.exec.dynamic.partition.mode=nonstrict;
insert overwrite table dws_trade_user_sku_order_1d partition(dt)
select
    user_id,
    id,
    sku_name,
    category1_id,
    category1_name,
    category2_id,
    category2_name,
    category3_id,
    category3_name,
    tm_id,
    tm_name,
    order_count_1d,
    order_num_1d,
    order_original_amount_1d,
    activity_reduce_amount_1d,
    coupon_reduce_amount_1d,
    order_total_amount_1d,
    dt
from
(
    select
        dt,
        user_id,
        sku_id,
        count(*) order_count_1d,
        sum(sku_num) order_num_1d,
        sum(split_original_amount) order_original_amount_1d,
        sum(nvl(split_activity_amount,0.0)) activity_reduce_amount_1d,
        sum(nvl(split_coupon_amount,0.0)) coupon_reduce_amount_1d,
        sum(split_total_amount) order_total_amount_1d
    from dwd_trade_order_detail_inc
    group by dt,user_id,sku_id
)od
left join
(
```

```
select
    id,
    sku_name,
    category1_id,
    category1_name,
    category2_id,
    category2_name,
    category3_id,
    category3_name,
    tm_id,
    tm_name
from dim_sku_full
where dt='2020-06-14'
)sku
on od.sku_id=sku.id;
```

（3）每日数据装载。

每日数据装载思路与首日数据装载思路相同，先通过交易域下单事务事实表获得汇总字段，再通过与商品维度表关联获得维度属性。

```
hive (gmall)>
insert overwrite table dws_trade_user_sku_order_1d partition(dt='2020-06-15')
select
    user_id,
    id,
    sku_name,
    category1_id,
    category1_name,
    category2_id,
    category2_name,
    category3_id,
    category3_name,
    tm_id,
    tm_name,
    order_count_1d,
    order_num_1d,
    order_original_amount_1d,
    activity_reduce_amount_1d,
    coupon_reduce_amount_1d,
    order_total_amount_1d
from
(
    select
        user_id,
        sku_id,
        count(*) order_count_1d,
        sum(sku_num) order_num_1d,
        sum(split_original_amount) order_original_amount_1d,
        sum(nvl(split_activity_amount,0.0)) activity_reduce_amount_1d,
        sum(nvl(split_coupon_amount,0.0)) coupon_reduce_amount_1d,
        sum(split_total_amount) order_total_amount_1d
    from dwd_trade_order_detail_inc
    where dt='2020-06-15'
```

```
    group by user_id,sku_id
)od
left join
(
    select
        id,
        sku_name,
        category1_id,
        category1_name,
        category2_id,
        category2_name,
        category3_id,
        category3_name,
        tm_id,
        tm_name
    from dim_sku_full
    where dt='2020-06-15'
)sku
on od.sku_id=sku.id;
```

2. 交易域用户商品粒度退单最近 1 日汇总表

将业务过程为退单、粒度限定为用户和商品的派生指标进行合并统计，生成交易域用户商品粒度退单最近 1 日汇总表。在本汇总表中，使商品的分类 id 和品牌 id 等维度属性产生冗余。

（1）建表语句。

```
hive (gmall)>
DROP TABLE IF EXISTS dws_trade_user_sku_order_refund_1d;
CREATE EXTERNAL TABLE dws_trade_user_sku_order_refund_1d
(
    `user_id`                   STRING COMMENT '用户 id',
    `sku_id`                    STRING COMMENT '商品 id',
    `sku_name`                  STRING COMMENT '商品名称',
    `category1_id`              STRING COMMENT '一级分类 id',
    `category1_name`            STRING COMMENT '一级分类名称',
    `category2_id`              STRING COMMENT '二级分类 id',
    `category2_name`            STRING COMMENT '二级分类名称',
    `category3_id`              STRING COMMENT '三级分类 id',
    `category3_name`            STRING COMMENT '三级分类名称',
    `tm_id`                     STRING COMMENT '品牌 id',
    `tm_name`                   STRING COMMENT '品牌名称',
    `order_refund_count_1d`     BIGINT COMMENT '最近 1 日退单次数',
    `order_refund_num_1d`       BIGINT COMMENT '最近 1 日退单商品件数',
    `order_refund_amount_1d`    DECIMAL(16,2) COMMENT '最近 1 日退单金额'
) COMMENT '交易域用户商品粒度退单最近 1 日汇总表'
    PARTITIONED BY (`dt` STRING)
    STORED AS ORC
    LOCATION '/warehouse/gmall/dws/dws_trade_user_sku_order_refund_1d'
    TBLPROPERTIES ('orc.compress' = 'snappy');
```

（2）首日数据装载。

```
hive (gmall)>
set hive.exec.dynamic.partition.mode=nonstrict;
insert overwrite table dws_trade_user_sku_order_refund_1d partition(dt)
```

```
select
    user_id,
    sku_id,
    sku_name,
    category1_id,
    category1_name,
    category2_id,
    category2_name,
    category3_id,
    category3_name,
    tm_id,
    tm_name,
    order_refund_count_1d,
    order_refund_num_1d,
    order_refund_amount_1d,
    dt
from
(
    select
        dt,
        user_id,
        sku_id,
        count(*) order_refund_count_1d,
        sum(refund_num) order_refund_num_1d,
        sum(refund_amount) order_refund_amount_1d
    from dwd_trade_order_refund_inc
    group by dt,user_id,sku_id
)od
left join
(
    select
        id,
        sku_name,
        category1_id,
        category1_name,
        category2_id,
        category2_name,
        category3_id,
        category3_name,
        tm_id,
        tm_name
    from dim_sku_full
    where dt='2020-06-14'
)sku
on od.sku_id=sku.id;
```

（3）每日数据装载。

```
hive (gmall)>
insert overwrite table dws_trade_user_sku_order_refund_1d partition(dt='2020-06-15')
select
    user_id,
    sku_id,
```

```
    sku_name,
    category1_id,
    category1_name,
    category2_id,
    category2_name,
    category3_id,
    category3_name,
    tm_id,
    tm_name,
    order_refund_count_1d,
    order_refund_num_1d,
    order_refund_amount_1d
from
(
    select
        user_id,
        sku_id,
        count(*) order_refund_count_1d,
        sum(refund_num) order_refund_num_1d,
        sum(refund_amount) order_refund_amount_1d
    from dwd_trade_order_refund_inc
    where dt='2020-06-15'
    group by user_id,sku_id
)od
left join
(
    select
        id,
        sku_name,
        category1_id,
        category1_name,
        category2_id,
        category2_name,
        category3_id,
        category3_name,
        tm_id,
        tm_name
    from dim_sku_full
    where dt='2020-06-15'
)sku
on od.sku_id=sku.id;
```

3. 交易域用户粒度下单最近 1 日汇总表

将业务过程为下单、粒度限定为用户的派生指标进行合并统计，生成交易域用户粒度下单最近 1 日汇总表。对下单次数、商品件数、各种下单金额等度量按照用户粒度进行汇总计算。

（1）建表语句。

```
hive (gmall)>
DROP TABLE IF EXISTS dws_trade_user_order_1d;
CREATE EXTERNAL TABLE dws_trade_user_order_1d
(
    `user_id`                  STRING COMMENT '用户 id',
```

```
   `order_count_1d`              BIGINT COMMENT '最近 1 日下单次数',
   `order_num_1d`               BIGINT COMMENT '最近 1 日下单商品件数',
   `order_original_amount_1d`   DECIMAL(16,2) COMMENT '最近 1 日下单原始金额',
   `activity_reduce_amount_1d` DECIMAL(16,2) COMMENT '最近 1 日下单活动优惠金额',
   `coupon_reduce_amount_1d`    DECIMAL(16,2) COMMENT '最近 1 日下单优惠券优惠金额',
   `order_total_amount_1d`       DECIMAL(16,2) COMMENT '最近 1 日下单最终金额'
) COMMENT '交易域用户粒度下单最近 1 日汇总表'
   PARTITIONED BY (`dt` STRING)
   STORED AS ORC
   LOCATION '/warehouse/gmall/dws/dws_trade_user_order_1d'
   TBLPROPERTIES ('orc.compress' = 'snappy');
```

（2）首日数据装载。

```
hive (gmall)>
insert overwrite table dws_trade_user_order_1d partition(dt)
select
    user_id,
    count(distinct(order_id)),
    sum(sku_num),
    sum(split_original_amount),
    sum(nvl(split_activity_amount,0)),
    sum(nvl(split_coupon_amount,0)),
    sum(split_total_amount),
    dt
from dwd_trade_order_detail_inc
group by user_id,dt;
```

（3）每日数据装载。

```
hive (gmall)>
insert overwrite table dws_trade_user_order_1d partition(dt='2020-06-15')
select
    user_id,
    count(distinct(order_id)),
    sum(sku_num),
    sum(split_original_amount),
    sum(nvl(split_activity_amount,0)),
    sum(nvl(split_coupon_amount,0)),
    sum(split_total_amount)
from dwd_trade_order_detail_inc
where dt='2020-06-15'
group by user_id;
```

4．交易域用户粒度加购物车最近 1 日汇总表

将业务过程为加购物车、粒度限定为用户的派生指标进行合并统计，生成交易域用户粒度加购物车最近 1 日汇总表。对加购物车次数、商品件数等度量按照用户粒度进行汇总计算。

（1）建表语句。

```
hive (gmall)>
DROP TABLE IF EXISTS dws_trade_user_cart_add_1d;
CREATE EXTERNAL TABLE dws_trade_user_cart_add_1d
(
    `user_id`            STRING COMMENT '用户 id',
    `cart_add_count_1d` BIGINT COMMENT '最近 1 日加购物车次数',
    `cart_add_num_1d`    BIGINT COMMENT '最近 1 日加购物车商品件数'
```

```
) COMMENT '交易域用户粒度加购物车最近 1 日汇总表'
    PARTITIONED BY (`dt` STRING)
    STORED AS ORC
    LOCATION '/warehouse/gmall/dws/dws_trade_user_cart_add_1d'
    TBLPROPERTIES ('orc.compress' = 'snappy');
```

（2）首日数据装载。

```
hive (gmall)>
insert overwrite table dws_trade_user_cart_add_1d partition(dt)
select
    user_id,
    count(*),
    sum(sku_num),
    dt
from dwd_trade_cart_add_inc
group by user_id,dt;
```

（3）每日数据装载。

```
hive (gmall)>
insert overwrite table dws_trade_user_cart_add_1d partition(dt='2020-06-15')
select
    user_id,
    count(*),
    sum(sku_num)
from dwd_trade_cart_add_inc
where dt='2020-06-15'
group by user_id;
```

5. 交易域用户粒度支付最近 1 日汇总表

将业务过程为支付、粒度限定为用户的派生指标进行合并统计，生成交易域用户粒度支付最近 1 日汇总表。对支付次数、商品件数、支付金额等度量按照用户粒度进行汇总计算。

（1）建表语句。

```
hive (gmall)>
DROP TABLE IF EXISTS dws_trade_user_payment_1d;
CREATE EXTERNAL TABLE dws_trade_user_payment_1d
(
    `user_id`            STRING COMMENT '用户 id',
    `payment_count_1d`   BIGINT COMMENT '最近 1 日支付次数',
    `payment_num_1d`     BIGINT COMMENT '最近 1 日支付商品件数',
    `payment_amount_1d`  DECIMAL(16,2) COMMENT '最近 1 日支付金额'
) COMMENT '交易域用户粒度支付最近 1 日汇总表'
    PARTITIONED BY (`dt` STRING)
    STORED AS ORC
    LOCATION '/warehouse/gmall/dws/dws_trade_user_payment_1d'
    TBLPROPERTIES ('orc.compress' = 'snappy');
```

（2）首日数据装载。

```
hive (gmall)>
insert overwrite table dws_trade_user_payment_1d partition(dt)
select
    user_id,
    count(distinct(order_id)),
    sum(sku_num),
```

```
    sum(split_payment_amount),
    dt
from dwd_trade_pay_detail_suc_inc
group by user_id,dt;
```

（3）每日数据装载。

```
hive (gmall)>
insert overwrite table dws_trade_user_payment_1d partition(dt='2020-06-15')
select
    user_id,
    count(distinct(order_id)),
    sum(sku_num),
    sum(split_payment_amount)
from dwd_trade_pay_detail_suc_inc
where dt='2020-06-15'
group by user_id;
```

6．交易域省份粒度下单最近 1 日汇总表

将业务过程为下单、粒度限定为省份的派生指标进行合并统计，生成交易域省份粒度下单最近 1 日汇总表。对下单次数、各种下单金额度量按照省份粒度进行汇总计算，并使省份名称、地区编码等地区维度属性产生冗余。

（1）建表语句。

```
hive (gmall)>
DROP TABLE IF EXISTS dws_trade_province_order_1d;
CREATE EXTERNAL TABLE dws_trade_province_order_1d
(
    `province_id`              STRING COMMENT '省份id',
    `province_name`            STRING COMMENT '省份名称',
    `area_code`                STRING COMMENT '地区编码',
    `iso_code`                 STRING COMMENT '旧版ISO-3166-2编码',
    `iso_3166_2`               STRING COMMENT '新版ISO-3166-2编码',
    `order_count_1d`           BIGINT COMMENT '最近1日下单次数',
    `order_original_amount_1d` DECIMAL(16,2) COMMENT '最近1日下单原始金额',
    `activity_reduce_amount_1d` DECIMAL(16,2) COMMENT '最近1日下单活动优惠金额',
    `coupon_reduce_amount_1d`  DECIMAL(16,2) COMMENT '最近1日下单优惠券优惠金额',
    `order_total_amount_1d`    DECIMAL(16,2) COMMENT '最近1日下单最终金额'
) COMMENT '交易域省份粒度下单最近1日汇总表'
    PARTITIONED BY (`dt` STRING)
    STORED AS ORC
    LOCATION '/warehouse/gmall/dws/dws_trade_province_order_1d'
    TBLPROPERTIES ('orc.compress' = 'snappy');
```

（2）首日数据装载。

```
hive (gmall)>
set hive.exec.dynamic.partition.mode=nonstrict;
insert overwrite table dws_trade_province_order_1d partition(dt)
select
    province_id,
    province_name,
    area_code,
    iso_code,
    iso_3166_2,
```

```
        order_count_1d,
        order_original_amount_1d,
        activity_reduce_amount_1d,
        coupon_reduce_amount_1d,
        order_total_amount_1d,
        dt
from
(
    select
        province_id,
        count(distinct(order_id)) order_count_1d,
        sum(split_original_amount) order_original_amount_1d,
        sum(nvl(split_activity_amount,0)) activity_reduce_amount_1d,
        sum(nvl(split_coupon_amount,0)) coupon_reduce_amount_1d,
        sum(split_total_amount) order_total_amount_1d,
        dt
    from dwd_trade_order_detail_inc
    group by province_id,dt
)o
left join
(
    select
        id,
        province_name,
        area_code,
        iso_code,
        iso_3166_2
    from dim_province_full
    where dt='2020-06-14'
)p
on o.province_id=p.id;
```

（3）每日数据装载。

```
hive (gmall)>
insert overwrite table dws_trade_province_order_1d partition(dt='2020-06-15')
select
    province_id,
    province_name,
    area_code,
    iso_code,
    iso_3166_2,
    order_count_1d,
    order_original_amount_1d,
    activity_reduce_amount_1d,
    coupon_reduce_amount_1d,
    order_total_amount_1d
from
(
    select
        province_id,
        count(distinct(order_id)) order_count_1d,
        sum(split_original_amount) order_original_amount_1d,
```

```
        sum(nvl(split_activity_amount,0)) activity_reduce_amount_1d,
        sum(nvl(split_coupon_amount,0)) coupon_reduce_amount_1d,
        sum(split_total_amount) order_total_amount_1d
    from dwd_trade_order_detail_inc
    where dt='2020-06-15'
    group by province_id
)o
left join
(
    select
        id,
        province_name,
        area_code,
        iso_code,
        iso_3166_2
    from dim_province_full
    where dt='2020-06-15'
)p
on o.province_id=p.id;
```

7．交易域用户粒度退单最近 1 日汇总表

将业务过程为退单、粒度限定为用户的派生指标进行合并统计，生成交易域用户粒度退单最近 1 日汇总表。对退单次数、退单商品件数、退单金额度量按照用户粒度进行汇总计算。

（1）建表语句。

```
hive (gmall)>
DROP TABLE IF EXISTS dws_trade_user_order_refund_1d;
CREATE EXTERNAL TABLE dws_trade_user_order_refund_1d
(
    `user_id`                STRING COMMENT '用户id',
    `order_refund_count_1d`  BIGINT COMMENT '最近1日退单次数',
    `order_refund_num_1d`    BIGINT COMMENT '最近1日退单商品件数',
    `order_refund_amount_1d` DECIMAL(16,2) COMMENT '最近1日退单金额'
) COMMENT '交易域用户粒度退单最近1日汇总表'
    PARTITIONED BY (`dt` STRING)
    STORED AS ORC
    LOCATION '/warehouse/gmall/dws/dws_trade_user_order_refund_1d'
    TBLPROPERTIES ('orc.compress' = 'snappy');
```

（2）首日数据装载。

```
hive (gmall)>
set hive.exec.dynamic.partition.mode=nonstrict;
insert overwrite table dws_trade_user_order_refund_1d partition(dt)
select
    user_id,
    count(*) order_refund_count_1d,
    sum(refund_num) order_refund_num_1d,
    sum(refund_amount) order_refund_amount_1d,
    dt
from dwd_trade_order_refund_inc
group by user_id,dt;
```

（3）每日数据装载。

```
hive (gmall)>
```

```
insert overwrite table dws_trade_user_order_refund_1d partition(dt='2020-06-15')
select
    user_id,
    count(*),
    sum(refund_num),
    sum(refund_amount)
from dwd_trade_order_refund_inc
where dt='2020-06-15'
group by user_id;
```

8. 流量域会话粒度页面浏览最近 1 日汇总表

将业务过程为页面浏览、粒度限定为会话的派生指标进行合并统计，生成流量域会话粒度页面浏览最近 1 日汇总表。

与会话粒度相关的派生指标有些特别，大部分统计粒度会出现在多个日期限定内。例如，一个用户可能会在最近 1 日和最近 n 日都下单，但是同一个会话 id 只会出现一次，再次打开会话，会话 id 就会发生改变。所以对于粒度限定为会话的 DWS 层汇总表，我们只计算日期限定为最近 1 日的。

对访问时长和访问页面数度量按照会话粒度进行汇总计算，并使设备 id、手机品牌、渠道等维度属性产生冗余。

（1）建表语句。

```
hive (gmall)>
DROP TABLE IF EXISTS dws_traffic_session_page_view_1d;
CREATE EXTERNAL TABLE dws_traffic_session_page_view_1d
(
    `session_id`     STRING COMMENT '会话 id',
    `mid_id`         string comment '设备 id',
    `brand`          string comment '手机品牌',
    `model`          string comment '手机型号',
    `operate_system` string comment '操作系统',
    `version_code`   string comment 'App 版本号',
    `channel`        string comment '渠道',
    `during_time_1d` BIGINT COMMENT '最近 1 日访问时长',
    `page_count_1d`  BIGINT COMMENT '最近 1 日访问页面数'
) COMMENT '流量域会话粒度页面浏览最近 1 日汇总表'
    PARTITIONED BY (`dt` STRING)
    STORED AS ORC
    LOCATION '/warehouse/gmall/dws/dws_traffic_session_page_view_1d'
    TBLPROPERTIES ('orc.compress' = 'snappy');
```

（2）数据装载。

```
hive (gmall)>
insert overwrite table dws_traffic_session_page_view_1d partition(dt='2020-06-14')
select
    session_id,
    mid_id,
    brand,
    model,
    operate_system,
    version_code,
    channel,
    sum(during_time),
    count(*)
```

```
from dwd_traffic_page_view_inc
where dt='2020-06-14'
group by session_id,mid_id,brand,model,operate_system,version_code,channel;
```

9．流量域访客页面粒度页面浏览最近 1 日汇总表

将业务过程为页面浏览、粒度限定为访客和页面的派生指标进行合并统计，生成流量域访客页面粒度页面浏览最近 1 日汇总表。

按照访客、页面粒度对访问时长和访问次数度量进行汇总计算，并使手机型号、手机品牌、操作系统等维度属性产生冗余。

（1）建表语句。

```
hive (gmall)>
DROP TABLE IF EXISTS dws_traffic_page_visitor_page_view_1d;
CREATE EXTERNAL TABLE dws_traffic_page_visitor_page_view_1d
(
    `mid_id`          STRING COMMENT '设备 id',
    `brand`           string comment '手机品牌',
    `model`           string comment '手机型号',
    `operate_system`  string comment '操作系统',
    `page_id`         STRING COMMENT '页面 id',
    `during_time_1d`  BIGINT COMMENT '最近 1 日访问时长',
    `view_count_1d`   BIGINT COMMENT '最近 1 日访问次数'
) COMMENT '流量域访客页面粒度页面浏览最近 1 日汇总表'
    PARTITIONED BY (`dt` STRING)
    STORED AS ORC
    LOCATION '/warehouse/gmall/dws/dws_traffic_page_visitor_page_view_1d'
    TBLPROPERTIES ('orc.compress' = 'snappy');
```

（2）每日数据装载。

```
hive (gmall)>
insert overwrite table dws_traffic_page_visitor_page_view_1d partition(dt='2020-06-14')
select
    mid_id,
    brand,
    model,
    operate_system,
    page_id,
    sum(during_time),
    count(*)
from dwd_traffic_page_view_inc
where dt='2020-06-14'
group by mid_id,brand,model,operate_system,page_id;
```

10．数据装载脚本

1）首日数据装载脚本

在 hadoop102 节点服务器的/home/atguigu/bin 目录下创建脚本 dwd_to_dws_1d_init.sh。

```
[atguigu@hadoop102 bin]$ vim dwd_to_dws_1d_init.sh
```

编写脚本内容（脚本内容过长，此处不再赘述，读者可从本书附赠的资料中获取完整脚本）。

增加脚本执行权限。

```
[atguigu@hadoop102 bin]$ chmod +x dwd_to_dws_1d_init.sh
```

在数据仓库搭建过程中，首日执行脚本，导入数据。

```
[atguigu@hadoop102 bin]$ dwd_to_dws_1d_init.sh all 2020-06-14
```

2）每日数据装载脚本

在 hadoop102 节点服务器的/home/atguigu/bin 目录下创建脚本 dwd_to_dws_1d.sh。

```
[atguigu@hadoop102 bin]$ vim dwd_to_dws_1d.sh
```

编写脚本内容（脚本内容过长，此处不再赘述，读者可从本书附赠的资料中获取完整脚本）。

增加脚本执行权限。

```
[atguigu@hadoop102 bin]$ chmod +x dwd_to_dws_1d.sh
```

需要注意的是，因为此时数据仓库中还没有采集 2020-06-15 的数据，所以先不要执行此处的命令。

```
[atguigu@hadoop102 bin]$ dwd_to_dws_1d.sh all 2020-06-15
```

6.7.2 最近 n 日汇总表

本节主要统计所有 DWS 层中日期限定为最近 n 日的数据。

1. 交易域用户商品粒度下单最近 n 日汇总表

将业务过程为下单、粒度限定为用户和商品的派生指标进行合并统计，生成交易域用户商品粒度下单最近 n 日汇总表。日期限定为最近 n 日的汇总表可以通过对最近 1 日的汇总表做进一步计算获得。

（1）建表语句。

```
hive (gmall)>
DROP TABLE IF EXISTS dws_trade_user_sku_order_nd;
CREATE EXTERNAL TABLE dws_trade_user_sku_order_nd
(
    `user_id`                    STRING COMMENT '用户 id',
    `sku_id`                     STRING COMMENT '商品 id',
    `sku_name`                   STRING COMMENT '商品名称',
    `category1_id`               STRING COMMENT '一级分类 id',
    `category1_name`             STRING COMMENT '一级分类名称',
    `category2_id`               STRING COMMENT '二级分类 id',
    `category2_name`             STRING COMMENT '二级分类名称',
    `category3_id`               STRING COMMENT '三级分类 id',
    `category3_name`             STRING COMMENT '三级分类名称',
    `tm_id`                      STRING COMMENT '品牌 id',
    `tm_name`                    STRING COMMENT '品牌名称',
    `order_count_7d`             STRING COMMENT '最近 7 日下单次数',
    `order_num_7d`               BIGINT COMMENT '最近 7 日下单商品件数',
    `order_original_amount_7d`   DECIMAL(16,2) COMMENT '最近 7 日下单原始金额',
    `activity_reduce_amount_7d`  DECIMAL(16,2) COMMENT '最近 7 日活动优惠金额',
    `coupon_reduce_amount_7d`    DECIMAL(16,2) COMMENT '最近 7 日优惠券优惠金额',
    `order_total_amount_7d`      DECIMAL(16,2) COMMENT '最近 7 日下单最终金额',
    `order_count_30d`            BIGINT COMMENT '最近 30 日下单次数',
    `order_num_30d`              BIGINT COMMENT '最近 30 日下单商品件数',
    `order_original_amount_30d`  DECIMAL(16,2) COMMENT '最近 30 日下单原始金额',
    `activity_reduce_amount_30d` DECIMAL(16,2) COMMENT '最近 30 日活动优惠金额',
    `coupon_reduce_amount_30d`   DECIMAL(16,2) COMMENT '最近 30 日优惠券优惠金额',
    `order_total_amount_30d`     DECIMAL(16,2) COMMENT '最近 30 日下单最终金额'
) COMMENT '交易域用户商品粒度下单最近 n 日汇总表'
    PARTITIONED BY (`dt` STRING)
    STORED AS ORC
    LOCATION '/warehouse/gmall/dws/dws_trade_user_sku_order_nd'
    TBLPROPERTIES ('orc.compress' = 'snappy');
```

（2）数据装载。

在交易域用户商品粒度下单最近 1 日汇总表的基础上，筛选日期为最近 7 日和最近 30 日的数据，并进行进一步汇总。在进行汇总求和时，通过 if()函数判断日期是否为前 7 日来产生最近 7 日的汇总数据。

```
hive (gmall)>
insert overwrite table dws_trade_user_sku_order_nd partition(dt='2020-06-14')
select
    user_id,
    sku_id,
    sku_name,
    category1_id,
    category1_name,
    category2_id,
    category2_name,
    category3_id,
    category3_name,
    tm_id,
    tm_name,
    sum(if(dt>=date_add('2020-06-14',-6),order_count_1d,0)),
    sum(if(dt>=date_add('2020-06-14',-6),order_num_1d,0)),
    sum(if(dt>=date_add('2020-06-14',-6),order_original_amount_1d,0)),
    sum(if(dt>=date_add('2020-06-14',-6),activity_reduce_amount_1d,0)),
    sum(if(dt>=date_add('2020-06-14',-6),coupon_reduce_amount_1d,0)),
    sum(if(dt>=date_add('2020-06-14',-6),order_total_amount_1d,0)),
    sum(order_count_1d),
    sum(order_num_1d),
    sum(order_original_amount_1d),
    sum(activity_reduce_amount_1d),
    sum(coupon_reduce_amount_1d),
    sum(order_total_amount_1d)
from dws_trade_user_sku_order_1d
where dt>=date_add('2020-06-14',-29)
group by  user_id,sku_id,sku_name,category1_id,category1_name,category2_id,category2_
name,category3_id,category3_name,tm_id,tm_name;
```

2. 交易域用户商品粒度退单最近 n 日汇总表

将业务过程为退单、粒度限定为用户和商品的派生指标进行合并统计，生成交易域用户商品粒度退单最近 n 日汇总表。日期限定为最近 n 日的汇总表通过对最近 1 日的汇总表做进一步计算获得。

（1）建表语句。

```
hive (gmall)>
DROP TABLE IF EXISTS dws_trade_user_sku_order_refund_nd;
CREATE EXTERNAL TABLE dws_trade_user_sku_order_refund_nd
(
    `user_id`              STRING COMMENT '用户id',
    `sku_id`               STRING COMMENT '商品id',
    `sku_name`             STRING COMMENT '商品名称',
    `category1_id`         STRING COMMENT '一级分类id',
    `category1_name`       STRING COMMENT '一级分类名称',
    `category2_id`         STRING COMMENT '二级分类id',
    `category2_name`       STRING COMMENT '二级分类名称',
    `category3_id`         STRING COMMENT '三级分类id',
```

```
    `category3_name`              STRING COMMENT '三级分类名称',
    `tm_id`                       STRING COMMENT '品牌id',
    `tm_name`                     STRING COMMENT '品牌名称',
    `order_refund_count_7d`       BIGINT COMMENT '最近7日退单次数',
    `order_refund_num_7d`         BIGINT COMMENT '最近7日退单商品件数',
    `order_refund_amount_7d`      DECIMAL(16,2) COMMENT '最近7日退单金额',
    `order_refund_count_30d`      BIGINT COMMENT '最近30日退单次数',
    `order_refund_num_30d`        BIGINT COMMENT '最近30日退单商品件数',
    `order_refund_amount_30d`     DECIMAL(16,2) COMMENT '最近30日退单金额'
) COMMENT '交易域用户商品粒度退单最近n日汇总表'
    PARTITIONED BY (`dt` STRING)
    STORED AS ORC
    LOCATION '/warehouse/gmall/dws/dws_trade_user_sku_order_refund_nd'
    TBLPROPERTIES ('orc.compress' = 'snappy');
```

（2）数据装载。

```
hive (gmall)>
insert overwrite table dws_trade_user_sku_order_refund_nd partition(dt='2020-06-14')
select
    user_id,
    sku_id,
    sku_name,
    category1_id,
    category1_name,
    category2_id,
    category2_name,
    category3_id,
    category3_name,
    tm_id,
    tm_name,
    sum(if(dt>=date_add('2020-06-14',-6),order_refund_count_1d,0)),
    sum(if(dt>=date_add('2020-06-14',-6),order_refund_num_1d,0)),
    sum(if(dt>=date_add('2020-06-14',-6),order_refund_amount_1d,0)),
    sum(order_refund_count_1d),
    sum(order_refund_num_1d),
    sum(order_refund_amount_1d)
from dws_trade_user_sku_order_refund_1d
where dt>=date_add('2020-06-14',-29)
and dt<='2020-06-14'
group by user_id,sku_id,sku_name,category1_id,category1_name,category2_id,category2_
name,category3_id,category3_name,tm_id,tm_name;
```

3. 交易域用户粒度下单最近 n 日汇总表

（1）建表语句。

```
hive (gmall)>
DROP TABLE IF EXISTS dws_trade_user_order_nd;
CREATE EXTERNAL TABLE dws_trade_user_order_nd
(
    `user_id`                  STRING COMMENT '用户id',
    `order_count_7d`           BIGINT COMMENT '最近7日下单次数',
    `order_num_7d`             BIGINT COMMENT '最近7日下单商品件数',
    `order_original_amount_7d` DECIMAL(16,2) COMMENT '最近7日下单原始金额',
```

```
    `activity_reduce_amount_7d`  DECIMAL(16,2)  COMMENT '最近 7 日下单活动优惠金额',
    `coupon_reduce_amount_7d`    DECIMAL(16,2)  COMMENT '最近 7 日下单优惠券优惠金额',
    `order_total_amount_7d`      DECIMAL(16,2)  COMMENT '最近 7 日下单最终金额',
    `order_count_30d`            BIGINT COMMENT '最近 30 日下单次数',
    `order_num_30d`              BIGINT COMMENT '最近 30 日下单商品件数',
    `order_original_amount_30d`  DECIMAL(16,2)  COMMENT '最近 30 日下单原始金额',
    `activity_reduce_amount_30d` DECIMAL(16,2)  COMMENT '最近 30 日下单活动优惠金额',
    `coupon_reduce_amount_30d`   DECIMAL(16,2)  COMMENT '最近 30 日下单优惠券优惠金额',
    `order_total_amount_30d`     DECIMAL(16,2)  COMMENT '最近 30 日下单最终金额'
) COMMENT '交易域用户粒度下单最近 n 日汇总表'
    PARTITIONED BY (`dt` STRING)
    STORED AS ORC
    LOCATION '/warehouse/gmall/dws/dws_trade_user_order_nd'
    TBLPROPERTIES ('orc.compress' = 'snappy');
```

（2）数据装载。

```
hive (gmall)>
insert overwrite table dws_trade_user_order_nd partition(dt='2020-06-14')
select
    user_id,
    sum(if(dt>=date_add('2020-06-14',-6),order_count_1d,0)),
    sum(if(dt>=date_add('2020-06-14',-6),order_num_1d,0)),
    sum(if(dt>=date_add('2020-06-14',-6),order_original_amount_1d,0)),
    sum(if(dt>=date_add('2020-06-14',-6),activity_reduce_amount_1d,0)),
    sum(if(dt>=date_add('2020-06-14',-6),coupon_reduce_amount_1d,0)),
    sum(if(dt>=date_add('2020-06-14',-6),order_total_amount_1d,0)),
    sum(order_count_1d),
    sum(order_num_1d),
    sum(order_original_amount_1d),
    sum(activity_reduce_amount_1d),
    sum(coupon_reduce_amount_1d),
    sum(order_total_amount_1d)
from dws_trade_user_order_1d
where dt>=date_add('2020-06-14',-29)
and dt<='2020-06-14'
group by user_id;
```

4．交易域用户粒度加购物车最近 n 日汇总表

（1）建表语句。

```
hive (gmall)>
DROP TABLE IF EXISTS dws_trade_user_cart_add_nd;
CREATE EXTERNAL TABLE dws_trade_user_cart_add_nd
(
    `user_id`            STRING COMMENT '用户 id',
    `cart_add_count_7d`  BIGINT COMMENT '最近 7 日加购物车次数',
    `cart_add_num_7d`    BIGINT COMMENT '最近 7 日加购物车商品件数',
    `cart_add_count_30d` BIGINT COMMENT '最近 30 日加购物车次数',
    `cart_add_num_30d`   BIGINT COMMENT '最近 30 日加购物车商品件数'
) COMMENT '交易域用户粒度加购物车最近 n 日汇总表'
    PARTITIONED BY (`dt` STRING)
    STORED AS ORC
    LOCATION '/warehouse/gmall/dws/dws_trade_user_cart_add_nd'
```

```
   TBLPROPERTIES ('orc.compress' = 'snappy');
```

（2）数据装载。

```
hive (gmall)>
insert overwrite table dws_trade_user_cart_add_nd partition(dt='2020-06-14')
select
    user_id,
    sum(if(dt>=date_add('2020-06-14',-6),cart_add_count_1d,0)),
    sum(if(dt>=date_add('2020-06-14',-6),cart_add_num_1d,0)),
    sum(cart_add_count_1d),
    sum(cart_add_num_1d)
from dws_trade_user_cart_add_1d
where dt>=date_add('2020-06-14',-29)
and dt<='2020-06-14'
group by user_id;
```

5. 交易域用户粒度支付最近 n 日汇总表

（1）建表语句。

```
hive (gmall)>
DROP TABLE IF EXISTS dws_trade_user_payment_nd;
CREATE EXTERNAL TABLE dws_trade_user_payment_nd
(
    `user_id`             STRING COMMENT '用户 id',
    `payment_count_7d`    BIGINT COMMENT '最近 7 日支付次数',
    `payment_num_7d`      BIGINT COMMENT '最近 7 日支付商品件数',
    `payment_amount_7d`   DECIMAL(16,2) COMMENT '最近 7 日支付金额',
    `payment_count_30d`   BIGINT COMMENT '最近 30 日支付次数',
    `payment_num_30d`     BIGINT COMMENT '最近 30 日支付商品件数',
    `payment_amount_30d`  DECIMAL(16,2) COMMENT '最近 30 日支付金额'
) COMMENT '交易域用户粒度支付最近 n 日汇总表'
    PARTITIONED BY (`dt` STRING)
    STORED AS ORC
    LOCATION '/warehouse/gmall/dws/dws_trade_user_payment_nd'
TBLPROPERTIES ('orc.compress' = 'snappy');
```

（2）数据装载。

```
hive (gmall)>
insert overwrite table dws_trade_user_payment_nd partition (dt = '2020-06-14')
select user_id,
    sum(if(dt >= date_add('2020-06-14', -6), payment_count_1d, 0)),
    sum(if(dt >= date_add('2020-06-14', -6), payment_num_1d, 0)),
    sum(if(dt >= date_add('2020-06-14', -6), payment_amount_1d, 0)),
    sum(payment_count_1d),
    sum(payment_num_1d),
    sum(payment_amount_1d)
from dws_trade_user_payment_1d
where dt >= date_add('2020-06-14', -29)
  and dt <= '2020-06-14'
group by user_id;
```

6. 交易域省份粒度下单最近 n 日汇总表

（1）建表语句。

```
hive (gmall)>
```

```
DROP TABLE IF EXISTS dws_trade_province_order_nd;
CREATE EXTERNAL TABLE dws_trade_province_order_nd
(
    `province_id`                STRING COMMENT '省份id',
    `province_name`              STRING COMMENT '省份名称',
    `area_code`                  STRING COMMENT '地区编码',
    `iso_code`                   STRING COMMENT '旧版ISO-3166-2编码',
    `iso_3166_2`                 STRING COMMENT '新版ISO-3166-2编码',
    `order_count_7d`             BIGINT COMMENT '最近7日下单次数',
    `order_original_amount_7d`   DECIMAL(16,2) COMMENT '最近7日下单原始金额',
    `activity_reduce_amount_7d`  DECIMAL(16,2) COMMENT '最近7日下单活动优惠金额',
    `coupon_reduce_amount_7d`    DECIMAL(16,2) COMMENT '最近7日下单优惠券优惠金额',
    `order_total_amount_7d`      DECIMAL(16,2) COMMENT '最近7日下单最终金额',
    `order_count_30d`            BIGINT COMMENT '最近30日下单次数',
    `order_original_amount_30d`  DECIMAL(16,2) COMMENT '最近30日下单原始金额',
    `activity_reduce_amount_30d` DECIMAL(16,2) COMMENT '最近30日下单活动优惠金额',
    `coupon_reduce_amount_30d`   DECIMAL(16,2) COMMENT '最近30日下单优惠券优惠金额',
    `order_total_amount_30d`     DECIMAL(16,2) COMMENT '最近30日下单最终金额'
) COMMENT '交易域省份粒度下单最近n日汇总表'
    PARTITIONED BY (`dt` STRING)
    STORED AS ORC
    LOCATION '/warehouse/gmall/dws/dws_trade_province_order_nd'
    TBLPROPERTIES ('orc.compress' = 'snappy');
```

（2）数据装载。

```
hive (gmall)>
insert overwrite table dws_trade_province_order_nd partition(dt='2020-06-14')
select
    province_id,
    province_name,
    area_code,
    iso_code,
    iso_3166_2,
    sum(if(dt>=date_add('2020-06-14',-6),order_count_1d,0)),
    sum(if(dt>=date_add('2020-06-14',-6),order_original_amount_1d,0)),
    sum(if(dt>=date_add('2020-06-14',-6),activity_reduce_amount_1d,0)),
    sum(if(dt>=date_add('2020-06-14',-6),coupon_reduce_amount_1d,0)),
    sum(if(dt>=date_add('2020-06-14',-6),order_total_amount_1d,0)),
    sum(order_count_1d),
    sum(order_original_amount_1d),
    sum(activity_reduce_amount_1d),
    sum(coupon_reduce_amount_1d),
    sum(order_total_amount_1d)
from dws_trade_province_order_1d
where dt>=date_add('2020-06-14',-29)
and dt<='2020-06-14'
group by province_id,province_name,area_code,iso_code,iso_3166_2;
```

7. 交易域优惠券粒度下单最近 n 日汇总表

与其他粒度限定的汇总表不同，粒度限定为优惠券的汇总表，统计周期是为优惠券而不是下单这一业务过程做限定的。也就是说，交易域优惠券粒度下单最近 n 日汇总表统计的是使用最近 n 日发布的优惠券下单的数据。这是因为，优惠券的使用通常是有时间范围的，对历史至今的优惠券做汇总计算，是没有太大意义的。

基于上述原因，本汇总表的数据装载思路是首先筛选优惠券维度表中可使用的开始时间在 30 日以内的优惠券，再与最近 30 日的交易域下单事务事实表进行关联，最后按照优惠券粒度汇总所需要的度量。

（1）建表语句。

```
hive (gmall)>
DROP TABLE IF EXISTS dws_trade_coupon_order_nd;
CREATE EXTERNAL TABLE dws_trade_coupon_order_nd
(
    `coupon_id`                STRING COMMENT '优惠券id',
    `coupon_name`              STRING COMMENT '优惠券名称',
    `coupon_type_code`         STRING COMMENT '优惠券类型id',
    `coupon_type_name`         STRING COMMENT '优惠券类型名称',
    `coupon_rule`              STRING COMMENT '优惠券规则',
    `start_date`               STRING COMMENT '优惠券发布日期',
    `original_amount_30d`      DECIMAL(16,2) COMMENT '使用优惠券下单原始金额',
    `coupon_reduce_amount_30d` DECIMAL(16,2) COMMENT '使用优惠券下单优惠金额'
) COMMENT '交易域优惠券粒度下单最近n日汇总表'
    PARTITIONED BY (`dt` STRING)
    STORED AS ORC
    LOCATION '/warehouse/gmall/dws/dws_trade_coupon_order_nd'
    TBLPROPERTIES ('orc.compress' = 'snappy');
```

（2）数据装载。

```
hive (gmall)>
insert overwrite table dws_trade_coupon_order_nd partition(dt='2020-06-14')
select
    id,
    coupon_name,
    coupon_type_code,
    coupon_type_name,
    benefit_rule,
    start_date,
    sum(split_original_amount),
    sum(split_coupon_amount)
from
(
    select
        id,
        coupon_name,
        coupon_type_code,
        coupon_type_name,
        benefit_rule,
        date_format(start_time,'yyyy-MM-dd') start_date
    from dim_coupon_full
    where dt='2020-06-14'
    and date_format(start_time,'yyyy-MM-dd')>=date_add('2020-06-14',-29)
)cou
left join
(
    select
        coupon_id,
```

```
      order_id,
      split_original_amount,
      split_coupon_amount
    from dwd_trade_order_detail_inc
    where dt>=date_add('2020-06-14',-29)
    and dt<='2020-06-14'
    and coupon_id is not null
)od
on cou.id=od.coupon_id
group by id,coupon_name,coupon_type_code,coupon_type_name,benefit_rule,start_date;
```

8. 交易域活动粒度下单最近 n 日汇总表

交易域活动粒度下单最近 n 日汇总表的建表思路和数据装载思路与交易域优惠券粒度下单最近 n 日汇总表类似。最近 n 日主要用于限定活动的发布日期。

（1）建表语句。

```
hive (gmall)>
DROP TABLE IF EXISTS dws_trade_activity_order_nd;
CREATE EXTERNAL TABLE dws_trade_activity_order_nd
(
    `activity_id`               STRING COMMENT '活动id',
    `activity_name`             STRING COMMENT '活动名称',
    `activity_type_code`        STRING COMMENT '活动类型编码',
    `activity_type_name`        STRING COMMENT '活动类型名称',
    `start_date`                STRING COMMENT '活动发布日期',
    `original_amount_30d`       DECIMAL(16,2) COMMENT '参与活动订单原始金额',
    `activity_reduce_amount_30d` DECIMAL(16,2) COMMENT '参与活动订单优惠金额'
) COMMENT '交易域活动粒度下单最近n日汇总表'
    PARTITIONED BY (`dt` STRING)
    STORED AS ORC
    LOCATION '/warehouse/gmall/dws/dws_trade_activity_order_nd'
    TBLPROPERTIES ('orc.compress' = 'snappy');
```

（2）数据装载。

```
hive (gmall)>
insert overwrite table dws_trade_activity_order_nd partition(dt='2020-06-14')
select
    act.activity_id,
    activity_name,
    activity_type_code,
    activity_type_name,
    date_format(start_time,'yyyy-MM-dd'),
    sum(split_original_amount),
    sum(split_activity_amount)
from
(
    select
        activity_id,
        activity_name,
        activity_type_code,
        activity_type_name,
        start_time
    from dim_activity_full
```

```
where dt='2020-06-14'
and date_format(start_time,'yyyy-MM-dd')>=date_add('2020-06-14',-29)
group by activity_id, activity_name, activity_type_code, activity_type_name,start_time
)act
left join
(
    select
        activity_id,
        order_id,
        split_original_amount,
        split_activity_amount
    from dwd_trade_order_detail_inc
    where dt>=date_add('2020-06-14',-29)
    and dt<='2020-06-14'
    and activity_id is not null
)od
on act.activity_id=od.activity_id
group by act.activity_id,activity_name,activity_type_code,activity_type_name,start_time;
```

9. 交易域用户粒度退单最近 n 日汇总表

（1）建表语句。

```
hive (gmall)>
DROP TABLE IF EXISTS dws_trade_user_order_refund_nd;
CREATE EXTERNAL TABLE dws_trade_user_order_refund_nd
(
    `user_id`                STRING COMMENT '用户 id',
    `order_refund_count_7d`   BIGINT COMMENT '最近 7 日退单次数',
    `order_refund_num_7d`     BIGINT COMMENT '最近 7 日退单商品件数',
    `order_refund_amount_7d`  DECIMAL(16,2) COMMENT '最近 7 日退单金额',
    `order_refund_count_30d`  BIGINT COMMENT '最近 30 日退单次数',
    `order_refund_num_30d`    BIGINT COMMENT '最近 30 日退单商品件数',
    `order_refund_amount_30d` DECIMAL(16,2) COMMENT '最近 30 日退单金额'
) COMMENT '交易域用户粒度退单最近 n 日汇总表'
    PARTITIONED BY (`dt` STRING)
    STORED AS ORC
    LOCATION '/warehouse/gmall/dws/dws_trade_user_order_refund_nd'
    TBLPROPERTIES ('orc.compress' = 'snappy');
```

（2）数据装载。

```
hive (gmall)>
insert overwrite table dws_trade_user_order_refund_nd partition(dt='2020-06-14')
select
    user_id,
    sum(if(dt>=date_add('2020-06-14',-6),order_refund_count_1d,0)),
    sum(if(dt>=date_add('2020-06-14',-6),order_refund_num_1d,0)),
    sum(if(dt>=date_add('2020-06-14',-6),order_refund_amount_1d,0)),
    sum(order_refund_count_1d),
    sum(order_refund_num_1d),
    sum(order_refund_amount_1d)
from dws_trade_user_order_refund_1d
where dt>=date_add('2020-06-14',-29)
and dt<='2020-06-14'
```

```
group by user_id;
```

10．流量域访客页面粒度页面浏览最近 *n* 日汇总表

（1）建表语句。

```
hive (gmall)>
DROP TABLE IF EXISTS dws_traffic_page_visitor_page_view_nd;
CREATE EXTERNAL TABLE dws_traffic_page_visitor_page_view_nd
(
    `mid_id`          STRING COMMENT '设备id',
    `brand`           string comment '手机品牌',
    `model`           string comment '手机型号',
    `operate_system`  string comment '操作系统',
    `page_id`         STRING COMMENT '页面id',
    `during_time_7d`  BIGINT COMMENT '最近7日访问时长',
    `view_count_7d`   BIGINT COMMENT '最近7日访问次数',
    `during_time_30d` BIGINT COMMENT '最近30日访问时长',
    `view_count_30d`  BIGINT COMMENT '最近30日访问次数'
) COMMENT '流量域访客页面粒度页面浏览最近n日汇总表'
    PARTITIONED BY (`dt` STRING)
    STORED AS ORC
    LOCATION '/warehouse/gmall/dws/dws_traffic_page_visitor_page_view_nd'
    TBLPROPERTIES ('orc.compress' = 'snappy');
```

（2）数据装载。

```
hive (gmall)>
insert overwrite table dws_traffic_page_visitor_page_view_nd partition(dt='2020-06-14')
select
    mid_id,
    brand,
    model,
    operate_system,
    page_id,
    sum(if(dt>=date_add('2020-06-14',-6),during_time_1d,0)),
    sum(if(dt>=date_add('2020-06-14',-6),view_count_1d,0)),
    sum(during_time_1d),
    sum(view_count_1d)
from dws_traffic_page_visitor_page_view_1d
where dt>=date_add('2020-06-14',-29)
and dt<='2020-06-14'
group by mid_id,brand,model,operate_system,page_id;
```

11．数据装载脚本

（1）在 hadoop102 节点服务器的/home/atguigu/bin 目录下创建脚本 dws_1d_to_dws_nd.sh。

```
[atguigu@hadoop102 bin]$ vim dws_1d_to_dws_nd.sh
```

（2）编写脚本内容（脚本内容过长，此处不再赘述，读者可从本书附赠的资料中获取完整脚本）。

（3）增加脚本执行权限。

```
[atguigu@hadoop102 bin]$ chmod +x dws_1d_to_dws_nd.sh
```

（4）在数据仓库搭建过程中，每日调用脚本。

```
[atguigu@hadoop102 bin]$ dws_1d_to_dws_nd.sh all 2020-06-14
```

6.7.3　历史至今汇总表

本节主要统计所有 DWS 层中日期限定为历史至今的数据。

1. 交易域用户粒度下单历史至今汇总表

交易域用户粒度下单历史至今汇总表主要保存的是用户的首末次下单日期以及下单金额等度量的汇总值。

（1）建表语句。

```
hive (gmall)>
DROP TABLE IF EXISTS dws_trade_user_order_td;
CREATE EXTERNAL TABLE dws_trade_user_order_td
(
    `user_id`                   STRING COMMENT '用户id',
    `order_date_first`          STRING COMMENT '首次下单日期',
    `order_date_last`           STRING COMMENT '末次下单日期',
    `order_count_td`            BIGINT COMMENT '下单次数',
    `order_num_td`              BIGINT COMMENT '购买商品件数',
    `original_amount_td`        DECIMAL(16,2) COMMENT '历史至今总原始金额',
    `activity_reduce_amount_td` DECIMAL(16,2) COMMENT '历史至今总活动优惠金额',
    `coupon_reduce_amount_td`   DECIMAL(16,2) COMMENT '历史至今总优惠券优惠金额',
    `total_amount_td`           DECIMAL(16,2) COMMENT '历史至今总最终金额'
) COMMENT '交易域用户粒度下单历史至今汇总表'
    PARTITIONED BY (`dt` STRING)
    STORED AS ORC
    LOCATION '/warehouse/gmall/dws/dws_trade_user_order_td'
    TBLPROPERTIES ('orc.compress' = 'snappy');
```

（2）首日数据装载。

在首日装载数据时，交易域用户粒度下单历史至今汇总表的数据来自日期限定为最近 1 日的 DWS 层表，直接按照用户粒度将需要的度量进行汇总即可。

```
hive (gmall)>
insert overwrite table dws_trade_user_order_td partition(dt='2020-06-14')
select
    user_id,
    min(dt) login_date_first,
    max(dt) login_date_last,
    sum(order_count_1d) order_count,
    sum(order_num_1d) order_num,
    sum(order_original_amount_1d) original_amount,
    sum(activity_reduce_amount_1d) activity_reduce_amount,
    sum(coupon_reduce_amount_1d) coupon_reduce_amount,
    sum(order_total_amount_1d) total_amount
from dws_trade_user_order_1d
group by user_id;
```

（3）每日数据装载。

在每日装载数据时，需要将当日的交易域用户粒度下单最近 1 日汇总表与前一日的交易域用户粒度下单历史至今汇总表进行整合。

```
hive (gmall)>
insert overwrite table dws_trade_user_order_td partition(dt='2020-06-15')
select
    nvl(old.user_id,new.user_id),
```

```
    if(new.user_id is not null and old.user_id is null,'2020-06-15',old.order_date_first),
    if(new.user_id is not null,'2020-06-15',old.order_date_last),
    nvl(old.order_count_td,0)+nvl(new.order_count_1d,0),
    nvl(old.order_num_td,0)+nvl(new.order_num_1d,0),
    nvl(old.original_amount_td,0)+nvl(new.order_original_amount_1d,0),
    nvl(old.activity_reduce_amount_td,0)+nvl(new.activity_reduce_amount_1d,0),
    nvl(old.coupon_reduce_amount_td,0)+nvl(new.coupon_reduce_amount_1d,0),
    nvl(old.total_amount_td,0)+nvl(new.order_total_amount_1d,0)
from
(
    select
        user_id,
        order_date_first,
        order_date_last,
        order_count_td,
        order_num_td,
        original_amount_td,
        activity_reduce_amount_td,
        coupon_reduce_amount_td,
        total_amount_td
    from dws_trade_user_order_td
    where dt=date_add('2020-06-15',-1)
)old
full outer join
(
    select
        user_id,
        order_count_1d,
        order_num_1d,
        order_original_amount_1d,
        activity_reduce_amount_1d,
        coupon_reduce_amount_1d,
        order_total_amount_1d
    from dws_trade_user_order_1d
    where dt='2020-06-15'
)new
on old.user_id=new.user_id;
```

2. 交易域用户粒度支付历史至今汇总表

交易域用户粒度支付历史至今汇总表主要统计的是用户的首末次支付日期以及支付金额、支付次数等度量的汇总值。

（1）建表语句。

```
hive (gmall)>
DROP TABLE IF EXISTS dws_trade_user_payment_td;
CREATE EXTERNAL TABLE dws_trade_user_payment_td
(
    `user_id`             STRING COMMENT '用户id',
    `payment_date_first`  STRING COMMENT '首次支付日期',
    `payment_date_last`   STRING COMMENT '末次支付日期',
    `payment_count_td`    BIGINT COMMENT '历史至今支付次数',
    `payment_num_td`      BIGINT COMMENT '历史至今支付商品件数',
```

```
    `payment_amount_td`  DECIMAL(16,2) COMMENT '历史至今支付金额'
) COMMENT '交易域用户粒度支付历史至今汇总表'
    PARTITIONED BY (`dt` STRING)
    STORED AS ORC
    LOCATION '/warehouse/gmall/dws/dws_trade_user_payment_td'
    TBLPROPERTIES ('orc.compress' = 'snappy');
```

（2）首日数据装载。

```
hive (gmall)>
insert overwrite table dws_trade_user_payment_td partition(dt='2020-06-14')
select
    user_id,
    min(dt) payment_date_first,
    max(dt) payment_date_last,
    sum(payment_count_1d) payment_count,
    sum(payment_num_1d) payment_num,
    sum(payment_amount_1d) payment_amount
from dws_trade_user_payment_1d
group by user_id;
```

（3）每日数据装载。

```
hive (gmall)>
insert overwrite table dws_trade_user_payment_td partition(dt='2020-06-15')
select
    nvl(old.user_id,new.user_id),
    if(old.user_id is null and new.user_id is not null,'2020-06-15',old.payment_
date_first),
    if(new.user_id is not null,'2020-06-15',old.payment_date_last),
    nvl(old.payment_count_td,0)+nvl(new.payment_count_1d,0),
    nvl(old.payment_num_td,0)+nvl(new.payment_num_1d,0),
    nvl(old.payment_amount_td,0)+nvl(new.payment_amount_1d,0)
from
(
    select
        user_id,
        payment_date_first,
        payment_date_last,
        payment_count_td,
        payment_num_td,
        payment_amount_td
    from dws_trade_user_payment_td
    where dt=date_add('2020-06-15',-1)
)old
full outer join
(
    select
        user_id,
        payment_count_1d,
        payment_num_1d,
        payment_amount_1d
    from dws_trade_user_payment_1d
    where dt='2020-06-15'
)new
```

```
on old.user_id=new.user_id;
```

3. 用户域用户粒度登录历史至今汇总表

用户域用户粒度登录历史至今汇总表主要统计的是用户的末次登录日期及累计登录次数。

（1）建表语句。

```
hive (gmall)>
DROP TABLE IF EXISTS dws_user_user_login_td;
CREATE EXTERNAL TABLE dws_user_user_login_td
(
    `user_id`           STRING COMMENT '用户id',
    `login_date_last`   STRING COMMENT '末次登录日期',
    `login_count_td`    BIGINT COMMENT '累计登录次数'
) COMMENT '用户域用户粒度登录历史至今汇总表'
    PARTITIONED BY (`dt` STRING)
    STORED AS ORC
    LOCATION '/warehouse/gmall/dws/dws_user_user_login_td'
    TBLPROPERTIES ('orc.compress' = 'snappy');
```

（2）首日数据装载。

```
hive (gmall)>
insert overwrite table dws_user_user_login_td partition(dt='2020-06-14')
select
    u.id,
    nvl(login_date_last,date_format(create_time,'yyyy-MM-dd')),
    nvl(login_count_td,1)
from
(
    select
        id,
        create_time
    from dim_user_zip
    where dt='9999-12-31'
)u
left join
(
    select
        user_id,
        max(dt) login_date_last,
        count(*) login_count_td
    from dwd_user_login_inc
    group by user_id
)l
on u.id=l.user_id;
```

（3）每日数据装载。

```
hive (gmall)>
insert overwrite table dws_user_user_login_td partition(dt='2020-06-15')
select
    nvl(old.user_id,new.user_id),
    if(new.user_id is null,old.login_date_last,'2020-06-15'),
    nvl(old.login_count_td,0)+nvl(new.login_count_1d,0)
from
(
```

```
select
    user_id,
    login_date_last,
    login_count_td
from dws_user_user_login_td
where dt=date_add('2020-06-15',-1)
)old
full outer join
(
    select
        user_id,
        count(*) login_count_1d
    from dwd_user_login_inc
    where dt='2020-06-15'
    group by user_id
)new
on old.user_id=new.user_id;
```

11．数据装载脚本

1）首日数据装载脚本

在 hadoop102 节点服务器的/home/atguigu/bin 目录下创建脚本 dws_1d_to_dws_td_init.sh。

```
[atguigu@hadoop102 bin]$ vim dws_1d_to_dws_td_init.sh
```

编写脚本内容（脚本内容过长，此处不再赘述，读者可从本书附赠的资料中获取完整脚本）。

增加脚本执行权限。

```
[atguigu@hadoop102 bin]$ chmod +x dws_1d_to_dws_td_init.sh
```

在数据仓库搭建过程中，首日调用脚本。

```
[atguigu@hadoop102 bin]$ dws_1d_to_dws_td_init.sh all 2020-06-14
```

2）每日数据装载脚本

在 hadoop102 节点服务器的/home/atguigu/bin 目录下创建脚本 dws_1d_to_dws_td.sh。

```
[atguigu@hadoop102 bin]$ vim dws_1d_to_dws_td.sh
```

编写脚本内容（脚本内容过长，此处不再赘述，读者可从本书附赠的资料中获取完整脚本）。

增加脚本执行权限。

```
[atguigu@hadoop102 bin]$ chmod +x dws_1d_to_dws_td.sh
```

在数据仓库搭建过程中，每日调用脚本。

```
[atguigu@hadoop102 bin]$ dws_1d_to_dws_td.sh all 2020-06-15
```

6.8 数据仓库搭建——ADS 层

前面已完成 ODS、DIM、DWD、DWS 层数据仓库的搭建，本节主要实现具体需求。

6.8.1 流量主题指标

流量主题指标有以下 6 个。

- 最近 1/7/30 日各渠道访客数。
- 最近 1/7/30 日各渠道会话平均停留时长。
- 最近 1/7/30 日各渠道会话平均浏览页面数。
- 最近 1/7/30 日各渠道总会话数。
- 最近 1/7/30 日各渠道跳出率。

● 最近 1/7/30 日用户访问路径分析。

1．各渠道流量统计

粒度限定为渠道的 5 个统计指标如表 6-40 所示，可以合并分析，统一从 DWS 层流量域会话粒度页面浏览最近 1 日汇总表中获取。

表 6-40　各渠道流量统计指标

日 期 限 定	粒 度 限 定	指　标	关 键 说 明
最近 1/7/30 日	渠道	访客数	count(distinct(mid_id))
最近 1/7/30 日	渠道	会话平均停留时长	avg(during_time_1d)
最近 1/7/30 日	渠道	会话平均浏览页面数	avg(page_count_1d)
最近 1/7/30 日	渠道	会话总数	count(*)
最近 1/7/30 日	渠道	跳出率	sum(if(page_count_1d=1,1,0))/count(*)

（1）建表语句。

```
hive (gmall)>
DROP TABLE IF EXISTS ads_traffic_stats_by_channel;
CREATE EXTERNAL TABLE ads_traffic_stats_by_channel
(
    `dt`              STRING COMMENT '统计日期',
    `recent_days`      BIGINT COMMENT '最近 n 日，1 表示最近 1 日，7 表示最近 7 日，30 表示最近 30 日',
    `channel`          STRING COMMENT '渠道',
    `uv_count`         BIGINT COMMENT '访客数',
    `avg_duration_sec` BIGINT COMMENT '会话平均停留时长，单位为秒',
    `avg_page_count`   BIGINT COMMENT '会话平均浏览页面数',
    `sv_count`         BIGINT COMMENT '会话总数',
    `bounce_rate`      DECIMAL(16,2) COMMENT '跳出率'
) COMMENT '各渠道流量统计'
    ROW FORMAT DELIMITED FIELDS TERMINATED BY '\t'
    LOCATION '/warehouse/gmall/ads/ads_traffic_stats_by_channel/';
```

（2）数据装载。

```
hive (gmall)>
insert overwrite table ads_traffic_stats_by_channel
select * from ads_traffic_stats_by_channel
union
select
    '2020-06-14' dt,
    recent_days,
    channel,
    cast(count(distinct(mid_id)) as bigint) uv_count,
    cast(avg(during_time_1d)/1000 as bigint) avg_duration_sec,
    cast(avg(page_count_1d) as bigint) avg_page_count,
    cast(count(*) as bigint) sv_count,
    cast(sum(if(page_count_1d=1,1,0))/count(*) as decimal(16,2)) bounce_rate
from  dws_traffic_session_page_view_1d  lateral  view  explode(array(1,7,30))  tmp  as
recent_days
where dt>=date_add('2020-06-14',-recent_days+1)
group by recent_days,channel;
```

2．用户访问路径分析

用户访问路径分析，顾名思义，就是指对用户在 App 或网站中的访问路径进行分析。为了衡量网站优化的效果或营销推广的效果，以及了解用户行为偏好，时常要对用户访问路径进行分析。

用户访问路径的可视化通常使用桑基图。桑基图是一种可以展示数据流向关系的可视化图表。数据从左边流向右边，项目条的宽度代表了数据流量的大小。图 6-47 可真实还原用户的访问路径，包括页面跳转和页面访问次序。从图 6-47 中可以看出，用户从主页面（home）跳转到了搜索页面（search）、用户信息页面（mine）、商品列表页面（good_list）等，桑基图可体现出不同跳转的占比大小。

桑基图需要用户提供每种页面跳转的次数，每个跳转由 source/target 表示，source 表示跳转起始页面，target 表示跳转目标页面，其中，source 不能为空。

用户访问路径分析的关键是梳理出用户在同一个会话中访问的全部页面，按照访问页面的时间戳对同一个会话中的页面访问数据进行排序，即可得到用户在同一个会话中访问页面的完整路径。为避免出现访问路径成环的情况，我们将每个页面 id 与所在会话位置进行拼接。

用户对页面的访问记录都存储在表 dwd_traffic_page_view_inc 中，所以本需求主要针对表 dwd_traffic_page_view_inc 进行分析。

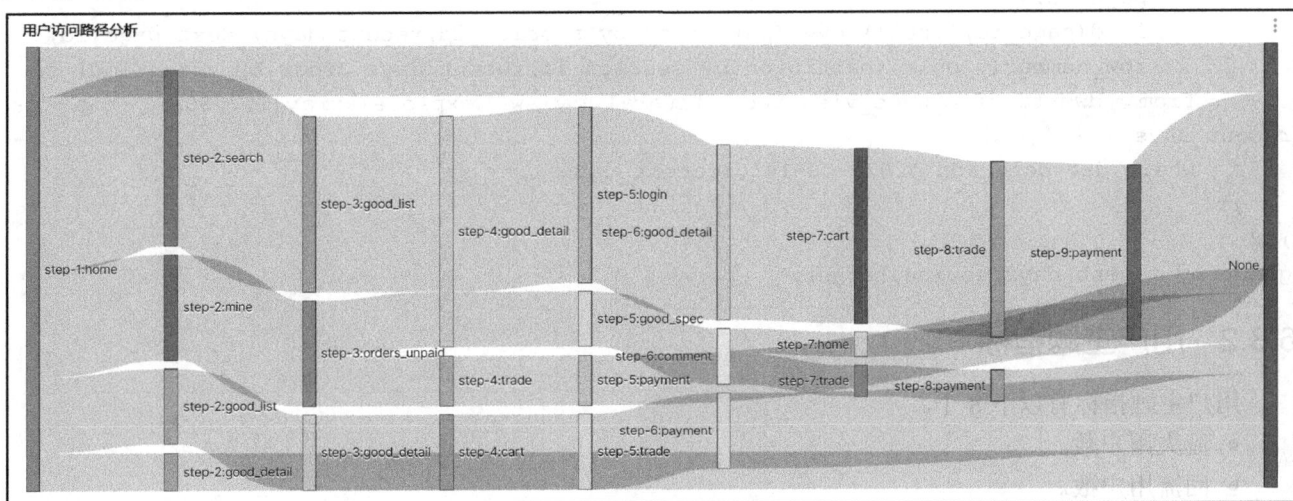

图 6-47 用户访问路径分析桑基图

（1）建表语句。

```
hive (gmall)>
DROP TABLE IF EXISTS ads_page_path;
CREATE EXTERNAL TABLE ads_page_path
(
    `dt`          STRING COMMENT '统计日期',
    `recent_days` BIGINT COMMENT '最近 n 日，1 表示最近 1 日，7 表示最近 7 日，30 表示最近 30 日',
    `source`      STRING COMMENT '跳转起始页面 id',
    `target`      STRING COMMENT '跳转目标页面 id',
    `path_count`  BIGINT COMMENT '跳转次数'
) COMMENT '用户访问路径分析'
    ROW FORMAT DELIMITED FIELDS TERMINATED BY '\t'
    LOCATION '/warehouse/gmall/ads/ads_page_path/';
```

（2）数据装载。

```
hive (gmall)>
insert overwrite table ads_page_path
select * from ads_page_path
union
select
    '2020-06-14' dt,
```

```
    recent_days,
    source,
    nvl(target,'null'),
    count(*) path_count
from
(
    select
        recent_days,
        concat('step-',rn,':',page_id) source,
        concat('step-',rn+1,':',next_page_id) target
    from
    (
        select
            recent_days,
            page_id,
            lead(page_id,1,null) over(partition by session_id,recent_days) next_page_id,
            row_number() over (partition by session_id,recent_days order by view_time) rn
        from  dwd_traffic_page_view_inc  lateral  view  explode(array(1,7,30))  tmp  as
recent_days
        where dt>=date_add('2020-06-14',-recent_days+1)
    )t1
)t2
group by recent_days,source,target;
```

6.8.2 用户主题指标

用户主题指标有以下 8 个。

- 流失用户数。
- 回流用户数。
- 用户留存率。
- 新增用户数。
- 活跃用户数。
- 用户行为漏斗分析。
- 新增下单人数。
- 新增支付人数。

1．用户变动统计

用户变动统计包括 2 个指标，分别为流失用户数和回流用户数。流失用户是指之前活跃过，但是最近一段时间（本数据仓库项目设定为 7 日）未活跃的用户。回流用户是指曾经活跃过、一段时间未活跃（流失），但是今日又活跃的用户。表 6-41 所示为最近 1 日用户变动统计指标。

表 6-41　最近 1 日用户变动统计指标

日 期 限 定	指　　标	说　　　明
最近 1 日	流失用户数	上次登录日期为 7 日前（login_date_last=date_add('2020-06-14',-7)）
最近 1 日	回流用户数	今日活跃且上次活跃日期为 7 日前（login_date_last-login_date_previous>=8）

（1）建表语句。

```
hive (gmall)>
DROP TABLE IF EXISTS ads_user_change;
CREATE EXTERNAL TABLE ads_user_change
```

```
(
    `dt`                STRING COMMENT '统计日期',
    `user_churn_count` BIGINT COMMENT '流失用户数',
    `user_back_count`  BIGINT COMMENT '回流用户数'
) COMMENT '用户变动统计'
    ROW FORMAT DELIMITED FIELDS TERMINATED BY '\t'
    LOCATION '/warehouse/gmall/ads/ads_user_change/';
```

（2）数据装载。

```
hive (gmall)>
insert overwrite table ads_user_change
select * from ads_user_change
union
select
    churn.dt,
    user_churn_count,
    user_back_count
from
(
    select
        '2020-06-14' dt,
        count(*) user_churn_count
    from dws_user_user_login_td
    where dt='2020-06-14'
    and login_date_last=date_add('2020-06-14',-7)
)churn
join
(
    select
        '2020-06-14' dt,
        count(*) user_back_count
    from
    (
        select
            user_id,
            login_date_last
        from dws_user_user_login_td
        where dt='2020-06-14'
    )t1
    join
    (
        select
            user_id,
            login_date_last login_date_previous
        from dws_user_user_login_td
        where dt=date_add('2020-06-14',-1)
    )t2
    on t1.user_id=t2.user_id
    where datediff(login_date_last,login_date_previous)>=8
)back
on churn.dt=back.dt;
```

2. 用户留存率统计

留存分析一般包含新增留存和活跃留存分析。

新增留存分析是分析某日的新增用户中，有多少人有后续的活跃行为。活跃留存分析是分析某日的活跃用户中，有多少人有后续的活跃行为。

留存分析是衡量产品对用户价值高低的重要环节。

此处要求统计用户留存率。用户留存率具体是指留存用户数与新增用户数的比值，例如，2020-06-14 新增 100 个用户，1 日之后（2020-06-15）这 100 个用户中有 80 个用户活跃了，那么 2020-06-14 的 1 日留存用户数则为 80，2020-06-14 的 1 日用户留存率则为 80%。

此处要求统计每日（2021-06-01—2021-06-07）的 1 至 7 日用户留存率，如图 6-48 所示。

时间	新增用户	1日后	2日后	3日后	4日后	5日后	6日后	7日后
2021-06-01	642	1.09%	0.93%	0.78%	0.47%	0.62%	0.78%	0.47%
2021-06-02	691	1.74%	1.74%	1.3%	0.87%	1.16%	0.87%	
2021-06-03	647	1.55%	1.24%	1.39%	1.24%	1.39%		
2021-06-04	629	2.38%	1.75%	1.59%	1.59%			
2021-06-05	247	1.21%	1.21%	2.02%				
2021-06-06	241	2.49%	1.66%					
2021-06-07	562	1.07%						

图 6-48　每日的 1 至 7 日用户留存率

（1）建表语句。

```
hive (gmall)>
DROP TABLE IF EXISTS ads_user_retention;
CREATE EXTERNAL TABLE ads_user_retention
(
    `dt`                STRING COMMENT '统计日期',
    `create_date`       STRING COMMENT '新增用户日期',
    `retention_day`     INT COMMENT '截至当前日期留存天数',
    `retention_count`   BIGINT COMMENT '留存用户数量',
    `new_user_count`    BIGINT COMMENT '新增用户数量',
    `retention_rate`    DECIMAL(16,2) COMMENT '留存率'
) COMMENT '用户留存率统计'
    ROW FORMAT DELIMITED FIELDS TERMINATED BY '\t'
    LOCATION '/warehouse/gmall/ads/ads_user_retention/';
```

（2）数据装载。

```
hive (gmall)>
insert overwrite table ads_user_retention
select * from ads_user_retention
union
select
    '2020-06-14' dt,
    login_date_first create_date,
    datediff('2020-06-14',login_date_first) retention_day,
    sum(if(login_date_last='2020-06-14',1,0)) retention_count,
    count(*) new_user_count,
    cast(sum(if(login_date_last='2020-06-14',1,0))/count(*)*100 as decimal(16,2)) retention_
```

```
rate
from
(
    select
        user_id,
        date_id login_date_first
    from dwd_user_register_inc
    where dt>=date_add('2020-06-14',-7)
    and dt<'2020-06-14'
)t1
join
(
    select
        user_id,
        login_date_last
    from dws_user_user_login_td
    where dt='2020-06-14'
)t2
on t1.user_id=t2.user_id
group by login_date_first;
```

3. 用户新增/活跃统计

最近 1/7/30 日用户新增/活跃统计指标如表 6-42 所示。

表 6-42　最近 1/7/30 日用户新增/活跃统计指标

日 期 限 定	指　　标	说　　明
最近 1/7/30 日	新增用户数	注册日期为最近 n 日的用户，通过 DWD 层用户域注册事务事实表获得
最近 1/7/30 日	活跃用户数	末次活跃日期为最近 n 日的用户，通过 DWS 层用户域用户粒度登录历史至今汇总表获得

（1）建表语句。

```
hive (gmall)>
DROP TABLE IF EXISTS ads_user_stats;
CREATE EXTERNAL TABLE ads_user_stats
(
    `dt`                  STRING COMMENT '统计日期',
    `recent_days`         BIGINT COMMENT '最近n日，1表示最近1日，7表示最近7日，30表示最近30日',
    `new_user_count`      BIGINT COMMENT '新增用户数',
    `active_user_count`   BIGINT COMMENT '活跃用户数'
) COMMENT '用户新增/活跃统计'
    ROW FORMAT DELIMITED FIELDS TERMINATED BY '\t'
    LOCATION '/warehouse/gmall/ads/ads_user_stats/';
```

（2）数据装载。

```
hive (gmall)>
insert overwrite table ads_user_stats
select * from ads_user_stats
union
select
    '2020-06-14' dt,
    t1.recent_days,
    new_user_count,
    active_user_count
from
```

```
(
  select
    recent_days,
    sum(if(login_date_last>=date_add('2020-06-14',-recent_days+1),1,0))
active_user_count
  from dws_user_user_login_td lateral view explode(array(1,7,30)) tmp as recent_days
  where dt='2020-06-14'
  group by recent_days
)t1
join
(
  select
    recent_days,
    sum(if(date_id>=date_add('2020-06-14',-recent_days+1),1,0)) new_user_count
  from dwd_user_register_inc lateral view explode(array(1,7,30)) tmp as recent_days
  group by recent_days
)t2
on t1.recent_days=t2.recent_days;
```

4. 用户行为漏斗分析

漏斗分析是一个数据分析模型，它能够科学地反映一个业务过程从起点到终点各阶段的用户转化情况，如图 6-49 所示。由于其能将各阶段的环节都展示出来，因此用户可以清楚地看到是哪个阶段存在问题。

漏斗图

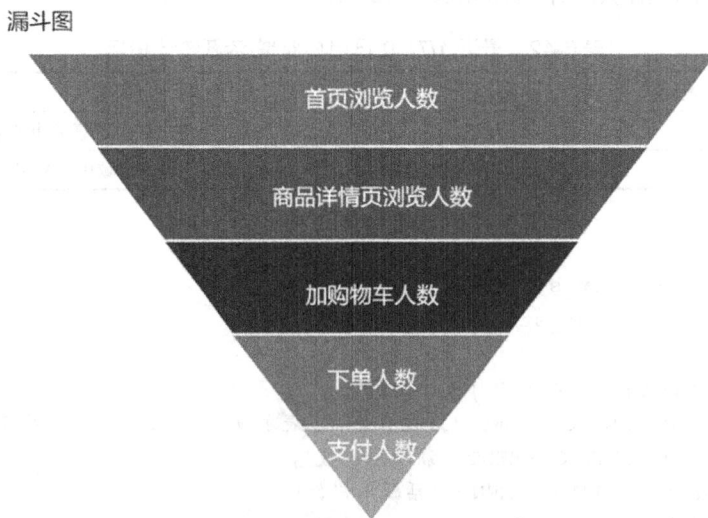

图 6-49　漏斗分析模型

用户行为漏斗分析要求统计一个完整的购物流程中各阶段的人数，具体说明如表 6-43 所示。

表 6-43　最近 1/7/30 日用户行为漏斗分析所需指标

日　期　限　定	指　　标	说　　明
最近 1/7/30 日	首页浏览人数	通过 DWS 层流量域访客页面粒度页面浏览最近 n 日汇总表获得
最近 1/7/30 日	商品详情页浏览人数	通过 DWS 层流量域访客页面粒度页面浏览最近 n 日汇总表获得
最近 1/7/30 日	加购物车人数	通过 DWS 层交易域用户粒度加购物车最近 n 日汇总表获得
最近 1/7/30 日	下单人数	通过 DWS 层交易域用户粒度下单最近 n 日汇总表获得
最近 1/7/30 日	支付人数	通过 DWS 层交易域用户粒度支付最近 n 日汇总表获得

（1）建表语句。

```
hive (gmall)>
```

```
DROP TABLE IF EXISTS ads_user_action;
CREATE EXTERNAL TABLE ads_user_action
(
    `dt`                 STRING COMMENT '统计日期',
    `recent_days`        BIGINT COMMENT '最近 n 日，1 表示最近 1 日，7 表示最近 7 日，30 表示最近 30 日',
    `home_count`         BIGINT COMMENT '首页浏览人数',
    `good_detail_count`  BIGINT COMMENT '商品详情页浏览人数',
    `cart_count`         BIGINT COMMENT '加购物车人数',
    `order_count`        BIGINT COMMENT '下单人数',
    `payment_count`      BIGINT COMMENT '支付人数'
) COMMENT '用户行为漏斗分析'
    ROW FORMAT DELIMITED FIELDS TERMINATED BY '\t'
    LOCATION '/warehouse/gmall/ads/ads_user_action/';
```

（2）数据装载。

```
hive (gmall)>
insert overwrite table ads_user_action
select * from ads_user_action
union
select
    '2020-06-14' dt,
    page.recent_days,
    home_count,
    good_detail_count,
    cart_count,
    order_count,
    payment_count
from
(
    select
        1 recent_days,
        sum(if(page_id='home',1,0)) home_count,
        sum(if(page_id='good_detail',1,0)) good_detail_count
    from dws_traffic_page_visitor_page_view_1d
    where dt='2020-06-14'
    and page_id in ('home','good_detail')
    union all
    select
        recent_days,
        sum(if(page_id='home' and view_count>0,1,0)),
        sum(if(page_id='good_detail' and view_count>0,1,0))
    from
    (
        select
            recent_days,
            page_id,
            case recent_days
                when 7 then view_count_7d
                when 30 then view_count_30d
            end view_count
        from dws_traffic_page_visitor_page_view_nd lateral view explode(array(7,30)) tmp
as recent_days
```

```
        where dt='2020-06-14'
        and page_id in ('home','good_detail')
    )t1
    group by recent_days
)page
join
(
    select
        1 recent_days,
        count(*) cart_count
    from dws_trade_user_cart_add_1d
    where dt='2020-06-14'
    union all
    select
        recent_days,
        sum(if(cart_count>0,1,0))
    from
    (
        select
            recent_days,
            case recent_days
                when 7 then cart_add_count_7d
                when 30 then cart_add_count_30d
            end cart_count
        from   dws_trade_user_cart_add_nd   lateral   view   explode(array(7,30))   tmp   as
recent_days
        where dt='2020-06-14'
    )t1
    group by recent_days
)cart
on page.recent_days=cart.recent_days
join
(
    select
        1 recent_days,
        count(*) order_count
    from dws_trade_user_order_1d
    where dt='2020-06-14'
    union all
    select
        recent_days,
        sum(if(order_count>0,1,0))
    from
    (
        select
            recent_days,
            case recent_days
                when 7 then order_count_7d
                when 30 then order_count_30d
            end order_count
        from dws_trade_user_order_nd lateral view explode(array(7,30)) tmp as recent_days
```

```
      where dt='2020-06-14'
   )t1
   group by recent_days
)ord
on page.recent_days=ord.recent_days
join
(
   select
      1 recent_days,
      count(*) payment_count
   from dws_trade_user_payment_1d
   where dt='2020-06-14'
   union all
   select
      recent_days,
      sum(if(order_count>0,1,0))
   from
   (
      select
         recent_days,
         case recent_days
            when 7 then payment_count_7d
            when 30 then payment_count_30d
         end order_count
      from dws_trade_user_payment_nd lateral view explode(array(7,30)) tmp as recent_days
      where dt='2020-06-14'
   )t1
   group by recent_days
)pay
on page.recent_days=pay.recent_days;
```

5．新增交易用户统计

最近 1/7/30 日新增交易用户统计指标如表 6-44 所示。

表 6-44　最近 1/7/30 日新增交易用户统计指标

日 期 限 定	指　标	说　明
最近 1/7/30 日	新增下单人数	首次下单日期为最近 n 日的用户
最近 1/7/30 日	新增支付人数	首次支付日期为最近 n 日的用户

（1）建表语句。

```
hive (gmall)>
DROP TABLE IF EXISTS ads_new_buyer_stats;
CREATE EXTERNAL TABLE ads_new_buyer_stats
(
   `dt`                    STRING COMMENT '统计日期',
   `recent_days`           BIGINT COMMENT '最近 n 日, 1 表示最近 1 日, 7 表示最近 7 日, 30 表示最近 30 日',
   `new_order_user_count`  BIGINT COMMENT '新增下单人数',
   `new_payment_user_count` BIGINT COMMENT '新增支付人数'
) COMMENT '新增交易用户统计'
   ROW FORMAT DELIMITED FIELDS TERMINATED BY '\t'
   LOCATION '/warehouse/gmall/ads/ads_new_buyer_stats/';
```

（2）数据装载。

```
hive (gmall)>
insert overwrite table ads_new_buyer_stats
select * from ads_new_buyer_stats
union
select
    '2020-06-14',
    odr.recent_days,
    new_order_user_count,
    new_payment_user_count
from
(
    select
        recent_days,
        sum(if(order_date_first>=date_add('2020-06-14',-recent_days+1),1,0))
new_order_user_count
    from dws_trade_user_order_td lateral view explode(array(1,7,30)) tmp as recent_days
    where dt='2020-06-14'
    group by recent_days
)odr
join
(
    select
        recent_days,
        sum(if(payment_date_first>=date_add('2020-06-14',-recent_days+1),1,0))
new_payment_user_count
    from dws_trade_user_payment_td lateral view explode(array(1,7,30)) tmp as recent_days
    where dt='2020-06-14'
    group by recent_days
)pay
on odr.recent_days=pay.recent_days;
```

6.8.3 商品主题指标

商品主题指标主要有以下 4 个。

* 最近 7/30 日各品牌复购率。
* 各品牌商品订单与退单数据。
* 各分类商品订单与退单数据。
* 各分类商品购物车存量 Top10。

1. 最近 7/30 日各品牌复购率统计

最近 7/30 日各品牌复购率统计指标如表 6-45 所示。用户购买各品牌的次数可以通过 DWS 层交易域用户商品粒度下单最近 n 日汇总表获得，购买次数大于 1 的为复购用户，购买次数大于 0 的为购买用户。

表 6-45 最近 7/30 日各品牌复购率统计指标

日 期 限 定	粒 度 限 定	指 标	说 明
最近 7/30 日	品牌	复购率	重复购买人数占购买人数的比例

（1）建表语句。

```
hive (gmall)>
DROP TABLE IF EXISTS ads_repeat_purchase_by_tm;
CREATE EXTERNAL TABLE ads_repeat_purchase_by_tm
```

```
(
    `dt`                    STRING COMMENT '统计日期',
    `recent_days`           BIGINT COMMENT '最近 n 日，7 表示最近 7 日，30 表示最近 30 日',
    `tm_id`                 STRING COMMENT '品牌 id',
    `tm_name`               STRING COMMENT '品牌名称',
    `order_repeat_rate` DECIMAL(16,2) COMMENT '复购率'
) COMMENT '最近 7/30 日各品牌复购率统计'
    ROW FORMAT DELIMITED FIELDS TERMINATED BY '\t'
    LOCATION '/warehouse/gmall/ads/ads_repeat_purchase_by_tm/';
```

（2）数据装载。

```
hive (gmall)>
insert overwrite table ads_repeat_purchase_by_tm
select * from ads_repeat_purchase_by_tm
union
select
    '2020-06-14' dt,
    recent_days,
    tm_id,
    tm_name,
    cast(sum(if(order_count>=2,1,0))/sum(if(order_count>=1,1,0)) as decimal(16,2))
from
(
    select
        '2020-06-14' dt,
        recent_days,
        user_id,
        tm_id,
        tm_name,
        sum(order_count) order_count
    from
    (
        select
            recent_days,
            user_id,
            tm_id,
            tm_name,
            case recent_days
                when 7 then order_count_7d
                when 30 then order_count_30d
            end order_count
        from  dws_trade_user_sku_order_nd  lateral  view  explode(array(7,30))  tmp  as
recent_days
        where dt='2020-06-14'
    )t1
    group by recent_days,user_id,tm_id,tm_name
)t2
group by recent_days,tm_id,tm_name;
```

2．各品牌商品交易统计

针对各品牌商品的交易统计需求，主要需要计算的指标如表 6-46 所示。

295

表 6-46　最近 1/7/30 日各品牌商品交易统计指标

日 期 限 定	粒 度 限 定	指　标	说　明
最近 1/7/30 日	品牌	订单数	通过 DWS 层交易域用户商品粒度下单最近 1 日和最近 n 日汇总表获得
最近 1/7/30 日	品牌	下单人数	通过 DWS 层交易域用户商品粒度下单最近 1 日和最近 n 日汇总表获得
最近 1/7/30 日	品牌	退单数	通过 DWS 层交易域用户商品粒度退单最近 1 日和最近 n 日汇总表获得
最近 1/7/30 日	品牌	退单人数	通过 DWS 层交易域用户商品粒度退单最近 1 日和最近 n 日汇总表获得

（1）建表语句。

```
hive (gmall)>
DROP TABLE IF EXISTS ads_trade_stats_by_tm;
CREATE EXTERNAL TABLE ads_trade_stats_by_tm
(
    `dt`                  STRING COMMENT '统计日期',
    `recent_days`         BIGINT COMMENT '最近n日，1表示最近1日，7表示最近7日，30表示最近30日',
    `tm_id`               STRING COMMENT '品牌id',
    `tm_name`             STRING COMMENT '品牌名称',
    `order_count`         BIGINT COMMENT '订单数',
    `order_user_count`    BIGINT COMMENT '下单人数',
    `order_refund_count`  BIGINT COMMENT '退单数',
    `order_refund_user_count` BIGINT COMMENT '退单人数'
) COMMENT '各品牌商品交易统计'
    ROW FORMAT DELIMITED FIELDS TERMINATED BY '\t'
    LOCATION '/warehouse/gmall/ads/ads_trade_stats_by_tm/';
```

（2）数据装载。

```
hive (gmall)>
insert overwrite table ads_trade_stats_by_tm
select * from ads_trade_stats_by_tm
union
select
    '2020-06-14' dt,
    nvl(odr.recent_days,refund.recent_days),
    nvl(odr.tm_id,refund.tm_id),
    nvl(odr.tm_name,refund.tm_name),
    nvl(order_count,0),
    nvl(order_user_count,0),
    nvl(order_refund_count,0),
    nvl(order_refund_user_count,0)
from
(
    select
        1 recent_days,
        tm_id,
        tm_name,
        sum(order_count_1d) order_count,
        count(distinct(user_id)) order_user_count
    from dws_trade_user_sku_order_1d
    where dt='2020-06-14'
```

```
    group by tm_id,tm_name
    union all
    select
        recent_days,
        tm_id,
        tm_name,
        sum(order_count),
        count(distinct(if(order_count>0,user_id,null)))
    from
    (
        select
            recent_days,
            user_id,
            tm_id,
            tm_name,
            case recent_days
                when 7 then order_count_7d
                when 30 then order_count_30d
            end order_count
        from  dws_trade_user_sku_order_nd  lateral  view  explode(array(7,30))  tmp  as
recent_days
        where dt='2020-06-14'
    )t1
    group by recent_days,tm_id,tm_name
)odr
full outer join
(
    select
        1 recent_days,
        tm_id,
        tm_name,
        sum(order_refund_count_1d) order_refund_count,
        count(distinct(user_id)) order_refund_user_count
    from dws_trade_user_sku_order_refund_1d
    where dt='2020-06-14'
    group by tm_id,tm_name
    union all
    select
        recent_days,
        tm_id,
        tm_name,
        sum(order_refund_count),
        count(if(order_refund_count>0,user_id,null))
    from
    (
        select
            recent_days,
            user_id,
            tm_id,
            tm_name,
            case recent_days
```

```
           when 7 then order_refund_count_7d
           when 30 then order_refund_count_30d
       end order_refund_count
   from dws_trade_user_sku_order_refund_nd lateral view explode(array(7,30)) tmp as
recent_days
       where dt='2020-06-14'
   )t1
   group by recent_days,tm_id,tm_name
)refund
on odr.recent_days=refund.recent_days
and odr.tm_id=refund.tm_id
and odr.tm_name=refund.tm_name;
```

3. 各分类商品交易统计

针对各分类商品的交易统计需求，主要需要计算的指标如表 6-47 所示。

表 6-47　最近 1/7/30 日各分类商品交易统计指标

日 期 限 定	粒 度 限 定	指　标	说　明
最近 1/7/30 日	分类	订单数	通过 DWS 层交易域用户商品粒度下单最近 1 日和最近 n 日汇总表获得
最近 1/7/30 日	分类	下单人数	通过 DWS 层交易域用户商品粒度下单最近 1 日和最近 n 日汇总表获得
最近 1/7/30 日	分类	退单数	通过 DWS 层交易域用户商品粒度退单最近 1 日和最近 n 日汇总表获得
最近 1/7/30 日	分类	退单人数	通过 DWS 层交易域用户商品粒度退单最近 1 日和最近 n 日汇总表获得

（1）建表语句。

```
hive (gmall)>
DROP TABLE IF EXISTS ads_trade_stats_by_cate;
CREATE EXTERNAL TABLE ads_trade_stats_by_cate
(
    `dt`             STRING COMMENT '统计日期',
    `recent_days`        BIGINT COMMENT '最近n日，1表示最近1日，7表示最近7日，30表示最近30日',
    `category1_id`         STRING COMMENT '一级分类id',
    `category1_name`       STRING COMMENT '一级分类名称',
    `category2_id`         STRING COMMENT '二级分类id',
    `category2_name`       STRING COMMENT '二级分类名称',
    `category3_id`         STRING COMMENT '三级分类id',
    `category3_name`       STRING COMMENT '三级分类名称',
    `order_count`        BIGINT COMMENT '订单数',
    `order_user_count`     BIGINT COMMENT '下单人数',
    `order_refund_count`    BIGINT COMMENT '退单数',
    `order_refund_user_count` BIGINT COMMENT '退单人数'
) COMMENT '各分类商品交易统计'
    ROW FORMAT DELIMITED FIELDS TERMINATED BY '\t'
    LOCATION '/warehouse/gmall/ads/ads_trade_stats_by_cate/';
```

（2）数据装载。

```
hive (gmall)>
insert overwrite table ads_trade_stats_by_cate
select * from ads_trade_stats_by_cate
```

```
union
select
    '2020-06-14' dt,
    nvl(odr.recent_days,refund.recent_days),
    nvl(odr.category1_id,refund.category1_id),
    nvl(odr.category1_name,refund.category1_name),
    nvl(odr.category2_id,refund.category2_id),
    nvl(odr.category2_name,refund.category2_name),
    nvl(odr.category3_id,refund.category3_id),
    nvl(odr.category3_name,refund.category3_name),
    nvl(order_count,0),
    nvl(order_user_count,0),
    nvl(order_refund_count,0),
    nvl(order_refund_user_count,0)
from
(
    select
        1 recent_days,
        category1_id,
        category1_name,
        category2_id,
        category2_name,
        category3_id,
        category3_name,
        sum(order_count_1d) order_count,
        count(distinct(user_id)) order_user_count
    from dws_trade_user_sku_order_1d
    where dt='2020-06-14'
    group by category1_id,category1_name,category2_id,category2_name,category3_id,
category3_name
    union all
    select
        recent_days,
        category1_id,
        category1_name,
        category2_id,
        category2_name,
        category3_id,
        category3_name,
        sum(order_count),
        count(distinct(if(order_count>0,user_id,null)))
    from
    (
        select
            recent_days,
            user_id,
            category1_id,
            category1_name,
            category2_id,
            category2_name,
            category3_id,
```

```
                category3_name,
                case recent_days
                    when 7 then order_count_7d
                    when 30 then order_count_30d
                end order_count
        from dws_trade_user_sku_order_nd lateral view explode(array(7,30)) tmp as
recent_days
        where dt='2020-06-14'
    )t1
    group by recent_days,category1_id,category1_name,category2_id,category2_name,
category3_id,category3_name
)odr
full outer join
(
    select
        1 recent_days,
        category1_id,
        category1_name,
        category2_id,
        category2_name,
        category3_id,
        category3_name,
        sum(order_refund_count_1d) order_refund_count,
        count(distinct(user_id)) order_refund_user_count
    from dws_trade_user_sku_order_refund_1d
    where dt='2020-06-14'
    group by category1_id,category1_name,category2_id,category2_name,category3_id,
category3_name
    union all
    select
        recent_days,
        category1_id,
        category1_name,
        category2_id,
        category2_name,
        category3_id,
        category3_name,
        sum(order_refund_count),
        count(distinct(if(order_refund_count>0,user_id,null)))
    from
    (
        select
            recent_days,
            user_id,
            category1_id,
            category1_name,
            category2_id,
            category2_name,
            category3_id,
            category3_name,
            case recent_days
```

```
                when 7 then order_refund_count_7d
                when 30 then order_refund_count_30d
            end order_refund_count
        from dws_trade_user_sku_order_refund_nd lateral view explode(array(7,30)) tmp as
recent_days
        where dt='2020-06-14'
    )t1
    group by recent_days,category1_id,category1_name,category2_id,category2_name,
category3_id,category3_name
)refund
on odr.recent_days=refund.recent_days
and odr.category1_id=refund.category1_id
and odr.category1_name=refund.category1_name
and odr.category2_id=refund.category2_id
and odr.category2_name=refund.category2_name
and odr.category3_id=refund.category3_id
and odr.category3_name=refund.category3_name;
```

4．各分类商品购物车存量 Top10 统计

将 DWD 层交易域购物车周期快照事实表与商品维度表关联即可得到各分类商品购物车存量。

（1）建表语句。

```
hive (gmall)>
DROP TABLE IF EXISTS ads_sku_cart_num_top3_by_cate;
CREATE EXTERNAL TABLE ads_sku_cart_num_top3_by_cate
(
    `dt`             STRING COMMENT '统计日期',
    `category1_id`   STRING COMMENT '一级分类id',
    `category1_name` STRING COMMENT '一级分类名称',
    `category2_id`   STRING COMMENT '二级分类id',
    `category2_name` STRING COMMENT '二级分类名称',
    `category3_id`   STRING COMMENT '三级分类id',
    `category3_name` STRING COMMENT '三级分类名称',
    `sku_id`         STRING COMMENT '商品id',
    `sku_name`       STRING COMMENT '商品名称',
    `cart_num`       BIGINT COMMENT '购物车中商品的数量',
    `rk`             BIGINT COMMENT '排名'
) COMMENT '各分类商品购物车存量 Top10 统计'
    ROW FORMAT DELIMITED FIELDS TERMINATED BY '\t'
    LOCATION '/warehouse/gmall/ads/ads_sku_cart_num_top3_by_cate/';
```

（2）数据装载。

```
hive (gmall)>
insert overwrite table ads_sku_cart_num_top3_by_cate
select * from ads_sku_cart_num_top3_by_cate
union
select
    '2020-06-14' dt,
    category1_id,
    category1_name,
    category2_id,
    category2_name,
    category3_id,
```

```
    category3_name,
    sku_id,
    sku_name,
    cart_num,
    rk
from
(
    select
        sku_id,
        sku_name,
        category1_id,
        category1_name,
        category2_id,
        category2_name,
        category3_id,
        category3_name,
        cart_num,
        rank() over (partition by category1_id,category2_id,category3_id order by cart_num
desc) rk
    from
    (
        select
            sku_id,
            sum(sku_num) cart_num
        from dwd_trade_cart_full
        where dt='2020-06-14'
        group by sku_id
    )cart
    left join
    (
        select
            id,
            sku_name,
            category1_id,
            category1_name,
            category2_id,
            category2_name,
            category3_id,
            category3_name
        from dim_sku_full
        where dt='2020-06-14'
    )sku
    on cart.sku_id=sku.id
)t1
where rk<=3;
```

6.8.4 交易主题指标

1. 交易综合统计

最近 1/7/30 日交易综合统计指标如表 6-48 所示。

表 6-48　最近 1/7/30 日交易综合统计指标

日 期 限 定	指　　标	说　　明
最近 1/7/30 日	订单总额	订单最终金额
最近 1/7/30 日	订单数	
最近 1/7/30 日	下单人数	
最近 1/7/30 日	退单数	
最近 1/7/30 日	退单人数	

（1）建表语句。

```
hive (gmall)>
DROP TABLE IF EXISTS ads_trade_stats;
CREATE EXTERNAL TABLE ads_trade_stats
(
    `dt`                      STRING COMMENT '统计日期',
    `recent_days`             BIGINT COMMENT '最近 n 日，1 表示最近 1 日，7 表示最近 7 日，30 表示最近 30 日',
    `order_total_amount`      DECIMAL(16,2) COMMENT '订单总额，GMV',
    `order_count`             BIGINT COMMENT '订单数',
    `order_user_count`        BIGINT COMMENT '下单人数',
    `order_refund_count`      BIGINT COMMENT '退单数',
    `order_refund_user_count` BIGINT COMMENT '退单人数'
) COMMENT '交易综合统计'
    ROW FORMAT DELIMITED FIELDS TERMINATED BY '\t'
    LOCATION '/warehouse/gmall/ads/ads_trade_stats/';
```

（2）数据装载。

```
hive (gmall)>
insert overwrite table ads_trade_stats
select * from ads_trade_stats
union
select
    '2020-06-14',
    odr.recent_days,
    order_total_amount,
    order_count,
    order_user_count,
    order_refund_count,
    order_refund_user_count
from
(
    select
        1 recent_days,
        sum(order_total_amount_1d) order_total_amount,
        sum(order_count_1d) order_count,
        count(*) order_user_count
    from dws_trade_user_order_1d
    where dt='2020-06-14'
    union all
    select
        recent_days,
        sum(order_total_amount),
        sum(order_count),
        sum(if(order_count>0,1,0))
```

```
from
(
    select
        recent_days,
        case recent_days
            when 7 then order_total_amount_7d
            when 30 then order_total_amount_30d
        end order_total_amount,
        case recent_days
            when 7 then order_count_7d
            when 30 then order_count_30d
        end order_count
    from dws_trade_user_order_nd lateral view explode(array(7,30)) tmp as recent_days
    where dt='2020-06-14'
)t1
group by recent_days
)odr
join
(
    select
        1 recent_days,
        sum(order_refund_count_1d) order_refund_count,
        count(*) order_refund_user_count
    from dws_trade_user_order_refund_1d
    where dt='2020-06-14'
    union all
    select
        recent_days,
        sum(order_refund_count),
        sum(if(order_refund_count>0,1,0))
    from
    (
        select
            recent_days,
            case recent_days
                when 7 then order_refund_count_7d
                when 30 then order_refund_count_30d
            end order_refund_count
        from  dws_trade_user_order_refund_nd  lateral  view  explode(array(7,30))  tmp  as
recent_days
        where dt='2020-06-14'
    )t1
    group by recent_days
)refund
on odr.recent_days=refund.recent_days;
```

2. 各省份交易统计

最近 1/7/30 日各省份交易统计指标如表 6-49 所示。

表 6-49　最近 1/7/30 日各省份交易统计指标

日 期 限 定	粒 度 限 定	指　标
最近 1/7/30 日	省份	订单数
最近 1/7/30 日	省份	订单金额

（1）建表语句。

```
hive (gmall)>
DROP TABLE IF EXISTS ads_order_by_province;
CREATE EXTERNAL TABLE ads_order_by_province
(
    `dt`               STRING COMMENT '统计日期',
    `recent_days`       BIGINT COMMENT '最近 n 日，1 表示最近 1 日，7 表示最近 7 日，30 表示最近 30 日',
    `province_id`       STRING COMMENT '省份 id',
    `province_name`     STRING COMMENT '省份名称',
    `area_code`         STRING COMMENT '地区编码',
    `iso_code`          STRING COMMENT '旧版 ISO-3166-2 编码',
    `iso_code_3166_2`   STRING COMMENT '新版 ISO-3166-2 编码',
    `order_count`       BIGINT COMMENT '订单数',
    `order_total_amount` DECIMAL(16,2) COMMENT '订单金额'
) COMMENT '各省份交易统计'
    ROW FORMAT DELIMITED FIELDS TERMINATED BY '\t'
    LOCATION '/warehouse/gmall/ads/ads_order_by_province/';
```

（2）数据装载。

```
hive (gmall)>
insert overwrite table ads_order_by_province
select * from ads_order_by_province
union
select
    '2020-06-14' dt,
    1 recent_days,
    province_id,
    province_name,
    area_code,
    iso_code,
    iso_3166_2,
    order_count_1d,
    order_total_amount_1d
from dws_trade_province_order_1d
where dt='2020-06-14'
union
select
    '2020-06-14' dt,
    recent_days,
    province_id,
    province_name,
    area_code,
    iso_code,
    iso_3166_2,
    sum(order_count),
    sum(order_total_amount)
from
```

```
(
    select
        recent_days,
        province_id,
        province_name,
        area_code,
        iso_code,
        iso_3166_2,
        case recent_days
            when 7 then order_count_7d
            when 30 then order_count_30d
        end order_count,
        case recent_days
            when 7 then order_total_amount_7d
            when 30 then order_total_amount_30d
        end order_total_amount
    from dws_trade_province_order_nd lateral view explode(array(7,30)) tmp as recent_days
    where dt='2020-06-14'
)t1
group by recent_days,province_id,province_name,area_code,iso_code,iso_3166_2;
```

6.8.5 优惠券主题指标

优惠券主题需要计算的指标如表 6-50 所示。

表 6-50 优惠券主题统计指标

粒 度 限 定	指 标	说 明
优惠券	补贴率	优惠券减免金额总和/原始金额总和（coupon_reduce_amount_30d/original_amount_30d）

（1）建表语句。

```
hive (gmall)>
DROP TABLE IF EXISTS ads_coupon_stats;
CREATE EXTERNAL TABLE ads_coupon_stats
(
    `dt`            STRING COMMENT '统计日期',
    `coupon_id`     STRING COMMENT '优惠券id',
    `coupon_name`   STRING COMMENT '优惠券名称',
    `start_date`    STRING COMMENT '发布日期',
    `rule_name`     STRING COMMENT '优惠规则, 例如满100元减10元',
    `reduce_rate`   DECIMAL(16,2) COMMENT '补贴率'
) COMMENT '优惠券主题指标统计'
    ROW FORMAT DELIMITED FIELDS TERMINATED BY '\t'
    LOCATION '/warehouse/gmall/ads/ads_coupon_stats/';
```

（2）数据装载。

```
hive (gmall)>
insert overwrite table ads_coupon_stats
select * from ads_coupon_stats
union
select
    '2020-06-14' dt,
    coupon_id,
    coupon_name,
```

```
start_date,
coupon_rule,
cast(coupon_reduce_amount_30d/original_amount_30d as decimal(16,2))
from dws_trade_coupon_order_nd
where dt='2020-06-14';
```

6.8.6　活动主题指标

活动主题需要计算的指标如表 6-51 所示。

表 6-51　活动主题统计指标

粒 度 限 定	指　　　标	说　　　　　　　　　明
活动	补贴率	活动减免金额总和/原始金额总和（activity_reduce_amount_30d/original_amount_30d）

（1）建表语句。

```
hive (gmall)>
DROP TABLE IF EXISTS ads_activity_stats;
CREATE EXTERNAL TABLE ads_activity_stats
(
    `dt`            STRING COMMENT '统计日期',
    `activity_id`   STRING COMMENT '活动id',
    `activity_name` STRING COMMENT '活动名称',
    `start_date`    STRING COMMENT '活动开始日期',
    `reduce_rate`   DECIMAL(16,2) COMMENT '补贴率'
) COMMENT '活动主题指标统计'
    ROW FORMAT DELIMITED FIELDS TERMINATED BY '\t'
    LOCATION '/warehouse/gmall/ads/ads_activity_stats/';
```

（2）数据装载。

```
hive (gmall)>
insert overwrite table ads_activity_stats
select * from ads_activity_stats
union
select
    '2020-06-14' dt,
    activity_id,
    activity_name,
    start_date,
    cast(activity_reduce_amount_30d/original_amount_30d as decimal(16,2))
from dws_trade_activity_order_nd
where dt='2020-06-14';
```

6.8.7　ADS 层数据导入脚本

（1）在 hadoop102 节点服务器的/home/atguigu/bin 目录下创建脚本 dws_to_ads.sh。

```
[atguigu@hadoop102 bin]$ vim dws_to_ads.sh
```

编写脚本内容（脚本内容过长，此处不再赘述，读者可从本书附赠的资料中获取完整脚本）。

（2）增加脚本执行权限。

```
[atguigu@hadoop102 bin]$ chmod 777 dws_to_ads.sh
```

（3）执行脚本，导入数据。

```
[atguigu@hadoop102 bin]$ dws_to_ads.sh all 2020-06-14
```

6.9　数据模型评估及优化

在数据仓库搭建完成之后，需要对数据仓库的数据模型进行评估，从而根据评估结果对数据模型做出优化，评估主要从以下几个方面展开。

1．完善度

- 汇总数据能直接满足多少查询需求，即数据应用层（ADS 层）访问汇总数据层（DWS 层）能直接得出查询结果的查询占所有指标查询的比例。
- 跨层引用率：直接被中间数据层引用的 ODS 层表占所有 ODS 层表的比例。
- 是否可快速响应使用方的需求。

若数据模型比较好，则使用方可以直接从该模型中获取所有想要的数据，若 DWS 层和 ADS 层直接引用 ODS 层表的比例太大，即跨层引用率太高，则该模型不是最优的，需要继续优化。

2．复用度

- 模型引用系数：模型被读取并产出下游模型的平均数量。
- DWD、DWS 层下游直接产出的表的数量。

3．规范度

- 主题域归属是否明确。
- 脚本及指标是否规范。
- 表、字段等的命名是否规范。

4．稳定性

能否保证日常任务的产出时效的稳定性。

5．准确性和一致性

能够保证输出的指标数据质量，此项评估将在第 14 章中展开讲解。

6．健壮性

在业务快速更新迭代的情况下是否会影响底层模型。

7．成本

评估任务运行的时间成本、资源成本、存储成本。

6.10　本章总结

本章内容是整本书的重中之重，相信读者从篇幅上也能看出，建议读者跟随章节内容亲自执行每一步操作，重点掌握数据仓库建模理论。数据仓库建模理论并不是一家之言，为了能够更加高效地处理海量数据，很多大数据领域专家提出了非常完备的数据仓库建模理论。希望读者经过本章的学习，能够对数据仓库建立起更加具象的认识。

第7章

DolphinScheduler 全流程调度

数据仓库的采集模块和核心需求实现模块全部搭建完成后，开发人员将面临一系列严峻的问题：每项工作的完成都需要开发人员手动执行脚本；一个最终需求的实现脚本可能需要顺序调用其他几个脚本，如果其中一个脚本执行失败，则可能导致任务执行失败，开发人员却无法及时得知任务执行失败报警信息，并无法快速定位问题脚本。这些问题都可以通过一个完善的工作流调度系统得到解决。

数据仓库的整体调度系统，不仅要将数据流转换任务按照先后顺序调度起来，还应遵循相应的调度规范，完善责任人管理制度、明确任务调度周期和执行时间点、规范任务命名方式、拟定合理的任务优先级、明确任务延迟及报错的处理方式、完善报警机制、制定报警解决值班制度等。规范的管理制度可以使数据仓库的运行更加稳定。

本章将讲解如何使用 DolphinScheduler 实现全流程调度及电子邮件报警。

7.1 DolphinScheduler 概述与安装部署

7.1.1 DolphinScheduler 概述

DolphinScheduler 是一个分布式、易扩展的可视化 DAG 工作流任务调度平台，致力于解决数据处理流程中错综复杂的依赖关系，使调度系统在数据处理流程中开箱即用。

DolphinScheduler 的主要角色有如下几个，角色间的关系如图 7-1 所示。

- MasterServer：采用分布式无中心设计理念，主要负责 DAG 任务切分、任务提交、任务监控，同时监听其他 MasterServer 和 WorkerServer 的健康状态。
- WorkerServer：采用分布式无中心设计理念，主要负责任务的执行以及提供日志服务。
- ZooKeeper：系统中的 MasterServer 和 WorkerServer 节点都通过 ZooKeeper 来进行集群管理和容错。
- Alert：提供报警相关服务。
- API：主要负责处理前端 UI 的请求。
- UI：系统的前端页面，提供系统的各种可视化操作页面。

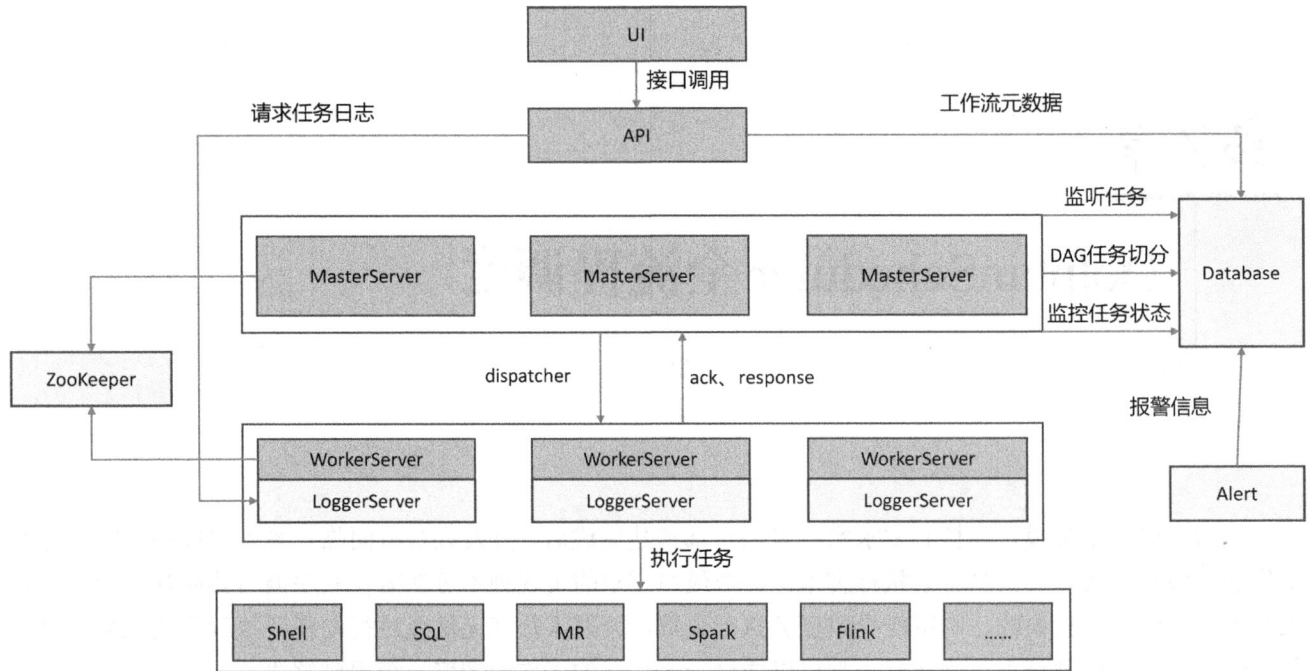

图 7-1　DolphinScheduler 核心架构

DolphinScheduler 对操作系统版本的要求如表 7-1 所示。

表 7-1　DolphinScheduler 对操作系统版本的要求

操 作 系 统	版 本
Red Hat Enterprise Linux	7.0 及以上
CentOS	7.0 及以上
Oracle Enterprise Linux	7.0 及以上
Ubuntu LTS	16.04 及以上

DolphinScheduler 对服务器的硬件要求为内存在 8GB 以上，CPU 在 4 核以上，网络带宽在千兆以上。

DolphinScheduler 支持多种部署模式，包括单机模式（Standalone）、伪集群模式（Pseudo-Cluster）、集群模式（Cluster）等。

在单机模式下，所有服务均集中于一个 StandaloneServer 进程中，并且其中内置了注册中心 ZooKeeper 和数据库 H2。只需配置 JDK 环境，即可一键启动 DolphinScheduler，快速体验其功能。

伪集群模式是在单台机器上部署 DolphinScheduler 的各项服务的，在该模式下，Master、Worker、API Server、LoggerServer 等服务都被部署在同一台机器上。ZooKeeper 和数据库需要单独安装并进行相应配置。

集群模式与伪集群模式的区别就是，其在多台机器上部署 DolphinScheduler 的各项服务，并且可以配置多个 Master 及多个 Worker。

7.1.2　DolphinScheduler 安装部署

1．集群规划

DolphinScheduler 在集群模式下，可配置多个 Master 和多个 Worker。在生产环境下，通常配置 2～3 个 Master 和若干个 Worker。根据现有集群资源，此处配置 1 个 Master、3 个 Worker，每个 Worker 下还会同时启动一个 LoggerServer。此外，还需要配置 API 和 Alert 所在节点，集群规划如表 7-2 所示。

表 7-2　DolphinScheduler 集群规划

hadoop102	hadoop103	hadoop104
Master		
Worker	Worker	Worker
LoggerServer	LoggerServer	LoggerServer
API		
Alert		

2．前期准备工作

（1）3 台节点服务器均需安装部署 JDK 1.8 或以上版本，并配置相关环境变量。

（2）安装部署数据库，DolphinScheduler 支持 MySQL（5.7+）或者 PostgreSQL（8.2.15+），本数据仓库项目使用 MySQL。

（3）安装部署 ZooKeeper 3.4.6 或以上版本。

（4）3 台节点服务器均需安装进程管理工具包 psmisc，命令如下。

```
[atguigu@hadoop102 ~]$ sudo yum install -y psmisc
[atguigu@hadoop103 ~]$ sudo yum install -y psmisc
[atguigu@hadoop104 ~]$ sudo yum install -y psmisc
```

3．解压缩安装包

（1）将 DolphinScheduler 安装包上传到 hadoop102 节点服务器的/opt/software 目录下。

（2）将安装包解压缩到当前目录，供后续使用。解压缩目录并非最终的安装目录。

```
[atguigu@hadoop102 software]$ tar -zxvf apache-dolphinscheduler-1.3.9-bin.tar.gz
```

4．初始化数据库

因为 DolphinScheduler 的元数据需要存储在 MySQL 中，所以需要创建相应的数据库和用户。

（1）创建 dolphinscheduler 数据库。

```
mysql> CREATE DATABASE dolphinscheduler DEFAULT CHARACTER SET utf8 DEFAULT COLLATE utf8_general_ci;
```

（2）创建 dolphinscheduler 用户。

```
mysql> CREATE USER 'dolphinscheduler'@'%' IDENTIFIED BY 'dolphinscheduler';
```

若出现以下错误信息，表明新建用户的密码过于简单。

```
ERROR 1819 (HY000): Your password does not satisfy the current policy requirements
```

可提高密码复杂度或者执行以下命令调整 MySQL 密码策略。

```
mysql> set global validate_password_length=4;
mysql> set global validate_password_policy=0;
```

（3）赋予 dolphinscheduler 用户相应权限。

```
mysql> GRANT ALL PRIVILEGES ON dolphinscheduler.* TO 'dolphinscheduler'@'%';
mysql> flush privileges;
```

（4）修改数据源配置文件。

进入 DolphinScheduler 解压缩目录。

```
[atguigu@hadoop102 apache-dolphinscheduler-1.3.9-bin]$ cd /opt/software/apache-dolphinscheduler-1.3.9-bin/
```

修改 conf 目录下的 datasource.properties 文件。

```
[atguigu@hadoop102 apache-dolphinscheduler-1.3.9-bin]$ vim conf/datasource.properties
```

修改内容如下。

```
spring.datasource.driver-class-name=com.mysql.jdbc.Driver
```

```
spring.datasource.url=jdbc:mysql://hadoop102:3306/dolphinscheduler?useUnicode=true&chara
cterEncoding=UTF-8
spring.datasource.username=dolphinscheduler
spring.datasource.password=dolphinscheduler
```

（5）将 MySQL 驱动复制到 DolphinScheduler 解压缩目录的 lib 中。

```
[atguigu@hadoop102 apache-dolphinscheduler-1.3.9-bin]$ cp /opt/software/mysql-connector-
java-5.1.27-bin.jar lib/
```

（6）执行数据库初始化脚本。

数据库初始化脚本位于 DolphinScheduler 解压缩目录的 script 目录中，即 /opt/software/ds/apache-dolphinscheduler-1.3.9-bin/script/。

```
[atguigu@hadoop102 apache-dolphinscheduler-1.3.9-bin]$ script/create-dolphinscheduler.sh
```

5. 配置一键部署脚本

修改 DolphinScheduler 解压缩目录中 conf/config 目录下的 install_config.conf 文件。

```
[atguigu@hadoop102 apache-dolphinscheduler-1.3.9-bin]$ vim conf/config/install_config.
conf
```

修改内容如下。

```
# postgresql or mysql
dbtype="mysql"

# db config
# db address and port
dbhost="hadoop102:3306"

# db username
username="dolphinscheduler"

# database name
dbname="dolphinscheduler"

# db passwprd
# NOTICE: if there are special characters, please use the \ to escape, for example, `[`
escape to `\[`
password="dolphinscheduler"

# zk cluster
zkQuorum="hadoop102:2181,hadoop103:2181,hadoop104:2181"

# Note: the target installation path for dolphinscheduler, please not config as the same
as the current path (pwd)
installPath="/opt/module/dolphinscheduler"

# deployment user
# Note: the deployment user needs to have sudo privileges and permissions to operate hdfs.
If hdfs is enabled, the root directory needs to be created by itself
deployUser="atguigu"

# resource storage type: HDFS, S3, NONE
resourceStorageType="HDFS"
```

```
# resource store on HDFS/S3 path, resource file will store to this hadoop hdfs path, self
configuration, please make sure the directory exists on hdfs and have read write
permissions. "/dolphinscheduler" is recommended
resourceUploadPath="/dolphinscheduler"

# if resourceStorageType is HDFS, defaultFS write namenode address, HA you need to put
core-site.xml and hdfs-site.xml in the conf directory.
# if S3, write S3 address, HA, for example : s3a://dolphinscheduler,
# Note, s3 be sure to create the root directory /dolphinscheduler
defaultFS="hdfs://hadoop102:8020"

# resourcemanager port, the default value is 8088 if not specified
resourceManagerHttpAddressPort="8088"

# if resourcemanager HA is enabled, please set the HA IPs; if resourcemanager is single,
keep this value empty
yarnHaIps=

# if resourcemanager HA is enabled or not use resourcemanager, please keep the default
value; If resourcemanager is single, you only need to replace ds1 to actual resourcemanager
hostname
singleYarnIp="hadoop103"

# who have permissions to create directory under HDFS/S3 root path
# Note: if kerberos is enabled, please config hdfsRootUser=
hdfsRootUser="atguigu"

# api server port
apiServerPort="12345"


# install hosts
# Note: install the scheduled hostname list. If it is pseudo-distributed, just write a
pseudo-distributed hostname
ips="hadoop102,hadoop103,hadoop104"

# ssh port, default 22
# Note: if ssh port is not default, modify here
sshPort="22"

# run master machine
# Note: list of hosts hostname for deploying master
masters="hadoop102"

# run worker machine
# note: need to write the worker group name of each worker, the default value is "default"
workers="hadoop102:default,hadoop103:default,hadoop104:default"
```

```
# run alert machine
# note: list of machine hostnames for deploying alert server
alertServer="hadoop102"

# run api machine
# note: list of machine hostnames for deploying api server
apiServers="hadoop102"
```

6. 一键部署 DolphinScheduler

（1）启动 ZooKeeper 集群。

```
[atguigu@hadoop102 apache-dolphinscheduler-1.3.9-bin]$ zk.sh start
```

（2）一键部署并启动 DolphinScheduler。

```
[atguigu@hadoop102 apache-dolphinscheduler-1.3.9-bin]$ ./install.sh
```

（3）查看 DolphinScheduler 进程。

```
[atguigu@hadoop102 apache-dolphinscheduler-1.3.9-bin]$ xcall.sh jps
--------- hadoop102 ----------
29139 ApiApplicationServer
28963 WorkerServer
3332 QuorumPeerMain
2100 DataNode
28902 MasterServer
29081 AlertServer
1978 NameNode
29018 LoggerServer
2493 NodeManager
29551 Jps
--------- hadoop103 ----------
29568 Jps
29315 WorkerServer
2149 NodeManager
1977 ResourceManager
2969 QuorumPeerMain
29372 LoggerServer
1903 DataNode
--------- hadoop104 ----------
1905 SecondaryNameNode
27074 WorkerServer
2050 NodeManager
2630 QuorumPeerMain
1817 DataNode
27354 Jps
27133 LoggerServer
```

（4）访问 DolphinScheduler 的 Web UI（http://hadoop102:12345/dolphinscheduler），初始管理员用户的用户名为 admin，密码为 dolphinscheduler123，如图 7-2 所示。

登录成功后，在安全中心的"租户管理"模块中创建一个 atguigu 普通租户，如图 7-3 所示。该租户对应的是 Linux 的系统用户。

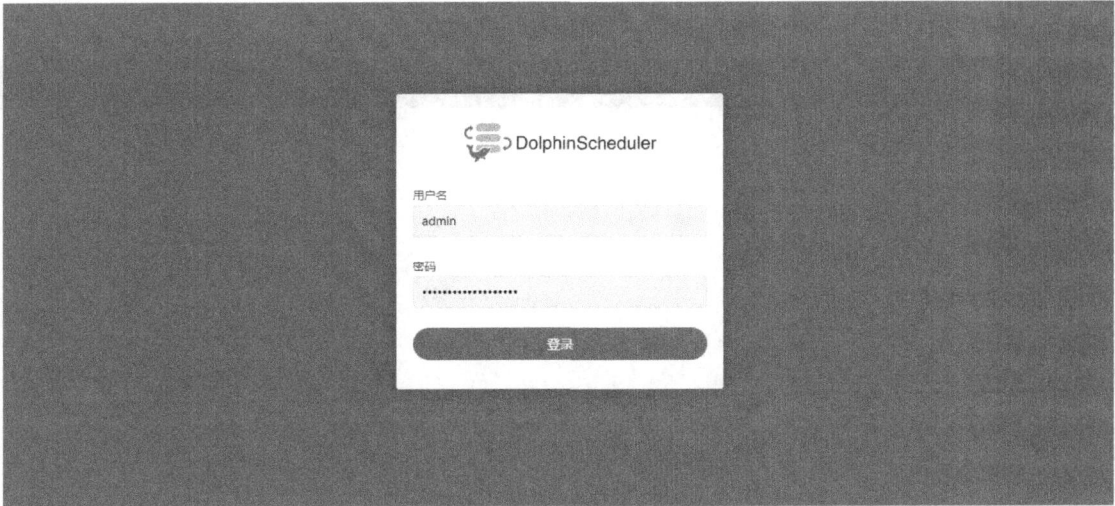

图 7-2　以管理员用户身份登录 DolphinScheduler

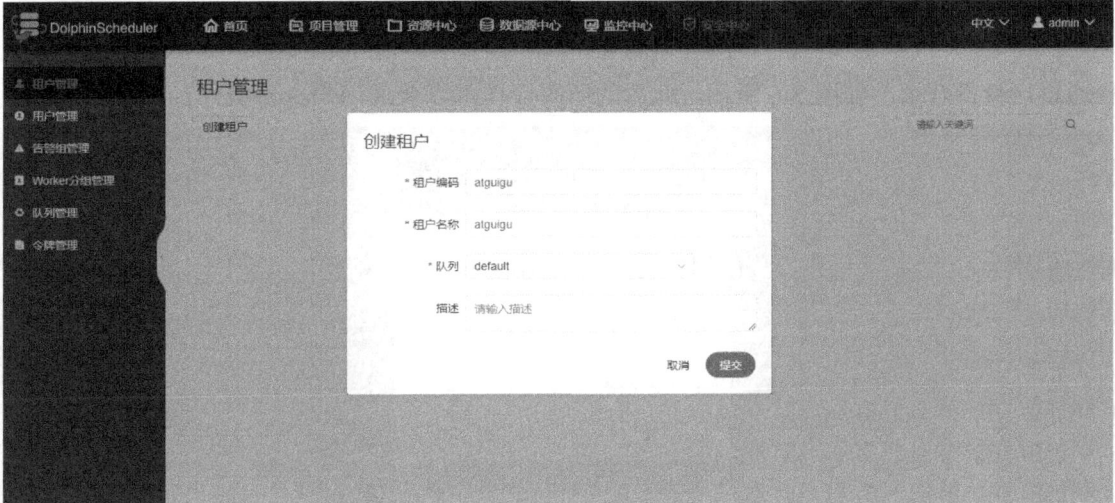

图 7-3　创建普通租户 atguigu

创建一个普通用户 atguigu，如图 7-4 所示。DolphinScheduler 的用户分为管理员用户和普通用户，管理员用户具有授权和用户管理等权限，而普通用户具有创建项目、定义工作流、执行工作流等权限。

图 7-4　创建普通用户 atguigu

创建完普通用户后，退出管理员用户账户，如图 7-5 所示。

图 7-5 退出管理员用户账户

以普通用户身份登录，如图 7-6 所示，此后的所有操作都以普通用户身份执行。

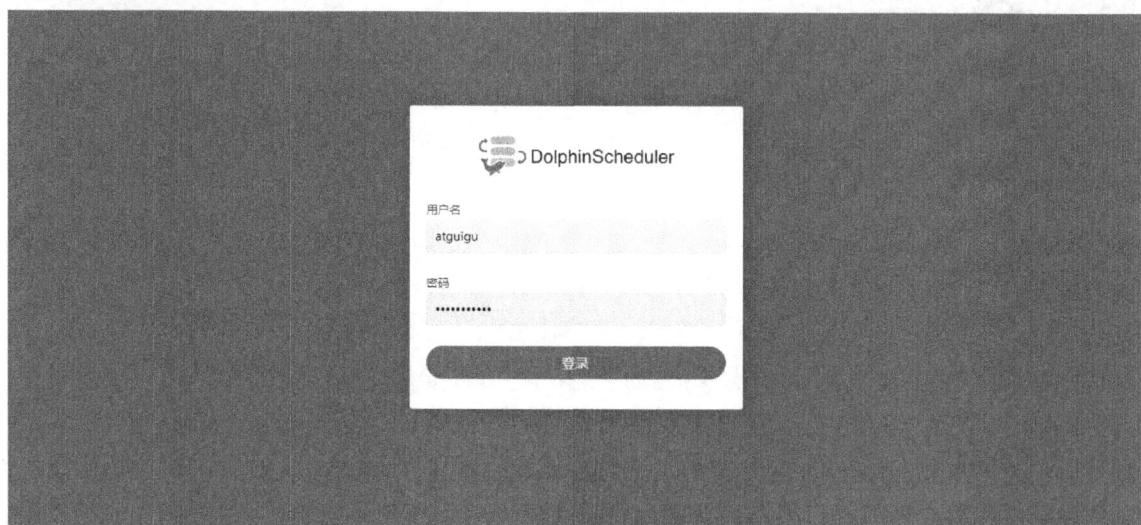

图 7-6 以普通用户身份登录

7．DolphinScheduler 启动、停止命令

DolphinScheduler 的启动、停止命令均位于安装目录的 bin 目录下。

（1）一键启动、停止所有服务命令，注意与 Hadoop 的进程启动、停止脚本区分。

```
./bin/start-all.sh
./bin/stop-all.sh
```

（2）启动、停止 Master 进程命令。

```
./bin/dolphinscheduler-daemon.sh start master-server
./bin/dolphinscheduler-daemon.sh stop master-server
```

（3）启动、停止 Worker 进程命令。

```
./bin/dolphinscheduler-daemon.sh start worker-server
./bin/dolphinscheduler-daemon.sh stop worker-server
```

（4）启动、停止 API 命令。

```
./bin/dolphinscheduler-daemon.sh start api-server
```

```
./bin/dolphinscheduler-daemon.sh stop api-server
```

（5）启动、停止 LoggerServer 命令。

```
./bin/dolphinscheduler-daemon.sh start logger-server
./bin/dolphinscheduler-daemon.sh stop logger-server
```

（6）启动、停止 Alert 命令。

```
./bin/dolphinscheduler-daemon.sh start alert-server
./bin/dolphinscheduler-daemon.sh stop alert-server
```

7.2　创建 MySQL 数据库和表

在 ADS 层实现具体需求后，还需要将结果数据导出至关系数据库中，以方便后期对结果数据进行可视化。本数据仓库项目选用 MySQL 作为存储结果数据的关系数据库，在将结果数据导出之前，需要做如下准备工作。

1．创建 gmall_report 数据库

```sql
CREATE DATABASE IF NOT EXISTS gmall_report DEFAULT CHARSET utf8 COLLATE utf8_general_ci;
```

2．创建表

（1）各活动补贴率。

```sql
DROP TABLE IF EXISTS `ads_activity_stats`;
CREATE TABLE `ads_activity_stats` (
  `dt` date NOT NULL COMMENT '统计日期',
  `activity_id` varchar(16) CHARACTER SET utf8 COLLATE utf8_general_ci NOT NULL COMMENT '活动id',
  `activity_name` varchar(64) CHARACTER SET utf8 COLLATE utf8_general_ci NULL DEFAULT NULL COMMENT '活动名称',
  `start_date` varchar(16) CHARACTER SET utf8 COLLATE utf8_general_ci NULL DEFAULT NULL COMMENT '活动开始日期',
  `reduce_rate` decimal(16,2) NULL DEFAULT NULL COMMENT '补贴率',
  PRIMARY KEY (`dt`, `activity_id`) USING BTREE
) ENGINE = InnoDB CHARACTER SET = utf8 COLLATE = utf8_general_ci COMMENT = '活动主题统计'
ROW_FORMAT = Dynamic;
```

（2）各优惠券补贴率。

```sql
DROP TABLE IF EXISTS `ads_coupon_stats`;
CREATE TABLE `ads_coupon_stats` (
  `dt` date NOT NULL COMMENT '统计日期',
  `coupon_id` varchar(16) CHARACTER SET utf8 COLLATE utf8_general_ci NOT NULL COMMENT '优惠券id',
  `coupon_name` varchar(64) CHARACTER SET utf8 COLLATE utf8_general_ci NULL DEFAULT NULL COMMENT '优惠券名称',
  `start_date` varchar(16) CHARACTER SET utf8 COLLATE utf8_general_ci NULL DEFAULT NULL COMMENT '发布日期',
  `rule_name` varchar(64) CHARACTER SET utf8 COLLATE utf8_general_ci NULL DEFAULT NULL COMMENT '优惠规则，例如满 100 元减 10 元',
  `reduce_rate` decimal(16,2) NULL DEFAULT NULL COMMENT '补贴率',
  PRIMARY KEY (`dt`, `coupon_id`) USING BTREE
) ENGINE = InnoDB CHARACTER SET = utf8 COLLATE = utf8_general_ci COMMENT = '优惠券主题统计'
ROW_FORMAT = Dynamic;
```

（3）新增交易用户统计。

```sql
DROP TABLE IF EXISTS `ads_new_buyer_stats`;
```

```
CREATE TABLE `ads_new_buyer_stats` (
  `dt` date NOT NULL COMMENT '统计日期',
  `recent_days` bigint(20) NOT NULL COMMENT '最近n日, 1表示最近1日, 7表示最近7日, 30表示最近
30日',
  `new_order_user_count` bigint(20) NULL DEFAULT NULL COMMENT '新增下单人数',
  `new_payment_user_count` bigint(20) NULL DEFAULT NULL COMMENT '新增支付人数',
  PRIMARY KEY (`dt`, `recent_days`) USING BTREE
) ENGINE = InnoDB CHARACTER SET = utf8 COLLATE = utf8_general_ci COMMENT = '新增交易用户统
计' ROW_FORMAT = Dynamic;
```

（4）各省份交易统计。

```
DROP TABLE IF EXISTS `ads_order_by_province`;
CREATE TABLE `ads_order_by_province` (
  `dt` date NOT NULL COMMENT '统计日期',
  `recent_days` bigint(20) NOT NULL COMMENT '最近n日, 1表示最近1日, 7表示最近7日, 30表示最近
30日',
  `province_id` varchar(16) CHARACTER SET utf8 COLLATE utf8_general_ci NOT NULL COMMENT '
省份id',
  `province_name` varchar(16) CHARACTER SET utf8 COLLATE utf8_general_ci NULL DEFAULT NULL
COMMENT '省份名称',
  `area_code` varchar(16) CHARACTER SET utf8 COLLATE utf8_general_ci NULL DEFAULT NULL
COMMENT '地区编码',
  `iso_code` varchar(16) CHARACTER SET utf8 COLLATE utf8_general_ci NULL DEFAULT NULL
COMMENT '旧版ISO-3166-2编码',
  `iso_code_3166_2` varchar(16) CHARACTER SET utf8 COLLATE utf8_general_ci NULL DEFAULT
NULL COMMENT '新版ISO-3166-2编码',
  `order_count` bigint(20) NULL DEFAULT NULL COMMENT '订单数',
  `order_total_amount` decimal(16,2) NULL DEFAULT NULL COMMENT '订单金额',
  PRIMARY KEY (`dt`, `recent_days`, `province_id`) USING BTREE
) ENGINE = InnoDB CHARACTER SET = utf8 COLLATE = utf8_general_ci COMMENT = '各省份交易统计'
ROW_FORMAT = Dynamic;
```

（5）用户访问路径分析。

```
DROP TABLE IF EXISTS `ads_page_path`;
CREATE TABLE `ads_page_path` (
  `dt` date NOT NULL COMMENT '统计日期',
  `recent_days` bigint(20) NOT NULL COMMENT '最近n日, 1表示最近1日, 7表示最近7日, 30表示最近
30日',
  `source` varchar(64) CHARACTER SET utf8 COLLATE utf8_general_ci NOT NULL COMMENT '跳转起
始页面id',
  `target` varchar(64) CHARACTER SET utf8 COLLATE utf8_general_ci NOT NULL COMMENT '跳转目
标页面id',
  `path_count` bigint(20) NULL DEFAULT NULL COMMENT '跳转次数',
  PRIMARY KEY (`dt`, `recent_days`, `source`, `target`) USING BTREE
) ENGINE = InnoDB CHARACTER SET = utf8 COLLATE = utf8_general_ci COMMENT = '用户访问路径分
析' ROW_FORMAT = Dynamic;
```

（6）各品牌复购率统计。

```
DROP TABLE IF EXISTS `ads_repeat_purchase_by_tm`;
CREATE TABLE `ads_repeat_purchase_by_tm` (
  `dt` date NOT NULL COMMENT '统计日期',
  `recent_days` bigint(20) NOT NULL COMMENT '最近n日, 7表示最近7日, 30表示最近30日',
  `tm_id` varchar(16) CHARACTER SET utf8 COLLATE utf8_general_ci NOT NULL COMMENT '品牌
id',
```

```
  `tm_name` varchar(32) CHARACTER SET utf8 COLLATE utf8_general_ci NULL DEFAULT NULL
COMMENT '品牌名称',
  `order_repeat_rate` decimal(16,2) NULL DEFAULT NULL COMMENT '复购率',
  PRIMARY KEY (`dt`, `recent_days`, `tm_id`) USING BTREE
) ENGINE = InnoDB CHARACTER SET = utf8 COLLATE = utf8_general_ci COMMENT = '各品牌复购率统
计' ROW_FORMAT = Dynamic;
```

（7）各分类商品购物车存量 Top10 统计。

```
DROP TABLE IF EXISTS `ads_sku_cart_num_top3_by_cate`;
CREATE TABLE `ads_sku_cart_num_top3_by_cate` (
  `dt` date NOT NULL COMMENT '统计日期',
  `category1_id` varchar(16) CHARACTER SET utf8 COLLATE utf8_general_ci NOT NULL COMMENT
'一级分类id',
  `category1_name` varchar(64) CHARACTER SET utf8 COLLATE utf8_general_ci NULL DEFAULT
NULL COMMENT '一级分类名称',
  `category2_id` varchar(16) CHARACTER SET utf8 COLLATE utf8_general_ci NOT NULL COMMENT
'二级分类id',
  `category2_name` varchar(64) CHARACTER SET utf8 COLLATE utf8_general_ci NULL DEFAULT
NULL COMMENT '二级分类名称',
  `category3_id` varchar(16) CHARACTER SET utf8 COLLATE utf8_general_ci NOT NULL COMMENT
'三级分类id',
  `category3_name` varchar(64) CHARACTER SET utf8 COLLATE utf8_general_ci NULL DEFAULT
NULL COMMENT '三级分类名称',
  `sku_id` varchar(16) CHARACTER SET utf8 COLLATE utf8_general_ci NOT NULL COMMENT '商品
id',
  `sku_name` varchar(128) CHARACTER SET utf8 COLLATE utf8_general_ci NULL DEFAULT NULL
COMMENT '商品名称',
  `cart_num` bigint(20) NULL DEFAULT NULL COMMENT '购物车中商品的数量',
  `rk` bigint(20) NULL DEFAULT NULL COMMENT '排名',
  PRIMARY KEY (`dt`, `sku_id`, `category1_id`, `category2_id`, `category3_id`) USING BTREE
) ENGINE = InnoDB CHARACTER SET = utf8 COLLATE = utf8_general_ci COMMENT = '各分类商品购物
车存量 Top10 统计' ROW_FORMAT = Dynamic;
```

（8）交易综合统计。

```
DROP TABLE IF EXISTS `ads_trade_stats`;
CREATE TABLE `ads_trade_stats` (
  `dt` date NOT NULL COMMENT '统计日期',
  `recent_days` bigint(255) NOT NULL COMMENT '最近n日，1表示最近1日，7表示最近7日，30表示最
近30日',
  `order_total_amount` decimal(16,2) NULL DEFAULT NULL COMMENT '订单总额，GMV',
  `order_count` bigint(20) NULL DEFAULT NULL COMMENT '订单数',
  `order_user_count` bigint(20) NULL DEFAULT NULL COMMENT '下单人数',
  `order_refund_count` bigint(20) NULL DEFAULT NULL COMMENT '退单数',
  `order_refund_user_count` bigint(20) NULL DEFAULT NULL COMMENT '退单人数',
  PRIMARY KEY (`dt`, `recent_days`) USING BTREE
) ENGINE = InnoDB CHARACTER SET = utf8 COLLATE = utf8_general_ci COMMENT = '交易综合统计'
ROW_FORMAT = Dynamic;
```

（9）各分类商品交易统计。

```
DROP TABLE IF EXISTS `ads_trade_stats_by_cate`;
CREATE TABLE `ads_trade_stats_by_cate` (
  `dt` date NOT NULL COMMENT '统计日期',
  `recent_days` bigint(20) NOT NULL COMMENT '最近n日，1表示最近1日，7表示最近7日，30表示最近
30日',
```

```
  `category1_id` varchar(16) CHARACTER SET utf8 COLLATE utf8_general_ci NOT NULL COMMENT
'一级分类 id',
  `category1_name` varchar(64) CHARACTER SET utf8 COLLATE utf8_general_ci NULL DEFAULT
NULL COMMENT '一级分类名称',
  `category2_id` varchar(16) CHARACTER SET utf8 COLLATE utf8_general_ci NOT NULL COMMENT
'二级分类 id',
  `category2_name` varchar(64) CHARACTER SET utf8 COLLATE utf8_general_ci NULL DEFAULT
NULL COMMENT '二级分类名称',
  `category3_id` varchar(16) CHARACTER SET utf8 COLLATE utf8_general_ci NOT NULL COMMENT
'三级分类 id',
  `category3_name` varchar(64) CHARACTER SET utf8 COLLATE utf8_general_ci NULL DEFAULT
NULL COMMENT '三级分类名称',
  `order_count` bigint(20) NULL DEFAULT NULL COMMENT '订单数',
  `order_user_count` bigint(20) NULL DEFAULT NULL COMMENT '下单人数',
  `order_refund_count` bigint(20) NULL DEFAULT NULL COMMENT '退单数',
  `order_refund_user_count` bigint(20) NULL DEFAULT NULL COMMENT '退单人数',
  PRIMARY KEY (`dt`, `recent_days`, `category1_id`, `category2_id`, `category3_id`) USING
BTREE
) ENGINE = InnoDB CHARACTER SET = utf8 COLLATE = utf8_general_ci COMMENT = '各分类商品交易
统计' ROW_FORMAT = Dynamic;
```

（10）各品牌商品交易统计。

```
DROP TABLE IF EXISTS `ads_trade_stats_by_tm`;
CREATE TABLE `ads_trade_stats_by_tm` (
  `dt` date NOT NULL COMMENT '统计日期',
  `recent_days` bigint(20) NOT NULL COMMENT '最近n日，1表示最近1日，7表示最近7日，30表示最近
30 日',
  `tm_id` varchar(16) CHARACTER SET utf8 COLLATE utf8_general_ci NOT NULL COMMENT '品牌
id',
  `tm_name` varchar(32) CHARACTER SET utf8 COLLATE utf8_general_ci NULL DEFAULT NULL
COMMENT '品牌名称',
  `order_count` bigint(20) NULL DEFAULT NULL COMMENT '订单数',
  `order_user_count` bigint(20) NULL DEFAULT NULL COMMENT '下单人数',
  `order_refund_count` bigint(20) NULL DEFAULT NULL COMMENT '退单数',
  `order_refund_user_count` bigint(20) NULL DEFAULT NULL COMMENT '退单人数',
  PRIMARY KEY (`dt`, `recent_days`, `tm_id`) USING BTREE
) ENGINE = InnoDB CHARACTER SET = utf8 COLLATE = utf8_general_ci COMMENT = '各品牌商品交易
统计' ROW_FORMAT = Dynamic;
```

（11）各渠道流量统计。

```
DROP TABLE IF EXISTS `ads_traffic_stats_by_channel`;
CREATE TABLE `ads_traffic_stats_by_channel` (
  `dt` date NOT NULL COMMENT '统计日期',
  `recent_days` bigint(20) NOT NULL COMMENT '最近n日，1表示最近1日，7表示最近7日，30表示最近
30 日',
  `channel` varchar(16) CHARACTER SET utf8 COLLATE utf8_general_ci NOT NULL COMMENT '渠道',
  `uv_count` bigint(20) NULL DEFAULT NULL COMMENT '访客数',
  `avg_duration_sec` bigint(20) NULL DEFAULT NULL COMMENT '会话平均停留时长，单位为秒',
  `avg_page_count` bigint(20) NULL DEFAULT NULL COMMENT '会话平均浏览页面数',
  `sv_count` bigint(20) NULL DEFAULT NULL COMMENT '会话总数',
  `bounce_rate` decimal(16,2) NULL DEFAULT NULL COMMENT '跳出率',
  PRIMARY KEY (`dt`, `recent_days`, `channel`) USING BTREE
```

```
) ENGINE = InnoDB CHARACTER SET = utf8 COLLATE = utf8_general_ci COMMENT = '各渠道流量统计'
ROW_FORMAT = Dynamic;
```

（12）用户行为漏斗分析。

```
DROP TABLE IF EXISTS `ads_user_action`;
CREATE TABLE `ads_user_action` (
  `dt` date NOT NULL COMMENT '统计日期',
  `recent_days` bigint(20) NOT NULL COMMENT '最近n日，1表示最近1日，7表示最近7日，30表示最近
30日',
  `home_count` bigint(20) NULL DEFAULT NULL COMMENT '首页浏览人数',
  `good_detail_count` bigint(20) NULL DEFAULT NULL COMMENT '商品详情页浏览人数',
  `cart_count` bigint(20) NULL DEFAULT NULL COMMENT '加购物车人数',
  `order_count` bigint(20) NULL DEFAULT NULL COMMENT '下单人数',
  `payment_count` bigint(20) NULL DEFAULT NULL COMMENT '支付人数',
  PRIMARY KEY (`dt`, `recent_days`) USING BTREE
) ENGINE = InnoDB CHARACTER SET = utf8 COLLATE = utf8_general_ci COMMENT = '用户行为漏斗分
析' ROW_FORMAT = Dynamic;
```

（13）用户变动统计。

```
DROP TABLE IF EXISTS `ads_user_change`;
CREATE TABLE `ads_user_change` (
  `dt` varchar(16) CHARACTER SET utf8 COLLATE utf8_general_ci NOT NULL COMMENT '统计日期',
  `user_churn_count` varchar(16) CHARACTER SET utf8 COLLATE utf8_general_ci NULL DEFAULT
NULL COMMENT '流失用户数',
  `user_back_count` varchar(16) CHARACTER SET utf8 COLLATE utf8_general_ci NULL DEFAULT
NULL COMMENT '回流用户数',
  PRIMARY KEY (`dt`) USING BTREE
) ENGINE = InnoDB CHARACTER SET = utf8 COLLATE = utf8_general_ci COMMENT = '用户变动统计'
ROW_FORMAT = Dynamic;
```

（14）用户留存率统计。

```
DROP TABLE IF EXISTS `ads_user_retention`;
CREATE TABLE `ads_user_retention` (
  `dt` date NOT NULL COMMENT '统计日期',
  `create_date` varchar(16) CHARACTER SET utf8 COLLATE utf8_general_ci NOT NULL COMMENT '
新增用户日期',
  `retention_day` int(20) NOT NULL COMMENT '截至当前日期留存天数',
  `retention_count` bigint(20) NULL DEFAULT NULL COMMENT '留存用户数量',
  `new_user_count` bigint(20) NULL DEFAULT NULL COMMENT '新增用户数量',
  `retention_rate` decimal(16,2) NULL DEFAULT NULL COMMENT '留存率',
  PRIMARY KEY (`dt`, `create_date`, `retention_day`) USING BTREE
) ENGINE = InnoDB CHARACTER SET = utf8 COLLATE = utf8_general_ci COMMENT = '用户留存率统计'
ROW_FORMAT = Dynamic;
```

（15）用户新增/活跃统计。

```
DROP TABLE IF EXISTS `ads_user_stats`;
CREATE TABLE `ads_user_stats` (
  `dt` date NOT NULL COMMENT '统计日期',
  `recent_days` bigint(20) NOT NULL COMMENT '最近n日，1表示最近1日，7表示最近7日，30表示最近
30日',
  `new_user_count` bigint(20) NULL DEFAULT NULL COMMENT '新增用户数',
  `active_user_count` bigint(20) NULL DEFAULT NULL COMMENT '活跃用户数',
  PRIMARY KEY (`dt`, `recent_days`) USING BTREE
) ENGINE = InnoDB CHARACTER SET = utf8 COLLATE = utf8_general_ci COMMENT = '用户新增/活跃统
计' ROW_FORMAT = Dynamic;
```

7.3　DataX 数据导出

在 MySQL 中做好相关准备工作，并创建完用于存储结果数据的数据库和表后，还需要进行最关键的结果数据导出操作。结果数据的导出采用 DataX，DataX 作为一个数据传输工具，不仅可以将数据从关系数据库导入非关系数据库中，也可以进行反向操作。在使用 DataX 进行业务数据全量采集工作时，我们编写了大量的配置文件，数据的导出工作同样需要编写配置文件，步骤如下。

1．编写 DataX 配置文件

我们需要为每张 ADS 层结果表编写一个 DataX 配置文件，此处以 ads_traffic_stats_by_channel 表为例，配置文件内容如下。使用 hdfsreader 读取 HDFS 中的结果数据，并使用 mysqlwriter 将结果数据写入 MySQL 中。

```
{
    "job": {
        "content": [
            {
                "reader": {
                    "name": "hdfsreader",
                    "parameter": {
                        "column": [
                            "*"
                        ],
                        "defaultFS": "hdfs://hadoop102:8020",
                        "encoding": "UTF-8",
                        "fieldDelimiter": "\t",
                        "fileType": "text",
                        "nullFormat": "\\N",
                        "path": "${exportdir}"
                    }
                },
                "writer": {
                    "name": "mysqlwriter",
                    "parameter": {
                        "column": [
                            "dt",
                            "recent_days",
                            "channel",
                            "uv_count",
                            "avg_duration_sec",
                            "avg_page_count",
                            "sv_count",
                            "bounce_rate"
                        ],
                        "connection": [
                            {
                                "jdbcUrl": "jdbc:mysql://hadoop102:3306/gmall_report?useUnicode=
true&characterEncoding=utf-8",
                                "table": [
                                    "ads_traffic_stats_by_channel"
                                ]
                            }
                        ],
```

```
                    "password": "000000",
                    "username": "root",
                    "writeMode": "replace"
                }
            }
        }
    ],
    "setting": {
        "errorLimit": {
            "percentage": 0.02,
            "record": 0
        },
        "speed": {
            "channel": 3
        }
    }
}
```

注意：导出路径 path 参数并未写入固定值，用户可以在提交任务时通过参数动态传入，参数名称为 exportdir。

2. 编写 DataX 配置文件生成脚本

为方便起见，此处编写 DataX 配置文件生成脚本，脚本内容及使用方式如下。

（1）在 hadoop102 节点服务器的/home/atguigu/bin 目录下创建 gen_export_config.py 脚本。

```
[atguigu@hadoop102 bin]$ vim ~/bin/gen_export_config.py
```

脚本内容如下。

```
# coding=utf-8
import json
import getopt
import os
import sys
import MySQLdb

#MySQL 相关配置，需要根据实际情况做出修改
mysql_host = "hadoop102"
mysql_port = "3306"
mysql_user = "root"
mysql_passwd = "000000"

#HDFS NameNode 相关配置，需要根据实际情况做出修改
hdfs_nn_host = "hadoop102"
hdfs_nn_port = "8020"

#生成配置文件的目标路径，可根据实际情况做出修改
output_path = "/opt/module/datax/job/export"


def get_connection():
    return    MySQLdb.connect(host=mysql_host,    port=int(mysql_port),    user=mysql_user,
passwd=mysql_passwd)
```

```python
def get_mysql_meta(database, table):
    connection = get_connection()
    cursor = connection.cursor()
    sql = "SELECT  COLUMN_NAME,DATA_TYPE  from  information_schema.COLUMNS  WHERE
TABLE_SCHEMA=%s AND TABLE_NAME=%s ORDER BY ORDINAL_POSITION"
    cursor.execute(sql, [database, table])
    fetchall = cursor.fetchall()
    cursor.close()
    connection.close()
    return fetchall


def get_mysql_columns(database, table):
    return map(lambda x: x[0], get_mysql_meta(database, table))


def generate_json(target_database, target_table):
    job = {
        "job": {
            "setting": {
                "speed": {
                    "channel": 3
                },
                "errorLimit": {
                    "record": 0,
                    "percentage": 0.02
                }
            },
            "content": [{
                "reader": {
                    "name": "hdfsreader",
                    "parameter": {
                        "path": "${exportdir}",
                        "defaultFS": "hdfs://" + hdfs_nn_host + ":" + hdfs_nn_port,
                        "column": ["*"],
                        "fileType": "text",
                        "encoding": "UTF-8",
                        "fieldDelimiter": "\t",
                        "nullFormat": "\\N"
                    }
                },
                "writer": {
                    "name": "mysqlwriter",
                    "parameter": {
                        "writeMode": "replace",
                        "username": mysql_user,
                        "password": mysql_passwd,
                        "column": get_mysql_columns(target_database, target_table),
                        "connection": [
                            {
                                "jdbcUrl":
```

```
                        "jdbc:mysql://" + mysql_host + ":" + mysql_port + "/" +
target_database + "?useUnicode=true&characterEncoding=utf-8",
                        "table": [target_table]
                    }
                ]
            }
        }
    }]
}
    }
    if not os.path.exists(output_path):
        os.makedirs(output_path)
    with open(os.path.join(output_path, ".".join([target_database, target_table, "json"])),
"w") as f:
        json.dump(job, f)


def main(args):
    target_database = ""
    target_table = ""

    options, arguments = getopt.getopt(args, '-d:-t:', ['targetdb=', 'targettbl='])
    for opt_name, opt_value in options:
        if opt_name in ('-d', '--targetdb'):
            target_database = opt_value
        if opt_name in ('-t', '--targettbl'):
            target_table = opt_value

    generate_json(target_database, target_table)

if __name__ == '__main__':
    main(sys.argv[1:])
```

注意：使用以上脚本需要安装 Python MySQL 驱动，具体内容可参见 5.2.6 节，此处不再赘述。

（2）脚本使用说明。

```
python gen_export_config.py -d database -t table
```

通过-d 传入数据库名，-t 传入表名，执行上述命令即可生成该表的 DataX 同步配置文件。

（3）在 hadoop102 节点服务器的/home/atguigu/bin 目录下创建 gen_export_config.sh 脚本，用于调用上述 DataX 配置文件生成脚本。

```
[atguigu@hadoop102 bin]$ vim ~/bin/gen_export_config.sh
```

脚本内容如下。

```
#!/bin/bash

python ~/bin/gen_export_config.py -d gmall_report -t ads_activity_stats
python ~/bin/gen_export_config.py -d gmall_report -t ads_coupon_stats
python ~/bin/gen_export_config.py -d gmall_report -t ads_new_buyer_stats
python ~/bin/gen_export_config.py -d gmall_report -t ads_order_by_province
python ~/bin/gen_export_config.py -d gmall_report -t ads_page_path
python ~/bin/gen_export_config.py -d gmall_report -t ads_repeat_purchase_by_tm
python ~/bin/gen_export_config.py -d gmall_report -t ads_sku_cart_num_top3_by_cate
python ~/bin/gen_export_config.py -d gmall_report -t ads_trade_stats
```

```
python ~/bin/gen_export_config.py -d gmall_report -t ads_trade_stats_by_cate
python ~/bin/gen_export_config.py -d gmall_report -t ads_trade_stats_by_tm
python ~/bin/gen_export_config.py -d gmall_report -t ads_traffic_stats_by_channel
python ~/bin/gen_export_config.py -d gmall_report -t ads_user_action
python ~/bin/gen_export_config.py -d gmall_report -t ads_user_change
python ~/bin/gen_export_config.py -d gmall_report -t ads_user_retention
python ~/bin/gen_export_config.py -d gmall_report -t ads_user_stats
```

（4）为 gen_export_config.sh 脚本增加执行权限。

```
[atguigu@hadoop102 bin]$ chmod +x ~/bin/gen_export_config.sh
```

（5）执行 gen_export_config.sh 脚本，生成配置文件。

```
[atguigu@hadoop102 bin]$ gen_export_config.sh
```

（6）观察生成的配置文件。

```
[atguigu@hadoop102 bin]$ ls /opt/module/datax/job/export/
总用量 64
gmall_report.ads_activity_stats.json
gmall_report.ads_trade_stats_by_cate.json
gmall_report.ads_coupon_stats.json
gmall_report.ads_trade_stats_by_tm.json
gmall_report.ads_new_buyer_stats.json            gmall_report.ads_trade_stats.json
gmall_report.ads_order_by_province.json
gmall_report.ads_traffic_stats_by_channel.json
gmall_report.ads_user_action.json
gmall_report.ads_page_path.json                  gmall_report.ads_user_change.json
gmall_report.ads_repeat_purchase_by_tm.json      gmall_report.ads_user_retention.json
gmall_report.ads_sku_cart_num_top3_by_cate.json  gmall_report.ads_user_stats.json
```

3．测试生成的 DataX 配置文件

以 ads_traffic_stats_by_channel 表为例，测试用脚本生成的 DataX 配置文件是否可用。

（1）执行 DataX 同步命令。

```
[atguigu@hadoop102 bin]$ python /opt/module/datax/bin/datax.py -p"-Dexportdir=/warehouse/
gmall/ads/ads_traffic_stats_by_channel"
/opt/module/datax/job/export/gmall_report.ads_traffic_stats_by_channel.json
```

（2）观察同步结果。

观察 MySQL 目标表是否出现数据。

4．编写每日导出脚本

（1）在 hadoop102 节点服务器的/home/atguigu/bin 目录下创建 hdfs_to_mysql.sh 脚本。

```
[atguigu@hadoop102 bin]$ vim hdfs_to_mysql.sh
```

脚本内容如下。

```
#! /bin/bash

DATAX_HOME=/opt/module/datax

#DataX 导出路径不允许存在空文件，该函数的作用为清理空文件
handle_export_path(){
  for i in `hadoop fs -ls -R $1 | awk '{print $8}'`; do
    hadoop fs -test -z $i
    if [[ $? -eq 0 ]]; then
      echo "$i 文件大小为 0，正在删除"
      hadoop fs -rm -r -f $i
```

```
    fi
  done
}

#导出数据
export_data() {
  datax_config=$1
  export_dir=$2
  handle_export_path $export_dir
  $DATAX_HOME/bin/datax.py -p"-Dexportdir=$export_dir" $datax_config
}

case $1 in
  "ads_new_buyer_stats")
    export_data /opt/module/datax/job/export/gmall_report.ads_new_buyer_stats.json
/warehouse/gmall/ads/ads_new_buyer_stats
  ;;
  "ads_order_by_province")
    export_data /opt/module/datax/job/export/gmall_report.ads_order_by_province.json /
warehouse/gmall/ads/ads_order_by_province
  ;;
  "ads_page_path")
    export_data /opt/module/datax/job/export/gmall_report.ads_page_path.json /warehouse/
gmall/ads/ads_page_path
  ;;
  "ads_repeat_purchase_by_tm")
    export_data  /opt/module/datax/job/export/gmall_report.ads_repeat_purchase_by_tm.json
/warehouse/gmall/ads/ads_repeat_purchase_by_tm
  ;;
  "ads_trade_stats")
    export_data /opt/module/datax/job/export/gmall_report.ads_trade_stats.json /
warehouse/gmall/ads/ads_trade_stats
  ;;
  "ads_trade_stats_by_cate")
    export_data /opt/module/datax/job/export/gmall_report.ads_trade_stats_by_cate.json /
warehouse/gmall/ads/ads_trade_stats_by_cate
  ;;
  "ads_trade_stats_by_tm")
    export_data /opt/module/datax/job/export/gmall_report.ads_trade_stats_by_tm.json /
warehouse/gmall/ads/ads_trade_stats_by_tm
  ;;
  "ads_traffic_stats_by_channel")
    export_data /opt/module/datax/job/export/gmall_report.ads_traffic_stats_by_channel.
json /warehouse/gmall/ads/ads_traffic_stats_by_channel
  ;;
  "ads_user_action")
    export_data /opt/module/datax/job/export/gmall_report.ads_user_action.json /
warehouse/gmall/ads/ads_user_action
  ;;
  "ads_user_change")
```

```
    export_data /opt/module/datax/job/export/gmall_report.ads_user_change.json /
warehouse/gmall/ads/ads_user_change
    ;;
  "ads_user_retention")
    export_data /opt/module/datax/job/export/gmall_report.ads_user_retention.json /
warehouse/gmall/ads/ads_user_retention
    ;;
  "ads_user_stats")
    export_data /opt/module/datax/job/export/gmall_report.ads_user_stats.json /
warehouse/gmall/ads/ads_user_stats
    ;;
  "ads_activity_stats")
    export_data /opt/module/datax/job/export/gmall_report.ads_activity_stats.json /
warehouse/gmall/ads/ads_activity_stats
    ;;
  "ads_coupon_stats")
    export_data /opt/module/datax/job/export/gmall_report.ads_coupon_stats.json /
warehouse/gmall/ads/ads_coupon_stats
    ;;
  "ads_sku_cart_num_top3_by_cate")
    export_data /opt/module/datax/job/export/gmall_report.ads_sku_cart_num_top3_by_cate.
json /warehouse/gmall/ads/ads_sku_cart_num_top3_by_cate
    ;;

"all")
  export_data /opt/module/datax/job/export/gmall_report.ads_new_buyer_stats.json /
warehouse/gmall/ads/ads_new_buyer_stats
  export_data /opt/module/datax/job/export/gmall_report.ads_order_by_province.json /
warehouse/gmall/ads/ads_order_by_province
  export_data /opt/module/datax/job/export/gmall_report.ads_page_path.json /
warehouse/gmall/ads/ads_page_path
  export_data /opt/module/datax/job/export/gmall_report.ads_repeat_purchase_by_tm.json /
warehouse/gmall/ads/ads_repeat_purchase_by_tm
  export_data /opt/module/datax/job/export/gmall_report.ads_trade_stats.json /
warehouse/gmall/ads/ads_trade_stats
  export_data /opt/module/datax/job/export/gmall_report.ads_trade_stats_by_cate.json /
warehouse/gmall/ads/ads_trade_stats_by_cate
  export_data /opt/module/datax/job/export/gmall_report.ads_trade_stats_by_tm.json /
warehouse/gmall/ads/ads_trade_stats_by_tm
  export_data    /opt/module/datax/job/export/gmall_report.ads_traffic_stats_by_channel.json/
warehouse/gmall/ads/ads_traffic_stats_by_channel
  export_data /opt/module/datax/job/export/gmall_report.ads_user_action.json /
warehouse/gmall/ads/ads_user_action
  export_data /opt/module/datax/job/export/gmall_report.ads_user_change.json /
warehouse/gmall/ads/ads_user_change
export_data /opt/module/datax/job/export/gmall_report.ads_user_retention.json /
warehouse/gmall/ads/ads_user_retention
  export_data /opt/module/datax/job/export/gmall_report.ads_user_stats.json /
warehouse/gmall/ads/ads_user_stats
  export_data /opt/module/datax/job/export/gmall_report.ads_activity_stats.json /
warehouse/gmall/ads/ads_activity_stats
```

```
export_data /opt/module/datax/job/export/gmall_report.ads_coupon_stats.json /
warehouse/gmall/ads/ads_coupon_stats
  export_data /opt/module/datax/job/export/gmall_report.ads_sku_cart_num_top3_by_cate.
json /warehouse/gmall/ads/ads_sku_cart_num_top3_by_cate
  ;;
esac
```

（2）增加脚本执行权限。

```
[atguigu@hadoop102 bin]$ chmod +x hdfs_to_mysql.sh
```

（3）执行脚本，导出数据。

```
[atguigu@hadoop102 bin]$ hdfs_to_mysql.sh all
```

7.4　全流程调度

前面已经完成数据仓库项目完整流程的开发，接下来就可以将整个数据仓库运行流程交给 Azkaban 来调度，以实现整个流程的自动化运行。

7.4.1　数据准备

此处需要模拟生成一日的新数据，作为全流程调度的测试数据。

1. 用户行为数据准备

（1）启动用户行为数据采集通道。

```
[atguigu@hadoop102 ~]$ cluster.sh start
```

（2）修改日志模拟器配置文件。

修改 hadoop102 和 hadoop103 两台节点服务器中配置文件/opt/module/applog/application.yml 的 mock.date 参数，如下所示。

```
mock.date: "2020-06-15"
```

（3）执行日志生成脚本。

```
[atguigu@hadoop102 ~]$ lg.sh
```

（4）观察 HDFS 上是否生成 2020-06-15 的日志数据。

2. 业务数据准备

（1）修改 Maxwell 的配置文件/opt/module/maxwell/config.properties。

```
[atguigu@hadoop102 maxwell]$ vim /opt/module/maxwell/config.properties
```

mock_date 参数设置如下。

```
mock_date=2020-06-15
```

（2）启动 Maxwell。

```
[atguigu@hadoop102 ~]$ mxw.sh start
```

注：若 Maxwell 当前正在运行，为确保上述 mock_date 参数生效，需要重启 Maxwell。

（3）启动 Flume。

```
[atguigu@hadoop102 ~]$ f3.sh start
```

（4）修改业务数据模拟器配置文件/opt/module/db_log/application.properties 中的 mock.date 参数，并确保 mock.clear 和 mock.clear.user 参数值为 0。

```
mock.date=2020-06-15
mock.clear=0
mock.clear.user=0
```

（5）执行业务数据生成命令。

```
[atguigu@hadoop102 db_log]$ java -jar gmall2020-mock-db-2021-11-14.jar
```

（6）观察 HDFS 的增量表中是否生成 2020-06-15 的数据。

（7）全量同步通过使用全流程调度工具调度脚本来执行。

7.4.2　全流程调度配置

全部准备工作完成之后，开始使用 DolphinScheduler 进行全流程调度。

（1）执行以下命令，启动 DolphinScheduler。

```
[atguigu@hadoop102 dolphinscheduler]$ bin/start-all.sh
```

（2）以普通用户身份登录 DolphinScheduler 的 Web UI，如图 7-7 所示。

图 7-7　普通用户登录

（3）向 DolphinScheduler 资源中心上传工作流所需脚本，步骤如下。

① 在"资源中心"的"文件管理"页面下，创建文件夹 scripts，如图 7-8 所示。

图 7-8　创建文件夹 scripts

② 将工作流所需的所有脚本上传到资源中心的 scripts 文件夹下，如图 7-9 所示。

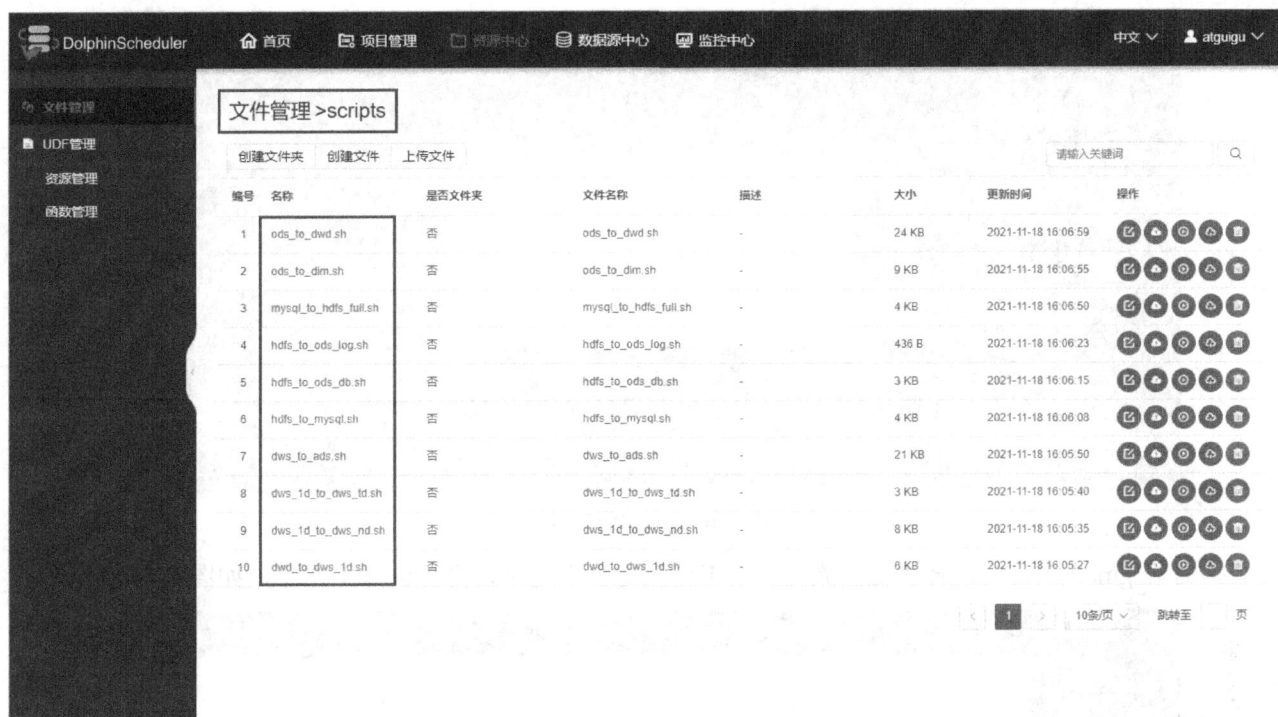

图 7-9　上传所有脚本

（4）由于工作流要执行的脚本需要调用 Hive、DataX 等组件，因此在 DolphinScheduler 的集群模式下，需要确保每个 WorkerServer 节点都有脚本所依赖的组件。向 DolphinScheduler 的 WorkerServer 节点分发脚本所依赖的组件。

```
[atguigu@hadoop102 ~]$ xsync /opt/module/hive/
[atguigu@hadoop102 ~]$ xsync /opt/module/spark/
[atguigu@hadoop102 ~]$ xsync /opt/module/datax/
```

（5）修改 DolphinScheduler 环境变量配置文件并进行分发，步骤如下。

打开/opt/module/dolphinscheduler/conf/env/dolphinscheduler_env.sh 配置文件。

```
[atguigu@hadoop102 ~]$ vim /opt/module/dolphinscheduler/conf/env/dolphinscheduler_env.sh
```

修改的内容如下。

```
export HADOOP_HOME=/opt/module/hadoop-3.1.3
export HADOOP_CONF_DIR=/opt/module/hadoop-3.1.3/etc/hadoop
export SPARK_HOME=/opt/module/spark
export SPARK_HOME2=/opt/soft/spark2
export PYTHON_HOME=/opt/soft/python
export JAVA_HOME=/opt/module/jdk1.8.0_144
export HIVE_HOME=/opt/module/hive
export FLINK_HOME=/opt/soft/flink
export DATAX_HOME=/opt/module/datax

export PATH=$HADOOP_HOME/bin:$SPARK_HOME1/bin:$SPARK_HOME2/bin:$PYTHON_HOME:$JAVA_HOME/
bin:$HIVE_HOME/bin:$FLINK_HOME/bin:$DATAX_HOME/bin:$PATH
```

将配置文件分发至其他节点服务器。

```
[atguigu@hadoop102 ~]$ xsync /opt/module/dolphinscheduler/conf/env/dolphinscheduler_
env.sh
```

（6）在 DolphinScheduler 的 Web UI 下创建工作流，步骤如下。

① 选择"项目管理"命令，在打开的页面中单击"创建项目"按钮，创建项目 gmall，如图 7-10 所示。

图 7-10 创建项目 gmall

② 打开 gmall 项目，选择"工作流"→"工作流定义"选项，开始创建工作流，如图 7-11 所示。

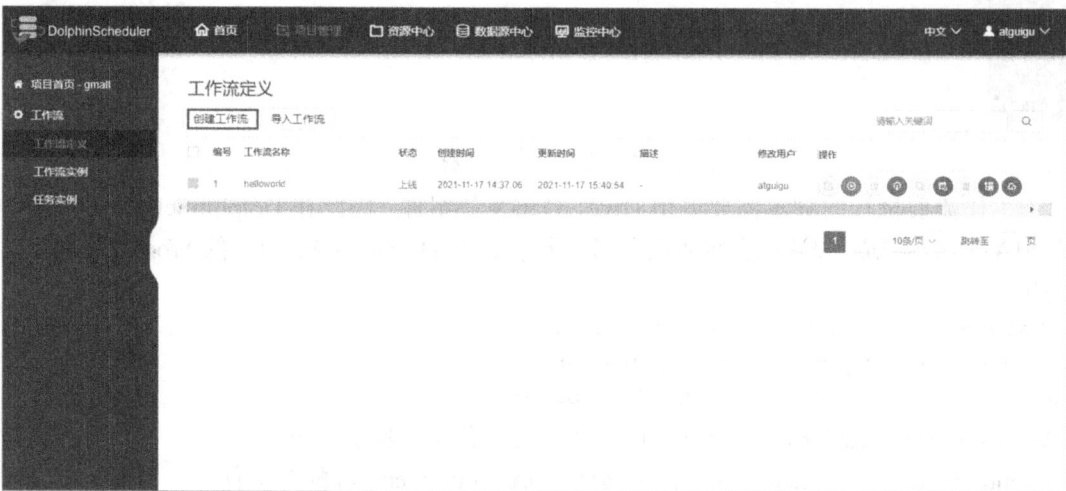

图 7-11 开始创建工作流

③ 在"工作流定义"画布上，定义任务节点，配置如下。

mysql_to_hdfs_full 任务节点配置如图 7-12 所示。

图 7-12 mysql_to_hdfs_full 任务节点配置

hdfs_to_ods_db 任务节点配置如图 7-13 所示。

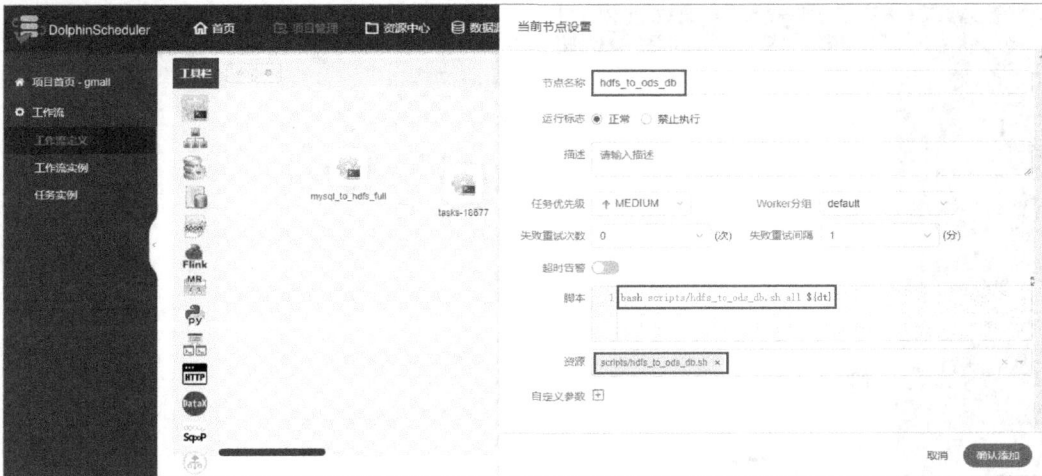

图 7-13　hdfs_to_ods_db 任务节点配置

hdfs_to_ods_log 任务节点配置如图 7-14 所示。

图 7-14　hdfs_to_ods_log 任务节点配置

ods_to_dwd 任务节点配置如图 7-15 所示。

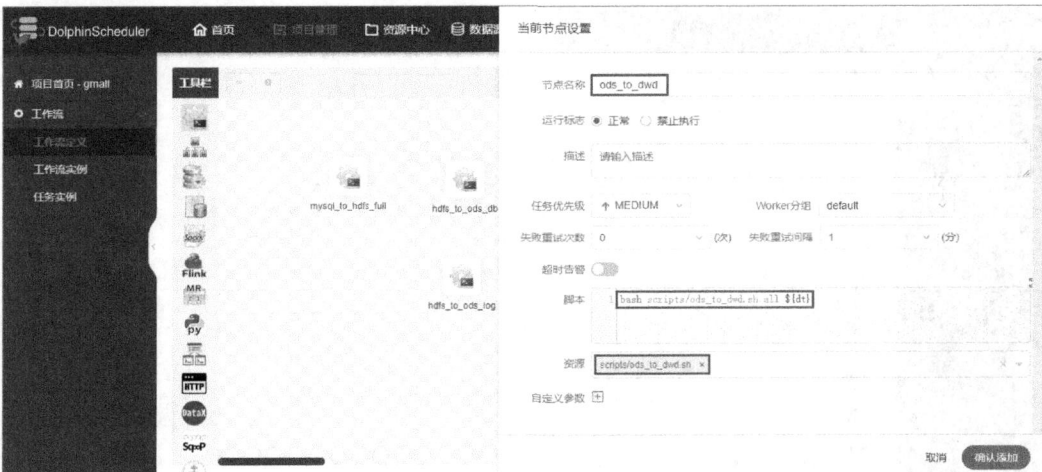

图 7-15　ods_to_dwd 任务节点配置

ods_to_dim 任务节点配置如图 7-16 所示。

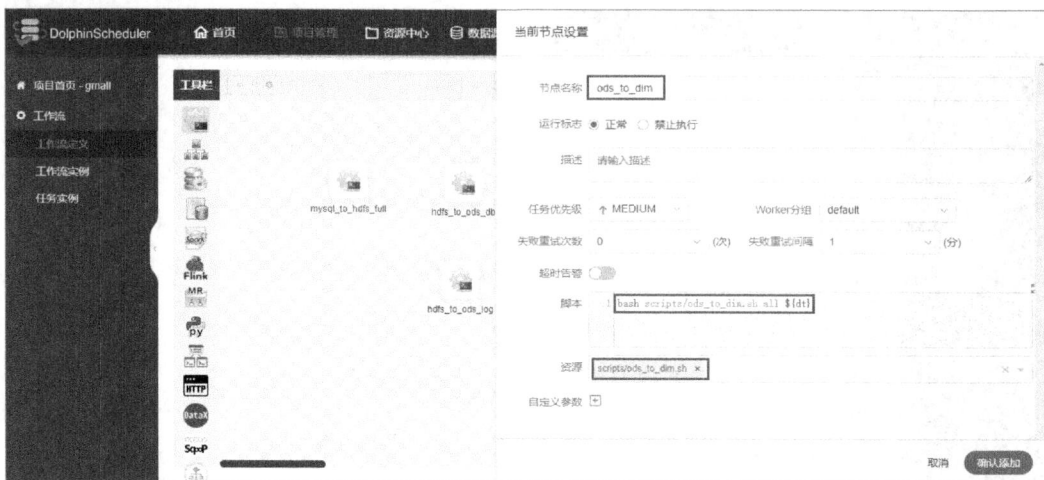

图 7-16　ods_to_dim 任务节点配置

dwd_to_dws_1d 任务节点配置如图 7-17 所示。

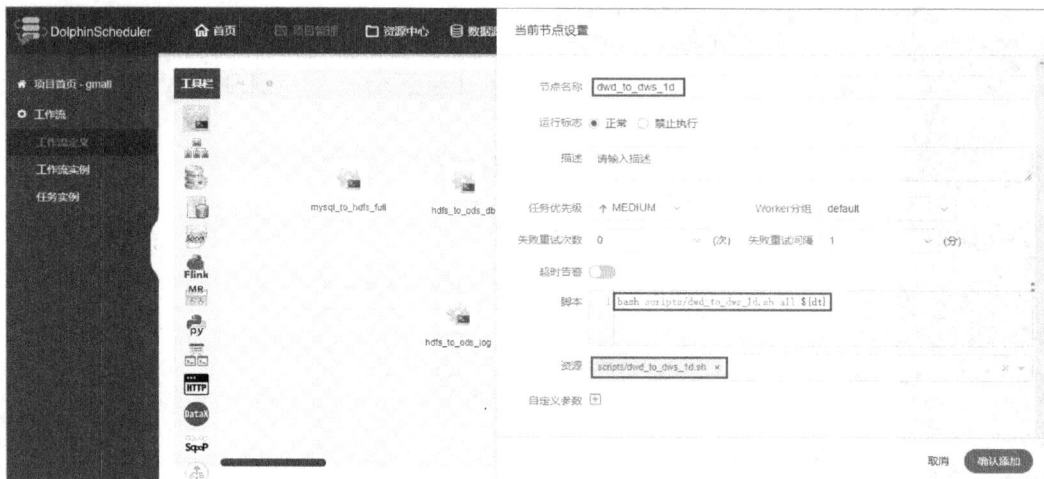

图 7-17　dwd_to_dws_1d 任务节点配置

dws_1d_to_dws_nd 任务节点配置如图 7-18 所示。

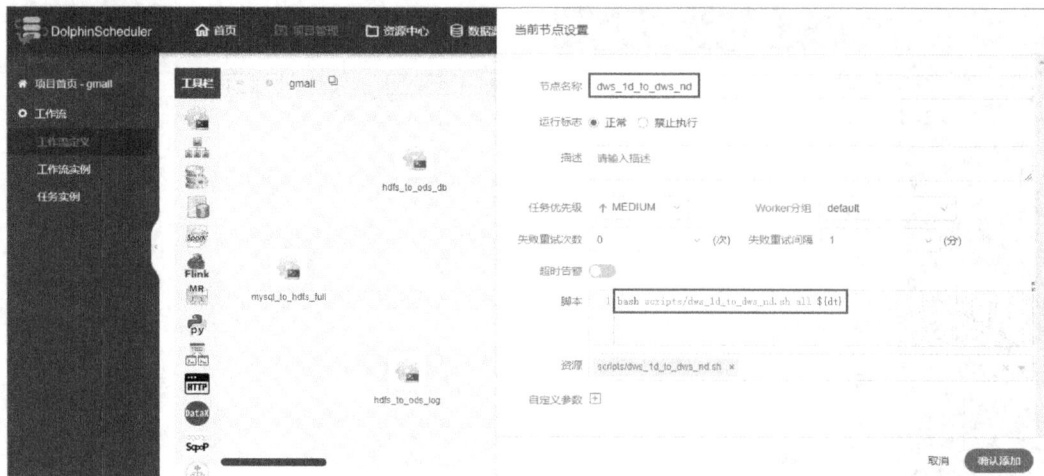

图 7-18　dws_1d_to_dws_nd 任务节点配置

dws_1d_to_dws_td 任务节点配置如图 7-19 所示。

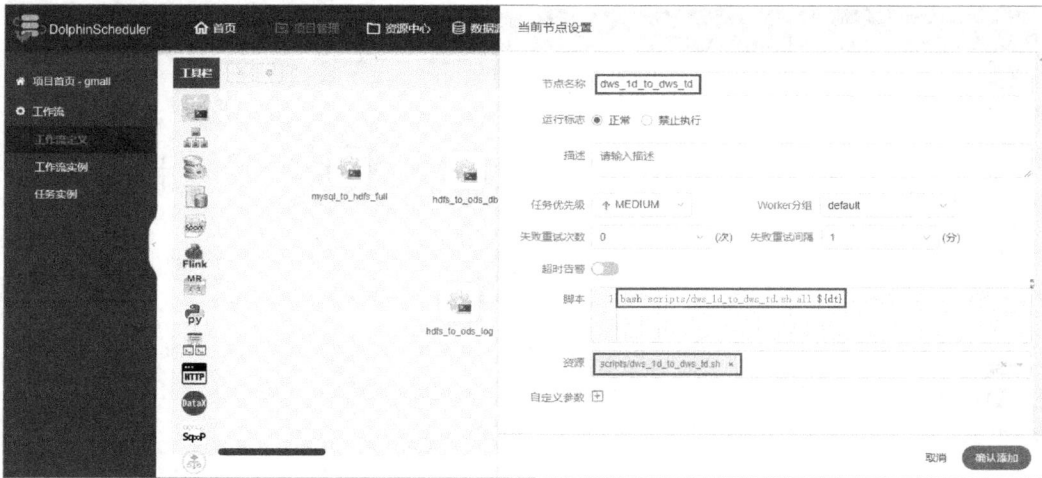

图 7-19 dws_1d_to_dws_td 任务节点配置

dws_to_ads 任务节点配置如图 7-20 所示。

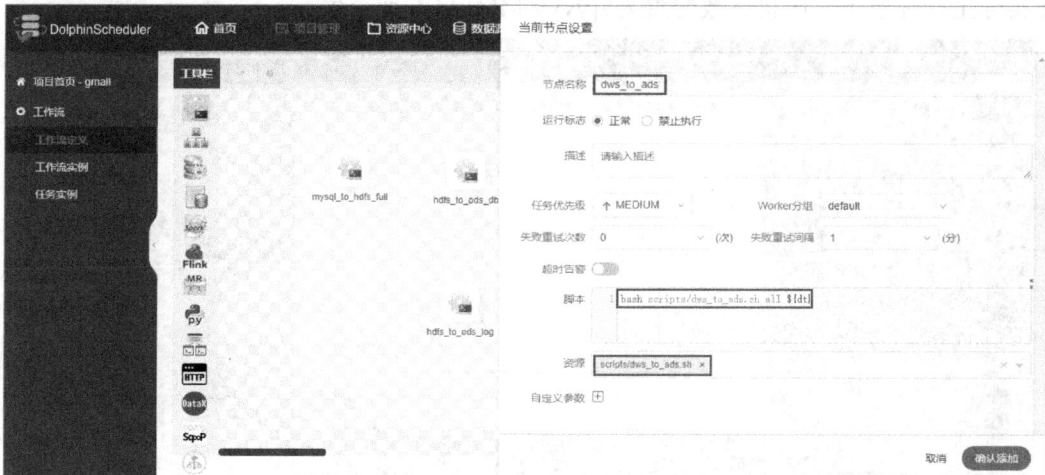

图 7-20 dws_to_ads 任务节点配置

hdfs_to_mysql 任务节点配置如图 7-21 所示。

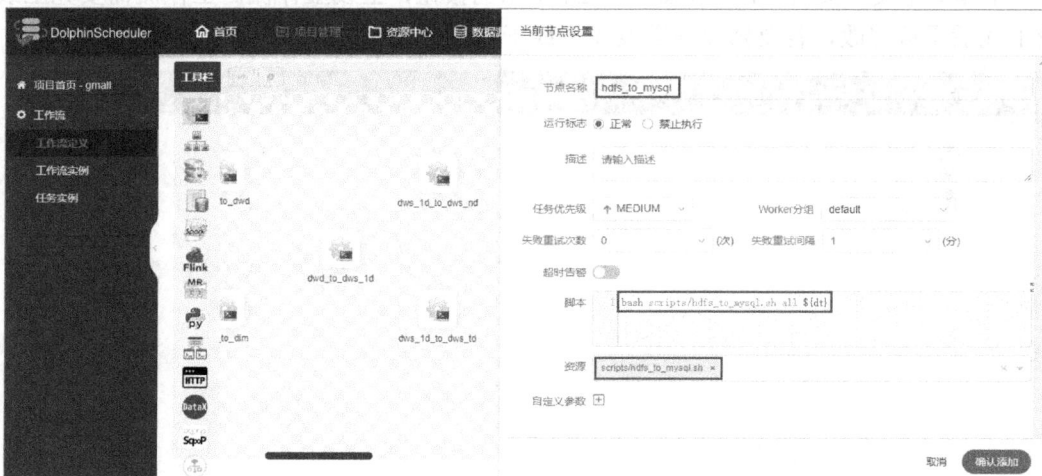

图 7-21 hdfs_to_mysql 任务节点配置

④ 定义完各任务节点后，为各节点之间创建依赖关系，如图 7-22 所示。

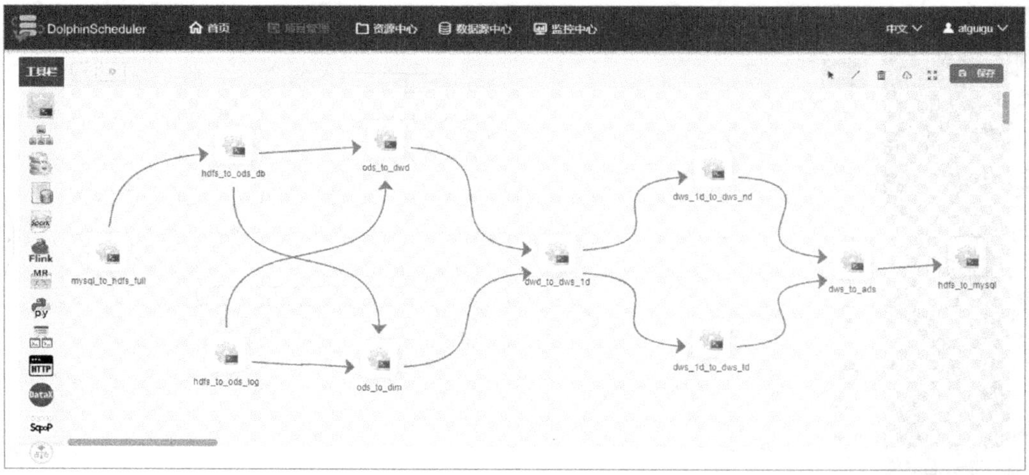

图 7-22　创建各任务节点之间的依赖关系

⑤ 配置完毕后，保存工作流，将工作流命名为 gmall，如图 7-23 所示，此处将调度参数"dt"设置为固定值，在实际生产环境下，应将参数配置为\$[yyyy-MM-dd-1]或空值。

图 7-23　保存工作流并设置全局参数

（7）在"工作流定义"页面下，单击如图 7-24 所示的按钮，上线工作流。工作流需要先上线，才可执行。工作流上线后不可修改，若要修改则需要先下线工作流。

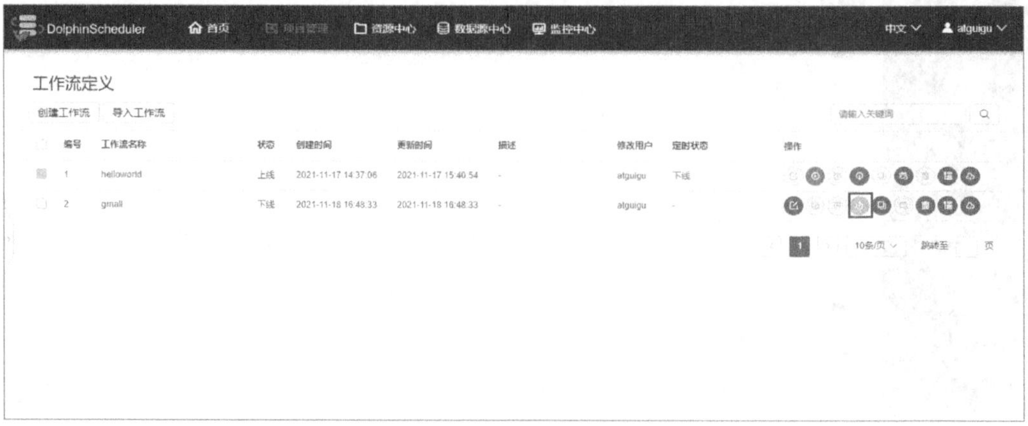

图 7-24　上线工作流

（8）单击如图 7-25 所示的按钮，执行工作流。

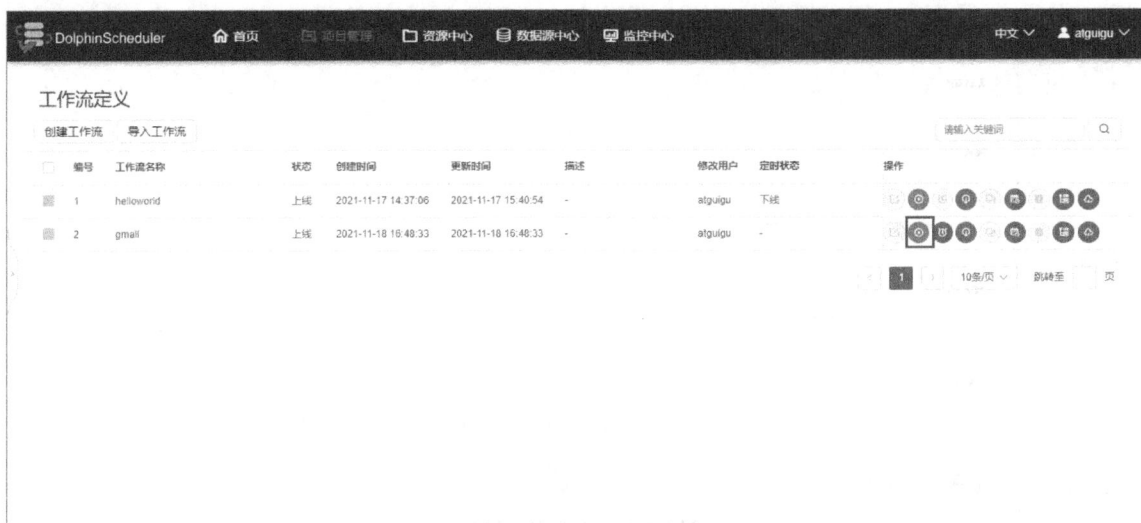

图 7-25　执行工作流

（9）执行工作流后，若出现如图 7-26 所示的页面，则表示执行成功。

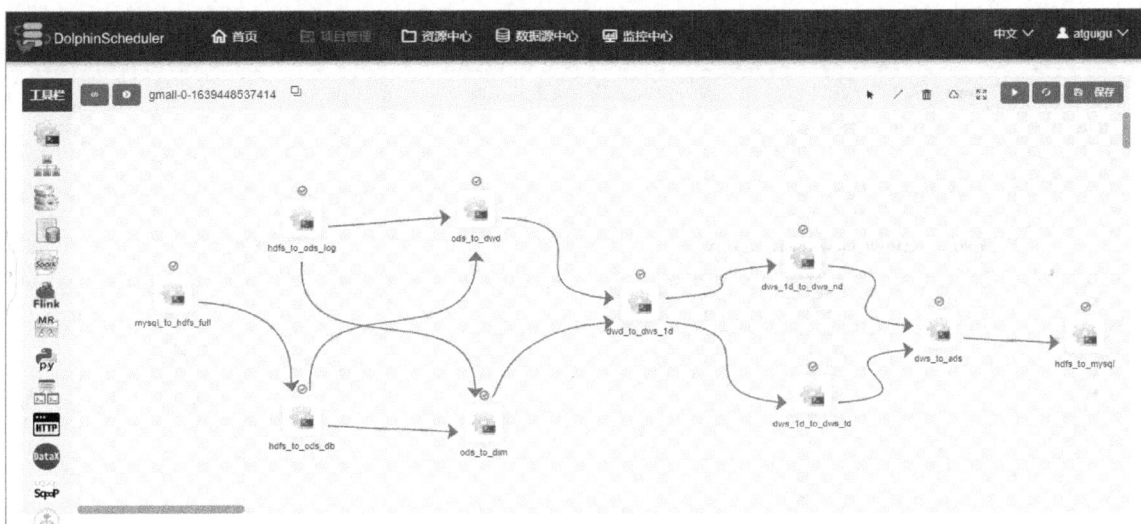

图 7-26　工作流执行成功

7.5　电子邮件报警

在使用 DolphinScheduler 对工作流进行调度的过程中，有可能会出现任务失败的情况。DolphinScheduler 针对此种情况为用户提供了电子邮件报警功能，让用户可以及时收到任务失败的报警信息。

7.5.1　注册邮箱

在进行电子邮件报警的配置之前，需要先注册一个邮箱，作为报警电子邮件的发送邮箱。

（1）以 QQ 邮箱为例，登录邮箱后，首先单击"设置"按钮，然后选择"账户"命令，如图 7-27 所示[①]。

---

① 图 7-27 中"帐户"的正确写法应为"账户"。

图 7-27　邮箱账号管理

（2）找到"POP3/IMAP /SMTP/Exchange/CardDAV/CalDAV 服务"模块，开启 SMTP 服务，如图 7-28 所示。

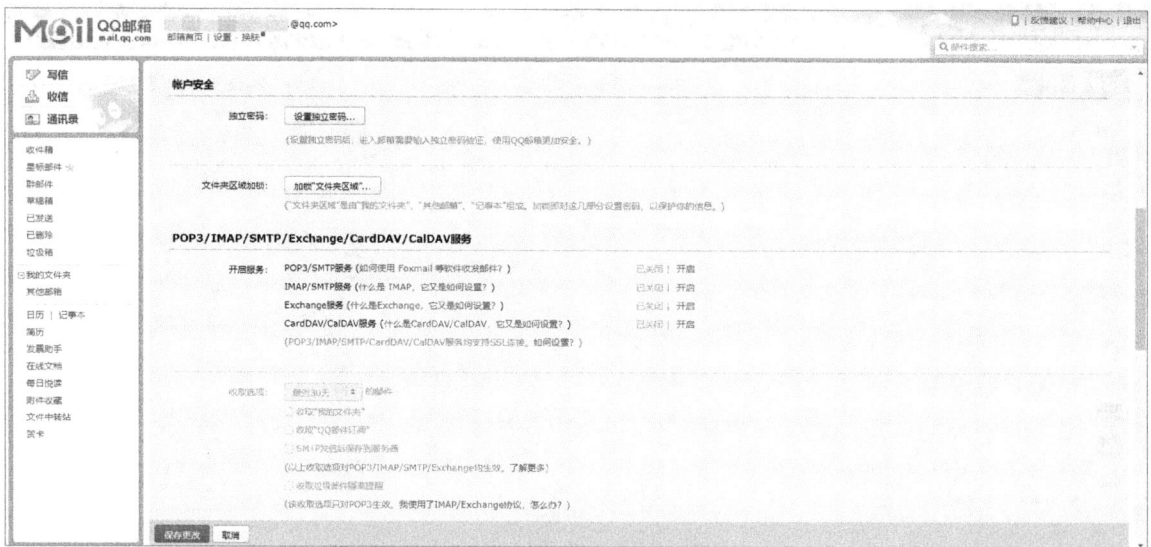

图 7-28　开启 SMTP 服务

（3）成功开启 SMTP 服务后，页面会显示授权码，需记住该授权码，如图 7-29 所示。

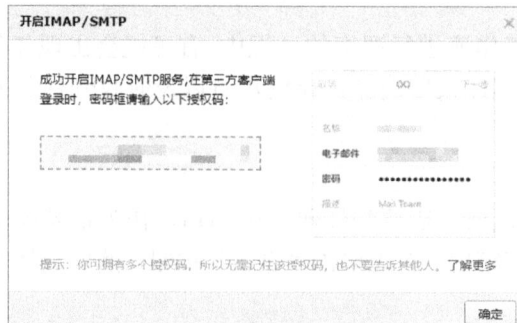

图 7-29　邮箱授权码

（4）读者也可以使用其他邮箱作为报警电子邮件的发送邮箱，但是都需要开启 SMTP 服务。

7.5.2　配置电子邮件报警

电子邮件报警通过 AlertServer 组件完成，配置电子邮件报警的具体步骤如下。

（1）打开 AlertServer 组件所在节点服务器（本数据仓库项目为 hadoop102）的配置文件/opt/module/dolphinscheduler/conf/alert.properties。

```
[atguigu@hadoop102 ~]$ vim /opt/module/dolphinscheduler/conf/alert.properties
```

在配置文件中配置报警邮箱和加密协议，加密协议的配置有以下 3 种方式。根据使用邮箱的不同，可以配置不同的加密协议。

① 不使用加密协议，配置如下。

```
#alert type is EMAIL/SMS
alert.type=EMAIL


# mail server configuration
mail.protocol=SMTP
mail.server.host=smtp.qq.com
mail.server.port=25
mail.sender=*********@qq.com
mail.user=*********@qq.com
mail.passwd=*************
# TLS
mail.smtp.starttls.enable=false
# SSL
mail.smtp.ssl.enable=false
mail.smtp.ssl.trust=smtp.exmail.qq.com
```

注意：某些云服务器会禁用 25 端口，此时不建议使用此种配置方式，而建议使用以下两种配置方式。

② 使用 STARTTLS 加密协议，配置如下。

```
#alert type is EMAIL/SMS
alert.type=EMAIL


# mail server configuration
mail.protocol=SMTP
mail.server.host=smtp.qq.com
mail.server.port=587
mail.sender=*********@qq.com
mail.user=*********@qq.com
mail.passwd=*************
# TLS
mail.smtp.starttls.enable=true
# SSL
mail.smtp.ssl.enable=false
mail.smtp.ssl.trust=smtp.qq.com
```

③ 使用 SSL 加密协议，配置如下。

```
#alert type is EMAIL/SMS
alert.type=EMAIL


# mail server configuration
mail.protocol=SMTP
```

```
mail.server.host=smtp.qq.com
mail.server.port=465
mail.sender=*********@qq.com
mail.user=*********@qq.com
mail.passwd=*************
# TLS
mail.smtp.starttls.enable=false
# SSL
mail.smtp.ssl.enable=true
mail.smtp.ssl.trust=smtp.qq.com
```

修改完配置文件后，需要重启 AlertServer 组件。

```
[atguigu@hadoop102 dolphinscheduler]$ ./bin/dolphinscheduler-daemon.sh stop alert-server
[atguigu@hadoop102 dolphinscheduler]$ ./bin/dolphinscheduler-daemon.sh start alert-server
```

（2）在"工作流定义"页面中单击如图 7-30 所示的按钮，运行工作流。

图 7-30　运行工作流

（3）运行工作流后，会出现如图 7-31 所示的页面，在该页面中配置"通知策略"，选择"成功或失败都发"选项，并配置"收件人"和"通知组"，配置完毕后，单击"运行"按钮。

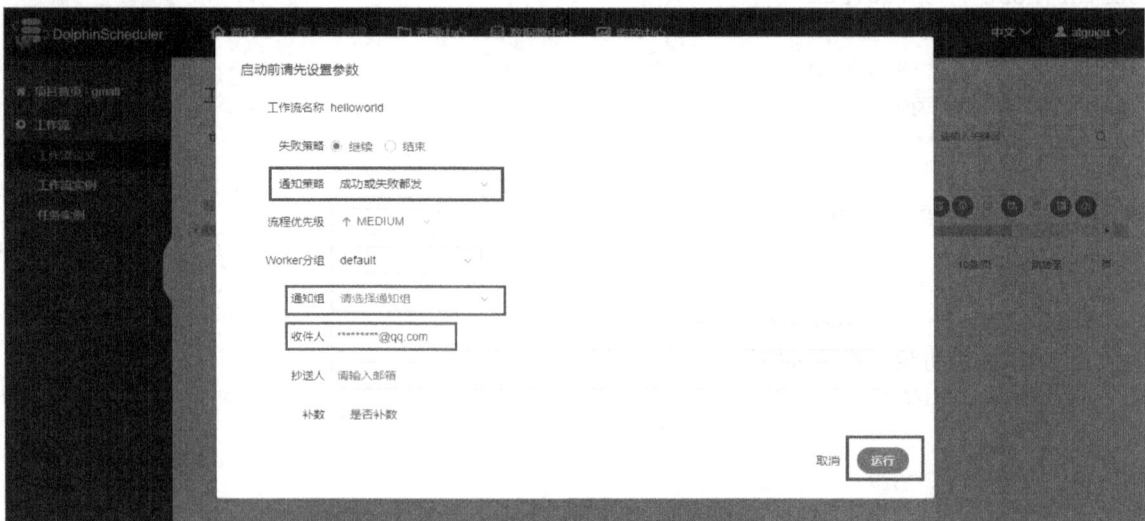

图 7-31　配置"通知策略""收件人""通知组"

（4）运行工作流后，等待邮箱的报警通知，如图 7-32 所示。

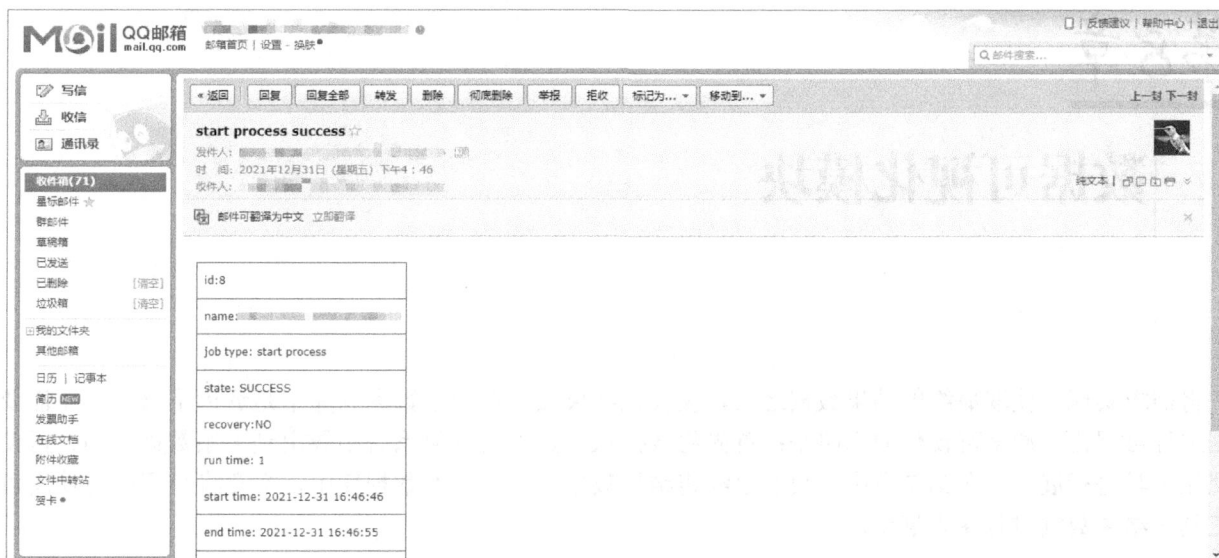

图 7-32　邮箱的报警通知

（5）工作流开始运行后，选择"工作流实例"选项，可以看到曾经运行过的所有工作流，如图 7-33 所示。工作流"状态"处为⊗按钮的即运行失败的工作流，此时，单击⊙按钮即可从起点处重新运行工作流，单击⊙按钮即可从失败节点处重新运行工作流。

图 7-33　工作流实例列表

7.6　本章总结

本章详细介绍了如何使用 DolphinScheduler 部署全流程调度以及电子邮件报警。工作流的自动化调度是整个数据仓库项目中非常重要的一环，可以大大减少操作者的工作量。除了 DolphinScheduler，还有许多优秀的工作流调度系统，如 Oozie、Azkaban 等，感兴趣的读者可以自行探索，甚至可以开发适合自己项目的工作流调度系统。

第8章

数据可视化模块

将需求实现，获取最终的结果数据之后，仅仅让结果数据存放于数据仓库中是远远不够的，还需要将数据进行可视化。通常可视化的思路是：首先将数据从大数据的存储系统中导出到关系数据库中，再使用可视化工具进行展示。在第 7 章中，我们已经将结果数据导出至关系数据库中，本章将介绍如何使用可视化工具对结果数据进行图表展示。

8.1 Superset 部署

Superset 是一个开源的、现代的、轻量级的 BI 分析工具，能够对接多种数据源，拥有丰富的按钮展示形式，支持自定义仪表盘，且拥有友好的用户页面，十分易用。

由于 Superset 能够对接常用的大数据分析工具，如 Hive、Kylin、Druid 等，且支持自定义仪表盘，因此可作为数据仓库的可视化工具。

8.1.1 环境准备

Superset 是使用 Python 编写的 Web 应用，要求使用 Python 3.6 及其以上版本环境，但因为 CentOS 自带的 Python 环境是 2.x 版本的，所以我们需要先安装 Python 3 环境。

1. 安装 Miniconda

Conda 是一个开源的包和环境管理器，可以用于在同一台机器上安装不同版本的 Python 软件包和依赖，并能在不同的 Python 环境之间切换。Anaconda 和 Miniconda 都集成了 Conda，而 Anaconda 包括更多的工具包，如 NumPy、Pandas，Miniconda 则只包括 Conda 和 Python。

此处，因为我们不需要太多的工具包，所以选择使用 Miniconda。

（1）下载 Miniconda（Python 3 版本）。读者可自行下载。

（2）安装 Miniconda，具体步骤如下。

① 将下载的 Miniconda3-latest-Linux-x86_64.sh 文件上传到/opt/software/目录中。

② 执行以下命令，并按照提示进行操作，直到 Miniconda 安装完成。

```
[atguigu@hadoop102 lib]$ bash Miniconda3-latest-Linux-x86_64.sh
```

③ 一直按 Enter 键，直到出现 Please answer 'yes' or 'no':'。

```
Please answer 'yes' or 'no':'
>>> yes
```

④ 指定安装路径（根据用户需求指定）：/opt/module/miniconda3。

```
[/home/atguigu/miniconda3] >>> /opt/module/miniconda3
```

⑤ 是否初始化 Miniconda3，输入 yes。

```
Do you wish the installer to initialize Miniconda3
by running conda init? [yes|no]
```

```
[no] >>> yes
```

⑥ 出现以下字样，则表示安装完成。

```
Thank you for installing Miniconda3!
```

（3）修改环境变量文件。

```
[atguigu@hadoop102 miniconda3]$ sudo vim /etc/profile.d/my_env.sh
```

在文件中添加如下内容。

```
export CONDA_HOME=/opt/module/miniconda3
export PATH=$PATH:$CONDA_HOME/bin
```

执行以下命令（或者重启连接虚拟机的客户端）使环境变量生效。

```
[atguigu@hadoop102 miniconda3]$ source /etc/profile.d/my_env.sh
```

（4）禁止激活默认的 base 环境。

Miniconda 安装完成后，每次打开终端都会激活其默认的 base 环境，我们可以通过以下命令，禁止激活默认的 base 环境。

```
[atguigu@hadoop102 ~]$ conda config --set auto_activate_base false
```

2. 配置 Python 3.7 环境

（1）配置 Conda 国内镜像。

```
[atguigu@hadoop102 ~]$ conda config --add channels https://mirrors.tuna.
tsinghua.edu.cn/anaconda/pkgs/free
[atguigu@hadoop102 ~]$ conda config --add channels https://mirrors.tuna.
tsinghua.edu.cn/anaconda/pkgs/main
[atguigu@hadoop102 ~]$ conda config --set show_channel_urls yes
```

（2）创建 Python 3.7 环境。

```
[atguigu@hadoop102 ~]$ conda create --name superset python=3.7
```

Conda 环境管理器常用命令如下。

- 创建环境：conda create -n env_name。
- 查看所有环境：conda info --envs。
- 删除一个环境：conda remove -n env_name --all。

（3）激活 Superset 环境。

```
[atguigu@hadoop102 ~]$ conda activate superset
```

激活后的效果如图 8-1 所示。

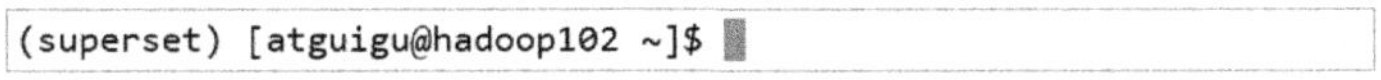

```
(superset) [atguigu@hadoop102 ~]$
```

图 8-1　Superset 环境激活后的效果

（4）执行 python 命令，查看 Python 版本，如图 8-2 所示。

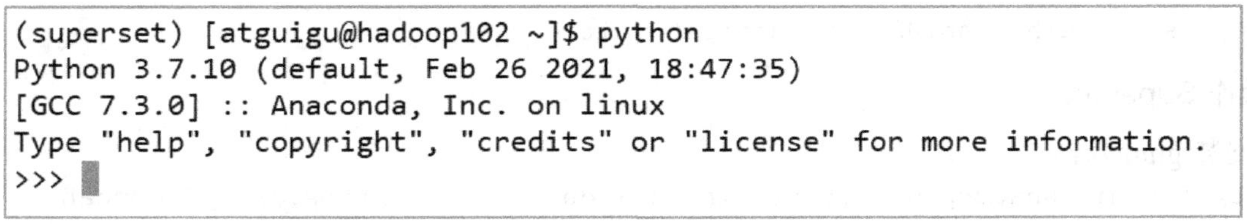

```
(superset) [atguigu@hadoop102 ~]$ python
Python 3.7.10 (default, Feb 26 2021, 18:47:35)
[GCC 7.3.0] :: Anaconda, Inc. on linux
Type "help", "copyright", "credits" or "license" for more information.
>>>
```

图 8-2　查看 Python 版本

（5）如果需要退出当前环境，则可执行以下命令。

```
[atguigu@hadoop102 ~]$ conda deactivate
```

8.1.2 Superset 安装

安装完 Miniconda，并在服务器中创建完 Python 3.7 环境后，即可安装 Superset，具体安装步骤如下。

1．安装依赖

在安装 Superset 之前，需要先执行以下命令，安装所需依赖。

```
(superset) [atguigu@hadoop102 ~]$ sudo yum install -y gcc gcc-c++ libffi-devel python-
devel python-pip python-wheel python-setuptools openssl-devel cyrus-sasl-devel openldap-
devel
```

2．配置 Superset

（1）执行以下命令，安装（更新）setuptools 和 pip。

```
(superset) [atguigu@hadoop102 ~]$ pip install --upgrade setuptools pip -i
https://pypi.douban.com/simple/
```

说明：pip 是 Python 的包管理工具，与 CentOS 中的 yum 类似。

（2）执行以下命令，安装 Superset。在安装时需要指定版本号为 1.3.2。

```
(superset) [atguigu@hadoop102 ~]$ pip install apache-superset==1.3.2 -i https://pypi.
douban.com/simple/
```

说明：-i 的作用是指定镜像，这里选择国内镜像。

（3）执行以下命令，初始化 superset 数据库。

```
(superset) [atguigu@hadoop102 ~]$ superset db upgrade
```

（4）执行以下命令，创建管理员用户。

```
(superset) [atguigu@hadoop102 ~]$ export FLASK_APP=superset
(superset) [atguigu@hadoop102 ~]$ flask fab create-admin
```

此时，会出现如下提示，提醒用户输入管理员用户名和密码，括号中的 admin 为默认用户名。需记住该用户名和密码，其用于此后登录 Superset 的 Web 页面。

```
Username [admin]:
User first name [admin]:
User last name [user]:
Email [admin@fab.org]:
Password:
Repeat for confirmation:
```

说明：flask 是一个 Python Web 框架，Superset 使用的就是 flask。

（5）初始化 Superset。

```
(superset) [atguigu@hadoop102 ~]$ superset init
```

3．操作 Superset

（1）安装 gunicorn。

```
(superset) [atguigu@hadoop102 ~]$ pip install gunicorn -i https://pypi.douban.
com/simple/
```

说明：gunicorn 是一个 Python Web Server，与 Java 中的 TomCat 类似。

（2）启动 Superset。
① 确保当前 Conda 的环境为 Superset。
② 启动。

```
(superset) [atguigu@hadoop102 ~]$ gunicorn --workers 5 --timeout 120 --bind hadoop102:8787
--daemon "superset.app:create_app()"
```

参数说明如下。

- --workers：指定进程个数。
- --timeout：Worker 进程超时时间，超时后 Superset 会自动重启。
- --bind：绑定本机地址，即 Superset 的访问地址。
- --daemon：后台运行。

（3）停止运行 Superset。

① 停掉 gunicorn 进程。

```
(superset) [atguigu@hadoop102 ~]$ ps -ef | awk '/gunicorn/ && !/awk/{print $2}' | xargs
kill -9
```

② 退出 Superset 环境。

```
(superset) [atguigu@hadoop102 ~]$ conda deactivate
```

4．Superset 启动、停止脚本

（1）创建 superset.sh 脚本。

```
[atguigu@hadoop102 bin]$ vim superset.sh
```

脚本内容如下。

```bash
#!/bin/bash

superset_status(){
    result=`ps -ef | awk '/gunicorn/ && !/awk/{print $2}' | wc -l`
    if [[ $result -eq 0 ]]; then
        return 0
    else
        return 1
    fi
}
superset_start(){
    # 该段内容取自~/.bashrc，作用是初始化 Conda
    # >>> Conda initialize >>>
    # !! Contents within this block are managed by 'Conda init' !!
    __conda_setup="$('/opt/module/miniconda3/bin/conda'    'shell.bash'    'hook'    2>
/dev/null)"
    if [ $? -eq 0 ]; then
        eval "$__conda_setup"
    else
        if [ -f "/opt/module/miniconda3/etc/profile.d/conda.sh" ]; then
            . "/opt/module/miniconda3/etc/profile.d/conda.sh"
        else
            export PATH="/opt/module/miniconda3/bin:$PATH"
        fi
    fi
    unset __conda_setup
    # <<< Conda initialize <<<
    superset_status >/dev/null 2>&1
    if [[ $? -eq 0 ]]; then
        conda activate superset ; gunicorn --workers 5 --timeout 120 --bind
hadoop102:8787 --daemon 'superset.app:create_app()'
    else
```

```
        echo "Superset 正在运行"
    fi
}

superset_stop(){
    superset_status >/dev/null 2>&1
    if [[ $? -eq 0 ]]; then
        echo "Superset 未运行"
    else
        ps -ef | awk '/gunicorn/ && !/awk/{print $2}' | xargs kill -9
    fi
}


case $1 in
    start )
        echo "启动 Superset"
        superset_start
    ;;
    stop )
        echo "停止运行 Superset"
        superset_stop
    ;;
    restart )
        echo "重启 Superset"
        superset_stop
        superset_start
    ;;
    status )
        superset_status >/dev/null 2>&1
        if [[ $? -eq 0 ]]; then
            echo "Superset 未运行"
        else
            echo "Superset 正在运行"
        fi
    ;;
esac
```

（2）增加脚本执行权限。

```
[atguigu@hadoop102 bin]$ chmod +x superset.sh
```

（3）测试。

启动 Superset。

```
[atguigu@hadoop102 bin]$ superset.sh start
```

停止运行 Superset。

```
[atguigu@hadoop102 bin]$ superset.sh stop
```

（4）启动后登录 Superset。

访问 http://hadoop102:8787，进入 Superset 登录页面，如图 8-3 所示。输入前面创建的管理员的用户名和密码进行登录。

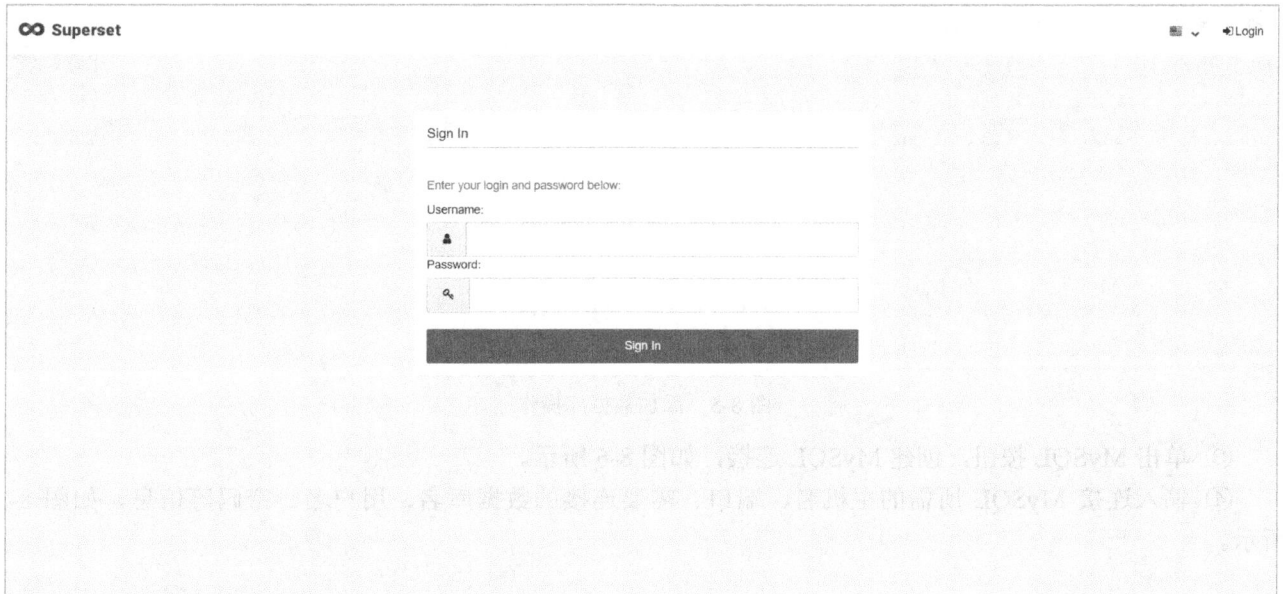

图 8-3　Superset 登录页面

8.2　Superset 使用

Superset 安装完成之后，使用 Superset 对接关系数据库的数据源，并创建仪表盘，为下一步制作图表做准备。

8.2.1　对接 MySQL 数据源

1．安装依赖

```
(superset) [atguigu@hadoop102 ~]$ conda install mysqlclient
```

说明：对接不同的数据源，需要安装不同的依赖。

2．重启 Superset

```
(superset) [atguigu@hadoop102 ~]$ superset.sh restart
```

3．配置数据源

（1）Database 配置。

① 选择 Data→Databases 选项，如图 8-4 所示。

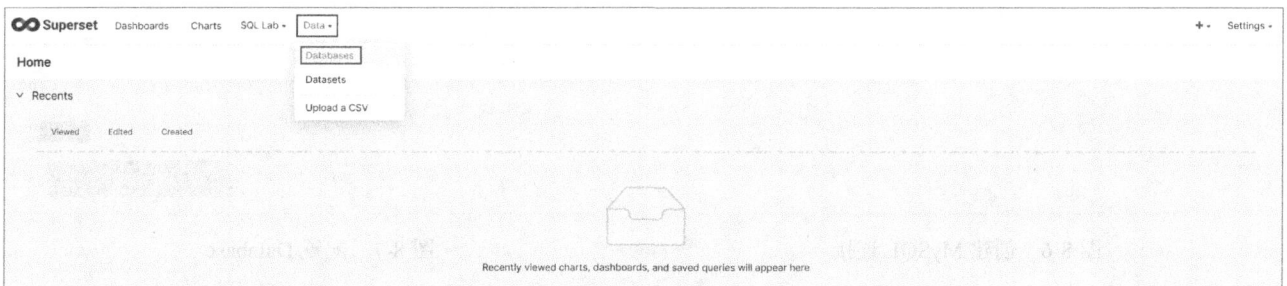

图 8-4　Database 配置入口

② 单击+DATASET 按钮，添加数据库，如图 8-5 所示。

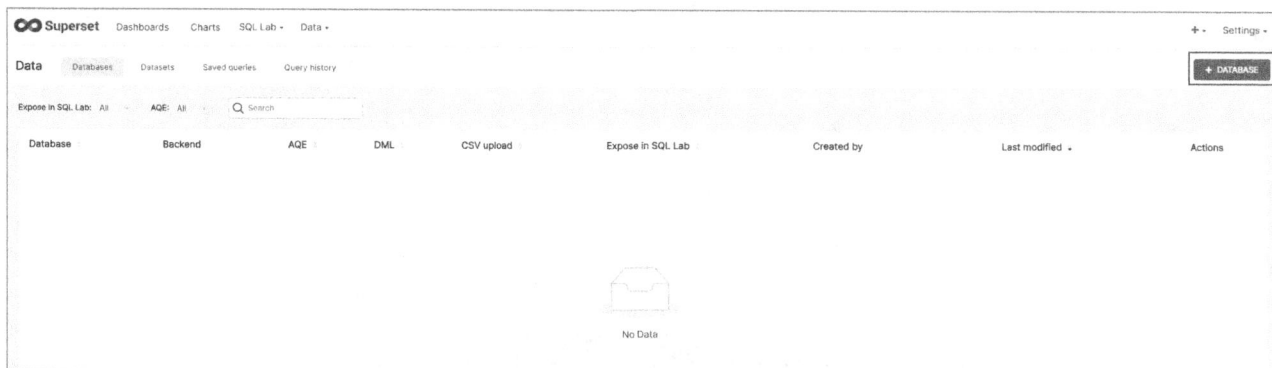

图 8-5　添加数据库操作

③ 单击 MySQL 按钮，创建 MySQL 连接，如图 8-6 所示。

④ 输入连接 MySQL 所需的主机名、端口、需要连接的数据库名、用户名、密码等信息，如图 8-7 所示。

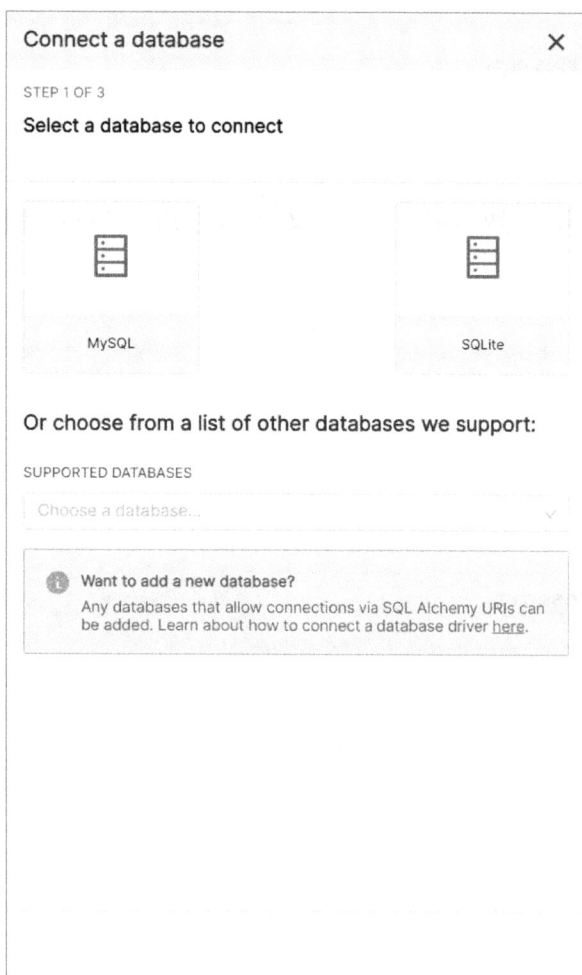

图 8-6　创建 MySQL 连接

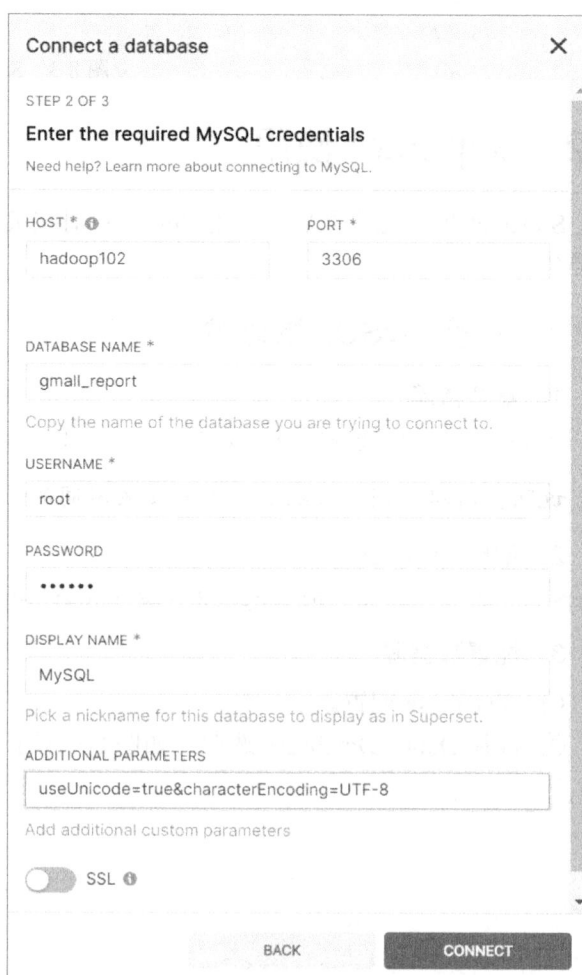

图 8-7　配置 Database

⑤ 单击 CONNECT 按钮，出现如图 8-8 所示的页面，表示连接成功，单击 FINISH 按钮即可。

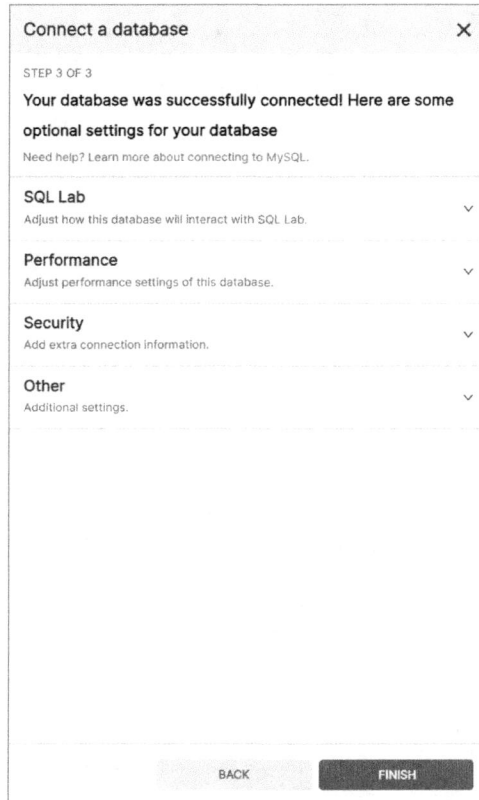

图 8-8　连接成功页面

（2）Table 配置。

① 选择 Data→Datasets 选项，如图 8-9 所示。

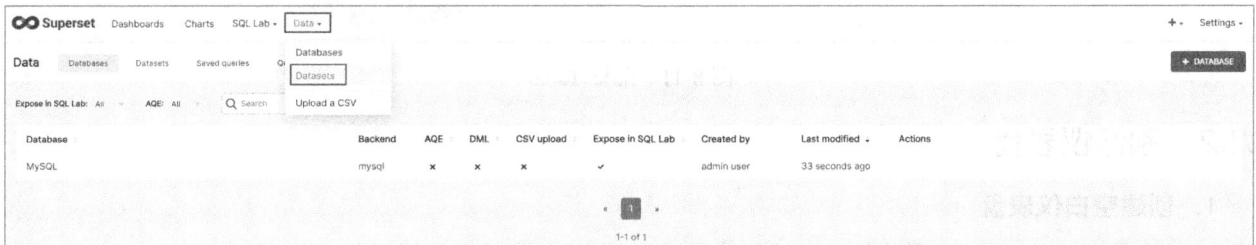

图 8-9　Table 配置入口

② 单击+DATASET 按钮，添加表，如图 8-10 所示。

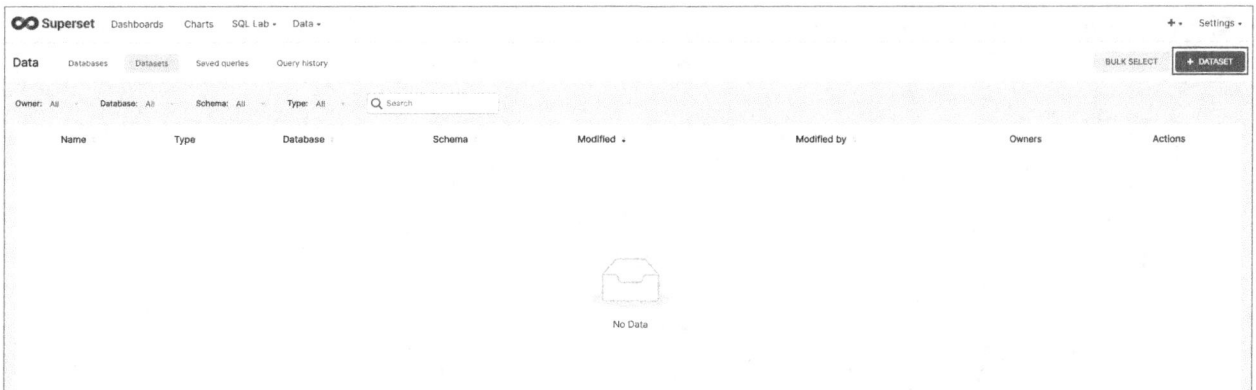

图 8-10　添加表操作

③ 配置 Table，如图 8-11 所示。

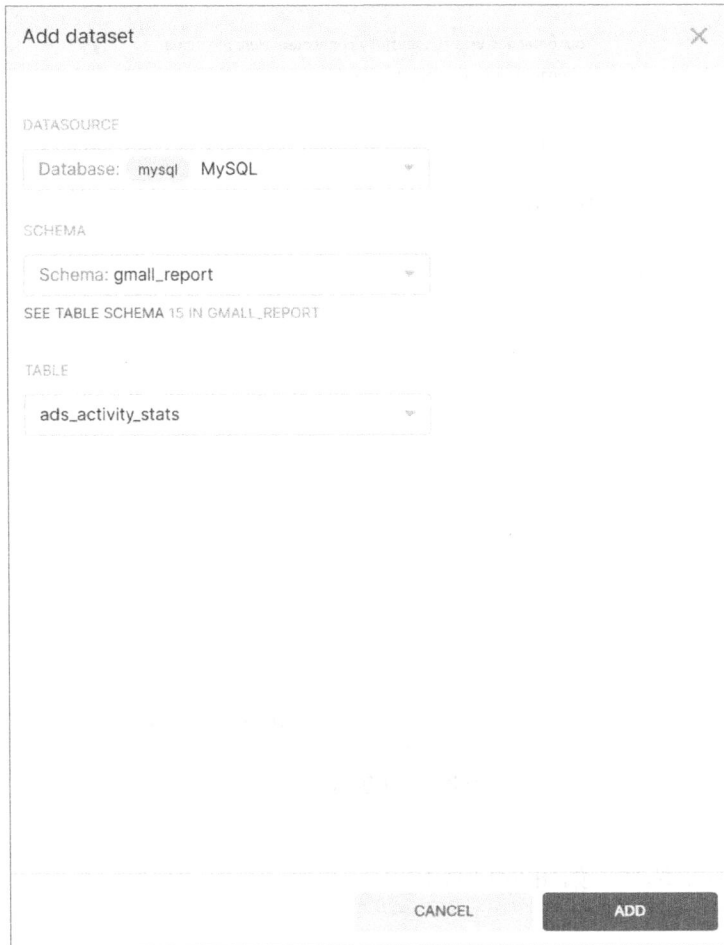

图 8-11　配置 Table

8.2.2　制作仪表盘

1．创建空白仪表盘

（1）选择 Dashboards 选项并单击+DASHBOARD 按钮，如图 8-12 所示。

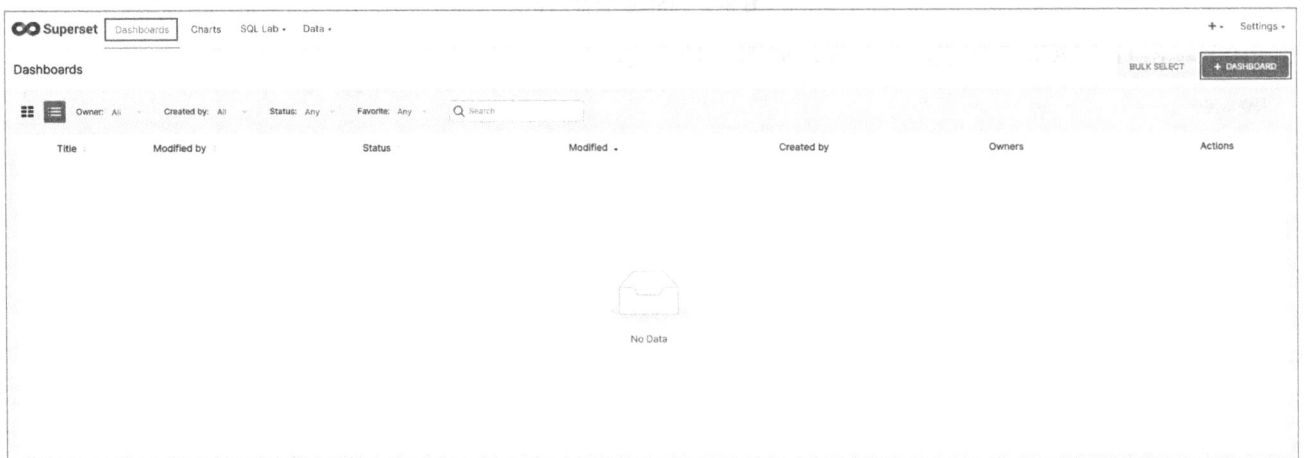

图 8-12　创建空白仪表盘入口

（2）命名后保存，如图 8-13 所示。

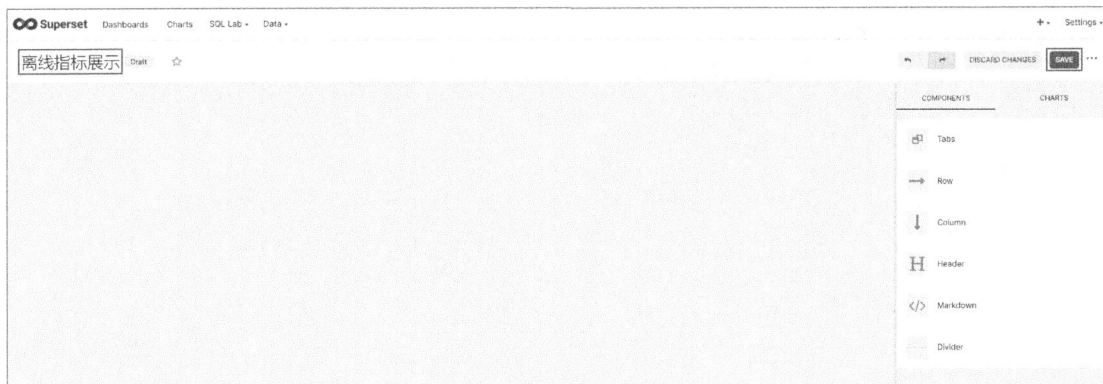

图 8-13　保存仪表盘

2．创建图表

（1）选择 Charts 选项并单击+CHART 按钮，如图 8-14 所示。

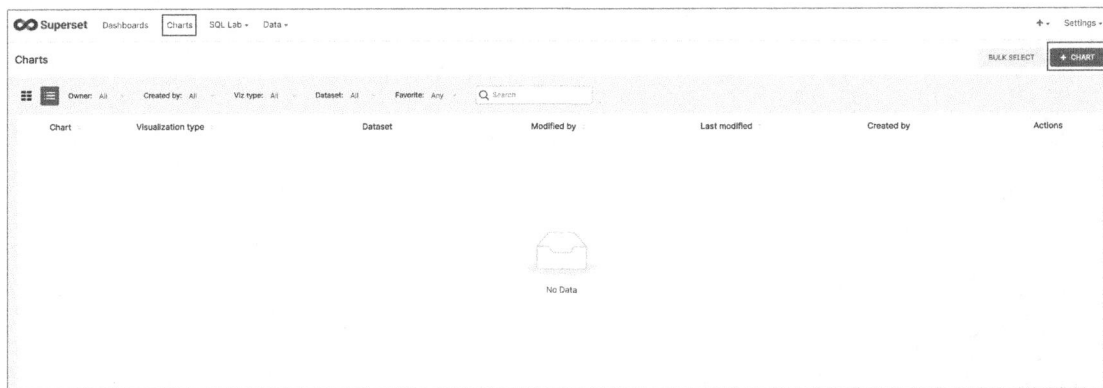

图 8-14　创建图表入口

（2）选择数据源及图表类型，如图 8-15 所示。

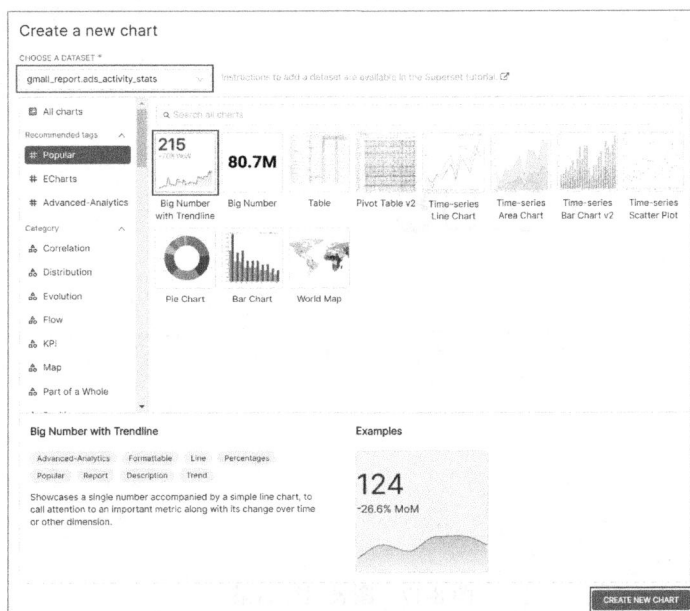

图 8-15　选择数据源及图表类型

（3）按照说明配置图表，配置完成后，单击 RUN QUERY 按钮，如图 8-16 所示。

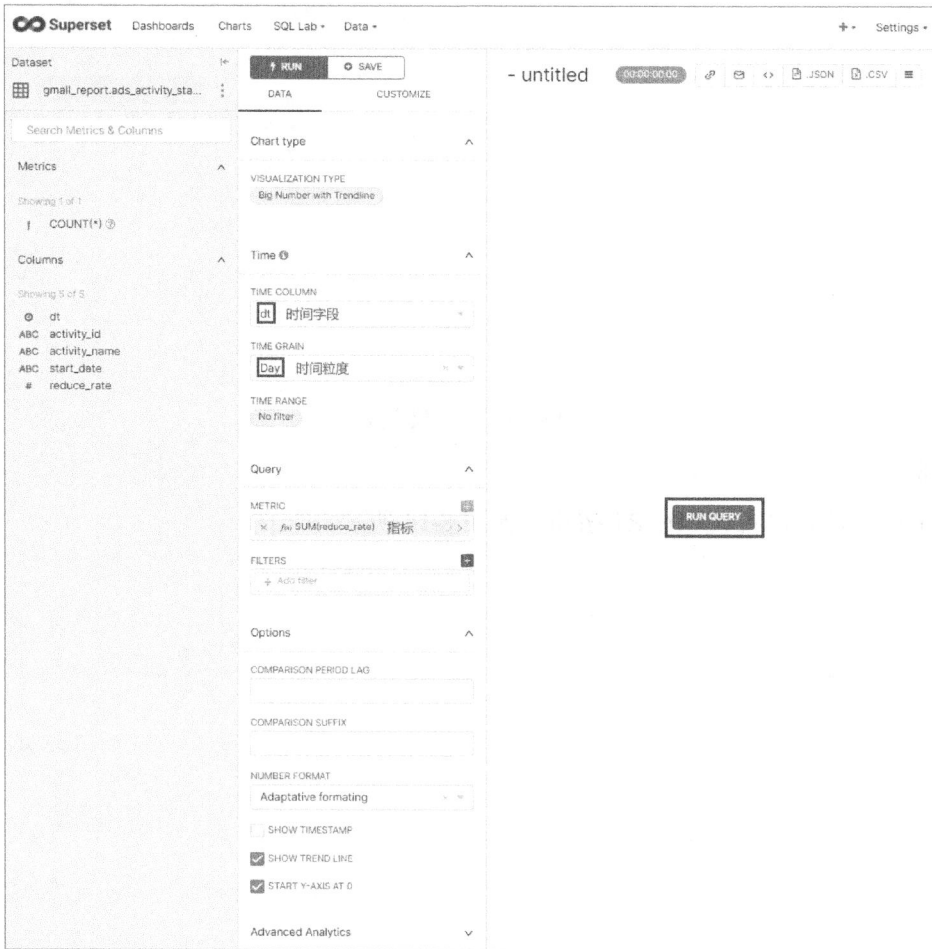

图 8-16　执行查询入口

（4）如果配置无误，则会出现如图 8-17 所示的页面。

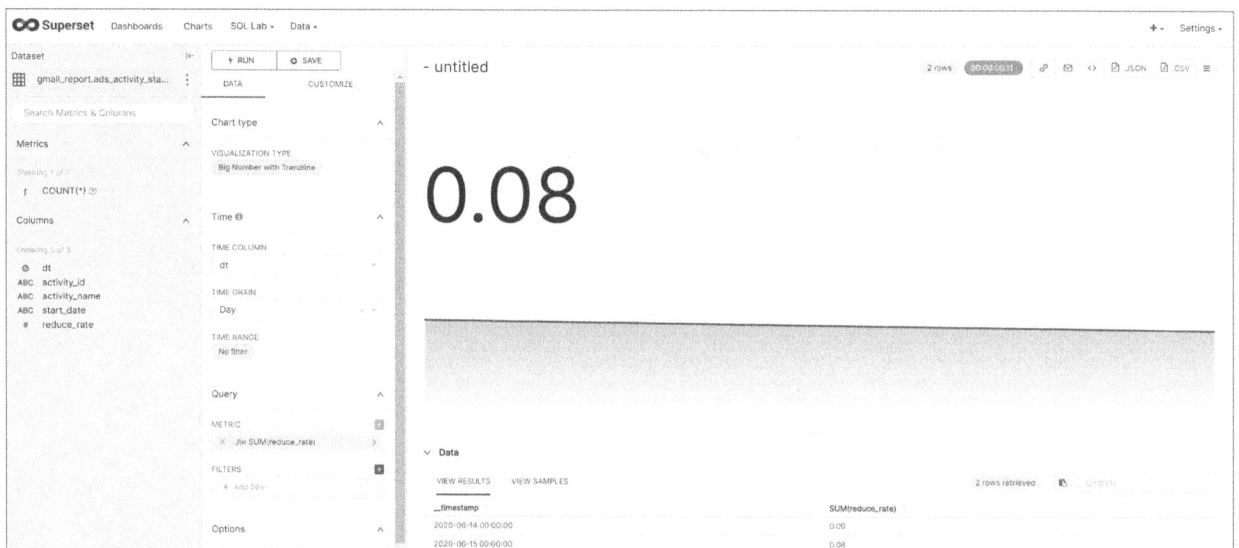

图 8-17　图表运行结果

（5）保存图表，并将其添加到仪表盘中。单击如图 8-18 所示的 SAVE 按钮，进入如图 8-19 所示的页面，填写图表名称为"活动折扣率趋势图"，选择仪表盘为"离线指标展示"，单击 SAVE 按钮，保存图表，即可将图表添加到仪表盘中。

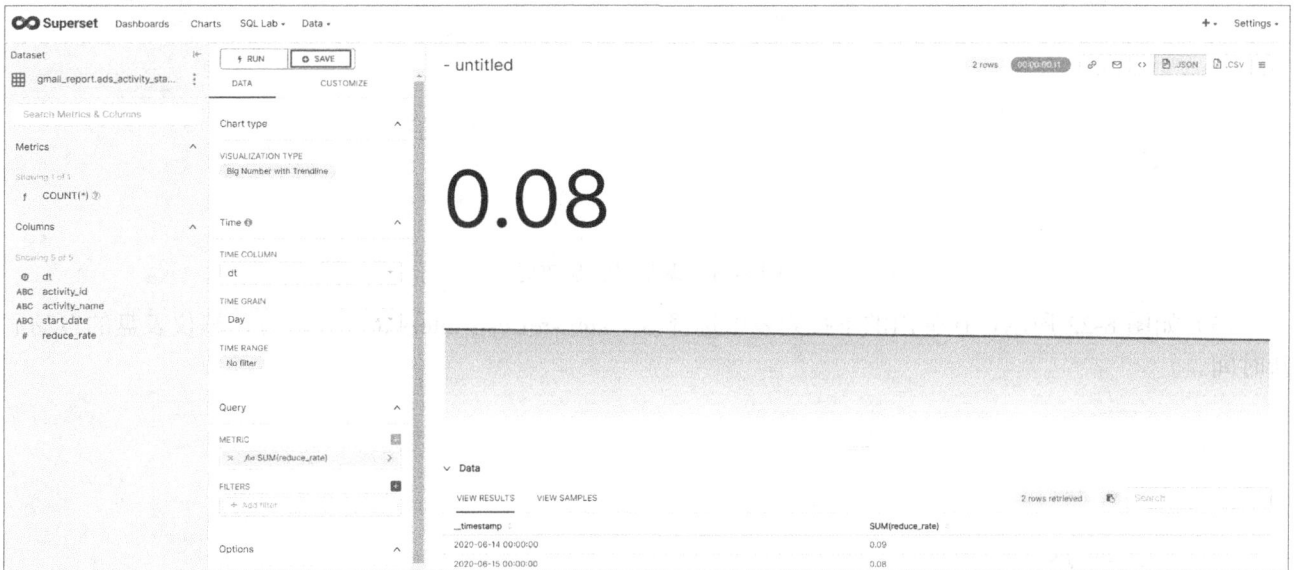

图 8-18　保存图表入口

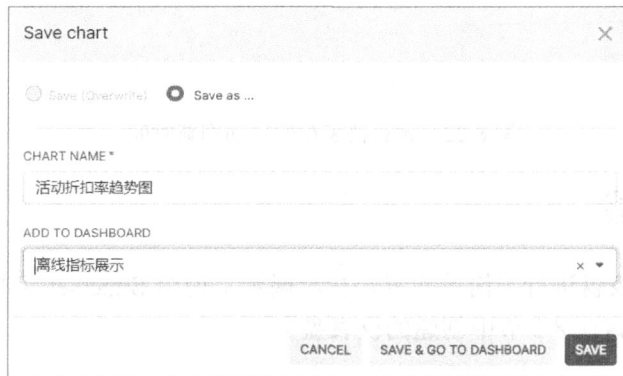

图 8-19　将图表添加到仪表盘中

3．编辑仪表盘

（1）单击"编辑"按钮，如图 8-20 所示。

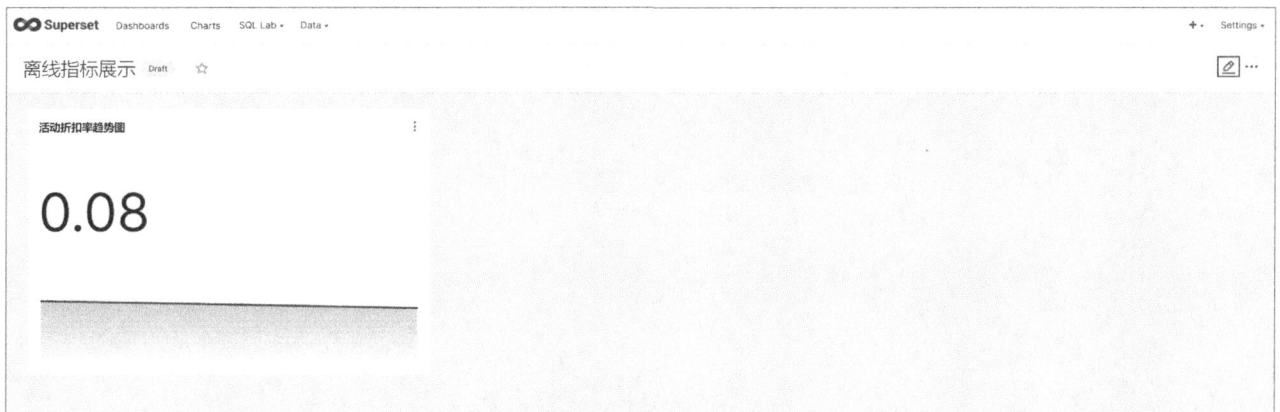

图 8-20　编辑仪表盘入口

（2）拖动图表可以调整仪表盘布局，如图 8-21 所示。

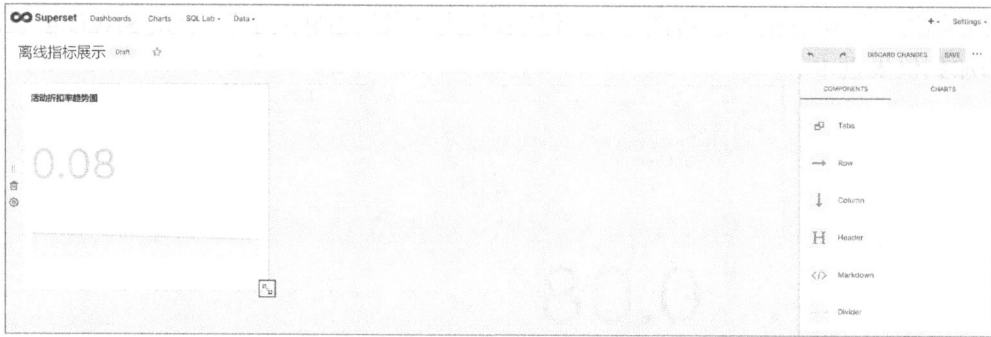

图 8-21　调整仪表盘布局

（3）如图 8-22 所示，在弹出的下拉列表中选择 Set auto-refresh interval 选项，可调整仪表盘的自动刷新时间。

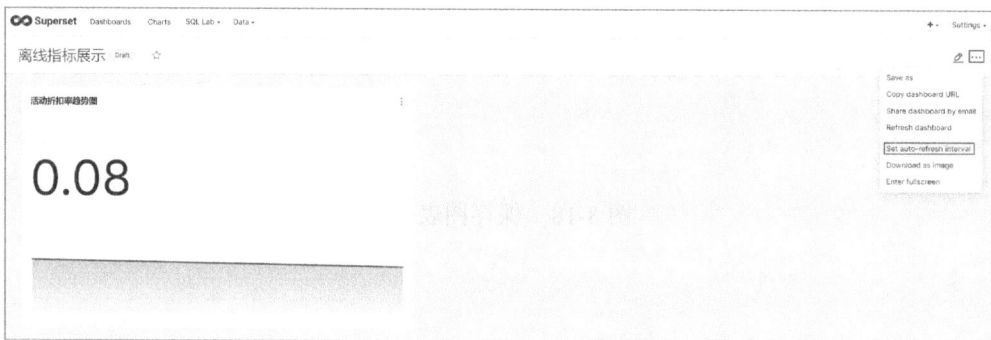

图 8-22　调整仪表盘的自动刷新时间

8.3　Superset 实战

在 8.2 节中，我们对仪表盘进行了简单配置，初步展示了使用 Superset 可视化指标参数。本节将会配置几张相对复杂的图表，丰富在 8.2 节中创建的仪表盘页面。

8.3.1　制作柱状图

（1）配置用于本次图表展示的结果数据表，如图 8-23 所示。

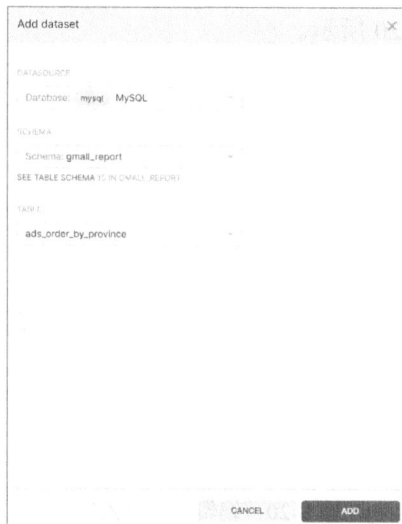

图 8-23　配置结果数据表

（2）选择本次图表展示类型为 Bar Chart，并配置关键字段，如图 8-24 和图 8-25 所示。

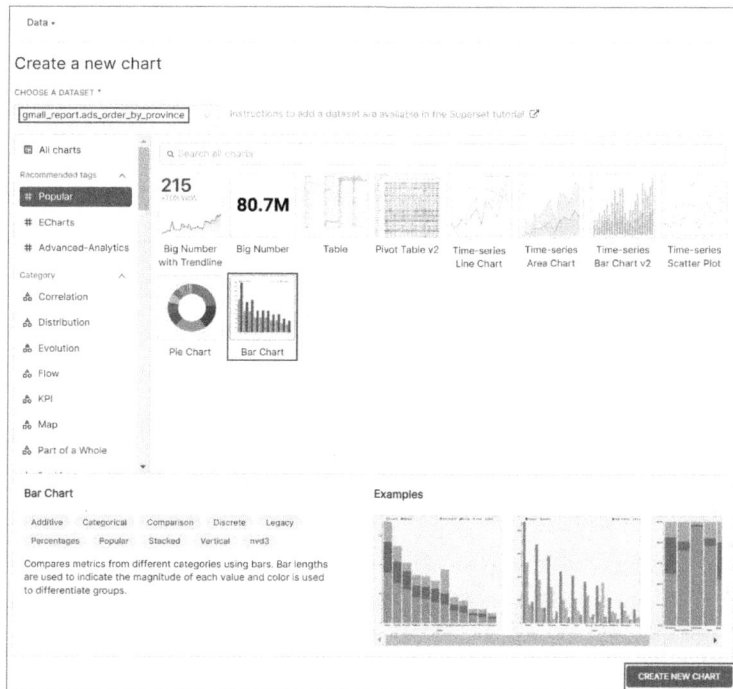

图 8-24　选择图表类型

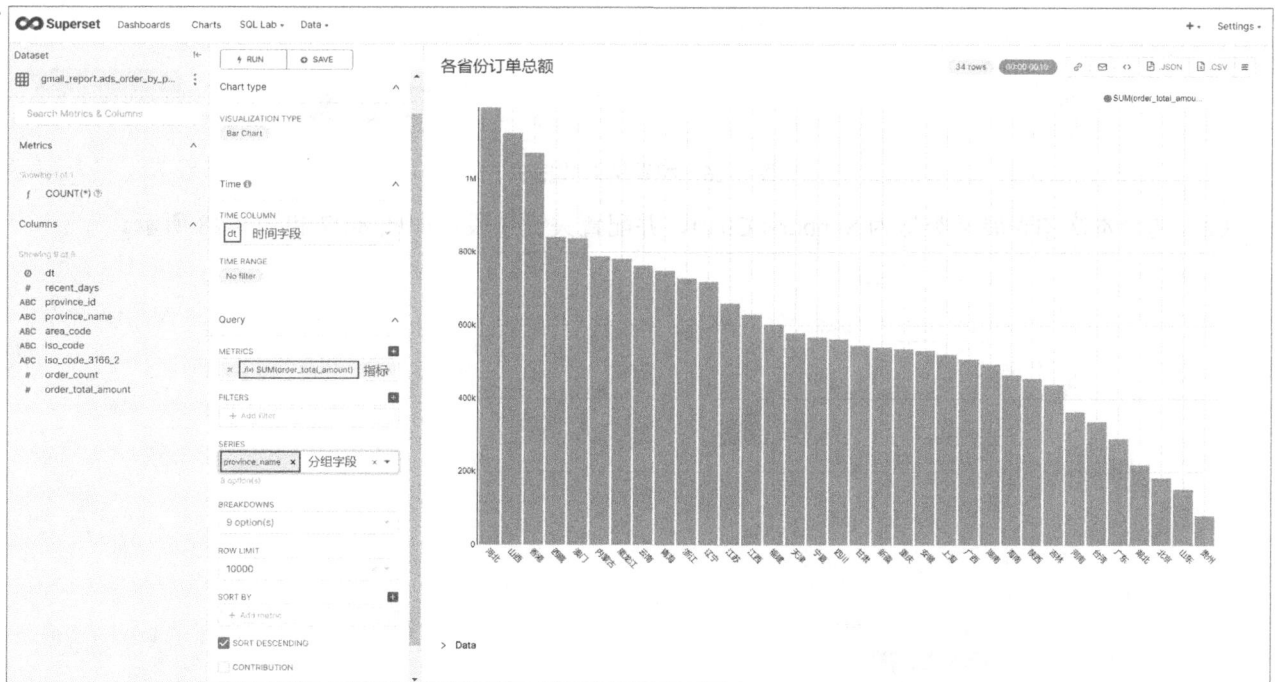

图 8-25　配置关键字段

（3）图表配置完成后，将图表保存并添加到仪表盘中。

8.3.2　制作旭日图

（1）配置用于本次图表展示的结果数据表，如图 8-26 所示。

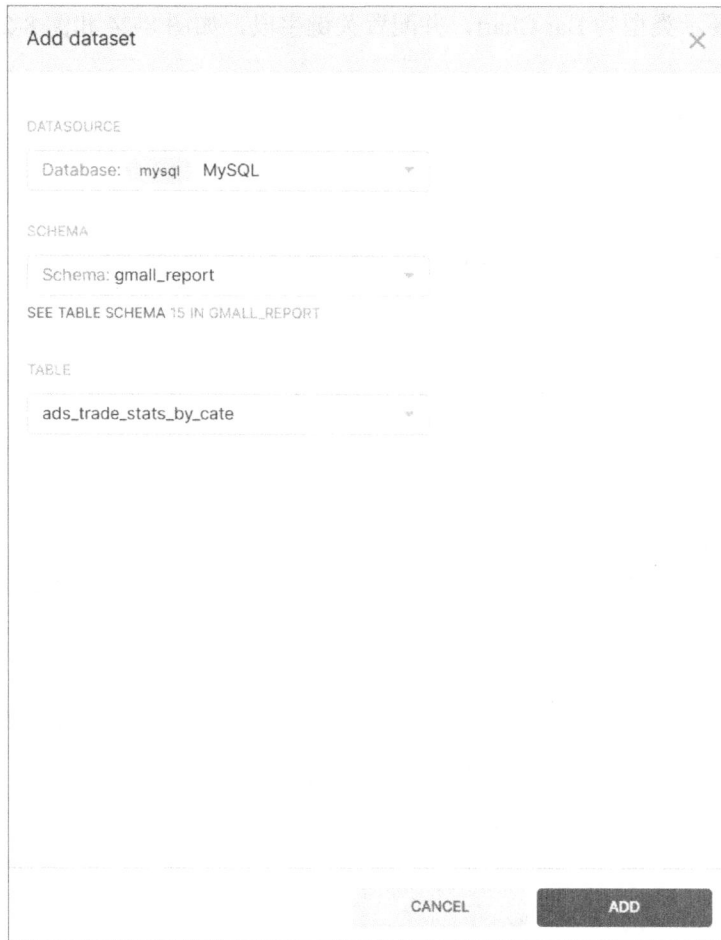

图 8-26　配置结果数据表

（2）选择本次图表展示类型为 Sunburst Chart，并配置关键字段，如图 8-27 和图 8-28 所示。

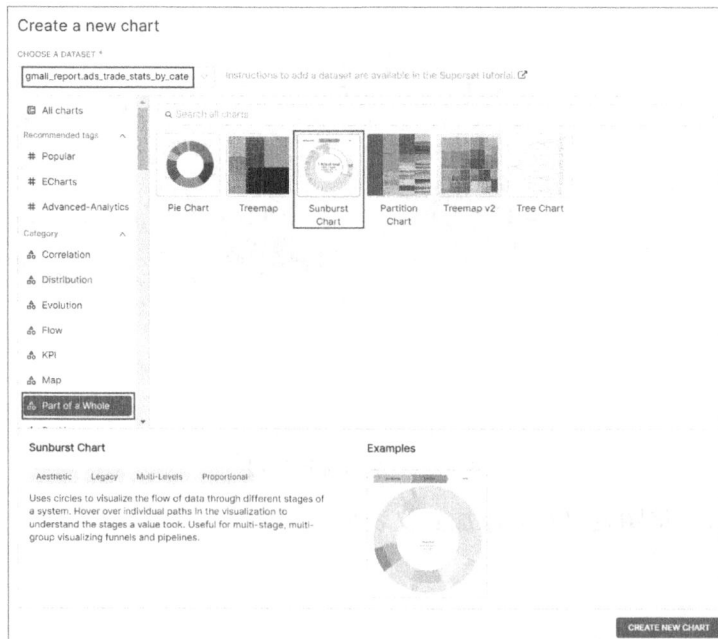

图 8-27　选择图表类型

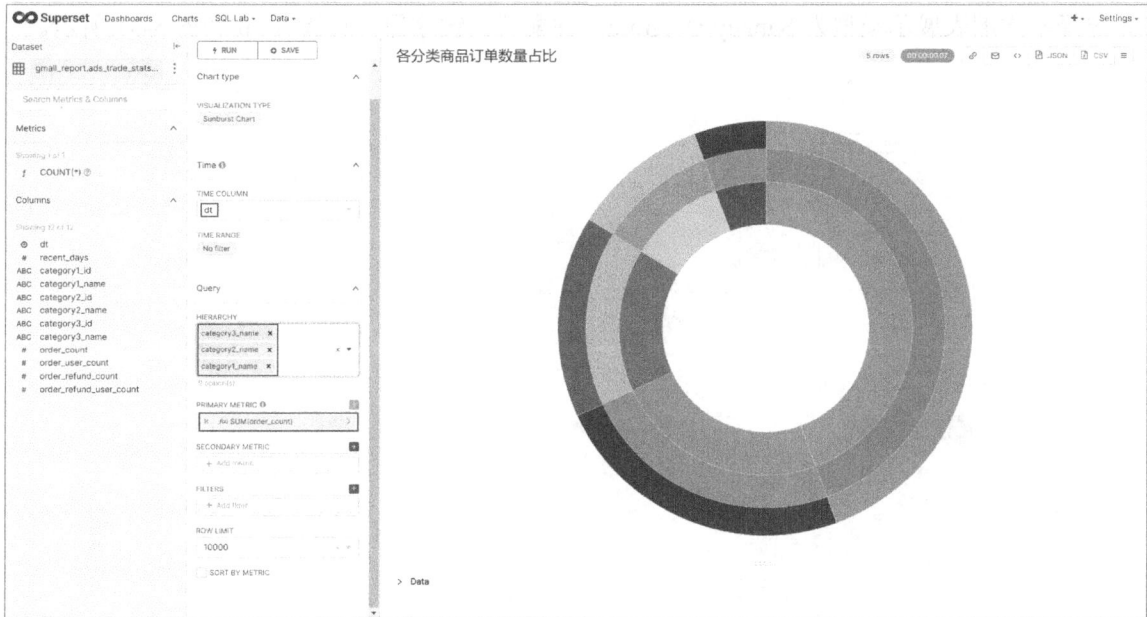

图 8-28　配置关键字段

（3）图表配置完成后，将图表保存并添加到仪表盘中。

8.3.3　制作桑基图

桑基图即桑基能量分流图，也叫桑基能量平衡图。它是一种特定类型的流程图，分支的宽度对应数据流量的大小，在能源、材料成分、金融等数据的可视化分析领域具有广泛应用。本数据仓库项目使用桑基图来进行用户访问路径分析。分支宽度代表每个页面的访问人数，从中可以清楚地看到用户流量是如何流动变化的。

（1）配置用于本次图表展示的结果数据表，如图 8-29 所示。

图 8-29　配置结果数据表

（2）选择本次图表展示类型为 Sankey Diagram，并配置关键字段，如图 8-30 和图 8-31 所示。

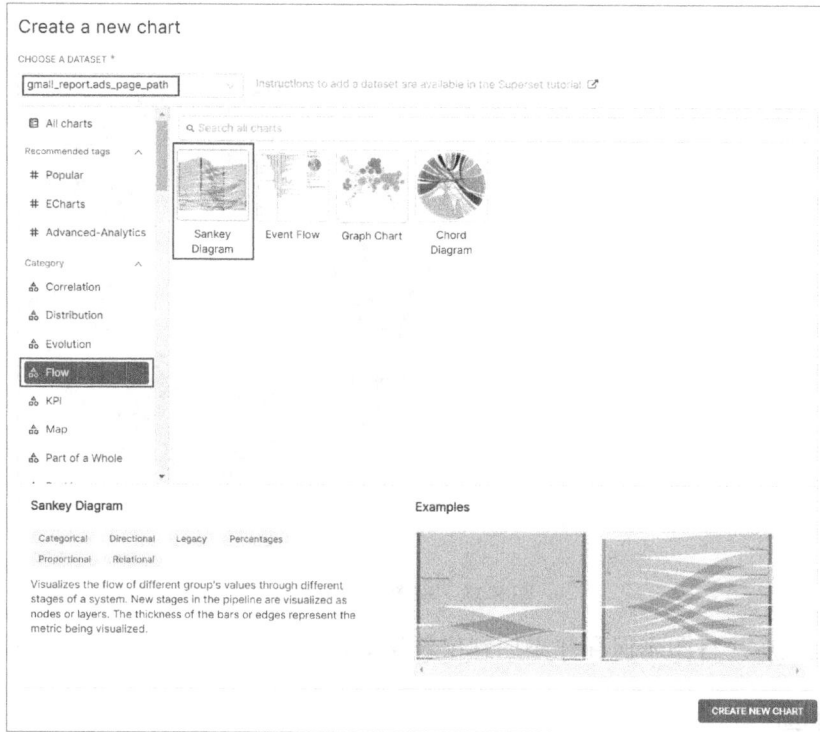

图 8-30　选择图表类型

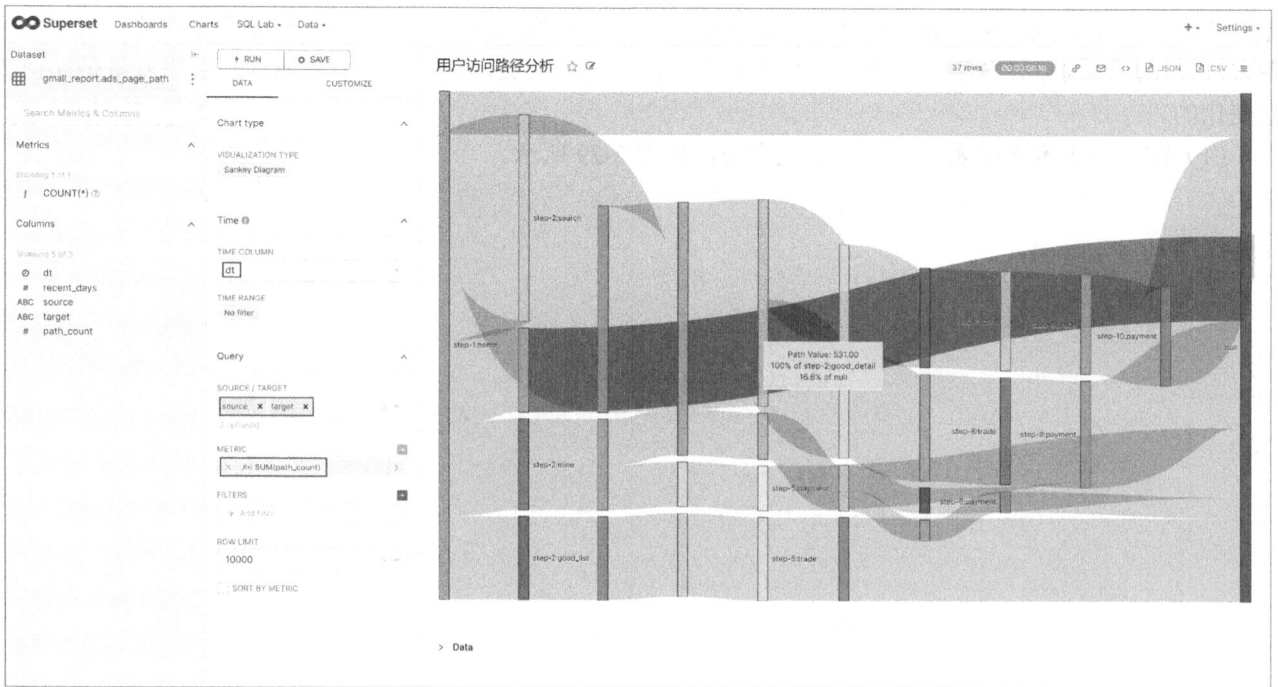

图 8-31　配置关键字段

（3）图表配置完成后，将图表保存并添加到仪表盘中。

8.3.4　合成仪表盘页面

将所有图表制作完成并添加到仪表盘后，即可得到如图 8-32 所示的仪表盘页面，用户可通过拖动图表来调整仪表盘布局。

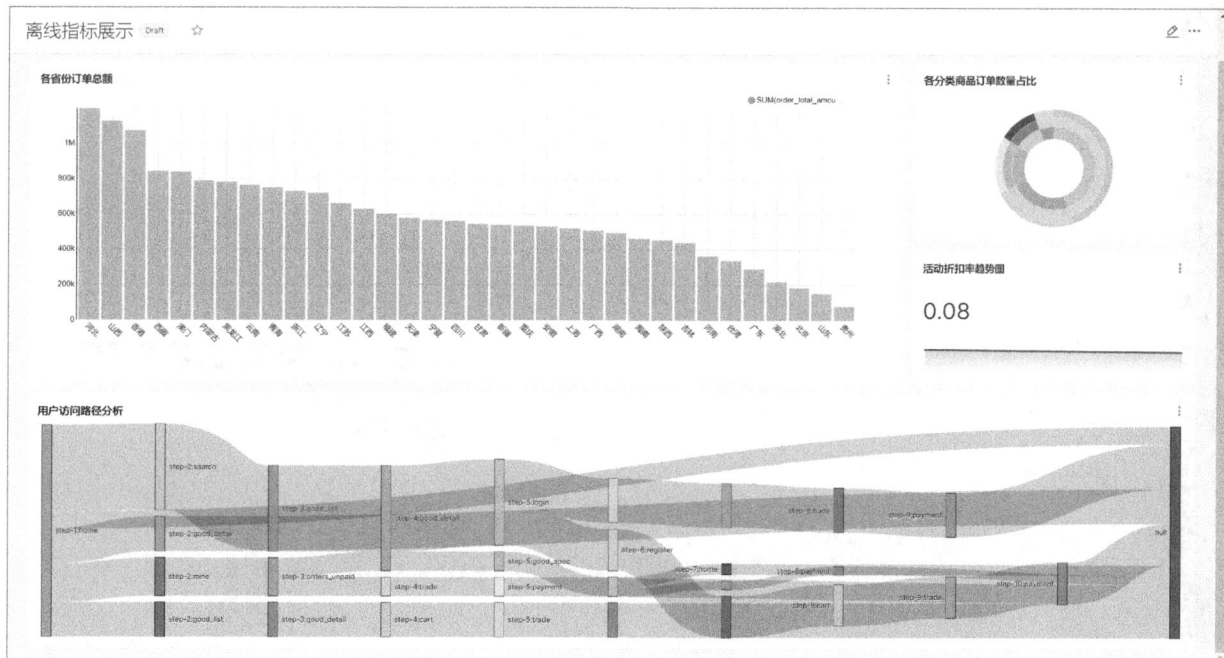

图 8-32 仪表盘页面

8.4 ECharts 可视化

在企业中除了可以采用 Superset 实现数据可视化，还可以采用其他框架，如 ECharts、Kibana、Tableau、QuickBI、DataV 等，但 Tableau、QuickBI、DataV 等都是收费的框架，中小企业很少采用。ECharts 作为百度开源、免费的可视化框架，在企业中应用广泛。本数据仓库项目使用 ECharts 进行可视化开发。使用 ECharts 进行可视化开发的优点是：用户可以更加灵活地配置数据源，并可以选择更丰富的图表。使用 ECharts 框架，读者需要具备 Spring Boot、Vue、HTML、CSS 等技术基础。本书篇幅有限，只提供最终的效果展示图，如图 8-35～图 8-38 所示。若读者对实际开发过程感兴趣，可以从本书附赠的资料中查看具体代码。

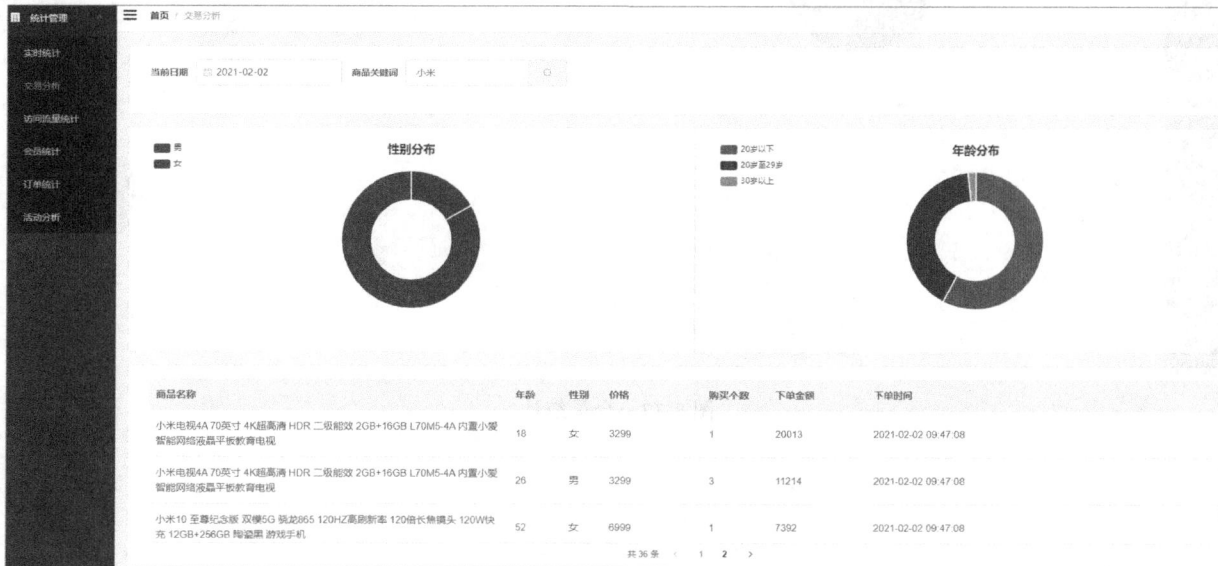

图 8-35 交易分析

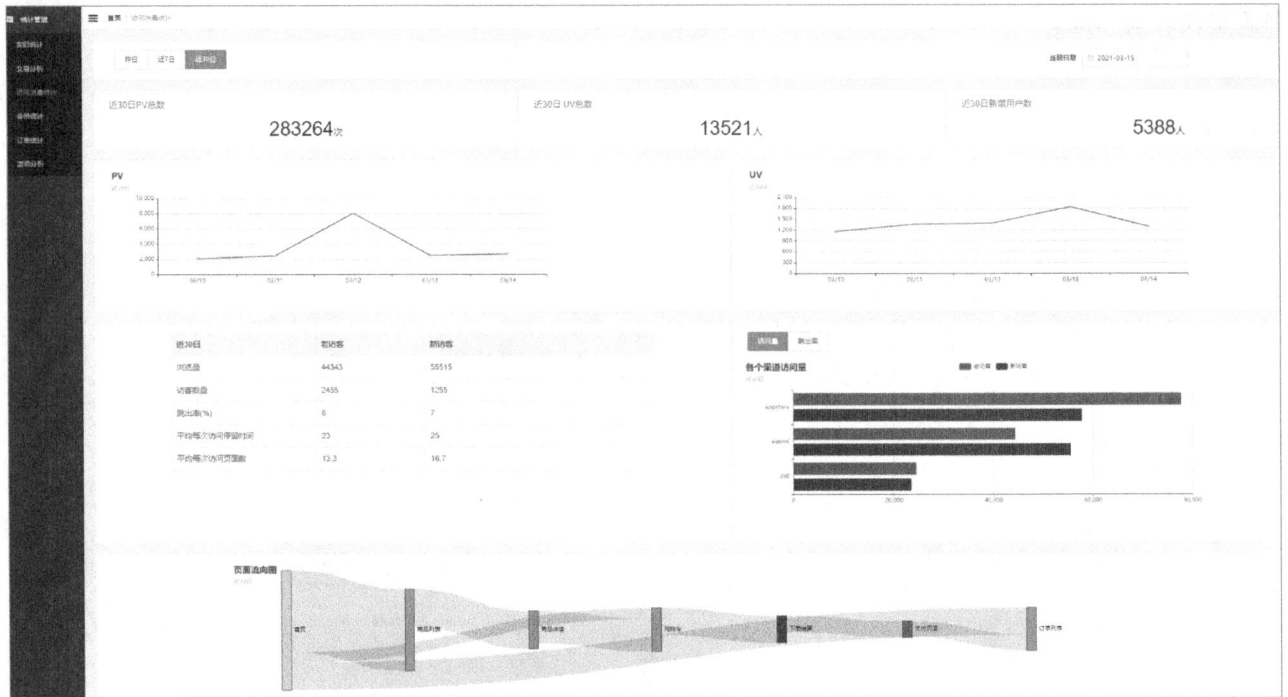

图 8-36　访问流量统计

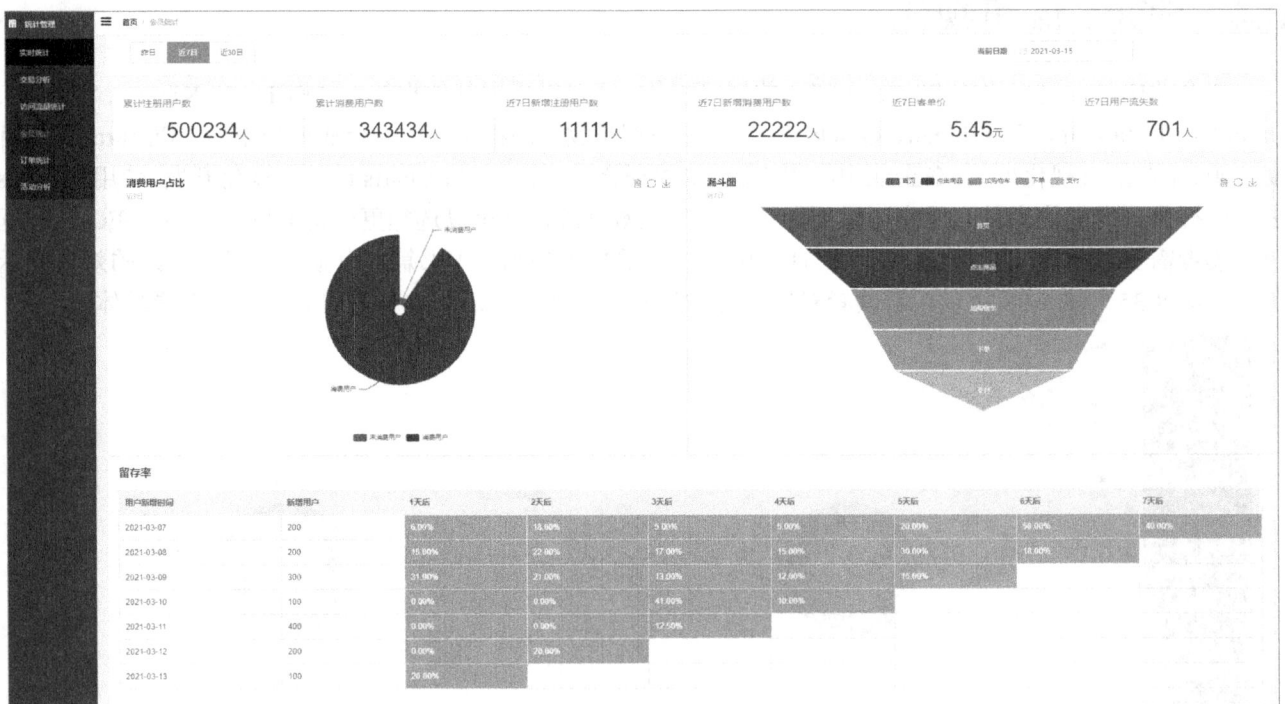

图 8-37　会员统计

图 8-38 活动分析

8.5 本章总结

本章使用 Superset 对本数据仓库项目的几个重要需求进行可视化，通过学习本章内容，相信读者也可以对其他结果数据进行可视化。目前，市面上有很多大数据可视化工具，操作非常便捷，可以满足不同的数据可视化需求，感兴趣的读者可以继续探索学习。

第9章

即席查询模块

除了前几章讲解的需求实现，数据仓库系统还需要满足简单的即席查询需求。即席查询是指用户根据自己的需求，灵活地选择查询条件，系统能够根据用户的选择生成相应的统计报表。即席查询与普通应用查询最大的不同是普通应用查询是定制开发的，而即席查询是由用户自定义查询条件的。本章讲解 2 个即席查询框架，分别是 Presto 和 Kylin，这 2 个框架在大数据领域应用十分广泛，性能各有千秋，下面分别讲解。

9.1 Presto

Presto 是 Facebook 推出的一款开源的分布式 SQL 查询引擎，可以支持 GB 到 PB 级的数据规模，主要用于处理秒级查询。

注意：虽然 Presto 可以解析 SQL 语句，但它不是一个标准的数据库，不是 MySQL、Oracle 的代替品，也不能用来处理在线事务。

9.1.1 Presto 简介

Presto 是一个 master-slave 架构，由一个 Coordinator 节点、多个 Worker 节点组成。Discovery Server 节点通常内嵌于 Coordinator 节点中；Coordinator 节点负责解析 SQL 语句，生成执行计划，将执行任务分发给 Worker 节点；Worker 节点负责执行查询任务。Worker 节点启动后，向 Discovery Server 服务注册，Coordinator 节点从 Discovery Server 节点获得可以正常工作的 Worker 节点。如果配置了 Hive Connector，则需要配置一个 Hive Metastore 服务，用于为 Presto 提供 Hive 元信息，Worker 节点与 HDFS 交互读取数据。Presto 架构如图 9-1 所示。

因为 Presto 基于内存运算，减少了磁盘 I/O 操作，所以计算速度快。它能够连接多个数据源，并跨数据源进行 union 查询，例如，首先从 Hive 中查询大量网站访问记录，然后从 MySQL 中匹配出设备信息。

虽然 Presto 能够处理 PB 级的海量数据，但它并不是把 PB 级的数据都放在内存中进行计算，而是根据运算方法（如 count、AVG 等聚合运算），边读数据边计算，再清内存，再读数据再计算，这种方式消耗的内存并不高。如果多表连接，就可能产生大量的临时数据，因此，其计算速度会变慢，此时使用 Hive 反而更好。

4. Catalog表示数据源。一个Catalog包含Schema和Connector。

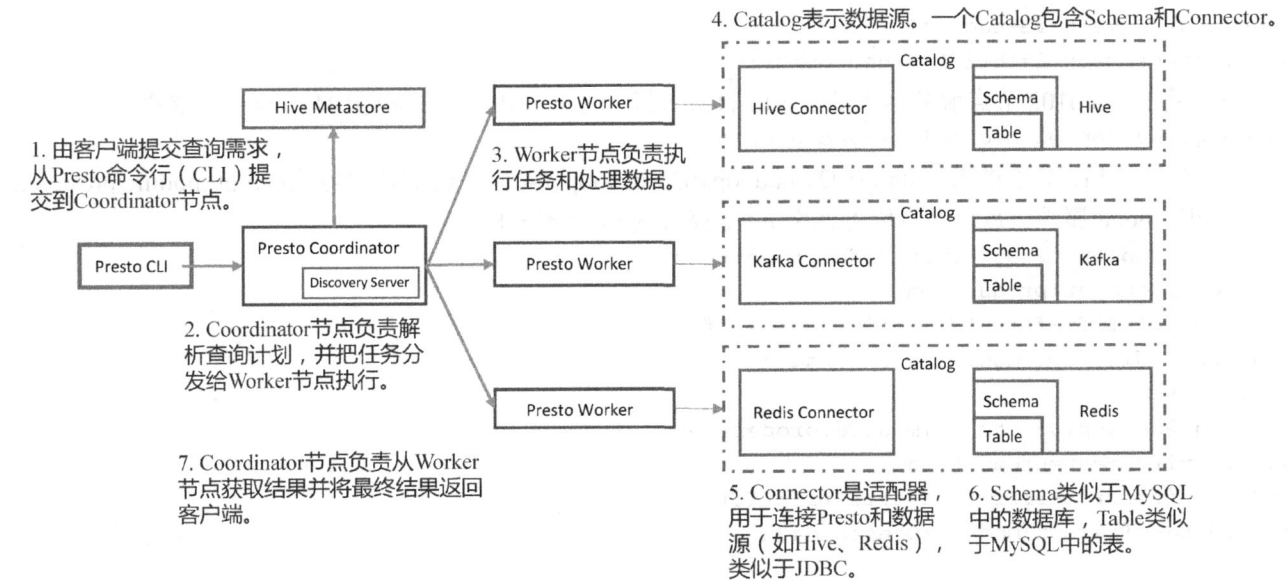

1. 由客户端提交查询需求，从Presto命令行（CLI）提交到Coordinator节点。

2. Coordinator节点负责解析查询计划，并把任务分发给Worker节点执行。

3. Worker节点负责执行任务和处理数据。

7. Coordinator节点负责从Worker节点获取结果并将最终结果返回客户端。

5. Connector是适配器，用于连接Presto和数据源（如Hive、Redis），类似于JDBC。

6. Schema类似于MySQL中的数据库，Table类似于MySQL中的表。

图 9-1　Presto 架构

9.1.2　Presto 安装

1. 安装 Presto Server

（1）下载 Presto Server 安装包。

（2）将下载的 presto-server-0.196.tar.gz 导入 hadoop102 节点服务器的/opt/software 目录下，并解压缩到/opt/module 目录。

```
[atguigu@hadoop102 software]$ tar -zxvf presto-server-0.196.tar.gz -C /opt/
module/
```

（3）将 presto-server-0.196 修改为 presto。

```
[atguigu@hadoop102 module]$ mv presto-server-0.196/ presto
```

（4）进入/opt/module/presto 目录，创建用于存储数据的文件夹。

```
[atguigu@hadoop102 presto]$ mkdir data
```

（5）进入/opt/module/presto 目录，创建用于存储配置文件的文件夹。

```
[atguigu@hadoop102 presto]$ mkdir etc
```

（6）在/opt/module/presto/etc 目录下创建 jvm.config 配置文件。

```
[atguigu@hadoop102 etc]$ vim jvm.config
```

在配置文件中添加如下内容。

```
-server
-Xmx16G
-XX:+UseG1GC
-XX:G1HeapRegionSize=32M
-XX:+UseGCOverheadLimit
-XX:+ExplicitGCInvokesConcurrent
-XX:+HeapDumpOnOutOfMemoryError
-XX:+ExitOnOutOfMemoryError
```

（7）Presto 可以支持多个数据源，在 Presto 中，数据源被称为 Catalog，这里我们配置支持 Hive 的数据源。配置一个支持 Hive 的 Catalog，需要新建一个目录 catalog，在 catalog 目录下新建文件 hive.properties。

```
[atguigu@hadoop102 etc]$ mkdir catalog
[atguigu@hadoop102 catalog]$ vim hive.properties
```

在文件中添加如下内容。

```
connector.name=hive-hadoop2
hive.metastore.uri=thrift://hadoop102:9083
```

（8）将 hadoop102 节点服务器上的 presto 目录分发到 hadoop103、hadoop104 节点服务器中。

```
[atguigu@hadoop102 module]$ xsync presto
```

（9）分发之后，分别进入 hadoop102、hadoop103、hadoop104 这 3 台节点服务器的/opt/module/presto/etc 目录，配置 node 属性，每台节点服务器中 node 属性的 id 都不一样。

```
[atguigu@hadoop102 etc]$vim node.properties
node.environment=production
node.id=ffffffff-ffff-ffff-ffff-ffffffffffff
node.data-dir=/opt/module/presto/data

[atguigu@hadoop103 etc]$vim node.properties
node.environment=production
node.id=ffffffff-ffff-ffff-ffff-fffffffffffe
node.data-dir=/opt/module/presto/data

[atguigu@hadoop104 etc]$vim node.properties
node.environment=production
node.id=ffffffff-ffff-ffff-ffff-fffffffffffd
node.data-dir=/opt/module/presto/data
```

（10）Presto 是由一个 Coordinator 节点和多个 Worker 节点组成的。在 hadoop102 节点服务器上配置 Coordinator 节点，在 hadoop103、hadoop104 节点服务器上配置 Worker 节点。

① 在 hadoop102 节点服务器上配置 Coordinator 节点。

```
[atguigu@hadoop102 etc]$ vim config.properties
```

添加如下内容。

```
coordinator=true
node-scheduler.include-coordinator=false
http-server.http.port=8881
query.max-memory=50GB
discovery-server.enabled=true
discovery.uri=http://hadoop102:8881
```

② 在 hadoop103 节点服务器上配置 Worker 节点。

```
[atguigu@hadoop103 etc]$ vim config.properties
```

添加如下内容。

```
coordinator=false
http-server.http.port=8881
query.max-memory=50GB
discovery.uri=http://hadoop102:8881
```

在 hadoop104 节点服务器上配置 Worker 节点。

```
[atguigu@hadoop104 etc]$ vim config.properties
```

添加如下内容。

```
coordinator=false
http-server.http.port=8881
query.max-memory=50GB
discovery.uri=http://hadoop102:8881
```

（11）在 hadoop102 节点服务器的/opt/module/hive 目录下，以 atguigu 用户身份启动 Hive Metastore。

```
[atguigu@hadoop102 hive]$
nohup bin/hive --service metastore >/dev/null 2>&1 &
```

（12）分别在 hadoop102、hadoop103、hadoop104 这 3 台节点服务器上启动 Presto Server。

① 在前台启动 Presto Server，控制台显示的日志如下。

```
[atguigu@hadoop102 presto]$ bin/launcher run
[atguigu@hadoop103 presto]$ bin/launcher run
[atguigu@hadoop104 presto]$ bin/launcher run
```

② 在后台启动 Presto Server，控制台显示的日志如下。

```
[atguigu@hadoop102 presto]$ bin/launcher start
[atguigu@hadoop103 presto]$ bin/launcher start
[atguigu@hadoop104 presto]$ bin/launcher start
```

（13）查看日志的路径为/opt/module/presto/data/var/log。

2．安装 Presto 命令行客户端

（1）下载 Presto 命令行客户端。

（2）将 presto-cli-0.196-executable.jar 上传到 hadoop102 节点服务器的/opt/module/presto 目录下。

（3）修改文件名称。

```
[atguigu@hadoop102 presto]$ mv presto-cli-0.196-executable.jar  prestocli
```

（4）增加文件执行权限。

```
[atguigu@hadoop102 presto]$ chmod +x prestocli
```

（5）执行 prestocli 命令，启动 Presto 命令行客户端。

```
[atguigu@hadoop102 presto]$ ./prestocli --server hadoop102:8881 --catalog hive --schema
default
```

（6）Presto 命令行操作。

Presto 的命令行操作与 Hive 的命令行操作相同。每张表前面必须加上 schema 前缀。

例如：

```
select * from schema.table limit 100
```

3．安装 Presto 可视化客户端

（1）将 yanagishima-18.0.zip 上传到 hadoop102 节点服务器的/opt/software 目录下。

（2）解压缩 yanagishima-18.0.zip。

```
[atguigu@hadoop102 module]$ unzip /opt/software/yanagishima-18.0.zip
[atguigu@hadoop102 module]$ cd yanagishima-18.0
```

（3）进入/opt/module/yanagishima-18.0/conf 目录，创建 yanagishima.properties 配置文件。

```
[atguigu@hadoop102 conf]$ vim yanagishima.properties
```

在配置文件中添加如下内容。

```
jetty.port=7080
presto.datasources=atiguigu-presto
presto.coordinator.server.atiguigu-presto=http://hadoop102:8881
catalog.atiguigu-presto=hive
schema.atiguigu-presto=default
sql.query.engines=presto
```

（4）在/opt/module/yanagishima-18.0 目录下执行以下命令，启动 Presto 可视化客户端。

```
[atguigu@hadoop102 yanagishima-18.0]$
nohup bin/yanagishima-start.sh >y.log 2>&1 &
```

（5）启动 Web 页面（http://hadoop102:7080），即可查询相关信息。

（6）查看 Presto 表结构，如图 9-2 所示。

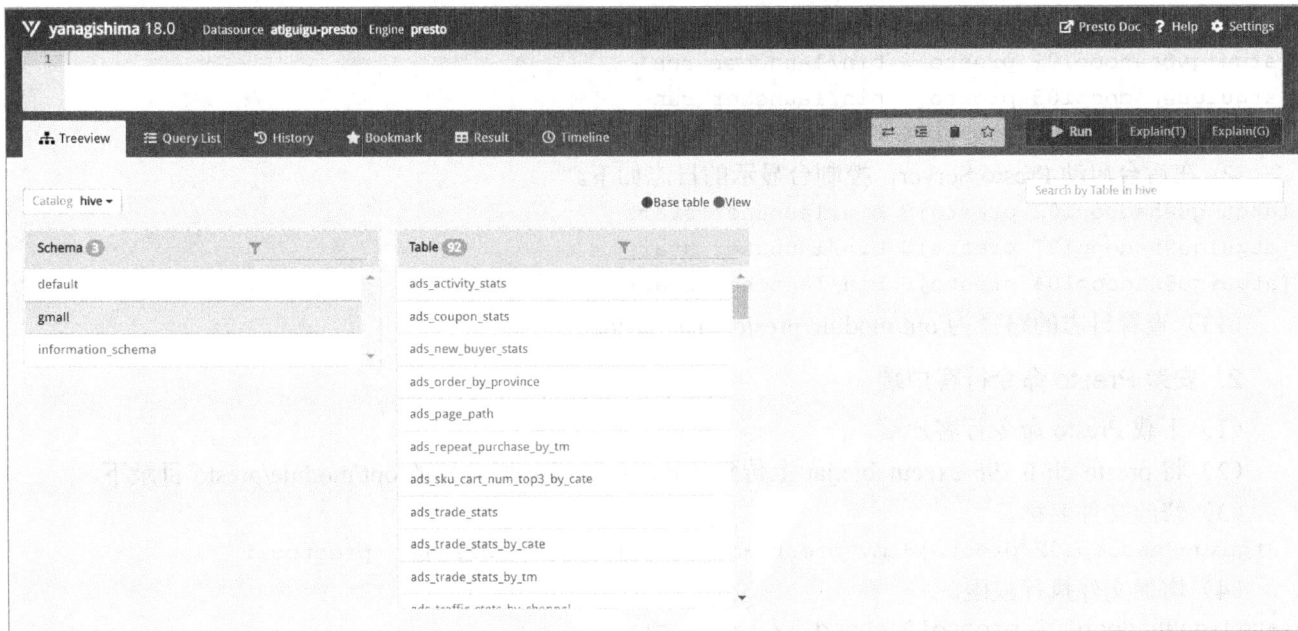

图 9-2　查看 Presto 表结构

在 Treeview 页面下可以查看所有表的结构，包括 Schema、Table、Column 等。

每张表后面都有一个复制按钮，单击此按钮会复制完整的表名，然后在上面的文本框中输入 SQL 语句即可，如图 9-3 所示。

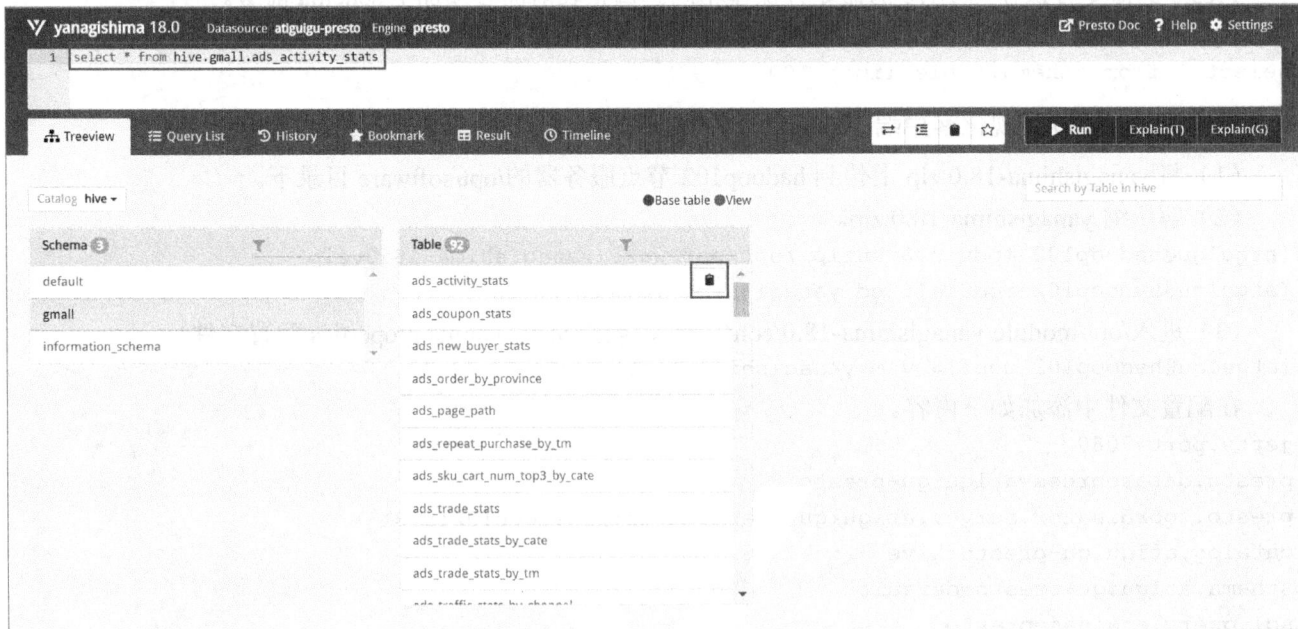

图 9-3　复制表名并输入 SQL 语句

比如，在文本框中输入 select * from hive.gmall.ads_activity_stats，单击 Run 按钮，会在 Result 页面下显示查询结果，如图 9-4 所示。

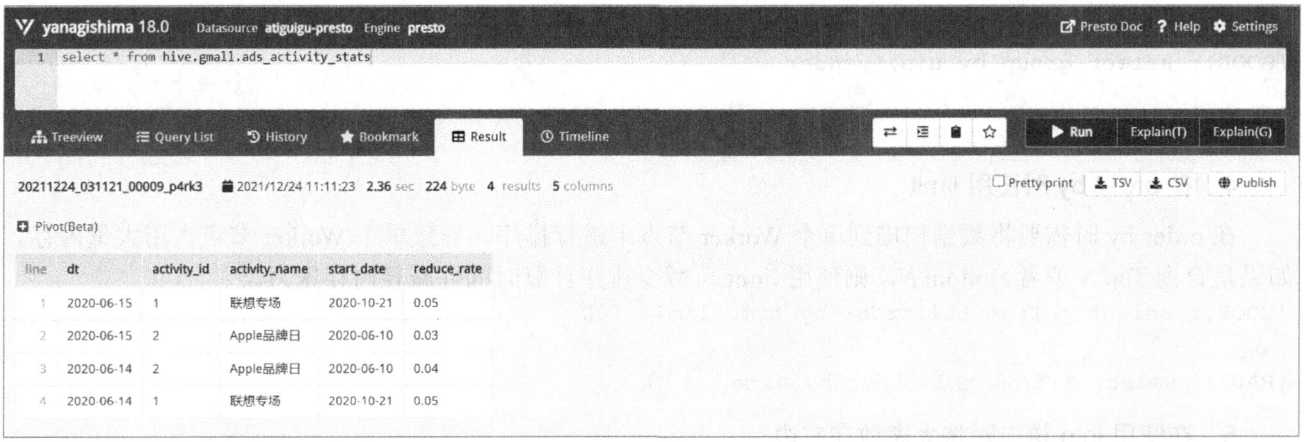

图 9-4　Presto 查询结果

9.1.3　Presto 优化之数据存储

想要使用 Presto 更高效地查询数据，需要在数据存储方面采取一些优化手段。

1．合理设置分区

与 Hive 类似，Presto 会根据元数据信息读取分区数据。合理地设置分区能减少 Presto 数据读取量，提升查询性能。

2．采用 ORC 列式存储

Presto 对 ORC 格式的文件读取进行了特定优化，因此，在 Hive 中创建 Presto 使用的表时，建议采用 ORC 列式存储。相对于 Parquet 格式，Presto 对 ORC 格式支持得更好。

3．对数据进行压缩

对数据进行压缩可以减少节点服务器间的数据传输对 I/O 带宽产生的压力，即席查询需要实现快速解压缩，建议采用 Snappy 压缩格式。

9.1.4　Presto 优化之 SQL 查询语句

想要使用 Presto 更高效地查询数据，需要在编写 SQL 查询语句时采取一些优化手段。

1．只选择需要的字段

由于 Presto 采用 ORC 列式存储，因此只选择需要的字段可加快字段的读取速度，减少数据量。避免采用*读取所有字段。

```
[GOOD]: select time, user, host from tbl

[BAD]:  select * from tbl
```

2．过滤条件必须加上分区字段

对于有分区的表，where 语句优先使用分区字段过滤。在下列代码中，acct_day 是分区字段，visit_time 是具体访问时间。

```
[GOOD]: select time, user, host from tbl where acct_day=20171101

[BAD]:  select * from tbl where visit_time=20171101
```

3．group by 语句优化

合理安排 group by 语句中字段的执行顺序，可提升查询性能。例如，将 group by 语句中的字段按照每个字段去重后的数据量进行降序排列。

```
[GOOD]: select group by uid, gender
```

```
[BAD]:  select group by gender, uid
```

4．在 order by 时使用 limit

在 order by 时需要将数据扫描到单个 Worker 节点中进行排序，导致单个 Worker 节点占用大量内存。如果是查询 Top *N* 或者 Bottom *N*，则使用 limit 可减少排序计算时间并减轻内存压力。

```
[GOOD]: select * from tbl order by time limit 100
```

```
[BAD]:  select * from tbl order by time
```

5．在使用 join 语句时将大表放在左边

Presto 中 join 的默认算法是 broadcast join，即将 join 左边表的数据分割到多个 Worker 节点中，然后将 join 右边表的数据整个复制一份发送到每个 Worker 节点中进行计算。如果右边表的数据量太大，则可能会报内存溢出错误。

```
[GOOD] select ... from large_table l join small_table s on l.id = s.id
[BAD]  select ... from small_table s join large_table l on l.id = s.id
```

9.1.5　Presto 注意事项

在使用 Presto 时需要注意如下几项。

1．字段名引用

避免字段名与关键字冲突：MySQL 对与关键字冲突的字段名加反引号；Presto 对与关键字冲突的字段名加双引号，当然，如果字段名不与关键字冲突，则可以不加双引号。

2．添加 timestamp 关键字

在 Presto 中比较时间时，需要添加 timestamp 关键字，而在 MySQL 中可以直接进行比较。

```
/*MySQL 中的写法*/
select t from a where t > '2017-01-01 00:00:00';

/*Presto 中的写法*/
select t from a where t > timestamp '2017-01-01 00:00:00';
```

3．不支持 insert overwrite 语法

Presto 不支持 insert overwrite 语法，只能先删除数据，再插入数据。

4．Parquet 格式

Presto 目前支持 Parquet 格式，而 Parquet 格式只支持查询操作，不支持插入操作。

9.2　Kylin

Kylin 是一款开源的分布式分析引擎，提供 Hadoop/Spark 之上的 SQL 查询接口及多维分析功能，支持超大规模数据集，最初由 eBay 开发并贡献至开源社区。它能在亚秒内查询巨大的 Hive 表。

9.2.1　Kylin 简介

Kylin 架构如图 9-5 所示。

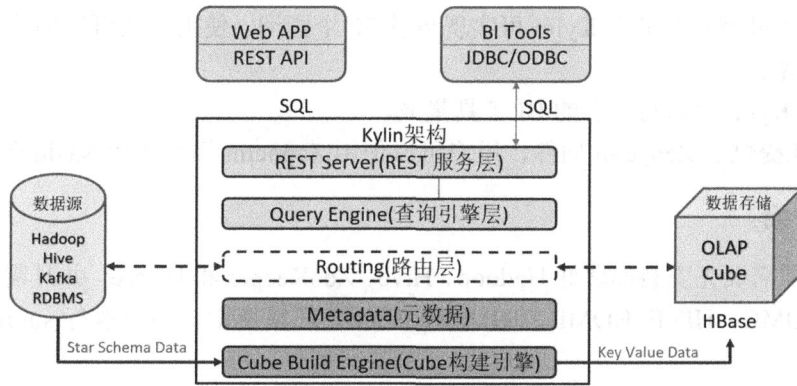

图 9-5　Kylin 架构

Kylin 具有如下几个关键组件。

1．REST Server

REST Server 是面向应用程序开发的入口点，旨在完成针对 Kylin 平台的应用开发工作，可以提供查询数据、获取结果、触发 Cube 构建任务、获取元数据及获取用户权限等功能，另外可以通过 RESTful 接口实现 SQL 查询。

2．Query Engine

当 Cube 准备就绪后，查询引擎即可获取并解析用户所查询的问题。它随后会与系统中的其他组件进行交互，从而向用户返回对应的结果。

3．Routing

在最初设计时，设计者曾考虑将 Kylin 不能执行的查询引导到 Hive 中继续执行，但在实践后发现，Hive 与 Kylin 的查询速度差异过大，大多数查询在几秒内就返回结果了，而有些查询则要等几分钟到几十分钟，因此，用户体验非常糟糕。最后这个路由功能在发行版中被默认关闭。

4．Metadata

Kylin 是一款元数据驱动型应用程序。元数据管理工具是一大关键性组件，用于对保存在 Kylin 中的所有元数据进行管理，其中包括最重要的 Cube 元数据。其他组件的正常运作都需要以元数据管理工具为基础。Kylin 的元数据存储在 HBase 中。

5．Cube Build Engine

Cube Build Engine 的设计目的在于处理所有离线任务，其中包括 Shell 脚本、Java API、Map Reduce 任务等。Cube Build Engine 对 Kylin 中的全部任务进行管理与协调，从而确保每项任务都能得到切实执行并处理期间出现的故障。

Kylin 的主要特点及说明如下。

- 支持标准 SQL 接口：Kylin 以标准的 SQL 作为对外服务的接口。
- 支持超大规模数据集：Kylin 对大数据的支撑能力是目前所有技术中较为领先的。在 2015 年 eBay 的生产环境中，Kylin 就能支持百亿条记录的秒级查询，之后在移动应用场景中又有了支持千亿条记录的秒级查询的案例。
- 亚秒级响应：Kylin 拥有优异的查询响应速度，这点得益于预计算，很多复杂的计算，如连接、聚合，在离线的预计算过程中就已经完成，这大大降低了查询时刻所需的计算量，从而提高查询响应速度。

- 高伸缩性和高吞吐率：单节点 Kylin 可实现每秒 70 个查询，使用者还可以搭建 Kylin 的集群，以获得更高的吞吐率。
- BI 工具集成。Kylin 可以与现有的 BI 工具集成。

Kylin 开发团队还提供了 Zeppelin 插件，用户可以使用 Zeppelin 插件访问 Kylin 服务。

9.2.2 HBase 安装

在安装 Kylin 之前需要先安装部署好 Hadoop、Hive、ZooKeeper 和 HBase，并且需要在/etc/profile 目录下配置 HADOOP_HOME、HIVE_HOME、HBASE_HOME 环境变量，注意执行 source/etc/profile 命令使其生效。

（1）保证 ZooKeeper 集群的正常部署，并启动它。

```
[atguigu@hadoop102 zookeeper-3.5.7]$ bin/zkServer.sh start
[atguigu@hadoop103 zookeeper-3.5.7]$ bin/zkServer.sh start
[atguigu@hadoop104 zookeeper-3.5.7]$ bin/zkServer.sh start
```

（2）保证 Hadoop 集群的正常部署，并启动它。

```
[atguigu@hadoop102 hadoop-3.1.3]$ sbin/start-dfs.sh
[atguigu@hadoop103 hadoop-3.1.3]$ sbin/start-yarn.sh
```

（3）将 HBase 安装包解压缩到指定目录。

```
[atguigu@hadoop102 software]$ tar -zxvf hbase-2.0.5-bin.tar.gz -C /opt/module
```

（4）修改 HBase 对应的配置文件。

① hbase-env.sh 配置文件的修改内容如下。

```
export HBASE_MANAGES_ZK=false
```

② hbase-site.xml 配置文件的修改内容如下。

```
<configuration>
 <property>
  <name>hbase.rootdir</name>
  <value>hdfs://hadoop102:8020/hbase</value>
 </property>

 <property>
  <name>hbase.cluster.distributed</name>
  <value>true</value>
 </property>

 <property>
  <name>hbase.zookeeper.quorum</name>
     <value>hadoop102,hadoop103,hadoop104</value>
 </property>
</configuration>
```

③ 在 regionservers 配置文件中增加如下内容。

```
hadoop102
hadoop103
hadoop104
```

④ 将 HBase 远程发送到其他集群。

```
[atguigu@hadoop102 module]$ xsync hbase/
```

（5）启动 HBase 服务。

① 启动方式 1，语句如下。

```
[atguigu@hadoop102 hbase]$ bin/hbase-daemon.sh start master
```

```
[atguigu@hadoop102 hbase]$ bin/hbase-daemon.sh start regionserver
```

提示： 如果集群中节点服务器间的时间不同步，会导致 regionserver 无法启动，并抛出 ClockOutOfSyncException 异常。读者可参考 3.3.1 节中的相关内容。

② 启动方式 2，语句如下。

```
[atguigu@hadoop102 hbase]$ bin/start-hbase.sh
```

（6）停止运行 HBase 服务，语句如下。

```
[atguigu@hadoop102 hbase]$ bin/stop-hbase.sh
```

（7）访问 HBase 页面。

HBase 服务启动成功后，可以通过 host:port 方式来访问 HBase 页面：http://hadoop102:16010。

9.2.3 Kylin 安装

（1）下载 Kylin 安装包。

（2）将 apache-kylin-3.0.1-bin.tar.gz 解压缩到/opt/module 目录下。

```
[atguigu@hadoop102 sorfware]$ tar -zxvf apache-kylin-3.0.1-bin.tar.gz -C /opt/module/

[atguigu@hadoop102 module]$ mv /opt/module/apache-kylin-3.0.1-bin /opt/module/kylin
```

注意： 启动 Kylin 之前需检查/etc/profile 目录中的 HADOOP_HOME、HIVE_HOME 和 HBASE_HOME 环境变量是否配置完毕。

（3）解决 Kylin 兼容性问题。

Kylin 在启动时会加载 Spark 中的依赖，Kylin 中的 jackson 和 hive 依赖与 Spark 中的 jackson 和 hive 依赖有冲突，可以通过修改配置文件，使 Kylin 不去加载 Spark 中的 jackson 和 hive 依赖。

修改启动命令文件/opt/module/kylin/bin/find-spark-dependency.sh，路径如下。

```
[atguigu@hadoop102 sorfware]$ vim /opt/module/kylin/bin/find-spark-dependency.sh
```

需修改的内容如下，其中加粗部分为需要增加的内容，注意保留前后的空格。

```
source $(cd -P -- "$(dirname -- "$0")" && pwd -P)/header.sh

echo Retrieving Spark dependency...

spark_home=

if [ -n "$SPARK_HOME" ]
then
    verbose "SPARK_HOME is set to: $SPARK_HOME, use it to locate Spark dependencies."
    spark_home=$SPARK_HOME
fi

if [ -z "$SPARK_HOME" ]
then
    verbose "SPARK_HOME wasn't set, use $KYLIN_HOME/spark"
    spark_home=$KYLIN_HOME/spark
fi

if [ ! -d "$spark_home/jars" ]
  then
    quit "spark not found, set SPARK_HOME, or run bin/download-spark.sh"
fi
```

```
spark_dependency=`find -L $spark_home/jars -name '*.jar' ! -name '*slf4j*' ! -name
'*jackson*' ! -name '*metastore*' ! -name '*calcite*' ! -name '*doc*' ! -name '*test*' !
-name '*sources*' ''-printf '%p:' | sed 's/:$//'`
if [ -z "$spark_dependency" ]
then
    quit "spark jars not found"
else
    verbose "spark dependency: $spark_dependency"
    export spark_dependency
fi
echo "export spark_dependency=$spark_dependency" > ${dir}/cached-spark-dependency.sh
```

（4）启动。

① 在启动 Kylin 之前，需要先启动 Hadoop（HDFS、YARN、JobHistory Server）、ZooKeeper 和 HBase。需要注意的是，要同时启动 Hadoop 的历史服务器。

② 启动 Kylin。

```
[atguigu@hadoop102 kylin]$ bin/kylin.sh start
```

启动之后查看各台节点服务器的进程。

```
-------------------- hadoop102 ----------------
3360 JobHistoryServer
31425 HMaster
3282 NodeManager
3026 DataNode
53283 Jps
2886 NameNode
44007 RunJar
2728 QuorumPeerMain
31566 HRegionServer
-------------------- hadoop103 ----------------
5040 HMaster
2864 ResourceManager
9729 Jps
2657 QuorumPeerMain
4946 HRegionServer
2979 NodeManager
2727 DataNode
-------------------- hadoop104 ----------------
4688 HRegionServer
2900 NodeManager
9848 Jps
2636 QuorumPeerMain
2700 DataNode
2815 SecondaryNameNode
```

在浏览器地址栏中输入 hadoop102:7070/kylin/login，查看 Web 页面，如图 9-6 所示。

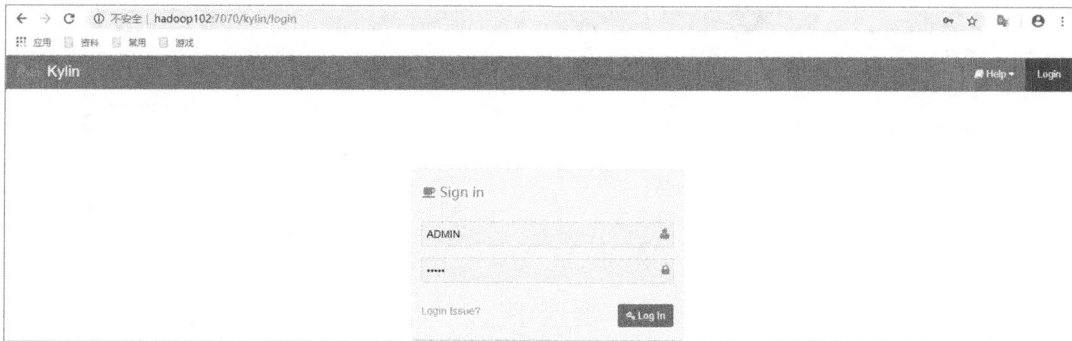

图 9-6　Kylin 的 Web 页面

用户名为 ADMIN，密码为 KYLIN（系统已填）。

（5）关闭 Kylin。

```
[atguigu@hadoop102 kylin]$ bin/kylin.sh stop
```

9.2.4　Kylin 使用

本节以 gmall 数据库中的 dwd_trade_order_detail_inc 表作为事实表，以 dim_sku_full、dim_user_zip、dim_province_full 表作为维度表，构建星形模型，并演示如何使用 Kylin 进行 OLAP 分析。

1．创建工程

（1）单击 ➕ 按钮创建工程，如图 9-7 所示。

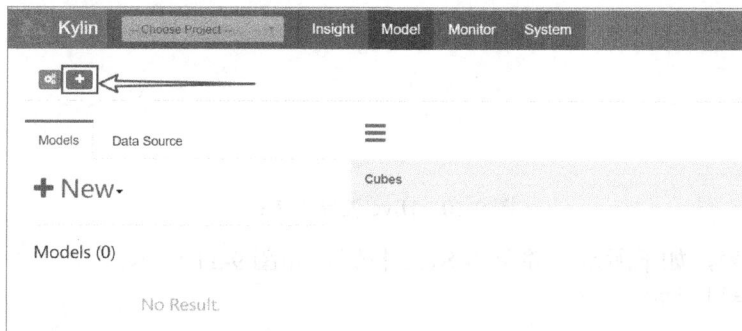

图 9-7　创建工程入口

（2）填写工程名称和描述信息，并单击 Submit 按钮提交，如图 9-8 所示。

图 9-8　填写工程名称和描述信息并提交

2．获取数据源

（1）选择 Data Source 选项卡，如图 9-9 所示。

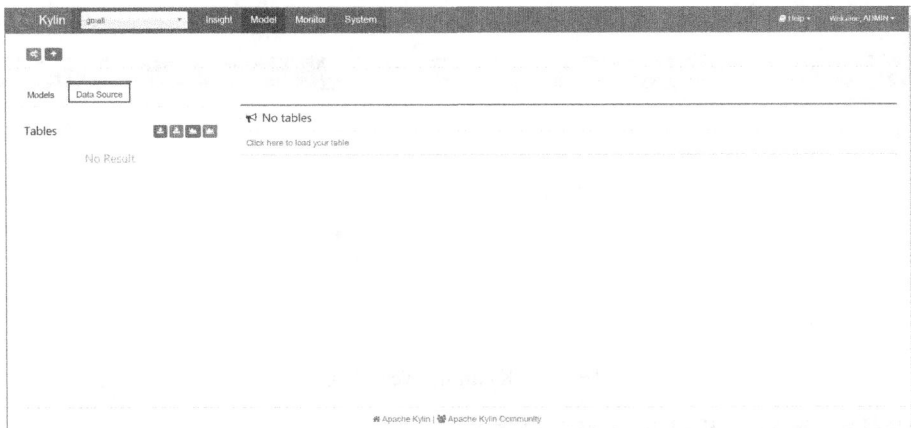

图 9-9　选择 Data Source 选项卡

（2）单击如图 9-10 所示的按钮，导入 Hive 表。

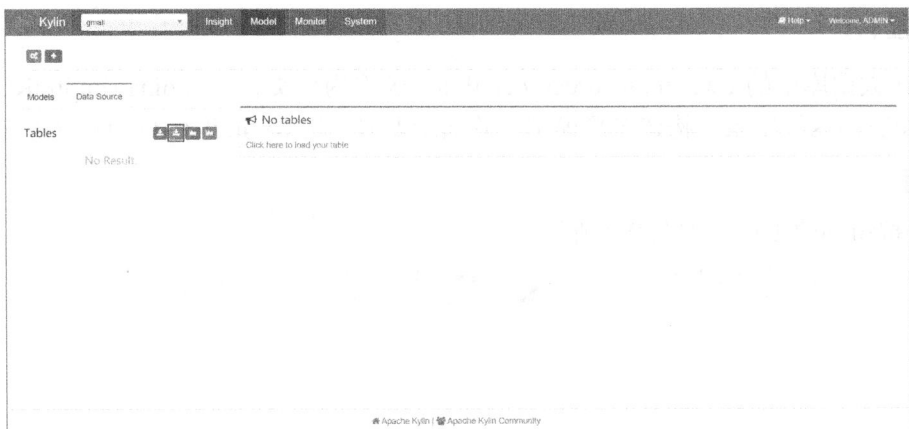

图 9-10　Hive 表导入按钮

（3）选择所需数据表，如下所示，并单击 Sync 按钮，如图 9-11 所示。

```
dwd_trade_order_detail_inc
dim_sku_full
dim_user_zip
dim_province_full
```

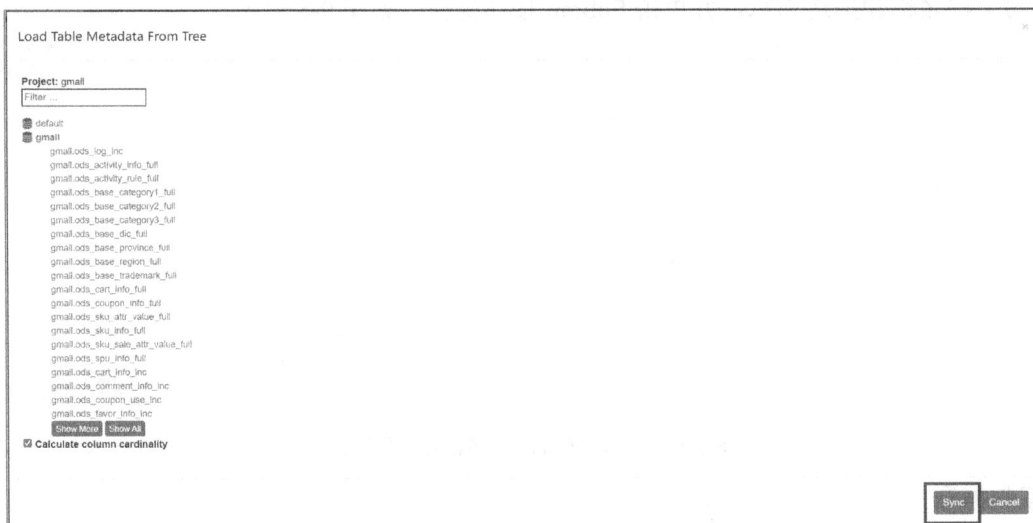

图 9-11　选择所需数据表并进行同步

　　注意：Kylin 不能处理 Hive 表中的复杂数据类型（Array、Map、Struct），即便复杂数据类型的字段并未参与到计算中。所以在加载 Hive 数据源时，不能直接加载具有复杂数据类型的字段的表。而在 dim_sku_full 表中存在两个复杂数据类型的字段（平台属性和销售属性），因此不能直接加载 dim_sku_full 表，需要对其进行以下处理。

　　（1）在 Hive 客户端创建一个 dim_sku_info_view 视图，如下所示。该视图已经将 dim_sku_full 表中的复杂数据类型的字段去掉，在后续的计算中，不再使用 dim_sku_full 表，而使用 dim_sku_info_view 视图。

```
hive (gmall)>
create view dim_sku_info_view
as
select
    id,
    price,
    sku_name,
    sku_desc,
    weight,
    is_sale,
    spu_id,
    spu_name,
    category3_id,
    category3_name,
    category2_id,
    category2_name,
    category1_id,
    category1_name,
    tm_id,
    tm_name,
    create_time
from dim_sku_full;
```

　　（2）在 Kylin 中重新导入 dim_sku_info_view 视图。

3. 创建 Model

　　（1）首先选择 Models 选项卡，然后单击 New 按钮，最后单击 New Model 按钮，如图 9-12 所示。

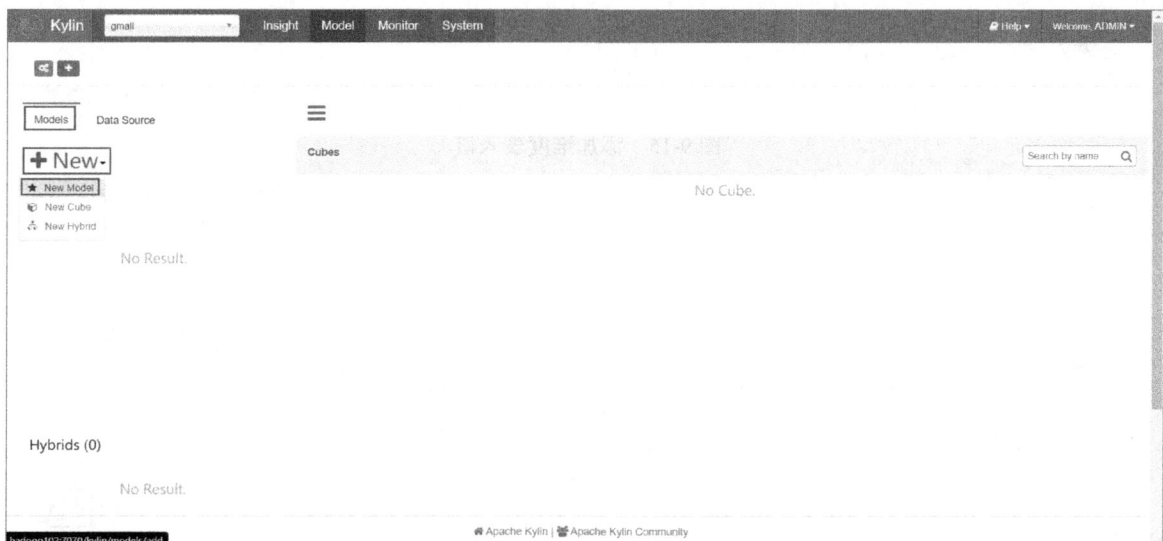

图 9-12　创建 Model 示意图

（2）填写 Model 信息，单击 Next 按钮，如图 9-13 所示。

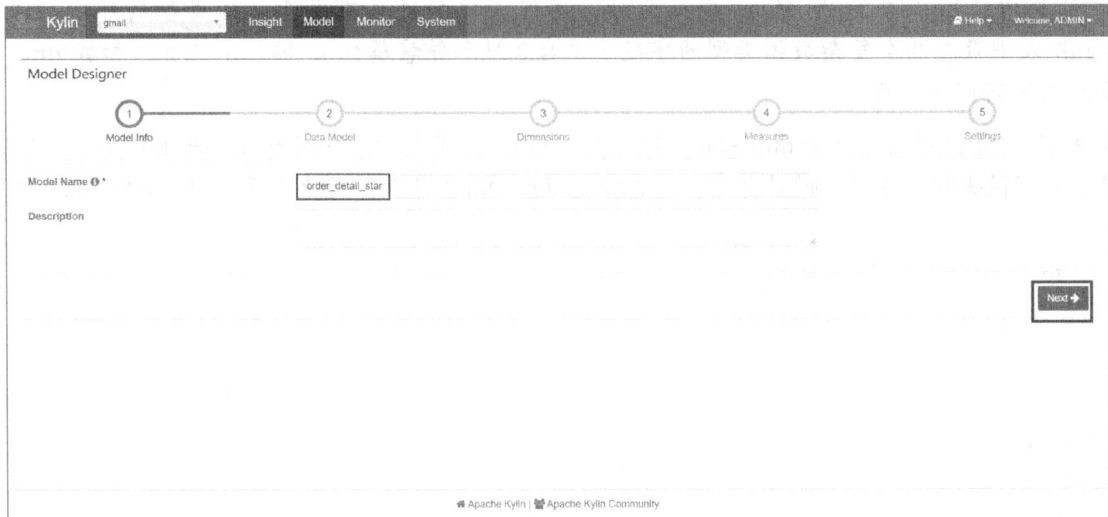

图 9-13　填写 Model 信息

（3）选择事实表，如图 9-14 所示。

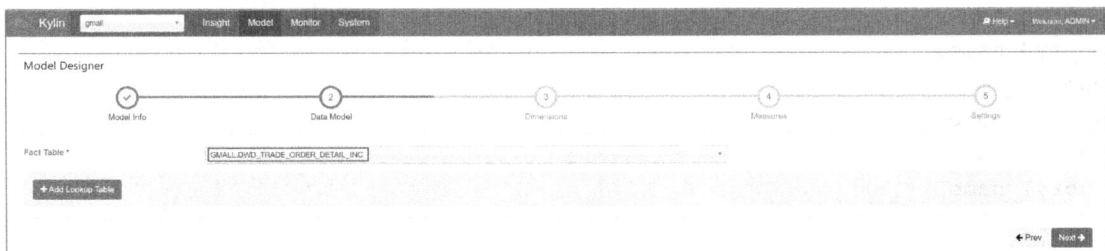

图 9-14　选择事实表

（4）添加维度表，并指定事实表和维度表的连接条件，单击 OK 按钮，如图 9-15 和图 9-16 所示。

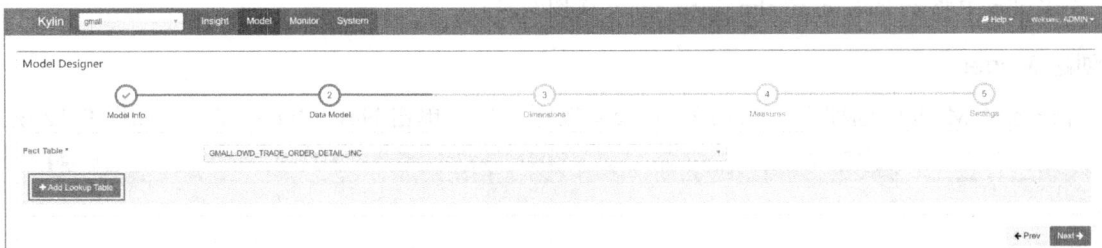

图 9-15　添加维度表入口

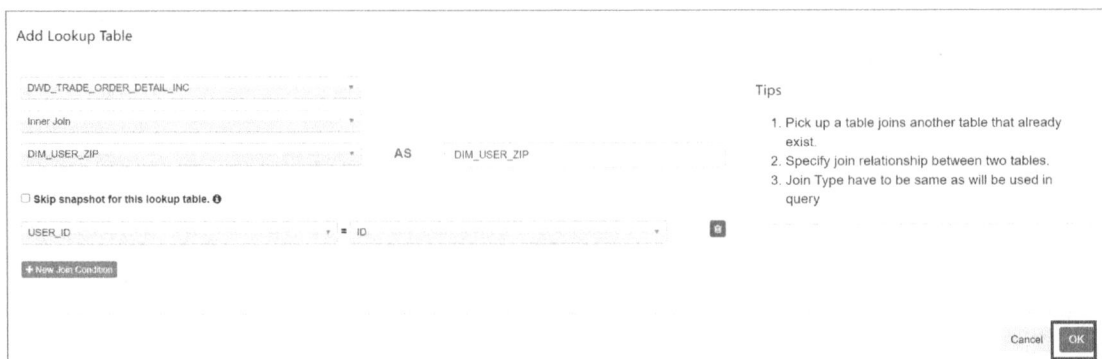

图 9-16　指定事实表和维度表的连接条件

维度表添加完成之后，单击 Next 按钮，如图 9-17 所示。

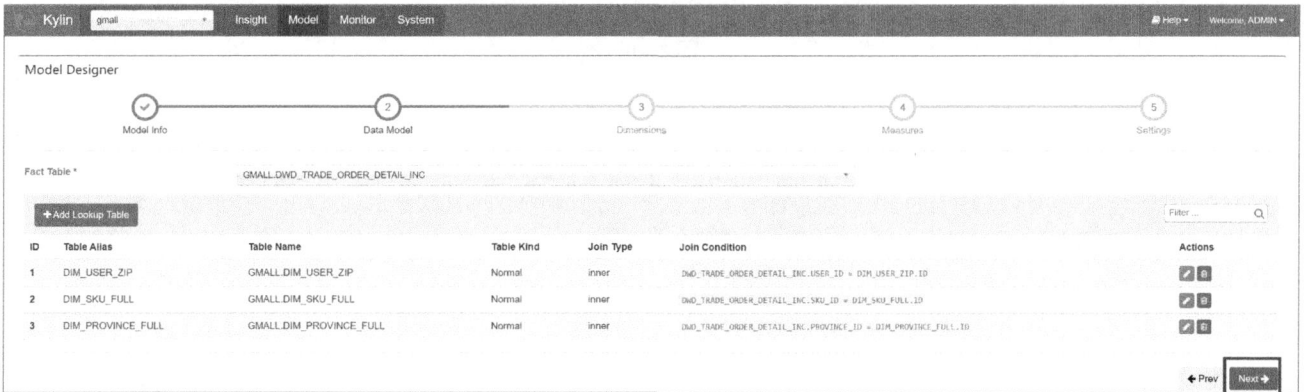

图 9-17 维度表添加完成

（5）指定维度字段，并单击 Next 按钮，如图 9-18 所示。

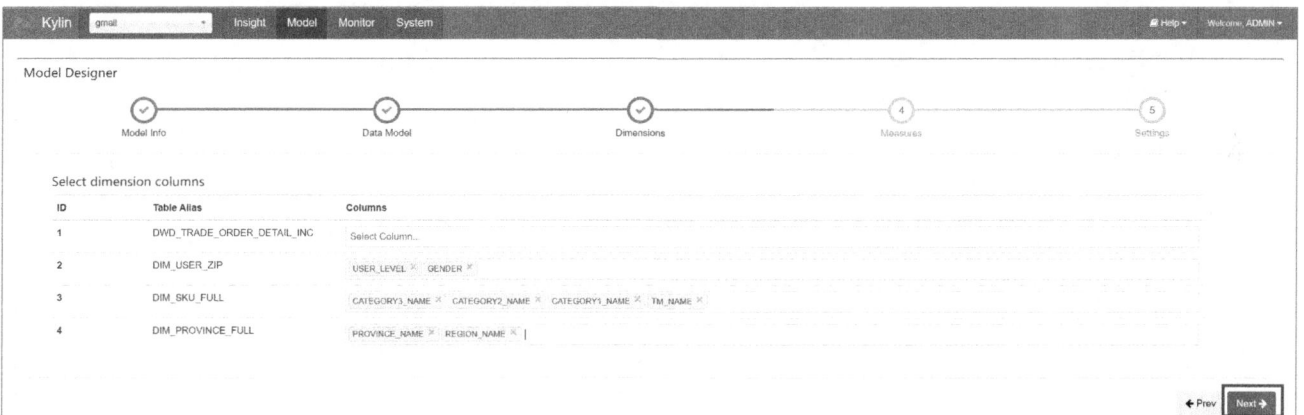

图 9-18 指定维度字段

（6）指定度量字段，并单击 Next 按钮，如图 9-19 所示。

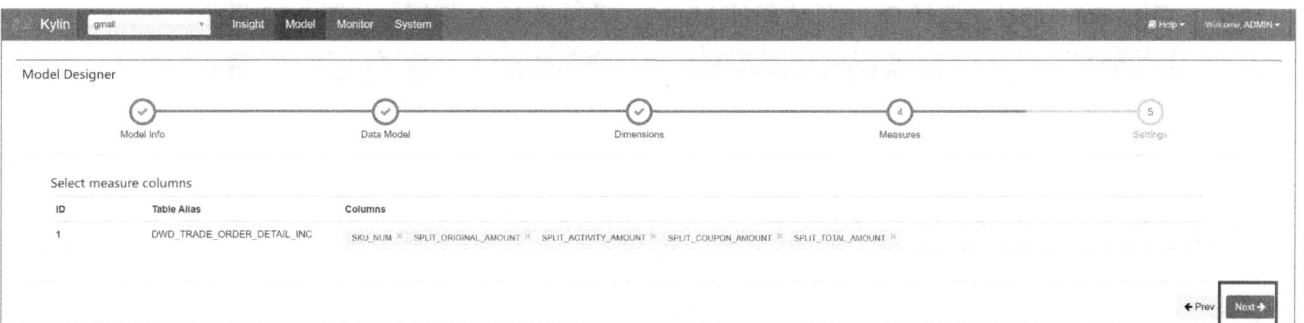

图 9-19 指定度量字段

（7）指定事实表分区字段（仅支持日期分区），并单击 Save 按钮，如图 9-20 所示。
Model 创建完成。

4．构建 Cube

（1）单击 New Cube 按钮，如图 9-21 所示。

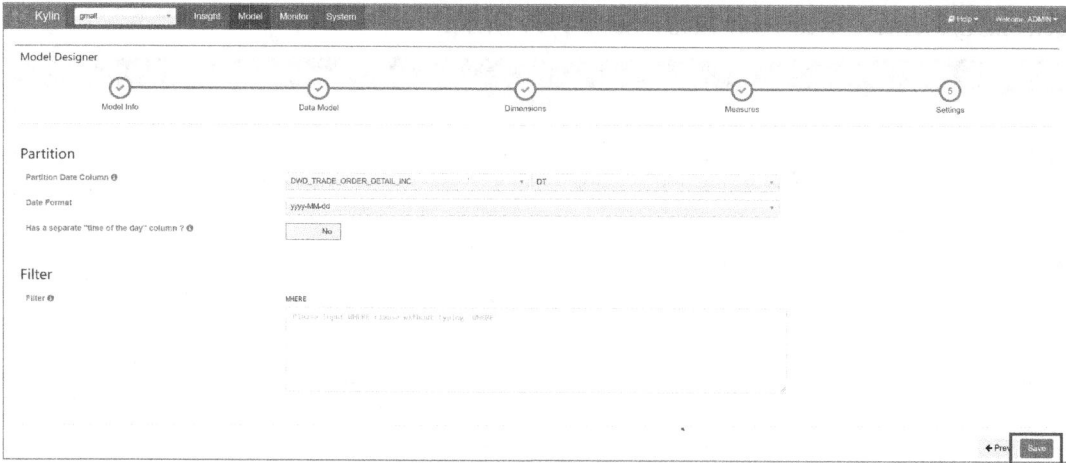

图 9-20　指定事实表分区字段

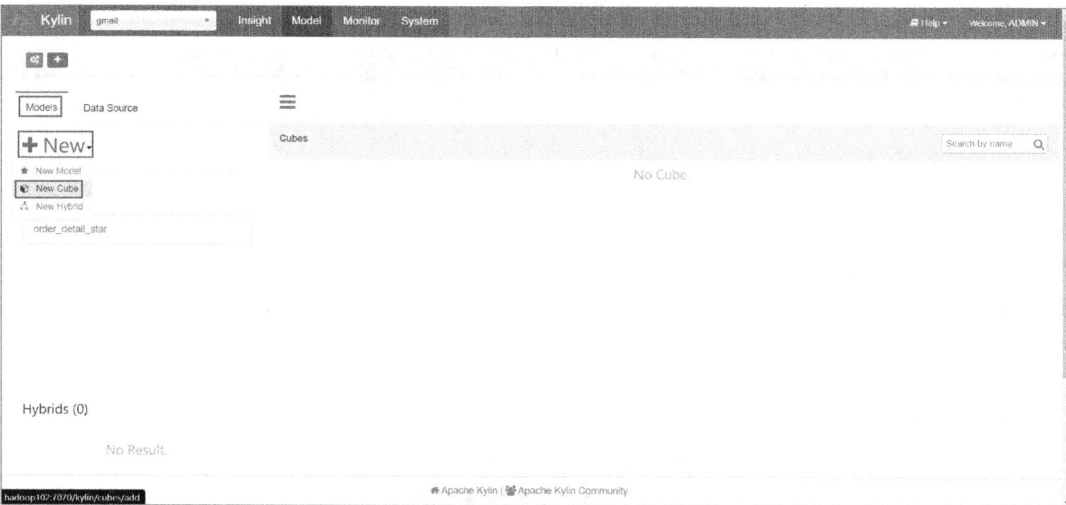

图 9-21　构建 Cube 入口

（2）填写 Cube 信息，选择 Cube 所依赖的 Model，并单击 Next 按钮，如图 9-22 所示。

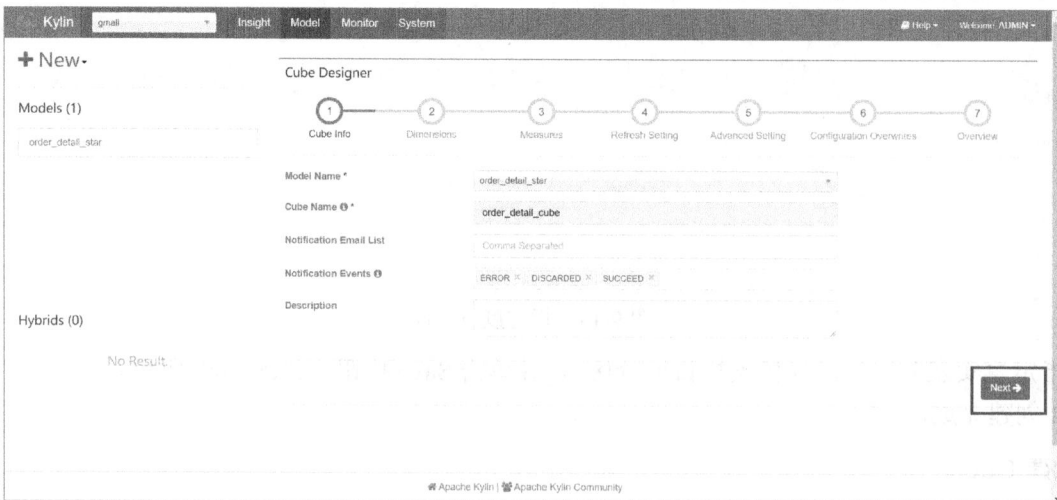

图 9-22　填写 Cube 信息

（3）选择 Cube 所需的维度，如图 9-23 所示，选择完成后的结果如图 9-24 所示。

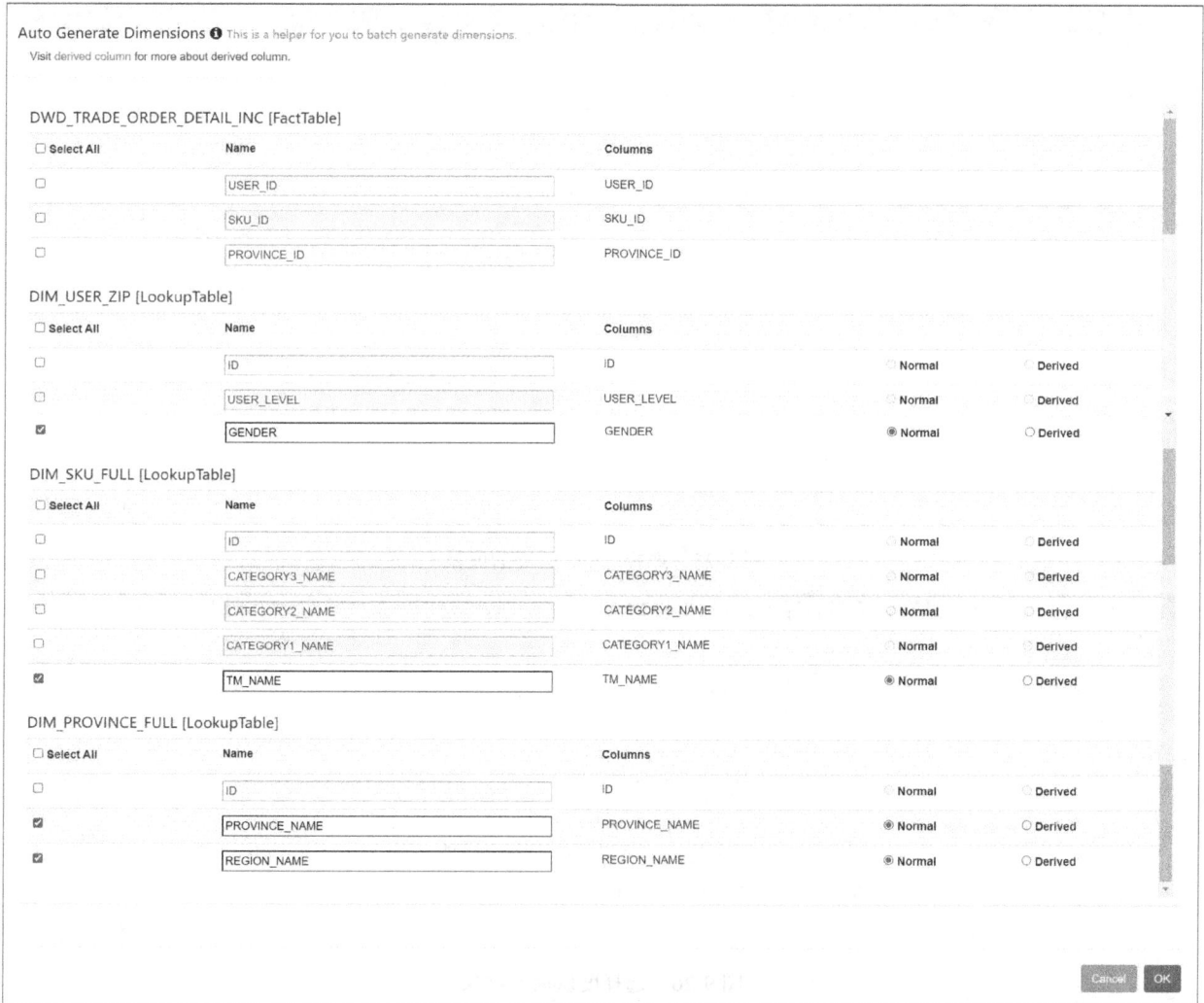

图 9-23　选择 Cube 所需的维度

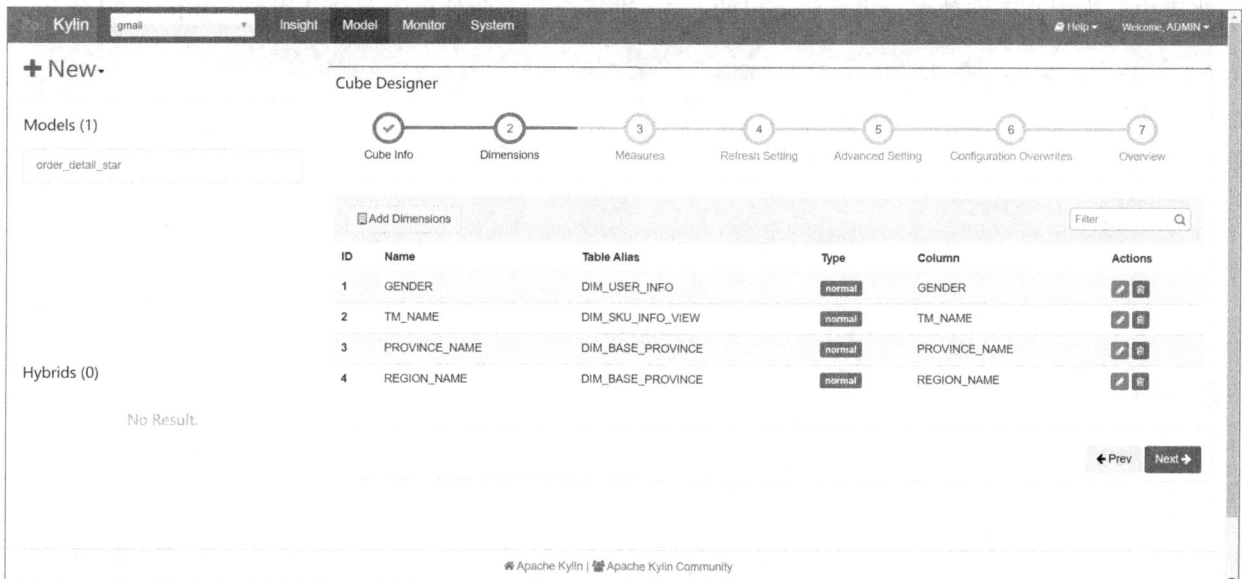

图 9-24　选择维度后的结果

（4）选择 Cube 所需的度量，如图 9-25 所示，选择完成后的结果如图 9-26 所示。

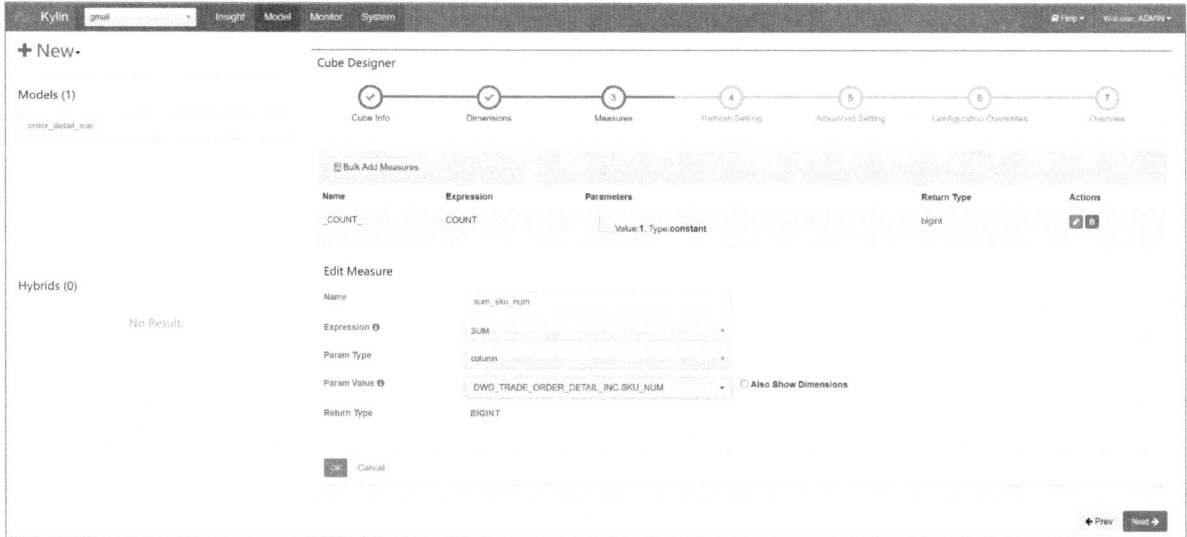

图 9-25　选择 Cube 所需的度量

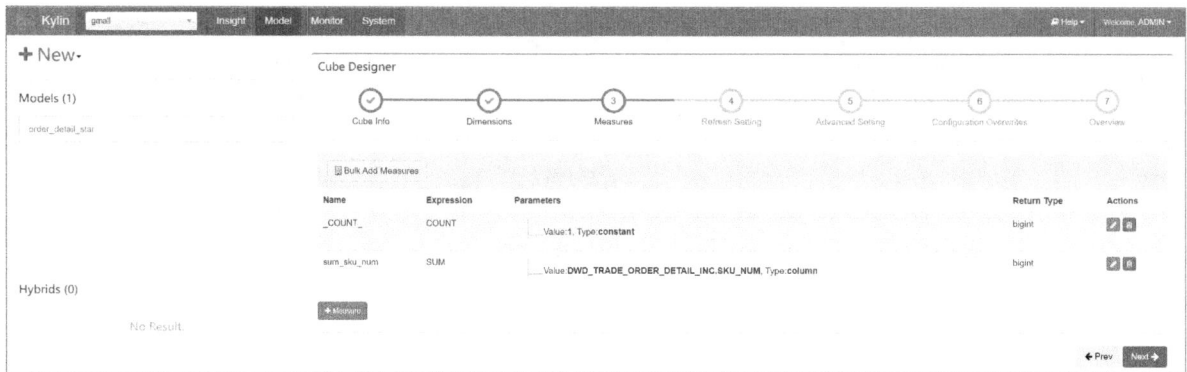

图 9-26　选择度量后的结果

（5）Cube 自动合并设置。每日 Cube 需要按照日期分区字段进行构建，每次构建的结果会保存到 HBase 的一张表中，为提高查询效率，需要将每日的 Cube 进行合并，此处可设置合并周期，如图 9-27 所示。

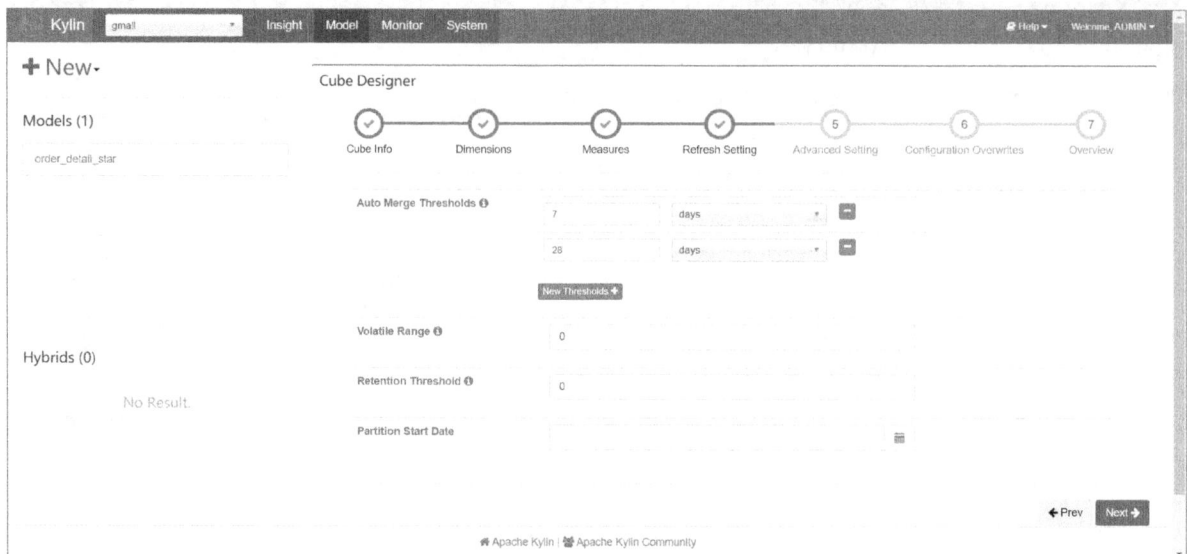

图 9-27　设置合并周期

（6）Kylin 高级配置（优化相关配置，暂时跳过）如图 9-28 所示。

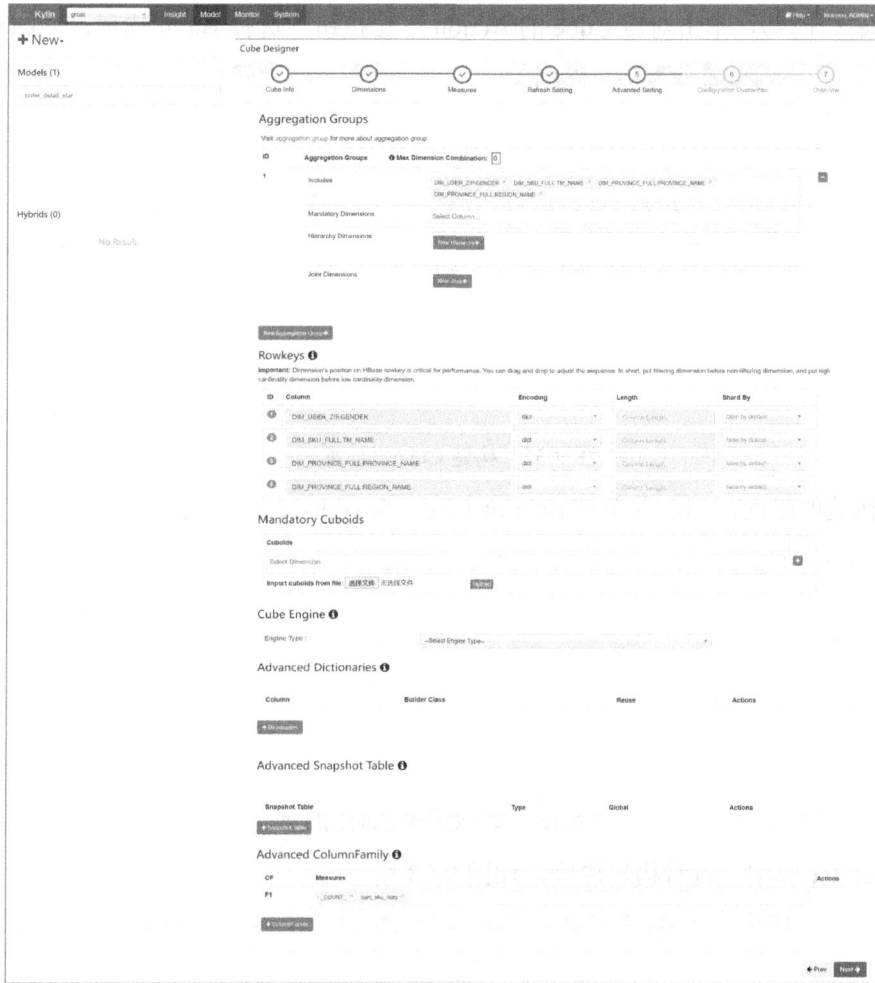

图 9-28　Kylin 高级配置

（7）Kylin 属性值覆盖相关配置如图 9-29 所示。

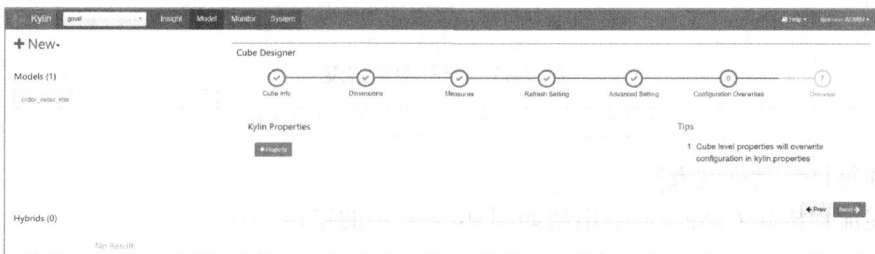

图 9-29　Kylin 属性值覆盖相关配置

（8）Cube 设计信息总览，如图 9-30 所示。单击 Save 按钮，Cube 创建完成。

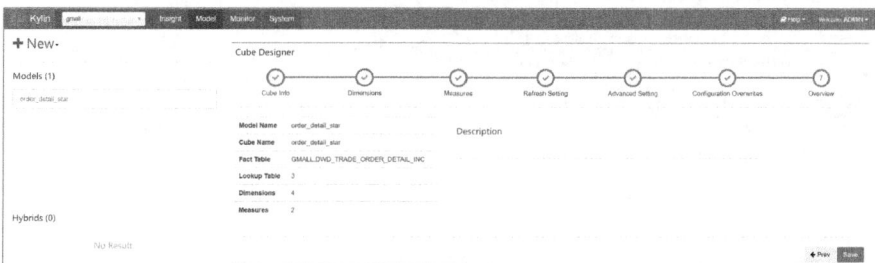

图 9-30　Cube 设计信息总览

（9）构建 Cube（计算），单击对应 Cube 的 Action 下拉按钮，选择 Build 选项，如图 9-31 所示。

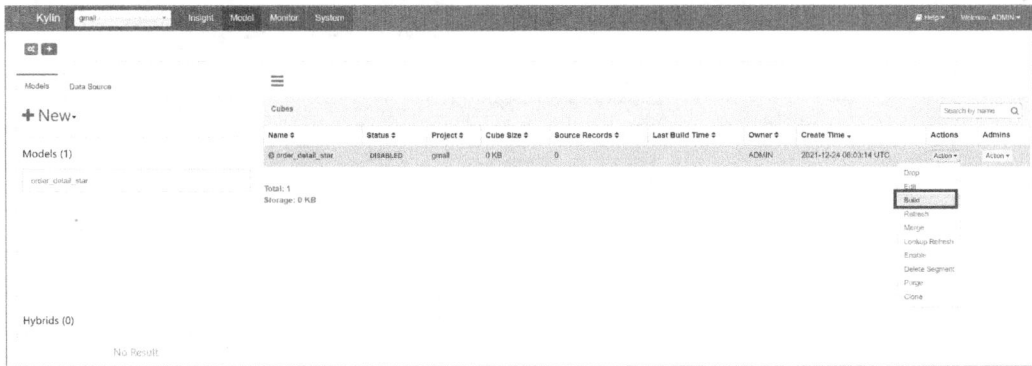

图 9-31　构建 Cube（计算）

（10）选择要构建的时间区间，并单击 Submit 按钮，如图 9-32 所示。

图 9-32　选择要构建的时间区间

（11）选择 Monitor 选项，查看构建进度，如图 9-33 所示。

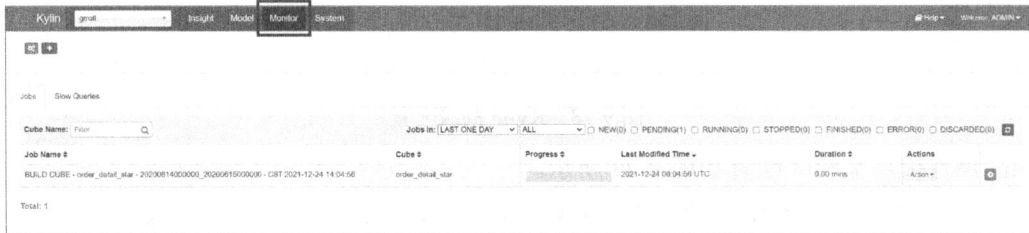

图 9-33　查看构建进度

5．使用进阶

（1）如何处理每日全量维度表？

如果按照上述流程构建 Cube，则会出现如图 9-34 所示的错误。

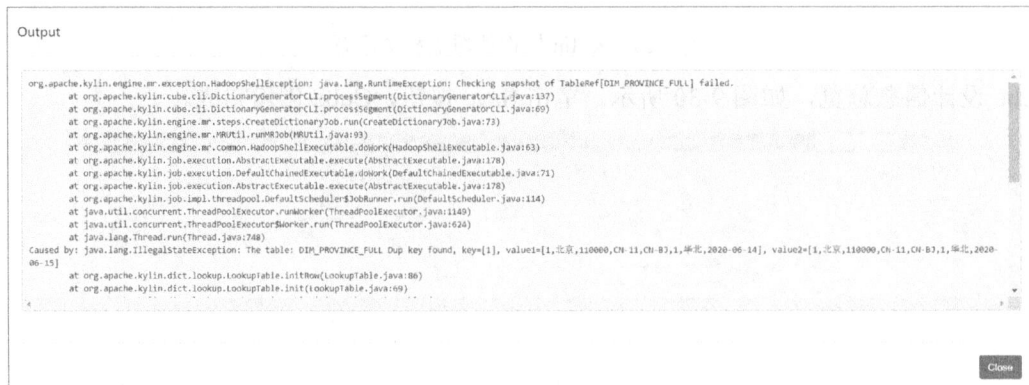

图 9-34　构建流程报错

出现上述错误的原因是 Model 中的维度表 dim_user_zip 为拉链表、dim_sku_full（dim_sku_info_view）为每日全量维度表，所以使用整张 dim_user_zip 表作为维度表，必然会出现表 dwd_trade_order_detail_inc 中同一个 user_id 或者 sku_id 对应多条数据的问题。针对上述问题，有以下解决方案。

在 Hive 客户端为拉链维度表及每日全量维度表创建视图，在创建视图时对数据进行过滤，保证从视图中查出的数据是一份全量最新的数据。

① 创建维度表视图（使用视图获取前一日的分区数据）。

```
--拉链维度表视图
create view dim_user_info_view as select * from dim_user_zip where dt='9999-12-31';

--每日全量维度表视图（注意排除复杂数据类型的字段）
create view dim_sku_info_view
as
select
    id,
    price,
    sku_name,
    sku_desc,
    weight,
    is_sale,
    spu_id,
    spu_name,
    category3_id,
    category3_name,
    category2_id,
    category2_name,
    category1_id,
    category1_name,
    tm_id,
    tm_name,
    create_time
from dim_sku_full
where dt=date_add(current_date,-1);

--我们先创建一个 2020-06-15 的视图，由于之前已经创建了 dim_sku_info_view 视图，因此无须重新创建，修改
--之前的视图即可
alter view dim_sku_info_view
as
select
    id,
    price,
    sku_name,
    sku_desc,
    weight,
    is_sale,
    spu_id,
    spu_name,
    category3_id,
    category3_name,
    category2_id,
    category2_name,
```

```
   category1_id,
   category1_name,
   tm_id,
   tm_name,
   create_time
from dim_sku_full
where dt='2020-06-15';
```

② 在 Data Source 中导入新创建的视图，可选择删除之前的维度表。

③ 重新创建 Model、Cube。

（2）如何实现每日自动构建 Cube？

Kylin 提供了 RESTful API，因此，我们可以将构建 Cube 的命令写到脚本中，将脚本交给 Azkaban 或 Oozie 调度工具来处理，以实现定时调度功能。

脚本内容如下。

```bash
#! /bin/bash
cube_name=payment_view_cube
do_date=`date -d '-1 day' +%F`

# 获取 00:00 的时间戳
start_date_unix=`date -d "$do_date 08:00:00" +%s`
start_date=$(($start_date_unix*1000))

# 获取 24:00 的时间戳
stop_date=$(($start_date+86400000))

curl -X PUT -H "Authorization: Basic QURNSU46S1lMSU4=" -H 'Content-Type: application/json'
-d    '{"startTime":'$start_date',    "endTime":'$stop_date',    "buildType":"BUILD"}'
http://hadoop102:7070/kylin/api/cubes/$cube_name/build
```

9.2.5　Kylin Cube 构建原理

Kylin 的工作原理本质上是 MOLAP（Multidimension On-Line Analysis Processing）Cube，也就是多维立方体分析，它是数据分析中非常经典的理论，下面对其进行简要介绍。

维度：观察数据的角度。比如，关于员工数据，可以从性别角度来观察，也可以更加细化，从入职时间或者地区的角度来观察。维度是一组离散的值，比如，性别中的男和女，或者时间维度上的每个独立的日期。因此，在统计时可以将维度值相同的记录聚合在一起，应用聚合函数进行累加，以及求平均值、最大值和最小值等聚合运算。

度量：被聚合（观察）的统计值，也就是聚合运算的结果。比如，员工数据中不同性别员工的人数，又如，在同一年入职的员工数。

有了维度和度量，就可以对一张数据表或者一个数据模型上的所有字段进行分类，它们要么是维度，要么是度量（可以被聚合）。于是就有了根据维度和度量进行预计算的 Cube 理论，如图 9-35 所示。

给定一个数据模型，我们可以对其上的所有维度进行聚合，对于 n 个维度来说，组合的所有可能性共有 2^n 种。对每一种维度组合的度量进行聚合运算，将结果保存为一个物化视图，称为 Cuboid。所有维度组合的 Cuboid 作为一个整体，称为 Cube，如图 9-36 所示。

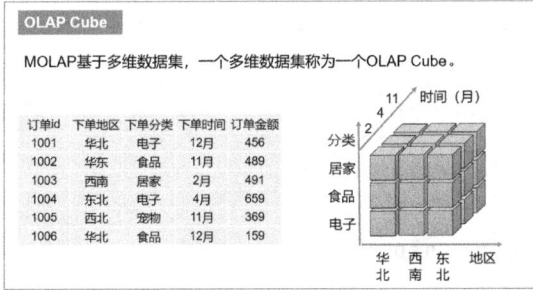

图 9-35　OLAP Cube

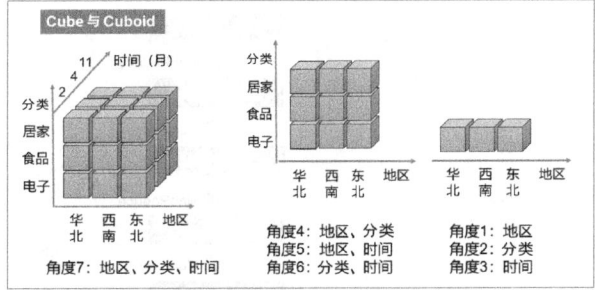

图 9-36　Cube 与 Cuboid

下面举一个简单的例子进行说明，假设有一个电商的销售数据集，其中维度包括时间[time]、商品[item]、地区[location]和供应商[supplier]，度量为销售额，那么所有的维度组合就有 $2^4 = 16$ 种，如图 9-37所示。

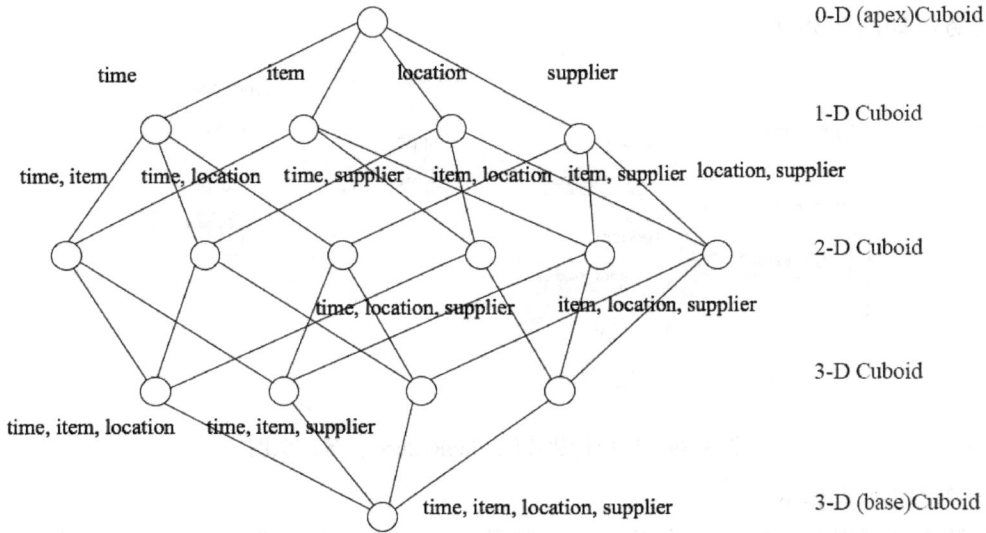

图 9-37　维度组合示意图

一维度（1-D）组合有[time]、[item]、[location]和[supplier] 4 种；

二维度（2-D）组合有[time, item]、[time, location]、[time, supplier]、[item, location]、[item, supplier]、[location, supplier] 6 种；

三维度（3-D）组合有[time, item, location]、[time, location, supplier]、[time, supplier, item]、[item, location, supplier] 4 种；

零维度（0-D）组合和四维度（4-D）组合各有 1 种。共有 16 种。

接下来介绍 Kylin Cube 的构建算法，其主要分为两种：逐层构建算法和快速构建算法。

1．逐层构建算法

我们知道，1 个 n 维的 Cube 是由 1 个 n 维子立方体、n 个 $n-1$ 维子立方体、$n×(n-1)/2$ 个 $n-2$ 维子立方体、…、n 个 1 维子立方体和 1 个 0 维子立方体构成的，一共有 2^n 个子立方体。在逐层构建算法中，按维度数逐层减少来计算，每个层级的结果（除了第 1 层，第 1 层是从原始数据聚合而来的）是基于它上一层级的结果聚合得出的。比如，[Group by A, B]的结果，可以基于[Group by A, B, C]的结果，去掉 C 后聚合得出，这样可以减少重复计算。当计算出 0 维度 Cuboid 时，整个 Cube 的计算也就完成了，计算过程如图 9-38 所示。

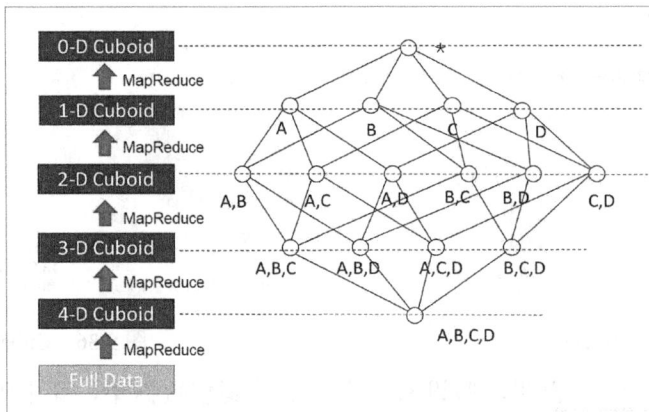

图 9-38　Kylin Cube 逐层构建算法的计算过程

　　每轮的计算都会执行一个 MapReduce 任务，且串行执行；一个 n 维的 Cube，至少需要执行 n 次 MapReduce 任务，如图 9-39 所示。

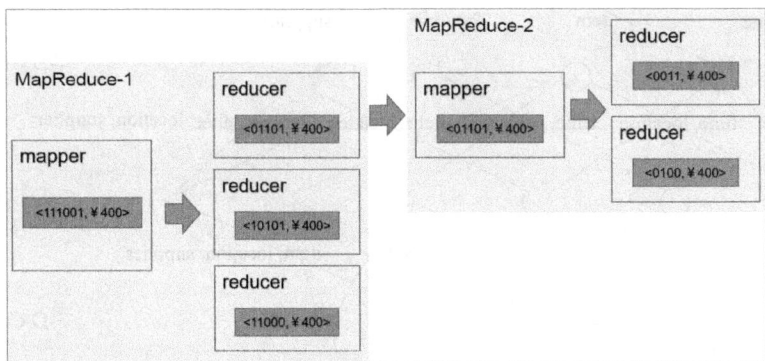

图 9-39　逐层构建算法 MapReduce 任务示意图

　　逐层构建算法的优点如下。

　　（1）此算法充分利用 MapReduce 的优点，处理了中间复杂的排序和 Shuffle 工作，所以该算法的代码清晰简单、易于维护。

　　（2）受益于 Hadoop 的日趋成熟，此算法非常稳定，即便在集群资源紧张时，也能保证工作最终完成。

　　逐层构建算法的缺点如下。

　　（1）当 Cube 有较多维度时，所需要的 MapReduce 任务也会相应增加；Hadoop 的任务调度需要耗费额外资源，特别是当集群较庞大时，反复递交任务造成的额外开销会相当大。

　　（2）由于 mapper 逻辑中并未进行聚合操作，因此每轮 MapReduce 的 Shuffle 工作量都很大，从而导致效率低下。

　　（3）对 HDFS 的读/写操作较多：由于每一层计算的输出会被用作下一层计算的输入，因此这些 key-value 需要写到 HDFS 上；当所有计算都完成后，Kylin 还需要执行额外的一轮任务将这些文件转成 HBase 的 HFile 格式，以导入 HBase 中。

　　总体而言，逐层构建算法的效率较低，尤其是当 Cube 有较多维度时。

2．快速构建算法

　　快速构建算法也被称作"逐段"（By Segment）或"逐块"（By Split）算法。Kylin Cube 从 1.5.x 版本开始引入该算法，该算法的主要思想是每个 mapper 将其所分配到的数据块计算成一个完整的小 Cube 段（包含所有的 Cuboid）。每个 mapper 将计算完成的小 Cube 段输出给 reducer 并进行合并，生成大 Cube 段，也就是最终结果。Kylin 快速构建算法的计算过程如图 9-40 所示。

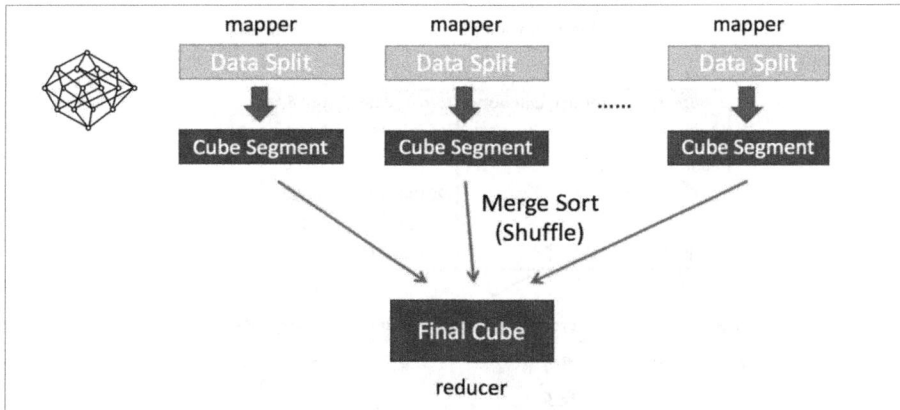

图 9-40　Kylin 快速构建算法的计算过程

快速构建算法与逐层构建算法的不同之处主要有如下两点。

（1）mapper 会利用内存进行预聚合，计算出所有组合；mapper 输出的每个 key 都是不同的，这样会减少输出到 Hadoop MapReduce 任务的数据量，也不再需要进行中间聚合（Combiner）。

（2）执行一轮 MapReduce 任务便会完成所有层次的计算，减少了 Hadoop 任务的调配，如图 9-41 所示。

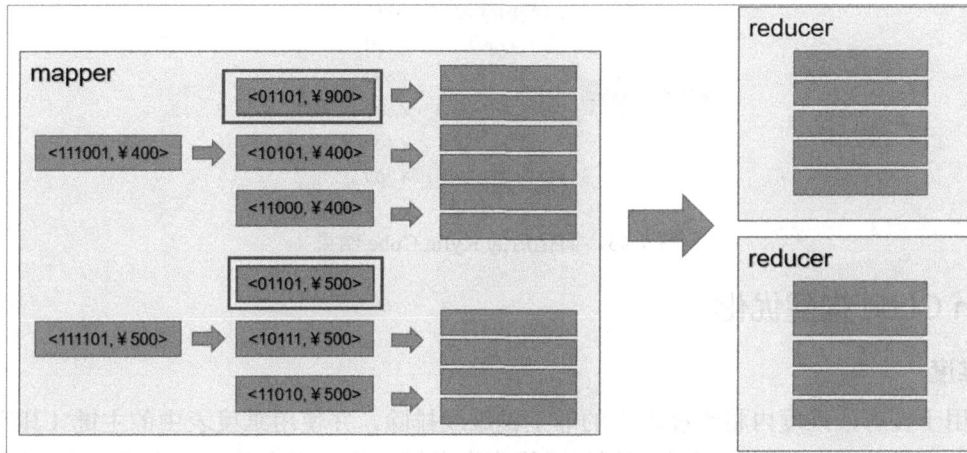

图 9-41　快速构建算法 MapReduce 任务示意图

9.2.6　Kylin Cube 存储原理

Kylin 的 Cube 存储在 HBase 中，在 HBase 中用 Rowkey 代表一张表的维度和维度值，每一个 Rowkey 对应一个度量。在将每一个 Cube 数据存储到 HBase 之前，都要先对维度值进行编码。图 9-42 所示为具有 3 个维度字段和 1 个度量字段的 Cube 表示意图。第 1 行数据表示 address 为北京，product_category 为电子，order_date 为 2019-01-09，price 为¥100。第 2 行数据则表示 address 为北京，product_category 为电子，order_date 维度值不存在（表示包含所有日期），price 为¥600。

我们对每个维度字段的维度值进行编码。例如，address 维度一共有 3 个维度值，将北京编码为 0，上海编码为 1，深圳编码为 2。默认的维度值编码算法为字典编码。最终得到了如图 9-42 所示的维度字典表。

将维度值进行编码之后就可以进行 Rowkey 的设计了，Rowkey 由 Cuboid 和维度值两部分组成。Cuboid 部分由 0 或 1 组成，1 表示该 Cuboid 对应的维度组合中有该维度值，0 则表示没有。如图 9-42 所示的第 1 行数据，3 个维度值都存在，则 Cuboid 为 111，在第 2 行数据中，日期维度值不存在，则 Cuboid 为 110。维度值部分不存储真正的维度值，而存储维度值编码之后的结果，例如，第 1 行数据的 3 个维度值分别是北京、电子和 2019-01-09，对应的维度值编码就是 000。

图 9-42　维度字典表

经过上述算法的计算和简化，如图 9-42 所示的表格即能简化成如图 9-43 所示的 HBase 中存储的 Kylin Cube。

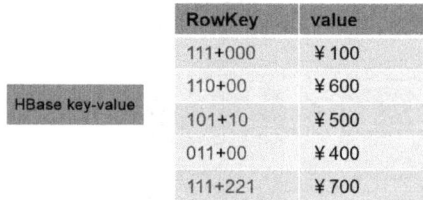

图 9-43　简化后的 Kylin Cube 结果

9.2.7　Kylin Cube 构建优化

1．衍生维度

衍生维度用于在有效维度内将维度表中的非主键维度排除，并使用维度表中的主键（其实是事实表中相对应的外键）来代替它们。Kylin 会在底层记录维度表主键与维度表中其他非主键维度之间的映射关系，以便在查询时能够动态地将维度表中的主键"翻译"成非主键维度，并进行实时聚合，如图 9-44 所示。

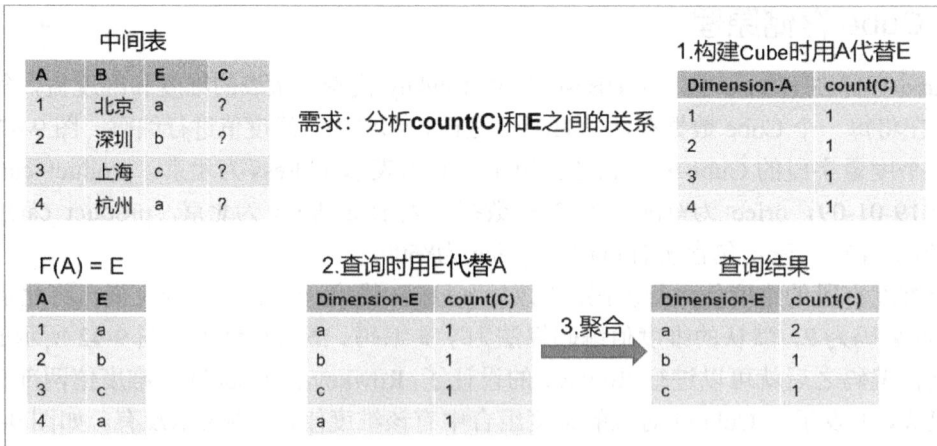

图 9-44　衍生维度示意图

虽然衍生维度具有非常大的优势，但并不是说所有维度表中的维度都需要变成衍生维度，如果从维度表主键到维度表某个非主键维度所需要的聚合工作量非常大，则不建议使用衍生维度。

2. 聚合组

聚合组（Aggregation Group）是一个强大的剪枝工具。聚合组假设一个 Cube 的所有维度均可以根据业务需求划分成若干组（当然也可以是一个组），由于同一个分组内的维度更可能同时被同一个查询用到，因此会表现出更加紧密的内在关联。每个分组的维度集合均是 Cube 所有维度的一个子集，不同的分组各自拥有一个维度集合，它们可能与其他分组有相同的维度，也可能没有相同的维度。每个分组各自独立地根据自身的规则贡献出一批需要物化的 Cuboid，所有分组贡献的 Cuboid 的并集就成了当前 Cube 中所有需要物化的 Cuboid 的集合。不同的分组有可能会贡献出相同的 Cuboid，构建引擎会察觉到这一点，并保证每个 Cuboid 无论在多少个分组中出现，都只会被物化一次。

对于每个分组内部的维度，用户可以使用如下 3 种可选的方式定义它们之间的关系。

（1）强制维度：如果一个维度被定义为强制维度，那么在这个分组产生的所有 Cuboid 中每个 Cuboid 都会包含该维度。每个分组中都可以有 0 个、1 个或多个强制维度。如果根据这个分组的业务逻辑，该维度一定会在过滤条件或分组条件中，则可以在该分组中把该维度设置为强制维度，如图 9-45 所示。

（2）层级维度：每个层级包含两个或多个维度。假设一个层级中包含 $D_1, D_2, \cdots, D_n$ n 个维度，那么在该分组产生的任何 Cuboid 中，这 n 个维度只会以（），（D_1），（D_1, D_2），$\cdots$，（$D_1, D_2, \cdots, D_n$）$n+1$ 种形式中的一种出现。每个分组中可以有 0 个、1 个或多个层级，不同层级之间不应有共享的维度。如果根据这个分组的业务逻辑，多个维度之间存在层级关系，则可以在该分组中把这些维度设置为层级维度，如图 9-46 所示。

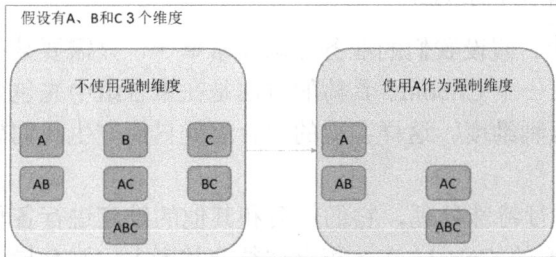

图 9-45　强制维度示意图　　　　　　　　图 9-46　层级维度示意图

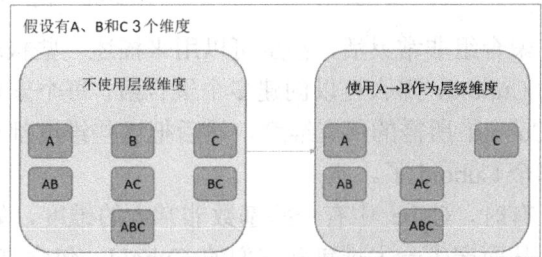

（3）联合维度：每个联合中包含两个或多个维度，如果某些列形成一个联合，那么在该分组产生的任何 Cuboid 中，这些联合维度要么一起出现，要么都不出现。每个分组中可以有 0 个或多个联合，但是不同联合之间不应有共享的维度（否则它们将合并成一个联合）。如果根据这个分组的业务逻辑，多个维度在查询中总是同时出现，则可以在该分组中把这些维度设置为联合维度，如图 9-47 所示。

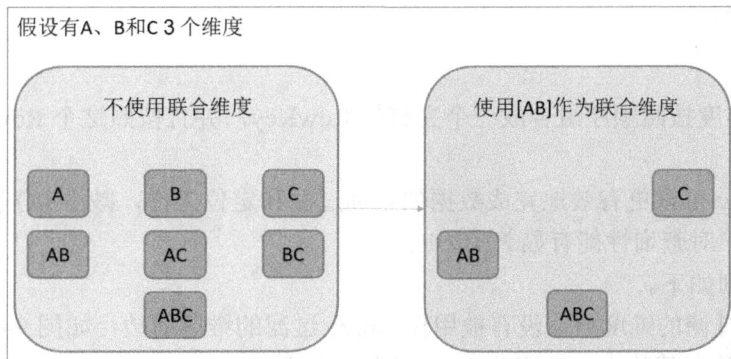

图 9-47　联合维度示意图

上述操作可以在 Cube Designer 的 Advanced Setting 中的 Aggregation Groups 区域完成，如图 9-48 所示。

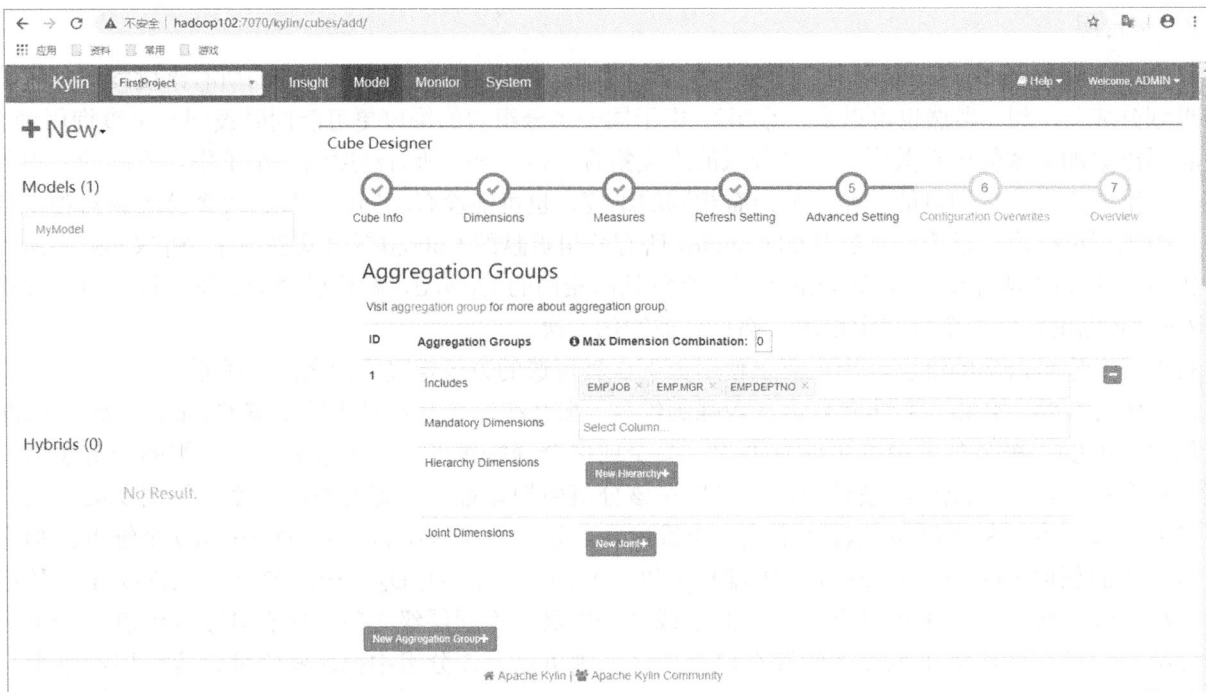

图 9-48　使用聚合组构建优化的示意图

聚合组非常灵活，甚至可以用来描述一些极端的设计。假设我们的业务需求非常单一，只需要某些特定的 Cuboid，那么可以创建多个聚合组，每个聚合组代表一个 Cuboid。具体的方法是在聚合组中先包含某个 Cuboid 所需的所有维度，然后把这些维度都设置为强制维度。这样当前的聚合组就只能产生我们想要的那个 Cuboid 了。

有时，Cube 中有一些基数非常大的维度，如果不进行特殊处理，它们就会和其他的维度进行各种组合，从而产生一大堆包含它们的 Cuboid。包含高基数维度的 Cuboid 在体积上往往非常庞大，这会导致整个 Cube 的膨胀率变大。如果根据业务需求知道这个高基数维度只会与若干个维度（而不是所有维度）同时被查询到，就可以通过聚合组对这个高基数维度进行一定的"隔离"。我们首先把这个高基数维度放入一个单独的聚合组中，再把所有可能与这个高基数维度一起被查询到的其他维度放进来。这样，这个高基数维度就被"隔离"在一个聚合组中了，所有不会与它一起被查询到的维度都没有和它一起出现在任何一个分组中，因此就不会有多余的 Cuboid 产生。这样大大减少了包含该高基数维度的 Cuboid 的数量，可以有效地控制 Cube 的膨胀率。

3. RowKey 优化

Kylin 会把所有的维度按照顺序组合成一个完整的 RowKey，并且按照这个 RowKey 对 Cuboid 中所有的行进行升序排列。

设计良好的 RowKey 可以更有效地完成数据的查询过滤和定位工作，减少 I/O 次数，提高查询速度。RowKey 中的维度次序，对查询性能有显著的影响。

RowKey 的设计原则如下。

（1）被用作 where 过滤的维度放在没有被用作 where 过滤的维度前边，如图 9-49 所示。

（2）基数大的维度放在基数小的维度前边，如图 9-50 所示。

二维 Cuboid 由三维 Cuboid 计算而来，此处，三维 Cuboid-1110/1101 均可通过计算得到二维 Cuboid-1100，Kylin 的规则是选择 Cuboid 数据量小的，即选择三维 Cuboid-1101。我们应保证 Kylin 所选的 Cuboid-1101 为数据量较小的一个，而三维 Cuboid-1110/1101 的数据量大小实际是由维度 C 和 D 的基数决定的。为保证 Cuboid-1101 的数据量小于 Cuboid-1110，需保证维度 D 的基数小于维度 C 的基数。

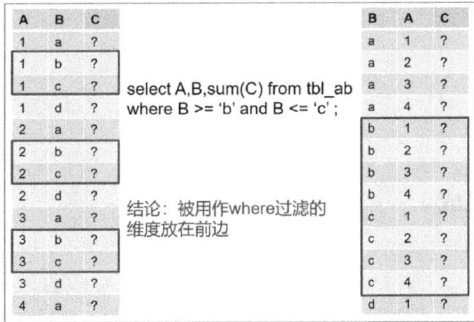

图 9-49　被用作 where 过滤的维度放在前边

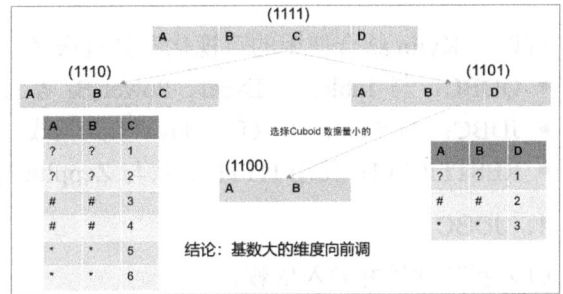

图 9-50　基数大的维度放在基数小的维度前边

4．并发粒度优化

当 Segment 中某一个 Cuboid 的大小超出一定的阈值时，系统会将该 Cuboid 的数据分配到多个分区中，以实现 Cuboid 数据读取的并行化，从而优化 Cube 的查询速度。具体的实现方式如下：构建引擎根据 Segment 估计的大小，以及参数 kylin.hbase.region.cut 的设置决定 Segment 在存储引擎中需要的分区数量，如果存储引擎是 HBase，那么分区的数量对应于 HBase 中 Region 的数量。参数 kylin.hbase.region.cut 的默认值是 5.0，单位是 GB，也就是说，对于一个大小是 50GB 的 Segment，构建引擎会给它分配 10 个分区。用户还可以通过设置 kylin.hbase.region.count.min（默认值是 1.0）和 kylin.hbase.region.count.max（默认值是 500.0）两个参数来决定每个 Segment 最少或最多被划分成几个分区。

由于每个 Cube 的并发粒度控制不同，因此建议读者在 Cube Designer 的 Configuration Overwrites 区域中进行设置，如图 9-51 所示，可以通过单击 Property 按钮，为每个 Cube 量身定制控制并发粒度的参数。假设将当前 Cube 的 kylin.hbase.region.count.min 的参数值设置为 2.0，kylin.hbase.region.count.max 的参数值设置为 100.0，这样无论 Segment 的大小如何变化，它的分区数量最小都不会小于 2 个，最大都不会大于 100 个。相应地，Segment 背后的存储引擎（HBase）为了存储 Segment，也不会使用小于 2 个或大于 100 个的分区。我们还调整了 kylin.hbase.region.cut 参数的默认值，这样 50GB 的 Segment 基本上会被分配到 50 个分区中，相比默认设置，Cuboid 最多会获得 5 倍的并发量。

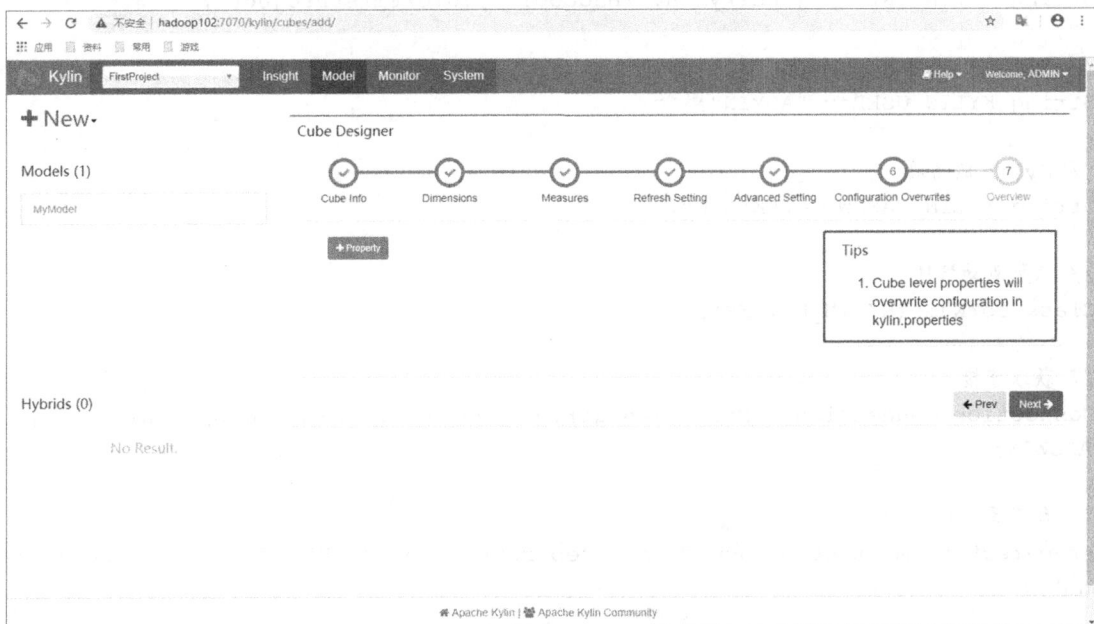

图 9-51　Kylin Cube 属性设置

9.2.8　Kylin BI 工具集成

可以与 Kylin 结合使用的可视化工具有很多，如下所示。

- ODBC：与 Tableau、Excel、Power BI 等工具集成。
- JDBC：与 Saiku、BIRT 等 Java 工具集成。
- RESTful API：使用 HTTP 协议与 Zepplin 等 BI 工具集成。

1．JDBC

（1）新建项目并导入依赖。

```
<dependencies>
    <dependency>
        <groupId>org.apache.kylin</groupId>
        <artifactId>kylin-jdbc</artifactId>
        <version>2.5.1</version>
    </dependency>
</dependencies>
```

（2）编写如下代码。

```
package com.atguigu;

import java.sql.*;

public class TestKylin {

    public static void main(String[] args) throws Exception {

        // Kylin_JDBC 驱动
        String KYLIN_DRIVER = "org.apache.kylin.jdbc.Driver";

        // Kylin_URL
        String KYLIN_URL = "jdbc:kylin://hadoop102:7070/FirstProject";

        // Kylin 的用户名
        String KYLIN_USER = "ADMIN";

        // Kylin 的密码
        String KYLIN_PASSWD = "KYLIN";

        // 添加驱动信息
        Class.forName(KYLIN_DRIVER);

        // 获取连接
        Connection connection = DriverManager.getConnection(KYLIN_URL, KYLIN_USER,
KYLIN_PASSWD);

        // 预编译 SQL 语句
        PreparedStatement ps = connection.prepareStatement("SELECT sum(sal) FROM emp group
by deptno");

        // 执行查询
        ResultSet resultSet = ps.executeQuery();
```

```
// 遍历打印
while (resultSet.next()) {
    System.out.println(resultSet.getInt(1));
}
}
}
```

（3）结果如图 9-52 所示。

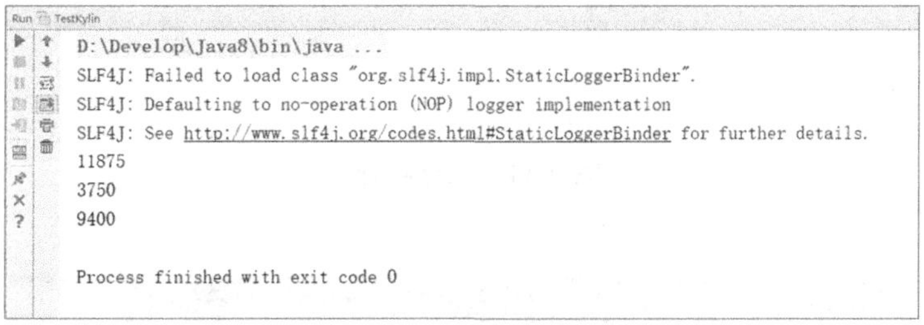

图 9-52　JDBC 结果展示

2. Zeppelin

（1）Zeppelin 的安装与启动。

① 将 zeppelin-0.8.0-bin-all.tgz 上传至 Linux。

② 将 zeppelin-0.8.0-bin-all.tgz 解压缩到/opt/module 目录下。

```
[atguigu@hadoop102 sorfware]$ tar -zxvf zeppelin-0.8.0-bin-all.tgz -C /opt/
module/
```

③ 修改名称。

```
[atguigu@hadoop102 module]$ mv zeppelin-0.8.0-bin-all/ zeppelin
```

④ 启动 Zeppelin。

```
[atguigu@hadoop102 zeppelin]$ bin/zeppelin-daemon.sh start
```

读者可登录 Zeppelin 网页（http://hadoop102:8080/#/）进行查看，Web 默认端口为 8080，如图 9-53 所示。

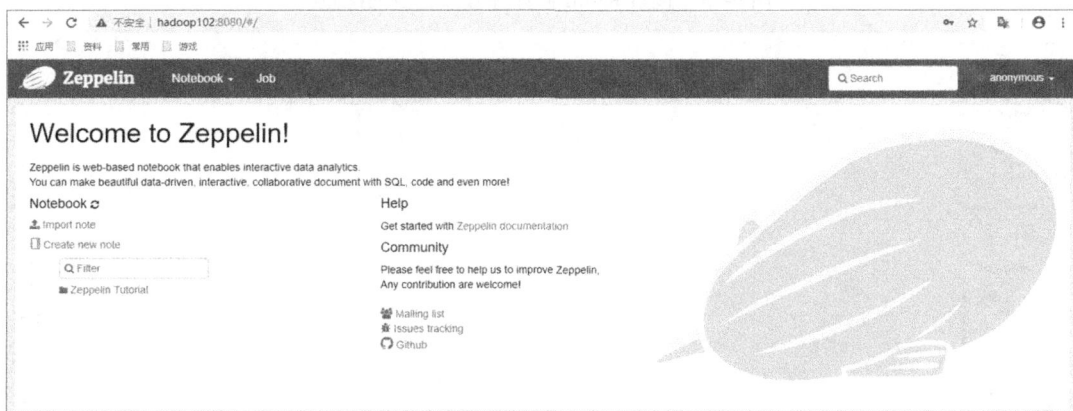

图 9-53　Zeppelin 网页

（2）配置 Zeppelin 支持 Kylin。

① 选择 anonymous→Interpreter 选项，配置解释器，如图 9-54 所示。

② 搜索 Kylin 插件并修改相应的配置，如图 9-55 所示。

③ 修改完成后，单击 Save 按钮保存修改内容，如图 9-56 所示。

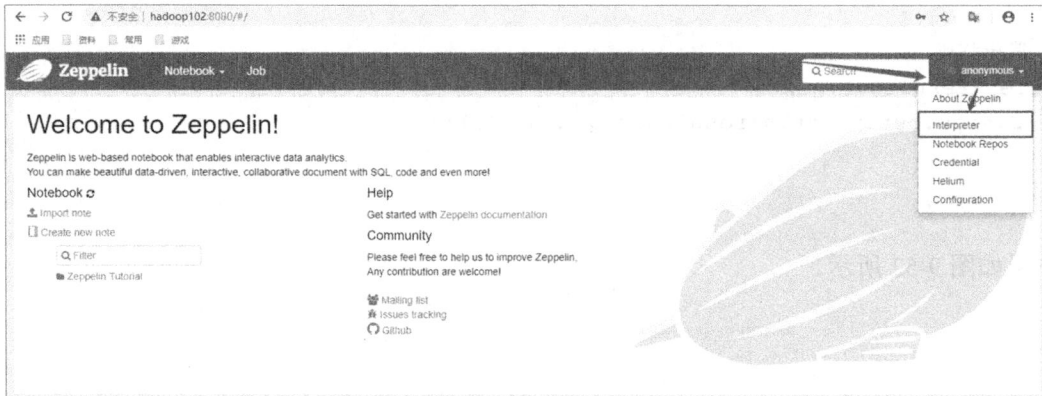

图 9-54 配置解释器

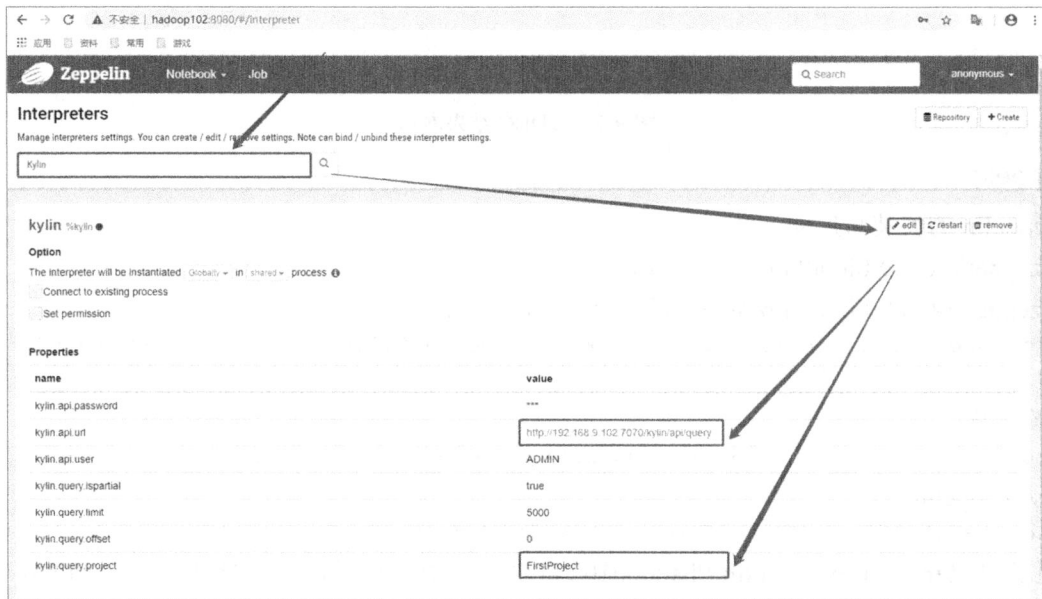

图 9-55 搜索 Kylin 插件并修改相应的配置

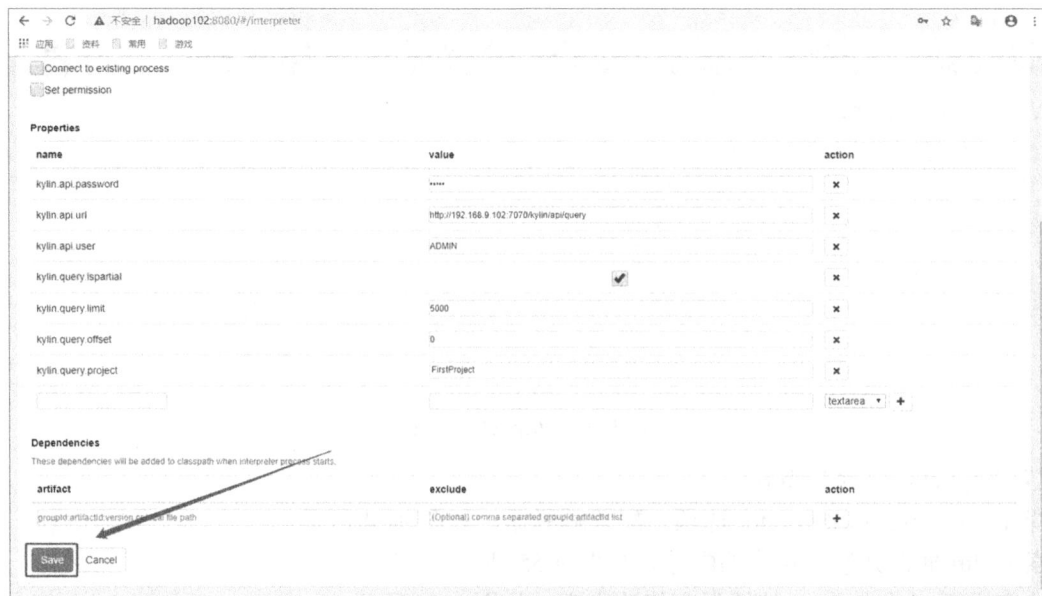

图 9-56 保存修改内容

（3）案例实操。

需求：查询员工的详细信息，并使用各种图表进行展示。

① 选择 Notebook→Create new note 选项，如图 9-57 所示。

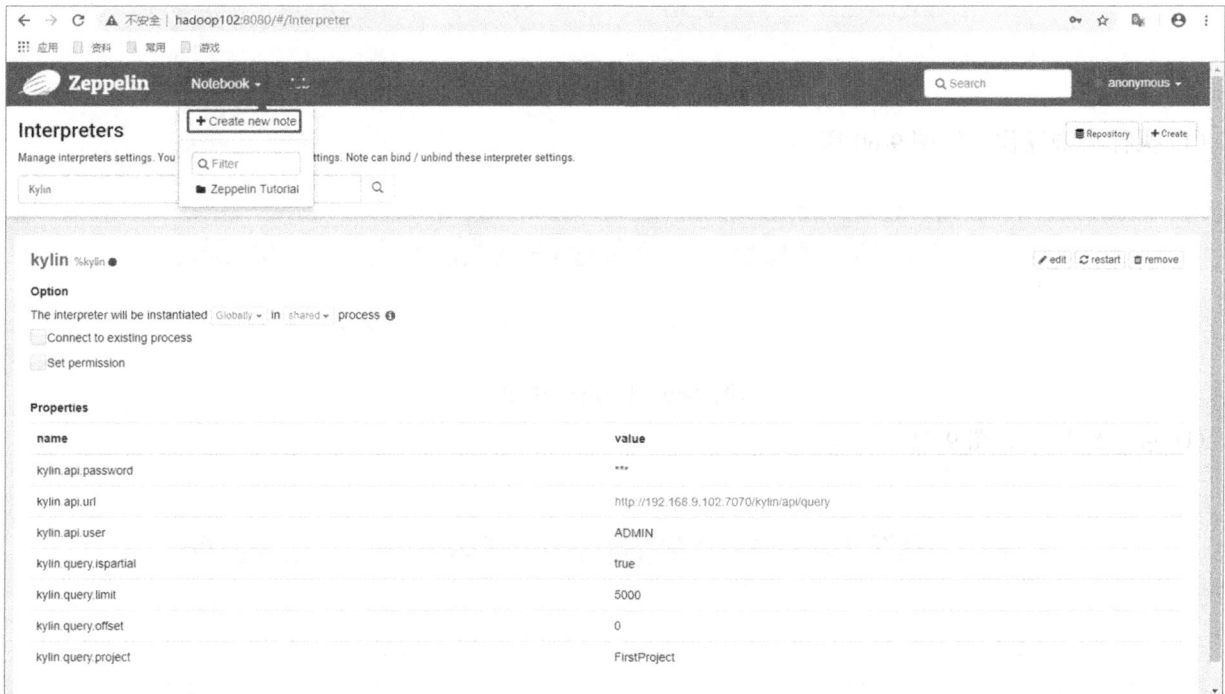

图 9-57　创建新 note 入口

② 在 Note Name 文本框中输入 test_kylin 并单击 Create 按钮，创建新 note，如图 9-58 所示。note 创建成功的页面如图 9-59 所示。

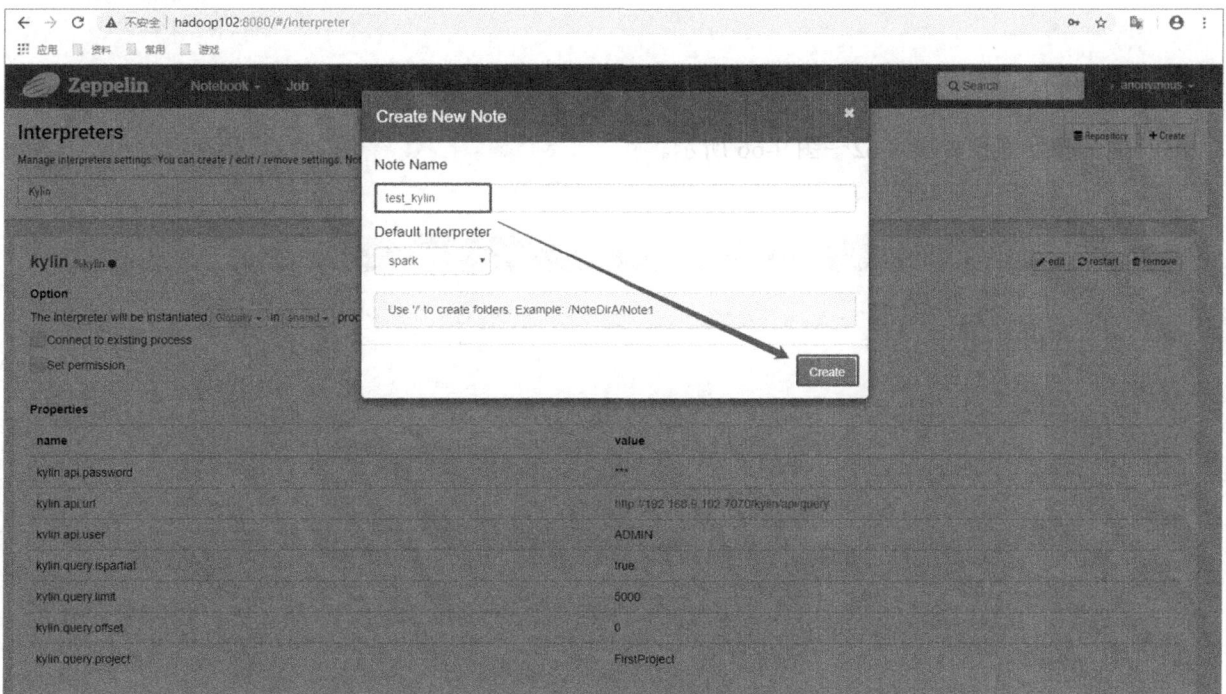

图 9-58　创建新 note

图 9-59　note 创建成功的页面

③ 执行查询操作，如图 9-60 所示。

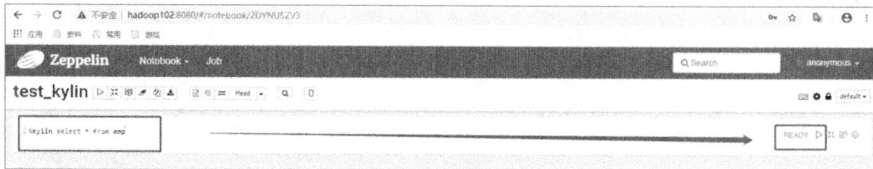

图 9-60　执行查询操作

④ 展示结果，如图 9-61 所示。

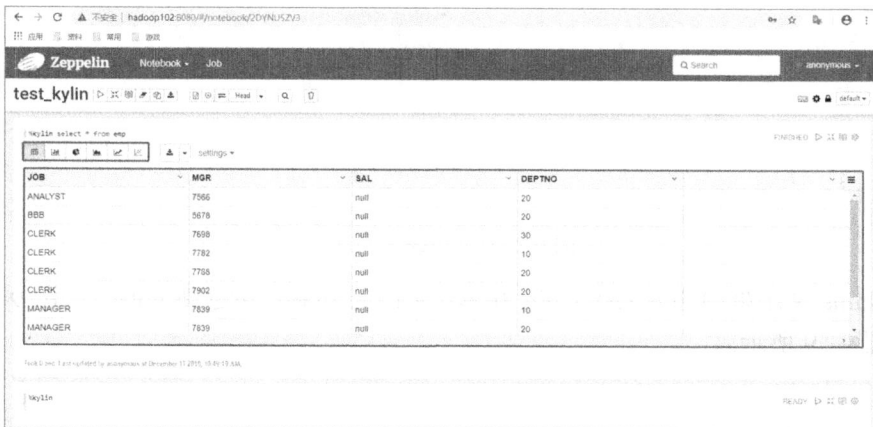

图 9-61　展示结果

⑤ 其他图表示意图如图 9-62～图 9-66 所示。

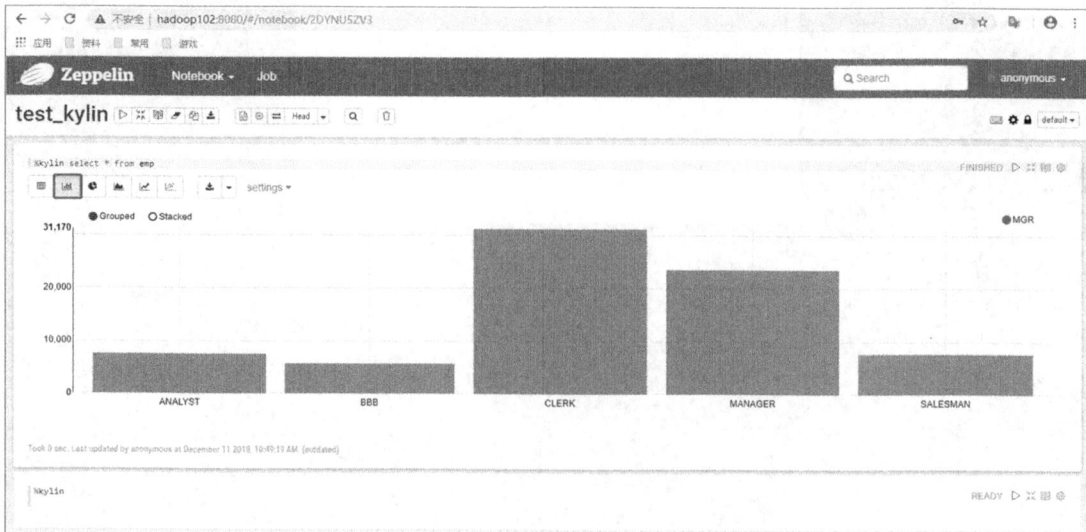

图 9-62　柱状图表示意图

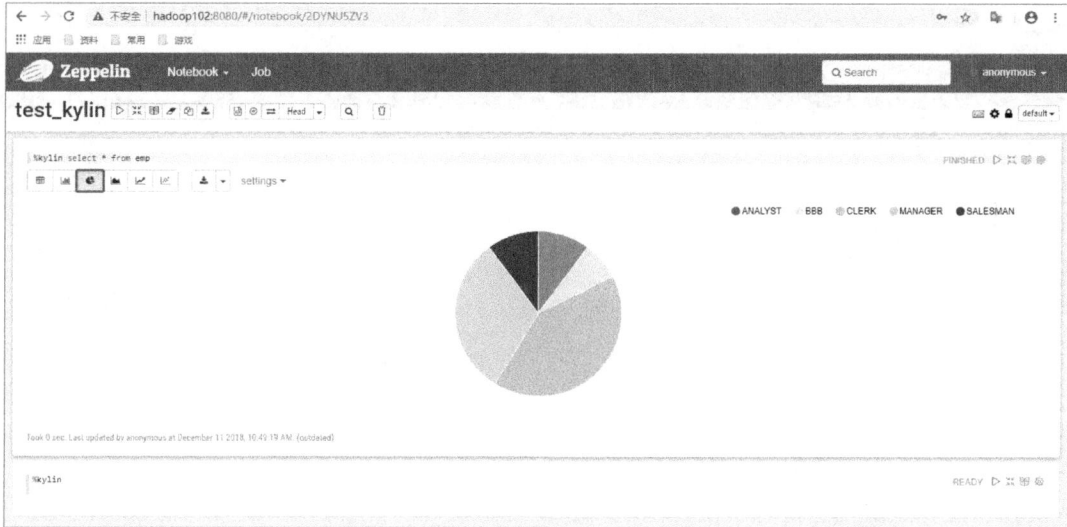

图 9-63　饼状图表示意图

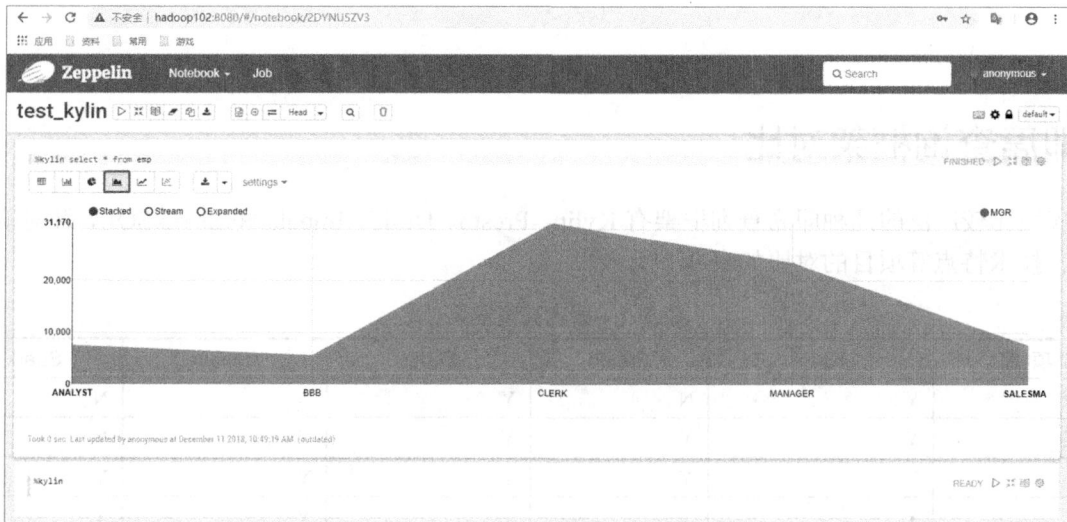

图 9-64　面积图表示意图

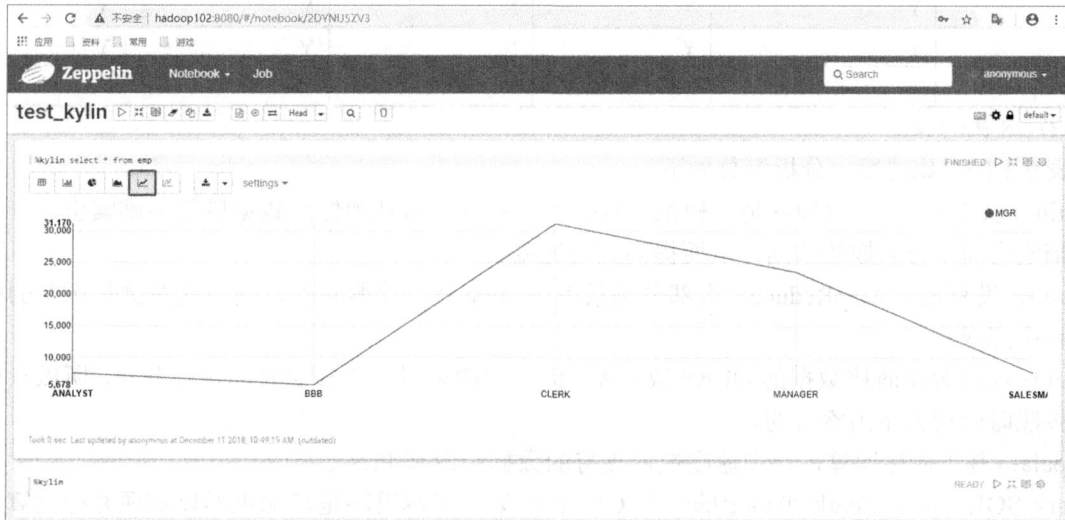

图 9-65　折线图表示意图

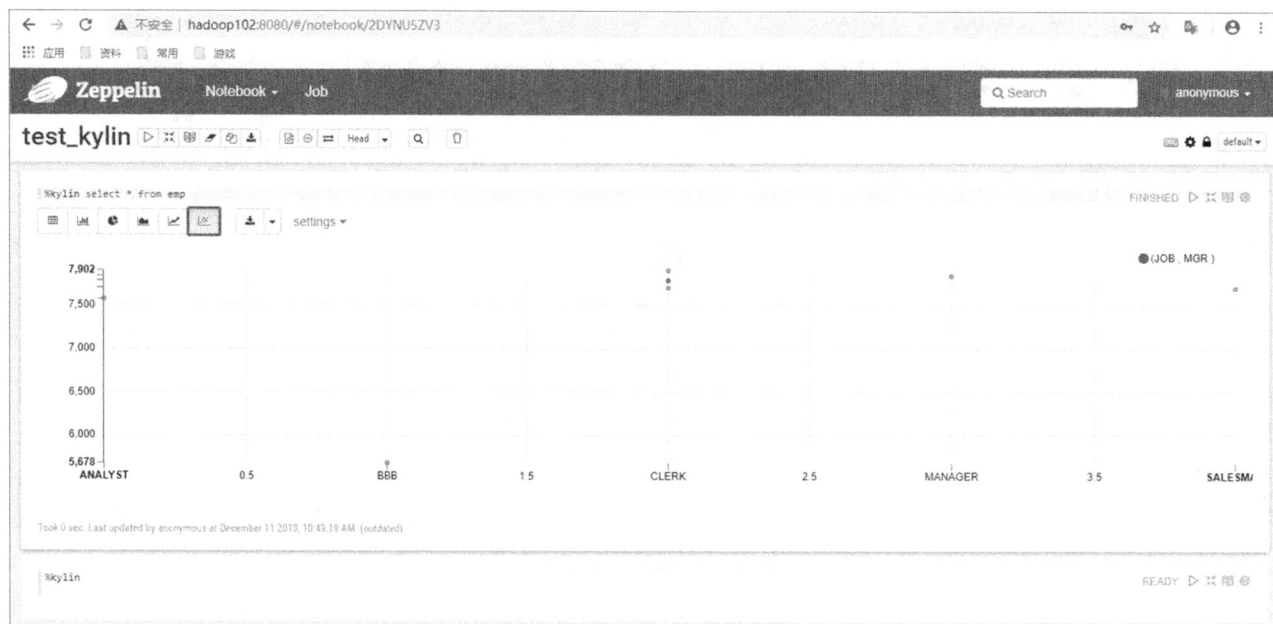

图 9-66 散点图表示意图

9.3 即席查询框架对比

目前应用比较广泛的几种即席查询框架有 Kylin、Presto、Druid、Impala 和 Spark SQL，针对响应时间、数据支持、技术特点等项目的对比如表 9-1 所示。

表 9-1 即席查询框架对比

对 比 项 目	Kylin	Presto	Druid	Impala	Spark SQL
亚秒级响应	Y	N	Y	N	N
百亿数据集	Y	Y	Y	Y	Y
SQL 支持	Y	Y	Y	Y	Y
离线	Y	Y	Y	Y	Y
实时	Y	N	Y	N	N
精确去重	Y	Y	N	Y	Y
多表 join	Y	Y	N	Y	Y
DBC for BI	Y	Y	N	Y	Y

注：Y 表示支持，N 表示不支持。

针对表 9-1 的对比情况，分析汇总如下。

- Kylin：核心是 Cube。Cube 是一种预计算技术，基本思路是预先对数据进行多维索引，在查询时只扫描索引而不访问原始数据，从而提高查询速度。
- Presto：没有使用 MapReduce，大部分场景下比 Hive 快一个数量级，其中的关键是所有的处理都在内存中完成。
- Druid：实时处理时序数据的 OLAP 数据库，因为它的索引首先按照时间进行分片，所以在查询时也是按照时间线去路由索引的。
- Impala：基于内存运算，查询速度快，支持的数据源没有 Presto 多。
- Spark SQL：基于 Spark 平台上的一个 OLAP 框架，基本思路是增加机器以实现并行运算，从而提高查询速度。

框架选型顺序如下。

- 从超大数据的查询效率方面考虑：Druid > Kylin > Impala > Presto > Spark SQL。
- 从支持的数据源种类方面考虑：Presto > Spark SQL > Impala > Kylin > Druid。

9.4　本章总结

本章主要对两个应用比较广泛的即席查询框架进行讲解。对于数据仓库系统来说，即席查询是不可或缺的环节。本章对两个即席查询框架的特点、安装部署等方面进行了说明，并对目前比较流行的几个即席查询框架进行了对比，在实际应用中，读者可以根据自己项目的具体情况进行选取。

第10章

集群监控模块

每个互联网企业都需要维护一定数量的服务器,大型互联网企业甚至需要维护成千上万台服务器。服务器宕机对于互联网企业来说代价是非常沉重的,轻则影响用户体验,重则直接影响业务系统运行,导致交易量下跌,给企业造成不可挽回的损失。对于数据仓库的开发人员来说也一样,数据仓库搭建完成之后,整个集群的性能监控问题就变得十分棘手。如何才能做到24小时不间断地监控集群服务器的正常运转呢?只靠人力去逐个检查或者出现故障之后去逐个排查问题显然是不现实的,此时集群监控系统变得十分重要。一个合格的集群监控系统需要对集群运行时的各个指标进行收集,如系统的 load、CPU 利用率、内存利用率等,在对这些关键指标进行实时监控的同时,如果发生异常能在第一时间通知负责人进行处理,将损失降到最低。

10.1 Zabbix 入门

Zabbix 由 Alexei Vladishev 创建,目前由其成立的公司——Zabbix SIA 积极地持续开发、更新和维护,并为用户提供技术支持。Zabbix 是一个企业级分布式开源监控解决方案,是一款能够监控各种网络参数,以及服务器健康性和完整性的软件。Zabbix 使用灵活的通知机制,允许用户为几乎任何事件配置基于电子邮件的报警,快速反馈服务器出现的问题。基于已存储的数据,Zabbix 提供了出色的报告和数据可视化功能。Zabbix 支持主动轮询和被动捕获两种监控方案,用户可直接通过 Web 页面对所有的报表、统计数据和配置参数进行访问。它是一款非常优秀的集群监控软件,无论是小型企业还是大型企业,都同样适用。

Zabbix 由 Zabbix-server、数据库(Database)、Zabbix-agent 和 Web 页面(Zabbix-web)构成,如图 10-1 所示。其中,Zabbix-server 是 Zabbix 的核心组件,agent 向其报告系统可用性、系统完整性信息和统计信息。Zabbix-server 也是所有配置信息、统计信息和操作信息的核心存储库。数据库用于存储所有配置信息及 Zabbix 采集到的数据。Zabbix-agent 部署在被监控目标上,用于主动监控本地资源和应用,并将收集到的数据发送给 Zabbix-server。Web 页面可以使用户从任何地方和平台访问 Zabbix,该页面是 Zabbix-server 的一部分,通常(但不一定)和 Zabbix 运行在同一台物理机器上。

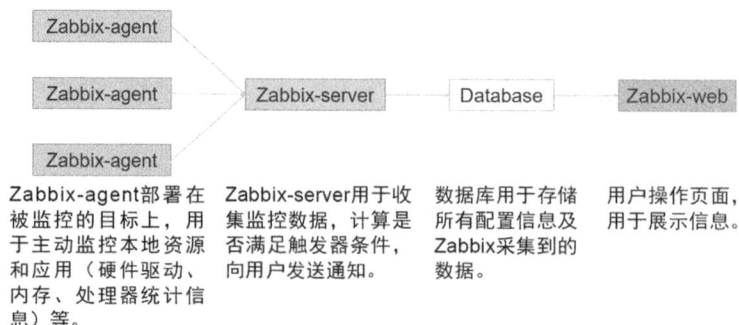

图 10-1 Zabbix 的构成

10.2　Zabbix 部署

10.2.1　集群规划

在安装 Zabbix 之前，首先需要对安装的进程进行规划。Zabbix-agent 需要安装在每一台被监控的物理机器上，所以 hadoop102、hadoop103、hadoop104 这 3 台节点服务器都需要安装 Zabbix-agent。其余的 Zabbix-server、Zabbix-web 和数据库安装在 hadoop102 节点服务器上。Zabbix 集群规划如表 10-1 所示。

在实际生产环境中，还需要考虑 Zabbix 运行所需要的物理内存和磁盘空间。如果进行大规模部署，则强烈建议将数据库进行独立部署。

表 10-1　Zabbix 集群规划

进　程	hadoop102	hadoop103	hadoop104
Zabbix-agent	√	√	√
Zabbix-server	√		
MySQL	√		
Zabbix-web	√		

10.2.2　准备工作

1．关闭集群

如果集群是开启状态，则先关闭集群。因为在安装完 Zabbix 后，需要重启虚拟机。

```
[atguigu@hadoop102 ~]$ cluster.sh stop
```

2．关闭防火墙

```
[atguigu@hadoop102 ~]$ sudo systemctl stop firewalld
[atguigu@hadoop102 ~]$ sudo systemctl disable firewalld

[atguigu@hadoop103 ~]$ sudo systemctl stop firewalld
[atguigu@hadoop103 ~]$ sudo systemctl disable firewalld

[atguigu@hadoop104 ~]$ sudo systemctl stop firewalld
[atguigu@hadoop104 ~]$ sudo systemctl disable firewalld
```

3．关闭 SELinux

（1）修改配置文件/etc/selinux/config。

```
[atguigu@hadoop102 ~]$ sudo vim /etc/selinux/config
```

修改如下内容。

```
# This file controls the state of SELinux on the system.
# SELINUX= can take one of these three values:
#     enforcing - SELinux security policy is enforced.
#     permissive - SELinux prints warnings instead of enforcing.
#     disabled - No SELinux policy is loaded.
SELINUX=disabled
# SELINUXTYPE= can take one of these two values:
#     targeted - Targeted processes are protected,
#     mls - Multi Level Security protection.
SELINUXTYPE=targeted
```

（2）重启服务器。

```
[atguigu@hadoop102 ~]$ sudo reboot
```

10.2.3 配置 Zabbix yum 源

1. 安装 yum 源

（1）从阿里云镜像中下载 Zabbix 安装包，并执行安装命令。

```
[atguigu@hadoop102 ~]$ sudo rpm -Uvh https://mirrors.aliyun.com/zabbix/zabbix/5.0/rhel/
7/x86_64/zabbix-release-5.0-1.el7.noarch.rpm

[atguigu@hadoop103 ~]$ sudo rpm -Uvh https://mirrors.aliyun.com/zabbix/zabbix/5.0/rhel/7/
x86_64/zabbix-release-5.0-1.el7.noarch.rpm

[atguigu@hadoop104 ~]$ sudo rpm -Uvh https://mirrors.aliyun.com/zabbix/zabbix/5.0/rhel/7/
x86_64/zabbix-release-5.0-1.el7.noarch.rpm
```

（2）安装 Software Collection 仓库。

```
[atguigu@hadoop102 ~]$ sudo yum install -y centos-release-scl

[atguigu@hadoop103 ~]$ sudo yum install -y centos-release-scl

[atguigu@hadoop104 ~]$ sudo yum install -y centos-release-scl
```

2. 修改为阿里云镜像

在 hadoop102、hadoop103、hadoop104 这 3 台节点服务器上依次执行如下步骤。

（1）查看原始 zabbix.repo 文件。

```
[atguigu@hadoop102 ~]$ sudo cat /etc/yum.repos.d/zabbix.repo
```

查看内容如下。

```
[zabbix]
name=Zabbix Official Repository - $basearch
baseurl=http://repo.zabbix.com/zabbix/5.0/rhel/7/$basearch/
enabled=1
gpgcheck=1
gpgkey=file:///etc/pki/rpm-gpg/RPM-GPG-KEY-ZABBIX-A14FE591

[zabbix-frontend]
name=Zabbix Official Repository frontend - $basearch
baseurl=http://repo.zabbix.com/zabbix/5.0/rhel/7/$basearch/frontend
enabled=0
gpgcheck=1
gpgkey=file:///etc/pki/rpm-gpg/RPM-GPG-KEY-ZABBIX-A14FE591

[zabbix-debuginfo]
name=Zabbix Official Repository debuginfo - $basearch
baseurl=http://repo.zabbix.com/zabbix/5.0/rhel/7/$basearch/debuginfo/
enabled=0
gpgkey=file:///etc/pki/rpm-gpg/RPM-GPG-KEY-ZABBIX-A14FE591
gpgcheck=1

[zabbix-non-supported]
name=Zabbix Official Repository non-supported - $basearch
baseurl=http://repo.zabbix.com/non-supported/rhel/7/$basearch/
enabled=1
gpgkey=file:///etc/pki/rpm-gpg/RPM-GPG-KEY-ZABBIX
```

```
gpgcheck=1
```

（2）执行以下命令完成全局替换。

```
[atguigu@hadoop102 ~]$ sudo sed -i 's/http:\/\/repo.zabbix.com/https:\/\/mirrors.aliyun.
com\/zabbix/g' /etc/yum.repos.d/zabbix.repo
```

注：sed 主要用来自动编辑一个或多个文件，可以对数据行进行替换、删除、新增、选取等特定操作，简化对文件的反复操作，编写转换程序等。

其中，-i 选项用于修改输入文件；在 s/a/b/g 选项中，s 表示替换，g 表示全局替换，a 表示替换前的内容，b 表示替换后的内容。

（3）查看修改之后的 zabbix.repo 文件。

```
[atguigu@hadoop102 ~]$ sudo cat /etc/yum.repos.d/zabbix.repo
```

查看内容如下。

```
[zabbix]
name=Zabbix Official Repository - $basearch
baseurl=https://mirrors.aliyun.com/zabbix/zabbix/5.0/rhel/7/$basearch/
enabled=1
gpgcheck=1
gpgkey=file:///etc/pki/rpm-gpg/RPM-GPG-KEY-ZABBIX-A14FE591

[zabbix-frontend]
name=Zabbix Official Repository frontend - $basearch
baseurl=https://mirrors.aliyun.com/zabbix/zabbix/5.0/rhel/7/$basearch/frontend
enabled=0
gpgcheck=1
gpgkey=file:///etc/pki/rpm-gpg/RPM-GPG-KEY-ZABBIX-A14FE591

[zabbix-debuginfo]
name=Zabbix Official Repository debuginfo - $basearch
baseurl=https://mirrors.aliyun.com/zabbix/zabbix/5.0/rhel/7/$basearch/debuginfo/
enabled=0
gpgkey=file:///etc/pki/rpm-gpg/RPM-GPG-KEY-ZABBIX-A14FE591
gpgcheck=1

[zabbix-non-supported]
name=Zabbix Official Repository non-supported - $basearch
baseurl=https://mirrors.aliyun.com/zabbix/non-supported/rhel/7/$basearch/
enabled=1
gpgkey=file:///etc/pki/rpm-gpg/RPM-GPG-KEY-ZABBIX
gpgcheck=1
```

3. 启动 Zabbix-web 仓库

打开/etc/yum.repos.d/zabbix.repo 文件，进行如下修改。

```
[zabbix]
name=Zabbix Official Repository - $basearch
baseurl=https://mirrors.aliyun.com/zabbix/zabbix/5.0/rhel/7/$basearch/
enabled=1
gpgcheck=1
gpgkey=file:///etc/pki/rpm-gpg/RPM-GPG-KEY-ZABBIX-A14FE591
```

```
[zabbix-frontend]
name=Zabbix Official Repository frontend - $basearch
baseurl=https://mirrors.aliyun.com/zabbix/zabbix/5.0/rhel/7/$basearch/frontend
enabled=1
gpgcheck=1
gpgkey=file:///etc/pki/rpm-gpg/RPM-GPG-KEY-ZABBIX-A14FE591

[zabbix-debuginfo]
name=Zabbix Official Repository debuginfo - $basearch
baseurl=https://mirrors.aliyun.com/zabbix/zabbix/5.0/rhel/7/$basearch/debuginfo/
enabled=0
gpgkey=file:///etc/pki/rpm-gpg/RPM-GPG-KEY-ZABBIX-A14FE591
gpgcheck=1

[zabbix-non-supported]
name=Zabbix Official Repository non-supported - $basearch
baseurl=https://mirrors.aliyun.com/zabbix/non-supported/rhel/7/$basearch/
enabled=1
gpgkey=file:///etc/pki/rpm-gpg/RPM-GPG-KEY-ZABBIX
gpgcheck=1
```

10.2.4 安装并配置 Zabbix

1．安装 Zabbix

在 hadoop102、hadoop103、hadoop104 这 3 台节点服务器上分别执行以下安装命令。

```
[atguigu@hadoop102 ~]$ sudo yum install zabbix-server-mysql zabbix-web-mysql zabbix-agent

[atguigu@hadoop103 ~]$ sudo yum install zabbix-agent

[atguigu@hadoop104 ~]$ sudo yum install zabbix-agent
```

2．配置 Zabbix

（1）在 MySQL 上创建 zabbix 数据库。

```
[atguigu@hadoop102 ~]$ mysql -uroot -p000000 -e"create database zabbix character set utf8
collate utf8_bin"
```

（2）导入 zabbix 建表语句。

```
[atguigu@hadoop102 ~]$ zcat /usr/share/doc/zabbix-server-mysql-5.0.8/create.sql.gz |
mysql -uroot -p000000 zabbix
```

注：create.sql.gz 包中存储的内容为建表语句。zcat 命令将 gz 包解压缩之后的内容写入标准输出，并通过管道输出给后边的 mysql 客户端，即可完成建表语句的导入。

（3）配置 Zabbix-server，在 hadoop102 节点服务器上修改 zabbix_server.conf 配置文件。

```
[atguigu@hadoop102 ~]$ sudo vim /etc/zabbix/zabbix-server.conf
```

修改如下内容。

```
DBHost=hadoop102
DBName=zabbix
DBUser=root
DBPassword=000000
```

（4）配置 Zabbix-agent，在 3 台节点服务器上修改 zabbix_agentd.conf 配置文件。

```
[atguigu@hadoop102 ~]$ sudo vim /etc/zabbix/zabbix_agentd.conf
```

修改如下内容。

```
Server=hadoop102
#ServerActive=127.0.0.1
#Hostname=Zabbix server
```

（5）修改/etc/opt/rh/rh-php72/php-fpm.d/zabbix.conf 文件，配置 Zabbix-web 时区。

```
[atguigu@hadoop102 ~]$ sudo vim /etc/opt/rh/rh-php72/php-fpm.d/zabbix.conf
```

修改如下内容。

```
[zabbix]
user = apache
group = apache

listen = /var/opt/rh/rh-php72/run/php-fpm/zabbix.sock
listen.acl_users = apache
listen.allowed_clients = 127.0.0.1

pm = dynamic
pm.max_children = 50
pm.start_servers = 5
pm.min_spare_servers = 5
pm.max_spare_servers = 35

php_value[session.save_handler] = files
php_value[session.save_path]    = /var/opt/rh/rh-php72/lib/php/session/

php_value[max_execution_time] = 300
php_value[memory_limit] = 128M
php_value[post_max_size] = 16M
php_value[upload_max_filesize] = 2M
php_value[max_input_time] = 300
php_value[max_input_vars] = 10000
php_value[date.timezone] = Asia/Shanghai
```

10.2.5 启动、停止 Zabbix

1. 启动 Zabbix

```
[atguigu@hadoop102 ~]$ sudo systemctl start zabbix-server zabbix-agent httpd rh-php72-
php-fpm
[atguigu@hadoop102 ~]$ sudo systemctl enable zabbix-server zabbix-agent httpd rh-php72-
php-fpm

[atguigu@hadoop103 ~]$ sudo systemctl start zabbix-agent
[atguigu@hadoop103 ~]$ sudo systemctl enable zabbix-agent

[atguigu@hadoop104 ~]$ sudo systemctl start zabbix-agent
[atguigu@hadoop104 ~]$ sudo systemctl enable zabbix-agent
```

2. 停止 Zabbix

```
[atguigu@hadoop102 ~]$ sudo systemctl stop zabbix-server zabbix-agent httpd rh-php72-php-
fpm
```

```
[atguigu@hadoop102 ~]$ sudo systemctl disable zabbix-server zabbix-agent httpd rh-php72-
php-fpm

[atguigu@hadoop103 ~]$ sudo systemctl stop zabbix-agent
[atguigu@hadoop103 ~]$ sudo systemctl disable zabbix-agent

[atguigu@hadoop104 ~]$ sudo systemctl stop zabbix-agent
[atguigu@hadoop104 ~]$ sudo systemctl disable zabbix-agent
```

3．连接 Zabbix-web 与数据库

（1）使用浏览器访问 http://hadoop102/zabbix，如图 10-2 所示。

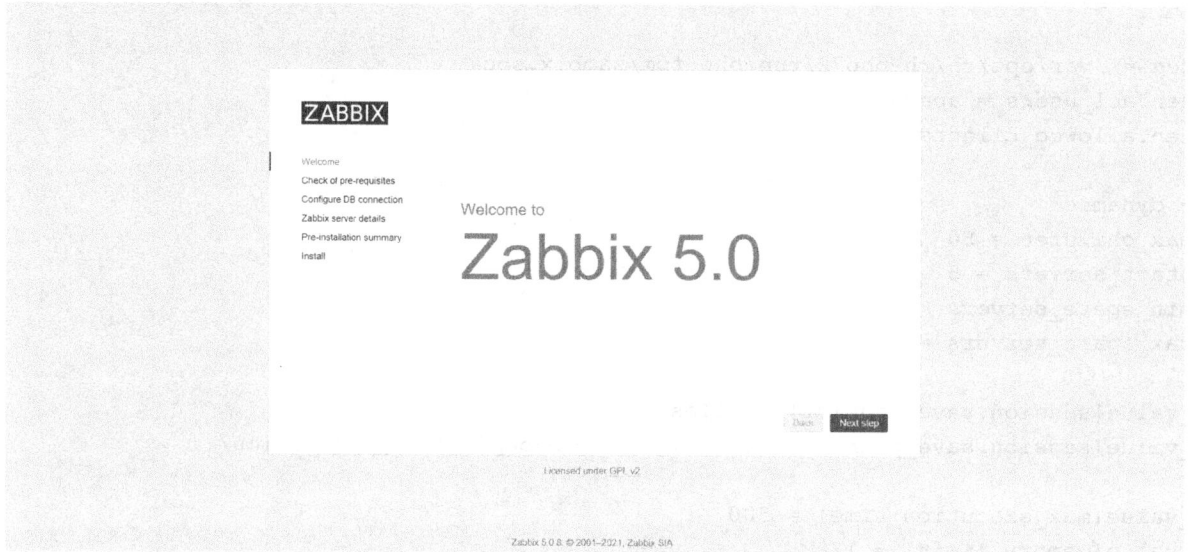

图 10-2　Zabbix 首页

（2）单击 Next step 按钮后，出现如图 10-3 所示的检查配置页面，检查服务器配置是否通过，显示 OK 则表示配置通过。

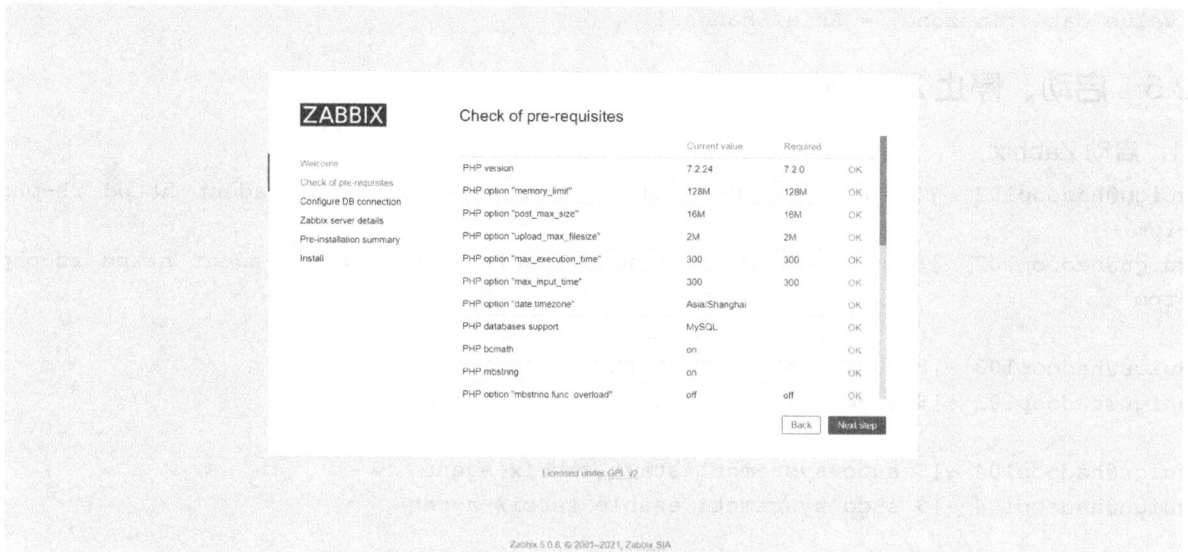

图 10-3　Zabbix 检查配置页面

（3）单击 Next step 按钮，配置 Zabbix-web 与数据库的连接，如图 10-4 所示。

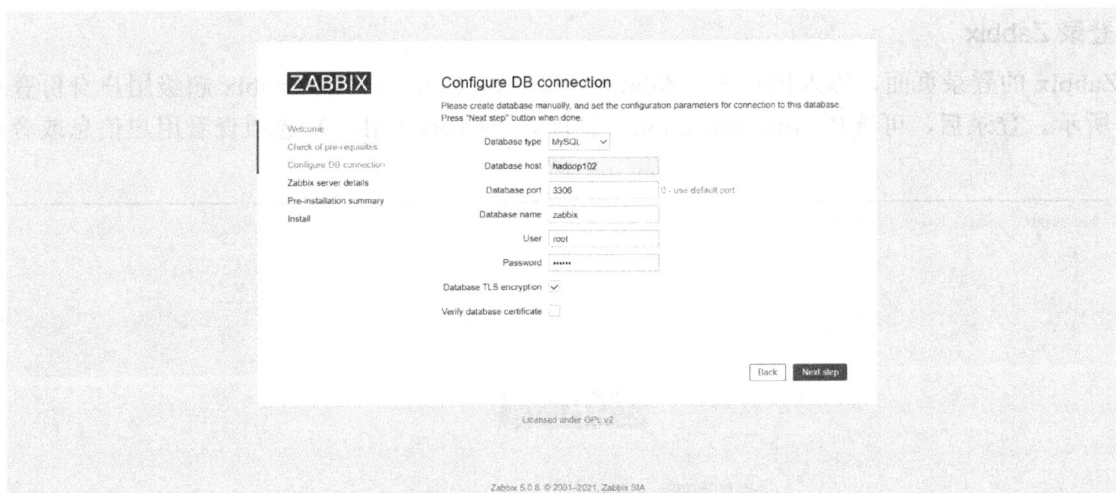

图 10-4 配置 Zabbix-web 与数据库的连接

（4）单击 Next step 按钮，配置 Zabbix-server 地址，此地址用于 Zabbix-web 与 Zabbix-server 之间的通信，如图 10-5 所示。

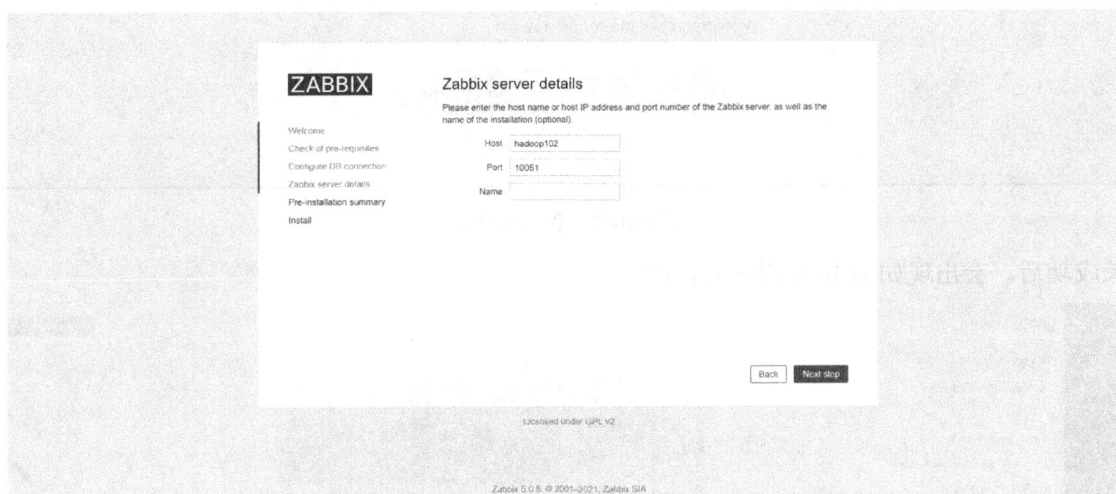

图 10-5 Zabbix-web 与 Zabbix-server 之间的通信配置

（5）单击 Next step 按钮后，出现如图 10-6 所示的页面，即表示配置成功。

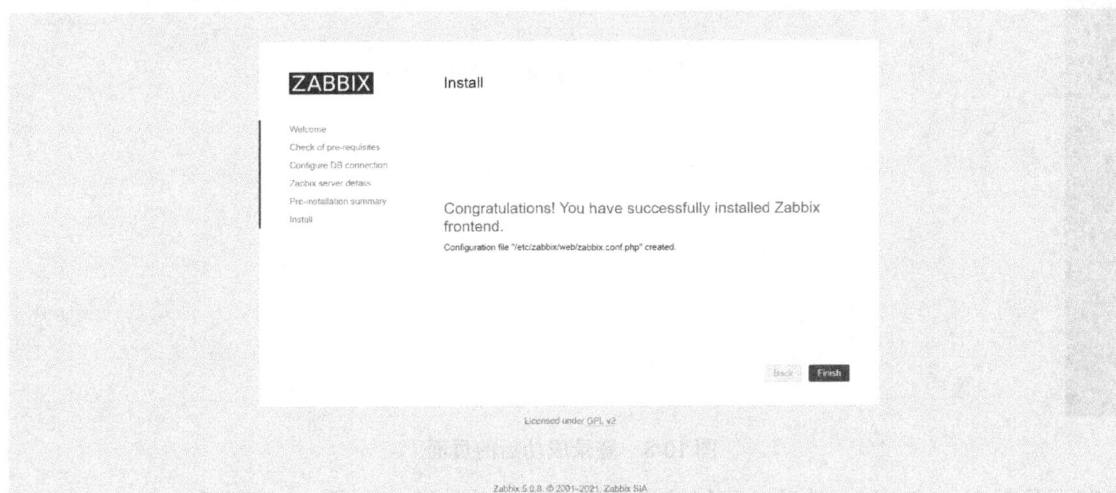

图 10-6 配置成功页面

4．登录 Zabbix

在 Zabbix 的登录页面，输入用户名（Admin）和密码（zabbix）以 Zabbix 超级用户身份登录，如图 10-7 所示。登录后，可选择 Administration（管理）→Users（用户）选项查看用户信息或者增加用户信息。

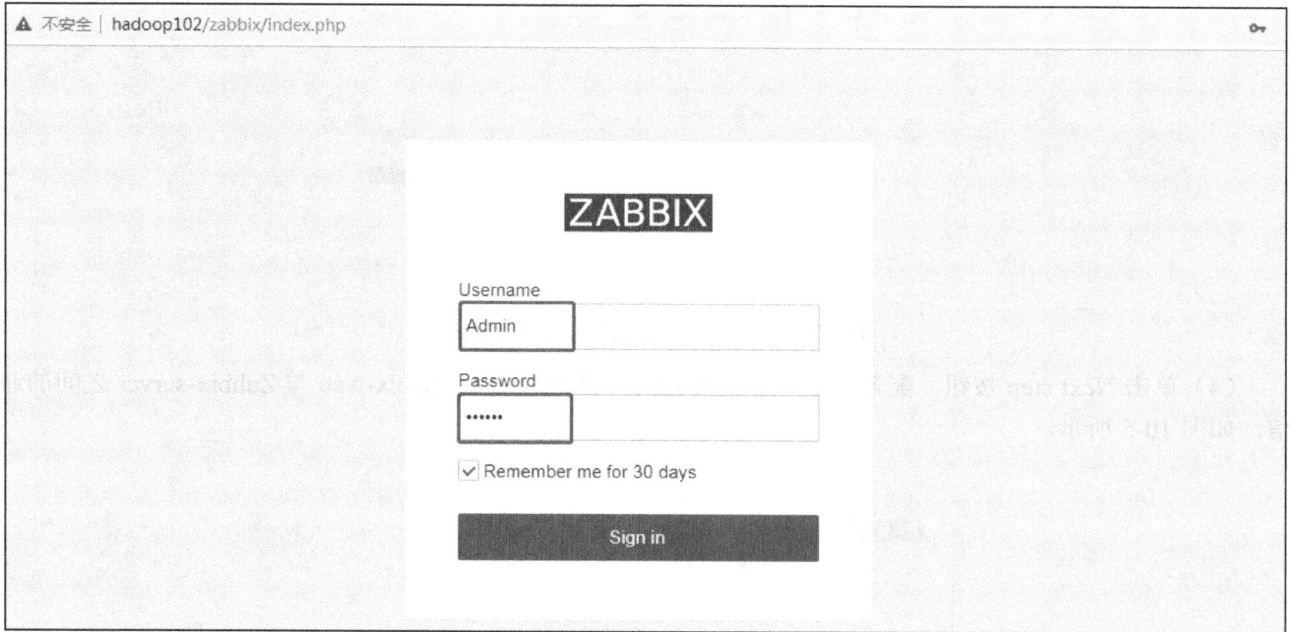

图 10-7　登录页面

登录成功后，会出现如图 10-8 所示的页面。

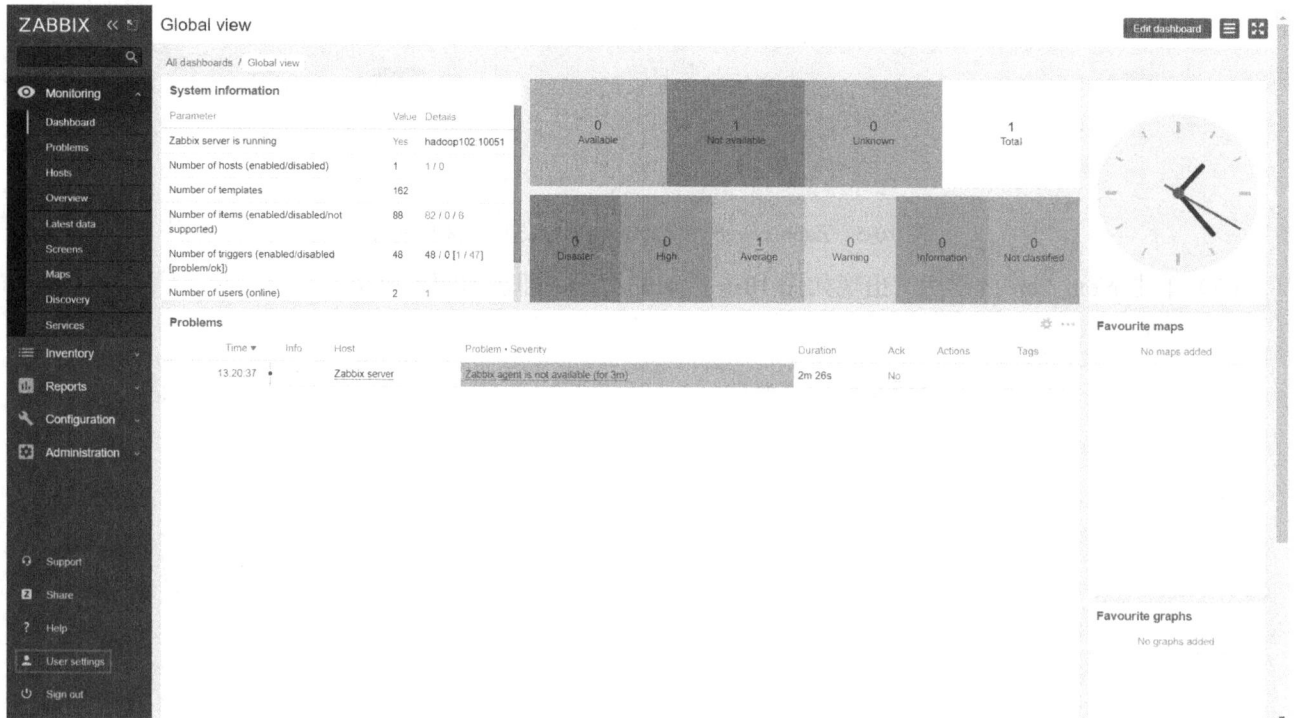

图 10-8　登录成功后的页面

选择左下角的 User Settings 选项，可以将页面语言更改为中文，如图 10-9 所示。

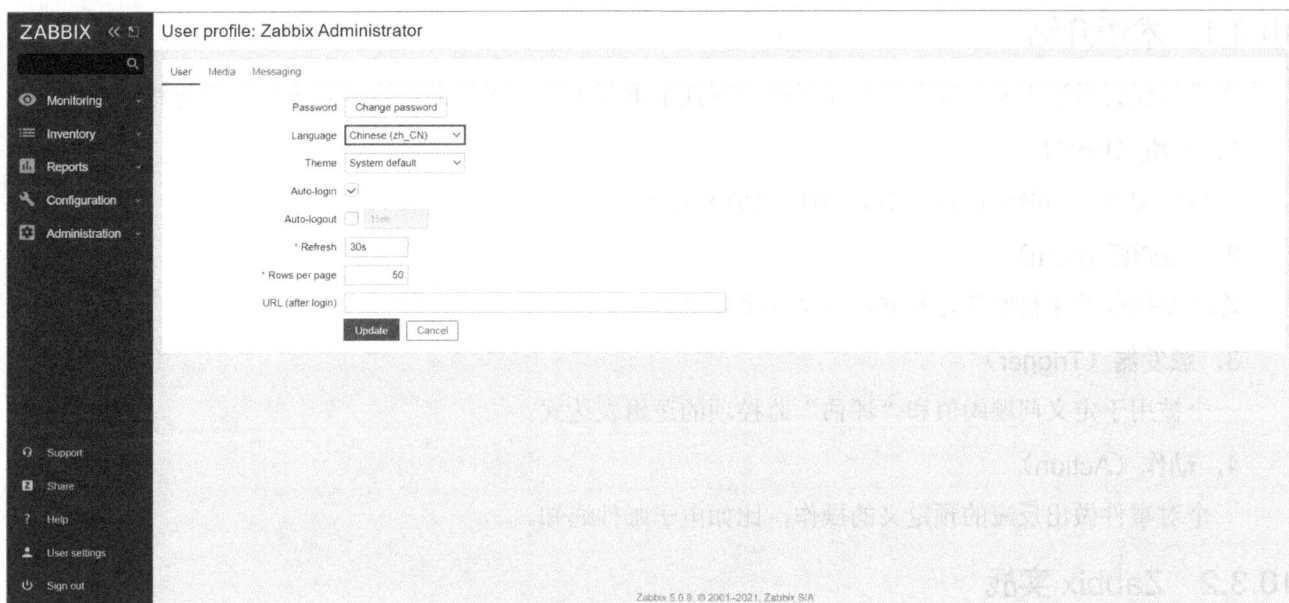

图 10-9　切换中文配置

中文切换成功后的页面如图 10-10 所示。

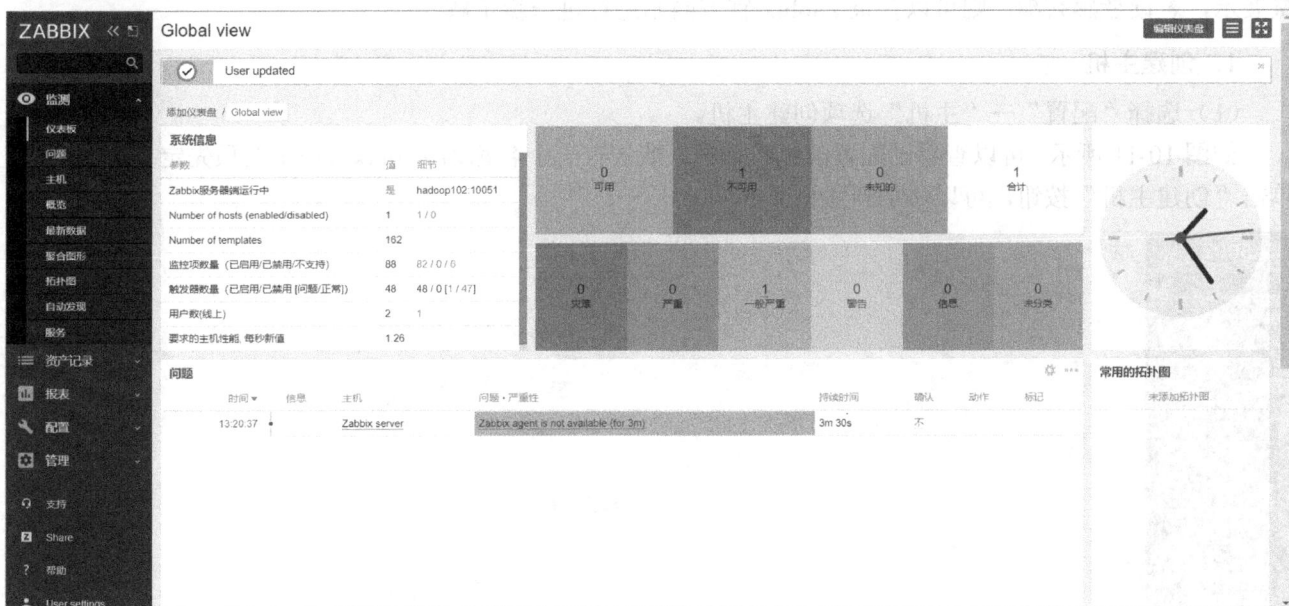

图 10-10　中文切换成功后的页面

10.3　Zabbix 使用

在对 Zabbix 的使用进行讲解之前，读者必须先整体了解 Zabbix 内部的数据流。首先，为了创建一个监控项，必须先创建主机。其次，必须有监控项才能创建触发器，必须有触发器才能创建动作。因此如果想要接收类似"server×上 CPU 负载过高"这样的报警，必须先为 server×创建一个主机条目，其次创建一个用于监控 CPU 的监控项，最后创建一个触发器，用来触发 CPU 负载过高这个动作，并将其发送到接收报警信息的邮箱。步骤看起来烦琐，但是 Zabbix 提供了大量的配置模板，实际操作非常简单，也正是由于这种设计结构，Zabbix 的功能更加强大，监控范围更加全面。

10.3.1 术语介绍

在进行配置讲解之前，读者需要先了解以下几个重要术语。接下来也将按照该顺序进行相关配置。

1．主机（Host）

一台你想监控的网络设备，用 IP 地址或域名表示。

2．监控项（Item）

你想要接收的主机的特定数据，其是一个度量数据。

3．触发器（Trigger）

一个被用于定义问题阈值和"评估"监控项的逻辑表达式。

4．动作（Action）

一个对事件做出反应的预定义的操作，比如电子邮件通知。

10.3.2 Zabbix 实战

Zabbix 拥有高度成熟且完善的网络监控解决方案，包含多种多样的监控功能，以及灵活的阈值定义、高度可配置的报警、丰富的可视化功能和灵活的模板配置等，在此不一一赘述，只对其中一个功能进行完整展示，若读者感兴趣，则可以登录 Zabbix 官方网站进行进一步了解。

1．创建主机

（1）选择"配置"→"主机"选项创建主机。

如图 10-11 所示，可以查看已配置的主机信息，默认有一个名称为 Zabbix server 的预先定义好的主机。单击"创建主机"按钮，可以添加新主机。

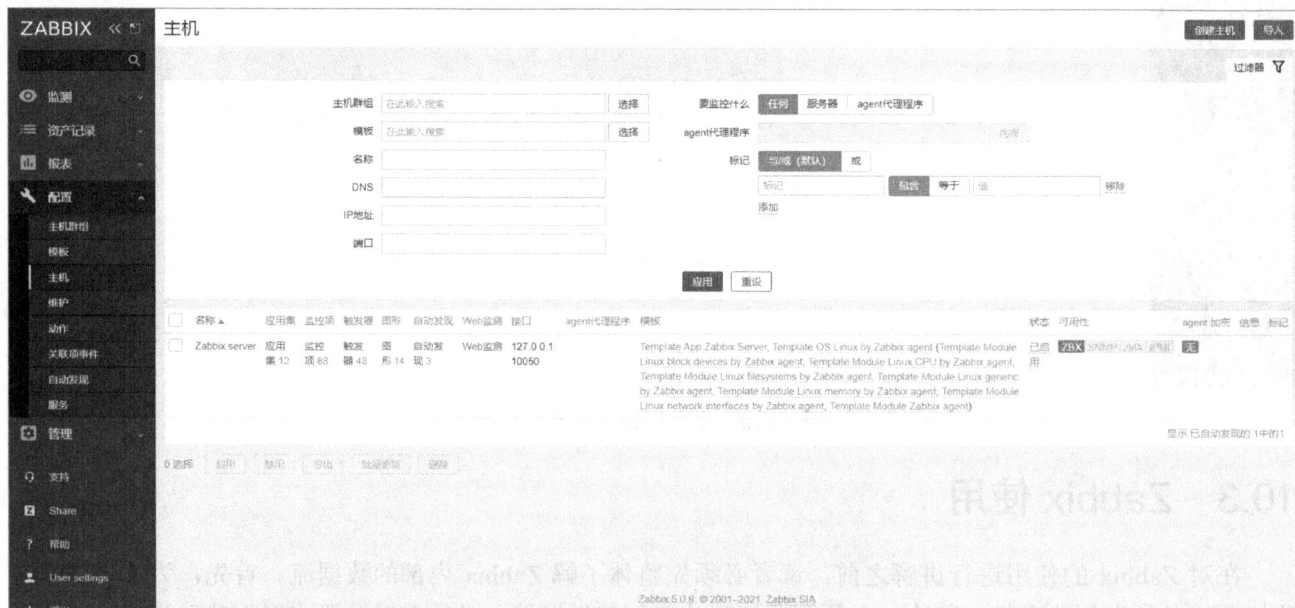

图 10-11　添加新主机

（2）单击"创建主机"按钮后，出现如图 10-12 所示的主机配置页面，所有必填选项均以星号标示。填写完成后，单击"添加"按钮，即可在主机列表页面中看到新添加的主机。

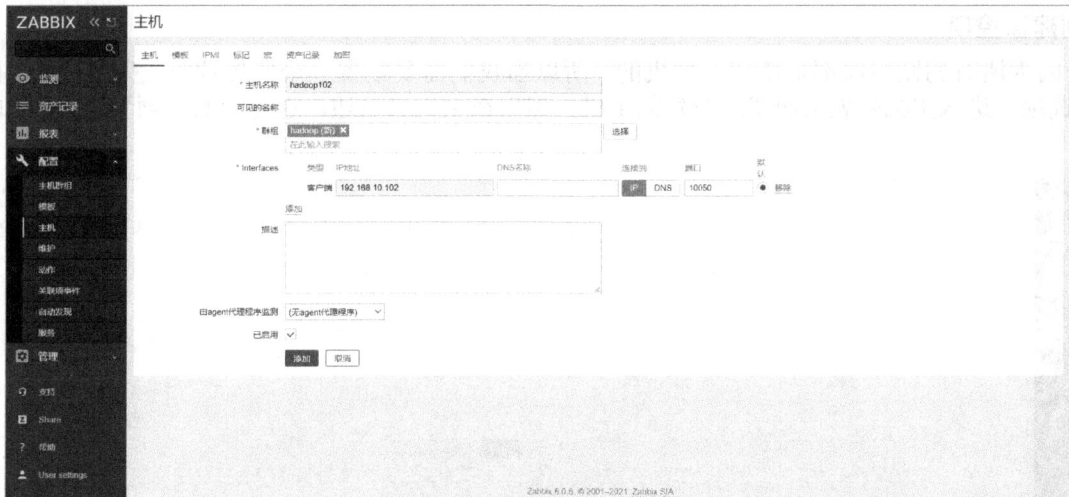

图 10-12　配置新添加的主机

（3）在主机列表页面中查看新添加的主机，如图 10-13 所示。

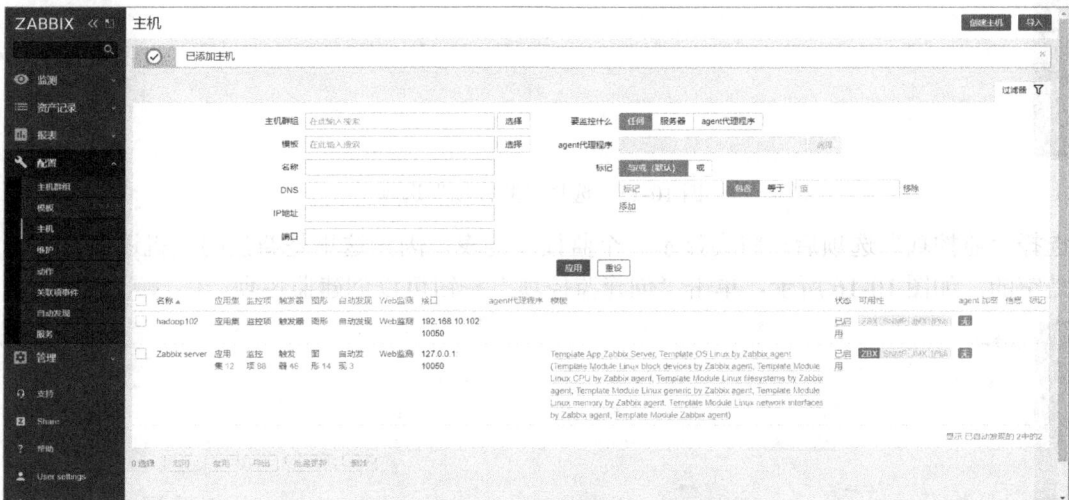

图 10-13　查看新添加的主机

（4）重复以上步骤，添加 hadoop103、hadoop104 主机，添加完成后的效果如图 10-14 所示。

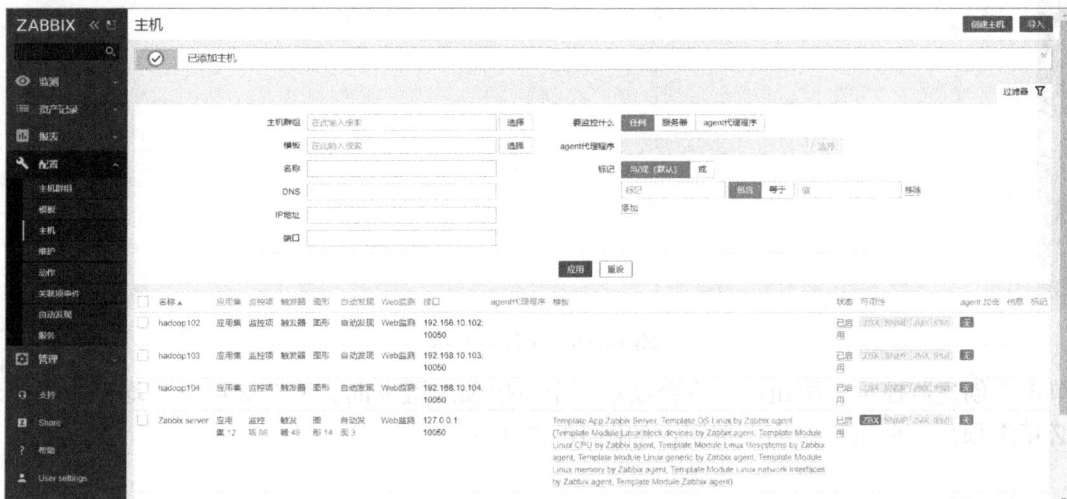

图 10-14　主机添加完成后的效果

2．创建监控项

（1）因为所有的监控项都是依赖于主机的，所以当我们需要配置一个监控项时，先要选择"配置"→"主机"选项，进入主机列表页面找到新建的主机，然后在主机名后边，选择"监控项"选项，如图 10-15所示。

图 10-15　选择"监控项"选项

（2）选择"监控项"选项后，将会显示一个监控项列表，因为这里是新建的主机还没有任何监控项，所以列表是空的，如图 10-16 所示。单击"创建监控项"按钮可以创建监控项。

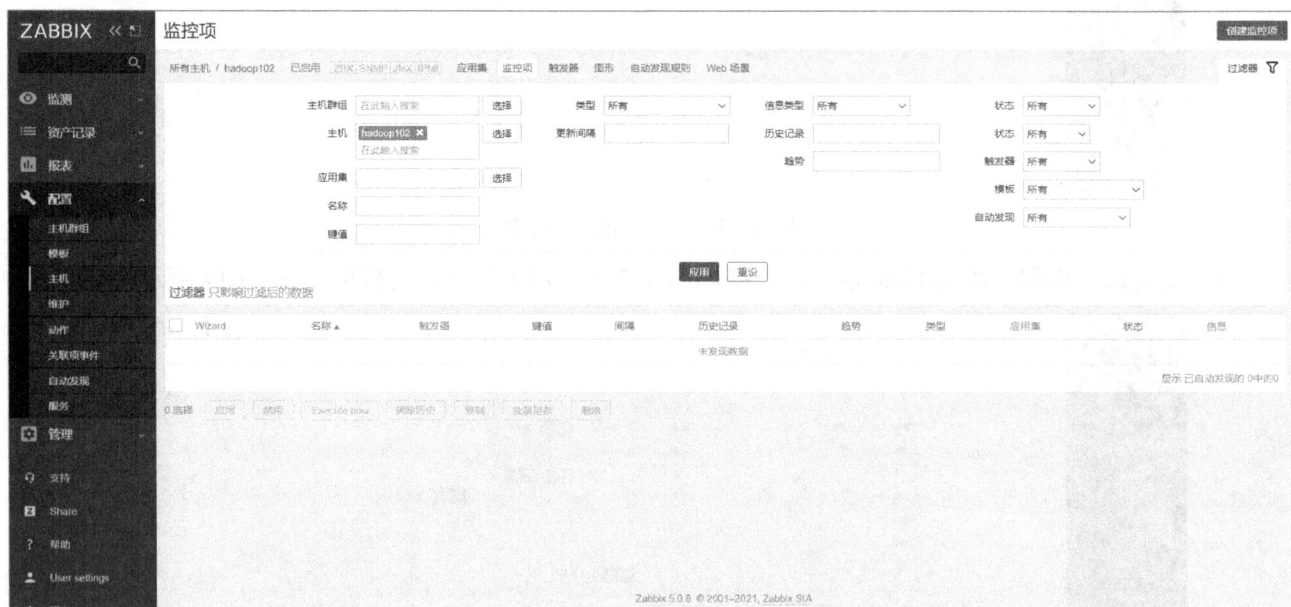

图 10-16　监控项列表

（3）单击"创建监控项"按钮后，将会显示一个监控项配置页面。所有必填选项均以星号标示。填写完所有的必填选项后，单击"添加"按钮，如图 10-17 所示。

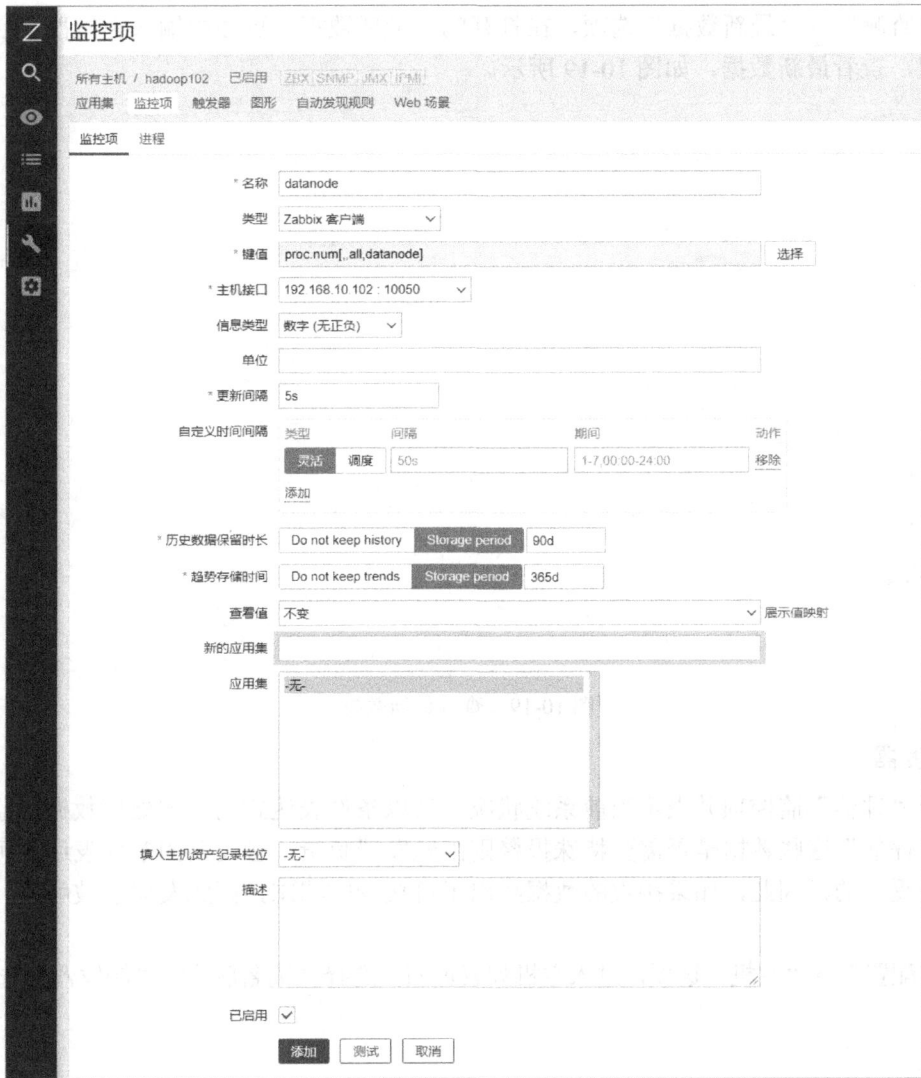

图 10-17　配置监控项

（4）添加完成后，可在监控项列表页面中查看创建的监控项，如图 10-18 所示。

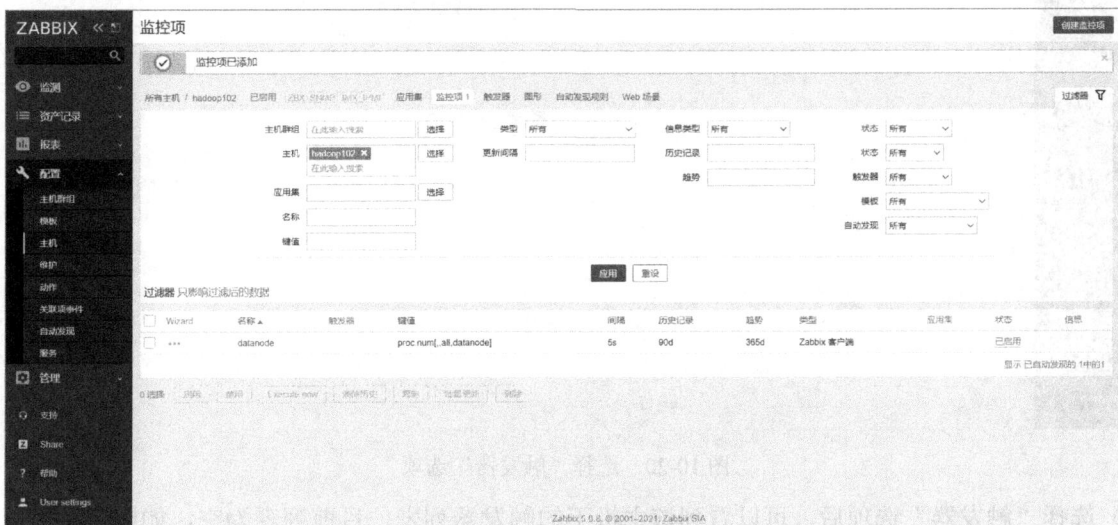

图 10-18　查看监控项

（5）选择"监测"→"最新数据"选项，在打开的"最新数据"页面中输入主机群组名和主机名，单击"应用"按钮，查看最新数据，如图10-19所示。

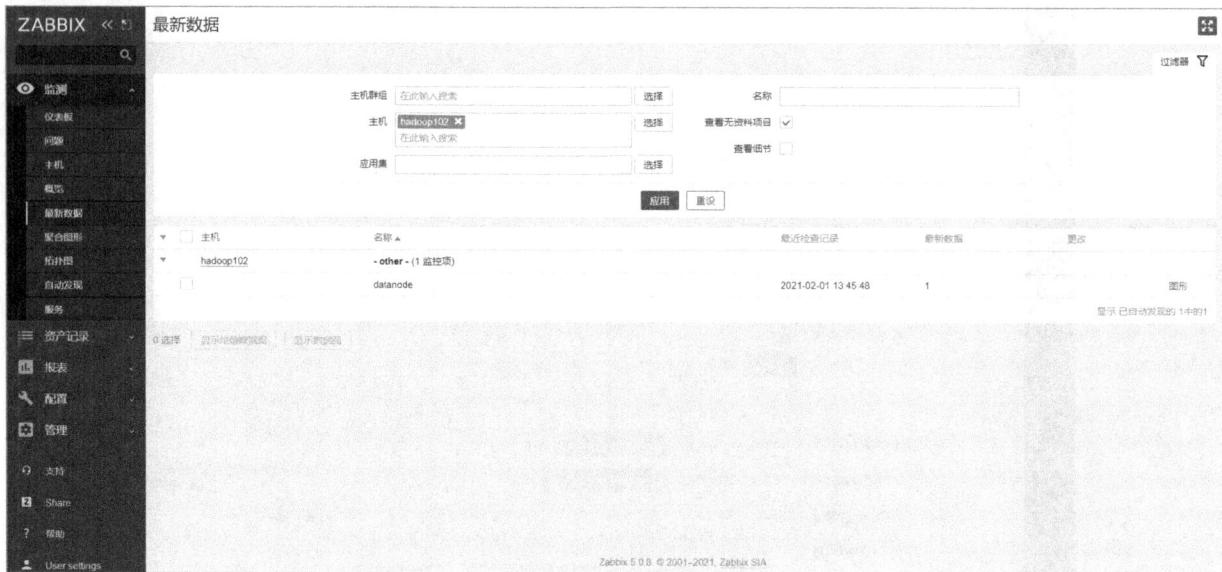

图 10-19　查看最新数据

3．创建触发器

触发器用于"评估"监控项并表示当前系统状况，其以条件表达式的方式处理数据。监控项是一个客观的数据，而"评估"这些数据是否需要特殊报警则由触发器负责。触发器的条件表达式可定义什么状态的数据是"可接受"的，因此，如果接收的数据超出了可接受的状态，则触发器会被触发，或将状态更改为异常。

（1）选择"配置"→"主机"选项，进入主机列表页面，选择主机名后边的"触发器"选项，如图10-20所示。

图 10-20　选择"触发器"选项

（2）选择"触发器"选项后，可以看到该主机下的触发器列表，目前列表为空，如图10-21所示。单击"创建触发器"按钮，可以创建新的触发器。

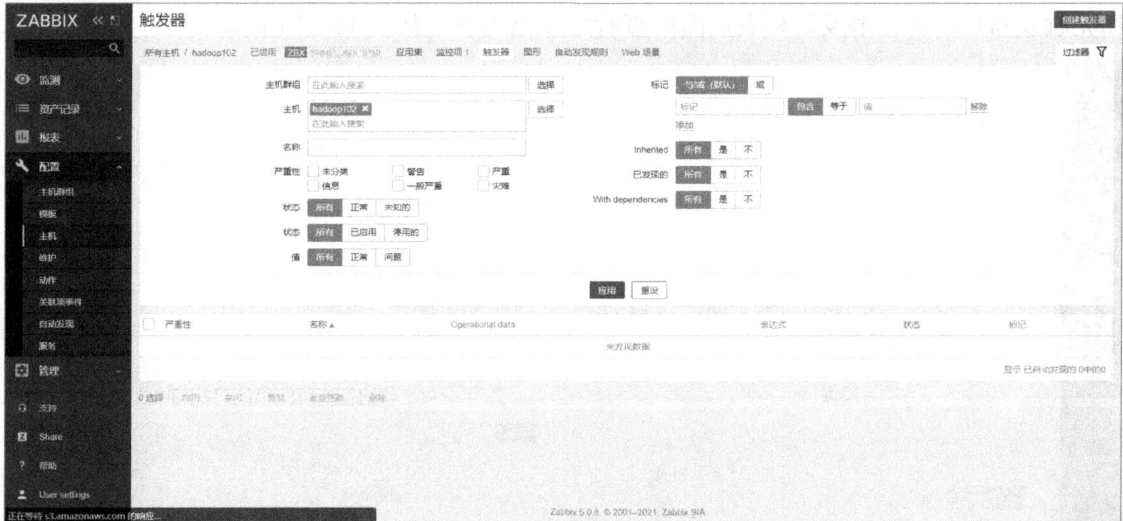

图 10-21　触发器列表

（3）单击"创建触发器"按钮后，将会出现一个触发器配置页面，在这里填写必填选项（所有必填选项均以星号标示），对触发器进行编辑，编辑完成后，单击"添加"按钮，如图 10-22 所示。

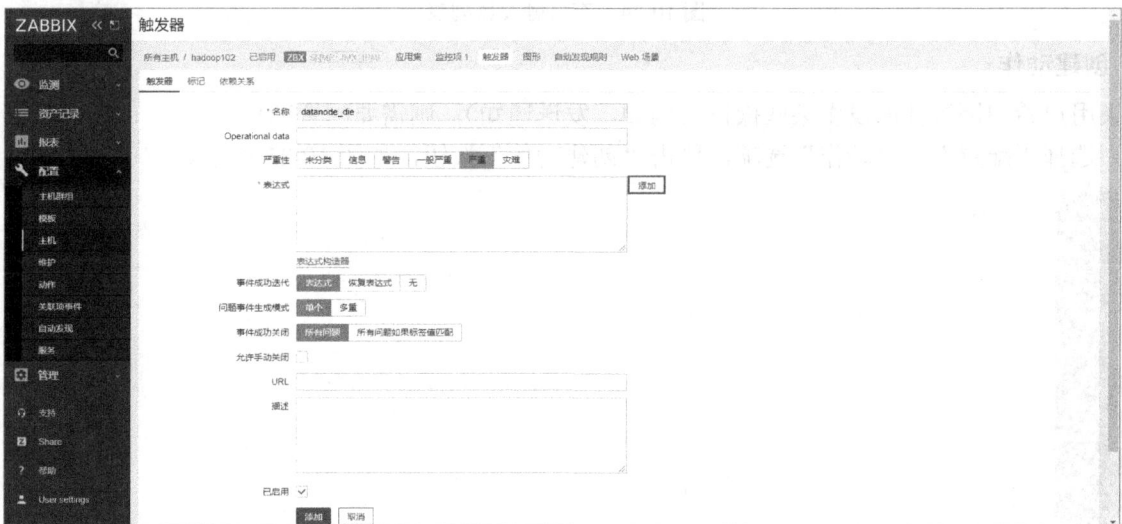

图 10-22　配置触发器

可以通过单击"表达式"列表框后面的"添加"按钮，编辑条件，最终生成条件表达式，对条件表达式比较熟悉的读者可以直接进行编辑。条件表达式的添加页面如图 10-23 所示。

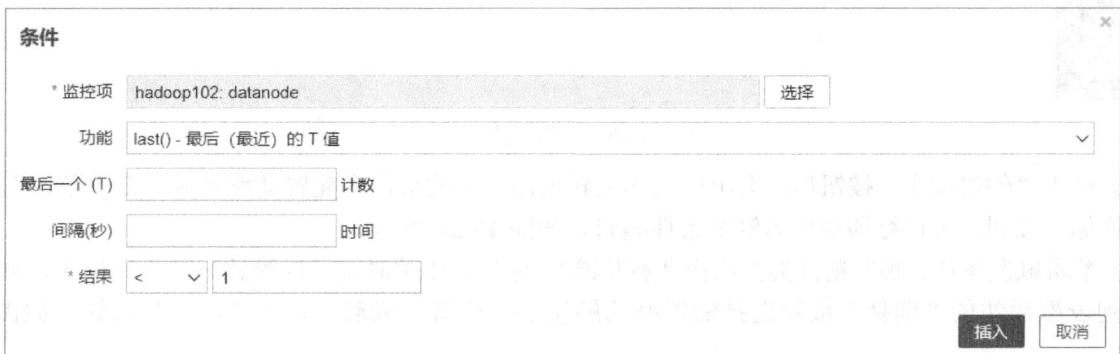

图 10-23　条件表达式的添加页面

添加完触发器后，可在触发器列表页面中查看触发器列表，如图 10-24 所示。

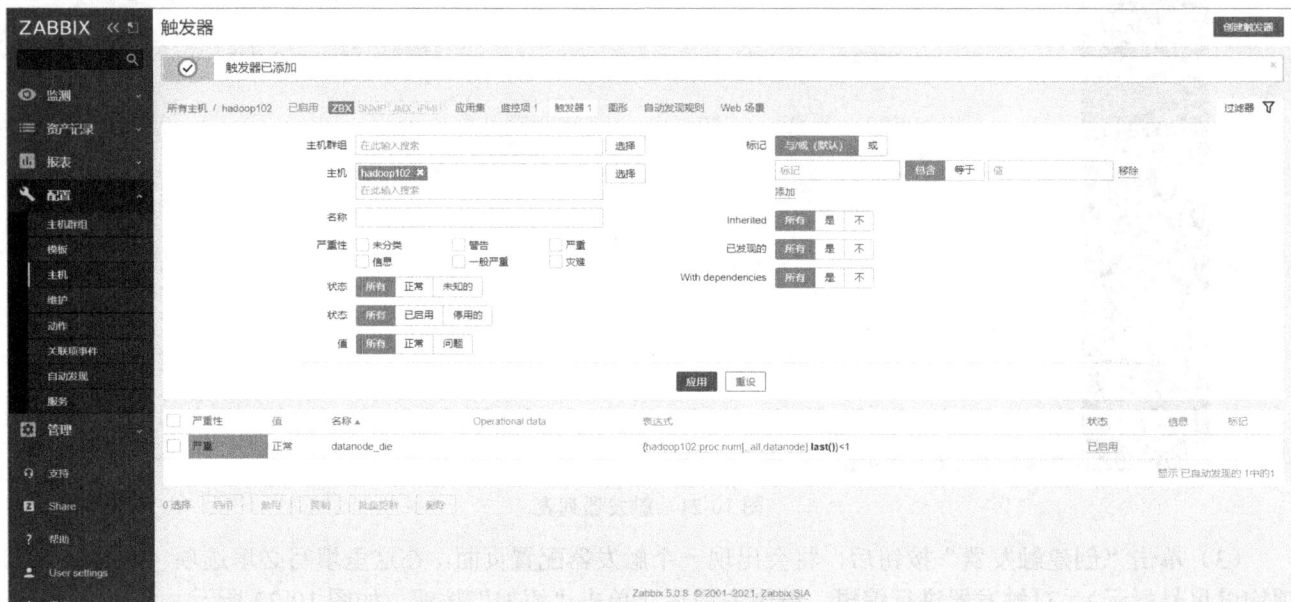

图 10-24　查看触发器列表

4．创建动作

如果用户希望因事件而发生某些操作（例如，发送通知），则需要配置动作。

（1）选择"配置"→"动作"选项，单击"创建动作"按钮，如图 10-25 所示。

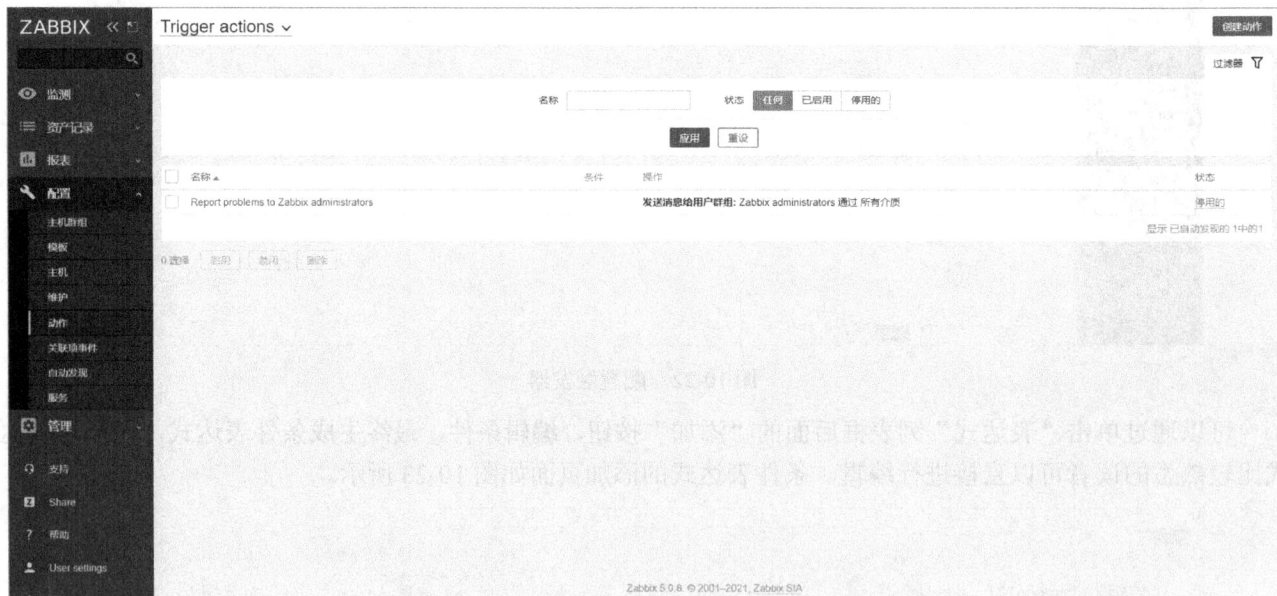

图 10-25　创建动作入口

（2）单击"创建动作"按钮后，会出现动作配置页面，在此页面中配置动作名称，在"条件"选项处单击"添加"按钮，可进行该动作的触发条件编辑，如图 10-26 所示。

（3）编辑触发条件。触发条件类型选择"触发器"，可将动作关联至已经配置好的触发器上，单击"触发器"列表框后边的"选择"按钮选择配置好的触发器，配置完成后，单击"添加"按钮，如图 10-27 所示。

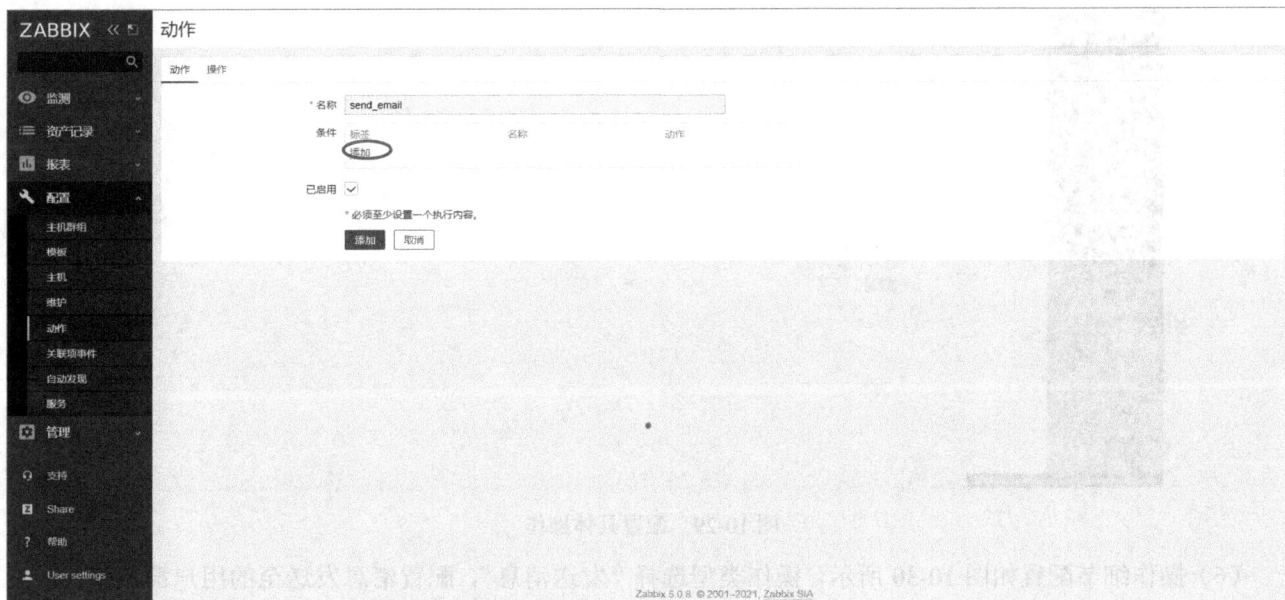

图 10-26　配置动作

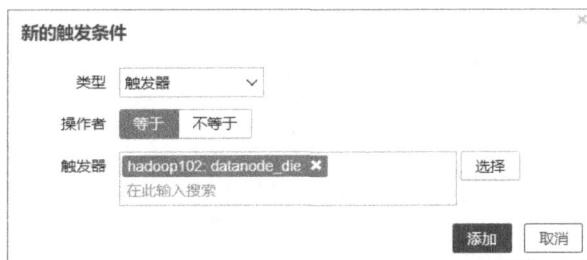

图 10-27　编辑触发条件

（4）选择"操作"选项卡，配置具体操作，如图 10-28 所示。

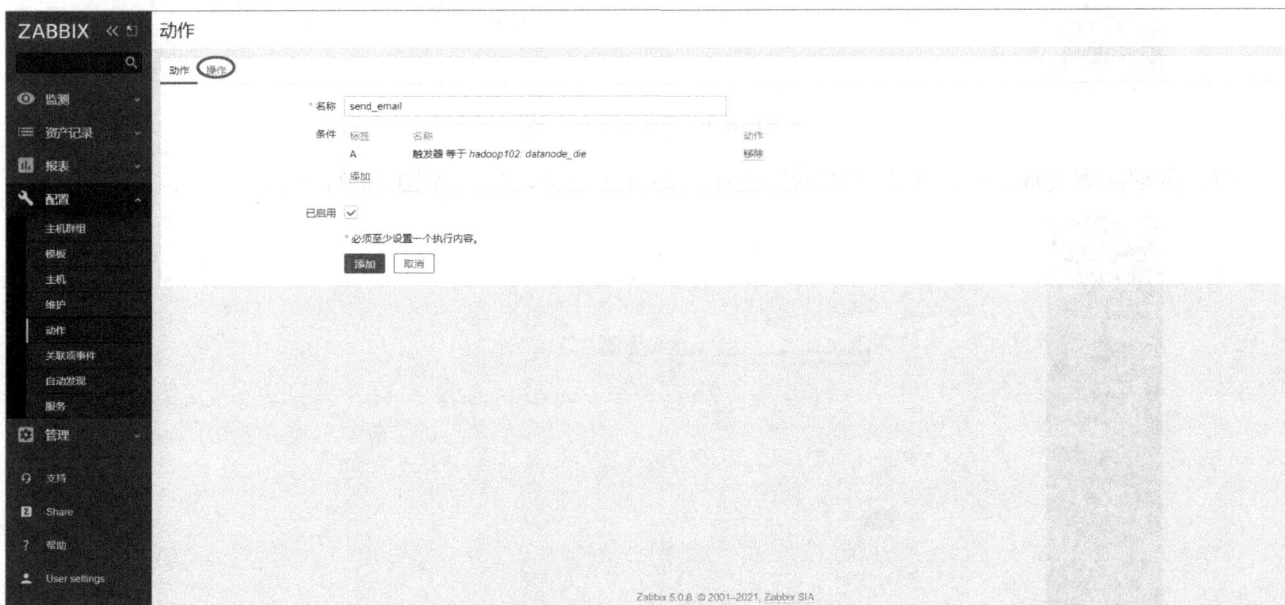

图 10-28　配置具体操作入口

（5）进入"操作"选项卡后，单击"操作"选项处的"添加"按钮，配置具体操作，如图 10-29 所示。

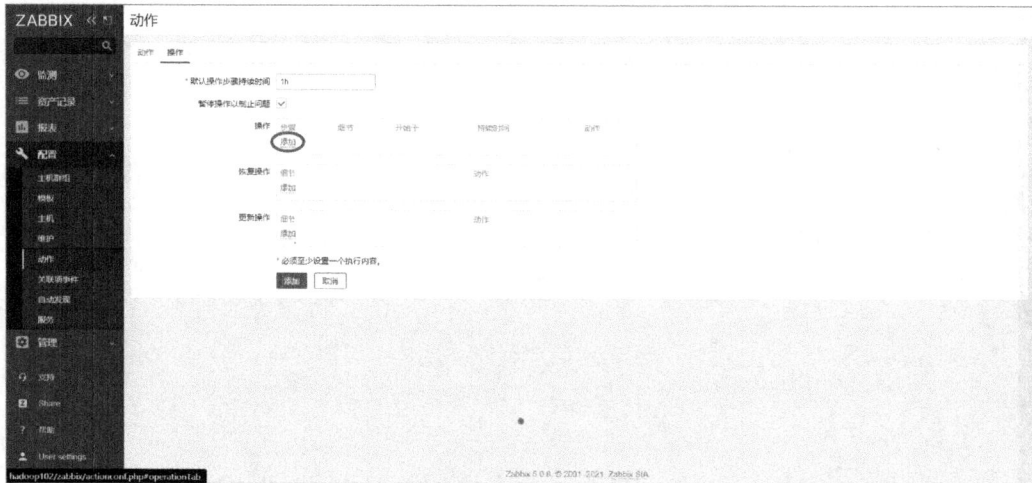

图 10-29　配置具体操作

（6）操作细节配置如图 10-30 所示，操作类型选择"发送消息"，配置消息发送至的用户群组和具体用户，并选择消息发送方式为 Email。

图 10-30　操作细节配置

（7）全部配置完成之后，单击"添加"按钮，即可添加该动作，如图 10-31 所示。

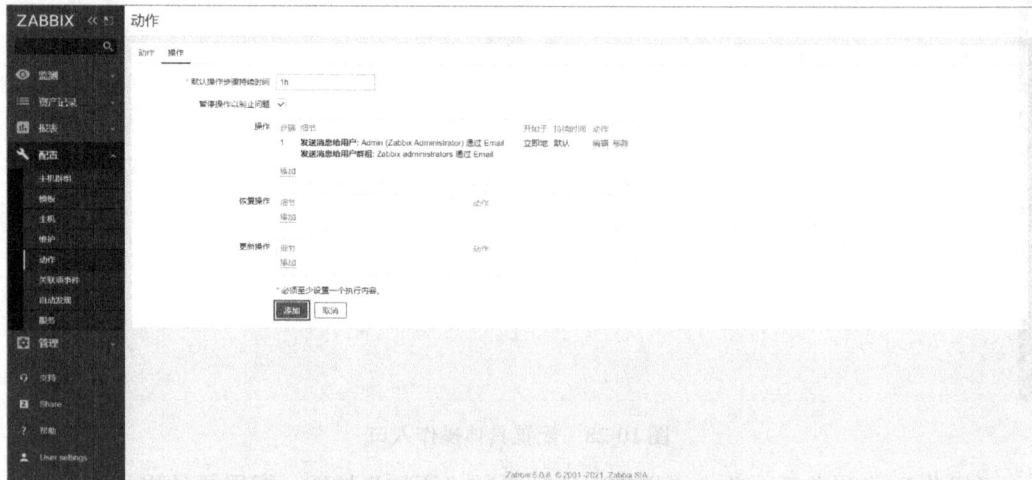

图 10-31　添加动作

（8）图 10-32 所示为动作列表展示。

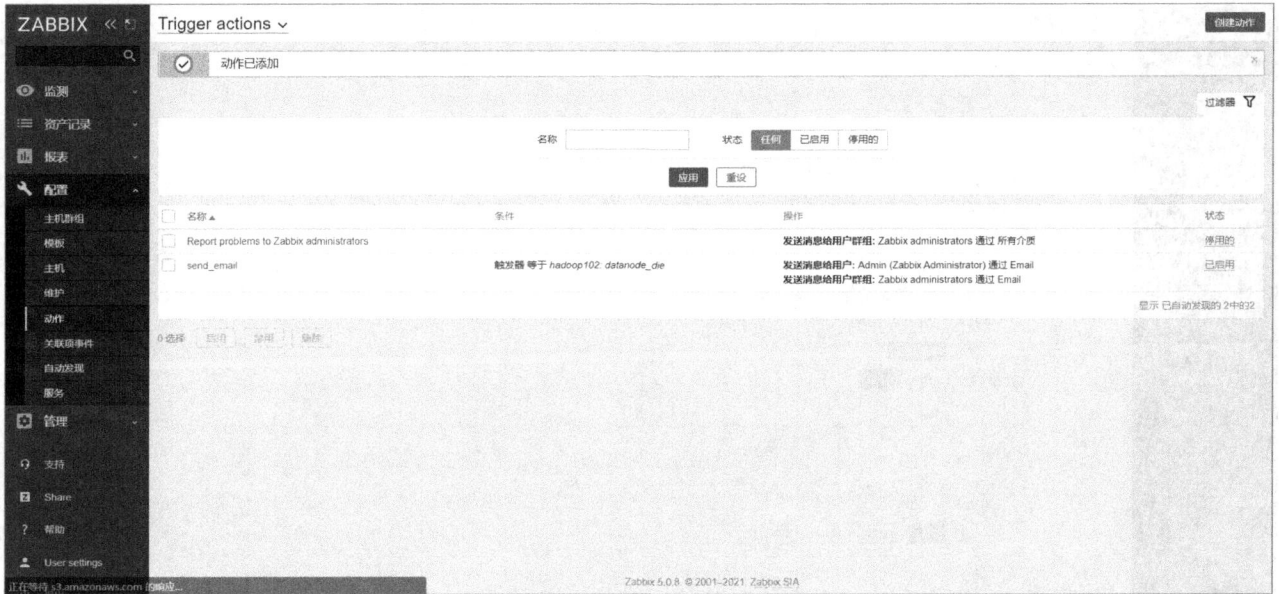

图 10-32　动作列表展示

5．申请邮箱

发送电子邮件报警，可以采用 126、163、QQ 邮箱等。在第 7 章为 DolphinScheduler 配置电子邮件报警时，我们已经将一个 QQ 邮箱开启了 SMTP 服务。在接下来的配置中，读者可继续沿用以上邮箱，只需确保所用邮箱已经开启了 SMTP 服务，并已经牢记了授权码。

6．修改报警媒介类型

（1）选择"管理"→"报警媒介类型"选项，在打开的"报警媒介类型"页面中选择 Email 选项，进行电子邮件报警的相关配置，如图 10-33 所示。

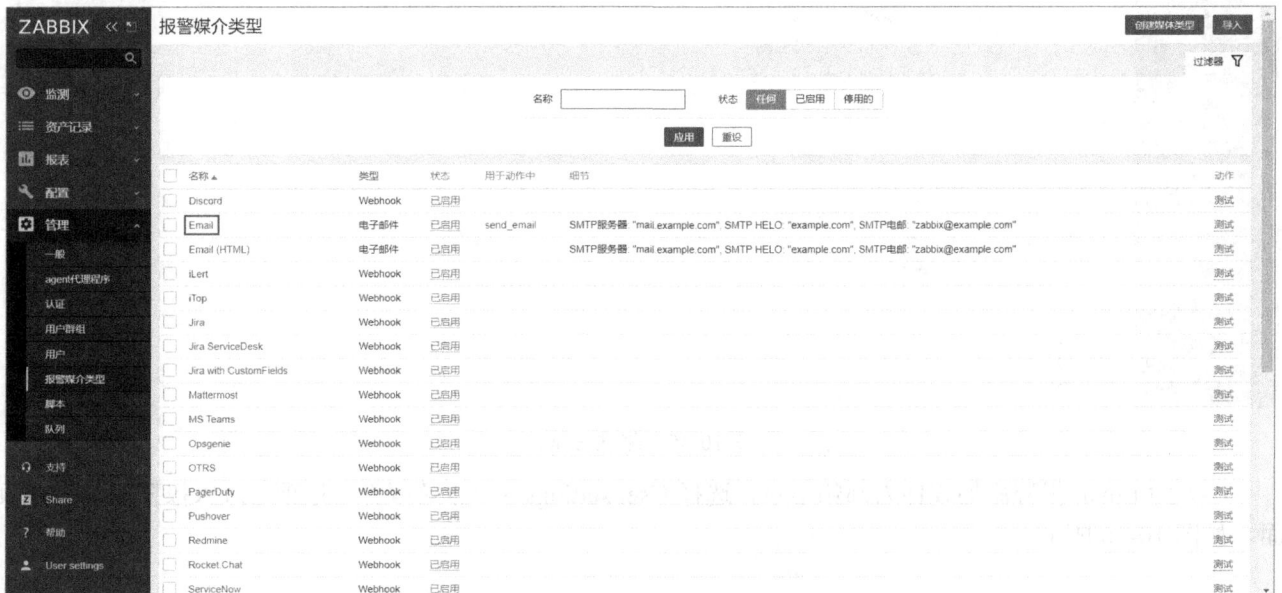

图 10-33　电子邮件报警配置入口

（2）编辑 Email 的 SMTP 相关配置，编辑完成后，单击"更新"按钮，如图 10-34 所示。

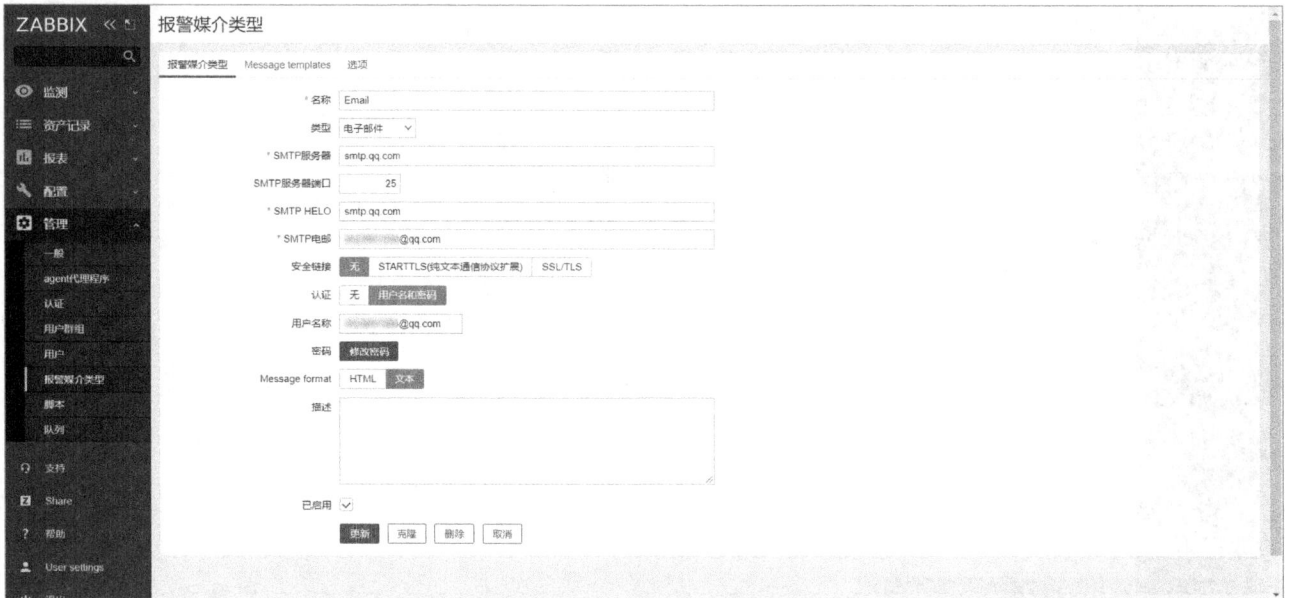

图 10-34　配置电子邮件报警

（3）单击"更新"按钮后，回到"报警媒介类型"页面，单击 Email 选项后的"测试"按钮测试 Email，填写报警接收人邮箱信息，填写完毕后，单击"测试"按钮，若配置成功，则会显示 Media type test successful. 提示，如图 10-35 所示。

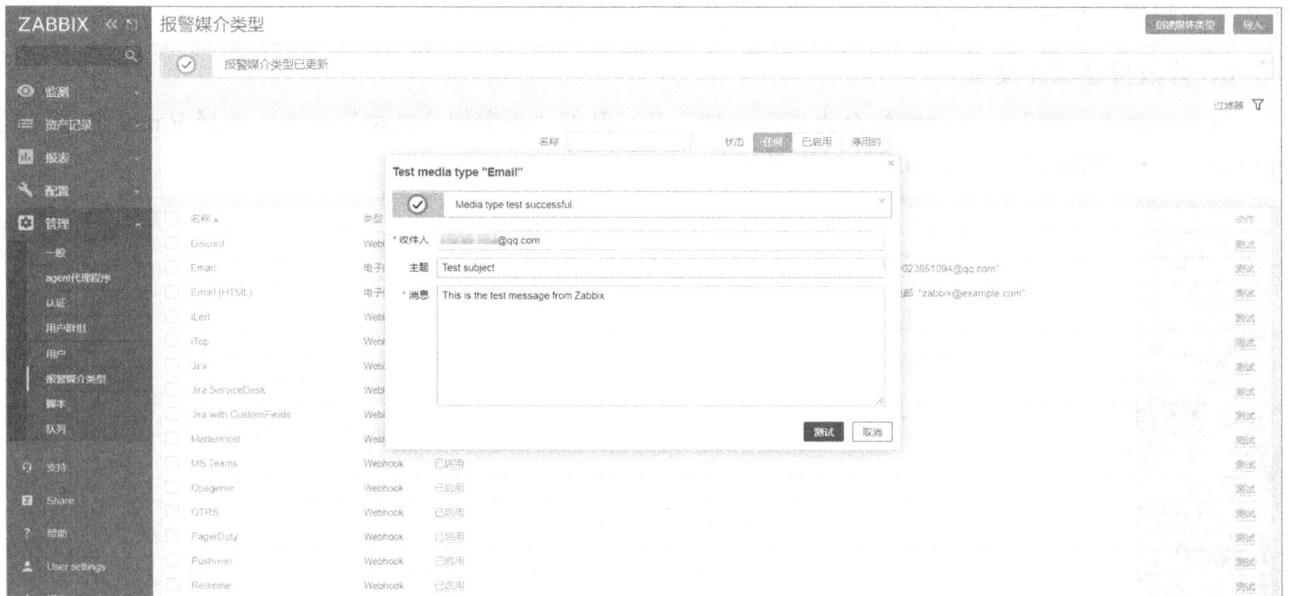

图 10-35　测试 Email

（4）为 Email 报警添加收件人邮箱信息，选择 User settings→"报警媒介"选项，进入报警媒介管理页面，如图 10-36 所示。

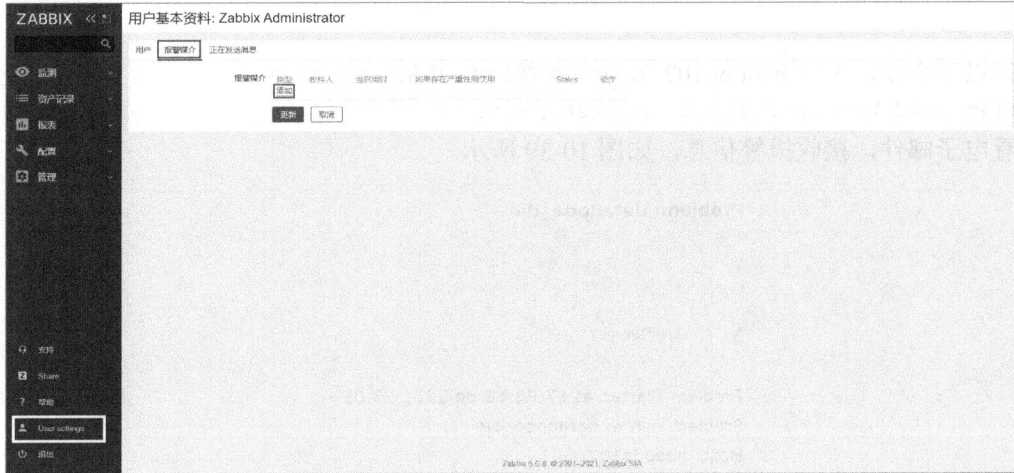

图 10-36 报警媒介管理页面

（5）单击"添加"按钮，进入"报警媒介"页面，配置电子邮件报警收件人邮箱信息，如图 10-37 所示，配置完成后，单击"添加"按钮。

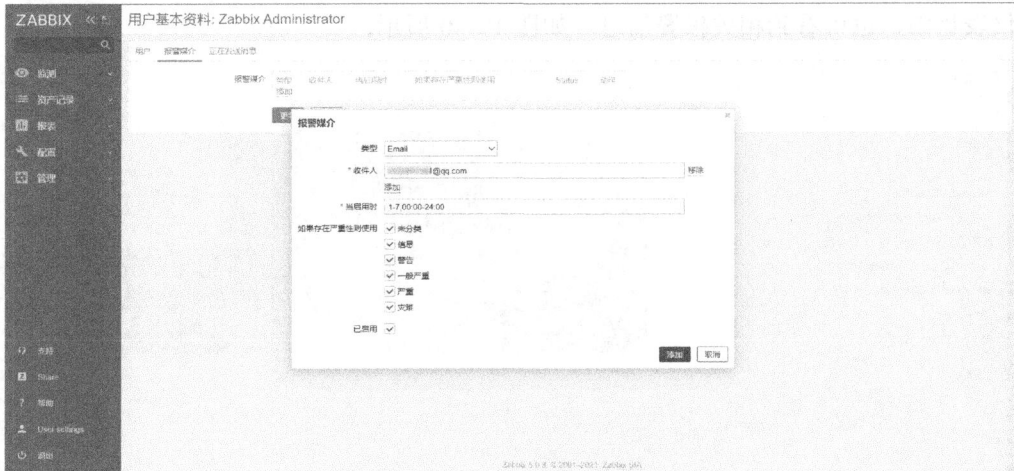

图 10-37 配置报警媒介

（6）添加完成后，在报警媒介列表中即可查看收件人的邮箱信息，单击"更新"按钮，即可完成配置，如图 10-38 所示。

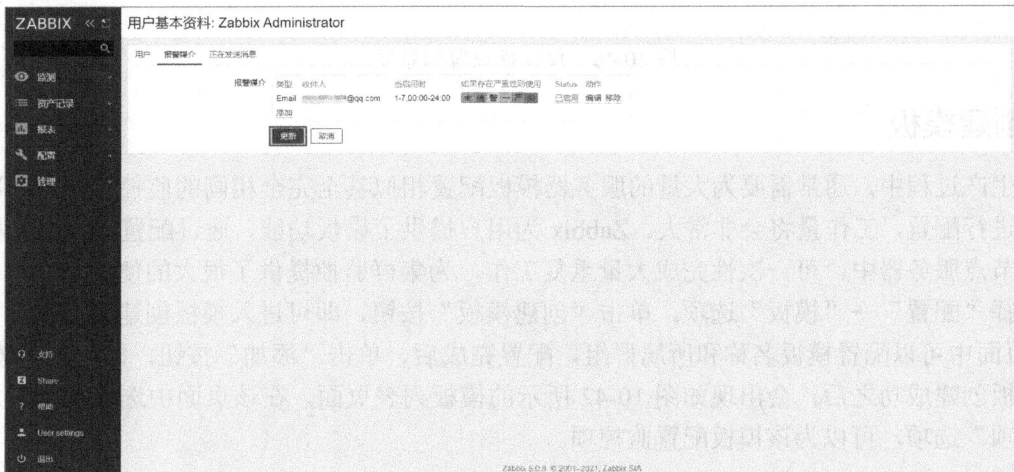

图 10-38 报警媒介配置完成

7．测试

（1）执行以下命令，关闭 hadoop102 节点服务器的 HDFS。

```
[atguigu@hadoop102 hadoop-3.1.3]$ sbin/stop-dfs.sh
```

（2）查看电子邮件，接收报警信息，如图 10-39 所示。

图 10-39　报警信息

（3）在仪表盘中，也可看到相关报警信息，如图 10-40 所示。

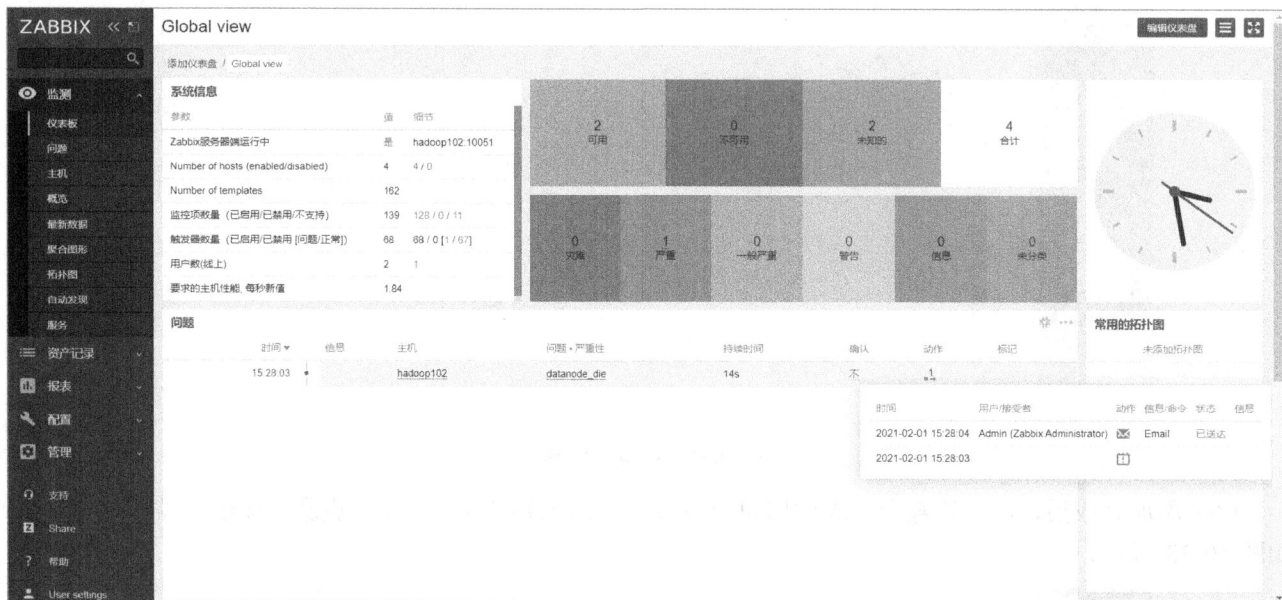

图 10-40　仪表盘报警信息展示

10.3.3　创建模板

在实际生产过程中，通常需要为大量的服务器模板配置相似甚至完全相同的监控项，若依次对每一台服务器模板进行配置，工作量将会非常大。Zabbix 为用户提供了模板功能，通过配置模板并将模板应用至集群的各台节点服务器中，可一次性完成大量重复工作，为集群监控提供了很大的便利。

（1）选择"配置"→"模板"选项，单击"创建模板"按钮，即可进入模板创建页面，如图 10-41 所示[①]，在该页面中可以配置模板名称和所属群组，配置完成后，单击"添加"按钮，即可创建模板。

（2）模板创建成功之后，会出现如图 10-42 所示的模板列表页面，在该页面中选择刚刚添加的模板后边的"监控项"选项，可以为该模板配置监控项。

---

① 图 10-41 中"模版"的正确写法应为"模板"。

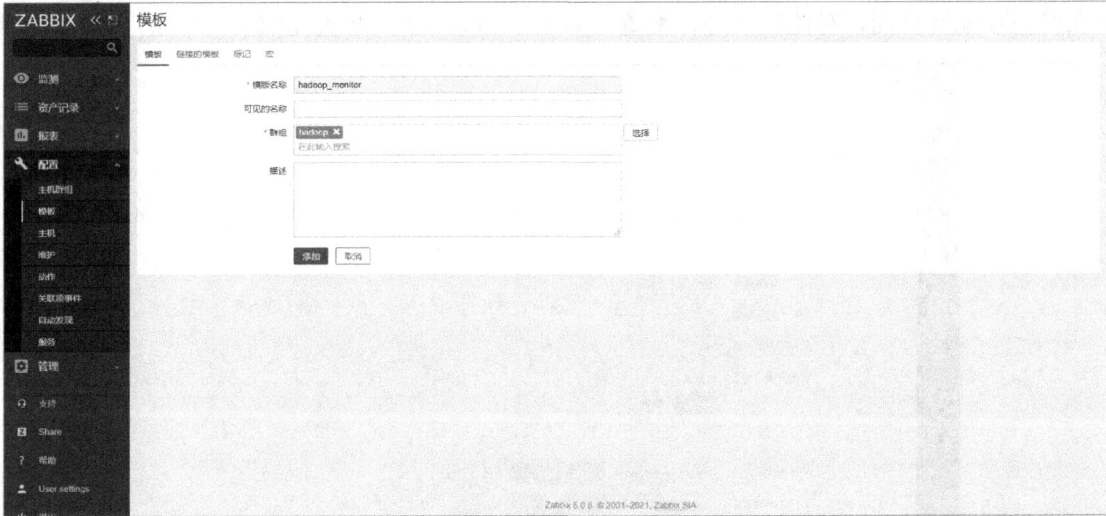

图 10-41　模板创建页面

图 10-42　模板列表页面

（3）进入监控项列表页面，如图 10-43 所示，单击右上角的"创建监控项"按钮，对具体监控项进行配置。

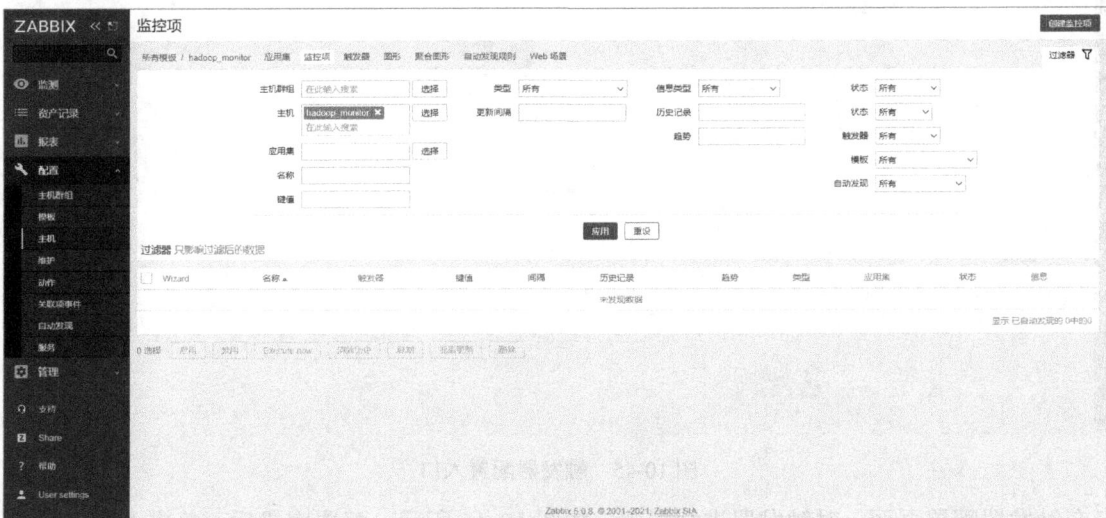

图 10-43　监控项列表页面

（4）在监控项配置页面，对监控项进行配置，如图 10-44 所示，配置完成后，单击"添加"按钮即可。

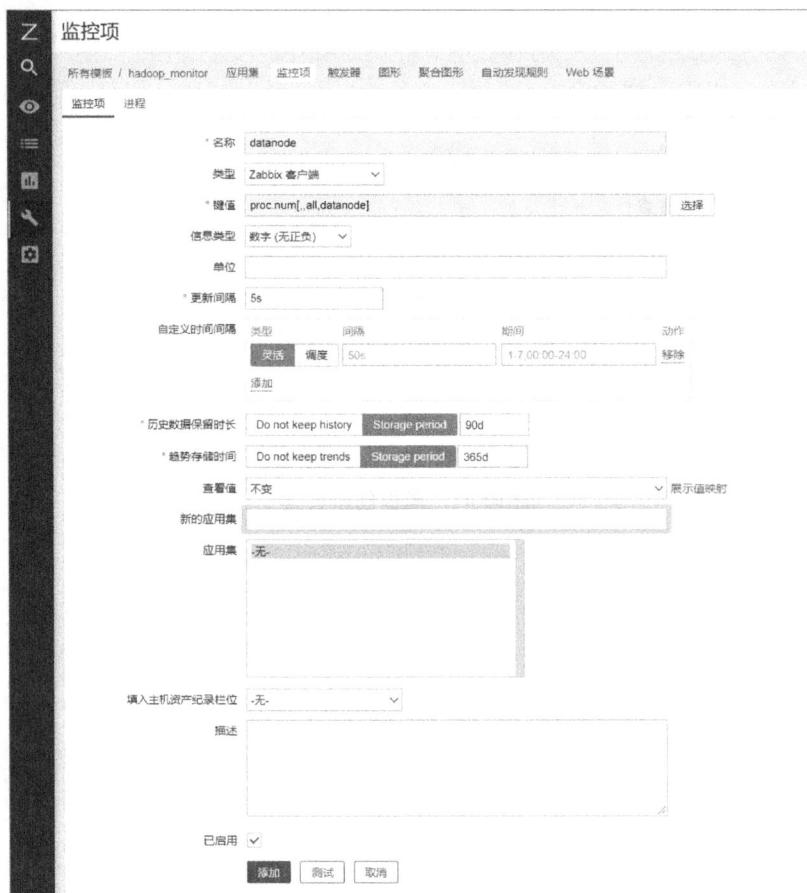

图 10-44　配置监控项

（5）监控项配置完成后，选择"触发器"选项卡，单击右上角的"创建触发器"按钮，进行触发器的相关配置，如图 10-45 所示。

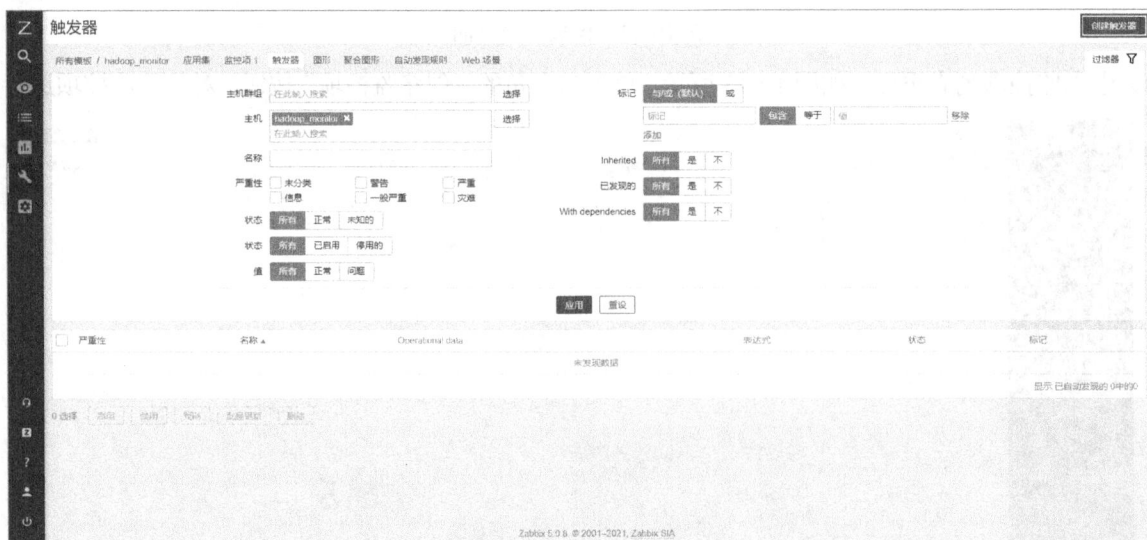

图 10-45　触发器配置入口

（6）在触发器配置页面，对触发器进行配置，如图 10-46 所示，配置完成后，单击"添加"按钮即可。

图 10-46　配置触发器

（7）触发器配置完成后，进行动作配置，将 10.3.2 节中配置完成的动作关联至此触发器。选择"配置"→"动作"选项，进入动作列表页面，选择 send_email 选项，如图 10-47 所示。

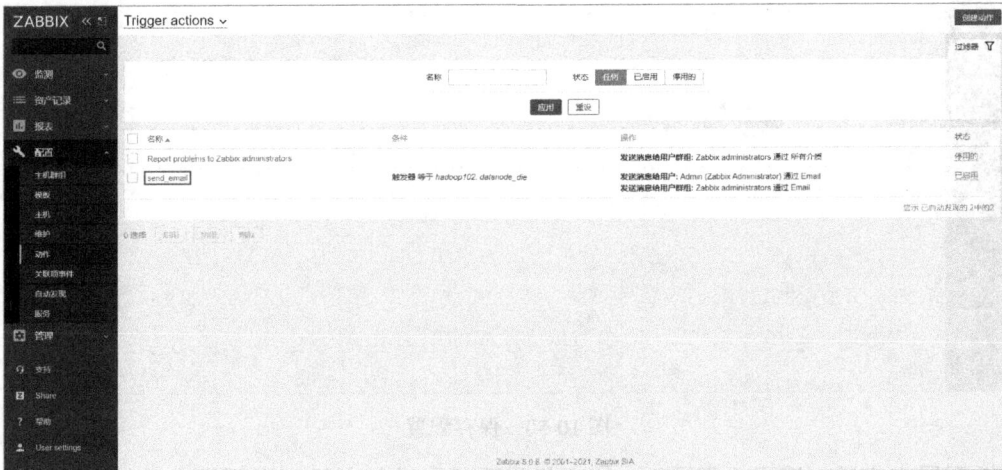

图 10-47　配置电子邮件动作

（8）在动作配置页面，单击"添加"按钮，即可将此动作与刚刚创建的触发器进行关联，如图 10-48所示。

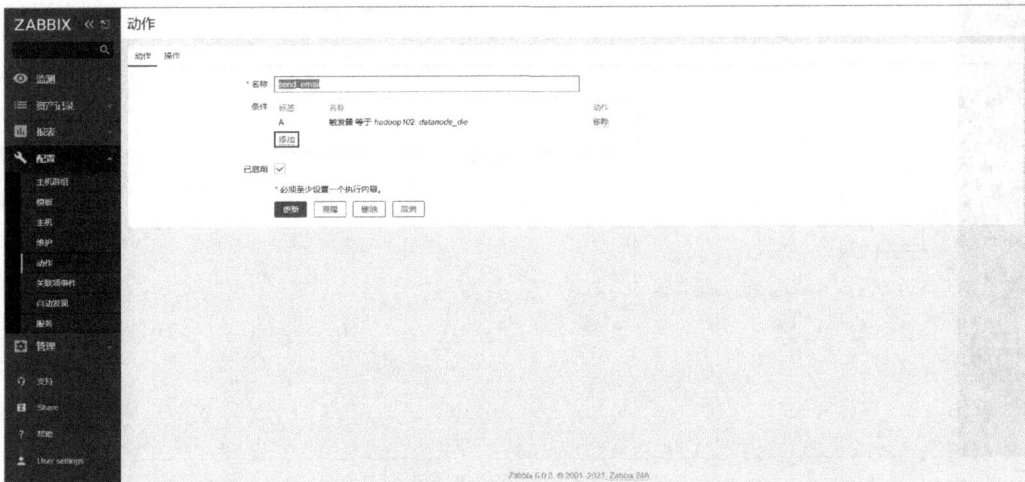

图 10-48　动作关联触发器

（9）单击"添加"按钮后，进入触发条件配置页面，单击"触发器"列表框后边的"选择"按钮，选择刚刚创建的触发器，单击"添加"按钮，如图 10-49 所示。

图 10-49　配置触发条件

（10）配置完成后，单击"更新"按钮，即可保存配置，如图 10-50 所示。

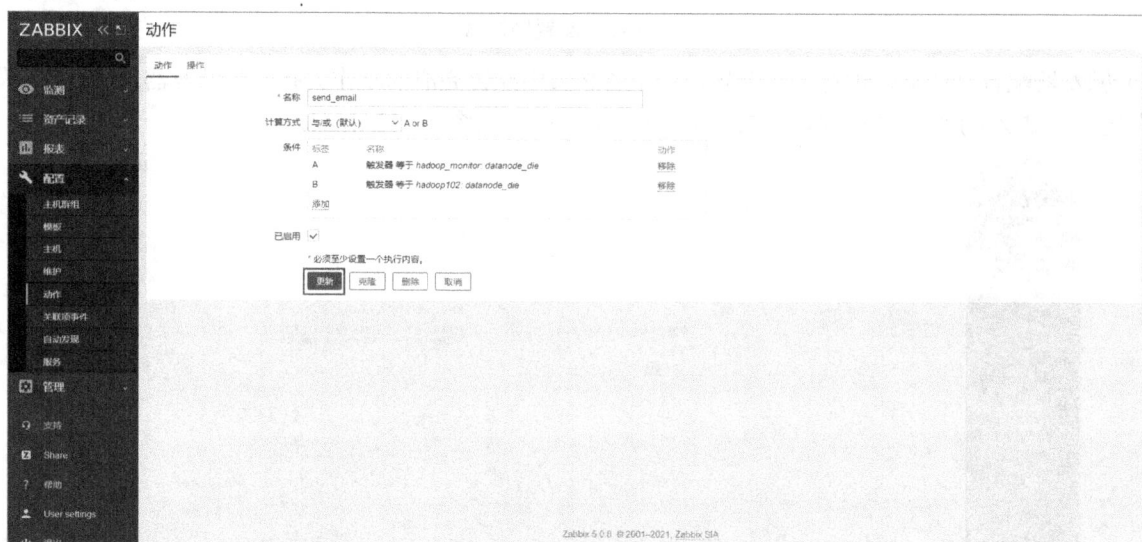

图 10-50　保存配置

（11）模板配置完成后，选择"配置"→"主机"选项，进入主机列表页面，选择 hadoop103 选项，为 hadoop103 节点服务器配置模板，如图 10-51 所示。

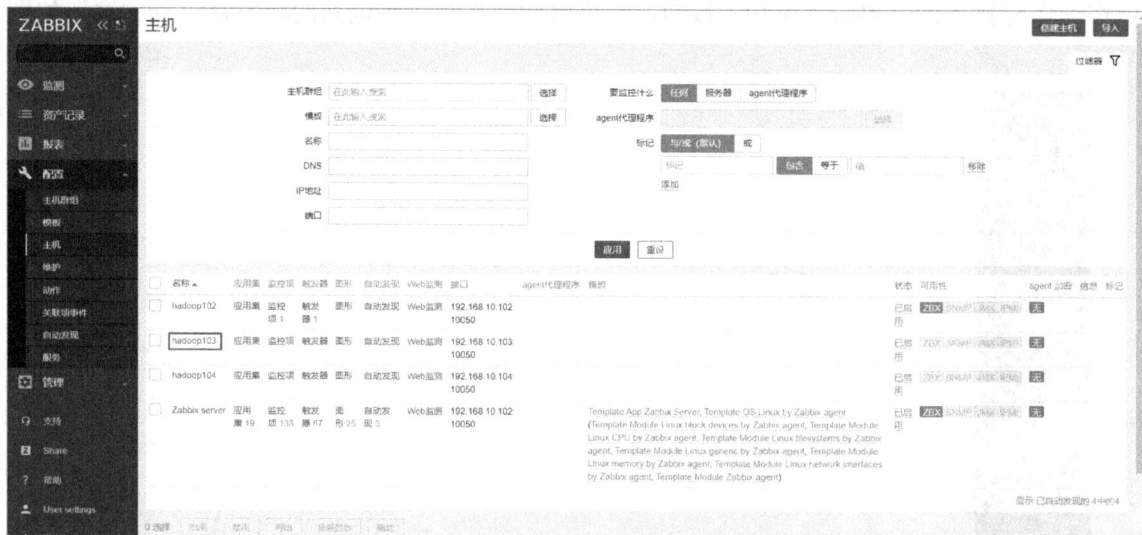

图 10-51　为 hadoop103 节点服务器配置模板

（12）进入 hadoop103 节点服务器的主机配置页面后，选择"模板"选项卡，选择刚刚创建完成的模板，单击"更新"按钮即可完成配置，如图 10-52 所示。

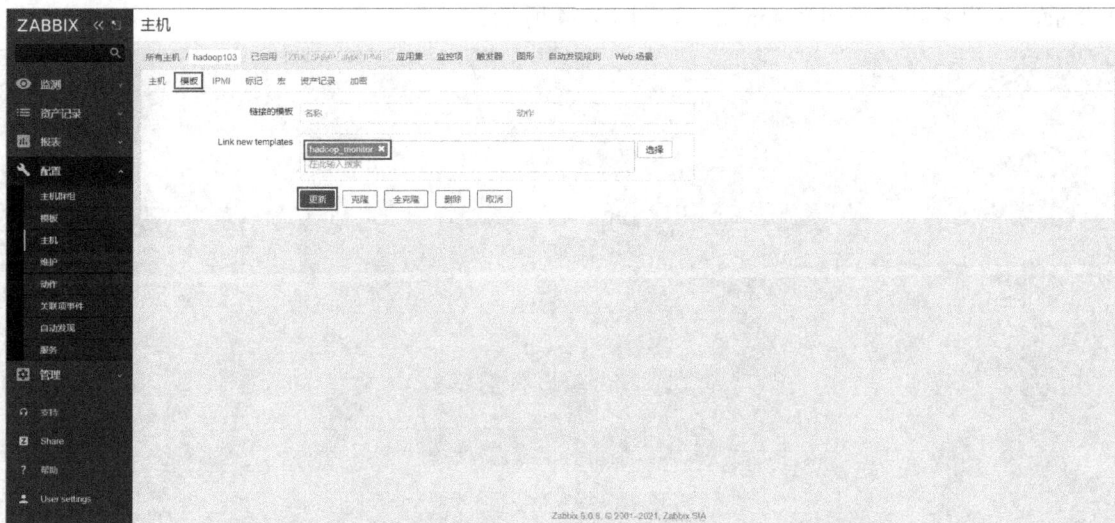

图 10-52　hadoop103 节点服务器关联创建的模板

（13）按照上述步骤为 hadoop104 节点服务器配置模板。

（14）测试。

① 启动 Hadoop 集群。

```
[atguigu@hadoop102 hadoop-3.1.3]$ sbin/start-dfs.sh
```

② 停止运行 Hadoop 集群。

```
[atguigu@hadoop102 hadoop-3.1.3]$ sbin/stop-dfs.sh
```

③ 查看电子邮件，接收报警信息，如图 10-53 所示。

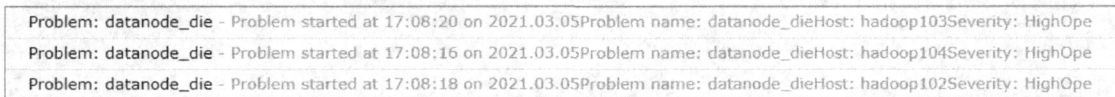

图 10-53　报警信息

10.4　Grafana

Grafana 是一个用 Go 语言开发的开源数据可视化工具，可以用于数据监控和数据统计。本数据仓库项目使用 Grafana 将 Zabbix 获取的监控数据进行可视化。相较于 Zabbix，Grafana 可以提供更好的用户体验。Grafana 要想对 Zabbix 获取的监控数据进行可视化，首先 Grafana 在安装配置过程中需要与 Zabbix 进行集成，然后 Zabbix 必须能监控到这个进程，Grafana 才能获取这个数据进而进行可视化。

10.4.1　Grafana 安装部署

Grafana 的具体安装部署流程如下。

（1）下载 Grafana 安装包。

（2）将安装包上传到 hadoop102 节点服务器的/opt/software 目录下。

（3）执行以下命令，安装 Grafana。

```
[atguigu@hadoop102 software]$ sudo rpm -ivh grafana-7.4.3-1.x86_64.rpm
```

（4）执行以下命令，启动 Grafana。

```
[atguigu@hadoop102 software]$ sudo systemctl start grafana-server
```

（5）访问 Grafana 页面。

访问地址为 http://hadoop102:3000/。

首次登录，用户名和密码均为 admin，如图 10-54 所示。

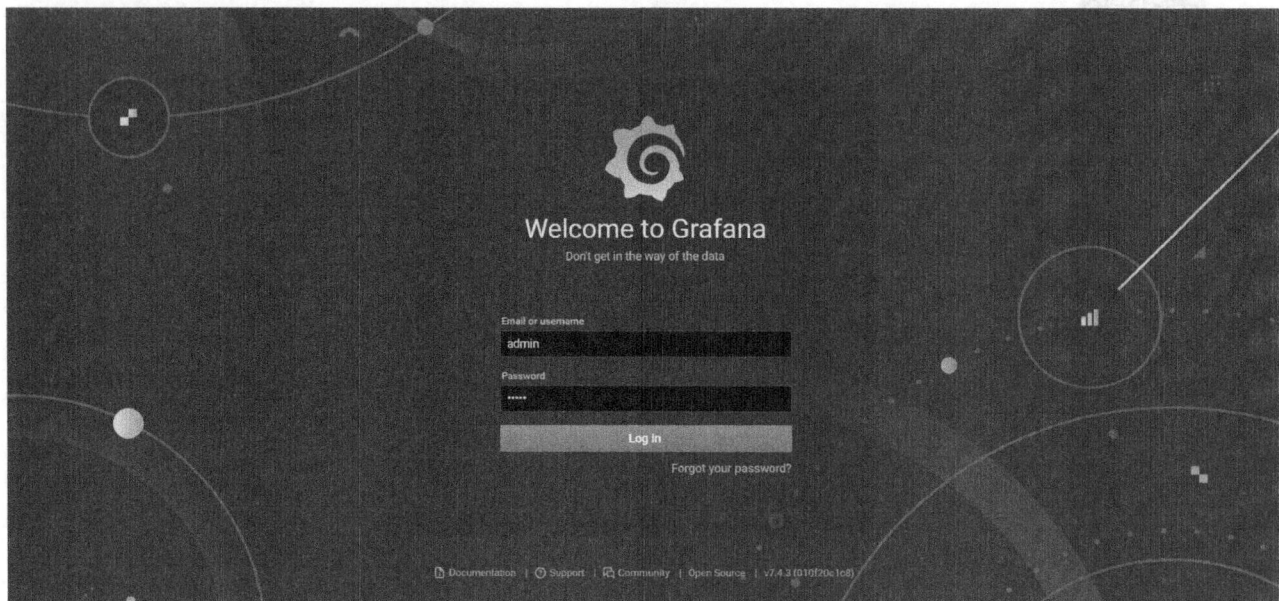

图 10-54　登录首页

设置新密码或者跳过，如图 10-55 所示。

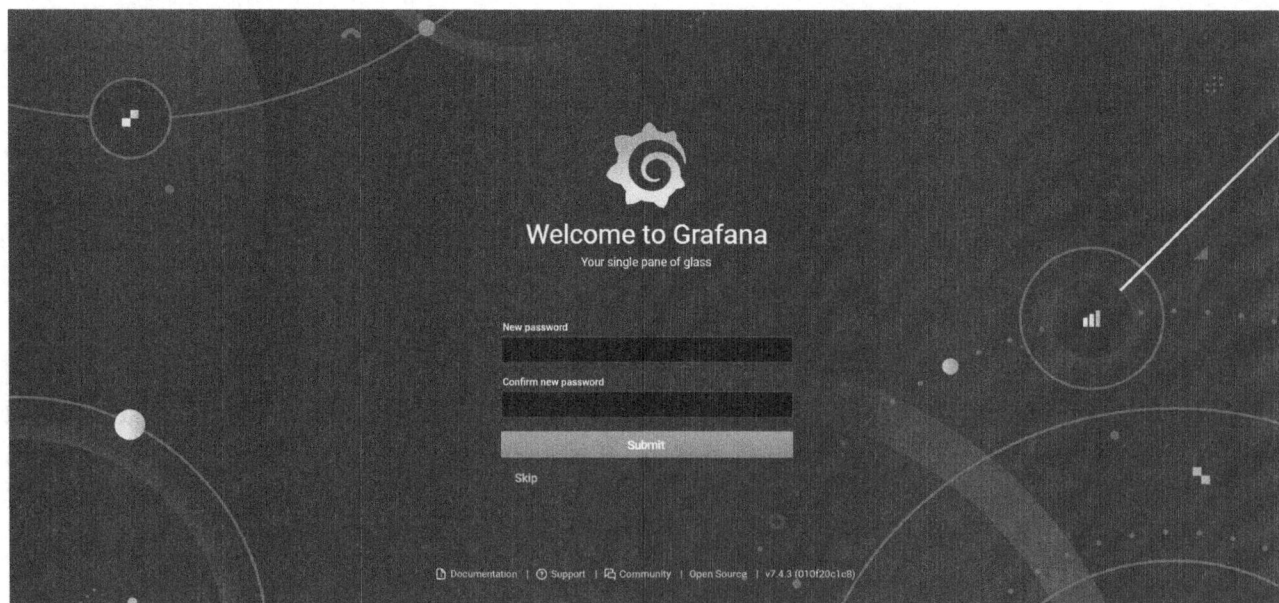

图 10-55　设置新密码或者跳过

10.4.2　快速入门

本节只是一个简单的入门实战，作为展示使用，不与本数据仓库项目集成。

（1）创建仪表盘 Dashboard，如图 10-56 所示。

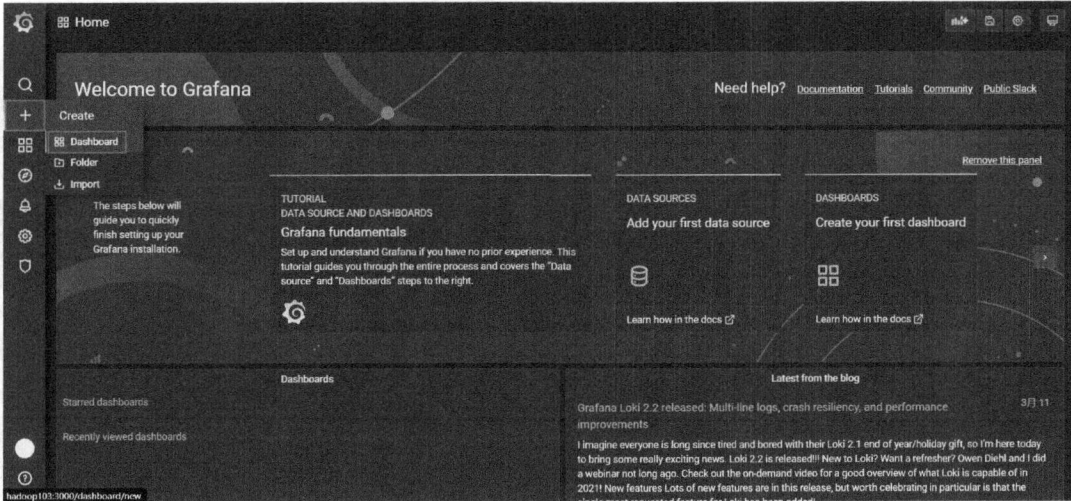

图 10-56　创建仪表盘 Dashboard

（2）在新创建的仪表盘中新建 panel（相当于图表），如图 10-57 所示。

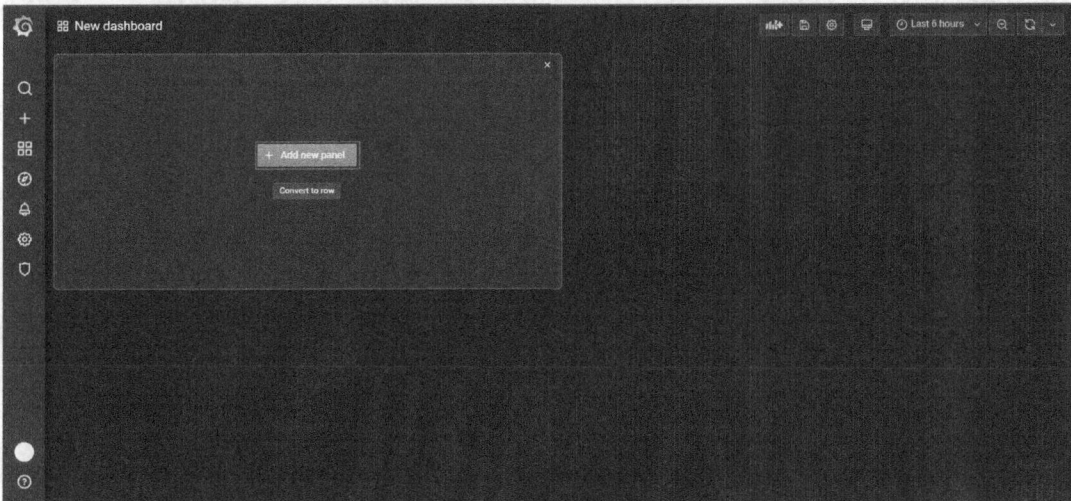

图 10-57　新建 panel

（3）选择数据源，此处选择 Grafana 提供的随机测试数据，如图 10-58 所示。

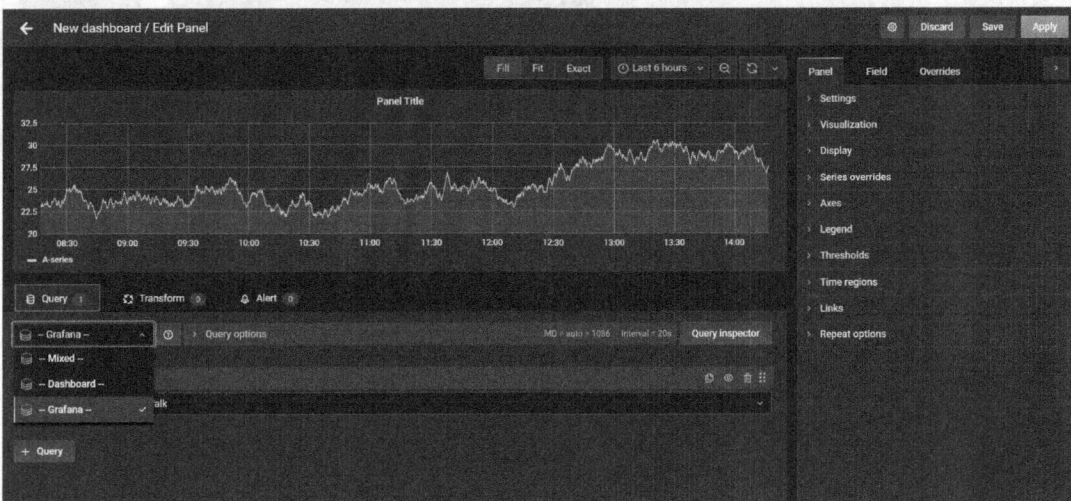

图 10-58　选择数据源

（4）选择合适的可视化图表类型，这里选择折线图，如图 10-59 所示。

图 10-59　选择可视化图表类型

（5）配置完数据源后，单击右上角的 Save 按钮保存仪表盘 Dashboard 和图表 panel，并将仪表盘命名为 Test，如图 10-60 所示。

图 10-60　配置完成

10.4.3　集成 Zabbix

在本数据仓库项目中，Grafana 需要与 Zabbix 集成，获取其得到的监控数据，以进行可视化。

1．配置数据源

Grafana 在与其他系统集成时，需要配置对应的数据源。

（1）单击如图 10-61 所示的 Add data source 按钮，增加数据源。

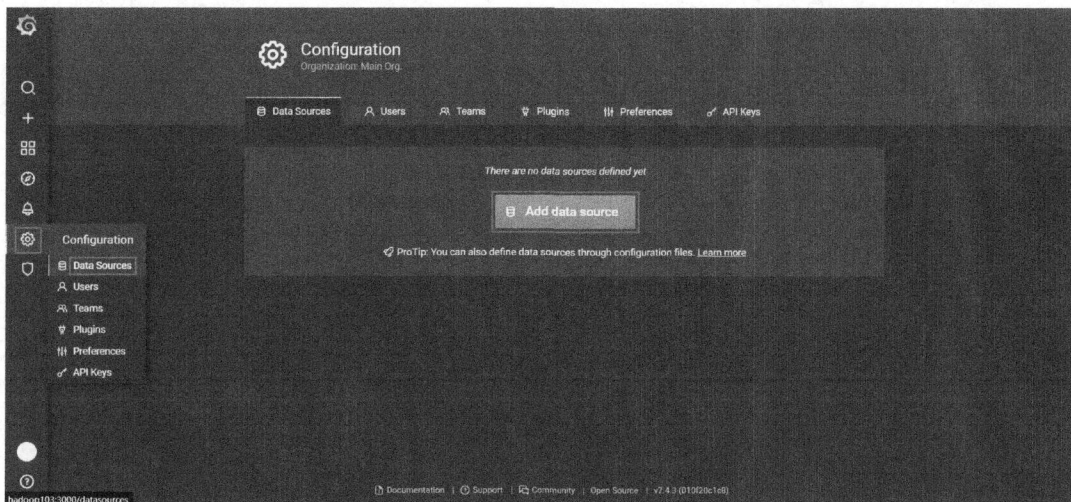

图 10-61　增加数据源

（2）单击 Add data source 按钮后，会出现如图 10-62 所示的数据源列表，在列表中选择所需数据源。

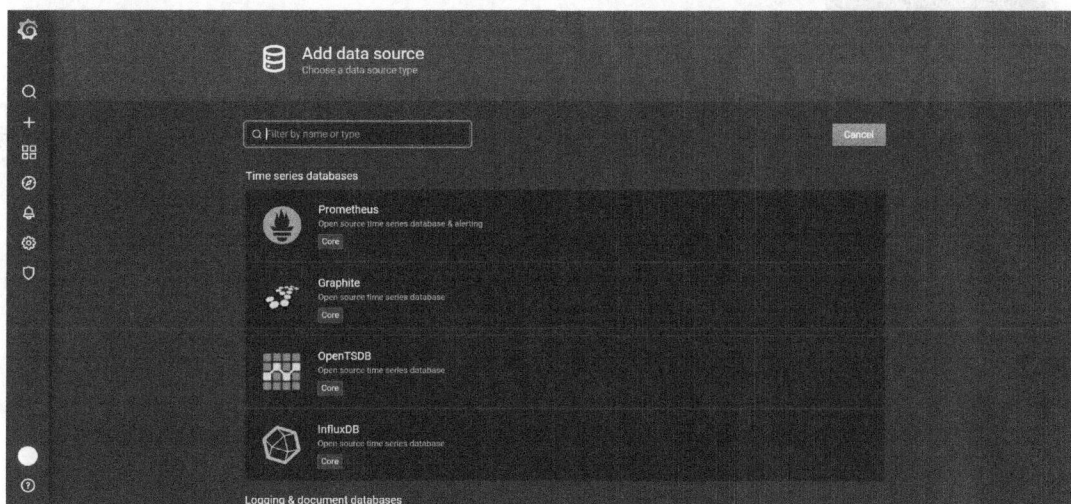

图 10-62　选择所需数据源

（3）在现有的数据源列表中没有找到 Zabbix，单击如图 10-63 所示的按钮，获取更多数据源。

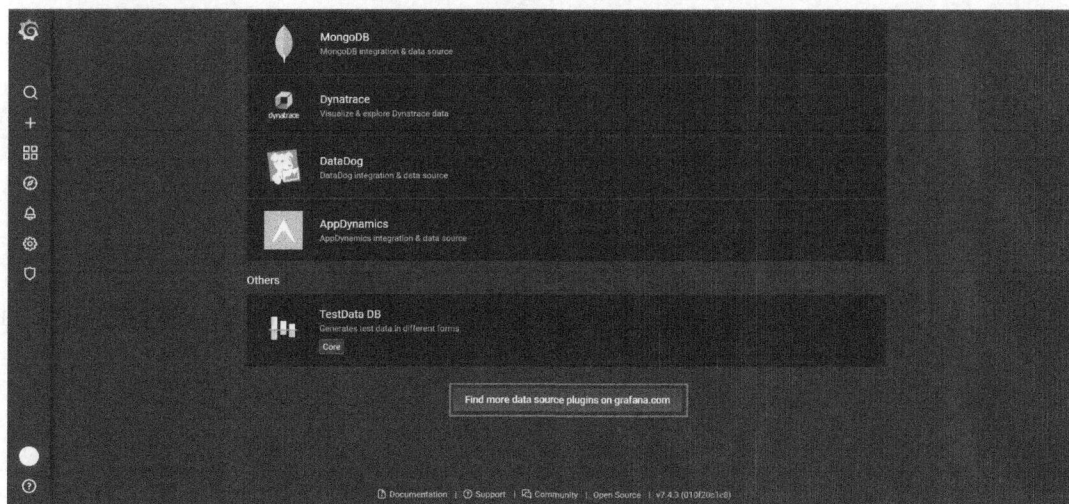

图 10-63　获取更多数据源

（4）搜索 zabbix，并单击搜索结果，如图 10-64 所示。

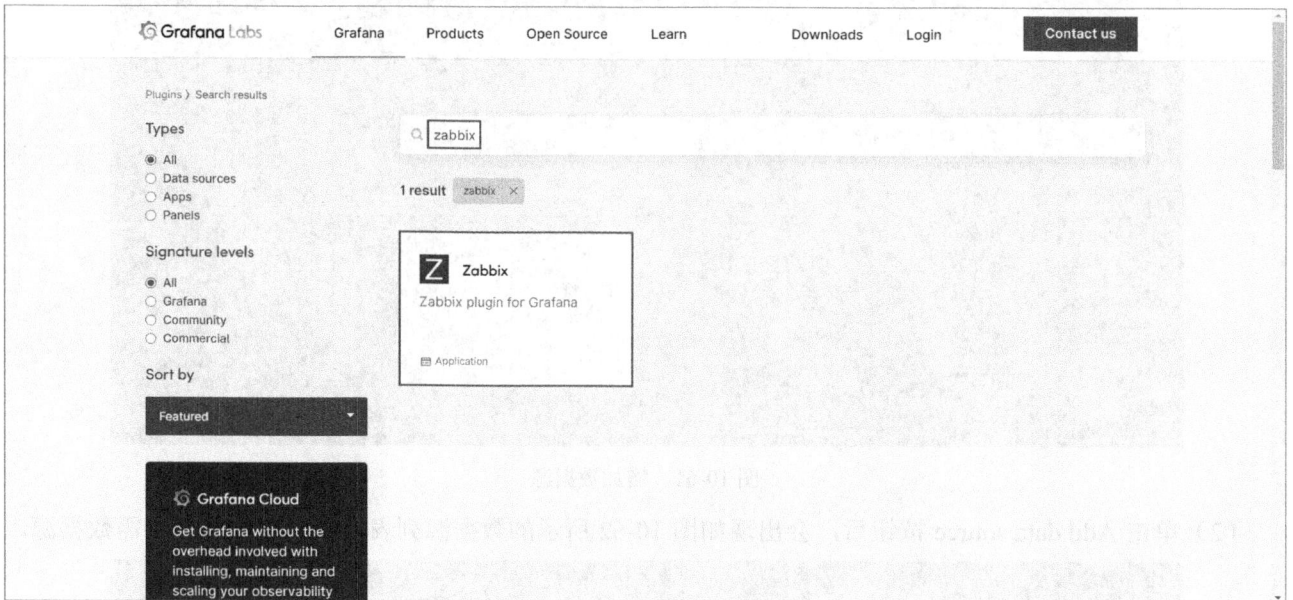

图 10-64　搜索 Zabbix 数据源

（5）页面中给出了详细的插件安装步骤，用户可按照所需插件的说明进行部署，如图 10-65 所示。

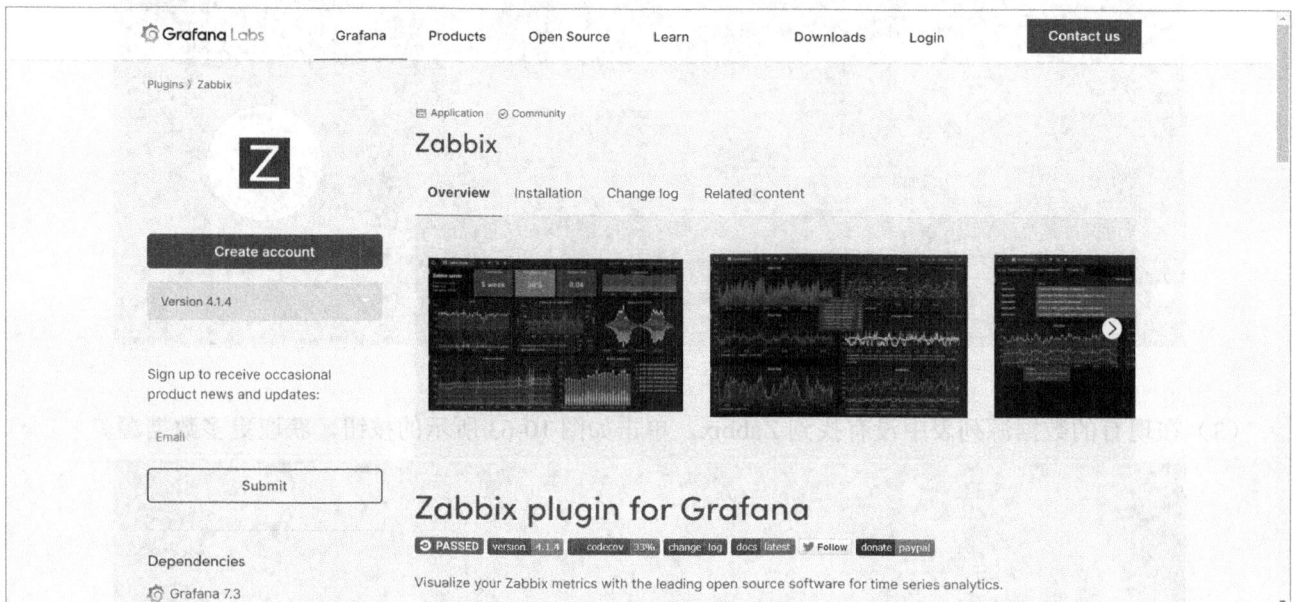

图 10-65　部署 Zabbix

（6）以下是整理出来的插件部署步骤。

① 安装插件。

```
[atguigu@hadoop102 software]$ sudo grafana-cli plugins install alexanderzobnin-zabbix-app
```

② 重启 Grafana。

```
[atguigu@hadoop102 software]$ sudo systemctl restart grafana-server
```

③ 启用插件。

● 在 Grafana 主页中单击"设置"按钮，在下拉列表中选择 Plugins 选项，如图 10-66 所示。

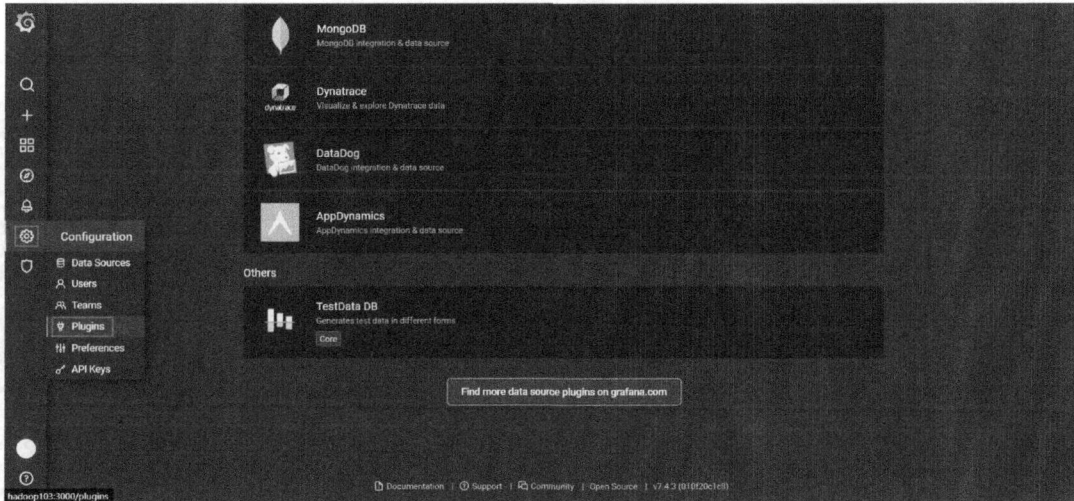

图 10-66　查找插件

- 在插件列表中搜索 zabbix，并单击搜索结果，如图 10-67 所示。

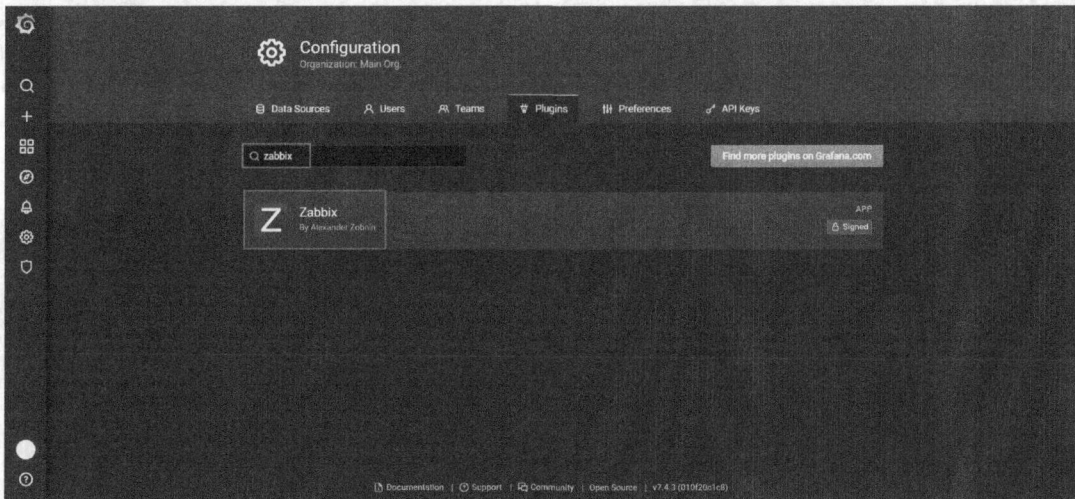

图 10-67　搜索 Zabbix 插件

- 单击 Enable 按钮启用 Zabbix 插件，如图 10-68 所示。

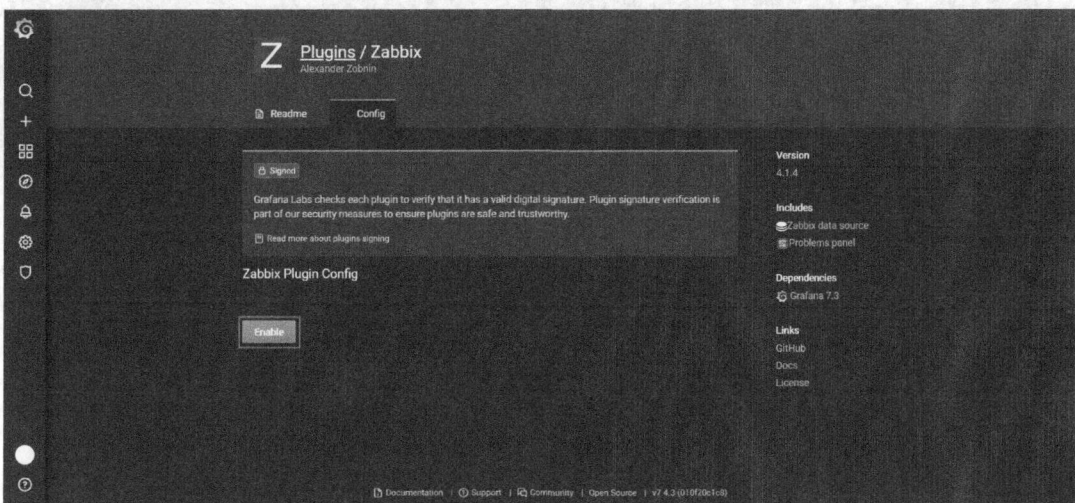

图 10-68　启用 Zabbix 插件

（7）配置 Zabbix 数据源。

① 在配置完 Zabbix 插件之后，重新进行增加数据源操作，如图 10-69 所示。

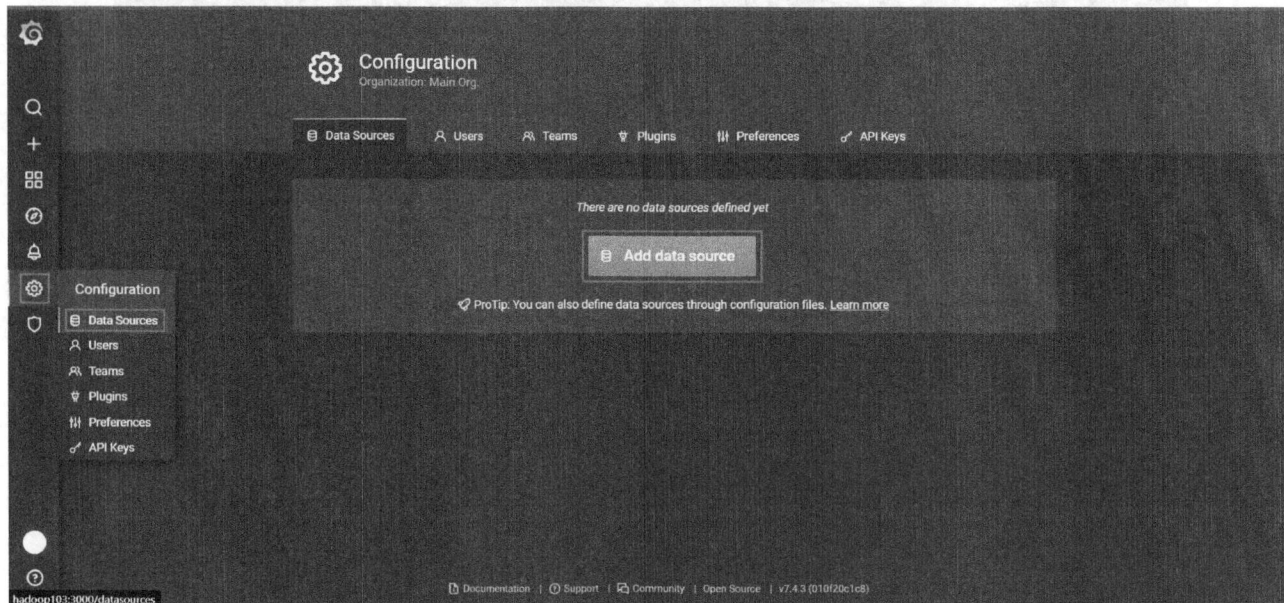

图 10-69　增加数据源

② 在数据源列表中搜索 zabbix，并单击搜索结果，如图 10-70 所示。

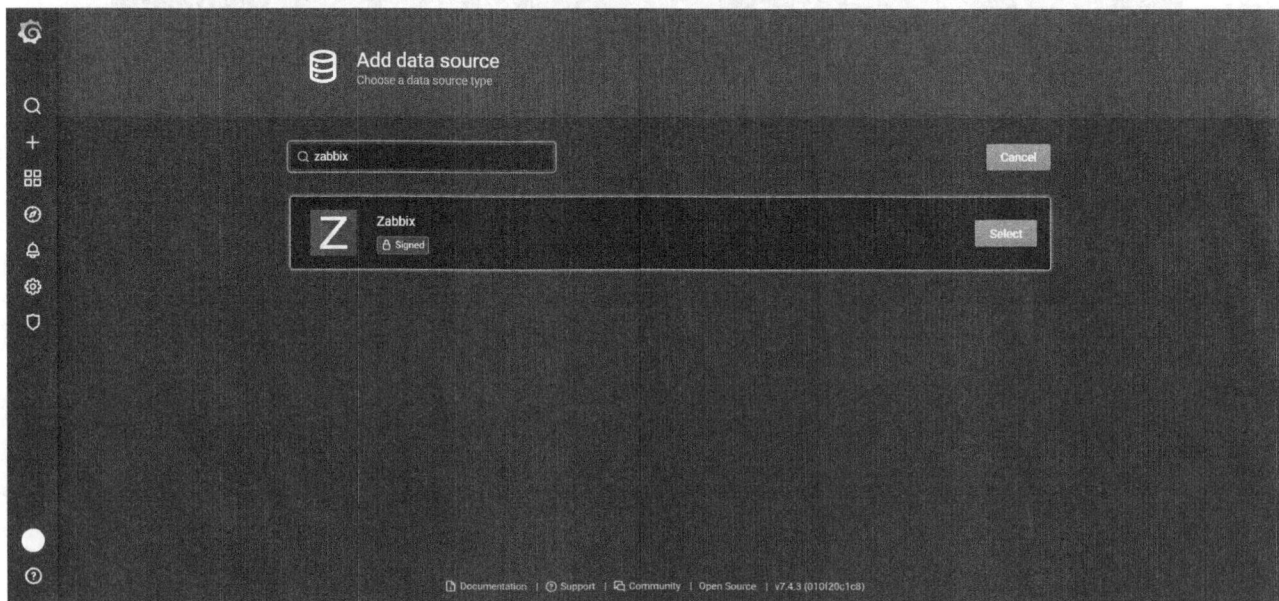

图 10-70　搜索 Zabbix 数据源

③ 配置数据源，如图 10-71 所示，URL 处会给出填写模板，用户只需修改 Zabbix-server 的主机地址即可。

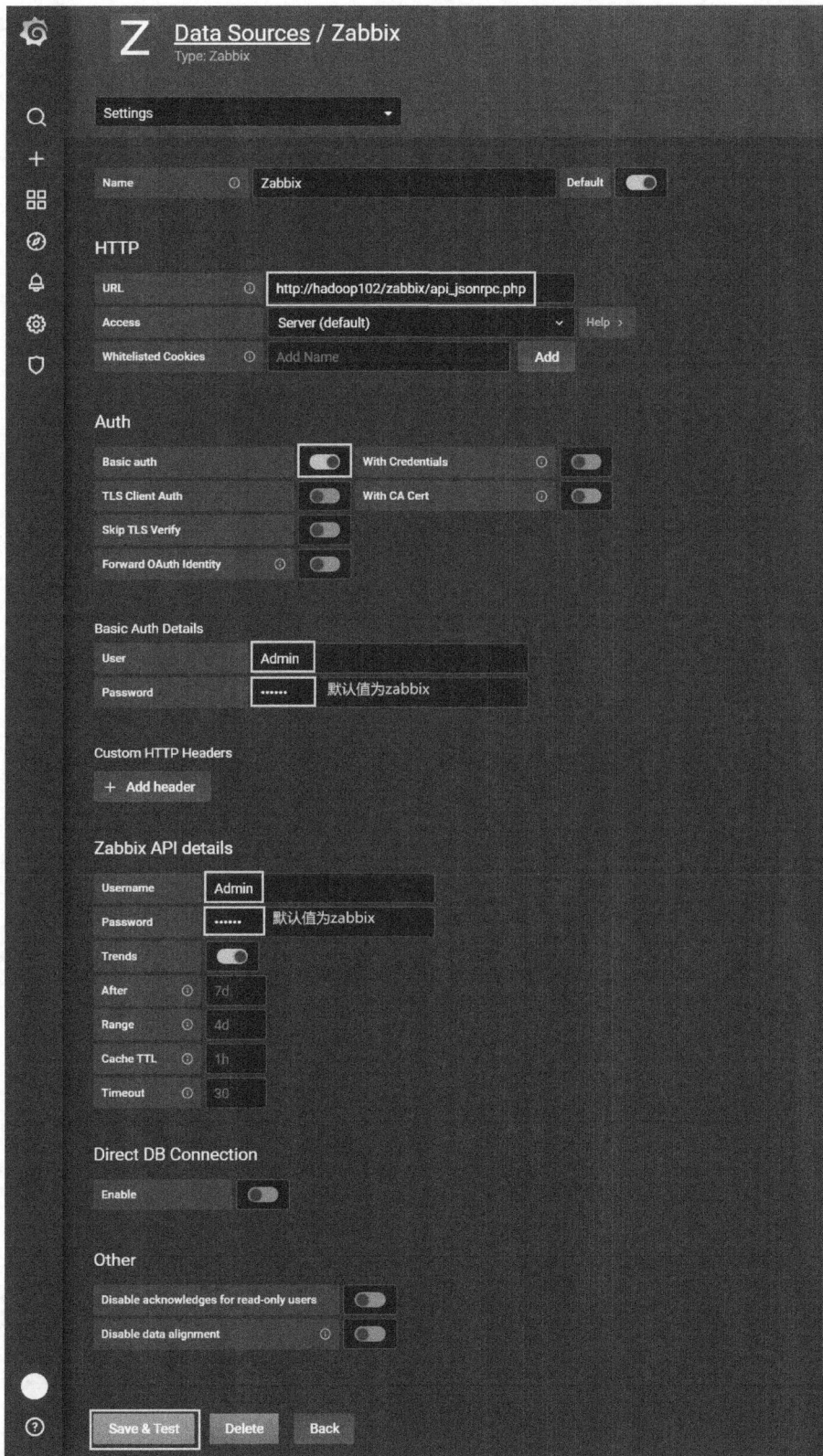

图 10-71　配置数据源

2. 集成案例

（1）为方便展示效果，在 Zabbix 中为 hadoop102 主机应用一个 Zabbix 内置的 Linux 系统监控模板。

① 选择 hadoop102 主机，如图 10-72 所示。

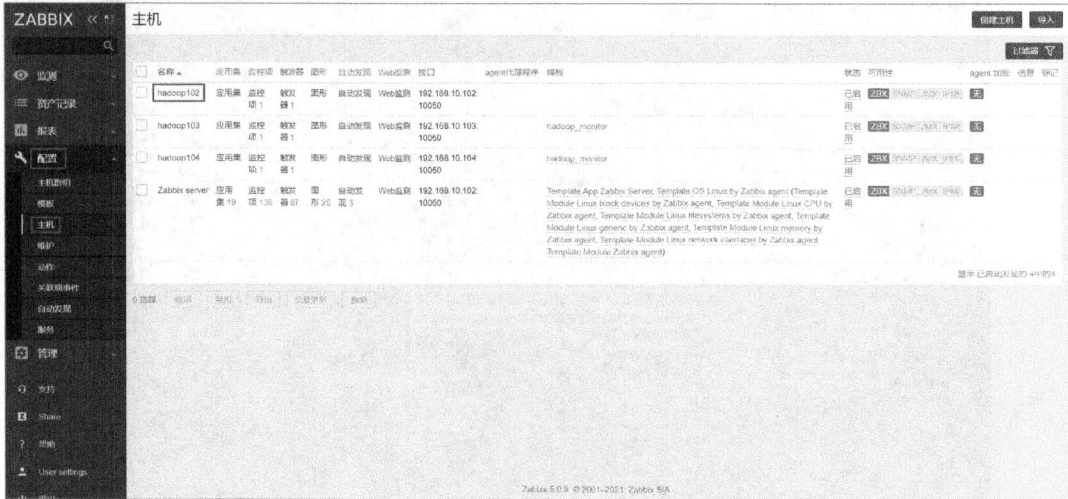

图 10-72　选择 hadoop102 主机

② 选择"模板"选项卡，搜索 linux，并选择 Template OS Linux by Zabbix agent 选项，如图 10-73 所示。

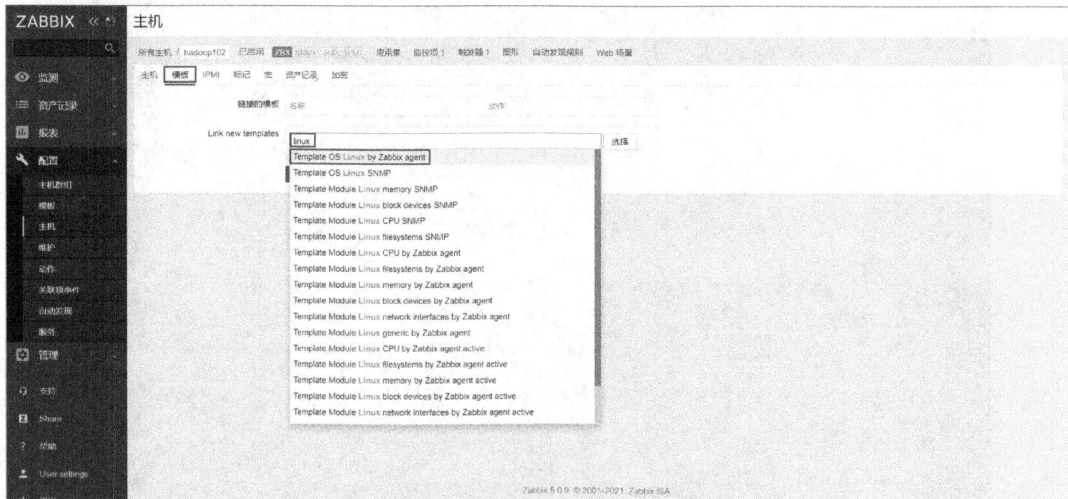

图 10-73　搜索 Linux 系统监控模板

③ 单击"更新"按钮，保存配置，如图 10-74 所示。

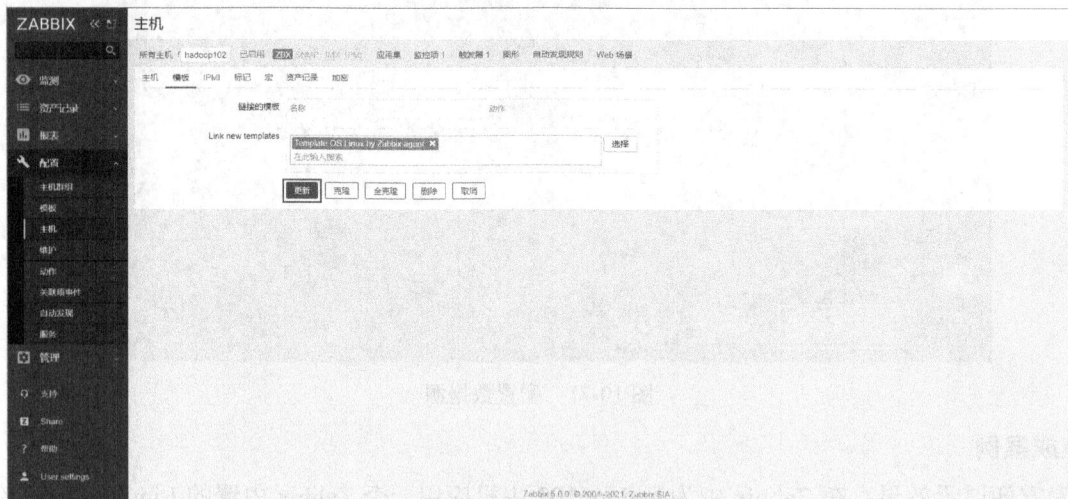

图 10-74　保存配置

（2）集成 Grafana，展示模板中的系统监控项。

① 选择 Dashboards 选项，在下面找到 10.4.2 节中创建的仪表盘 Test，如图 10-75 所示。

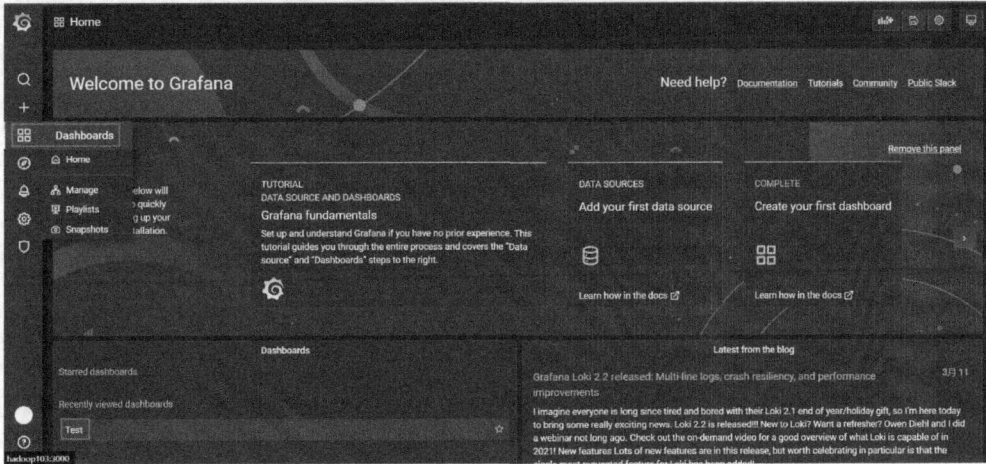

图 10-75　搜索仪表盘 Test

② 单击右上角的按钮，新建 panel，如图 10-76 所示。

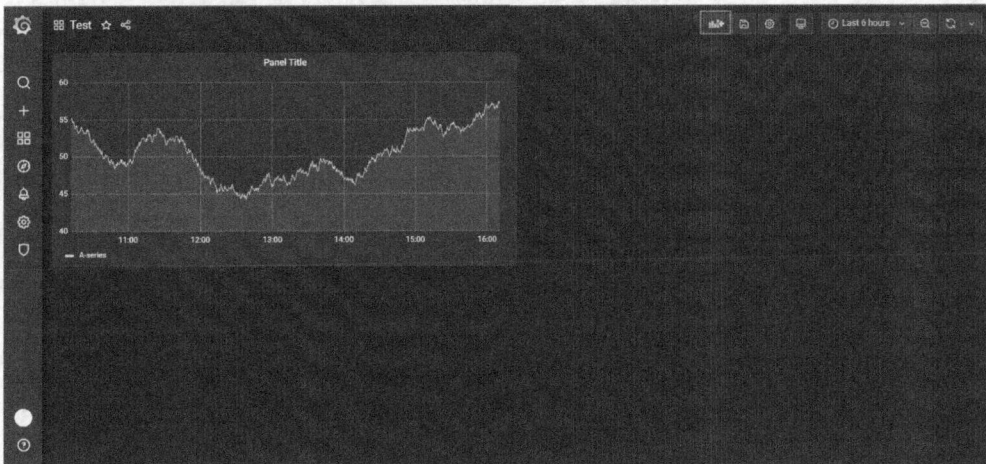

图 10-76　新建 panel

③ 在 Query 页面下选择 Zabbix 数据源，如图 10-77 所示。

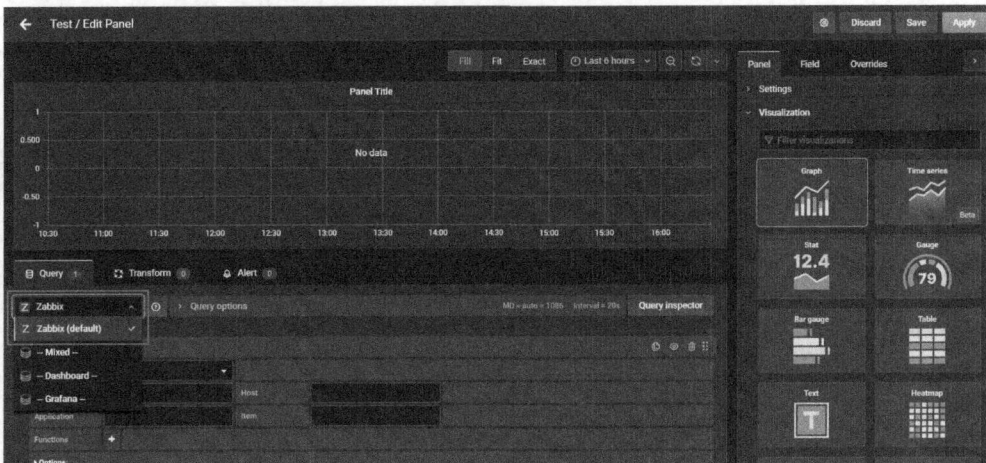

图 10-77　选择 Zabbix 数据源

④ 选择要展示的监控项，如图 10-78 所示。

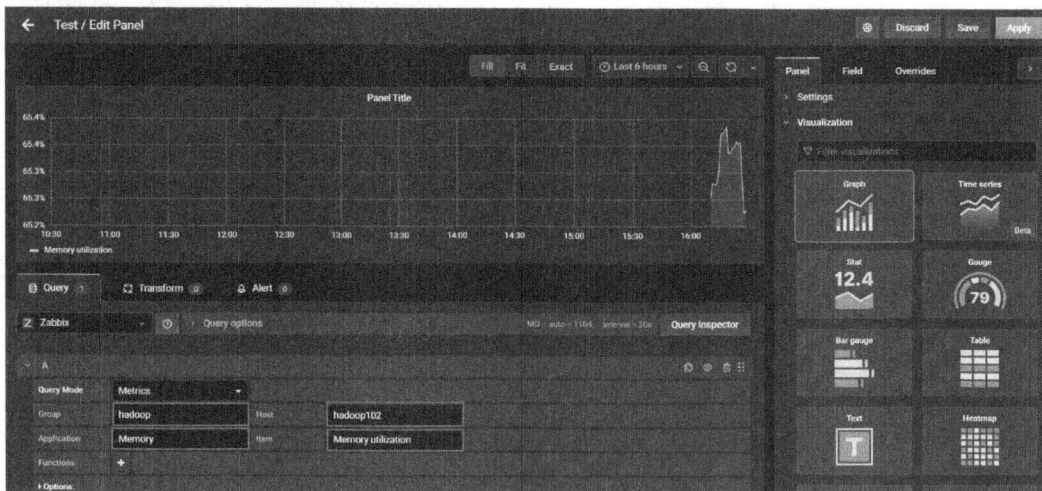

图 10-78　选择监控项

⑤ 选择合适的图表类型，如图 10-79 所示。

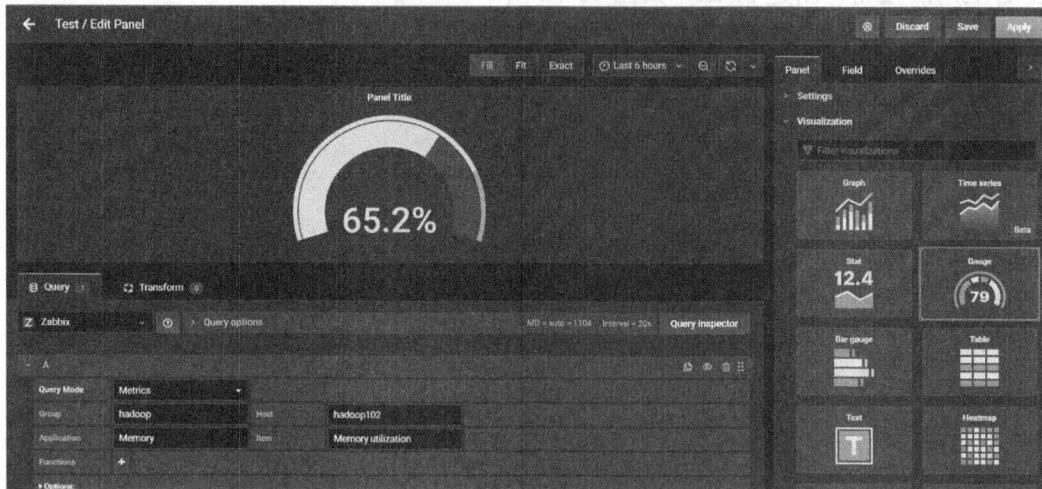

图 10-79　选择图表类型

⑥ 单击 Save 按钮，保存配置，如图 10-80 所示。

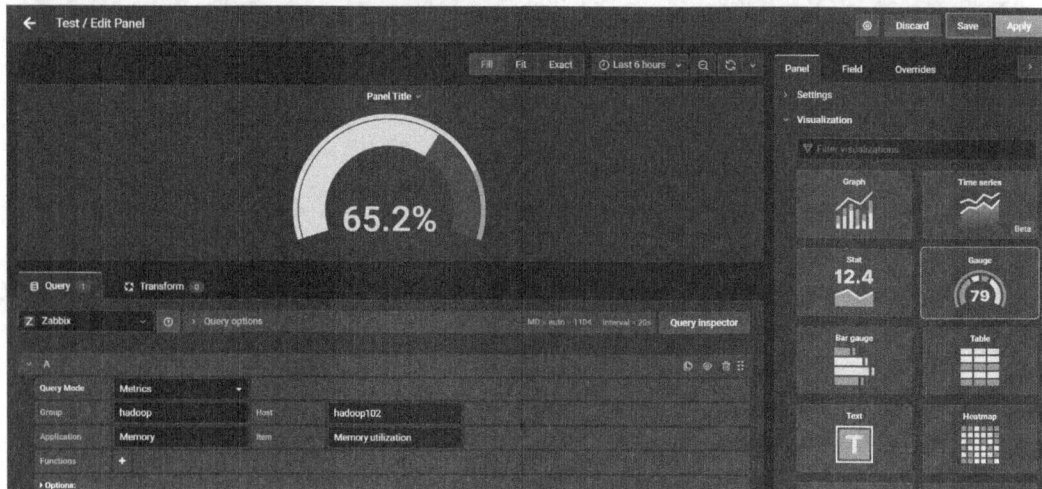

图 10-80　保存配置

⑦ 配置完成后，在 Grafana 中可以查看到总的仪表盘页面，如图 10-81 所示。用户可以根据自己的需求配置更多的监控可视化图表。

图 10-81　仪表盘配置完成

10.5　本章总结

本章主要介绍了一个集群监控工具 Zabbix。Zabbix 可以对大数据集群进行有效监控，并能为用户提供及时的报警。Zabbix 的配置看起来烦琐，实则有章可循，读者经过亲自操作后可以很快上手使用。Zabbix 官方网站提供了详尽的文档资料，感兴趣的读者可前往查看。

第11章
安全认证模块

大数据平台的安全认证，简单来说就是保证集群中的用户和传输的数据都是安全可靠的。本数据仓库项目将采用 Kerberos 作为项目的安全认证组件。本章主要讲解 Kerberos 的安装和使用，以及如何与项目进行集成。

11.1 Kerberos 入门

11.1.1 Kerberos 概述

Kerberos 是一个计算机网络认证协议，用来在非安全网络中，以安全的手段对个人通信进行身份认证。Kerberos 又指麻省理工学院为计算机网络认证协议开发的一款计算机软件。软件设计上，Kerberos 采用客户/服务器结构，并且能够进行相互认证，即客户端和服务端均可对对方进行身份认证。Kerberos 可以用于防止窃听、防止重放攻击、保护数据完整性等场合，是一种应用对称密钥体制进行密钥管理的系统。

Kerberos 中有以下术语需要读者先了解一下。

- KDC（Key Distribution Center）：密钥分配中心，负责管理发放票据，记录授权。
- Realm：Kerberos 所管理的一个领域或范围。
- Principal：Kerberos 所管理的一个用户或服务，可以理解为 Kerberos 中保存的一个账号。
- keytab：Kerberos 中的用户认证可通过密码或密钥文件证明身份，keytab 指密钥文件。

11.1.2 Kerberos 认证原理

Kerberos 认证原理如图 11-1 所示，步骤如下所示。

第1步：客户端输入 kinit username 命令，并输入密钥。向 AS（Authentication Server，认证服务器）发送请求，请求的内容大致为"我是谁，我要请求的服务是什么"，该请求会被刚刚输入的密钥加密。

第2步：AS 收到请求后，会从 Database 中检索该用户，如果 Database 中存在该用户，则会使用该用户的密码对请求进行解密。解密成功后，则会发送 TGT 到客户端，TGT 被另一个密钥加密，该密钥由 AS 和 TGS 共享。

第3步：客户端收到 TGT 后会将其发送到 TGS（Ticket Granting Server，票证授权服务器），并附加请求的目标服务信息，例如"我要访问的服务是什么"。

第4步：TGS 收到请求后会用 AS 和 TGS 共享的密钥解密 TGT，解密成功后，会向客户端发送 Server Ticket，该 Ticket 由目标服务的密钥进行加密。

第5步：客户端收到 Server Ticket 后会将其发送到目标服务，目标服务收到 Server Ticket 后会用自己的密钥对其进行解密，解密成功后对客户端提供服务。

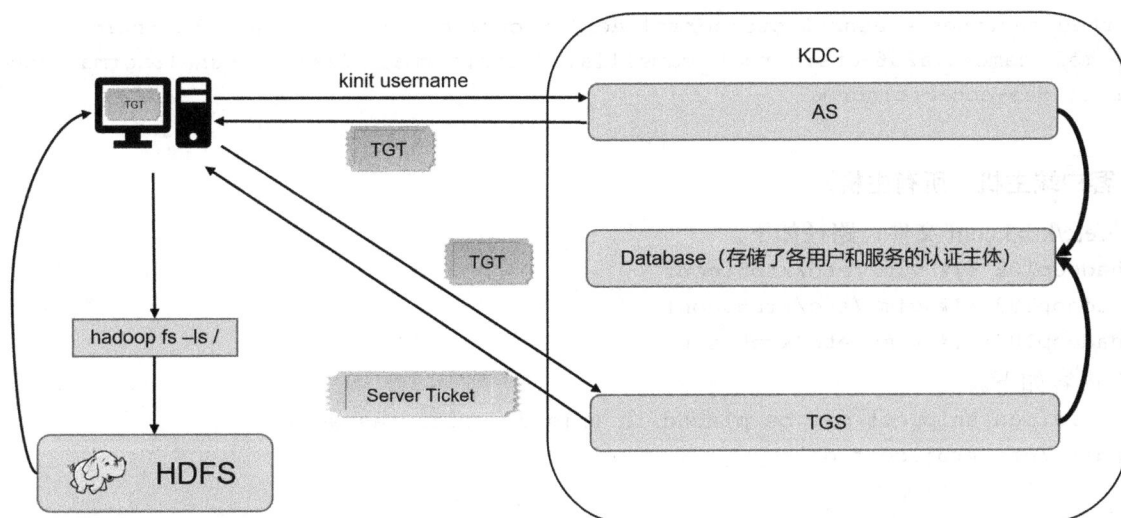

图 11-1　Kerberos 认证原理

11.2　Kerberos 安装

11.2.1　安装 Kerberos 相关服务

Kerberos 由服务端和客户端两个角色组成。其中，服务端负责认证和存储用户相关信息，客户端负责提供访问服务的接口。

在本数据仓库项目中，选择集群中的 hadoop102 主机作为 Kerberos 服务端，并安装 KDC 数据库，所有主机都需要部署 Kerberos 客户端。

在部署 Kerberos 过程中，需要使用 root 用户。

（1）服务端主机执行以下安装命令。

```
[root@hadoop102 ~]# yum install -y krb5-server
```

（2）客户端主机执行以下安装命令。

```
[root@hadoop102 ~]# yum install -y krb5-workstation krb5-libs
[root@hadoop103 ~]# yum install -y krb5-workstation krb5-libs
[root@hadoop104 ~]# yum install -y krb5-workstation krb5-libs
```

11.2.2　修改配置文件

1．服务端主机（hadoop102）

修改/var/kerberos/krb5kdc/kdc.conf 文件，路径如下。

```
[root@hadoop102 ~]# vim /var/kerberos/krb5kdc/kdc.conf
```

修改如下内容。

```
[kdcdefaults]
 kdc_ports = 88
 kdc_tcp_ports = 88

[realms]
 EXAMPLE.COM = {
  #master_key_type = aes256-cts
  acl_file = /var/kerberos/krb5kdc/kadm5.acl
  dict_file = /usr/share/dict/words
  admin_keytab = /var/kerberos/krb5kdc/kadm5.keytab
```

441

```
supported_enctypes = aes256-cts:normal aes128-cts:normal des3-hmac-sha1:normal arcfour-
hmac:normal camellia256-cts:normal camellia128-cts:normal des-hmac-sha1:normal des-cbc-
md5:normal des-cbc-crc:normal
 }
```

2. 客户端主机（所有主机）

修改/etc/krb5.conf 文件，路径如下。

```
[root@hadoop102 ~]# vim /etc/krb5.conf
[root@hadoop103 ~]# vim /etc/krb5.conf
[root@hadoop104 ~]# vim /etc/krb5.conf
```

修改内容如下。

```
# Configuration snippets may be placed in this directory as well
includedir /etc/krb5.conf.d/

[logging]
 default = FILE:/var/log/krb5libs.log
 kdc = FILE:/var/log/krb5kdc.log
 admin_server = FILE:/var/log/kadmind.log

[libdefaults]
 dns_lookup_realm = false
 dns_lookup_kdc = false
 ticket_lifetime = 24h
 renew_lifetime = 7d
 forwardable = true
 rdns = false
 pkinit_anchors = FILE:/etc/pki/tls/certs/ca-bundle.crt
 default_realm = EXAMPLE.COM
 #default_ccache_name = KEYRING:persistent:%{uid}

[realms]
 EXAMPLE.COM = {
  kdc = hadoop102
  admin_server = hadoop102
 }
[domain_realm]
# .example.com = EXAMPLE.COM
# example.com = EXAMPLE.COM
```

11.2.3 初始化 KDC 数据库

在服务端主机（hadoop102）上执行以下命令，并根据提示输入密码。

```
[root@hadoop102 ~]# kdb5_util create -s
```

11.2.4 修改管理员权限配置文件

在服务端主机（hadoop102）上修改/var/kerberos/krb5kdc/kadm5.acl 文件，内容如下。

```
[root@hadoop102 ~]# vim /var/kerberos/krb5kdc/kadm5.acl
*/admin@EXAMPLE.COM     *
```

11.2.5　启动 Kerberos 相关服务

（1）在服务端主机（hadoop102）上启动 KDC 数据库，并配置开机自启。

```
[root@hadoop102 ~]# systemctl start krb5kdc
[root@hadoop102 ~]# systemctl enable krb5kdc
```

（2）在服务端主机（hadoop102）上启动 Kadmin，该服务为 KDC 数据库访问入口。

```
[root@hadoop102 ~]# systemctl start kadmin
[root@hadoop102 ~]# systemctl enable kadmin
```

11.2.6　创建 Kerberos 管理员用户

在 KDC 数据库所在主机（hadoop102）上执行以下命令，并按照提示输入密码。

```
[root@hadoop102 ~]# kadmin.local -q "addprinc admin/admin"
```

11.3　Kerberos 操作

11.3.1　Kerberos 数据库操作

Kerberos 数据库操作主要就是对 Kerberos 用户的增、删、改、查操作，具体操作如下。

1．登录数据库

（1）本地登录（无须认证）。

```
[root@hadoop102 ~]# kadmin.local
Authenticating as principal root/admin@EXAMPLE.COM with password.
kadmin.local:
```

（2）远程登录（需要进行主体认证，认证操作见 11.3.2 节）。

```
[root@hadoop102 ~]# kadmin
Authenticating as principal admin/admin@EXAMPLE.COM with password.
Password for admin/admin@EXAMPLE.COM:
kadmin:
```

（3）输入 exit 命令，退出 Kerberos。

2．创建 Kerberos 主体

（1）登录数据库，输入以下命令，并按照提示输入密码。

```
kadmin.local: addprinc test
```

（2）也可通过以下 Shell 命令直接创建 Kerberos 主体。

```
[root@hadoop102 ~]# kadmin.local -q"addprinc test"
```

3．修改主体密码

```
kadmin.local :cpw test
```

4．查看所有主体

```
kadmin.local: list_principals
K/M@EXAMPLE.COM
admin/admin@EXAMPLE.COM
kadmin/admin@EXAMPLE.COM
kadmin/changepw@EXAMPLE.COM
kadmin/hadoop105@EXAMPLE.COM
kiprop/hadoop105@EXAMPLE.COM
krbtgt/EXAMPLE.COM@EXAMPLE.COM
```

11.3.2 Kerberos 认证操作

Kerberos 认证操作包括两种形式：密码认证和密钥文件认证。详细操作如下。

1．密码认证

（1）使用 kinit 命令进行主体认证，并按照提示输入密码。

```
[root@hadoop102 ~]# kinit test
Password for test@EXAMPLE.COM:
```

（2）查看认证凭证。

```
[root@hadoop102 ~]# klist
Ticket cache: FILE:/tmp/krb5cc_0
Default principal: test@EXAMPLE.COM

Valid starting       Expires              Service principal
10/27/2019 18:23:57  10/28/2019 18:23:57  krbtgt/EXAMPLE.COM@EXAMPLE.COM
    renew until 11/03/2019 18:23:57
```

2．密钥文件认证

（1）将主体 test 的.keytab 文件生成到指定目录/root/test.keytab。

```
[root@hadoop102 ~]# kadmin.local -q "xst -norandkey -k  /root/test.keytab test@EXAMPLE.
COM"
```

注：-norandkey 的作用是声明不随机生成密码，若不添加该参数，则会导致之前的密码失效。

（2）使用.keytab 文件进行认证。

```
[root@hadoop102 ~]# kinit -kt /root/test.keytab test
```

（3）查看认证凭证。

```
[root@hadoop102 ~]# klist
Ticket cache: FILE:/tmp/krb5cc_0
Default principal: test@EXAMPLE.COM

Valid starting       Expires              Service principal
08/27/19 15:41:28  08/28/19 15:41:28  krbtgt/EXAMPLE.COM@EXAMPLE.COM
     renew until 08/27/19 15:41:28
```

3．销毁认证凭证

```
[root@hadoop102 ~]# kdestroy
[root@hadoop102 ~]# klist
klist: No credentials cache found (ticket cache FILE:/tmp/krb5cc_0)
```

11.4　Hadoop 集成 Kerberos

为了保证 Hadoop 中数据的安全，需要使 Hadoop 集成 Kerberos，开启用户认证。

11.4.1　创建 Hadoop 系统用户

为 Hadoop 开启 Kerberos，需要为不同服务创建不同用户，在启动服务时需要使用相应的用户。为不同服务创建如表 11-1 所示的用户和用户组。

表 11-1　创建用户和用户组

所属用户和所属组	服　　务
hdfs:hadoop	NameNode、SecondaryNameNode、JournalNode、DataNode
yarn:hadoop	ResourceManager、NodeManager
mapred:hadoop	JobHistory Server

（1）创建 hadoop 组。

```
[root@hadoop102 ~]# groupadd hadoop
[root@hadoop103 ~]# groupadd hadoop
[root@hadoop104 ~]# groupadd hadoop
```

（2）创建各用户并设置密码。

```
[root@hadoop102 ~]# useradd hdfs -g hadoop
[root@hadoop102 ~]# echo hdfs | passwd --stdin  hdfs

[root@hadoop102 ~]# useradd yarn -g hadoop
[root@hadoop102 ~]# echo yarn | passwd --stdin yarn

[root@hadoop102 ~]# useradd mapred -g hadoop
[root@hadoop102 ~]# echo mapred | passwd --stdin mapred

[root@hadoop103 ~]# useradd hdfs -g hadoop
[root@hadoop103 ~]# echo hdfs | passwd --stdin  hdfs

[root@hadoop103 ~]# useradd yarn -g hadoop
[root@hadoop103 ~]# echo yarn | passwd --stdin yarn

[root@hadoop103 ~]# useradd mapred -g hadoop
[root@hadoop103 ~]# echo mapred | passwd --stdin mapred

[root@hadoop104 ~]# useradd hdfs -g hadoop
[root@hadoop104 ~]# echo hdfs | passwd --stdin  hdfs

[root@hadoop104 ~]# useradd yarn -g hadoop
[root@hadoop104 ~]# echo yarn | passwd --stdin yarn

[root@hadoop104 ~]# useradd mapred -g hadoop
[root@hadoop104 ~]# echo mapred | passwd --stdin mapred
```

11.4.2　为 Hadoop 各服务创建 Kerberos 主体（Principal）

主体格式为 ServiceName/HostName@REALM（如 dn/hadoop102@EXAMPLE.COM），各部分含义如下所示。

- ServiceName：服务名称。
- HostName：主机名。
- REALM：Kerberos 所管理的一个领域或范围，可以任意起名，一般是大写的。

1.　各服务所需主体

环境：3 台主机，主机名分别为 hadoop102、hadoop103、hadoop104。详细的主体规划如表 11-2 所示。

表 11-2　主体规划

服　　务	所 在 主 机	主体（Principal）
NameNode	hadoop102	nn/hadoop102
DataNode	hadoop102	dn/hadoop102
DataNode	hadoop103	dn/hadoop103
DataNode	hadoop104	dn/hadoop104
SecondaryNameNode	hadoop104	sn/hadoop104
ResourceManager	hadoop103	rm/hadoop103
NodeManager	hadoop102	nm/hadoop102
NodeManager	hadoop103	nm/hadoop103
NodeManager	hadoop104	nm/hadoop104
JobHistory Server	hadoop102	jhs/hadoop102
Web UI	hadoop102	HTTP/hadoop102
Web UI	hadoop103	HTTP/hadoop103
Web UI	hadoop104	HTTP/hadoop104
WebHDFS	hadoop102	HTTP/hadoop102

2．创建主体说明

（1）路径准备。

为服务创建的主体，需要通过密钥文件.keytab 进行认证，所以需要为各服务准备一个安全的路径用来存储.keytab 文件。

```
[root@hadoop102 ~]# mkdir /etc/security/keytab/
[root@hadoop102 ~]# chown -R root:hadoop /etc/security/keytab/
[root@hadoop102 ~]# chmod 770 /etc/security/keytab/
```

（2）管理员主体认证。

为执行创建主体的语句，需要登录 Kerberos 数据库客户端，在登录之前需先使用 Kerberos 的管理员用户进行认证，执行以下命令并根据提示输入密码。

```
[root@hadoop102 ~]# kinit admin/admin
```

（3）登录数据库客户端。

```
[root@hadoop102 ~]# kadmin
```

（4）执行创建主体的语句。

```
kadmin: addprinc -randkey test/test
kadmin: xst -k /etc/security/keytab/test.keytab test/test
```

说明如下。

① addprinc -randkey test/test：作用是新建主体，各部分含义如下。

- addprinc：增加主体。
- -randkey：密码随机生成，因为 Hadoop 各服务均通过.keytab 文件认证，所以密码可随机生成。
- test/test：新增的主体。

② xst -k /etc/security/keytab/test.keytab test/test：作用是将主体的密钥写入.keytab 文件，各部分含义如下。

- xst：将主体的密钥写入.keytab 文件。
- -k /etc/security/keytab/test.keytab：指明.keytab 文件路径和文件名。
- test/test：主体。

③ 为方便创建主体，可使用如下命令。

```
[root@hadoop102 ~]# kadmin -padmin/admin -wadmin -q"addprinc -randkey test/test"
```

```
[root@hadoop102 ~]# kadmin -padmin/admin -wadmin -q"xst -k /etc/security/keytab/test.
keytab test/test"
```

- -p：主体。
- -w：密码。
- -q：执行语句。

④ 关于操作主体的其他命令，读者可参考 Kerberos 官方文档。

3．创建主体

（1）在所有主机上创建 keytab 文件目录。

```
[root@hadoop102 ~]# mkdir /etc/security/keytab/
[root@hadoop102 ~]# chown -R root:hadoop /etc/security/keytab/
[root@hadoop102 ~]# chmod 770 /etc/security/keytab/

[root@hadoop103 ~]# mkdir /etc/security/keytab/
[root@hadoop103 ~]# chown -R root:hadoop /etc/security/keytab/
[root@hadoop103 ~]# chmod 770 /etc/security/keytab/

[root@hadoop104 ~]# mkdir /etc/security/keytab/
[root@hadoop104 ~]# chown -R root:hadoop /etc/security/keytab/
[root@hadoop104 ~]# chmod 770 /etc/security/keytab/
```

（2）在 hadoop102 主机上执行以下命令。

① NameNode（hadoop102）。

```
[root@hadoop102 ~]# kadmin -padmin/admin -wadmin -q"addprinc -randkey nn/hadoop102"
[root@hadoop102 ~]# kadmin -padmin/admin -wadmin -q"xst -k /etc/security/keytab/nn.
service.keytab nn/hadoop102"
```

② DataNode（hadoop102）。

```
[root@hadoop102 ~]# kadmin -padmin/admin -wadmin -q"addprinc -randkey dn/hadoop102"
[root@hadoop102 ~]# kadmin -padmin/admin -wadmin -q"xst -k /etc/security/keytab/dn.
service.keytab dn/hadoop102"
```

③ NodeManager（hadoop102）。

```
[root@hadoop102 ~]# kadmin -padmin/admin -wadmin -q"addprinc -randkey nm/hadoop102"
[root@hadoop102 ~]# kadmin -padmin/admin -wadmin -q"xst -k /etc/security/keytab/nm.
service.keytab nm/hadoop102"
```

④ JobHistory Server（hadoop102）。

```
[root@hadoop102 ~]# kadmin -padmin/admin -wadmin -q"addprinc -randkey jhs/hadoop102"
[root@hadoop102 ~]# kadmin -padmin/admin -wadmin -q"xst -k /etc/security/keytab/jhs.
service.keytab jhs/hadoop102"
```

⑤ Web UI（hadoop102）。

```
[root@hadoop102 ~]# kadmin -padmin/admin -wadmin -q"addprinc -randkey HTTP/hadoop102"
[root@hadoop102 ~]# kadmin -padmin/admin -wadmin -q"xst -k /etc/security/keytab/spnego.
service.keytab HTTP/hadoop102"
```

（3）在 hadoop103 主机上执行以下命令。

① ResourceManager（hadoop103）。

```
[root@hadoop103 ~]# kadmin -padmin/admin -wadmin -q"addprinc -randkey rm/hadoop103"
[root@hadoop103 ~]# kadmin -padmin/admin -wadmin -q"xst -k /etc/security/keytab/rm.
service.keytab rm/hadoop103"
```

② DataNode（hadoop103）。

```
[root@hadoop103 ~]# kadmin -padmin/admin -wadmin -q"addprinc -randkey dn/hadoop103"
```

```
[root@hadoop103 ~]# kadmin -padmin/admin -wadmin -q"xst -k /etc/security/keytab/dn.
service.keytab dn/hadoop103"
```

③ NodeManager（hadoop103）。

```
[root@hadoop103 ~]# kadmin -padmin/admin -wadmin -q"addprinc -randkey nm/hadoop103"
[root@hadoop103 ~]# kadmin -padmin/admin -wadmin -q"xst -k /etc/security/keytab/nm.
service.keytab nm/hadoop103"
```

④ Web UI（hadoop103）。

```
[root@hadoop103 ~]# kadmin -padmin/admin -wadmin -q"addprinc -randkey HTTP/hadoop103"
[root@hadoop103 ~]# kadmin -padmin/admin -wadmin -q"xst -k /etc/security/keytab/spnego.
service.keytab HTTP/hadoop103"
```

（4）在 hadoop104 主机上执行以下命令。

① DataNode（hadoop104）。

```
[root@hadoop104 ~]# kadmin -padmin/admin -wadmin -q"addprinc -randkey dn/hadoop104"
[root@hadoop104 ~]# kadmin -padmin/admin -wadmin -q"xst -k /etc/security/keytab/dn.
service.keytab dn/hadoop104"
```

② SecondaryNameNode（hadoop104）。

```
[root@hadoop104 ~]# kadmin -padmin/admin -wadmin -q"addprinc -randkey sn/hadoop104"
[root@hadoop104 ~]# kadmin -padmin/admin -wadmin -q"xst -k /etc/security/keytab/sn.
service.keytab sn/hadoop104"
```

③ NodeManager（hadoop104）。

```
[root@hadoop104 ~]# kadmin -padmin/admin -wadmin -q"addprinc -randkey nm/hadoop104"
[root@hadoop104 ~]# kadmin -padmin/admin -wadmin -q"xst -k /etc/security/keytab/nm.
service.keytab nm/hadoop104"
```

④ Web UI（hadoop104）。

```
[root@hadoop104 ~]# kadmin -padmin/admin -wadmin -q"addprinc -randkey HTTP/hadoop104"
[root@hadoop104 ~]# kadmin -padmin/admin -wadmin -q"xst -k /etc/security/keytab/spnego.
service.keytab HTTP/hadoop104"
```

4．修改所有主机的.keytab 文件的所有者和访问权限

```
[root@hadoop102 ~]# chown -R root:hadoop /etc/security/keytab/
[root@hadoop102 ~]# chmod 660 /etc/security/keytab/*

[root@hadoop103 ~]# chown -R root:hadoop /etc/security/keytab/
[root@hadoop103 ~]# chmod 660 /etc/security/keytab/*

[root@hadoop104 ~]# chown -R root:hadoop /etc/security/keytab/
[root@hadoop104 ~]# chmod 660 /etc/security/keytab/*
```

11.4.3　修改 Hadoop 配置文件

需要修改的内容如下，修改完成后需要分发所修改的文件。

（1）修改/opt/module/hadoop-3.1.3/etc/hadoop 目录中的 core-site.xml 文件，路径如下。

```
[root@hadoop102 ~]# vim /opt/module/hadoop-3.1.3/etc/hadoop/core-site.xml
```

增加以下内容。

```
<!-- Kerberos 主体到系统用户的映射机制 -->
<property>
  <name>hadoop.security.auth_to_local.mechanism</name>
  <value>MIT</value>
</property>
```

```
<!-- Kerberos 主体到系统用户的具体映射规则 -->
<property>
  <name>hadoop.security.auth_to_local</name>
  <value>
    RULE:[2:$1/$2@$0]([ndj]n\/.*@EXAMPLE\.COM)s/.*/hdfs/
    RULE:[2:$1/$2@$0]([rn]m\/.*@EXAMPLE\.COM)s/.*/yarn/
    RULE:[2:$1/$2@$0](jhs\/.*@EXAMPLE\.COM)s/.*/mapred/
    DEFAULT
  </value>
</property>

<!-- 启用 Hadoop 集群 Kerberos 安全认证 -->
<property>
  <name>hadoop.security.authentication</name>
  <value>kerberos</value>
</property>

<!-- 启用 Hadoop 集群授权管理 -->
<property>
  <name>hadoop.security.authorization</name>
  <value>true</value>
</property>

<!-- 将 Hadoop 集群间的 RPC 通信设为仅认证模式 -->
<property>
  <name>hadoop.rpc.protection</name>
  <value>authentication</value>
</property>
```

（2）修改/opt/module/hadoop-3.1.3/etc/hadoop 目录中的 hdfs-site.xml 文件，路径如下。

```
[root@hadoop102 ~]# vim /opt/module/hadoop-3.1.3/etc/hadoop/hdfs-site.xml
```

增加以下内容。

```
<!-- 访问 DataNode 数据块时需要通过 Kerberos 认证 -->
<property>
  <name>dfs.block.access.token.enable</name>
  <value>true</value>
</property>

<!-- NameNode 服务的 Kerberos 主体，_HOST 会自动解析为服务所在的主机名 -->
<property>
  <name>dfs.namenode.kerberos.principal</name>
  <value>nn/_HOST@EXAMPLE.COM</value>
</property>

<!-- NameNode 服务的 Kerberos 密钥文件路径 -->
<property>
  <name>dfs.namenode.keytab.file</name>
  <value>/etc/security/keytab/nn.service.keytab</value>
</property>

<!-- SecondaryNameNode 服务的 Kerberos 主体 -->
<property>
```

```xml
    <name>dfs.secondary.namenode.keytab.file</name>
    <value>/etc/security/keytab/sn.service.keytab</value>
</property>

<!-- SecondaryNameNode 服务的 Kerberos 密钥文件路径 -->
<property>
    <name>dfs.secondary.namenode.kerberos.principal</name>
    <value>sn/_HOST@EXAMPLE.COM</value>
</property>

<!-- NameNode Web UI 服务的 Kerberos 主体 -->
<property>
    <name>dfs.namenode.kerberos.internal.spnego.principal</name>
    <value>HTTP/_HOST@EXAMPLE.COM</value>
</property>

<!-- Hadoop Web UI 服务的 Kerberos 密钥文件路径 -->
<property>
    <name>dfs.web.authentication.kerberos.keytab</name>
    <value>/etc/security/keytab/spnego.service.keytab</value>
</property>

<!-- SecondaryNameNode Web UI 服务的 Kerberos 主体 -->
<property>
    <name>dfs.secondary.namenode.kerberos.internal.spnego.principal</name>
    <value>HTTP/_HOST@EXAMPLE.COM</value>
</property>

<!-- DataNode 服务的 Kerberos 主体 -->
<property>
    <name>dfs.datanode.kerberos.principal</name>
    <value>dn/_HOST@EXAMPLE.COM</value>
</property>

<!-- DataNode 服务的 Kerberos 密钥文件路径 -->
<property>
    <name>dfs.datanode.keytab.file</name>
    <value>/etc/security/keytab/dn.service.keytab</value>
</property>

<!-- WebHDFS 服务的 Kerberos 主体 -->
<property>
    <name>dfs.web.authentication.kerberos.principal</name>
    <value>HTTP/_HOST@EXAMPLE.COM</value>
</property>

<!-- 配置 NameNode Web UI 服务使用 HTTPS 协议 -->
<property>
    <name>dfs.http.policy</name>
```

```
  <value>HTTPS_ONLY</value>
</property>

<!-- 配置 DataNode 数据传输保护策略为仅认证模式 -->
<property>
  <name>dfs.data.transfer.protection</name>
  <value>authentication</value>
</property>
```

（3）修改/opt/module/hadoop-3.1.3/etc/hadoop 目录中的 yarn-site.xml 文件，路径如下。

```
[root@hadoop102 ~]# vim /opt/module/hadoop-3.1.3/etc/hadoop/yarn-site.xml
```

增加以下内容。

```
<!-- ResourceManager 服务的 Kerberos 主体 -->
<property>
  <name>yarn.resourcemanager.principal</name>
  <value>rm/_HOST@EXAMPLE.COM</value>
</property>

<!-- ResourceManager 服务的 Kerberos 密钥文件 -->
<property>
  <name>yarn.resourcemanager.keytab</name>
  <value>/etc/security/keytab/rm.service.keytab</value>
</property>

<!-- NodeManager 服务的 Kerberos 主体 -->
<property>
  <name>yarn.nodemanager.principal</name>
  <value>nm/_HOST@EXAMPLE.COM</value>
</property>

<!-- NodeManager 服务的 Kerberos 密钥文件 -->
<property>
  <name>yarn.nodemanager.keytab</name>
  <value>/etc/security/keytab/nm.service.keytab</value>
</property>
```

（4）修改/opt/module/hadoop-3.1.3/etc/hadoop 目录中的 mapred-site.xml 文件，路径如下。

```
[root@hadoop102 ~]# vim /opt/module/hadoop-3.1.3/etc/hadoop/mapred-site.xml
```

增加以下内容。

```
<!-- JobHistory Server 服务的 Kerberos 主体 -->
<property>
  <name>mapreduce.jobhistory.keytab</name>
  <value>/etc/security/keytab/jhs.service.keytab</value>
</property>

<!-- JobHistory Server 服务的 Kerberos 密钥文件 -->
<property>
  <name>mapreduce.jobhistory.principal</name>
  <value>jhs/_HOST@EXAMPLE.COM</value>
</property>
```

（5）分发以上修改的配置文件。

```
[root@hadoop102 ~]# xsync /opt/module/hadoop-3.1.3/etc/hadoop/core-site.xml
[root@hadoop102 ~]# xsync /opt/module/hadoop-3.1.3/etc/hadoop/hdfs-site.xml
[root@hadoop102 ~]# xsync /opt/module/hadoop-3.1.3/etc/hadoop/yarn-site.xml
[root@hadoop102 ~]# xsync /opt/module/hadoop-3.1.3/etc/hadoop/mapred-site.xml
```

11.4.4 配置 HDFS 使用 HTTPS 协议

Keytool 是 Java 数据证书的管理工具，使用户能够管理自己的公钥/私钥对及相关证书。常用参数如下。

- -keystore：指定密钥库的名称及位置（产生的各类信息将存储在 keystore 文件中）。
- -genkey（或者-genkeypair）：生成密钥对。
- -alias：为生成的密钥对指定别名，如果没有指定，则默认是 mykey。
- -keyalg：指定密钥的算法（RSA/DSA），默认是 DSA。

若想启用 Kerberos 认证，官网推荐 HDFS 使用 HTTPS（超文本传输安全协议）。具体配置步骤如下。

（1）执行以下命令，生成 keystore 文件的密码及相应信息的密钥库。

```
[root@hadoop102 ~]# keytool -keystore /etc/security/keytab/keystore -alias jetty -genkey -keyalg RSA

输入密钥库口令：
再次输入新口令：
您的名字与姓氏是什么？
  [Unknown]：
您的组织单位名称是什么？
  [Unknown]：
您的组织名称是什么？
  [Unknown]：
您所在的城市或区域名称是什么？
  [Unknown]：
您所在的省/市/自治区名称是什么？
  [Unknown]：
该单位的双字母国家/地区代码是什么？
  [Unknown]：
CN=Unknown, OU=Unknown, O=Unknown, L=Unknown, ST=Unknown, C=Unknown 是否正确？
  [否]：y

输入 <jetty> 的密钥口令
        （如果和密钥库口令相同，按回车）：
再次输入新口令：
```

（2）修改 keystore 文件的所有者和访问权限。

```
[root@hadoop102 ~]# chown -R root:hadoop /etc/security/keytab/keystore
[root@hadoop102 ~]# chmod 660 /etc/security/keytab/keystore
```

注意：

① 密钥库的密码至少为 6 个字符，可以是纯数字或字母，也可以是数字和字母的组合等。

② 确保 hdfs 用户（HDFS 的启动用户）具有对所生成 keystore 文件的读权限。

（3）将 keystore 文件分发到集群中的每台节点服务器的相同路径。

```
[root@hadoop102 ~]# xsync /etc/security/keytab/keystore
```

（4）修改 Hadoop 配置文件 ssl-server.xml.example，该文件位于$HADOOP_HOME/etc/hadoop 目录下，将文件名修改为 ssl-server.xml，如下所示。

```
[root@hadoop102 ~]# mv $HADOOP_HOME/etc/hadoop/ssl-server.xml.example $HADOOP_HOME/etc/
hadoop/ssl-server.xml
```

修改文件内容，路径如下。

```
[root@hadoop102 ~]# vim $HADOOP_HOME/etc/hadoop/ssl-server.xml
```

修改以下参数。

```
<!-- SSL 密钥库路径 -->
<property>
  <name>ssl.server.keystore.location</name>
  <value>/etc/security/keytab/keystore</value>
</property>

<!-- SSL 密钥库密码 -->
<property>
  <name>ssl.server.keystore.password</name>
  <value>123456</value>
</property>

<!-- SSL 可信任密钥库路径 -->
<property>
  <name>ssl.server.truststore.location</name>
  <value>/etc/security/keytab/keystore</value>
</property>

<!-- SSL 密钥库中密钥的密码 -->
<property>
  <name>ssl.server.keystore.keypassword</name>
  <value>123456</value>
</property>

<!-- SSL 可信任密钥库密码 -->
<property>
  <name>ssl.server.truststore.password</name>
  <value>123456</value>
</property>
```

（5）分发 ssl-server.xml 文件。

```
[root@hadoop102 ~]# xsync $HADOOP_HOME/etc/hadoop/ssl-server.xml
```

11.4.5　配置 YARN 使用 LinuxContainerExecutor

官方要求 Kerberos 必须配置 YARN 使用 LinuxContainerExecutor，具体操作如下。

（1）修改所有节点服务器的 container-executor 的所有者和访问权限，要求其所有者为 root，所有组为 hadoop（启动 NodeManager 服务的 YARN 用户的所属组），访问权限为 6050，其默认路径为$HADOOP_ HOME/bin。

```
[root@hadoop102 ~]# chown root:hadoop /opt/module/hadoop-3.1.3/bin/container-executor
[root@hadoop102 ~]# chmod 6050 /opt/module/hadoop-3.1.3/bin/container-executor

[root@hadoop103 ~]# chown root:hadoop /opt/module/hadoop-3.1.3/bin/container-executor
[root@hadoop103 ~]# chmod 6050 /opt/module/hadoop-3.1.3/bin/container-executor

[root@hadoop104 ~]# chown root:hadoop /opt/module/hadoop-3.1.3/bin/container-executor
```

```
[root@hadoop104 ~]# chmod 6050 /opt/module/hadoop-3.1.3/bin/container-executor
```

（2）修改所有节点服务器的 container-executor.cfg 文件的所有者和访问权限，要求该文件及其所有的上级目录的所有者均为 root，所有组为 hadoop（启动 NodeManager 服务的 YARN 用户的所属组），访问权限为 400，其默认路径为$HADOOP_HOME/etc/hadoop。

```
[root@hadoop102  ~]#  chown  root:hadoop  /opt/module/hadoop-3.1.3/etc/hadoop/container-
executor.cfg
[root@hadoop102 ~]# chown root:hadoop /opt/module/hadoop-3.1.3/etc/hadoop
[root@hadoop102 ~]# chown root:hadoop /opt/module/hadoop-3.1.3/etc
[root@hadoop102 ~]# chown root:hadoop /opt/module/hadoop-3.1.3
[root@hadoop102 ~]# chown root:hadoop /opt/module
[root@hadoop102 ~]# chmod 400 /opt/module/hadoop-3.1.3/etc/hadoop/container-executor.cfg

[root@hadoop103  ~]#  chown  root:hadoop  /opt/module/hadoop-3.1.3/etc/hadoop/container-
executor.cfg
[root@hadoop103 ~]# chown root:hadoop /opt/module/hadoop-3.1.3/etc/hadoop
[root@hadoop103 ~]# chown root:hadoop /opt/module/hadoop-3.1.3/etc
[root@hadoop103 ~]# chown root:hadoop /opt/module/hadoop-3.1.3
[root@hadoop103 ~]# chown root:hadoop /opt/module
[root@hadoop103 ~]# chmod 400 /opt/module/hadoop-3.1.3/etc/hadoop/container-executor.cfg

[root@hadoop104  ~]#  chown  root:hadoop  /opt/module/hadoop-3.1.3/etc/hadoop/container-
executor.cfg
[root@hadoop104 ~]# chown root:hadoop /opt/module/hadoop-3.1.3/etc/hadoop
[root@hadoop104 ~]# chown root:hadoop /opt/module/hadoop-3.1.3/etc
[root@hadoop104 ~]# chown root:hadoop /opt/module/hadoop-3.1.3
[root@hadoop104 ~]# chown root:hadoop /opt/module
[root@hadoop104 ~]# chmod 400 /opt/module/hadoop-3.1.3/etc/hadoop/container-executor.cfg
```

（3）修改$HADOOP_HOME/etc/hadoop/container-executor.cfg 文件内容，路径如下。

```
[root@hadoop102 ~]# vim $HADOOP_HOME/etc/hadoop/container-executor.cfg
```

修改如下内容。

```
yarn.nodemanager.linux-container-executor.group=hadoop
banned.users=hdfs,yarn,mapred
min.user.id=1000
allowed.system.users=
feature.tc.enabled=false
```

（4）修改$HADOOP_HOME/etc/hadoop/yarn-site.xml 文件内容，路径如下。

```
[root@hadoop102 ~]# vim $HADOOP_HOME/etc/hadoop/yarn-site.xml
```

增加如下内容。

```
<!-- 配置 NodeManager 服务使用 LinuxContainerExecutor 管理 Container -->
<property>
  <name>yarn.nodemanager.container-executor.class</name>
  <value>org.apache.hadoop.yarn.server.nodemanager.LinuxContainerExecutor</value>
</property>

<!-- 配置 NodeManager 服务的启动用户的所属组 -->
<property>
  <name>yarn.nodemanager.linux-container-executor.group</name>
  <value>hadoop</value>
</property>
```

```
<!-- LinuxContainerExecutor 脚本路径 -->
<property>
  <name>yarn.nodemanager.linux-container-executor.path</name>
  <value>/opt/module/hadoop-3.1.3/bin/container-executor</value>
</property>
```

（5）分发 container-executor.cfg 和 yarn-site.xml 文件。

```
[root@hadoop102 ~]# xsync $HADOOP_HOME/etc/hadoop/container-executor.cfg
[root@hadoop102 ~]# xsync $HADOOP_HOME/etc/hadoop/yarn-site.xml
```

11.5　在安全认证模式下启动 Hadoop 集群

11.5.1　修改本地特定路径访问权限

由于需要使用不同用户启动相应服务，因此需要修改本地路径访问权限以保证每个用户对相关本地路径具有足够的访问权限，如表 11-3 所示。

表 11-3　修改本地路径访问权限

路 径 类 型	需要修改的本地路径	所属用户和所属组	权　　限
local	$HADOOP_LOG_DIR	hdfs:hadoop	drwxrwxr-x
local	dfs.namenode.name.dir	hdfs:hadoop	drwx------
local	dfs.datanode.data.dir	hdfs:hadoop	drwx------
local	dfs.namenode.checkpoint.dir	hdfs:hadoop	drwx------
local	yarn.nodemanager.local-dirs	yarn:hadoop	drwxrwxr-x
local	yarn.nodemanager.log-dirs	yarn:hadoop	drwxrwxr-x

修改本地路径访问权限的操作步骤如下。

（1）如表 11-3 所示，修改$HADOOP_LOG_DIR（所有节点）的访问权限，该变量配置于 hadoop-env.sh 文件中，默认值为 ${HADOOP_HOME}/logs。

```
[root@hadoop102 ~]# chown hdfs:hadoop /opt/module/hadoop-3.1.3/logs/
[root@hadoop102 ~]# chmod 775 /opt/module/hadoop-3.1.3/logs/


[root@hadoop103 ~]# chown hdfs:hadoop /opt/module/hadoop-3.1.3/logs/
[root@hadoop103 ~]# chmod 775 /opt/module/hadoop-3.1.3/logs/


[root@hadoop104 ~]# chown hdfs:hadoop /opt/module/hadoop-3.1.3/logs/
[root@hadoop104 ~]# chmod 775 /opt/module/hadoop-3.1.3/logs/
```

（2）如表 11-3 所示，修改 NameNode 所在节点服务器的 dfs.namenode.name.dir 的访问权限，该参数配置于 hdfs-site.xml 文件中，默认值为 file://${hadoop.tmp.dir}/dfs/name。

```
[root@hadoop102 ~]# chown -R hdfs:hadoop /opt/module/hadoop-3.1.3/data/dfs/name/
[root@hadoop102 ~]# chmod 700 /opt/module/hadoop-3.1.3/data/dfs/name/
```

（3）如表 11-3 所示，修改 DataNode 所在节点服务器的 dfs.datanode.data.dir 的访问权限，该参数配置于 hdfs-site.xml 文件中，默认值为 file://${hadoop.tmp.dir}/dfs/data。

```
[root@hadoop102 ~]# chown -R hdfs:hadoop /opt/module/hadoop-3.1.3/data/dfs/data/
[root@hadoop102 ~]# chmod 700 /opt/module/hadoop-3.1.3/data/dfs/data/


[root@hadoop103 ~]# chown -R hdfs:hadoop /opt/module/hadoop-3.1.3/data/dfs/data/
[root@hadoop103 ~]# chmod 700 /opt/module/hadoop-3.1.3/data/dfs/data/


[root@hadoop104 ~]# chown -R hdfs:hadoop /opt/module/hadoop-3.1.3/data/dfs/data/
[root@hadoop104 ~]# chmod 700 /opt/module/hadoop-3.1.3/data/dfs/data/
```

（4）如表 11-3 所示，修改 SecondaryNameNode 所在节点服务器的 dfs.namenode.checkpoint.dir 的访问权限，该参数配置于 hdfs-site.xml 文件中，默认值为 file://${hadoop.tmp.dir}/dfs/namesecondary。

```
[root@hadoop104 ~]# chown -R hdfs:hadoop /opt/module/hadoop-3.1.3/data/dfs/namesecondary/
[root@hadoop104 ~]# chmod 700 /opt/module/hadoop-3.1.3/data/dfs/namesecondary/
```

（5）如表 11-3 所示，修改 NodeManager 所在节点服务器的 yarn.nodemanager.local-dirs 的访问权限，该参数配置于 yarn-site.xml 文件中，默认值为 file://${hadoop.tmp.dir}/nm-local-dir。

```
[root@hadoop102 ~]# chown -R yarn:hadoop /opt/module/hadoop-3.1.3/data/nm-local-dir/
[root@hadoop102 ~]# chmod -R 775 /opt/module/hadoop-3.1.3/data/nm-local-dir/

[root@hadoop103 ~]# chown -R yarn:hadoop /opt/module/hadoop-3.1.3/data/nm-local-dir/
[root@hadoop103 ~]# chmod -R 775 /opt/module/hadoop-3.1.3/data/nm-local-dir/

[root@hadoop104 ~]# chown -R yarn:hadoop /opt/module/hadoop-3.1.3/data/nm-local-dir/
[root@hadoop104 ~]# chmod -R 775 /opt/module/hadoop-3.1.3/data/nm-local-dir/
```

（6）如表 11-3 所示，修改 NodeManager 所在节点服务器的 yarn.nodemanager.log-dirs 的访问权限，该参数配置于 yarn-site.xml 文件中，默认值为$HADOOP_LOG_DIR/userlogs。

```
[root@hadoop102 ~]# chown yarn:hadoop /opt/module/hadoop-3.1.3/logs/userlogs/
[root@hadoop102 ~]# chmod 775 /opt/module/hadoop-3.1.3/logs/userlogs/

[root@hadoop103 ~]# chown yarn:hadoop /opt/module/hadoop-3.1.3/logs/userlogs/
[root@hadoop103 ~]# chmod 775 /opt/module/hadoop-3.1.3/logs/userlogs/

[root@hadoop104 ~]# chown yarn:hadoop /opt/module/hadoop-3.1.3/logs/userlogs/
[root@hadoop104 ~]# chmod 775 /opt/module/hadoop-3.1.3/logs/userlogs/
```

11.5.2　启动 HDFS

需要注意的是，在启动不同服务时需要使用对应的用户。

1．单点启动

（1）启动 NameNode 服务。

```
[root@hadoop102 ~]# sudo -i -u hdfs hdfs --daemon start namenode
```

（2）启动 DataNode 服务。

```
[root@hadoop102 ~]# sudo -i -u hdfs hdfs --daemon start datanode
[root@hadoop103 ~]# sudo -i -u hdfs hdfs --daemon start datanode
[root@hadoop104 ~]# sudo -i -u hdfs hdfs --daemon start datanode
```

（3）启动 SecondaryNameNode 服务。

```
[root@hadoop104 ~]# sudo -i -u hdfs hdfs --daemon start secondarynamenode
```

说明如下。

- -i：重新加载环境变量。
- -u：以特定用户身份执行后续命令。

2．群起

（1）在主节点服务器（hadoop102）上配置 hdfs 用户到所有节点服务器的免密登录。

（2）修改主节点服务器（hadoop102）的$HADOOP_HOME/sbin/start-dfs.sh 脚本。

```
[root@hadoop102 ~]# vim $HADOOP_HOME/sbin/start-dfs.sh
```

在顶部增加以下环境变量。

```
HDFS_DATANODE_USER=hdfs
HDFS_NAMENODE_USER=hdfs
```

```
HDFS_SECONDARYNAMENODE_USER=hdfs
```

注：$HADOOP_HOME/sbin/stop-dfs.sh 脚本也需要在顶部增加上述环境变量才可使用。

（3）以 root 用户身份执行$HADOOP_HOME/sbin/start-dfs.sh 脚本，即可启动 HDFS。

```
[root@hadoop102 ~]# start-dfs.sh
```

3．访问 HDFS Web 页面

访问地址为 https://hadoop102:9871。

注意：访问协议为 HTTPS，访问端口为 9871。

11.5.3　修改 HDFS 特定路径访问权限

由于需要使用不同用户启动相应服务，因此需要修改 HDFS 特定路径访问权限以保证每个用户对相关 HDFS 路径具有足够的访问权限，如表 11-4 所示。

表 11-4　修改 HDFS 特定路径访问权限

路 径 类 型	需要修改的 HDFS 路径	所属用户和所属组	权　　限
hdfs	/	hdfs:hadoop	drwxr-xr-x
hdfs	/tmp	hdfs:hadoop	drwxrwxrwxt
hdfs	/user	hdfs:hadoop	drwxrwxr-x
hdfs	yarn.nodemanager.remote-app-log-dir	yarn:hadoop	drwxrwxrwxt
hdfs	mapreduce.jobhistory.intermediate-done-dir	mapred:hadoop	drwxrwxrwxt
hdfs	mapreduce.jobhistory.done-dir	mapred:hadoop	drwxrwx---

说明：若上述路径不存在，则需用户手动创建。

修改 HDFS 特定路径访问权限的操作步骤如下。

（1）创建 hdfs/hadoop 主体，执行以下命令并按照提示输入密码。

```
[root@hadoop102 ~]# kadmin.local -q "addprinc hdfs/hadoop"
```

（2）认证 hdfs/hadoop 主体，执行以下命令并按照提示输入密码。

```
[root@hadoop102 ~]# kinit hdfs/hadoop
```

（3）按照表 11-4 所示修改指定路径的所有者和访问权限。

① 修改/、/tmp、/user 路径的所有者和访问权限。

```
[root@hadoop102 ~]# hadoop fs -chown hdfs:hadoop / /tmp /user
[root@hadoop102 ~]# hadoop fs -chmod 755 /
[root@hadoop102 ~]# hadoop fs -chmod 1777 /tmp
[root@hadoop102 ~]# hadoop fs -chmod 775 /user
```

② 参数 yarn.nodemanager.remote-app-log-dir 配置于 yarn-site.xml 文件中，默认值为/tmp/logs，修改该路径的所有者和访问权限。

```
[root@hadoop102 ~]# hadoop fs -chown yarn:hadoop /tmp/logs
[root@hadoop102 ~]# hadoop fs -chmod 1777 /tmp/logs
```

③ 参数 mapreduce.jobhistory.intermediate-done-dir 配置于 mapred-site.xml 文件中，默认值为/tmp/hadoop-yarn/staging/history/done_intermediate，需保证该路径的所有上级目录（除/tmp）的所有者均为 mapred，所属组均为 hadoop，访问权限均为 770。

```
[root@hadoop102 ~]# hadoop fs -chown -R mapred:hadoop /tmp/hadoop-yarn/staging/history/
done_intermediate
[root@hadoop102  ~]#  hadoop  fs  -chmod  -R  1777  /tmp/hadoop-yarn/staging/history/
done_intermediate

[root@hadoop102 ~]# hadoop fs -chown mapred:hadoop /tmp/hadoop-yarn/staging/history/
```

```
[root@hadoop102 ~]# hadoop fs -chown mapred:hadoop /tmp/hadoop-yarn/staging/
[root@hadoop102 ~]# hadoop fs -chown mapred:hadoop /tmp/hadoop-yarn/

[root@hadoop102 ~]# hadoop fs -chmod 770 /tmp/hadoop-yarn/staging/history/
[root@hadoop102 ~]# hadoop fs -chmod 770 /tmp/hadoop-yarn/staging/
[root@hadoop102 ~]# hadoop fs -chmod 770 /tmp/hadoop-yarn/
```

④ 参数 mapreduce.jobhistory.done-dir 配置于 mapred-site.xml 文件中，默认值为/tmp/hadoop-yarn/staging/history/done，需保证该路径的所有上级目录（除/tmp）的所有者均为 mapred，所属组均为 hadoop，访问权限均为 770。

```
[root@hadoop102 ~]# hadoop fs -chown -R mapred:hadoop /tmp/hadoop-yarn/staging/history/
done
[root@hadoop102 ~]# hadoop fs -chmod -R 750 /tmp/hadoop-yarn/staging/history/done

[root@hadoop102 ~]# hadoop fs -chown mapred:hadoop /tmp/hadoop-yarn/staging/history/
[root@hadoop102 ~]# hadoop fs -chown mapred:hadoop /tmp/hadoop-yarn/staging/
[root@hadoop102 ~]# hadoop fs -chown mapred:hadoop /tmp/hadoop-yarn/

[root@hadoop102 ~]# hadoop fs -chmod 770 /tmp/hadoop-yarn/staging/history/
[root@hadoop102 ~]# hadoop fs -chmod 770 /tmp/hadoop-yarn/staging/
[root@hadoop102 ~]# hadoop fs -chmod 770 /tmp/hadoop-yarn/
```

11.5.4 启动 YARN

1．单点启动

（1）启动 ResourceManager 服务。
```
[root@hadoop103 ~]# sudo -i -u yarn yarn --daemon start resourcemanager
```
（2）启动 NodeManager 服务。
```
[root@hadoop102 ~]# sudo -i -u yarn yarn --daemon start nodemanager
[root@hadoop103 ~]# sudo -i -u yarn yarn --daemon start nodemanager
[root@hadoop104 ~]# sudo -i -u yarn yarn --daemon start nodemanager
```

2．群起

（1）在 YARN 主节点服务器（hadoop103）上配置 yarn 用户到所有节点服务器的免密登录。

（2）修改主节点服务器（hadoop103）上的$HADOOP_HOME/sbin/start-yarn.sh 脚本。
```
[root@hadoop103 ~]# vim $HADOOP_HOME/sbin/start-yarn.sh
```
在顶部增加以下环境变量。
```
YARN_RESOURCEMANAGER_USER=yarn
YARN_NODEMANAGER_USER=yarn
```

注：$HADOOP_HOME/sbin/stop-yarn.sh 脚本也需要在顶部增加上述环境变量才可使用。

（3）以 root 用户身份执行$HADOOP_HOME/sbin/start-yarn.sh 脚本，即可启动 YARN。
```
[root@hadoop103 ~]# start-yarn.sh
```

3．访问 YARN Web 页面

访问地址为 http://hadoop103:8088。

11.5.5 启动 HistoryServer

（1）启动历史服务器。
```
[root@hadoop102 ~]# sudo -i -u mapred mapred --daemon start historyserver
```

（2）访问历史服务器 Web 页面。

访问地址为 http://hadoop102:19888。

11.6　在安全认证模式下操作 Hadoop 集群

在安全认证模式下操作 Hadoop 集群，需要用户具有 Kerberos 主体并进行认证操作。认证成功之后才可以操作 HDFS，提交 MapReduce 任务。

11.6.1　用户要求

1. 具体要求

安全集群对用户有以下要求（以下使用说明均基于普通用户）：

（1）需要在集群中的每台节点服务器上创建用户；

（2）该用户需要属于 hadoop 用户组；

（3）需要创建该用户对应的 Kerberos 主体。

2. 实操

此处以 atguigu 用户为例，具体操作如下。

（1）创建用户（存在可跳过），需要在所有节点服务器上执行。

```
[root@hadoop102 ~]# useradd atguigu
[root@hadoop102 ~]# echo atguigu | passwd --stdin atguigu

[root@hadoop103 ~]# useradd atguigu
[root@hadoop103 ~]# echo atguigu | passwd --stdin atguigu

[root@hadoop104 ~]# useradd atguigu
[root@hadoop104 ~]# echo atguigu | passwd --stdin atguigu
```

（2）加入 hadoop 用户组，需要在所有节点服务器上执行。

```
[root@hadoop102 ~]# usermod -a -G hadoop atguigu
[root@hadoop103 ~]# usermod -a -G hadoop atguigu
[root@hadoop104 ~]# usermod -a -G hadoop atguigu
```

（3）创建 Kerberos 主体。

```
[root@hadoop102 ~]# kadmin -p admin/admin -wadmin -q"addprinc -pw atguigu atguigu"
```

11.6.2　HDFS 操作

1. Shell 命令操作

（1）认证用户。

```
[atguigu@hadoop102 ~]$ kinit atguigu
```

（2）查看当前认证用户。

```
[atguigu@hadoop102 ~]$ klist

Ticket cache: FILE:/tmp/krb5cc_1000
Default principal: atguigu@EXAMPLE.COM

Valid starting       Expires              Service principal
2021-05-04T21:11:14  2021-05-05T21:11:14  krbtgt/EXAMPLE.COM@EXAMPLE.COM
```

（3）测试执行 HDFS 的 Shell 命令。

```
[atguigu@hadoop102 ~]$ hadoop fs -ls /

Found 6 items
drwxr-xr-x   - atguigu supergroup          0 2021-04-14 09:54 /origin_data
drwxr-xr-x   - atguigu supergroup          0 2021-05-04 08:42 /spark-history
drwxr-xr-x   - atguigu supergroup          0 2021-05-03 22:01 /spark-jars
drwxrwxrwt   - hdfs    hadoop              0 2021-04-14 10:11 /tmp
drwxrwxr-x   - hdfs    hadoop              0 2021-04-14 10:29 /user
drwxr-xr-x   - atguigu supergroup          0 2021-05-03 22:12 /warehouse
```

（4）注销认证。

```
[atguigu@hadoop102 ~]$ kdestroy
```

（5）再次执行 Shell 命令。

```
[atguigu@hadoop102 ~]$ hadoop fs -ls /

2021-05-04 21:12:54,004 WARN ipc.Client: Exception encountered while connecting to the
server : org.apache.hadoop.security.AccessControlException: Client cannot authenticate
via:[TOKEN, KERBEROS]
ls: DestHost:destPort hadoop102:8020 , LocalHost:localPort hadoop102/192.168.10.102:0.
Failed   on   local   exception:   java.io.IOException:   org.apache.hadoop.security.
AccessControlException: Client cannot authenticate via:[TOKEN, KERBEROS]
```

2．Web 页面操作

（1）安装 Kerberos 客户端。

① 下载安装包之后按照提示进行安装。

② 编辑 C:\ProgramData\MIT\Kerberos5\krb.ini 文件，内容如下。

```
[libdefaults]
 dns_lookup_realm = false
 ticket_lifetime = 24h
 forwardable = true
 rdns = false
 default_realm = EXAMPLE.COM

[realms]
 EXAMPLE.COM = {
  kdc = hadoop102
  admin_server = hadoop102
 }

[domain_realm]
```

（2）配置火狐浏览器。由于火狐浏览器对 Kerberos 的支持最好，因此本书以火狐浏览器的配置为例进行讲解。

① 打开浏览器，在地址栏中输入 about:config，按 Enter 键，如图 11-2 所示。

② 搜索 network.negotiate-auth.trusted-uris，修改其值，即修改浏览器默认主机名为要访问的主机名（hadoop102），如图 11-3 所示。

图 11-2　打开火狐浏览器

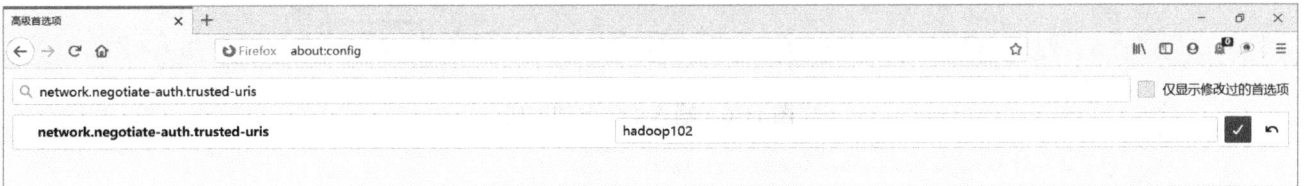

图 11-3　修改浏览器默认主机名

③ 搜索 network.auth.use-sspi，双击将其值修改为 false，如图 11-4 所示。

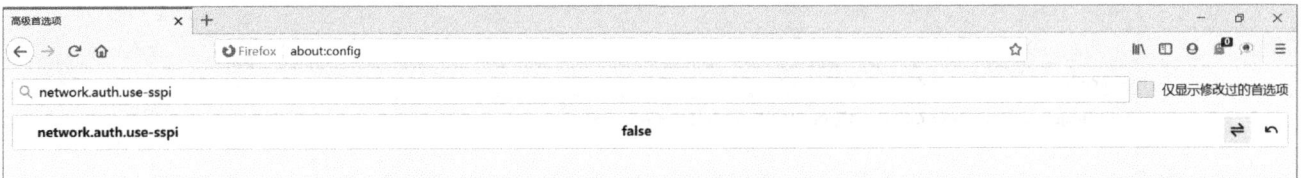

图 11-4　修改 network.auth.use-sspi 的值为 false

（3）认证。

① 启动 Kerberos 客户端，单击 Get Ticket 按钮，如图 11-5 所示。

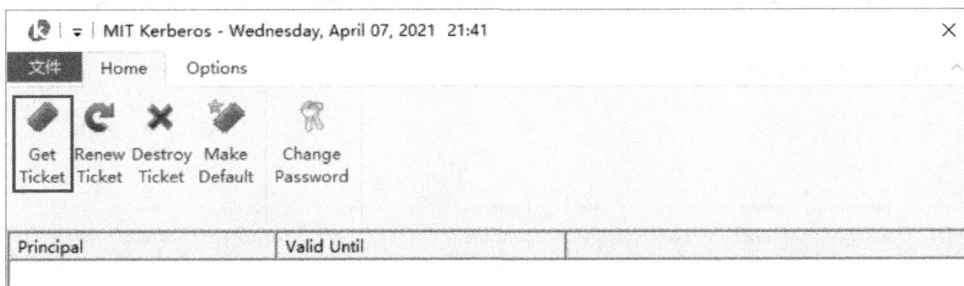

图 11-5　启动 Kerberos 客户端

② 输入主体名和密码，如图 11-6 所示，单击 OK 按钮。

③ 认证成功后，就可以看到用户主体，如图 11-7 所示。

④ 访问 HDFS，此时可以正常访问，如图 11-8 所示。

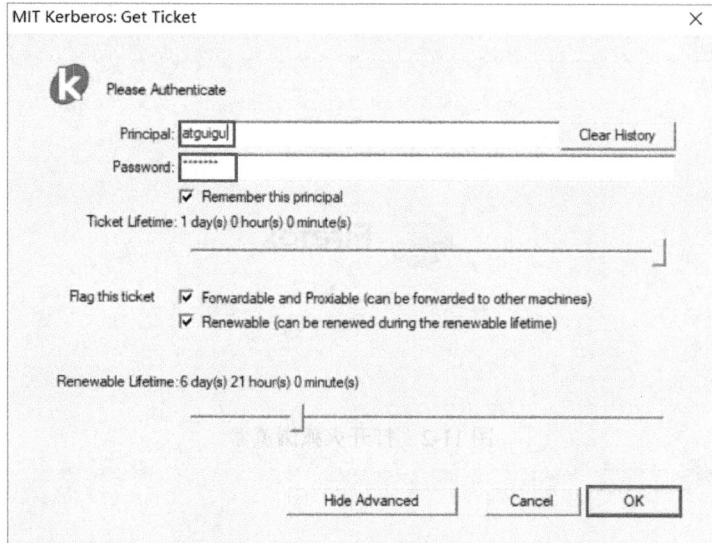

图 11-6　输入主体名和密码

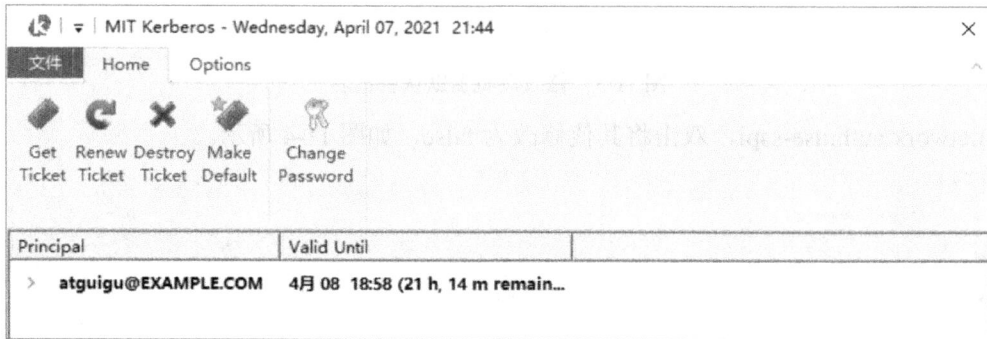

图 11-7　认证成功页面

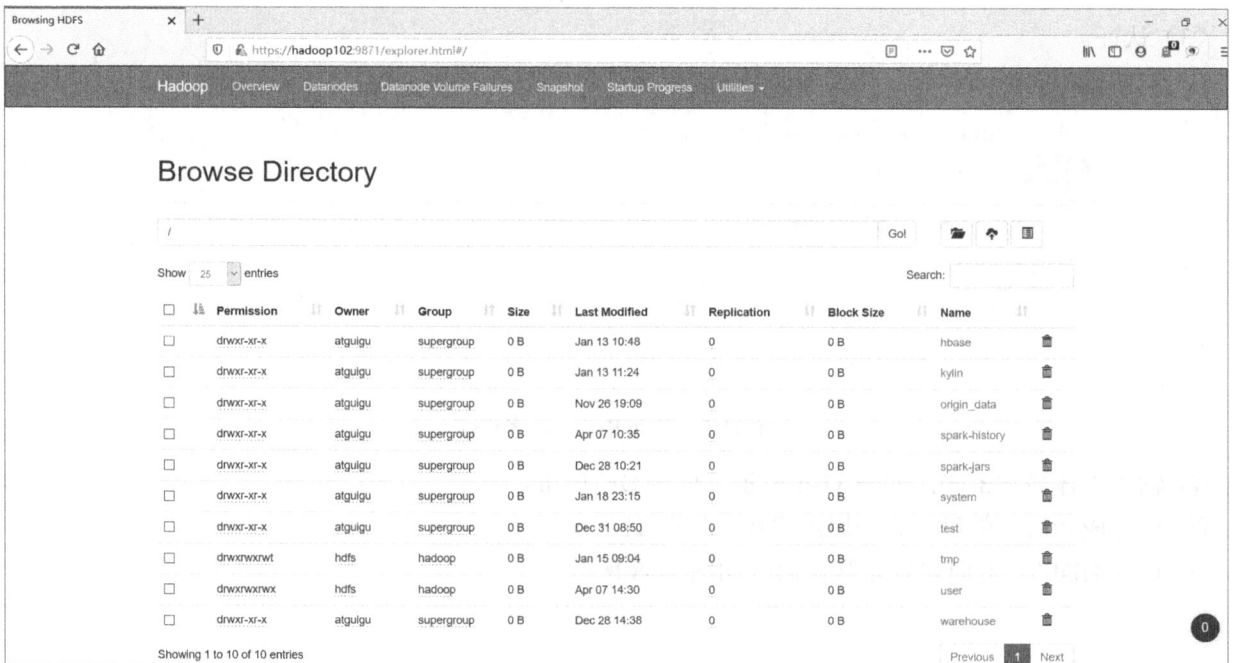

图 11-8　访问 HDFS

⑤ 注销认证，具体操作如图 11-9 所示。

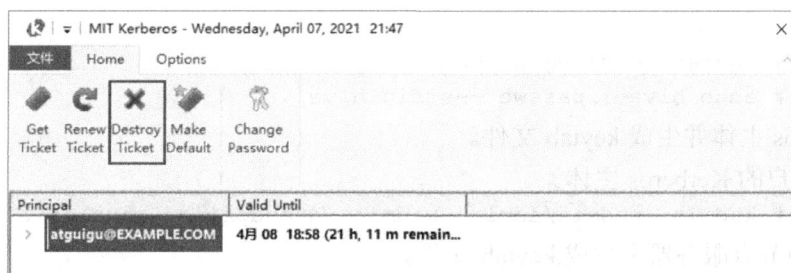

图 11-9 注销认证

⑥ 重新打开浏览器，再次访问 HDFS，就不能正常访问了，如图 11-10 所示。

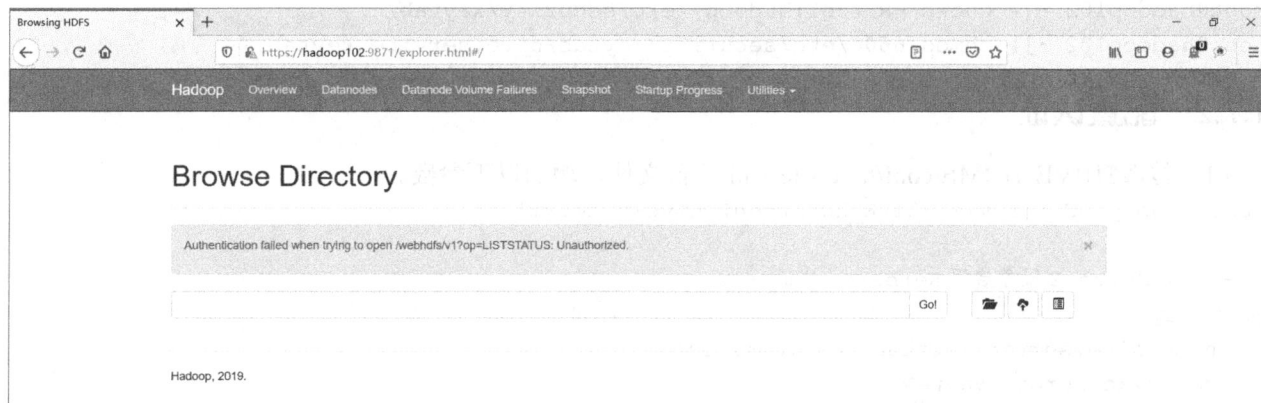

图 11-10 再次访问 HDFS

11.6.3 MapReduce 任务提交

用户认证成功后，才可以正常提交 MapReduce 任务。详细操作如下。

（1）认证用户，执行以下命令并按照提示输入密码。

```
[atguigu@hadoop102 ~]$ kinit atguigu
```

（2）提交任务，在控制台上可以看到执行成功后的结果。

```
[atguigu@hadoop102 ~]$ hadoop jar /opt/module/hadoop-3.1.3/share/hadoop/mapreduce/hadoop-
mapreduce-examples-3.1.3.jar pi 1 1
```

11.7 Hive 集成 Kerberos

为了保证 Hive 中数据的安全，需要使 Hive 集成 Kerberos，开启用户认证。

11.7.1 配置要求

1．Hadoop 集群启动 Kerberos 认证

按照本章前面的操作，为 Hadoop 集群开启 Kerberos 安全认证。

2．创建 hive 系统用户和 Kerberos 主体

（1）创建 hive 系统用户。

```
[root@hadoop102 ~]# useradd hive -g hadoop
[root@hadoop102 ~]# echo hive | passwd --stdin hive

[root@hadoop103 ~]# useradd hive -g hadoop
[root@hadoop103 ~]# echo hive | passwd --stdin hive
```

```
[root@hadoop104 ~]# useradd hive -g hadoop
[root@hadoop104 ~]# echo hive | passwd --stdin hive
```

（2）创建 Kerberos 主体并生成.keytab 文件。

创建 hive 系统用户的 Kerberos 主体。

```
[root@hadoop102 ~]# kadmin -padmin/admin -wadmin -q"addprinc -randkey hive/hadoop102"
```

在 Hive 所部署的节点服务器上生成.keytab 文件。

```
[root@hadoop102 ~]# kadmin -padmin/admin -wadmin -q"xst -k /etc/security/keytab/hive.
service.keytab hive/hadoop102"
```

（3）修改.keytab 文件的所有者和访问权限。

```
[root@hadoop102 ~]# chown -R root:hadoop /etc/security/keytab/
[root@hadoop102 ~]# chmod 660 /etc/security/keytab/hive.service.keytab
```

11.7.2 配置认证

（1）修改$HIVE_HOME/conf/hive-site.xml 配置文件，增加以下参数。

```
[root@hadoop102 ~]# vim $HIVE_HOME/conf/hive-site.xml

<!-- HiveServer2 服务启用 Kerberos 认证 -->
<property>
    <name>hive.server2.authentication</name>
    <value>kerberos</value>
</property>

<!-- HiveServer2 服务的 Kerberos 主体 -->
<property>
    <name>hive.server2.authentication.kerberos.principal</name>
    <value>hive/hadoop102@EXAMPLE.COM</value>
</property>

<!-- HiveServer2 服务的 Kerberos 密钥文件 -->
<property>
    <name>hive.server2.authentication.kerberos.keytab</name>
    <value>/etc/security/keytab/hive.service.keytab</value>
</property>
```

（2）修改$HADOOP_HOME/etc/hadoop/core-site.xml 配置文件，路径如下。

```
[root@hadoop102 ~]# vim $HADOOP_HOME/etc/hadoop/core-site.xml
```

① 删除以下参数。

```
<property>
    <name>hadoop.http.staticuser.user</name>
    <value>atguigu</value>
</property>
```

② 增加以下参数。

```
<property>
    <name>hadoop.proxyuser.hive.hosts</name>
    <value>*</value>
</property>

<property>
    <name>hadoop.proxyuser.hive.groups</name>
```

```
    <value>*</value>
</property>


<property>
    <name>hadoop.proxyuser.hive.users</name>
    <value>*</value>
</property>
```

（3）分发$HADOOP_HOME/etc/hadoop/core-site.xml 配置文件。

```
[root@hadoop102 ~]# xsync $HADOOP_HOME/etc/hadoop/core-site.xml
```

（4）重启 Hadoop 集群。

```
[root@hadoop102 ~]# stop-dfs.sh
[root@hadoop103 ~]# stop-yarn.sh


[root@hadoop102 ~]# start-dfs.sh
[root@hadoop103 ~]# start-yarn.sh
```

11.7.3　启动 HiveServer2 服务

必须使用 hive 系统用户启动 HiveServer2 服务。

```
[root@hadoop102 ~]# sudo -i -u hive hiveserver2
```

11.8　在安全认证模式下操作 Hive

在安全认证模式下通过 JDBC 协议访问 Hive，需要用户具有 Kerberos 主体并进行认证操作。认证之后才可以操作 Hive。

在本数据仓库项目中使用的 JDBC 客户端有 Beeline 客户端和 DataGrip 客户端。

11.8.1　Beeline 客户端

（1）认证用户，执行以下命令并按照提示输入密码。

```
[atguigu@hadoop102 ~]$ kinit atguigu
```

（2）使用 Beeline 客户端连接 HiveServer2 服务。

```
[atguigu@hadoop102 ~]$ beeline
```

（3）使用如下 URL 进行连接。

```
beeline> !connect jdbc:hive2://hadoop102:10000/;principal=hive/hadoop102@EXAMPLE.COM


Connecting to jdbc:hive2://hadoop102:10000/;principal=hive/hadoop102@EXAMPLE.COM
Connected to: Apache Hive (version 3.1.2)
Driver: Hive JDBC (version 3.1.2)
Transaction isolation: TRANSACTION_REPEATABLE_READ
0: jdbc:hive2://hadoop102:10000/>
```

11.8.2　DataGrip 客户端

1. 新建并配置 Driver

（1）单击"+"下拉按钮，在弹出的下拉列表中选择 Driver 选项，新建 Driver，如图 11-11 所示。

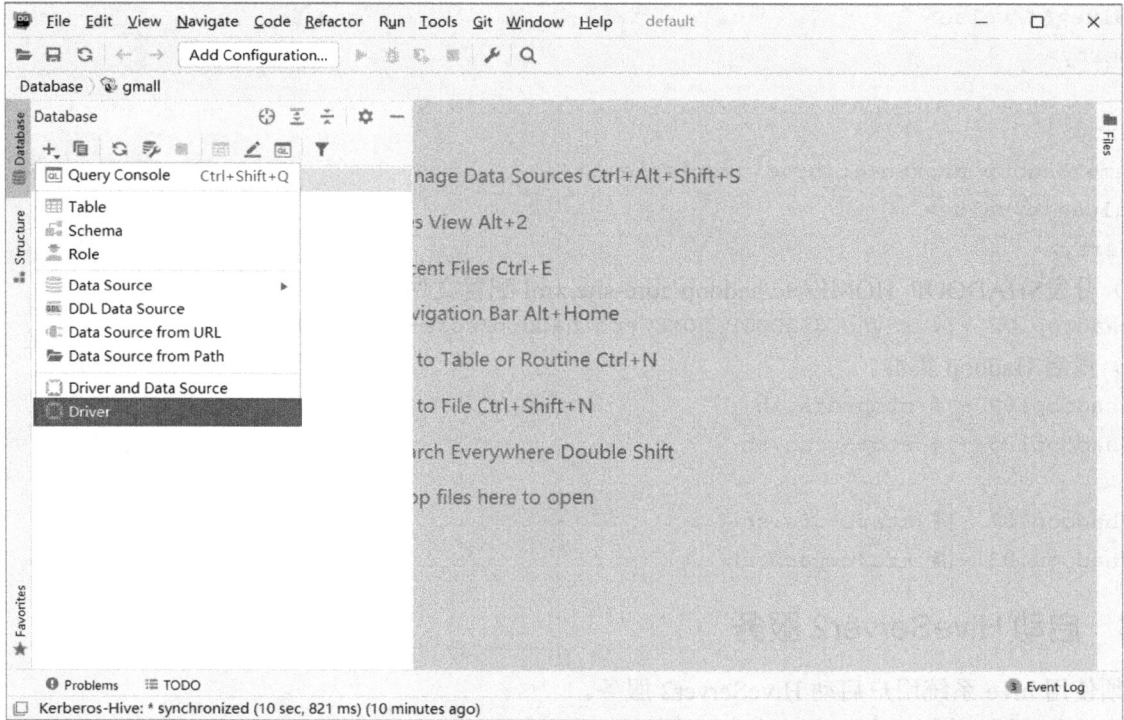

图 11-11　新建 Driver

（2）配置 Driver，需要配置 Driver 名称、驱动的 jar 包路径，以及 Driver 全类名、URL 模板，如图 11-12 所示。读者可以在本书附赠的资料中找到所需的 jar 包。

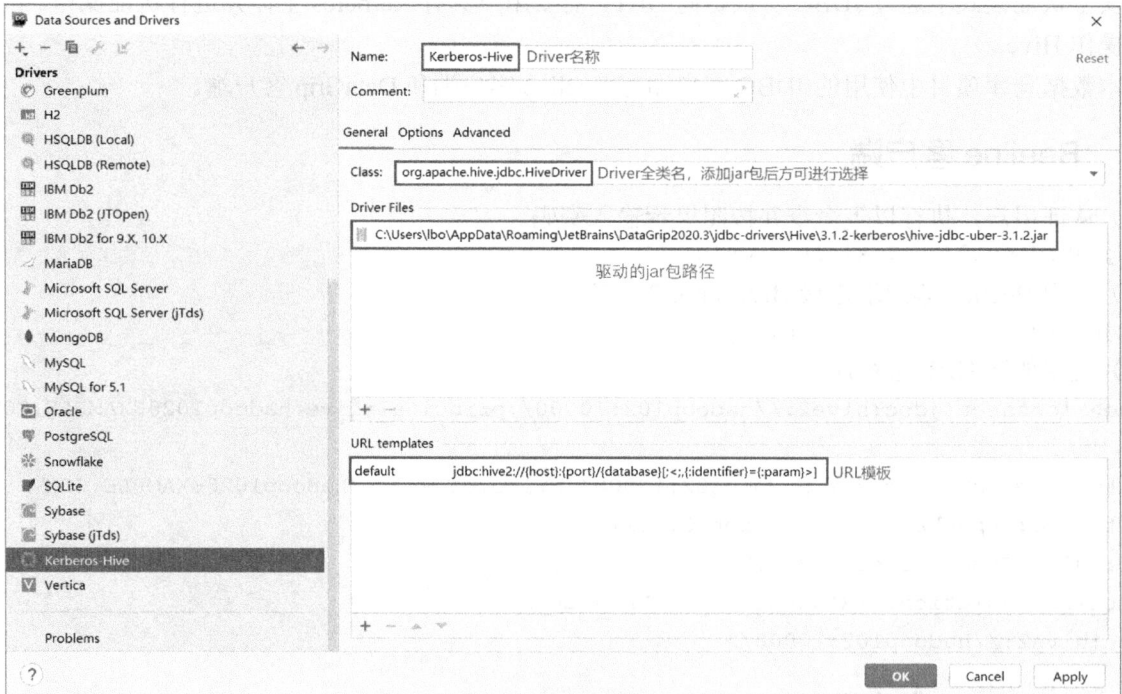

图 11-12　配置 Driver

注：URL 模板为 jdbc:hive2://{host}:{port}/{database}[;<;,{:identifier}={:param}>]。

2．新建并配置连接

（1）新建连接，如图 11-13 所示。

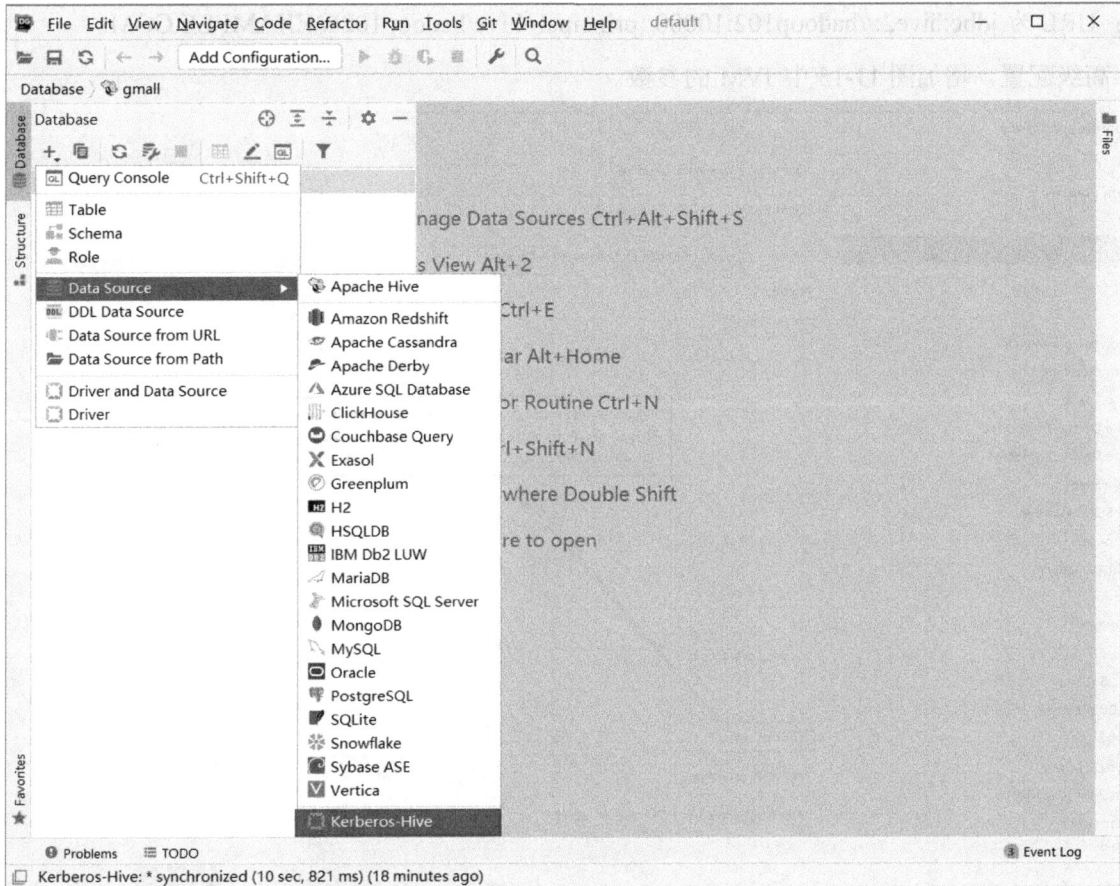

图 11-13　新建连接

（2）配置连接。

① 基础配置，需要配置连接名称、主机名、端口号和 URL，如图 11-14 所示。

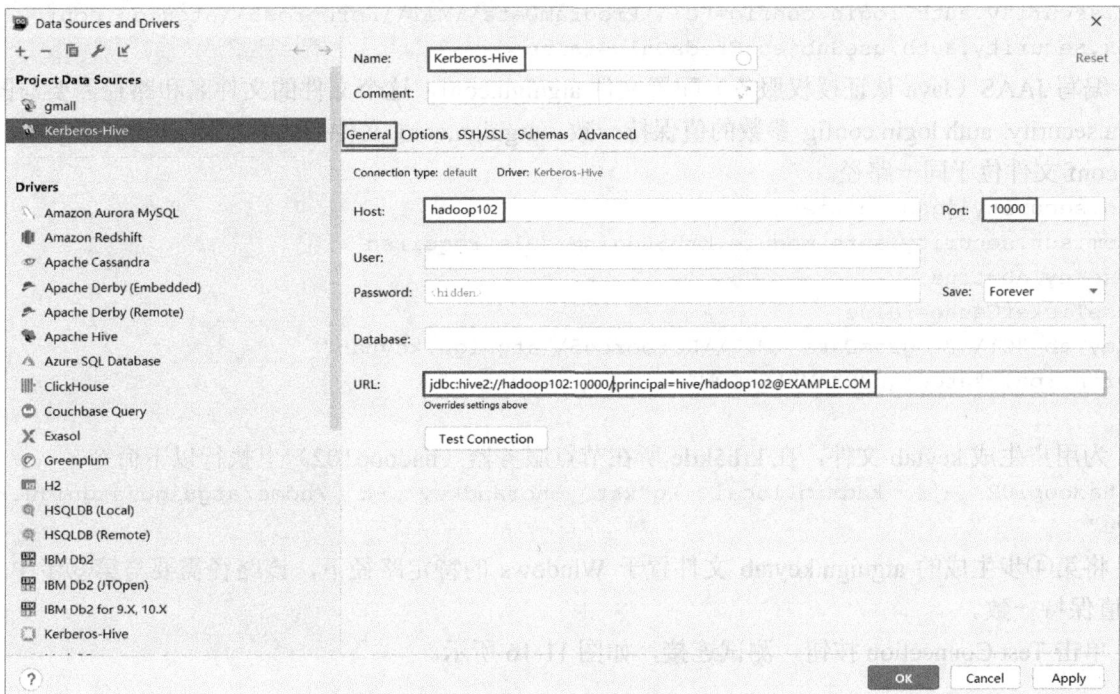

图 11-14　基础配置

注：URL 为 jdbc:hive2://hadoop102:10000/;principal=hive/hadoop102@EXAMPLE.COM。

② 高级配置，增加图 11-15 中 JVM 的参数。

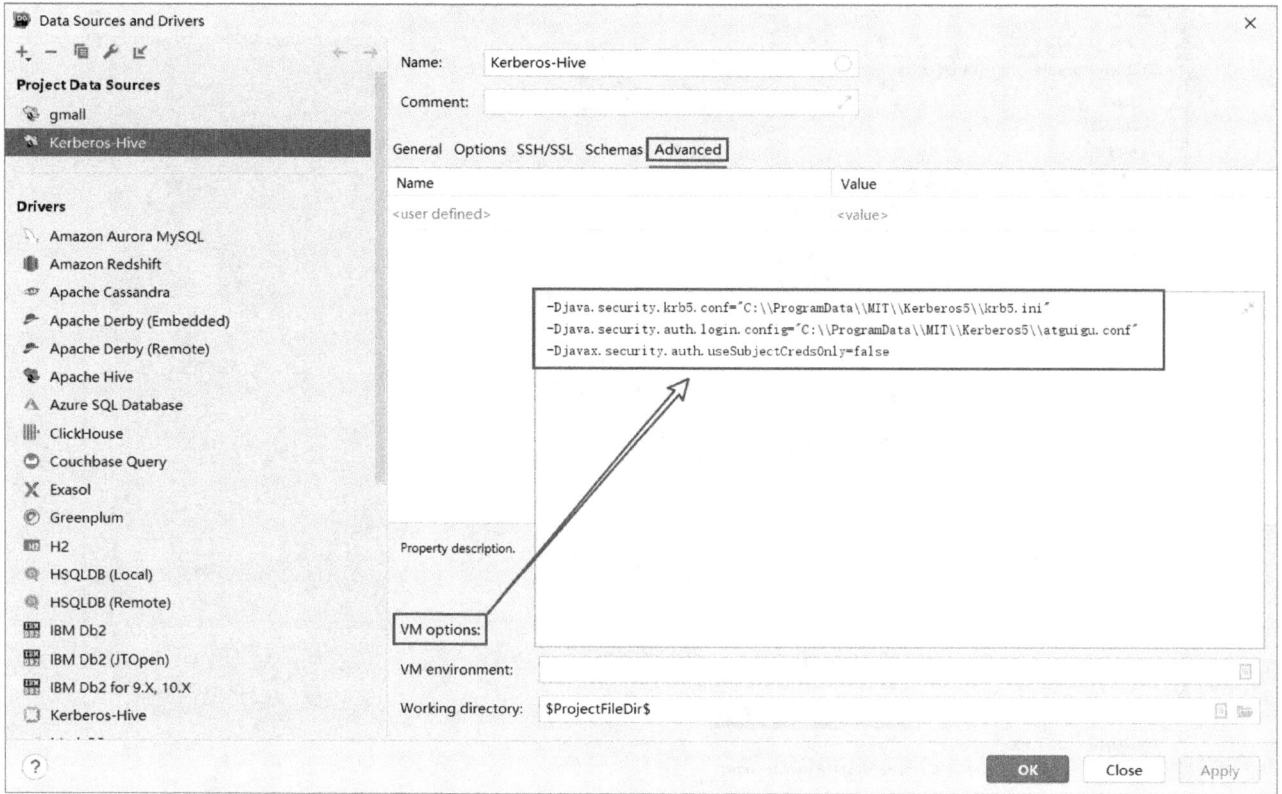

图 11-15　高级配置

JVM 参数配置如下。

```
-Djava.security.krb5.conf="C:\\ProgramData\\MIT\\Kerberos5\\krb5.ini"
-Djava.security.auth.login.config="C:\\ProgramData\\MIT\\Kerberos5\\atguigu.conf"
-Djavax.security.auth.useSubjectCredsOnly=false
```

③ 编写 JAAS（Java 认证授权服务）配置文件 atguigu.conf，这个文件的文件名和路径需要与图 11-15 中 -Djava.security. auth.login.config 参数的值保持一致。atguigu.conf 文件的内容如下，其中 keyTab 需要与 atguigu.conf 文件位于同一路径。

```
com.sun.security.jgss.initiate{
    com.sun.security.auth.module.Krb5LoginModule required
    useKeyTab=true
    useTicketCache=false
    keyTab="C:\\ProgramData\\MIT\\Kerberos5\\atguigu.keytab"
    principal="atguigu@EXAMPLE.COM";
};
```

④ 为用户生成 .keytab 文件，在 krb5kdc 所在节点服务器（hadoop102）上执行以下命令。

```
[root@hadoop102 ~]# kadmin.local -q"xst -norandkey -k /home/atguigu/atguigu.keytab
atguigu"
```

⑤ 将第④步生成的 atguigu.keytab 文件置于 Windows 的特定路径下，该路径需要与第③步中 keyTab 参数的值保持一致。

⑥ 单击 Test Connection 按钮，测试连接，如图 11-16 所示。

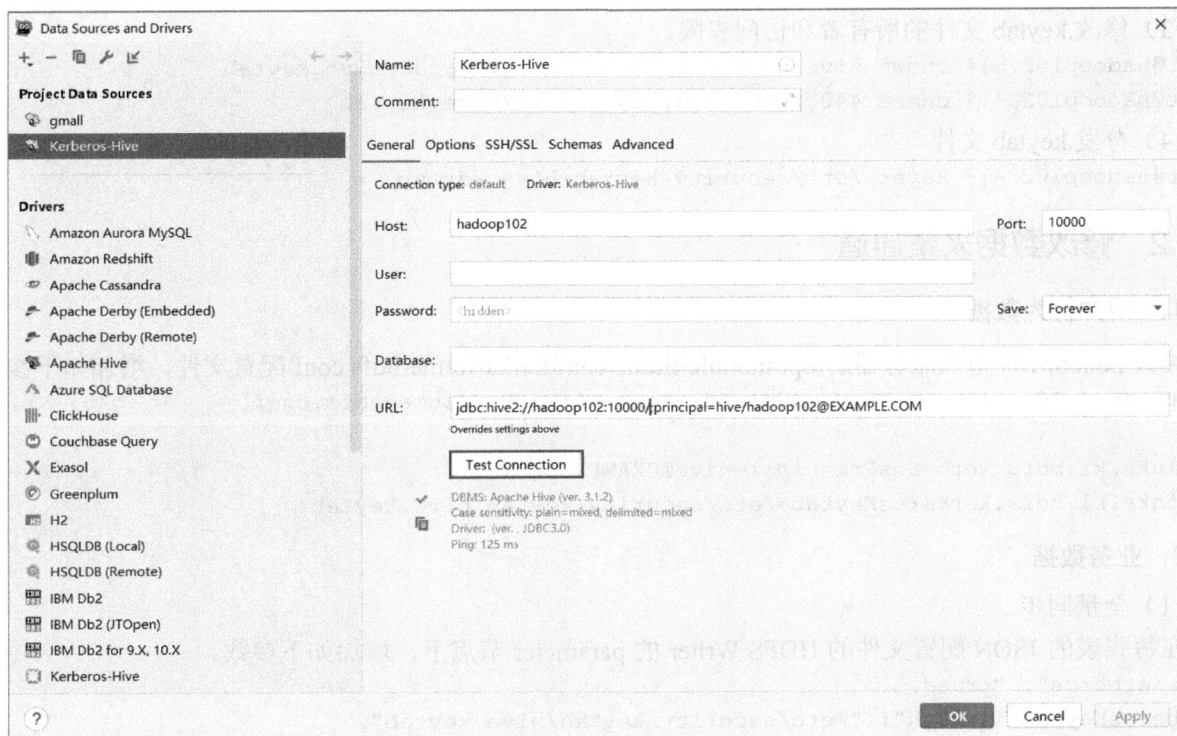

图 11-16　测试连接

11.9　在安全认证模式下执行数据仓库全流程调度

Hadoop 集群在启用 Kerberos 安全认证之后，之前非安全环境下的全流程调度脚本会遇到认证问题，需要对其进行改进。

改进说明：此处统一将数据仓库的全部数据资源的所有者设为 hive 用户，全流程的每步操作均认证为 hive 用户。

11.9.1　用户准备

1. 创建 hive 用户

在各台节点服务器上创建 hive 用户，如果已存在该用户，则跳过。

```
[root@hadoop102 ~]# useradd hive -g hadoop
[root@hadoop102 ~]# echo hive | passwd --stdin hive

[root@hadoop103 ~]# useradd hive -g hadoop
[root@hadoop103 ~]# echo hive | passwd --stdin hive

[root@hadoop104 ~]# useradd hive -g hadoop
[root@hadoop104 ~]# echo hive | passwd --stdin hive
```

2. 为 hive 用户创建 Keberos 主体

（1）创建 Keberos 主体。

```
[root@hadoop102 ~]# kadmin -padmin/admin -wadmin -q"addprinc -randkey hive"
```

（2）生成 .keytab 文件。

```
[root@hadoop102    ~]#    kadmin    -padmin/admin    -wadmin    -q"xst    -k    /etc/security/
keytab/hive.keytab hive"
```

（3）修改.keytab 文件的所有者和访问权限。

```
[root@hadoop102 ~]# chown hive:hadoop /etc/security/keytab/hive.keytab
[root@hadoop102 ~]# chmod 440 /etc/security/keytab/hive.keytab
```

（4）分发.keytab 文件。

```
[root@hadoop102 ~]# xsync /etc/security/keytab/hive.keytab
```

11.9.2 修改数据采集通道

1. 用户行为数据

修改 hadoop104 节点服务器的/opt/module/flume/conf/kafka-flume-hdfs.conf 配置文件，增加如下参数。

```
[root@hadoop104 ~]# vim /opt/module/flume/conf/kafka-flume-hdfs.conf

a1.sinks.k1.hdfs.kerberosPrincipal=hive@EXAMPLE.COM
a1.sinks.k1.hdfs.kerberosKeytab=/etc/security/keytab/hive.keytab
```

2. 业务数据

（1）全量同步。

在每张表的 JSON 配置文件的 HDFS Writer 的 parameter 节点下，增加如下参数。

```
"haveKerberos": "true",
"kerberosKeytabFilePath": "/etc/security/keytab/hive.keytab",
"kerberosPrincipal": "hive@EXAMPLE.COM",
"hadoopConfig": {
"dfs.data.transfer.protection": "authentication"
}
```

为方便起见，可直接修改 DataX 配置文件生成脚本，并重新生成配置文件。

① 修改 gen_import_config.py 脚本。

```
[root@hadoop102 bin]$ vim /home/atguigu/bin/gen_import_config.py
```

脚本内容如下。

```
# coding=utf-8
import json
import getopt
import os
import sys
import MySQLdb

#MySQL 相关配置，需要根据实际情况做出修改
mysql_host = "hadoop102"
mysql_port = "3306"
mysql_user = "root"
mysql_passwd = "000000"

#HDFS NameNode 相关配置，需要根据实际情况做出修改
hdfs_nn_host = "hadoop102"
hdfs_nn_port = "8020"

#生成配置文件的目标路径，可根据实际情况做出修改
output_path = "/opt/module/datax/job/import"


def get_connection():
```

```python
    return    MySQLdb.connect(host=mysql_host,    port=int(mysql_port),    user=mysql_user,
passwd=mysql_passwd)


def get_mysql_meta(database, table):
    connection = get_connection()
    cursor = connection.cursor()
    sql  =  "SELECT   COLUMN_NAME,DATA_TYPE   from   information_schema.COLUMNS   WHERE
TABLE_SCHEMA=%s AND TABLE_NAME=%s ORDER BY ORDINAL_POSITION"
    cursor.execute(sql, [database, table])
    fetchall = cursor.fetchall()
    cursor.close()
    connection.close()
    return fetchall


def get_mysql_columns(database, table):
    return map(lambda x: x[0], get_mysql_meta(database, table))


def get_hive_columns(database, table):
    def type_mapping(mysql_type):
        mappings = {
            "bigint": "bigint",
            "int": "bigint",
            "smallint": "bigint",
            "tinyint": "bigint",
            "decimal": "string",
            "double": "double",
            "float": "float",
            "binary": "string",
            "char": "string",
            "varchar": "string",
            "datetime": "string",
            "time": "string",
            "timestamp": "string",
            "date": "string",
            "text": "string"
        }
        return mappings[mysql_type]

    meta = get_mysql_meta(database, table)
    return map(lambda x: {"name": x[0], "type": type_mapping(x[1].lower())}, meta)


def generate_json(source_database, source_table):
    job = {
        "job": {
            "setting": {
                "speed": {
                    "channel": 3
```

```
            },
            "errorLimit": {
                "record": 0,
                "percentage": 0.02
            }
        },
        "content": [{
            "reader": {
                "name": "mysqlreader",
                "parameter": {
                    "username": mysql_user,
                    "password": mysql_passwd,
                    "column": get_mysql_columns(source_database, source_table),
                    "splitPk": "",
                    "connection": [{
                        "table": [source_table],
                        "jdbcUrl": ["jdbc:mysql://" + mysql_host + ":" + mysql_port + "/"
+ source_database]
                    }]
                }
            },
            "writer": {
                "name": "hdfswriter",
                "parameter": {
                    "defaultFS": "hdfs://" + hdfs_nn_host + ":" + hdfs_nn_port,
                    "fileType": "text",
                    "path": "${targetdir}",
                    "fileName": source_table,
                    "column": get_hive_columns(source_database, source_table),
                    "writeMode": "append",
                    "fieldDelimiter": "\t",
                    "compress": "gzip",
                    "haveKerberos": "true",
                    "kerberosKeytabFilePath": "/etc/security/keytab/hive.keytab",
                    "kerberosPrincipal": "hive@EXAMPLE.COM",
                    "hadoopConfig": {
                        "dfs.data.transfer.protection": "authentication"
                    }
                }
            }
        }]
    }
}
    if not os.path.exists(output_path):
        os.makedirs(output_path)
    with open(os.path.join(output_path, ".".join([source_database, source_table, "json"])),
"w") as f:
        json.dump(job, f)


def main(args):
```

```
    source_database = ""
    source_table = ""

    options, arguments = getopt.getopt(args, '-d:-t:', ['sourcedb=', 'sourcetbl='])
    for opt_name, opt_value in options:
        if opt_name in ('-d', '--sourcedb'):
            source_database = opt_value
        if opt_name in ('-t', '--sourcetbl'):
            source_table = opt_value

    generate_json(source_database, source_table)


if __name__ == '__main__':
    main(sys.argv[1:])
```

② 修改 gen_import_config.sh 脚本。

```
[root@hadoop102 bin]$ vim /home/atguigu/bin/gen_import_config.sh
```

脚本内容如下。

```
#!/bin/bash

python /home/atguigu/bin/gen_import_config.py -d gmall -t activity_info
python /home/atguigu/bin/gen_import_config.py -d gmall -t activity_rule
python /home/atguigu/bin/gen_import_config.py -d gmall -t base_category1
python /home/atguigu/bin/gen_import_config.py -d gmall -t base_category2
python /home/atguigu/bin/gen_import_config.py -d gmall -t base_category3
python /home/atguigu/bin/gen_import_config.py -d gmall -t base_dic
python /home/atguigu/bin/gen_import_config.py -d gmall -t base_province
python /home/atguigu/bin/gen_import_config.py -d gmall -t base_region
python /home/atguigu/bin/gen_import_config.py -d gmall -t base_trademark
python /home/atguigu/bin/gen_import_config.py -d gmall -t cart_info
python /home/atguigu/bin/gen_import_config.py -d gmall -t coupon_info
python /home/atguigu/bin/gen_import_config.py -d gmall -t sku_attr_value
python /home/atguigu/bin/gen_import_config.py -d gmall -t sku_info
python /home/atguigu/bin/gen_import_config.py -d gmall -t sku_sale_attr_value
python /home/atguigu/bin/gen_import_config.py -d gmall -t spu_info
```

③ 重新生成配置文件。

```
[root@hadoop102 ~]# /home/atguigu/bin/gen_import_config.sh
```

④ 分发所有新生成的配置文件。

```
[root@hadoop102 ~]# xsync /opt/module/datax/job/import/
```

（2）增量同步。

修改 hadoop104 节点服务器的/opt/module/flume/job/kafka_to_hdfs_db.conf 配置文件，增加如下参数。

```
[root@hadoop104 ~]# vim /opt/module/flume/job/kafka_to_hdfs_db.conf

a1.sinks.k1.hdfs.kerberosPrincipal=hive@EXAMPLE.COM
a1.sinks.k1.hdfs.kerberosKeytab=/etc/security/keytab/hive.keytab
```

11.9.3　修改数据仓库各层脚本

（1）需要在数据仓库各层脚本的顶部加入如下认证语句。

```
kinit -kt /etc/security/keytab/hive.keytab hive
```

语句修改如下。

```
[root@hadoop102 ~]# sed -i '1 a kinit -kt /etc/security/keytab/hive.keytab hive'
/home/atguigu/bin/mysql_to_hdfs_full.sh
[root@hadoop102 ~]# sed -i '1 a kinit -kt /etc/security/keytab/hive.keytab hive'
/home/atguigu/bin/hdfs_to_ods_db.sh
[root@hadoop102 ~]# sed -i '1 a kinit -kt /etc/security/keytab/hive.keytab hive'
/home/atguigu/bin/hdfs_to_ods_log.sh
[root@hadoop102 ~]# sed -i '1 a kinit -kt /etc/security/keytab/hive.keytab hive'
/home/atguigu/bin/ods_to_dim.sh
[root@hadoop102 ~]# sed -i '1 a kinit -kt /etc/security/keytab/hive.keytab hive'
/home/atguigu/bin/ods_to_dwd.sh
[root@hadoop102 ~]# sed -i '1 a kinit -kt /etc/security/keytab/hive.keytab hive'
/home/atguigu/bin/dwd_to_dws_1d.sh
[root@hadoop102 ~]# sed -i '1 a kinit -kt /etc/security/keytab/hive.keytab hive'
/home/atguigu/bin/dws_1d_to_dws_nd.sh
[root@hadoop102 ~]# sed -i '1 a kinit -kt /etc/security/keytab/hive.keytab hive'
/home/atguigu/bin/dws_1d_to_dws_td.sh
[root@hadoop102 ~]# sed -i '1 a kinit -kt /etc/security/keytab/hive.keytab hive'
/home/atguigu/bin/dws_to_ads.sh
[root@hadoop102 ~]# sed -i '1 a kinit -kt /etc/security/keytab/hive.keytab hive'
/home/atguigu/bin/hdfs_to_mysql.sh
```

注：sed -i '1 a text' file 表示将 text 内容加入 file 文件的第 1 行之后。

11.9.4 修改数据导出 DataX 配置文件

在每张表的 JSON 配置文件的 HDFS Reader 的 parameter 节点下，增加如下参数。

```
"haveKerberos": true,
"kerberosKeytabFilePath": "/etc/security/keytab/hive.keytab",
"kerberosPrincipal": "hive@EXAMPLE.COM",
"hadoopConfig": {
"dfs.data.transfer.protection": "authentication"
}
```

为方便起见，可直接修改 DataX 配置文件生成脚本，并重新生成配置文件。

（1）修改 gen_export_config.py 脚本。

```
[root@hadoop102 bin]$ vim /home/atguigu/bin/gen_export_config.py
```

脚本内容如下。

```
# coding=utf-8
import json
import getopt
import os
import sys
import MySQLdb

#MySQL 相关配置，需要根据实际情况做出修改
mysql_host = "hadoop102"
mysql_port = "3306"
mysql_user = "root"
mysql_passwd = "000000"
```

```
#HDFS NameNode 相关配置，需要根据实际情况做出修改
hdfs_nn_host = "hadoop102"
hdfs_nn_port = "8020"

#生成配置文件的目标路径，可根据实际情况做出修改
output_path = "/opt/module/datax/job/export"


def get_connection():
    return MySQLdb.connect(host=mysql_host, port=int(mysql_port), user=mysql_user,
passwd=mysql_passwd)


def get_mysql_meta(database, table):
    connection = get_connection()
    cursor = connection.cursor()
        sql = "SELECT COLUMN_NAME,DATA_TYPE from information_schema.COLUMNS WHERE
                TABLE_SCHEMA=%s AND TABLE_NAME=%s ORDER BY ORDINAL_POSITION"
    cursor.execute(sql, [database, table])
    fetchall = cursor.fetchall()
    cursor.close()
    connection.close()
    return fetchall


def get_mysql_columns(database, table):
    return map(lambda x: x[0], get_mysql_meta(database, table))


def generate_json(target_database, target_table):
    job = {
        "job": {
            "setting": {
                "speed": {
                    "channel": 3
                },
                "errorLimit": {
                    "record": 0,
                    "percentage": 0.02
                }
            },
            "content": [{
                "reader": {
                    "name": "hdfsreader",
                    "parameter": {
                        "path": "${exportdir}",
                        "defaultFS": "hdfs://" + hdfs_nn_host + ":" + hdfs_nn_port,
                        "column": ["*"],
                        "fileType": "text",
                        "encoding": "UTF-8",
                        "fieldDelimiter": "\t",
```

```
                    "nullFormat": "\\N",
                    "haveKerberos": "true",
                    "kerberosKeytabFilePath": "/etc/security/keytab/hive.keytab",
                    "kerberosPrincipal": "hive@EXAMPLE.COM",
                    "hadoopConfig": {
                        "dfs.data.transfer.protection": "authentication"
                    }
                }
            },
            "writer": {
                "name": "mysqlwriter",
                "parameter": {
                    "writeMode": "replace",
                    "username": mysql_user,
                    "password": mysql_passwd,
                    "column": get_mysql_columns(target_database, target_table),
                    "connection": [
                        {
                            "jdbcUrl":
                                "jdbc:mysql://" + mysql_host + ":" + mysql_port + "/" +
target_database + "?useUnicode=true&characterEncoding=utf-8",
                            "table": [target_table]
                        }
                    ]
                }
            }
        }]
    }
    if not os.path.exists(output_path):
        os.makedirs(output_path)
    with open(os.path.join(output_path, ".".join([target_database, target_table, "json"])),
"w") as f:
        json.dump(job, f)


def main(args):
    target_database = ""
    target_table = ""

    options, arguments = getopt.getopt(args, '-d:-t:', ['targetdb=', 'targettbl='])
    for opt_name, opt_value in options:
        if opt_name in ('-d', '--targetdb'):
            target_database = opt_value
        if opt_name in ('-t', '--targettbl'):
            target_table = opt_value

    generate_json(target_database, target_table)

if __name__ == '__main__':
    main(sys.argv[1:])
```

（2）修改 gen_export_config.sh 脚本。

```
[root@hadoop102 bin]$ vim /home/atguigu/bin/gen_export_config.sh
```

脚本内容如下。

```
#!/bin/bash

python /home/atguigu/bin/gen_export_config.py -d gmall_report -t ads_activity_stats
python /home/atguigu/bin/gen_export_config.py -d gmall_report -t ads_coupon_stats
python /home/atguigu/bin/gen_export_config.py -d gmall_report -t ads_new_buyer_stats
python /home/atguigu/bin/gen_export_config.py -d gmall_report -t ads_order_by_province
python /home/atguigu/bin/gen_export_config.py -d gmall_report -t ads_page_path
python /home/atguigu/bin/gen_export_config.py -d gmall_report -t ads_repeat_purchase_
by_tm
python /home/atguigu/bin/gen_export_config.py -d gmall_report -t ads_sku_cart_num_top3_
by_cate
python /home/atguigu/bin/gen_export_config.py -d gmall_report -t ads_trade_stats
python /home/atguigu/bin/gen_export_config.py -d gmall_report -t ads_trade_stats_by_cate
python /home/atguigu/bin/gen_export_config.py -d gmall_report -t ads_trade_stats_by_tm
python /home/atguigu/bin/gen_export_config.py -d gmall_report -t ads_traffic_stats_by_
channel
python /home/atguigu/bin/gen_export_config.py -d gmall_report -t ads_user_action
python /home/atguigu/bin/gen_export_config.py -d gmall_report -t ads_user_change
python /home/atguigu/bin/gen_export_config.py -d gmall_report -t ads_user_retention
python /home/atguigu/bin/gen_export_config.py -d gmall_report -t ads_user_stats
```

（3）重新生成配置文件。

```
[root@hadoop102 ~]# /home/atguigu/bin/gen_export_config.sh
```

（4）分发所有新生成的配置文件。

```
[root@hadoop102 ~]# xsync /opt/module/datax/job/export/
```

11.9.5　修改 HDFS 特定路径的所有者

（1）认证为 hdfs 用户，执行以下命令并按照提示输入密码。

```
[root@hadoop102 ~]# kinit hdfs/hadoop
```

（2）修改数据采集目标路径。

```
[root@hadoop102 ~]# hadoop fs -chown -R hive:hadoop /origin_data
```

（3）修改数据仓库中表所在的路径。

```
[root@hadoop102 ~]# hadoop fs -chown -R hive:hadoop /warehouse
```

（4）修改 Hive 家目录/user/hive。

```
[root@hadoop102 ~]# hadoop fs -chown -R hive:hadoop /user/hive
```

（5）修改 spark.eventLog.dir 路径。

```
[root@hadoop102 ~]# hadoop fs -chown -R hive:hadoop /spark-history
```

11.9.6　全流程数据准备

1．用户行为数据准备

（1）启动用户行为数据采集通道。

```
[root@hadoop102 ~]$ cluster.sh start
```

（2）修改日志模拟器配置文件。

修改 hadoop102 和 hadoop103 两台节点服务器的/opt/module/applog/application.yml 文件，将 mock.date 参数修改为如下内容。

```
mock.date: "2020-06-16"
```

（3）执行日志生成脚本。

```
[root@hadoop102 ~]$ lg.sh
```

（4）观察 HDFS 上是否生成 2020-06-16 的日志数据。

2．业务数据准备

（1）修改 Maxwell 的配置文件/opt/module/maxwell/config.properties。

```
[root@hadoop102 maxwell]$ vim /opt/module/maxwell/config.properties
```

将 mock_date 参数修改为如下内容。

```
mock_date=2020-06-16
```

（2）启动 Maxwell。

```
[root@hadoop102 ~]$ mxw.sh start
```

注：若 Maxwell 正在运行，为确保上述 mock_date 参数生效，需要重启 Maxwell。

（3）启动 Flume。

```
[root@hadoop102 ~]$ f3.sh start
```

（4）修改业务数据模拟器配置文件/opt/module/db_log/application.properties 中的 mock.date 参数，并确保 mock.clear 和 mock.clear.user 参数值为 0。

```
mock.date=2020-06-16
mock.clear=0
mock.clear.user=0
```

（5）执行业务数据生成命令。

```
[root@hadoop102 db_log]$ java -jar gmall2020-mock-db-2021-11-14.jar
```

（6）观察 HDFS 上的增量表是否生成 2020-06-16 的数据。

（7）全量同步通过全流程调度工具调度脚本执行。

11.9.7　DolphinScheduler 集成 Kerberos

（1）创建一个 hdfs 用户的 Kerberos 主体，作为 DolphinScheduler 访问 HDFS 的认证用户。

① 创建 Kerberos 主体。

```
[root@hadoop102 ~]# kadmin -padmin/admin -wadmin -q"addprinc -randkey hdfs"
```

② 生成.keytab 文件。

```
[root@hadoop102 ~]# kadmin -padmin/admin -wadmin -q"xst -k /etc/security/keytab/
hdfs.keytab hdfs"
```

③ 修改.keytab 文件的所有者和访问权限。

```
[root@hadoop102 ~]# chown hdfs:hadoop /etc/security/keytab/hdfs.keytab
[root@hadoop102 ~]# chmod 440 /etc/security/keytab/hdfs.keytab
```

④ 分发.keytab 文件。

```
[root@hadoop102 ~]# xsync /etc/security/keytab/hdfs.keytab
```

（2）修改 DolphinScheduler 的配置文件/opt/module/dolphinscheduler/conf/common.properties，并进行分发。

```
[root@hadoop102 ~]# vim /opt/module/dolphinscheduler/conf/common.properties
```

修改内容如下。

```
# if resource.storage.type=HDFS
hdfs.root.user=

# whether to startup kerberos
hadoop.security.authentication.startup.state=true
```

```
# java.security.krb5.conf.path=/opt/module/dolphinscheduler/conf/krb5.conf
java.security.krb5.conf.path=/etc/krb5.conf

# login user from keytab username
login.user.keytab.username=hdfs@EXAMPLE.COM

# login user from keytab path
login.user.keytab.path=/etc/security/keytab/hdfs.keytab
```

分发该配置文件。

```
[root@hadoop102 ~]# xsync /opt/module/dolphinscheduler/conf/common.properties
```

（3）将 Hadoop 的 hdfs-site.xml 文件复制到 DolphinScheduler 的 conf 目录下，并进行分发。

```
[root@hadoop102 ~]# cp /opt/module/hadoop-3.1.3/etc/hadoop/hdfs-site.xml /opt/module/
dolphinscheduler/conf/

[root@hadoop102 ~]# xsync /opt/module/dolphinscheduler/conf/hdfs-site.xml
```

（4）重新上传数据仓库工作流各层脚本。

① 启动 DolphinScheduler。

```
[root@hadoop102 ~]# /opt/module/dolphinscheduler/bin/start-all.sh
```

② 重新上传工作流各层脚本，如图 11-17 所示。

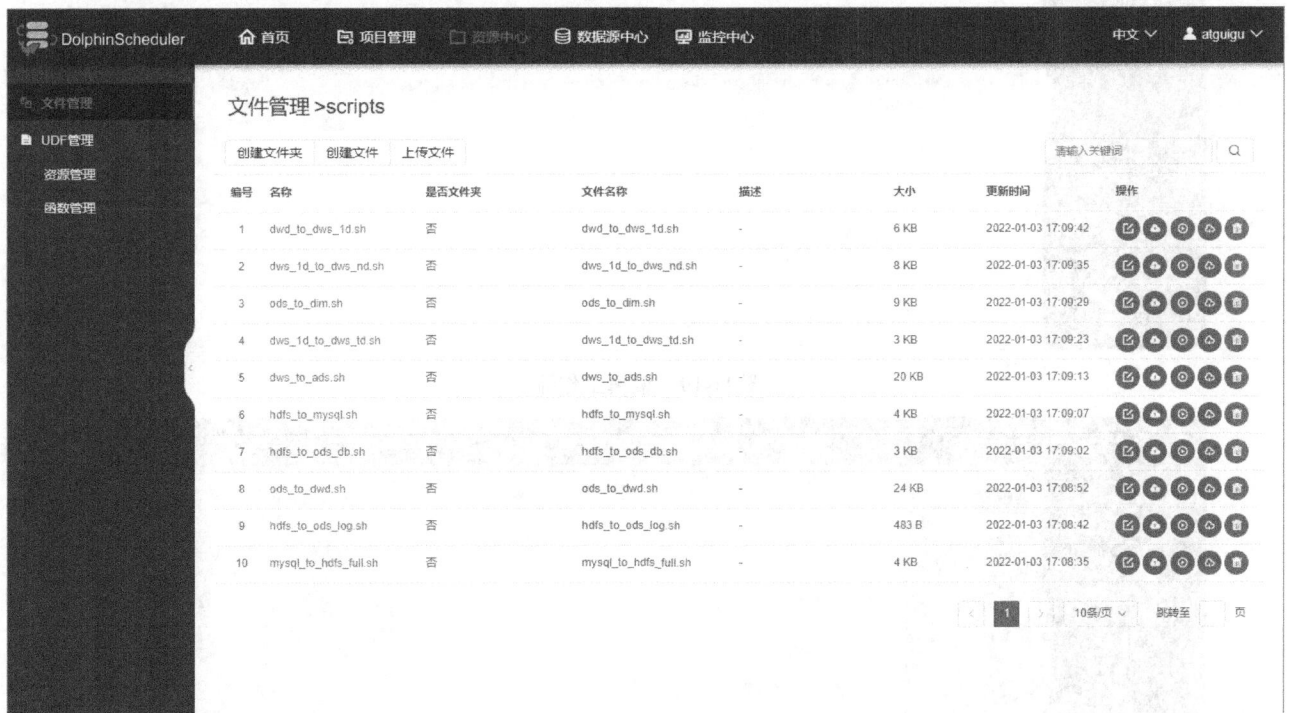

图 11-17　工作流各层脚本

11.9.8　全流程调度

重新使用 DolphinScheduler 进行全流程调度。

（1）下线原工作流，如图 11-18 所示。

（2）编辑工作流，如图 11-19 所示。

（3）将全局参数 dt 的值修改为"2020-06-16"，如图 11-20 所示。

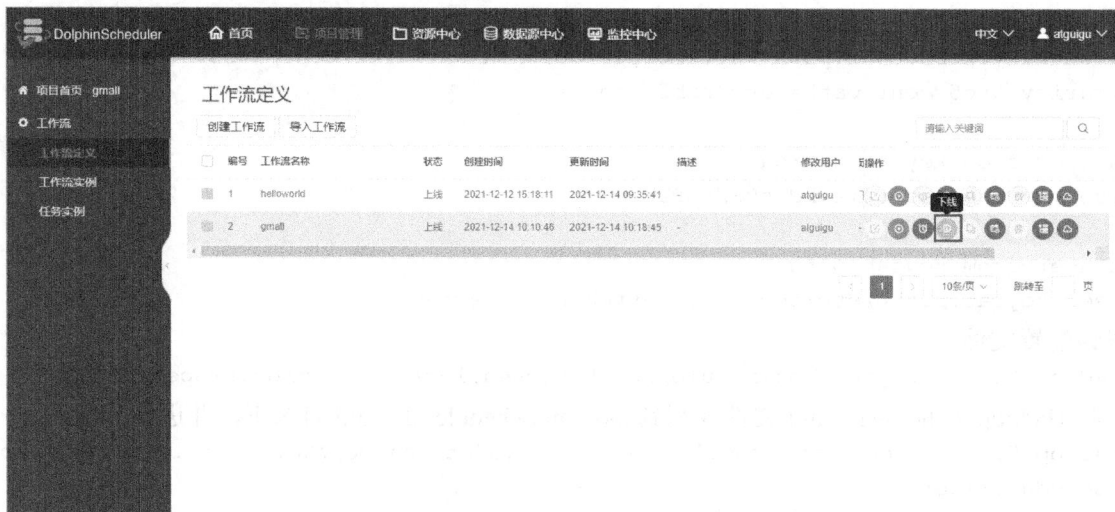

图 11-18　下线原工作流

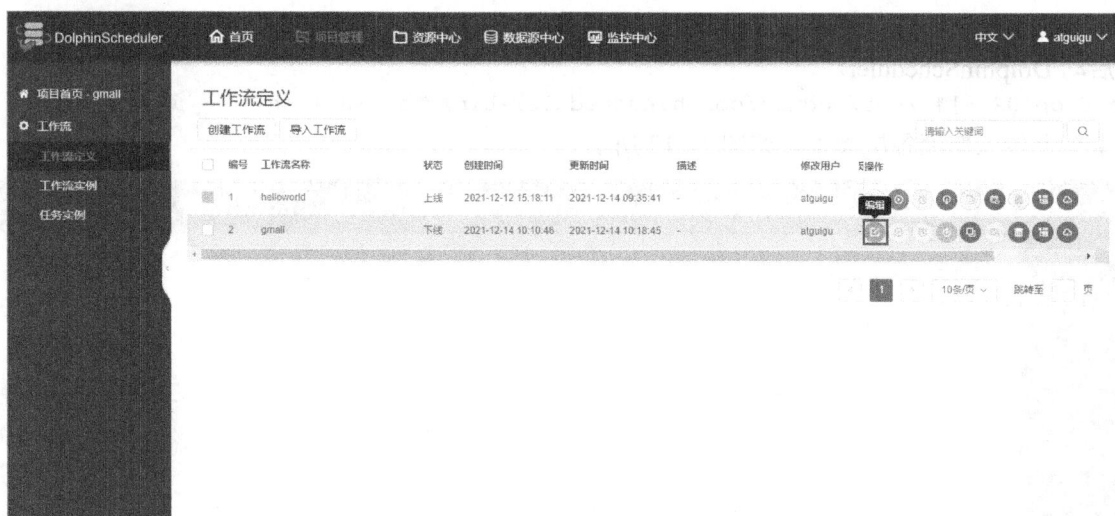

图 11-19　编辑工作流

图 11-20　修改全局参数

（4）修改完全局参数后，重新上线工作流，如图 11-21 所示。

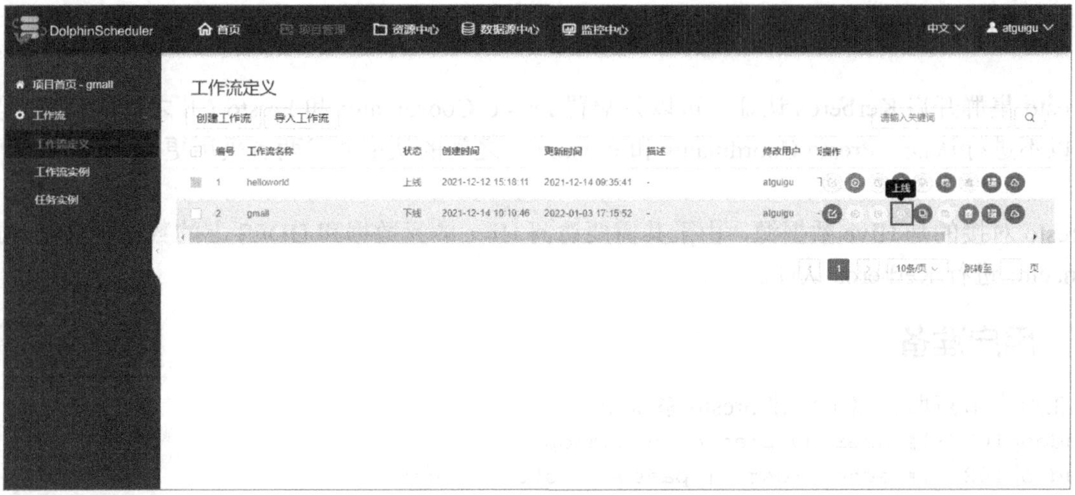

图 11-21　重新上线工作流

（5）单击如图 11-22 所示的"运行"按钮，运行工作流。

图 11-22　运行工作流

（6）工作流运行成功后的结果如图 11-23 所示。

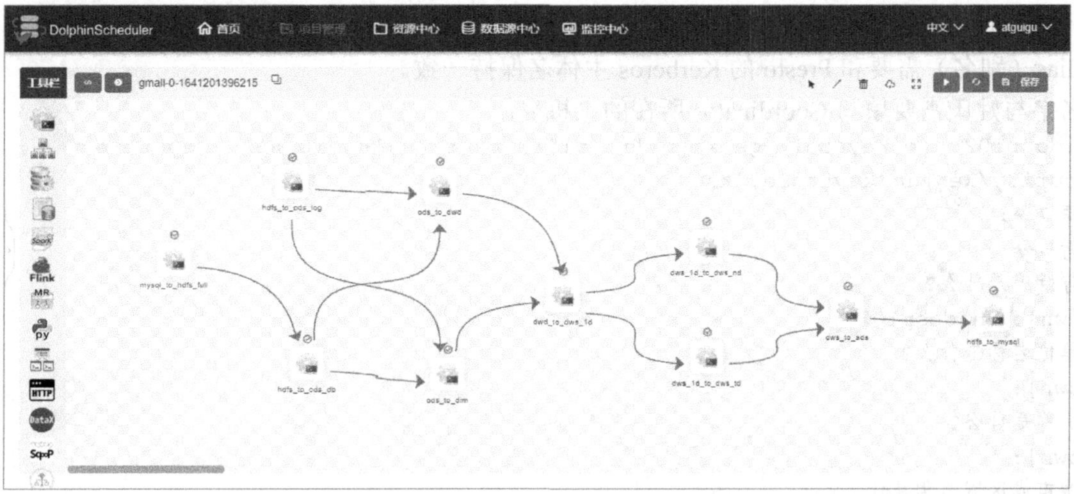

图 11-23　工作流运行成功后的结果

11.10　Presto 集成 Kerberos

为 Presto 集群开启 Kerberos 认证，可以只配置 Presto Coordinator 和 Presto Cli 之间的认证，集群内部的通信可以不进行认证。Presto Coordinator 和 Presto Cli 之间的认证要求两者采用更安全的 HTTPS 协议进行通信。

若 Presto 对接的是 Hive 数据源，由于其需要访问 Hive 的元数据和 HDFS 上的数据文件，因此需要对 Hive Connector 进行 Kerberos 认证。

11.10.1　用户准备

（1）在所有节点服务器上创建 presto 系统用户。

```
[root@hadoop102 ~]# useradd presto -g hadoop
[root@hadoop102 ~]# echo presto | passwd --stdin presto

[root@hadoop103 ~]# useradd presto -g hadoop
[root@hadoop103 ~]# echo presto | passwd --stdin presto

[root@hadoop104 ~]# useradd presto -g hadoop
[root@hadoop104 ~]# echo presto | passwd --stdin presto
```

（2）为 presto 系统用户创建 Kerberos 主体。

① 创建 presto 系统用户的 Kerberos 主体。

```
[root@hadoop102 ~]# kadmin -padmin/admin -wadmin -q"addprinc -randkey presto"
```

② 生成 .keytab 文件。

```
[root@hadoop102 ~]# kadmin -padmin/admin -wadmin -q"xst -k /etc/security/keytab/presto.service.keytab presto"
```

③ 修改 .keytab 文件的所有者。

```
[root@hadoop102 ~]# chown presto:hadoop /etc/security/keytab/presto.service.keytab
```

④ 分发 .keytab 文件。

```
[root@hadoop102 ~]# xsync /etc/security/keytab/presto.service.keytab
```

11.10.2　创建 HTTPS 协议所需的密钥对

（1）使用 Java 提供的 Keytool 工具生成密钥对。

需要注意的是：

① alias（别名）需要和 Presto 的 Kerberos 主体名保持一致。

② 名字与姓氏需要填写 Coordinator 所在的主机名。

```
[root@hadoop102 ~]# keytool -genkeypair -alias presto -keyalg RSA -keystore /etc/security/keytab/keystore.jks
输入密钥库口令：
再次输入新口令：
您的名字与姓氏是什么？
  [Unknown]:  hadoop102
您的组织单位名称是什么？
  [Unknown]:
您的组织名称是什么？
  [Unknown]:
您所在的城市或区域名称是什么？
  [Unknown]:
您所在的省/市/自治区名称是什么？
```

```
[Unknown]:
该单位的双字母国家/地区代码是什么？
 [Unknown]:
CN=hadoop102, OU=Unknown, O=Unknown, L=Unknown, ST=Unknown, C=Unknown 是否正确？
 [否]: y

输入 <presto> 的密钥口令
  (如果和密钥库口令相同，按回车):
```

（2）修改 keystore 文件的所有者和访问权限。

```
[root@hadoop102 ~]# chown presto:hadoop /etc/security/keytab/keystore.jks
[root@hadoop102 ~]# chmod 660 /etc/security/keytab/keystore.jks
```

11.10.3　修改 Presto Coordinator 配置文件

修改/opt/module/presto/etc/config.properties 文件，路径如下。
```
[root@hadoop102 ~]# vim /opt/module/presto/etc/config.properties
```
在文件中增加如下内容。
```
http-server.authentication.type=KERBEROS

http.server.authentication.krb5.service-name=presto
http.server.authentication.krb5.keytab=/etc/security/keytab/presto.service.keytab
http.authentication.krb5.config=/etc/krb5.conf

http-server.https.enabled=true
http-server.https.port=7778
http-server.https.keystore.path=/etc/security/keytab/keystore.jks
http-server.https.keystore.key=123456
```

11.10.4　修改 Hive Connector 配置文件

（1）修改/opt/module/presto/etc/catalog/hive.properties 文件，路径如下。
```
[root@hadoop102 ~]# vim /opt/module/presto/etc/catalog/hive.properties
```
在文件中增加如下内容。
```
hive.hdfs.authentication.type=KERBEROS
hive.hdfs.impersonation.enabled=true
hive.hdfs.presto.principal=presto@EXAMPLE.COM
hive.hdfs.presto.keytab=/etc/security/keytab/presto.service.keytab
hive.config.resources=/opt/module/hadoop-3.1.3/etc/hadoop/core-
site.xml,/opt/module/hadoop-3.1.3/etc/hadoop/hdfs-site.xml
```
（2）分发/opt/module/presto/etc/catalog/hive.properties 文件。
```
[root@hadoop102 ~]# xsync /opt/module/presto/etc/catalog/hive.properties
```

11.10.5　配置客户端 Kerberos 主体到用户名之间的映射规则

（1）新建/opt/module/presto/etc/access-control.properties 配置文件。
```
[root@hadoop102 ~]# vim /opt/module/presto/etc/access-control.properties
```
在文件中增加如下内容。
```
access-control.name=file
security.config-file=etc/rules.json
```
（2）新建/opt/module/presto/etc/rules.json 文件，内容如下。
```
[root@hadoop102 ~]# vim /opt/module/presto/etc/rules.json
```

```
{
  "catalogs": [
    {
      "allow": true
    }
  ],
  "user_patterns": [
    "(.*)",
    "([a-zA-Z]+)/?.*@.*"
  ]
}
```

11.10.6 配置 Presto 代理用户

（1）修改 Hadoop 配置文件。

修改$HADOOP_HOME/etc/hadoop/core-site.xml 配置文件，路径如下。

```
[root@hadoop102 ~]# vim $HADOOP_HOME/etc/hadoop/core-site.xml
```

在文件中增加如下内容。

```
<property>
    <name>hadoop.proxyuser.presto.hosts</name>
    <value>*</value>
</property>

<property>
    <name>hadoop.proxyuser.presto.groups</name>
    <value>*</value>
</property>

<property>
    <name>hadoop.proxyuser.presto.users</name>
    <value>*</value>
</property>
```

（2）分发修改后的配置文件。

```
[root@hadoop102 ~]# xsync $HADOOP_HOME/etc/hadoop/core-site.xml
```

（3）重启 Hadoop 集群。

```
[root@hadoop102 ~]# stop-dfs.sh
[root@hadoop103 ~]# stop-yarn.sh

[root@hadoop102 ~]# start-dfs.sh
[root@hadoop103 ~]# start-yarn.sh
```

11.10.7 重启 Presto 集群

（1）关闭 Presto 集群。

```
[root@hadoop102 ~]# /opt/module/presto/bin/launcher stop
[root@hadoop103 ~]# /opt/module/presto/bin/launcher stop
[root@hadoop104 ~]# /opt/module/presto/bin/launcher stop
```

（2）将 Presto 集群安装路径的所有者修改为 presto 用户。

```
[root@hadoop102 ~]# chown -R presto:hadoop /opt/module/presto
[root@hadoop103 ~]# chown -R presto:hadoop /opt/module/presto
```

```
[root@hadoop104 ~]# chown -R presto:hadoop /opt/module/presto
```

（3）使用 presto 用户启动 Presto 集群。

```
[root@hadoop102 ~]# sudo -i -u presto /opt/module/presto/bin/launcher start
[root@hadoop103 ~]# sudo -i -u presto /opt/module/presto/bin/launcher start
[root@hadoop104 ~]# sudo -i -u presto /opt/module/presto/bin/launcher start
```

11.10.8 在安全认证模式下操作 Presto

在安全认证模式下操作 Presto，使用的具体参数如下。

```
[root@hadoop102 ~]# /opt/module/presto/prestocli \
--server https://hadoop102:7778 \
--catalog hive \
--schema default \
--enable-authentication \
--krb5-remote-service-name presto \
--krb5-config-path /etc/krb5.conf \
--krb5-principal atguigu@EXAMPLE.COM \
--krb5-keytab-path /home/atguigu/atguigu.keytab \
--keystore-path /opt/module/presto/etc/keystore.jks \
--keystore-password 123456 \
--user atguigu
```

参数含义如下。

- --enable-authentication：启用认证。
- --krb5-remote-service-name presto：Kerberos 服务名称。
- --krb5-config-path：Kerberos 配置文件路径。
- --krb5-principal：Kerberos 用户主体。
- --krb5-keytab-path：Kerberos 密钥文件路径。
- --keystore-path：HTTPS 密钥库路径。
- --keystore-password：HTTPS 密钥库密码。
- --user：认证用户。

11.11 Kylin 集成 Kerberos

从 Kylin 的架构可以看出，Kylin 只是一个 Hadoop 客户端，用于读取 Hive 数据，并利用 MapReduce 或 Spark 进行计算，将 Cube 存储至 HBase 中。所以在安全的 Hadoop 环境下，Kylin 不需要做额外的配置，只需具备一个 Kerberos 主体，进行常规的认证即可。

但是 Kylin 所依赖的 HBase 需要进行额外的配置，才能在安全的 Hadoop 环境下正常工作。

11.11.1 Kerberos 集成 HBase

1．用户准备

（1）在各台节点服务器上创建 hbase 系统用户。

```
[root@hadoop102 ~]# useradd -g hadoop hbase
[root@hadoop102 ~]# echo hbase | passwd --stdin hbase

[root@hadoop103 ~]# useradd -g hadoop hbase
[root@hadoop103 ~]# echo hbase | passwd --stdin hbase
```

```
[root@hadoop104 ~]# useradd -g hadoop hbase
[root@hadoop104 ~]# echo hbase | passwd --stdin hbase
```

（2）为 hbase 系统用户创建 Kerberos 主体。

① 在 hadoop102 节点服务器上创建主体，生成密钥文件，并修改该文件的所有者。

```
[root@hadoop102 ~]# kadmin -padmin/admin -wadmin -q"addprinc -randkey hbase/hadoop102"
[root@hadoop102 ~]# kadmin -padmin/admin -wadmin -q"xst -k /etc/security/keytab/hbase.
service.keytab hbase/hadoop102"
[root@hadoop102 ~]# chown hbase:hadoop /etc/security/keytab/hbase.service.keytab
```

② 在 hadoop103 节点服务器上创建主体，生成密钥文件，并修改该文件的所有者。

```
[root@hadoop103 ~]# kadmin -padmin/admin -wadmin -q"addprinc -randkey hbase/hadoop103"
[root@hadoop103 ~]# kadmin -padmin/admin -wadmin -q"xst -k /etc/security/keytab/
hbase.service.keytab hbase/hadoop103"
[root@hadoop103 ~]# chown hbase:hadoop /etc/security/keytab/hbase.service.keytab
```

③ 在 hadoop104 节点服务器上创建主体，生成密钥文件，并修改该文件的所有者。

```
[root@hadoop104 ~]# kadmin -padmin/admin -wadmin -q"addprinc -randkey hbase/hadoop104"
[root@hadoop104 ~]# kadmin -padmin/admin -wadmin -q"xst -k /etc/security/keytab/hbase.
service.keytab hbase/hadoop104"
[root@hadoop104 ~]# chown hbase:hadoop /etc/security/keytab/hbase.service.keytab
```

2. 修改 HBase 配置文件

修改$HBASE_HOME/conf/hbase-site.xml 配置文件，路径如下。

```
[root@hadoop102 ~]# vim $HBASE_HOME/conf/hbase-site.xml
```

在文件中增加如下内容。

```xml
<!-- HBase 启用 Kerberos 认证 -->
<property>
  <name>hbase.security.authentication</name>
  <value>kerberos</value>
</property>


<!-- HMaster 服务的 Kerberos 主体 -->
<property>
  <name>hbase.master.kerberos.principal</name>
  <value>hbase/_HOST@EXAMPLE.COM</value>
</property>


<!-- HMaster 服务的 Kerberos 密钥文件 -->
<property>
<name>hbase.master.keytab.file</name>
<value>/etc/security/keytab/hbase.service.keytab</value>
</property>


<!-- HRegionServer 服务的 Kerberos 主体 -->
<property>
  <name>hbase.regionserver.kerberos.principal</name>
  <value>hbase/_HOST@EXAMPLE.COM</value>
</property>


<!-- HRegionServer 服务的 Kerberos 密钥文件 -->
<property>
  <name>hbase.regionserver.keytab.file</name>
```

```
    <value>/etc/security/keytab/hbase.service.keytab</value>
</property>

<!-- 配置 HBase 使用 TokenProvider 协处理器 -->
<property>
    <name>hbase.coprocessor.region.classes</name>
    <value>org.apache.hadoop.hbase.security.token.TokenProvider</value>
</property>
```

3．分发 HBase 配置文件

```
[root@hadoop102 ~]# xsync $HBASE_HOME/conf/hbase-site.xml
```

4．修改 hbase.rootdir 路径的所有者

（1）使用 hdfs/hadoop 用户进行认证。

```
[root@hadoop102 ~]# kinit hdfs/hadoop
```

（2）修改所有者。

```
[root@hadoop102 ~]# hadoop fs -chown -R hbase:hadoop /hbase
```

5．启动 HBase

（1）修改各台节点服务器上 HBase 安装目录的所有者。

```
[root@hadoop102 ~]# chown -R hbase:hadoop /opt/module/hbase
[root@hadoop103 ~]# chown -R hbase:hadoop /opt/module/hbase
[root@hadoop104 ~]# chown -R hbase:hadoop /opt/module/hbase
```

（2）配置 hbase 系统用户从主节点服务器（hadoop102）到所有节点服务器的 ssh 免密登录。

（3）使用 hbase 系统用户启动 HBase。

```
[root@hadoop102 ~]# sudo -i -u hbase start-hbase.sh
```

6．停止运行 HBase

当启用 Kerberos 认证，停止运行 HBase 时，需要先进行 Kerberos 用户认证，认证的主体为 hbase 系统用户。

（1）认证为 hbase 系统用户主体。

```
[root@hadoop102 ~]# sudo -i -u hbase kinit -kt /etc/security/keytab/hbase.service.keytab
hbase/hadoop102
```

（2）使用 hbase 系统用户停止运行 HBase。

```
[root@hadoop102 ~]# sudo -i -u hbase stop-hbase.sh
```

11.11.2　Kerberos 集成 Kylin

1．用户准备

在 Kylin 所在节点服务器上创建 kylin 系统用户。

```
[root@hadoop102 ~]# useradd -g hadoop kylin
[root@hadoop102 ~]# echo kylin | passwd --stdin kylin
```

2．修改 kylin.env.hdfs-working-dir 路径的所有者为 Kylin

（1）使用 hdfs/hadoop 用户进行认证。

```
[root@hadoop102 ~]# kinit hdfs/hadoop
```

（2）修改所有者。

```
[root@hadoop102 ~]# hadoop fs -chown -R hive:hadoop /kylin
```

3．修改/opt/module/kylin 的所有者为 kylin

```
[root@hadoop102 ~]# chown -R kylin:hadoop /opt/module/kylin
```

4．启动 Kylin

（1）在 Kylin 系统用户下认证为 hive 主体，后续 Kylin 的计算任务均以 hive 用户身份执行。

```
[root@hadoop102 ~]# sudo -i -u kylin kinit -kt /etc/security/keytab/hive.keytab hive
```

（2）以 Kylin 系统用户身份启动 Kylin。

```
[root@hadoop102 ~]# sudo -i -u kylin bin/kylin.sh start
```

11.12　本章总结

本章主要对安全认证工具 Kerberos 进行了讲解，安全认证对数据存储系统的重要性是不言而喻的。读者可以继续探索，使用 Kerberos 与其他的大数据框架集成安全认证功能。

第12章

权限管理模块

大数据平台的权限管理，简单来说就是对用户加以系统访问限制。从表面上来看，权限管理系统为系统操作制造了种种阻碍，但是从长远来看，有效合理的权限管理系统可以提高数据安全系数、降低人为操作风险、隔离数据环境、提高工作效率、划分权限责任和规范业务流程。本数据仓库项目将采用 Ranger 作为项目的权限管理组件。本章主要讲解 Ranger 的安装和使用，以及如何与项目进行集成。

12.1 Ranger 入门

12.1.1 Ranger 概述

Ranger 是一个用来在 Hadoop 平台上监控、启用服务，以及进行全方位数据安全访问管理的安全框架。

Ranger 的愿景是在 Hadoop 生态系统中提供全面的安全管理系统。随着企业业务的拓展，企业可能在多用户环境中运行多个工作任务，这就需要进一步提高 Hadoop 内的数据安全性，使其能够同时支持多种不同的需求，同时需要提供一个可以对安全策略进行集中管理、配置和监控用户访问的框架。Ranger 由此而生。

（1）Ranger 可以做到以下几点。

- 允许用户使用 UI 或 RESTful API 对所有与安全相关的任务进行集中管理。
- 允许用户使用一个管理工具对操作 Hadoop 体系中的组件和工具的行为进行细粒度授权。
- 支持 Hadoop 体系中各个组件的授权认证标准。
- 增强了对不同业务场景需求的授权方法的支持，例如，基于角色的授权或基于属性的授权。
- 支持对 Hadoop 组件中所有涉及安全的审计行为进行集中管理。

（2）Ranger 可以对 Hadoop、Hive、HBase、Storm、Knox、Solr、Kafka、YARN、NIFI 框架进行权限管理。

12.1.2 Ranger 架构原理

图 12-1 所示为 Ranger 架构原理。Ranger 的核心是 Web 应用程序，也称为 RangerAdmin 模块，此模块由管理策略、审计日志和报告 3 部分组成。RangerAdmin 模块一般由关系数据库和 Solr 提供数据存储支持。管理员用户可以通过 RangerAdmin 模块提供的 Web UI 或 RESTful API 来定制安全策略。这些策略会由 Ranger 提供的轻量级的针对不同 Hadoop 体系中组件的插件来执行。插件会在 Hadoop 体系的不同组件的核心进程启动后，启动对应的插件进程来进行安全管理。

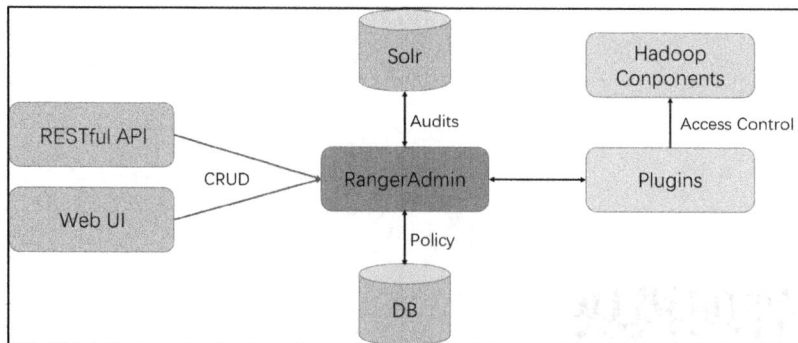

图 12-1　Ranger 架构原理

12.2　Ranger 安装部署

12.2.1　RangerAdmin 安装与配置

1．环境说明

Ranger 2.0 要求对应的 Hadoop 为 3.x 及以上版本，Hive 为 3.x 及以上版本，JDK 为 1.8 及以上版本。Hadoop 及 Hive 等需要开启用户认证功能，本节基于开启 Kerberos 安全认证的 Hadoop 和 Hive 环境展开介绍。

注意：本书所涉及的 Ranger 相关组件均安装在 hadoop102 节点服务器上。

2．创建系统用户和 Kerberos 主体

因为 Ranger 的启动和运行需使用特定的用户，所以需要在 Ranger 所在节点服务器上创建所需系统用户并在 Kerberos 中创建所需主体。

本章所有操作都需要使用 root 用户执行。

（1）创建系统用户 ranger。

```
[root@hadoop102 ~]# useradd  ranger -G hadoop
[root@hadoop102 ~]# echo ranger | passwd --stdin ranger
```

（2）检查 HTTP 主体是否正常（该主体已在 11.4.2 节中 Hadoop 开启 Kerberos 时被创建）。

① 使用.keytab 文件认证 HTTP 主体。

```
[root@hadoop102 ~]# kinit -kt /etc/security/keytab/spnego.service.keytab HTTP/hadoop102@
EXAMPLE.COM
```

② 查看认证状态，显示以下内容则为正常。

```
[root@hadoop102 ~]# klist

Ticket cache: FILE:/tmp/krb5cc_0
Default principal: HTTP/hadoop102@EXAMPLE.COM

Valid starting       Expires              Service principal
2021-05-04T22:49:13  2021-05-05T22:49:13  krbtgt/EXAMPLE.COM@EXAMPLE.COM
```

③ 注销认证。

```
[root@hadoop102 ~]# kdestroy
```

（3）创建 rangeradmin 主体。

① 创建主体。

```
[root@hadoop102  ~]#  kadmin  -padmin/admin  -wadmin  -q"addprinc  -randkey  rangeradmin/
hadoop102"
```

② 生成.keytab 文件。

```
[root@hadoop102 ~]# kadmin -padmin/admin -wadmin -q"xst -k /etc/security/keytab/
rangeradmin.keytab rangeradmin/hadoop102"
```

③ 修改.keytab 文件的所有者。

```
[root@hadoop102 ~]# chown ranger:ranger /etc/security/keytab/rangeradmin.keytab
```

（4）创建 rangerlookup 主体。

① 创建主体。

```
[root@hadoop102 ~]# kadmin -padmin/admin -wadmin -q"addprinc -randkey rangerlookup/
hadoop102"
```

② 生成.keytab 文件。

```
[root@hadoop102 ~]# kadmin -padmin/admin -wadmin -q"xst -k /etc/security/keytab/
rangerlookup.keytab rangerlookup/hadoop102"
```

③ 修改.keytab 文件的所有者。

```
[root@hadoop102 ~]# chown ranger:ranger /etc/security/keytab/rangerlookup.keytab
```

（5）创建 rangerusersync 主体。

① 创建主体。

```
[root@hadoop102 ~]# kadmin -padmin/admin -wadmin -q"addprinc -randkey rangerusersync/
hadoop102"
```

② 生成.keytab 文件。

```
[root@hadoop102 ~]# kadmin -padmin/admin -wadmin -q"xst -k /etc/security/keytab/
rangerusersync.keytab rangerusersync/hadoop102"
```

③ 修改.keytab 文件的所有者。

```
[root@hadoop102 ~]# chown ranger:ranger /etc/security/keytab/rangerusersync.keytab
```

3．数据库环境准备

（1）登录 MySQL。

```
[root@hadoop102 ~]# mysql -uroot -p000000
```

（2）在 MySQL 中创建 Ranger 存储数据的数据库。

```
mysql> create database ranger;
```

（3）为采用比较简单的密码，可更改 MySQL 密码策略。

```
mysql> set global validate_password_length=4;
mysql> set global validate_password_policy=0;
```

（4）创建用户。

```
mysql> grant all privileges on ranger.* to ranger@'%' identified by 'ranger';
```

4．安装

（1）在 hadoop102 节点服务器的/opt/module 目录下创建一个 ranger 文件夹。

```
[root@hadoop102 ~]# mkdir /opt/module/ranger
```

（2）解压缩安装包。

```
[root@hadoop102 software]# tar -zxvf ranger-2.0.0-admin.tar.gz -C /opt/module/ranger
```

（3）进入/opt/module/ranger/ranger-2.0.0-admin 目录，配置 install.properties 文件。

```
[root@hadoop102 ranger-2.0.0-admin]# vim install.properties
```

修改以下配置内容。

```
#MySQL 驱动
SQL_CONNECTOR_JAR=/opt/software/mysql-connector-java-5.1.48.jar

#MySQL 的主机名，以及 root 用户的用户名和密码
db_root_user=root
```

```
db_root_password=000000
db_host=hadoop102

#Ranger 需要的数据库名和用户信息
db_name=ranger
db_user=ranger
db_password=ranger

#Ranger 各组件的 admin 用户的密码
rangerAdmin_password=atguigu123
rangerTagsync_password=atguigu123
rangerUsersync_password=atguigu123
keyadmin_password=atguigu123

#Ranger 存储审计日志的路径，默认为 Solr，这里为了方便暂不设置
audit_store=

#策略管理器的 URL，主机名为 RangerAdmin 所在的主机的名称
policymgr_external_url=http://hadoop102:6080

#启动 ranger admin 进程的 Linux 用户信息
unix_user=ranger
unix_user_pwd=ranger
unix_group=ranger

#Kerberos 相关配置
spnego_principal=HTTP/hadoop102@EXAMPLE.COM
spnego_keytab=/etc/security/keytab/spnego.service.keytab
admin_principal=rangeradmin/hadoop102@EXAMPLE.COM
admin_keytab=/etc/security/keytab/rangeradmin.keytab
lookup_principal=rangerlookup/hadoop102@EXAMPLE.COM
lookup_keytab=/etc/security/keytab/rangerlookup.keytab
hadoop_conf=/opt/module/hadoop-3.1.3/etc/hadoop
```

（4）在/opt/module/ranger/ranger-2.0.0-admin 目录下执行安装命令。

```
[root@hadoop102 ranger-2.0.0-admin]# ./setup.sh
```

若出现以下信息，则说明安装完成。

```
2020-04-30 13:58:18,051 [I] Ranger all admins default password change request processed
successfully..
Installation of Ranger PolicyManager Web Application is completed.
```

（5）修改/opt/module/ranger/ranger-2.0.0-admin/conf/ranger-admin-site.xml 配置文件中的以下参数。

```
<property>
    <name>ranger.jpa.jdbc.password</name>
    <value>ranger</value>
    <description />
</property>

<property>
    <name>ranger.service.host</name>
    <value>hadoop102</value>
</property>
```

5. 启动 RangerAdmin

（1）以 ranger 用户身份启动 RangerAdmin。

```
[root@hadoop102 ~]# sudo -i -u ranger ranger-admin start
Starting Apache Ranger Admin Service
Apache Ranger Admin Service with pid 7058 has started.
```

由于 RangerAdmin 在安装时已经被设置为开机自启，因此之后无须用户手动启动。

（2）查看启动后的进程。

```
[root@hadoop102 ~]# jps
7058 EmbeddedServer
8132 Jps
```

（3）访问 Ranger 的 Web UI，地址为 http://hadoop102:6080，如果出现如图 12-2 所示的页面，则说明 RangerAdmin 启动成功。

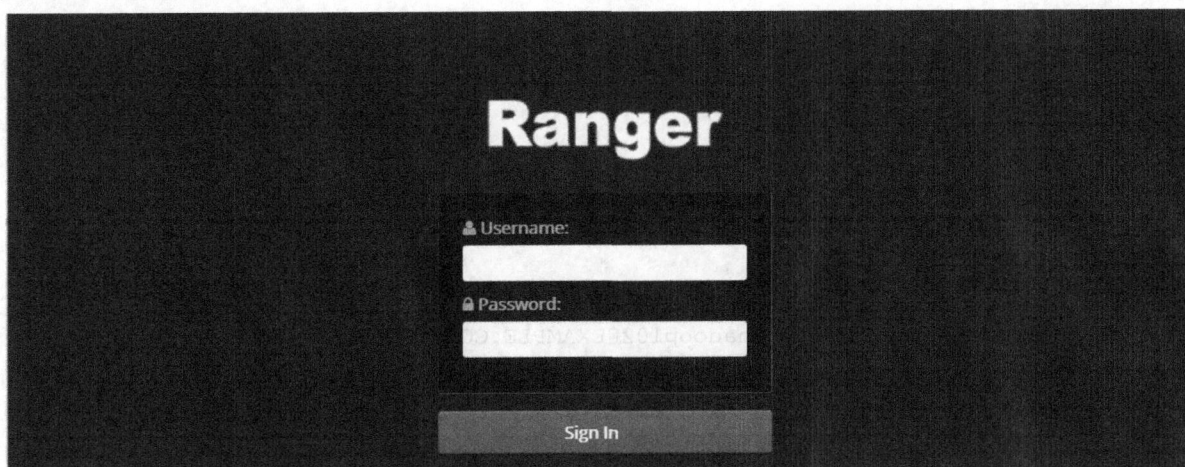

图 12-2　Ranger 登录页面

（4）停止运行 RangerAdmin（此处不用执行）。

```
[root@hadoop102 ~]# sudo -i -u ranger ranger-admin stop
```

6. 使用管理员用户登录 Ranger

输入用户名（admin）、密码（atguigu123）登录 Ranger，登录后的页面如图 12-3 所示。

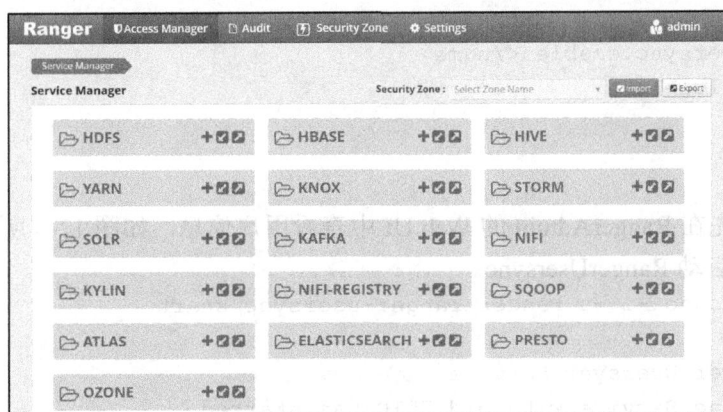

图 12-3　Ranger 主页

12.2.2　RangerUsersync 安装与配置

RangerUsersync 作为 Ranger 提供的一个管理模块，可以将 Linux 机器上的用户和组信息同步到

RangerAdmin 的数据库中进行管理。

1．安装

（1）将 RangerUsersync 安装包解压缩至/opt/module/ranger/目录下。

```
[root@hadoop102 software]# tar -zxvf ranger-2.0.0-usersync.tar.gz -C /opt/module/ranger/
```

（2）进入/opt/module/ranger/ranger-2.0.0-usersync 目录，修改配置文件。

```
[root@hadoop102 ranger-2.0.0-usersync]# vim install.properties
```

修改以下配置信息。

```
#RangerAdmin 的 URL
POLICY_MGR_URL =http://hadoop102:6080

#同步间隔时间，单位为分钟
SYNC_INTERVAL = 1

#运行此进程的 Linux 用户
unix_user=ranger
unix_group=ranger

#RangerUsersync 用户的密码，参考 RangerAdmin 中 install.properties 文件的配置
rangerUsersync_password=atguigu123

#Kerberos 相关配置
usersync_principal=rangerusersync/hadoop102@EXAMPLE.COM
usersync_keytab=/etc/security/keytab/rangerusersync.keytab
#Hadoop 的配置文件目录
hadoop_conf=/opt/module/hadoop-3.1.3/etc/hadoop
```

（3）使用 root 用户执行以下安装命令。

```
[root@hadoop102 ranger-2.0.0-usersync]# ./setup.sh
```

若出现以下信息，则说明安装完成。

```
ranger.usersync.policymgr.password has been successfully created.
Provider jceks://file/etc/ranger/usersync/conf/rangerusersync.jceks was updated.
[I] Successfully updated password of rangerusersync user
```

（4）修改/opt/module/ranger/ranger-2.0.0-usersync/conf/ranger-ugsync-site.xml 配置文件中的以下参数。

```
<property>
    <name>ranger.usersync.enabled</name>
    <value>true</value>
</property>
```

2．启动

（1）在启动之前，先在 RangerAdmin 的 Web UI 中查看用户信息，如图 12-4 所示。

（2）使用 root 用户启动 RangerUsersync。

```
[root@hadoop102 ~]# sudo -i -u ranger ranger-usersync start

Starting Apache Ranger Usersync Service
Apache Ranger Usersync Service with pid 7510 has started.
```

（3）启动后，再次在 RangerAdmin 的 Web UI 中查看用户信息，若出现如图 12-5 所示的用户列表信息，则说明 RangerUsersync 启动成功。

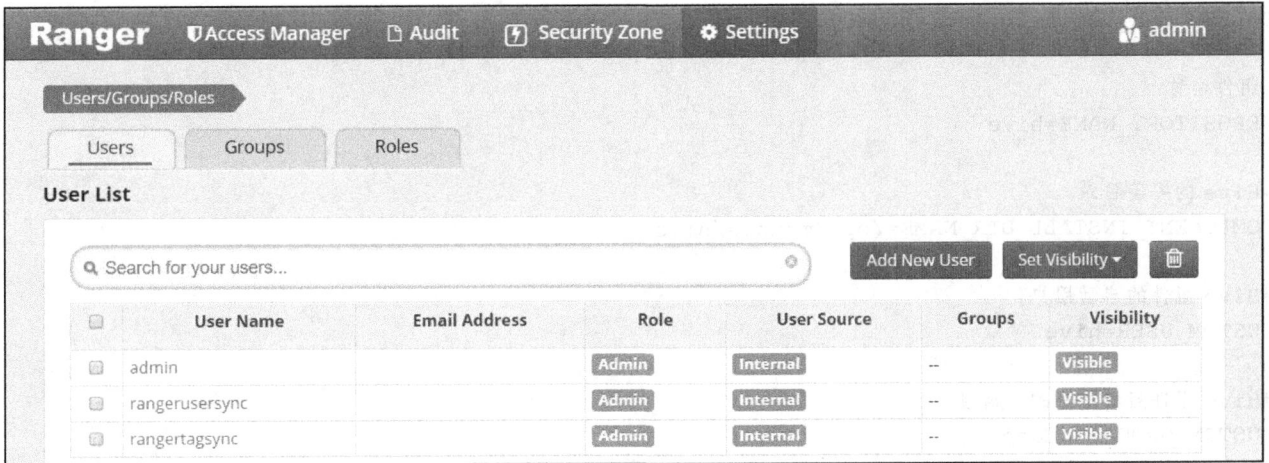

图 12-4　在 RangerAdmin 的 Web UI 中查看用户信息

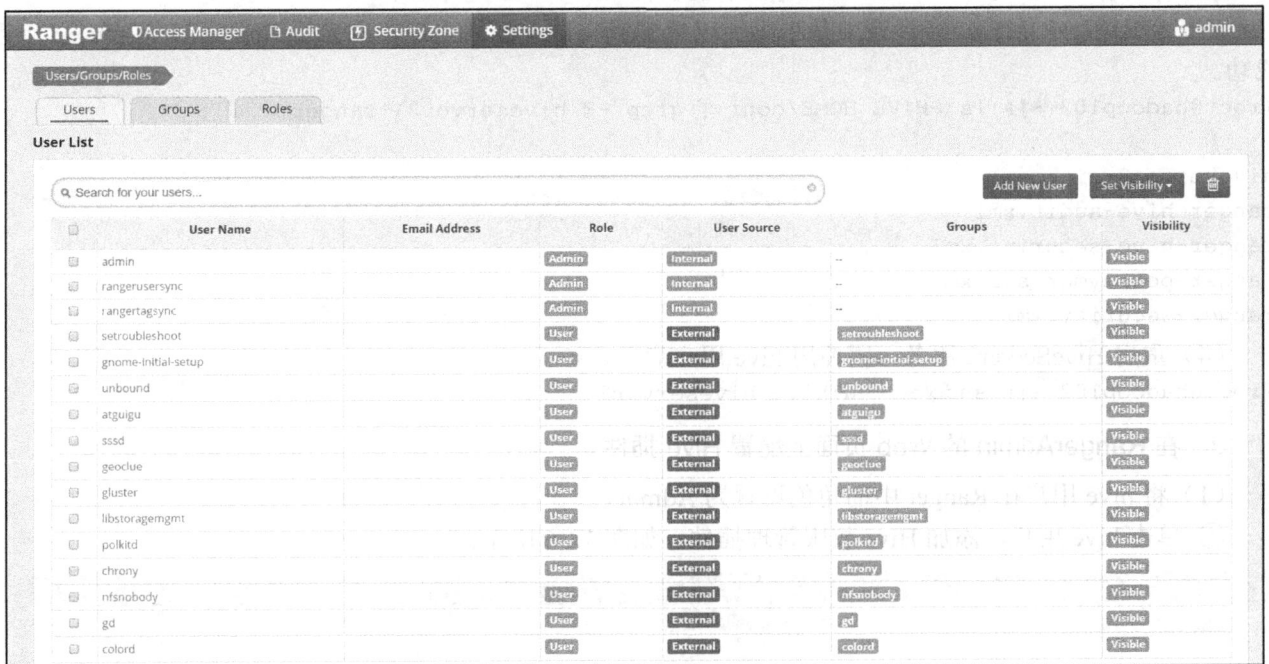

图 12-5　用户列表信息

RangerUsersync 服务也是开机自启的，不需要用户手动启动。

12.2.3　Ranger Hive-plugin 安装与配置

Ranger Hive-plugin 是 Ranger 用来对 Hive 进行权限管理的插件。需要注意的是，Ranger Hive-plugin 只能对使用 JDBC 方式访问 Hive 的请求进行权限管理，Hive 本机客户端并不受限制。

1. 安装

（1）将 Ranger Hive-plugin 安装包解压缩至/opt/module/ranger/目录下。

```
[root@hadoop102 software]# tar -zxvf ranger-2.0.0-hive-plugin.tar.gz -C /opt/module/
ranger/
```

（2）进入/opt/module/ranger/ranger-2.0.0-hive-plugin 目录，修改配置文件。

```
[root@hadoop102 ranger-2.0.0-hive-plugin]# vim install.properties
```

修改以下内容。

```
#策略管理器的 URL
```

495

```
POLICY_MGR_URL=http://hadoop102:6080

#组件名称
REPOSITORY_NAME=hive

#Hive 的安装目录
COMPONENT_INSTALL_DIR_NAME=/opt/module/hive

#Hive 组件的启动用户
CUSTOM_USER=hive

#Hive 组件启动用户的所属组
CUSTOM_GROUP=hadoop
```

（3）在/opt/module/ranger/ranger-2.0.0-hive-plugin 目录下执行以下命令，启用 Ranger Hive-plugin。
```
[root@hadoop102 ranger-2.0.0-hive-plugin]# ./enable-hive-plugin.sh
```
查看$HIVE_HOME/conf 目录中是否出现以下配置文件，如果出现，则表示 Ranger Hive-plugin 启用成功。
```
[root@hadoop102 ~]# ls $HIVE_HOME/conf | grep -E hiveserver2\|ranger

hiveserver2-site.xml
ranger-hive-audit.xml
ranger-hive-security.xml
ranger-policymgr-ssl.xml
ranger-security.xml
```
（4）重启 HiveServer2 服务，需使用 hive 用户启动。
```
[root@hadoop102 ~]# sudo -i -u hive hiveserver2
```

2. 在 RangerAdmin 的 Web 页面上配置 Hive 插件

（1）将 hive 用户在 Ranger 中的角色设置为 Admin。

① 单击 hive 用户，添加 Hive 权限管理插件，如图 12-6 所示。

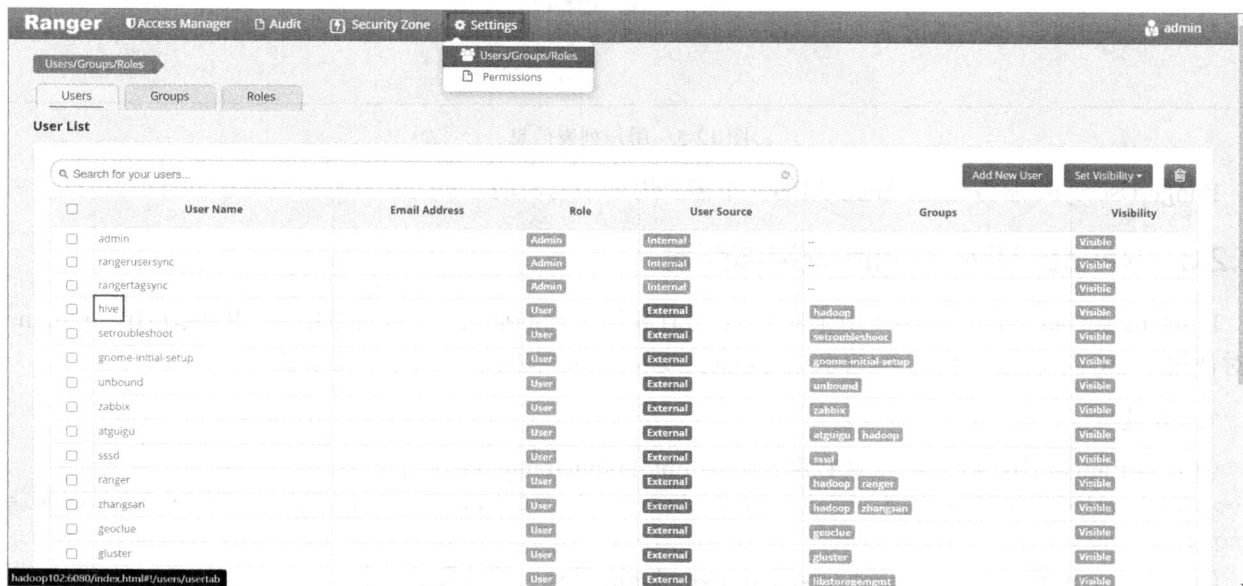

图 12-6　添加 Hive 权限管理插件

② 将角色设置为 Admin，如图 12-7 所示。

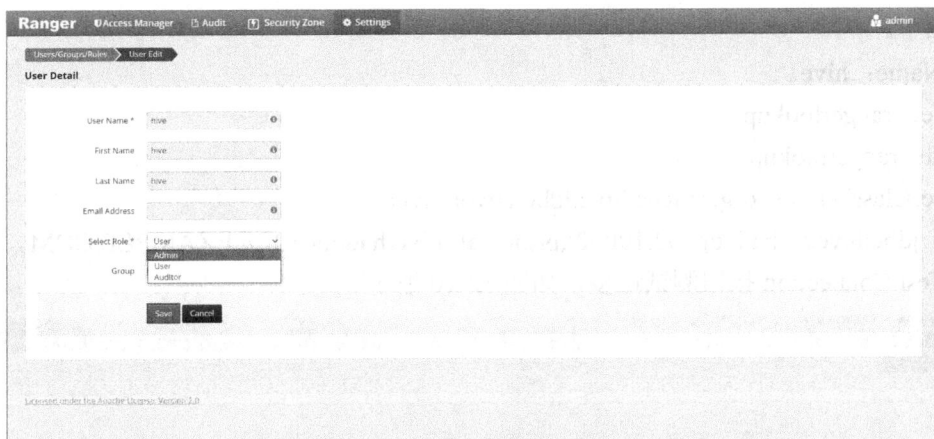

图 12-7　将角色设置为 Admin

（2）配置 Hive 插件。

① 选择 Access Manager 选项，添加 Hive Manager，如图 12-8 所示。

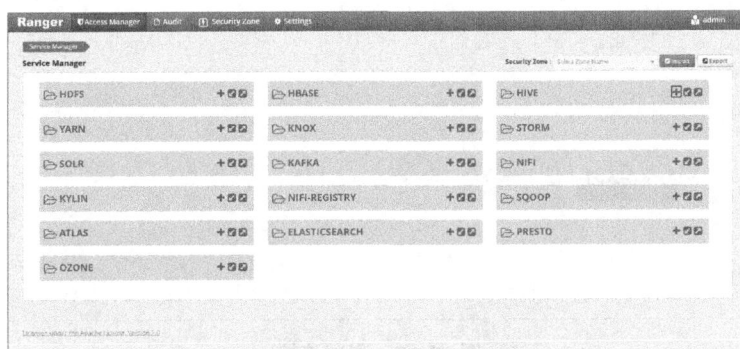

图 12-8　添加 Hive Manager

② 配置服务详情如图 12-9 所示。

图 12-9　配置服务详情

497

选项内容如下。

- Service Name：hive。
- Username：rangerlookup。
- Password：rangerlookup。
- jdbc.driverClassName：org.apache.hive.jdbc.HiveDriver。
- jdbc.url：jdbc:hive2://hadoop102:10000/;principal=hive/hadoop102@EXAMPLE.COM。

（3）单击 Test Connection 按钮测试连接，如图 12-10 所示。

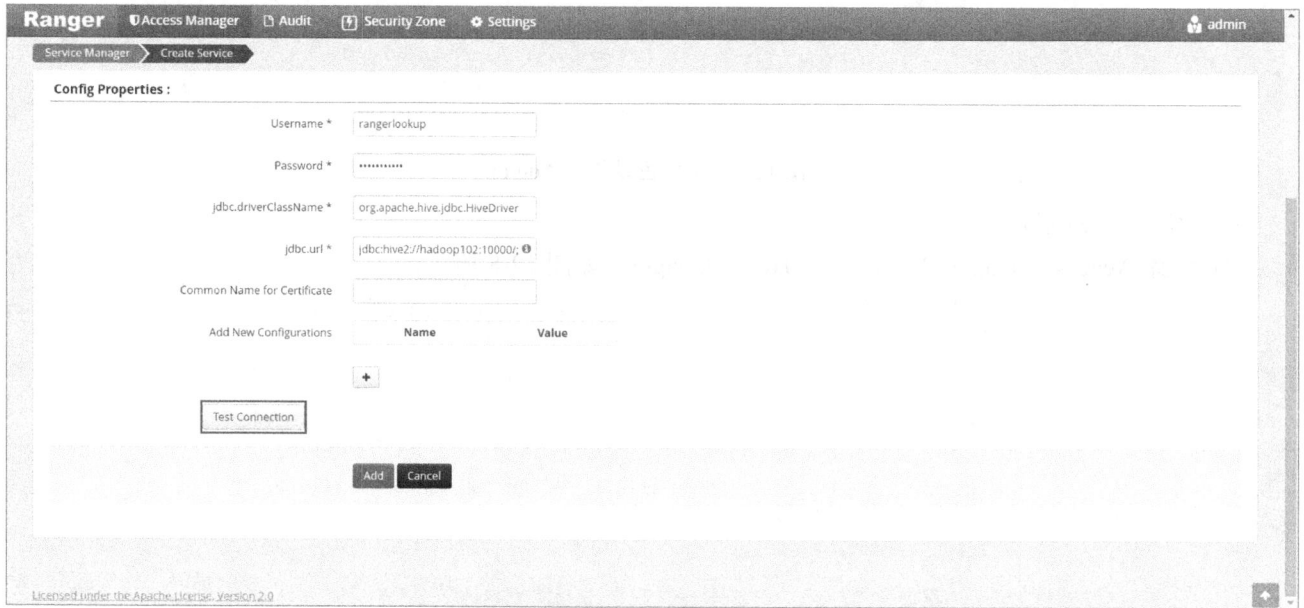

图 12-10　测试连接

单击 Test Connection 按钮后会提示连接失败，如图 12-11 所示，具体原因是 rangerlookup 用户没有访问 Hive 表的权限。这是因为到目前为止，我们还未使用 Ranger 向任何用户赋予任何权限，所以此时连接失败为正常现象。

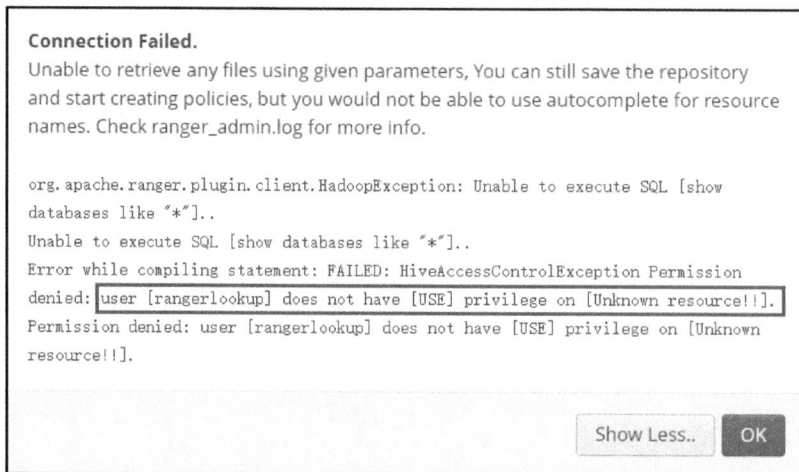

图 12-11　连接失败

（4）添加 Hive Manager。

① 单击 Add 按钮，如图 12-12 所示。

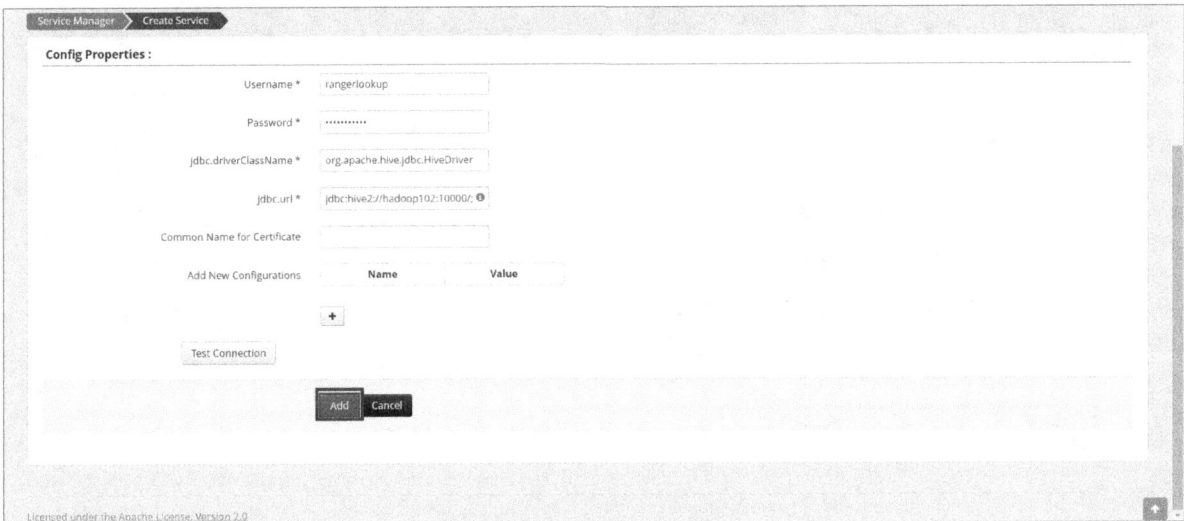

图 12-12　单击 Add 按钮

② 单击 hive 按钮，如图 12-13 所示。

图 12-13　单击 hive 按钮

如图 12-14 所示，目前 rangerlookup 用户已经拥有了 Hive 所有资源的所有访问权限。

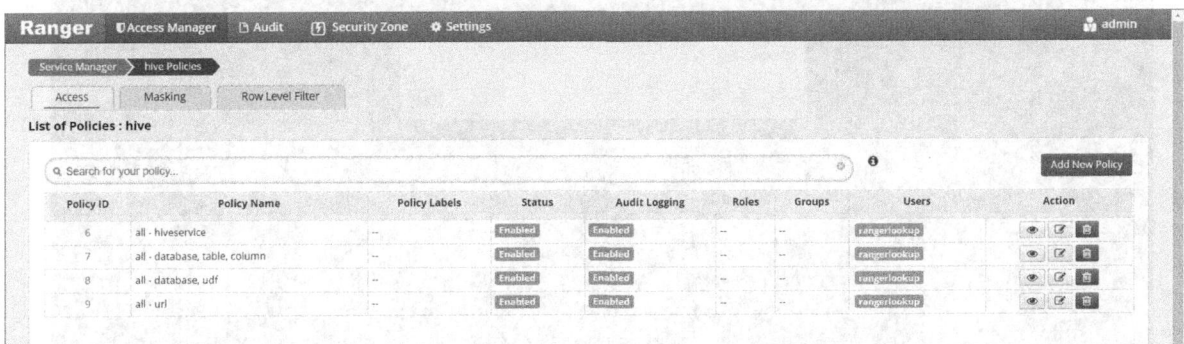

图 12-14　Hive 的访问权限管理列表

（5）重新测试连接。

① 单击如图 12-15 所示的"编辑"按钮。

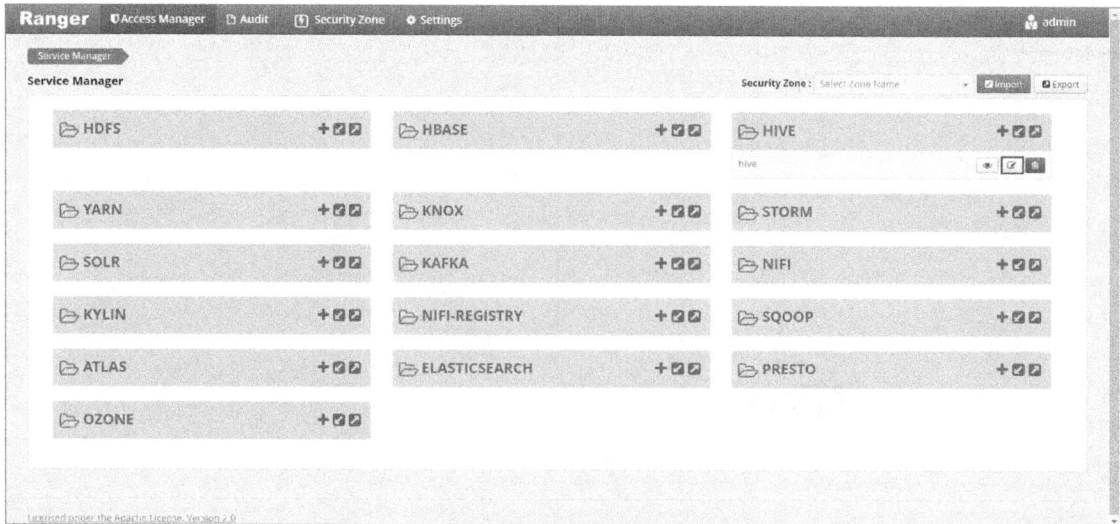

图 12-15　单击编辑按钮

② 重新单击 Test Connection 按钮，测试连接，如图 12-16 所示。

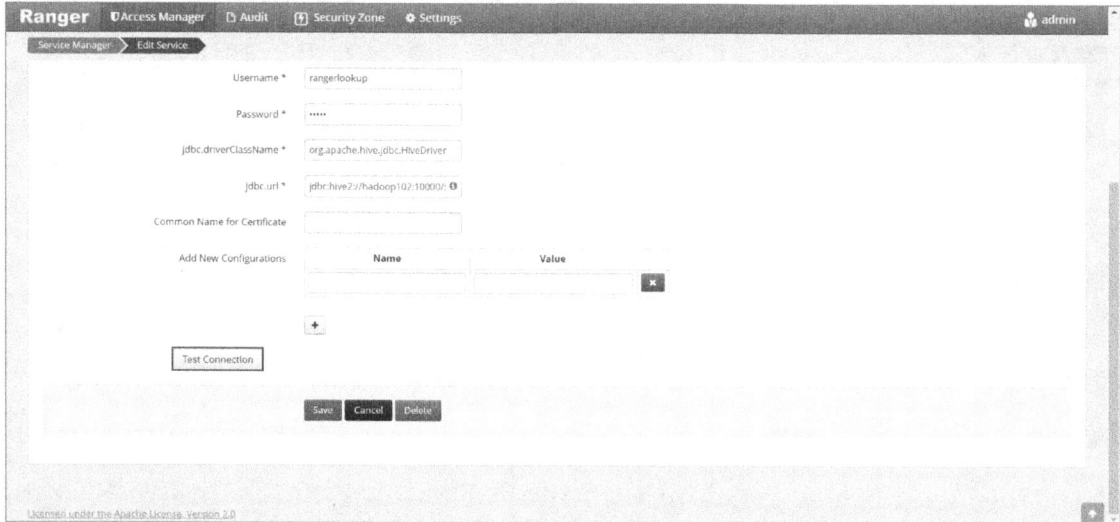

图 12-16　重新测试连接

③ 连接成功，如图 12-17 所示。

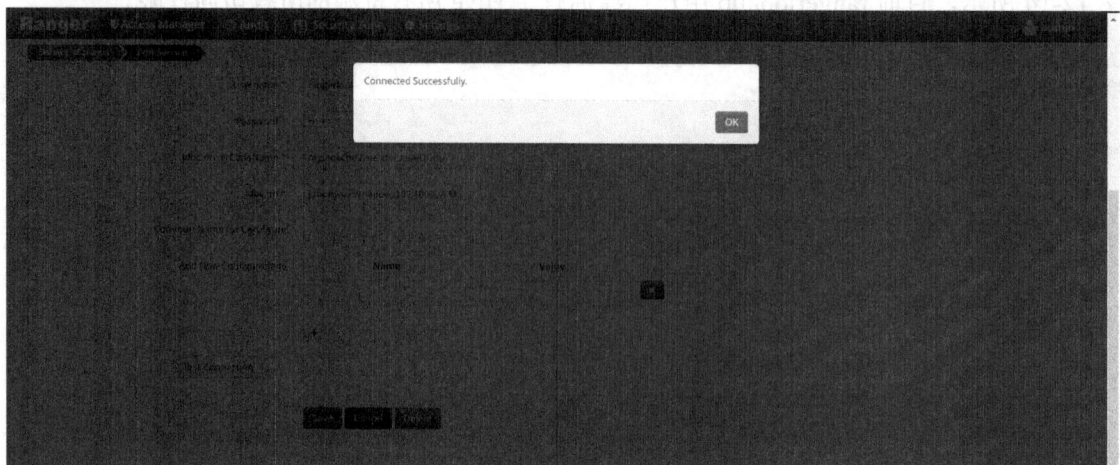

图 12-17　连接成功

12.3　使用 Ranger 对 Hive 进行权限管理

12.3.1　权限控制初体验

（1）将 Ranger Hive-plugin 配置完成后，在 Ranger 主页中单击 Hive 管理按钮 HIVE，打开 Hive 的访问权限管理列表，即可查看默认的访问策略，如图 12-18 所示，可以看到此时只有 rangerlookup 用户拥有对所有库、表和函数的访问权限。

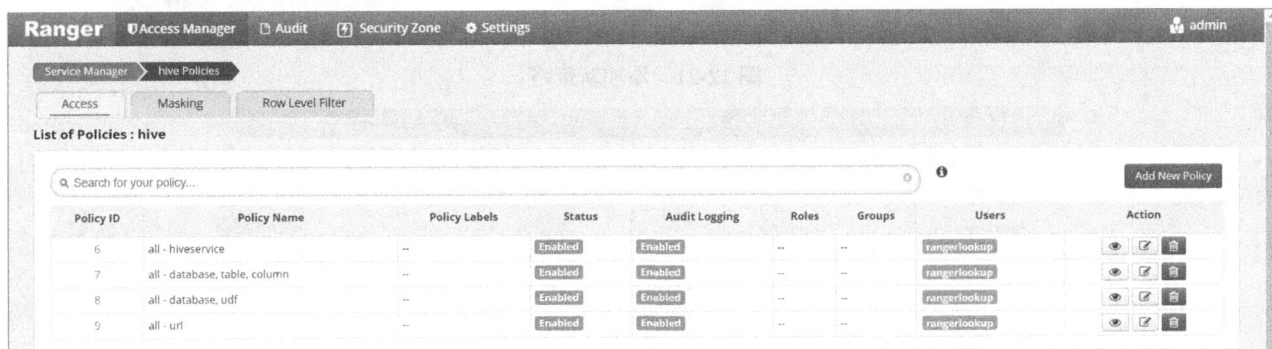

图 12-18　Hive 的访问权限管理列表

（2）验证：尝试使用 atguigu 用户认证，认证成功后，使用 Beeline 客户端连接 HiveServer2 服务。

① 使用 atguigu 用户认证，并按照提示输入密码。

```
[root@hadoop102 ~]# kinit atguigu
```

② 登录 Beeline 客户端。

```
[root@hadoop102 ~]# beeline -u "jdbc:hive2://hadoop102:10000/;principal=hive/hadoop102@
EXAMPLE.COM"
```

③ 执行 select current_user();语句，验证结果显示当前用户为 atguigu，如图 12-19 所示。

```
0: jdbc:hive2://hadoop102:10000/> select current_user() ;
INFO  : Compiling command(queryId=hive_20210410160551_724802ea-05cc-4b6a-a5e6-f1f6c48cad32): select current_user()
INFO  : Concurrency mode is disabled, not creating a lock manager
INFO  : Semantic Analysis Completed (retrial = false)
INFO  : Returning Hive schema: Schema(fieldSchemas:[FieldSchema(name:_c0, type:string, comment:null)], properties:null)
INFO  : Completed compiling command(queryId=hive_20210410160551_724802ea-05cc-4b6a-a5e6-f1f6c48cad32); Time taken: 0.496 seconds
INFO  : Concurrency mode is disabled, not creating a lock manager
INFO  : Executing command(queryId=hive_20210410160551_724802ea-05cc-4b6a-a5e6-f1f6c48cad32): select current_user()
INFO  : Completed executing command(queryId=hive_20210410160551_724802ea-05cc-4b6a-a5e6-f1f6c48cad32); Time taken: 0.0 seconds
INFO  : OK
INFO  : Concurrency mode is disabled, not creating a lock manager
+-----------+
|    _c0    |
+-----------+
| atguigu   |
+-----------+
1 row selected (0.556 seconds)
0: jdbc:hive2://hadoop102:10000/>
```

图 12.19　显示当前用户

④ 执行 use gmall 语句，结果显示 atguigu 用户没有对 gmall 库的使用权限，如图 12-20 所示。

```
0: jdbc:hive2://hadoop102:10000/> use gmall;
Error: Error while compiling statement: FAILED: HiveAccessControlExce
ption Permission denied: user [atguigu] does not have [USE] privilege
 on [gmall] (state=42000,code=40000)
0: jdbc:hive2://hadoop102:10000/>
```

图 12.20　atguigu 用户无 gmall 库的使用权限

（3）赋予 atguigu 用户对 gmall 数据库的使用权限。

① 单击 Add New Policy 按钮，添加新策略，如图 12-21 所示。

② 配置授权策略。

如图 12-22 所示，将 gmall 数据库中所有表的所有权限均赋予 atguigu 用户。

图 12-21　添加新策略

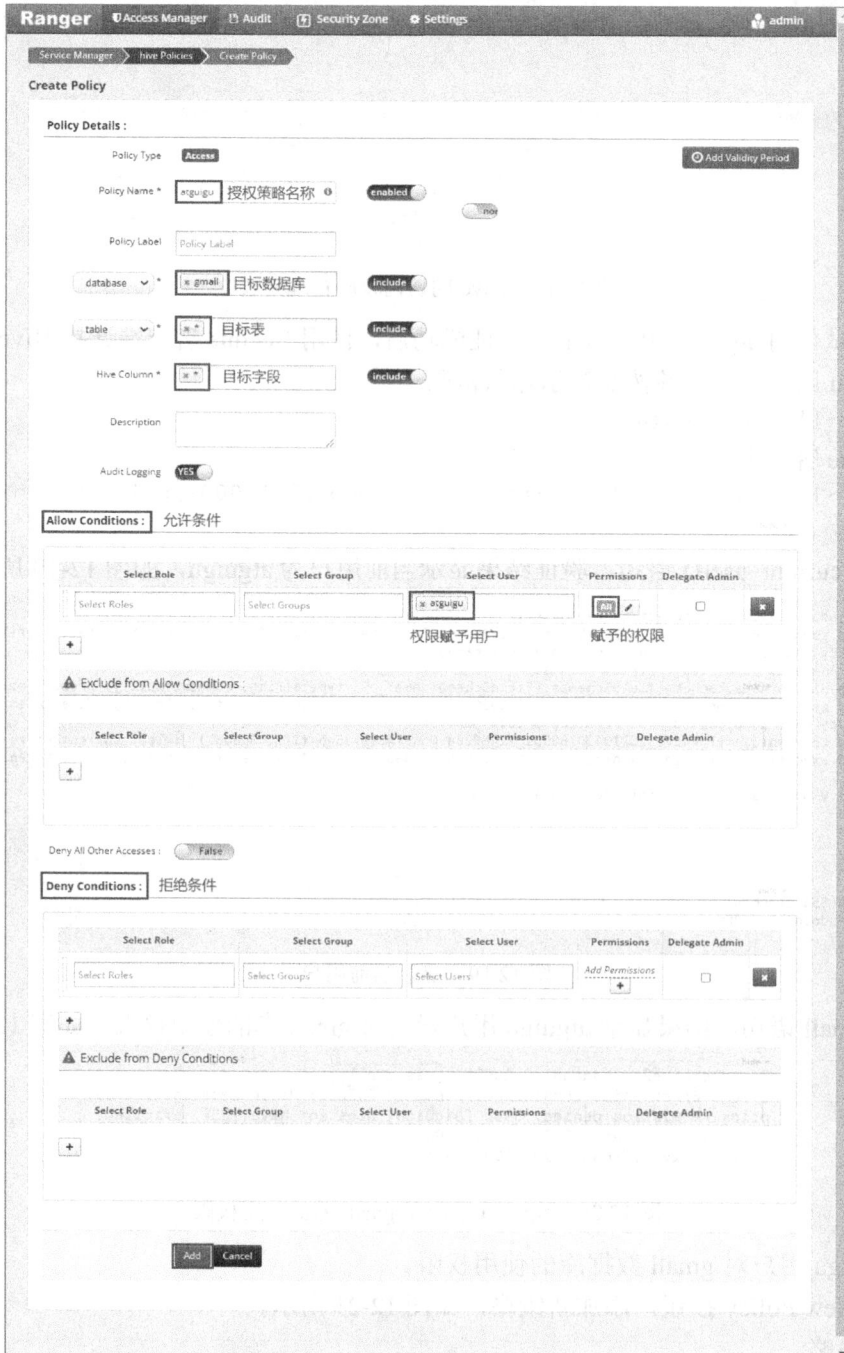

图 12-22　配置授权策略

③ 等待片刻，再次回到 Beeline 客户端，重新执行 use gmall 语句，此时 atguigu 用户已经能够使用 gmall 数据库，并且可访问 gmall 数据库中的所有表。

12.3.2　Ranger 的权限管理模型

Ranger 的权限管理模型可归类为 RBAC（Role-Based Access Control，基于角色的访问控制）。基础的 RBAC 模型共包含 3 个实体，分别是用户（user）、角色（role）和权限（permission）。用户需被划分为某个角色，权限的赋予对象也是角色，例如，用户张三为管理员角色，他就拥有了管理员角色的所有权限。

Ranger 的权限管理模型比基础的 RBAC 模型要更加灵活，Ranger 的权限管理模型如图 12-23 所示。

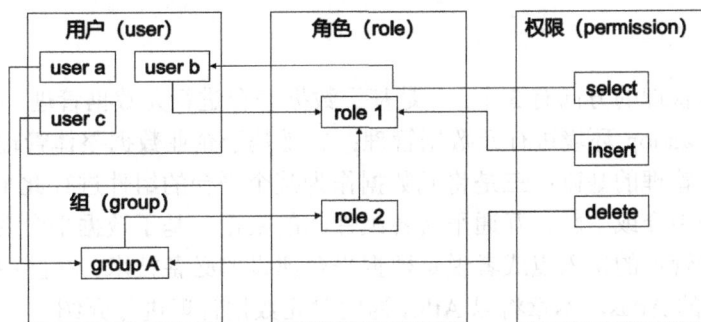

图 12-23　Ranger 的权限管理模型

12.4　本章总结

本章主要对权限管理工具 Ranger 进行了讲解，实际上大数据领域的权限管理系统还有很多，如 Sentry 等，有些大的互联网企业还会开发自己的权限管理系统以使其更适应自己的数据平台。权限管理对数据存储系统的重要性是不言而喻的，读者可以继续使用 Ranger 进行更多的权限管理操作。

第13章

元数据管理模块

国内企业进行元数据管理的方向有 3 个：一是基于数据平台进行元数据管理，由于大数据平台的兴起，目前企业开始逐步针对 Hadoop 环境进行元数据管理；二是基于企业数据整体管理规划开展对元数据的管理，这也是企业数据资产管理的基础；三是将元数据作为某个平台的组件进行此平台特有的元数据管理，元数据管理组件作为一个中介或中转，互通平台各组件间的数据。基于数据平台的元数据管理相对成熟，也是业界最早进行元数据管理的切入点或者说是数据平台建设的必备技术。社区中开源的元数据管理系统方案是 Hortonworks 主推的 Atlas，本章将以 Atlas 为例对元数据管理进行介绍。

13.1 Atlas 入门

Atlas 是一个可伸缩和可扩展的核心基础治理服务集合，使企业能够有效且高效地满足 Hadoop 中的合规性要求，并可以与整个企业数据生态系统进行整合。Atlas 为组织提供开放式元数据管理和治理功能，用于构建组织的数据资产目录，对这些资产进行分类和管理，并为数据科学家、数据分析师和数据治理团队提供围绕这些数据资产的协作功能。

13.1.1 元数据管理概述

元数据通常被定义为"关于数据的数据"，贯穿了整个数据仓库的生命周期，记录了数据仓库的数据采集、数据仓库搭建、数据应用的全流程。元数据主要记录的是数据仓库中模型的定义、各层级间的映射关系、监控数据仓库的数据状态及数据转换任务的运行状态等，可帮助数据仓库开发人员更便捷地找到他们所需要的数据，以指导数据管理和开发工作，提升工作效率。

元数据按照用途可以分为两类，分别是技术元数据（Technical Metadata）和业务元数据（Business Metadata）。

1. 技术元数据

技术元数据是描述数据仓库系统技术细节的数据，是开发和管理数据仓库时使用的数据。常见的技术元数据有以下几种。

- 存储元数据：如表、字段、分区、责任人、对应主题、文件大小、表类型、权限信息等。
- 运行元数据：数据仓库中作业运行的相关信息，如 Hive 的运行日志、作业类型、运行参数、执行时间、执行引擎、资源分配等。
- 数据同步、计算任务、任务调度等信息：包括数据同步的输入/输出表和字段、计算任务的输入/输出信息及任务所属节点信息、任务调度过程中任务之间的依赖关系信息及调度日志等。
- 数据质量及运维相关元数据：任务监控运行日志、报警配置及运行日志、故障信息等。

2. 业务元数据

业务元数据从业务角度描述了数据仓库中的数据，提供了介于使用者和实际系统之间的语义层，使不懂计算机技术的业务人员也能够读懂数据仓库中的数据。常见的业务元数据有维度及属性、业务过程、具体指标、安全等级、计算逻辑等规范化定义，可以使用户更好地管理和使用数据。

对于元数据管理来说，目前主要有 3 种方式供使用者选择。

- 手动管理元数据。
- 自研元数据管理系统。
- 使用 Atlas。

其中，手动管理元数据复杂且容易出错，而大型企业会首选自研元数据管理系统，但是其效果可能不如 Atlas 好，大部分企业会选择使用成熟的元数据管理系统——Atlas。

13.1.2 Atlas 概述

Atlas 的整体设计侧重于数据血缘关系的采集，以及表格维度的基本信息和业务属性信息的管理。为了达到这个目的，Atlas 的开发者设计了一套通用的 Type 体系来描述这些信息。Type 的主要基础类型包括 DataSet 和 Process，前者用来描述各种数据源本身，后者用来描述一个数据处理的流程，比如一个 ETL 任务。

Atlas 现有的 Bridge 实现，从数据源的角度来看，主要覆盖了 Hive、HBase、HDFS 和 Kafka。此外，还有适配于 Sqoop、Storm 和 Falcon 的 Bridge，不过这三者更多是从 Process 的角度入手的，最后落地的数据源还是上述 4 种。

13.1.3 Atlas 架构原理

Atlas 架构原理如图 13-1 所示。

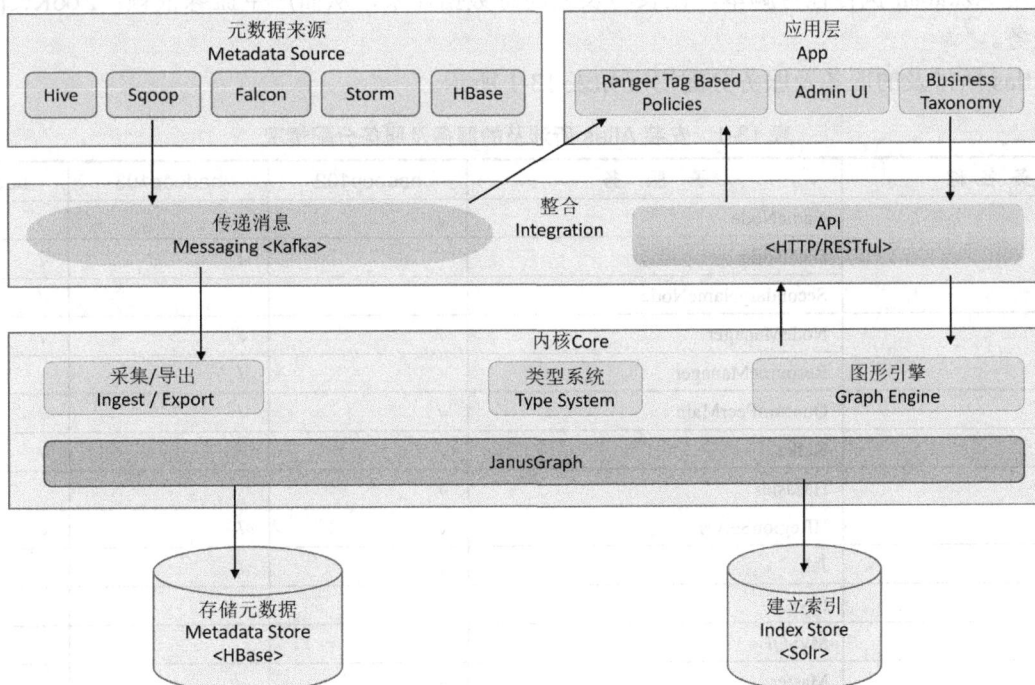

图 13-1 Atlas 架构原理

Atlas 架构具有如下关键组件。

- Metadata Store<HBase>：采用 HBase 存储元数据。
- Index Store<Solr>：采用 Solr 建立索引。

- Ingest/Export：采集组件，允许将元数据添加到 Atlas；导出组件，将 Atlas 检测到的元数据更改并公开为事件。
- Type System：用户为他们想要管理的元数据对象定义模型。Type System 称为实体的类型实例，表示受管理的实际元数据对象。
- Graph Engine：Atlas 在内部使用 Graph 模型持久保存它管理的元数据对象。
- API<HTTP/RESTful>：Atlas 的所有功能最终都通过 RESTful API 向用户展示，该 API 允许创建、更新和删除类型和实体。它也是查询和发现 Atlas 管理的元数据类型和实体的主要机制。
- Messaging<Kafka>：除了 API，用户还可以使用基于 Kafka 的消息传递接口与 Atlas 集成。
- Metadata Sources：目前，Atlas 支持从 HBase、Hive、Sqoop、Storm 和 Falcon 中提取和管理元数据。
- Admin UI：该组件是一个基于 Web 的应用程序，允许数据管理员和科学家发现和注释元数据。这里最重要的是搜索页面和类似 SQL 的查询语言，可用于查询 Atlas 管理的元数据类型和对象。
- Ranger Tag Based Policies：权限管理模块。
- Business Taxonomy：业务分类。

13.2　Atlas 安装及启动

Atlas 的安装及启动需要基于 Hadoop、ZooKeeper、Kafka、HBase、Solr、Hive、Azkaban 等。其中，安装 Hadoop、Hive 是因为本数据仓库项目使用的是基于 Hive 的元数据；安装 Kafka 是因为 Atlas 的框架原理中用 Kafka 传输数据；安装 HBase 是为了存储元数据；安装 Solr 是为了快速查找元数据；安装 Azkaban 是因为单纯地创建两张表是不会产生血缘依赖的，只有让两张表之间有数据的导入/导出才会产生血缘依赖，所以采用 Azkaban 执行任务脚本，让表与表之间有数据往来，从而产生血缘依赖；ZooKeeper 用于提供协调性服务。

安装 Atlas 所涉及的服务及服务分配情况如表 13-1 所示。

表 13-1　安装 Atlas 所涉及的服务及服务分配情况

服 务 名 称	子 服 务	hadoop102	hadoop103	hadoop104
HDFS	NameNode	√		
	DataNode	√	√	√
	SecondaryNameNode			√
YARN	NodeManager	√	√	√
	ResourceManager		√	
ZooKeeper	QuorumPeerMain	√	√	√
Kafka	Kafka	√	√	√
HBase	HMaster	√		
	HRegionServer	√	√	√
Solr	Jar	√	√	√
Hive	Hive	√		
MySQL	MySQL	√		
DolphinScheduler	Master	√		
	Worker	√	√	√
	LoggerServer	√	√	√
	API	√		
	Alert	√		
Atlas	Atlas	√		
服务数总计		16	9	9

13.2.1　安装前环境准备

1．安装 JDK8、Hadoop 3.1.3 并启动 Hadoop 集群

（1）安装 JDK、Hadoop 集群，可参考 3.3 节中的相关内容。

（2）启动 Hadoop 集群。

```
[root@hadoop102 ~]# start-dfs.sh
[root@hadoop103 ~]# start-yarn.sh
```

2．安装并启动 ZooKeeper 3.5.7

（1）安装 ZooKeeper 集群，可参考 4.2.1 节中的相关内容。

（2）启动 ZooKeeper 集群。

```
[root@hadoop102 ~]# zk.sh start
```

3．安装并启动 Kafka 2.4.1

（1）安装 Kafka 集群，可参考 4.2.3 节中的相关内容。

（2）启动 Kafka 集群。

```
[root@hadoop102 ~]# kf.sh start
```

4．安装并启动 HBase 2.0.5

（1）安装 HBase 集群，可参考 9.2.2 节中的相关内容。

（2）启动 HBase 集群。

```
[root@hadoop102 ~]# sudo -i -u hbase start-hbase.sh
```

5．安装 Solr 7.7.3

（1）在每台节点服务器上创建系统用户 solr。

```
[root@hadoop102 ~]# useradd solr
[root@hadoop102 ~]# echo solr | passwd --stdin solr

[root@hadoop103 ~]# useradd solr
[root@hadoop103 ~]# echo solr | passwd --stdin solr

[root@hadoop104 ~]# useradd solr
[root@hadoop104 ~]# echo solr | passwd --stdin solr
```

（2）将 solr-7.7.3.tgz 解压缩到/opt/module 目录下，并将 solr-7.7.3 修改为 solr。

```
[root@hadoop102 software]# tar -zxvf solr-7.7.3.tgz -C /opt/module/
[root@hadoop102 software]# mv /opt/module/solr-7.7.3/ /opt/module/solr
```

（3）将 solr 目录的所有者修改为 solr 用户。

```
[root@hadoop102 software]# chown -R solr:solr /opt/module/solr
```

（4）修改 Solr 配置文件。

修改/opt/module/solr/bin/solr.in.sh 文件中的以下参数。

```
ZK_HOST="hadoop102:2181,hadoop103:2181,hadoop104:2181"
```

（5）分发/opt/module/solr。

```
[root@hadoop102 ~]# xsync /opt/module/solr
```

（6）启动 ZooKeeper 和 Solr 集群。

① 启动 ZooKeeper 集群，若已启动则跳过。

```
[root@hadoop102 ~]# zk.sh start
```

② 启动 Solr 集群。

出于安全考虑，不推荐使用 root 用户启动 Solr 集群，此处使用 solr 用户，在所有节点服务器上执行以

507

下命令启动 Solr 集群。

```
[root@hadoop102 ~]# sudo -i -u solr /opt/module/solr/bin/solr start
[root@hadoop103 ~]# sudo -i -u solr /opt/module/solr/bin/solr start
[root@hadoop104 ~]# sudo -i -u solr /opt/module/solr/bin/solr start
```

如图 13-2 所示，若出现 Happy searching!字样，则表明启动成功。

```
[root@hadoop102 ~]# sudo -i -u solr /opt/module/solr/bin/solr start
*** [WARN] *** Your open file limit is currently 1024.
 It should be set to 65000 to avoid operational disruption.
 If you no longer wish to see this warning, set SOLR_ULIMIT_CHECKS to false in your profile or solr.in.sh
*** [WARN] ***  Your Max Processes Limit is currently 4096.
 It should be set to 65000 to avoid operational disruption.
 If you no longer wish to see this warning, set SOLR_ULIMIT_CHECKS to false in your profile or solr.in.sh
Waiting up to 180 seconds to see Solr running on port 8983 [\]
Started Solr server on port 8983 (pid=32155). Happy searching!
```

图 13-2　启动日志

说明：上述警告内容是 Solr 推荐系统允许的最大进程数和最大打开文件数分别为 65000 和 65000，而系统默认值低于推荐值。如果需要修改可参考以下步骤，修改完之后需要重启服务器才可生效，此处可暂时不做修改。

① 修改打开文件数限制。

修改/etc/security/limits.conf 文件，增加以下内容。

```
* soft nofile 65000
* hard nofile 65000
```

② 修改进程数限制。

修改/etc/security/limits.d/20-nproc.conf 文件中的以下内容。

```
* soft nproc 65000
```

③ 重启服务器。

（7）访问 Solr 的 Web 页面，如图 13-3 所示。

默认端口为 8983，可指定 3 台节点服务器中任意一台节点服务器的 IP 地址，访问地址为 http://hadoop102:8983。

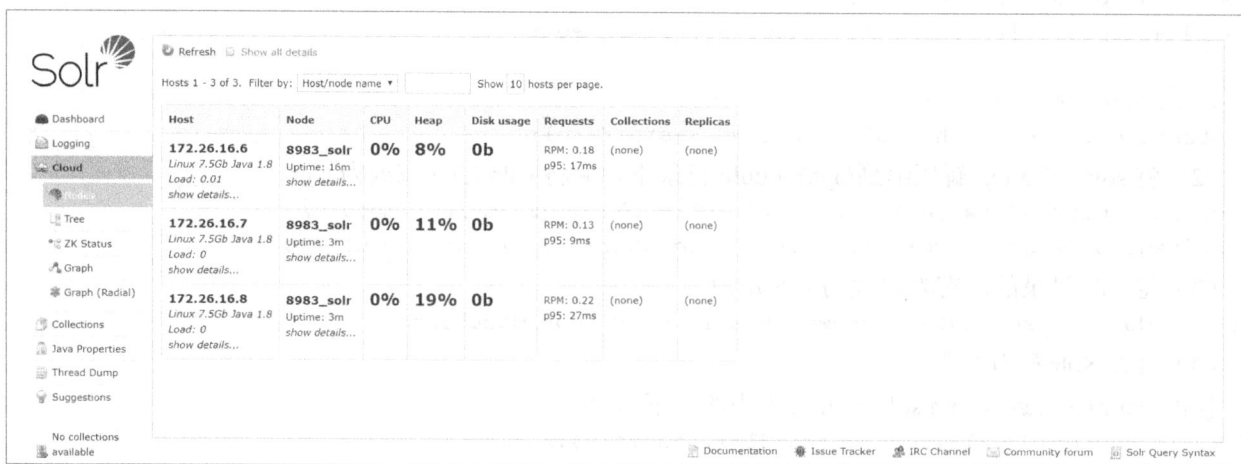

图 13-3　Solr 的 Web 页面

提示：当 Web 页面中出现 Cloud 模块时，Solr 的 Cloud 模式才算部署成功。

6. 安装 Hive 3.1.2

安装 Hive 3.1.2，可参考 6.3.1 节中的相关内容。

7．安装 DolphinScheduler 1.3.9

安装 DolphinScheduler 1.3.9，可参考 7.1.2 节中的相关内容。

8．安装 Atlas 2.1.0

（1）将 apache-atlas-2.1.0-bin.tar.gz 上传到 hadoop102 节点服务器的/opt/software 目录下。

（2）将 apache-atlas-2.1.0-bin.tar.gz 解压缩到/opt/module/目录下。

```
[root@hadoop102 software]# tar -zxvf apache-atlas-2.1.0-bin.tar.gz -C /opt/module/
```

（3）将 apache-atlas-2.1.0 修改为 atlas。

```
[root@hadoop102 software]# mv /opt/module/apache-atlas-2.1.0/ /opt/module/atlas
```

13.2.2　集成外部框架

Atlas 需要集成的框架有 HBase、Solr 和 Kafka。其中，HBase 和 Solr 可以选择集成自带的，也可以选择集成外部的，本数据仓库项目选择集成外部的 HBase 和 Solr。

1．Atlas 集成 HBase

（1）修改/opt/module/atlas/conf/atlas-application.properties 配置文件中的以下参数。

```
atlas.graph.storage.hostname=hadoop102:2181,hadoop103:2181,hadoop104:2181
```

（2）修改/opt/module/atlas/conf/atlas-env.sh 配置文件，增加以下内容。

```
export HBASE_CONF_DIR=/opt/module/hbase/conf
```

2．Atlas 集成 Solr

（1）修改/opt/module/atlas/conf/atlas-application.properties 配置文件中的以下参数。

```
atlas.graph.index.search.backend=solr
atlas.graph.index.search.solr.mode=cloud
atlas.graph.index.search.solr.zookeeper-url=hadoop102:2181,hadoop103:2181,hadoop104:2181
```

（2）创建 Solr collection。

```
[root@hadoop102 ~]# sudo -i -u solr /opt/module/solr/bin/solr create  -c vertex_index -d
/opt/module/atlas/conf/solr -shards 3 -replicationFactor 2
[root@hadoop102 ~]# sudo -i -u solr /opt/module/solr/bin/solr create -c edge_index -d
/opt/module/atlas/conf/solr -shards 3 -replicationFactor 2
[root@hadoop102 ~]# sudo -i -u solr /opt/module/solr/bin/solr create -c fulltext_index -
d /opt/module/atlas/conf/solr -shards 3 -replicationFactor 2
```

3．Atlas 集成 Kafka

修改/opt/module/atlas/conf/atlas-application.properties 配置文件中的以下参数。

```
atlas.notification.embedded=false
atlas.kafka.data=/opt/module/kafka/data
atlas.kafka.zookeeper.connect= hadoop102:2181,hadoop103:2181,hadoop104:2181/kafka
atlas.kafka.bootstrap.servers=hadoop102:9092,hadoop103:9092,hadoop104:9092
```

13.2.3　Atlas Server 配置

（1）修改/opt/module/atlas/conf/atlas-application.properties 配置文件中的以下参数。

```
#########  Server Properties  #########
atlas.rest.address=http://hadoop102:21000
# If enabled and set to true, this will run setup steps when the server starts
atlas.server.run.setup.on.start=false


#########  Entity Audit Configs  #########
```

```
atlas.audit.hbase.zookeeper.quorum=hadoop102:2181,hadoop103:2181,hadoop104:2181
```

（2）记录性能指标，进入/opt/module/atlas/conf目录，修改当前目录下的 atlas-log4j.xml 文件。

```
[root@hadoop102 conf]$ vim atlas-log4j.xml
```

```
#去掉如下代码的注释
<appender name="perf_appender" class="org.apache.log4j.DailyRollingFileAppender">
    <param name="file" value="${atlas.log.dir}/atlas_perf.log" />
    <param name="datePattern" value="'.'yyyy-MM-dd" />
    <param name="append" value="true" />
    <layout class="org.apache.log4j.PatternLayout">
        <param name="ConversionPattern" value="%d|%t|%m%n" />
    </layout>
</appender>

<logger name="org.apache.atlas.perf" additivity="false">
    <level value="debug" />
    <appender-ref ref="perf_appender" />
</logger>
```

13.2.4　Kerberos 相关配置

若 Hadoop 集群开启了 Kerberos 认证，Atlas 与 Hadoop 集群在交互之前就需要先进行 Kerberos 认证。若 Hadoop 集群未开启 Kerberos 认证，则可跳过本节相关配置。

（1）为 Atlas 创建 Kerberos 主体，并生成.keytab 文件。

```
[root@hadoop102 ~]# kadmin -padmin/admin -wadmin -q"addprinc -randkey atlas/hadoop102"
[root@hadoop102 ~]# kadmin -padmin/admin -wadmin -q"xst -k /etc/security/keytab/atlas.service.keytab atlas/hadoop102"
```

（2）修改/opt/module/atlas/conf/atlas-application.properties 配置文件，增加以下参数。

```
atlas.authentication.method=kerberos
atlas.authentication.principal=atlas/hadoop102@EXAMPLE.COM
atlas.authentication.keytab=/etc/security/keytab/atlas.service.keytab
```

13.2.5　Atlas 集成 Hive

（1）修改/opt/module/atlas/conf/atlas-application.properties 配置文件中的以下参数。

```
########## Hive Hook Configs #######
atlas.hook.hive.synchronous=false
atlas.hook.hive.numRetries=3
atlas.hook.hive.queueSize=10000
atlas.cluster.name=primary
```

（2）修改 Hive 配置文件，在/opt/module/hive/conf/hive-site.xml 文件中增加以下参数，配置 Hive Hook。

```
<property>
    <name>hive.exec.post.hooks</name>
    <value>org.apache.atlas.hive.hook.HiveHook</value>
</property>
```

（3）安装 Hive Hook。

① 解压缩 Hive Hook 安装包。

```
[root@hadoop102 software]# tar -zxvf apache-atlas-2.1.0-hive-hook.tar.gz
```

② 将 Hive Hook 依赖复制到 Atlas 安装目录。

```
[root@hadoop102 software]# cp -ru apache-atlas-hive-hook-2.1.0/* /opt/module/atlas/
```

③ 修改/opt/module/hive/conf/hive-env.sh 配置文件。

注：需要先修改文件名。

```
[root@hadoop102 conf]# mv hive-env.sh.template hive-env.sh
```

打开文件，并增加如下参数。

```
export HIVE_AUX_JARS_PATH=/opt/module/atlas/hook/hive
```

④ 将 Atlas 配置文件/opt/module/atlas/conf/atlas-application.properties 复制到/opt/module/hive/conf 目录下。

```
[root@hadoop102 ~]# cp /opt/module/atlas/conf/atlas-application.properties  /opt/module/
hive/conf/
```

13.2.6　Atlas 启动

1. 启动 Atlas 所依赖的环境

若依赖组件已经启动，则跳过此处。

（1）启动 Hadoop 集群。

① 在 NameNode 所在节点服务器下执行以下命令，启动 HDFS。

```
[root@hadoop102 ~]# start-dfs.sh
```

② 在 ResourceManager 所在节点服务器下执行以下命令，启动 YARN。

```
[root@hadoop103 ~]# start-yarn.sh
```

（2）启动 ZooKeeper 集群。

```
[root@hadoop102 ~]# zk.sh start
```

（3）启动 Kafka 集群。

```
[root@hadoop102 ~]# kf.sh start
```

（4）启动 HBase 集群。

在 HMaster 所在节点服务器下执行以下命令，使用 hbase 用户启动 HBase 集群。

```
[root@hadoop102 ~]# sudo -i -u hbase start-hbase.sh
```

（5）启动 Solr 集群。

在所有节点服务器下执行以下命令，使用 solr 用户启动 Solr 集群。

```
[root@hadoop102 ~]# sudo -i -u solr /opt/module/solr/bin/solr start
[root@hadoop103 ~]# sudo -i -u solr /opt/module/solr/bin/solr start
[root@hadoop104 ~]# sudo -i -u solr /opt/module/solr/bin/solr start
```

2. 启动并访问 Atlas

（1）进入/opt/module/atlas 目录，启动 Atlas 服务。

```
[root@hadoop102 atlas]# bin/atlas_start.py
```

提示：

① 错误信息查看路径为/opt/module/atlas/logs/*.out 和/opt/module/atlas/logs/application.log。

② 停止运行 Atlas 服务的命令为 atlas_stop.py。

（2）访问 Atlas 的 Web UI，如图 13-4 所示。

访问地址为 http://hadoop102:21000。用户名为 admin，密码为 admin。

注意：等待时间为 2～10 分钟，即使出现 Apache Atlas Server started!!!字样，也需耐心等待。启动过程中可监控/opt/module/atlas/logs/application.log 日志文件，不报错则为正常。

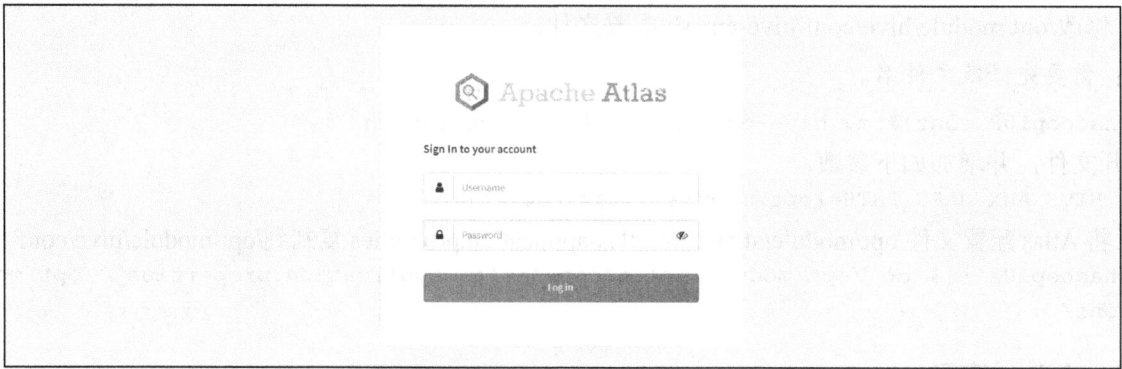

图 13-4　Atlas 登录页面

13.3　Atlas 使用

Atlas 的使用相对简单，其主要工作是同步各服务（主要是 Hive）间的元数据，构建元数据实体之间的关联，并对所存储的元数据建立索引，最终为用户提供数据血缘查看及元数据检索等功能。

在安装 Atlas 之初，用户需手动执行一次元数据的全量导入操作，后续 Atlas 便会利用 Hive Hook 增量同步 Hive 的元数据。

13.3.1　Hive 元数据初次全量导入

Atlas 提供了一个 Hive 元数据导入的脚本，直接执行该脚本，即可完成 Hive 元数据的初次全量导入。

1. 导入 Hive 元数据

（1）执行以下命令。

```
[root@hadoop102 ~]# /opt/module/atlas/hook-bin/import-hive.sh
```

（2）按照提示输入用户名（admin）和密码（admin）。

```
Enter username for atlas :- admin
Enter password for atlas :-
```

（3）等待片刻，若出现以下日志，则表明导入成功。

```
Hive Meta Data import was successful!!!
```

2. 查看 Hive 元数据

（1）搜索 hive_table 类型的元数据，可以看到 Atlas 已经导入了 Hive 元数据，如图 13-5 所示。

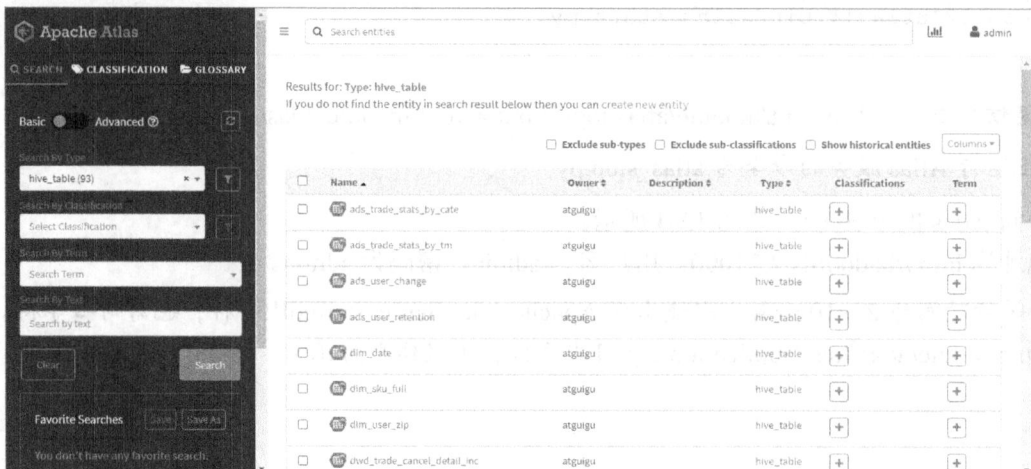

图 13-5　查看 Hive 元数据

（2）任选一张表查看血缘依赖关系。

此时并未出现期望的血缘依赖关系，原因是 Atlas 是根据 Hive 所执行的 SQL 语句获取表与表之间以及字段与字段之间的血缘依赖关系的，例如，执行 insert into table_a select * from table_b 语句，Atlas 就能获取 table_a 与 table_b 之间的血缘依赖关系。因为此时没有执行任何 SQL 语句，所以并未出现血缘依赖关系，如图 13-6 所示。

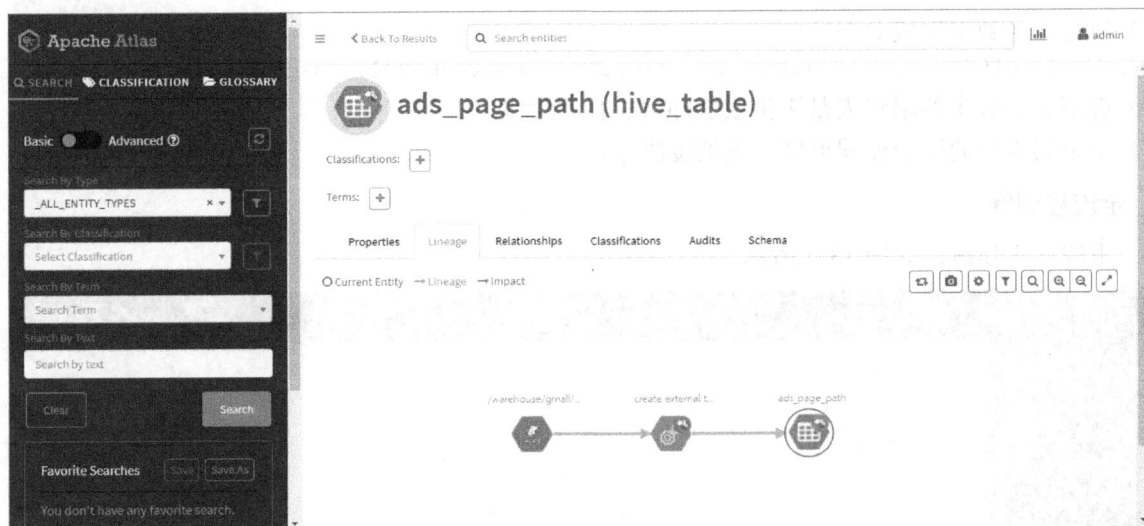

图 13-6　查看血缘依赖关系

13.3.2　Hive 元数据增量同步

Hive 元数据的增量同步无须人为干预，只要 Hive 中的元数据发生变化（执行 DDL 语句），Hive Hook 就会将元数据的变动通知给 Atlas。除此之外，Atlas 还会根据 DML 语句获取数据之间的血缘依赖关系。

1．用户行为数据准备

（1）启动用户行为数据采集通道。

```
[atguigu@hadoop102 ~]$ cluster.sh start
```

（2）修改日志模拟器配置文件。

修改 hadoop102 和 hadoop103 两台节点服务器中/opt/module/applog/application.yml 文件的 mock.date 参数，如下所示。

```
mock.date: "2020-06-17"
```

（3）执行日志生成脚本。

```
[atguigu@hadoop102 ~]$ lg.sh
```

（4）观察 HDFS 上是否生成 2020-06-17 的日志数据。

2．业务数据准备

（1）修改 Maxwell 的配置文件/opt/module/maxwell/config.properties，路径如下。

```
[atguigu@hadoop102 maxwell]$ vim /opt/module/maxwell/config.properties
```

修改文件中的 mock_date 参数，如下所示。

```
mock_date=2020-06-17
```

（2）启动 Maxwell。

```
[atguigu@hadoop102 ~]$ mxw.sh start
```

注：若 Maxwell 正在运行，为确保上述 mock_date 参数生效，需要重启 Maxwell。

（3）启动 Flume。

```
[atguigu@hadoop102 ~]$ f3.sh start
```

（4）修改业务数据模拟器配置文件/opt/module/db_log/application.properties 中的 mock.date 参数，并确保 mock.clear 和 mock.clear.user 参数值为 0。

```
mock.date=2020-06-17
mock.clear=0
mock.clear.user=0
```

（5）执行业务数据生成命令。

```
[atguigu@hadoop102 db_log]$ java -jar gmall2020-mock-db-2021-11-14.jar
```

（6）观察 HDFS 上的增量表是否生成 2020-06-17 的数据。

（7）全量同步则通过全流程调度工具调度脚本执行。

3．全流程调度

（1）下线原工作流，如图 13-7 所示。

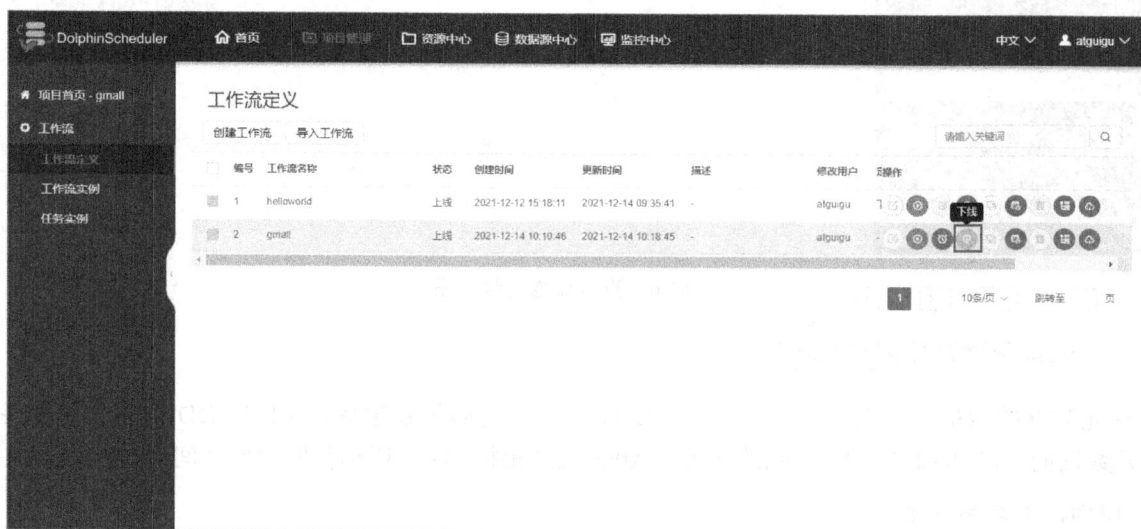

图 13-7　下线原工作流

（2）单击如图 13-8 所示的按钮，编辑工作流。

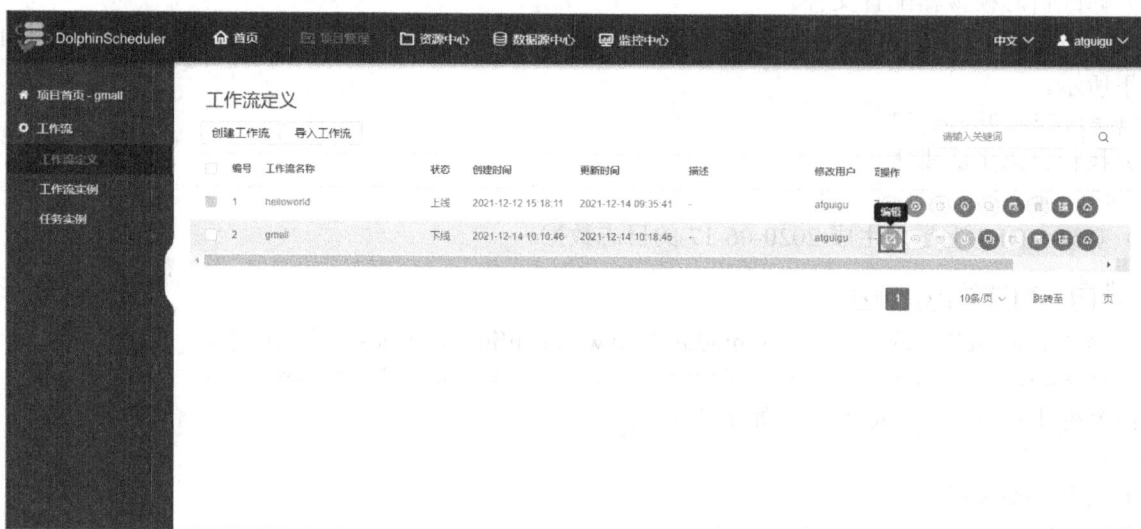

图 13-8　编辑工作流

（3）将全局参数 dt 的值修改为"2020-06-17"，如图 13-9 所示。

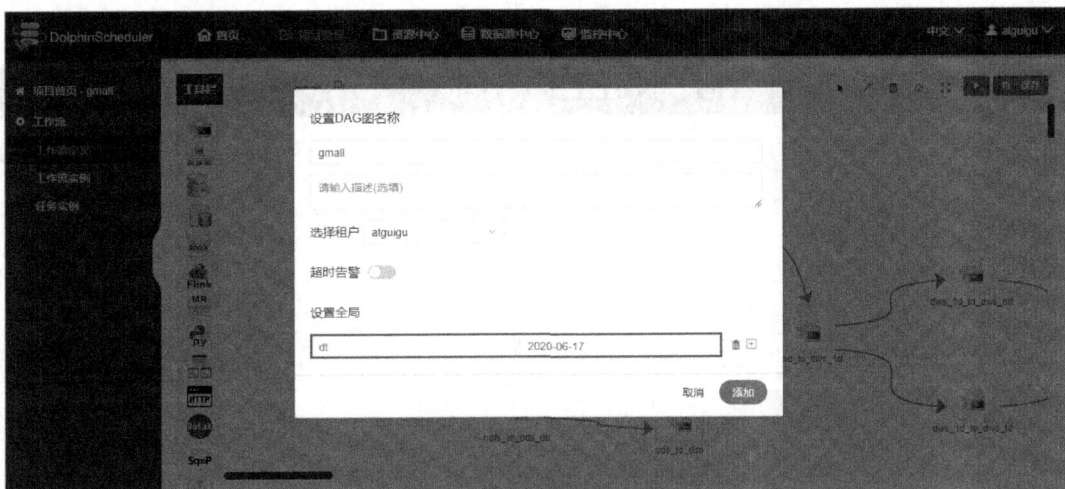

图 13-9　修改全局参数

（4）修改全局参数后，重新上线工作流，如图 13-10 所示。

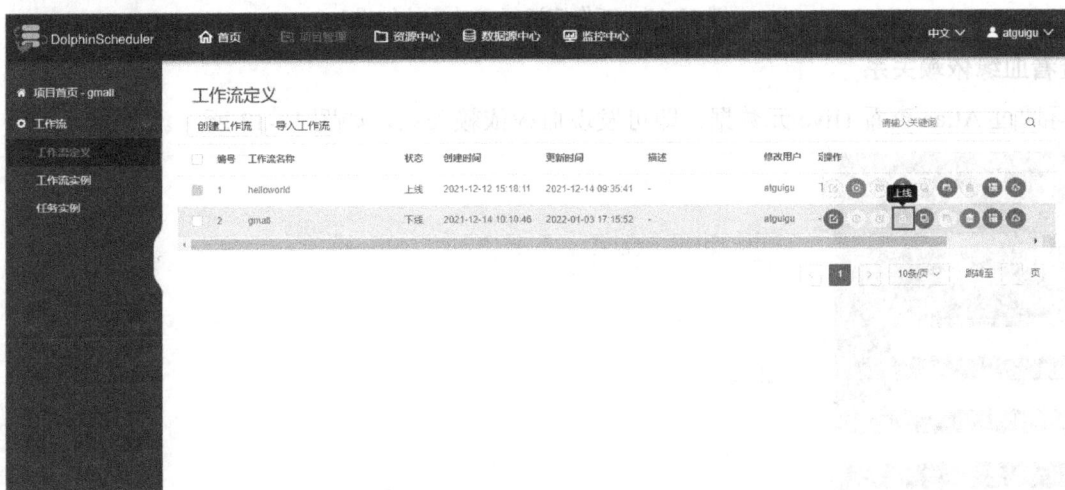

图 13-10　重新上线工作流

（5）单击如图 13-11 所示的按钮，运行工作流。

图 13-11　运行工作流

（6）工作流运行成功后的结果如图 13-12 所示。

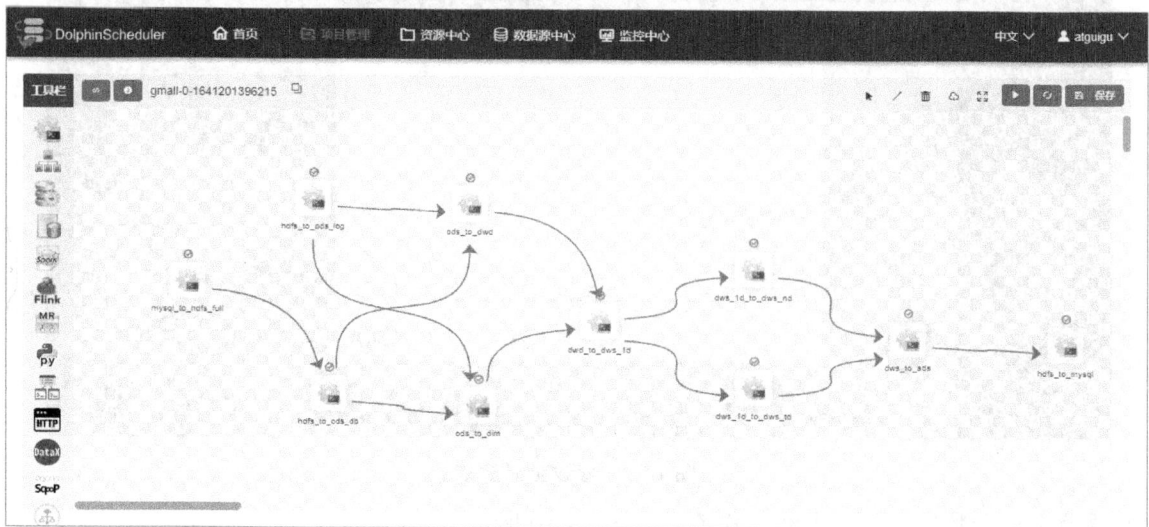

图 13-12　工作流运行成功后的结果

4．查看血缘依赖关系

此时再通过 Atlas 查看 Hive 元数据，即可发现血缘依赖关系，如图 13-13 所示。

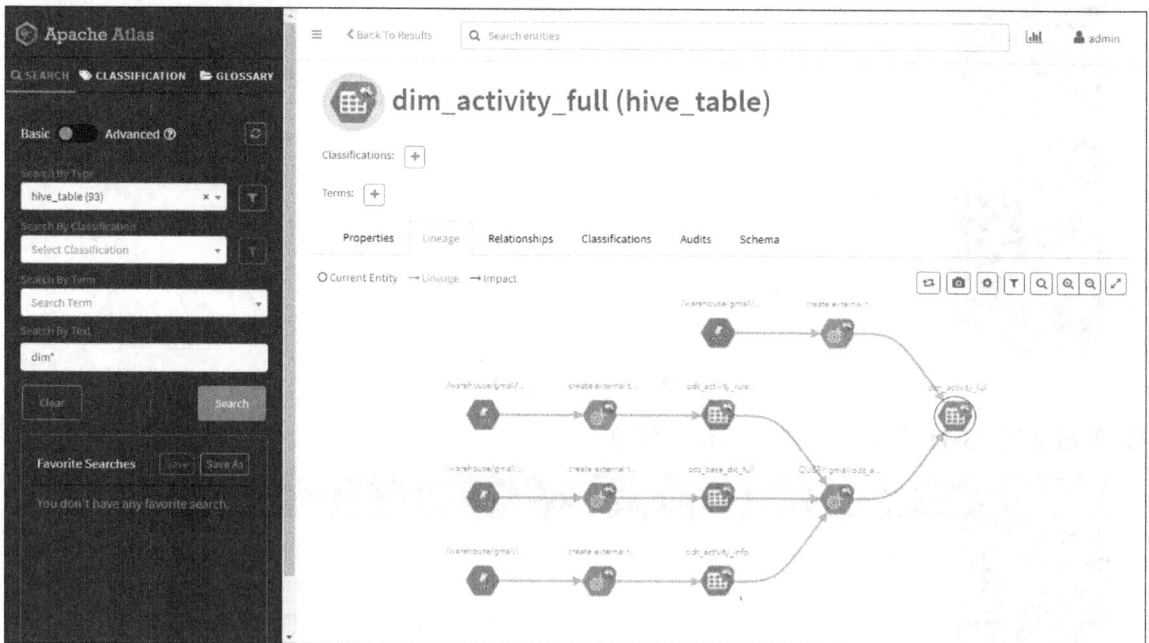

图 13-13　查看血缘依赖关系

13.3.3　编译 Atlas 源码包

由于 Atlas 官方网站只提供了源码包，未提供可直接使用的安装包，因此必须对源码包进行编译才可以使用，使用 Maven 工具对 Atlas 源码包进行编译的具体步骤如下。

1．安装 Maven

（1）下载 Maven 安装包。

（2）把下载好的 Maven 安装包 apache-maven-3.6.1-bin.tar.gz 上传到一台节点服务器的/opt/software 目录下。

（3）将安装包 apache-maven-3.6.1-bin.tar.gz 解压缩到/opt/module/目录下。

```
[root@hadoop102 software]# tar -zxvf apache-maven-3.6.1-bin.tar.gz -C /opt/module/
```

（4）将 apache-maven-3.6.1 的名称修改为 maven。

```
[root@hadoop102 module]# mv apache-maven-3.6.1/ maven
```

（5）添加环境变量到/etc/profile 中。

```
[root@hadoop102 module]#vim /etc/profile
#MAVEN_HOME
export MAVEN_HOME=/opt/module/maven
export PATH=$PATH:$MAVEN_HOME/bin
```

（6）执行以下命令测试安装结果。

```
[root@hadoop102 module]# source /etc/profile
[root@hadoop102 module]# mvn -v
```

（7）修改 Maven 的配置文件 settings.xml，添加阿里云镜像。

```
[root@hadoop102 ~]# vim /opt/module/maven/conf/settings.xml


<!-- 添加阿里云镜像-->
<mirror>
    <id>nexus-aliyun</id>
    <mirrorOf>central</mirrorOf>
    <name>Nexus aliyun</name>
<url>http://maven.aliyun.com/nexus/content/groups/public</url>
</mirror>
<mirror>
    <id>UK</id>
    <name>UK Central</name>
    <url>http://uk.maven.org/maven2</url>
    <mirrorOf>central</mirrorOf>
</mirror>
<mirror>
    <id>repo1</id>
    <mirrorOf>central</mirrorOf>
    <name>Human Readable Name for this Mirror.</name>
    <url>http://repo1.maven.org/maven2/</url>
</mirror>
<mirror>
    <id>repo2</id>
    <mirrorOf>central</mirrorOf>
    <name>Human Readable Name for this Mirror.</name>
    <url>http://repo2.maven.org/maven2/</url>
</mirror>
```

2．编译

（1）将从官方网站下载的 Atlas 源码包 apache-atlas-2.1.0-sources.tar.gz 上传到 hadoop102 节点服务器的/opt/software 目录下。

（2）将源码包 apache-atlas-2.1.0-sources.tar.gz 解压缩到/opt/module/目录下。

```
[root@hadoop102 software]# tar -zxvf apache-atlas-2.1.0-sources.tar.gz -C /opt/module/
```

（3）修改 Atlas-2.1.0 源码。

在对 Atlas-2.1.0 做完 Kerberos 安全认证相关配置后，并不生效，通过查看源码发现其存在逻辑性问题，需要做以下修改。

① 需要修改的类为：

```
org.apache.atlas.web.listeners.LoginProcessor
```

② 文件路径为：

```
/opt/module/apache-atlas-sources-
2.1.0/webapp/src/main/java/org/apache/atlas/web/listeners/LoginProcessor.java
```

③ 修改内容如下。

```
protected Configuration getHadoopConfiguration() {
    Configuration hadoopConfiguration = new Configuration();
    try {
        String hadoopHome = Shell.getHadoopHome();
        hadoopConfiguration.addResource(new Path(hadoopHome,"etc/hadoop/core-site.xml"));
    } catch (IOException e) {
        e.printStackTrace();
    }
    return hadoopConfiguration;
}
```

（4）进入解压缩后的 Atlas 源码包文件夹中，执行以下命令进行构建。

```
[root@hadoop102 ~]# cd /opt/module/apache-atlas-sources-2.1.0/
[root@hadoop102 apache-atlas-sources-2.1.0]# mvn clean -DskipTests package -Pdist
```

提示：执行时间比较长，会下载很多依赖，大约需要半小时，在执行过程中如果报错很有可能是因为 TimeOut 造成的网络中断，重试即可。

选项说明如下。

-DskipTests，使用此选项以跳过运行单元和集成测试。

-Pdist，使用此选项指定要构建的配置文件。

（5）编译完成后，将会在${atlas_home}/distro/target 目录下生成编译好的 Atlas 安装包，将编译完成的安装包移动到安装目录下即可使用。

```
[root@hadoop102 apache-atlas-sources-2.1.0]# cd distro/target/
[root@hadoop102 target]# mv apache-atlas-2.1.0-server.tar.gz /opt/software/
[root@hadoop102 target]# mv apache-atlas-2.1.0-hive-hook.tar.gz /opt/software/
```

13.4　本章总结

本章以 Atlas 为例，主要从 Atlas 的概述和架构原理、Atlas 安装前的环境准备、Atlas 与外部框架的集成、Atlas 启动这几个方面，讲解了大数据的元数据管理系统，还介绍了如何编译 Atlas 源码包。Atlas 只是为大数据的元数据管理提供了一种解决方案，其本身也存在一定的局限性，读者如果感兴趣，可以对 Atlas 进行深入了解或者学习其他的元数据管理框架。

第14章

数据质量

随着大数据时代的到来，数据的应用日趋繁茂，越来越多的应用和服务基于数据而建立，数据的重要性不言而喻。而且，数据质量是数据分析和数据挖掘结论有效性和准确性的基础，也是做出数据驱动决策的前提。保障数据质量，确保数据可用性是每一位数据管理人员不可忽略的重要环节。

14.1 数据质量管理概述

14.1.1 数据质量管理定义

数据质量管理（Data Quality Management，DQM）是指对数据在计划、获取、存储、共享、维护、应用、消亡生命周期的每个阶段里可能引发的各类数据质量问题进行识别、度量、监控、预警等一系列管理活动，并通过提高组织的管理水平使数据质量得到进一步提高。

数据质量管理是循环管理过程，其终极目标是通过可靠的数据提升数据在使用中的价值，并最终为企业赢得经济效益。

14.1.2 数据质量评估

由于数据清洗（DataCleaning）工具通常简单地被称为数据质量（Data Quality）工具，因此很多人认为数据质量管理就是修改数据中的错误，对错误数据和垃圾数据进行清理。这个理解是片面的，其实数据清洗只是数据质量管理中的一步。数据质量管理不仅包含对数据质量的管理，同时包含对组织的管理。数据质量的管理，主要包括数据分析、数据评估、数据清洗、数据监控、错误预警等内容；组织的管理，主要包括确立组织数据质量改进目标、评估组织流程、制订组织流程改善计划、制定组织监督审核机制、实施改进、评估改善效果等环节。

任何改善都是建立在评估基础上的，知道问题在哪才能实施改进。通常数据质量需要通过如表 14-1 所示的几个维度进行评估。

表 14-1 数据质量评估维度

数 据 特 性	描 述	监 控 项
唯一性	主键保持唯一	字段唯一性检查
一致性	逻辑的一致性，总分的一致性	指标值平衡关系检查
		总分平衡检查
完整性	主要包括实体缺失、属性缺失、记录缺失和字段值缺失 4 个方面	字段枚举值检查
		字段记录数检查
		字段空值检查

续表

数 据 特 性	描　　述	监 控 项
精确度	数据生成的正确性，数据在整个链路流转的正确性	波动阈值检查
合法性	主要包括格式、类型、域值和业务规则的有效性	字段日期格式检查
		字段长度检查
		字段值域检查
时效性	主要包括数据处理的时效性	批处理是否按时完成

14.2 数据质量监控需求

本数据仓库项目主要监控以下数据指标。

- ODS 层：数据量，每日环比和每周同比增长不能超过一定范围。
- DIM 层：不能出现 id 空值，重复值。
- DWD 层：不能出现 id 空值，重复值。

在每层中任意挑选一张表作为示例。数据质量监控需求规划如表 14-2 所示。

表 14-2　数据质量监控需求规划

表	检 查 项 目	依　　据	异常值上限	异常值下限
ods_order_info_inc	同比增长	数据总量	−10%	10%
	环比增长	数据总量	−10%	50%
	值域检查	final_amount	0	100
dwd_trade_order_detail_inc	空值检查	id	0	10
	重复值检查	id	0	5
	异常值检查	split_total_amount	0	100
dim_user_zip	空值检查	id	0	10
	重复值检查	id	0	5

14.3 开发环境准备

14.3.1 Python 环境准备

1. 安装 Python 插件

（1）在 IDEA 中选择 File→Settings 命令，如图 14-1 所示。

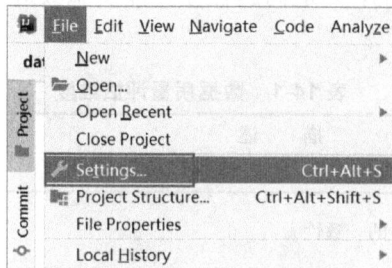

图 14-1　Python 插件安装入口

（2）选择 Plugins 选项，选择右上角的 Marketplace 选项卡，在搜索框中输入 python，在搜索结果列表中找到 Python 插件，单击 Installed 按钮，安装插件，如图 14-2 所示。

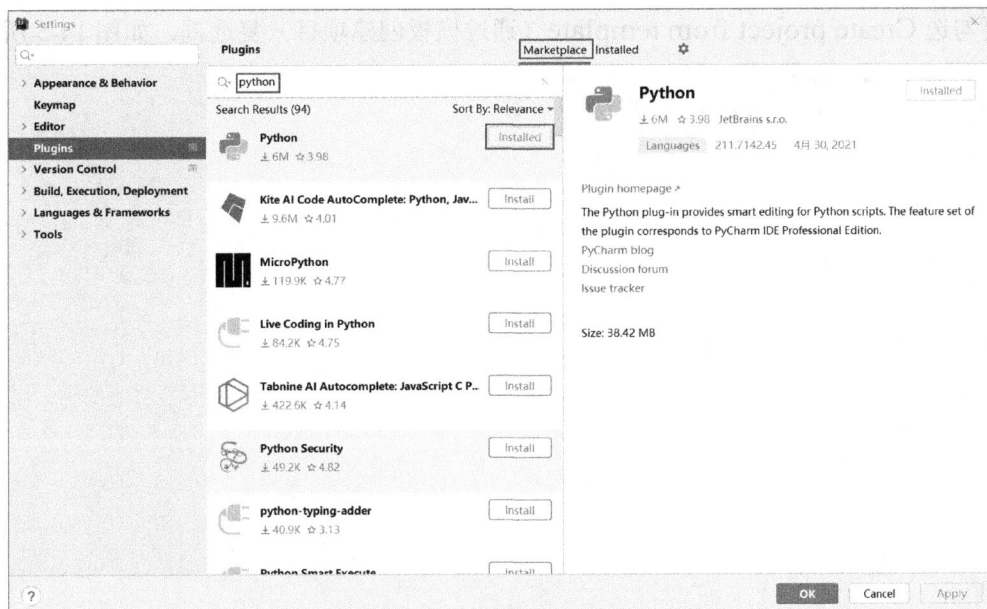

图 14-2　安装 Python 插件

2．新建一个 Python 项目

（1）在 IDEA 中选择 File→New→Project，如图 14-3 所示。

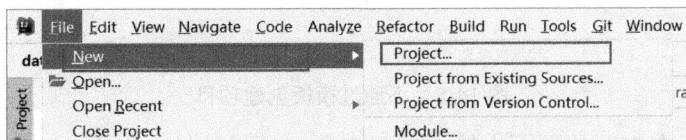

图 14-3　Python 项目创建入口

（2）在打开的页面中，单击 Python 按钮，并单击 Next 按钮进入下一个页面，如图 14-4 所示。

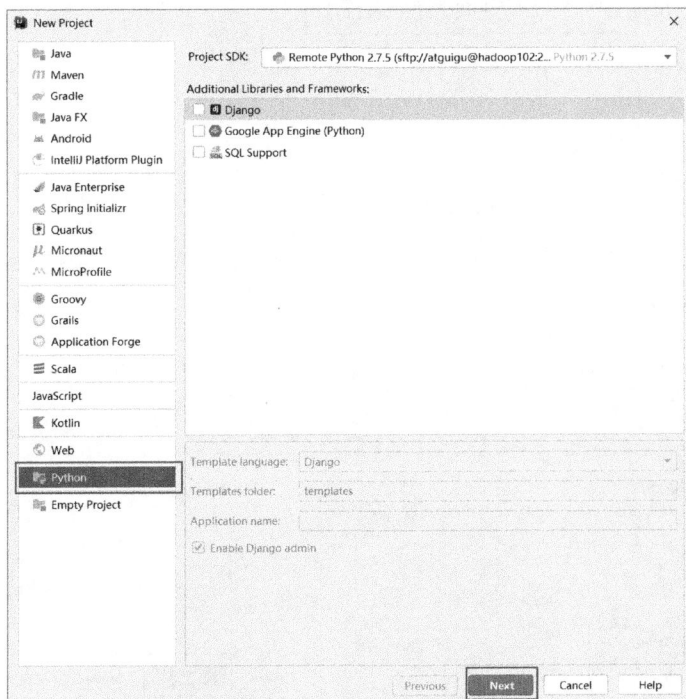

图 14-4　单击 Python 按钮

（3）不要勾选 Create project from template（通过模板创建项目）复选框，如图 14-5 所示。

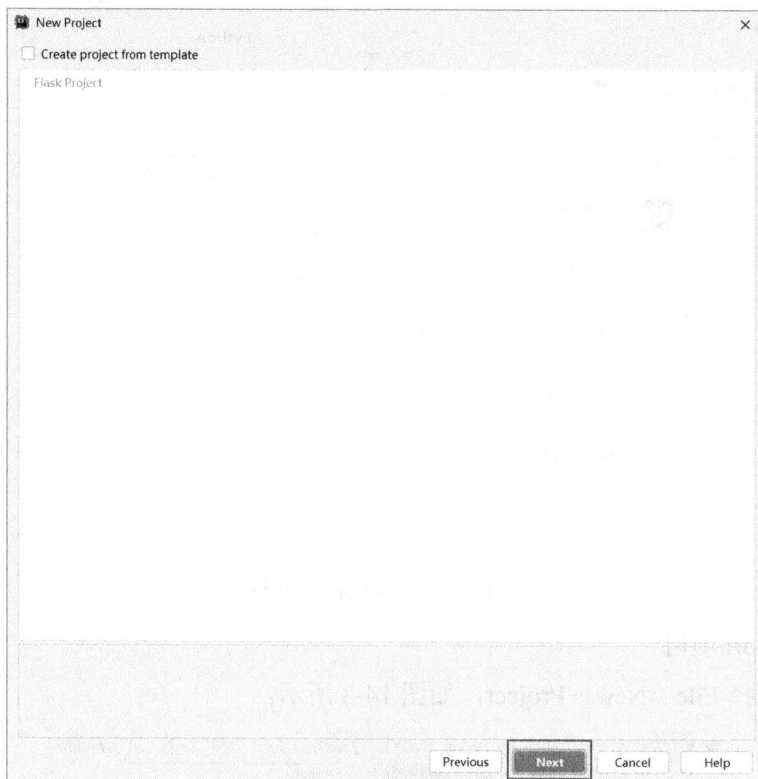

图 14-5　不通过模板创建项目

（4）单击 Next 按钮，在打开的页面中输入项目名称和项目地址，如图 14-6 所示。

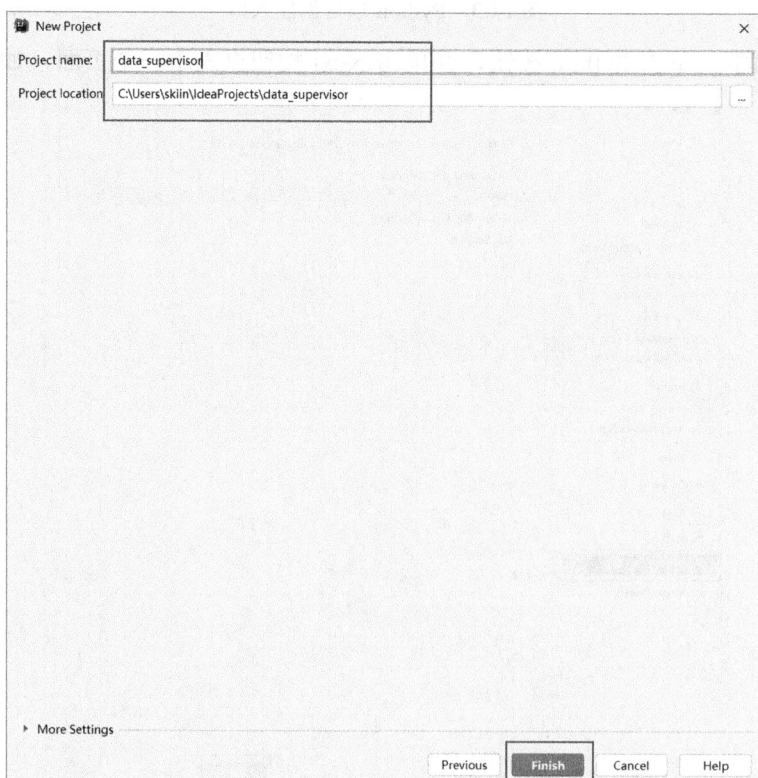

图 14-6　输入项目名称和项目地址

3.　配置远程 Python 环境

为了保证测试和运行的 Python 环境一致，我们配置项目采用远程集群的 Python 环境执行本地代码。

（1）选择 File→Project Structure 命令，编辑项目环境，如图 14-7 所示。

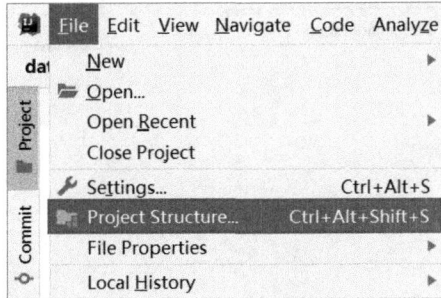

图 14-7　编辑项目环境

（2）在 Project Settings 节点下选择 Project 选项，在右侧下拉列表中选择 Add SDK→Python SDK 选项，如图 14-8 所示。

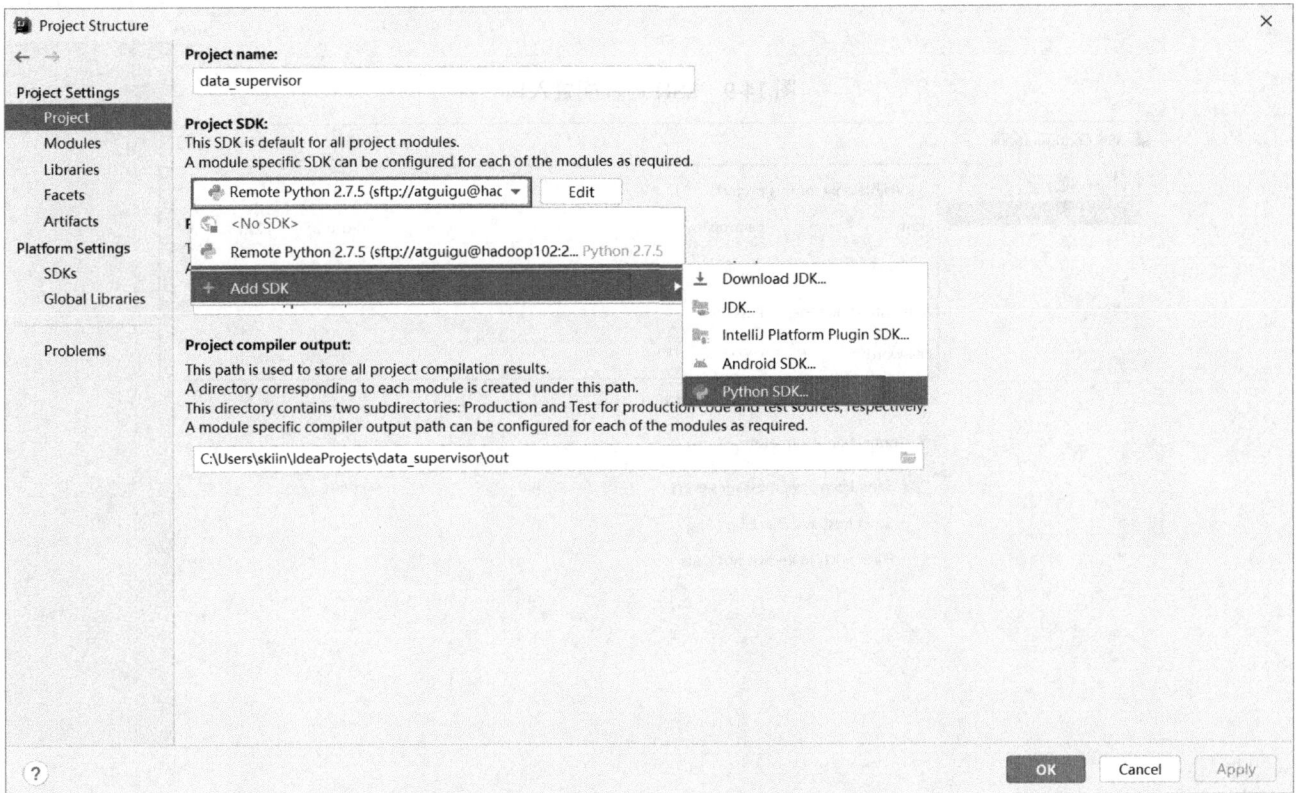

图 14-8　添加 Python 的 SDK

（3）在弹出的页面中单击 SSH Interpreter 按钮，并依次单击 Existing server configuration 按钮和右侧的按钮，如图 14-9 所示。

（4）在弹出的 SSH Configurations 页面中单击 "+" 按钮，在右侧配置服务器地址、端口号、用户名、密码等信息，如图 14-10 所示。

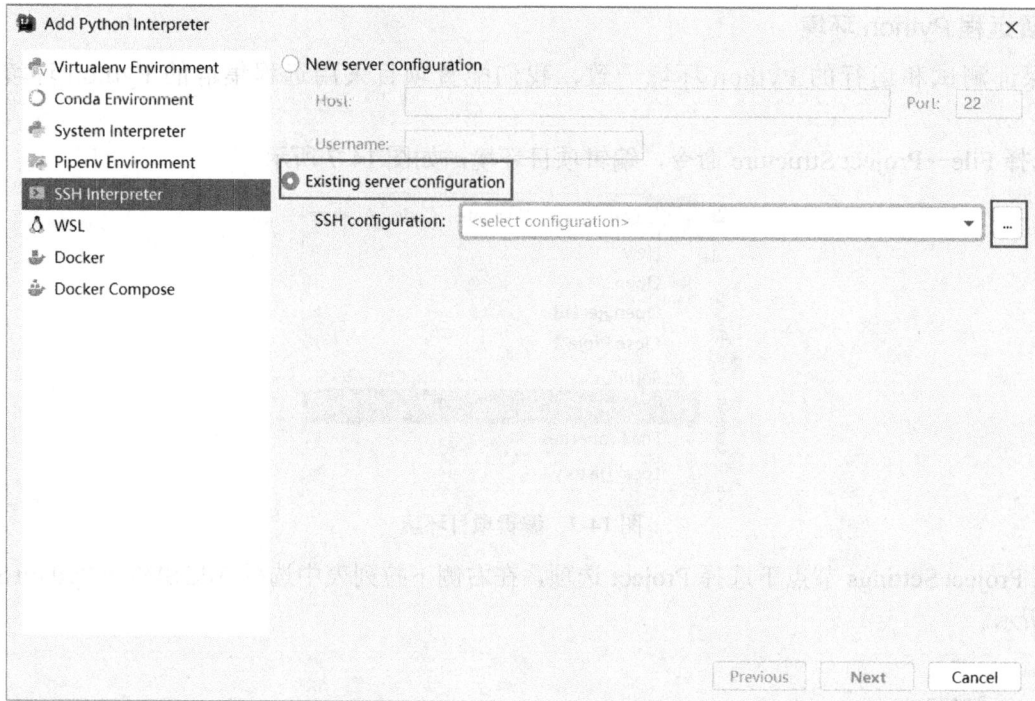

图 14-9　SSH 远程配置入口

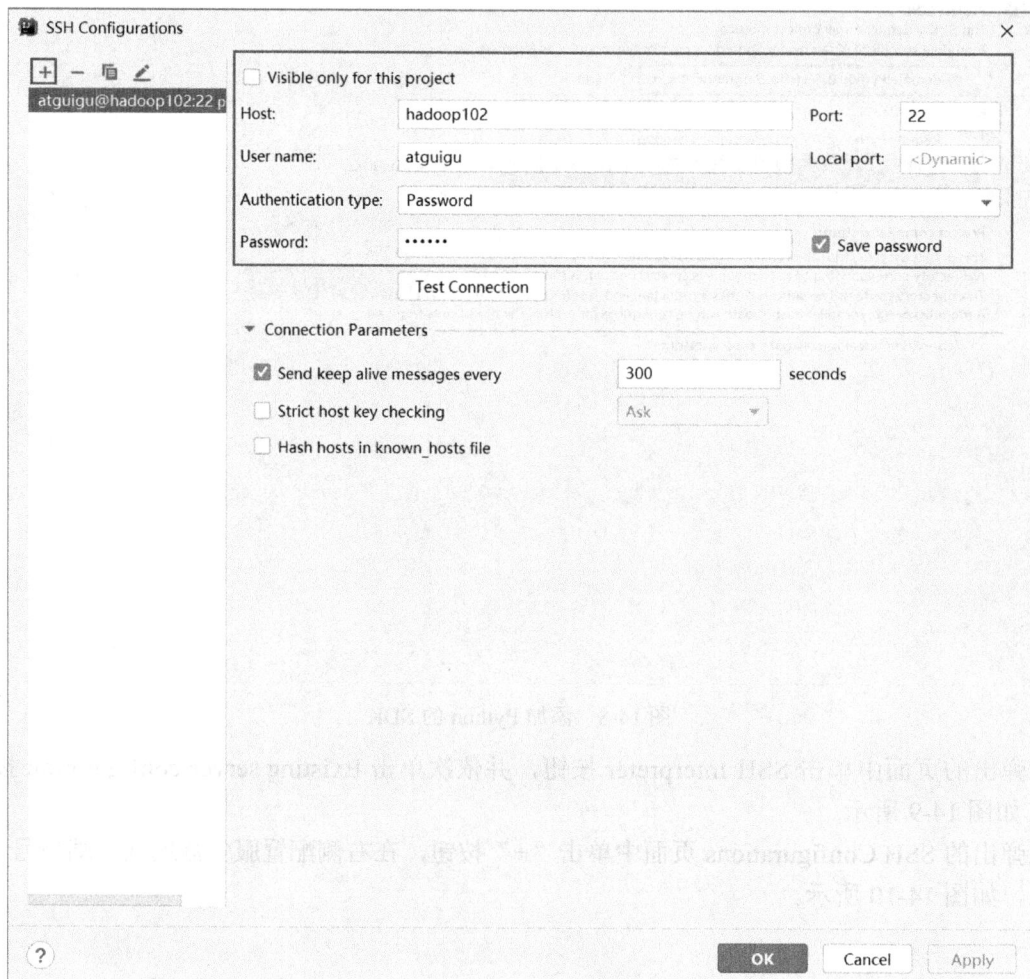

图 14-10　SSH 远程配置

（5）在图 14-10 中单击 Test Connection 按钮，弹出如图 14-11 所示的提示。

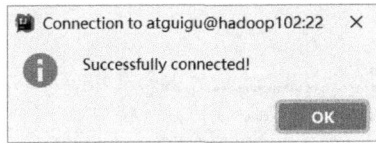

图 14-11　SSH 远程配置成功

（6）选择刚刚配置好的服务器，如图 14-12 所示。

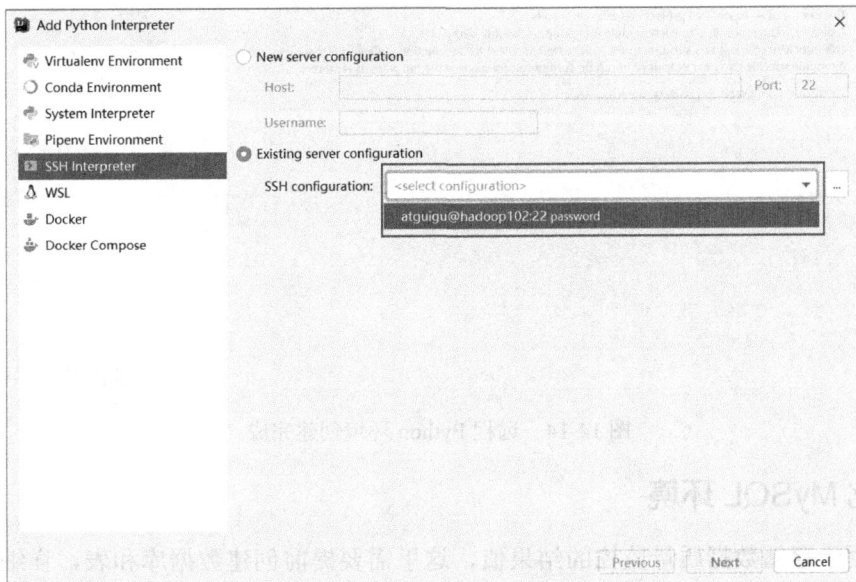

图 14-12　添加远程连接的服务器

（7）添加远程服务器的 Python 环境地址，如图 14-13 所示。

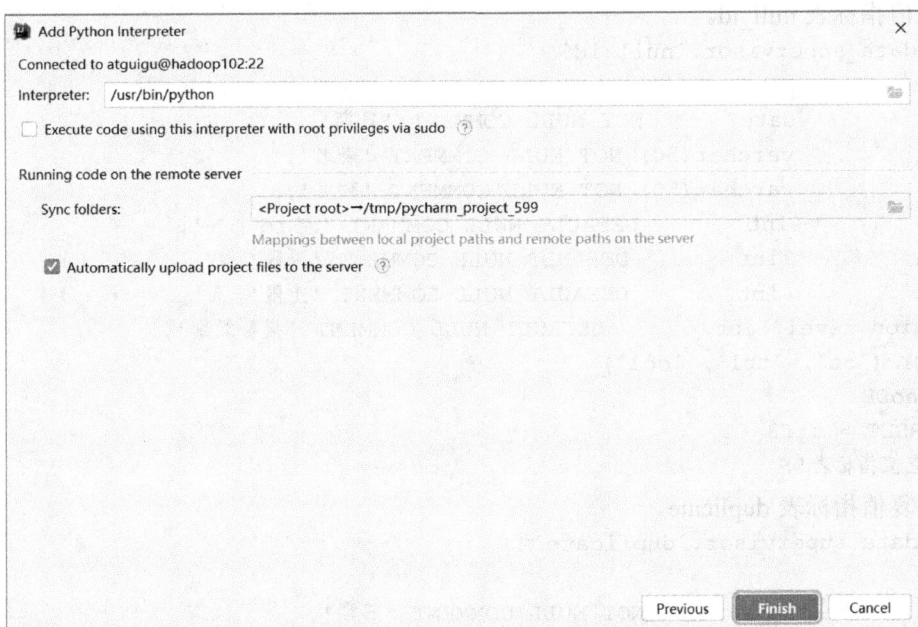

图 14-13　添加远程服务器的 Python 环境地址

（8）单击 Finish 按钮，就可以看到刚刚创建的远程 Python 环境，如图 14-14 所示，单击 OK 按钮即可。

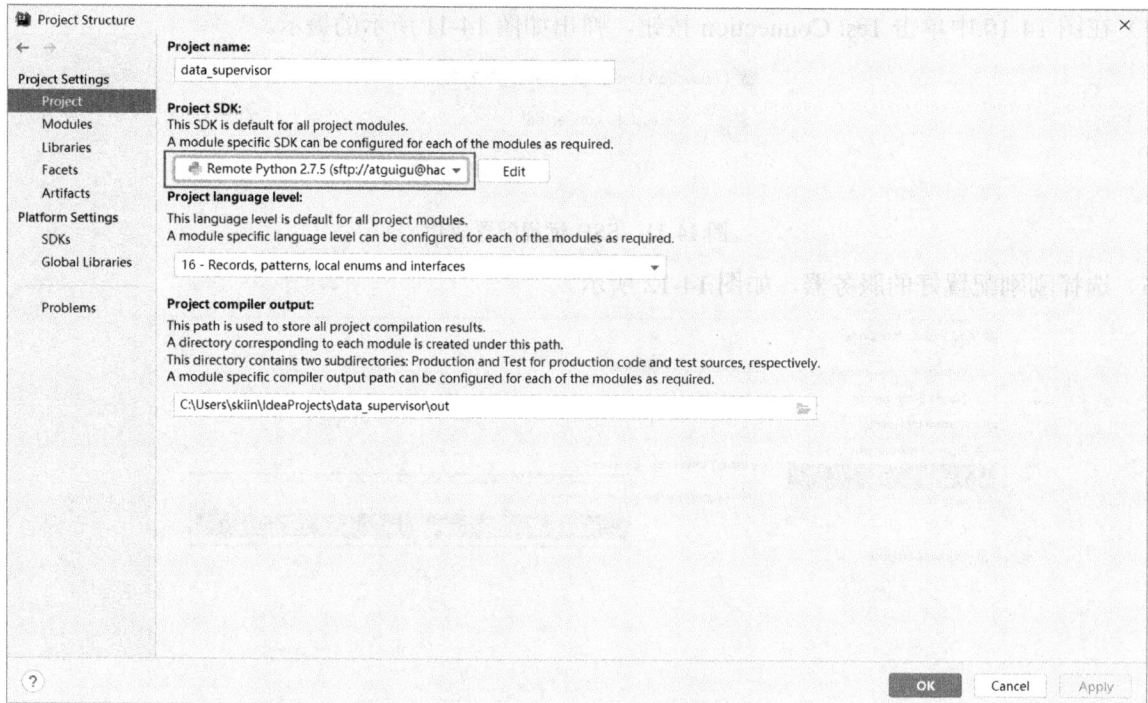

图 14-14　远程 Python 环境创建完成

14.3.2　初始化 MySQL 环境

MySQL 主要用于存储数据质量监控的结果值，这里需要提前创建数据库和表，详细语句如下。

（1）创建 data_supervisor 数据库。

```
drop database if exists data_supervisor;
create database data_supervisor;
```

（2）创建空值指标表 null_id。

```
CREATE TABLE data_supervisor.`null_id`
(
    `dt`                 date       NOT NULL COMMENT '日期',
    `tbl`                varchar(50) NOT NULL COMMENT '表名',
    `col`                varchar(50) NOT NULL COMMENT '列名',
    `value`              int         DEFAULT NULL COMMENT '空id个数',
    `value_min`          int         DEFAULT NULL COMMENT '下限',
    `value_max`          int         DEFAULT NULL COMMENT '上限',
    `notification_level` int         DEFAULT NULL COMMENT '报警级别',
    PRIMARY KEY (`dt`, `tbl`, `col`)
) ENGINE = InnoDB
  DEFAULT CHARSET = utf8
    comment '空值指标表';
```

（3）创建重复值指标表 duplicate。

```
CREATE TABLE data_supervisor.`duplicate`
(
    `dt`                 date       NOT NULL COMMENT '日期',
    `tbl`                varchar(50) NOT NULL COMMENT '表名',
    `col`                varchar(50) NOT NULL COMMENT '列名',
    `value`              int         DEFAULT NULL COMMENT '重复值个数',
    `value_min`          int         DEFAULT NULL COMMENT '下限',
```

```
    `value_max`          int        DEFAULT NULL COMMENT '上限',
    `notification_level` int        DEFAULT NULL COMMENT '报警级别',
    PRIMARY KEY (`dt`, `tbl`, `col`)
) ENGINE = InnoDB
  DEFAULT CHARSET = utf8
    comment '重复值指标表';
```

（4）创建值域指标表 rng。

```
CREATE TABLE data_supervisor.`rng`
(
    `dt`                 date       NOT NULL COMMENT '日期',
    `tbl`                varchar(50) NOT NULL COMMENT '表名',
    `col`                varchar(50) NOT NULL COMMENT '列名',
    `value`              int        DEFAULT NULL COMMENT '超出规定值域的值的个数',
    `range_min`          int        DEFAULT NULL COMMENT '值域下限',
    `range_max`          int        DEFAULT NULL COMMENT '值域上限',
    `value_min`          int        DEFAULT NULL COMMENT '下限',
    `value_max`          int        DEFAULT NULL COMMENT '上限',
    `notification_level` int        DEFAULT NULL COMMENT '报警级别',
    PRIMARY KEY (`dt`, `tbl`, `col`)
) ENGINE = InnoDB
  DEFAULT CHARSET = utf8
    comment '值域指标表';
```

（5）创建环比增长指标表 day_on_day。

```
CREATE TABLE data_supervisor.`day_on_day`
(
    `dt`                 date       NOT NULL COMMENT '日期',
    `tbl`                varchar(50) NOT NULL COMMENT '表名',
    `value`              double DEFAULT NULL COMMENT '环比增长百分比',
    `value_min`          double DEFAULT NULL COMMENT '增长下限',
    `value_max`          double DEFAULT NULL COMMENT '增长上限',
    `notification_level` int  DEFAULT NULL COMMENT '报警级别',
    PRIMARY KEY (`dt`, `tbl`)
) ENGINE = InnoDB
  DEFAULT CHARSET = utf8
    comment '环比增长指标表';
```

（6）创建同比增长指标表 week_on_week。

```
CREATE TABLE data_supervisor.`week_on_week`
(
    `dt`                 date       NOT NULL COMMENT '日期',
    `tbl`                varchar(50) NOT NULL COMMENT '表名',
    `value`              double DEFAULT NULL COMMENT '同比增长百分比',
    `value_min`          double DEFAULT NULL COMMENT '增长下限',
    `value_max`          double DEFAULT NULL COMMENT '增长上限',
    `notification_level` int  DEFAULT NULL COMMENT '报警级别',
    PRIMARY KEY (`dt`, `tbl`)
) ENGINE = InnoDB
  DEFAULT CHARSET = utf8
    comment '同比增长指标表';
```

（7）创建标准差增长指标表 std_dev。

```
CREATE TABLE data_supervisor.`std_dev`
(
```

```
    `dt`                date        NOT NULL COMMENT '日期',
    `tbl`               varchar(50) NOT NULL COMMENT '表名',
    `col`               varchar(50) NOT NULL COMMENT '列名',
    `value`             double DEFAULT NULL COMMENT '标准差',
    `value_min`         double DEFAULT NULL COMMENT '标准差下限',
    `value_max`         double DEFAULT NULL COMMENT '标准差上限',
    `notification_level` int   DEFAULT NULL COMMENT '报警级别',
    PRIMARY KEY (`dt`, `tbl`, `col`)
) ENGINE = InnoDB
  DEFAULT CHARSET = utf8
    comment '标准差增长指标表';
```

14.4　编写及集成检查规则脚本

14.4.1　编写检查规则脚本

检查规则脚本分为五类：空 id 检查脚本、重复 id 检查脚本、值域检查脚本、数据量环比检查脚本和数据量同比检查脚本。

下面分别介绍这五类检查规则脚本的具体编写过程。

1．空 id 检查脚本

在 IDEA 中创建一个文件 null_id.sh，在文件中编写如下内容。

实现的主要功能是：计算空值个数，并将结果和自定义的阈值上/下限插入 MySQL 表中。

```bash
#!/usr/bin/env bash
# -*- coding: utf-8 -*-
# 检查 id 空值
# 解析参数
while getopts "t:d:c:s:x:l:" arg; do
  case $arg in
  # 要处理的表名
  t)
    TABLE=$OPTARG
    ;;
  # 日期
  d)
    DT=$OPTARG
    ;;
  # 要计算空值的列名
  c)
    COL=$OPTARG
    ;;
  # 空值指标下限
  s)
    MIN=$OPTARG
    ;;
  # 空值指标上限
  x)
    MAX=$OPTARG
    ;;
  # 报警级别
```

```
  1)
    LEVEL=$OPTARG
    ;;
  ?)
    echo "unkonw argument"
    exit 1
    ;;
  esac
done

# 如果没有设置 DT 和 LEVEL，那么 DT 的默认值是昨日，报警级别是 0
[ "$DT" ] || DT=$(date -d '-1 day' +%F)
[ "$LEVEL" ] || LEVEL=0

# 数据仓库名称
HIVE_DB=gmall

# 查询引擎
HIVE_ENGINE=hive

# MySQL 相关配置
mysql_user="root"
mysql_passwd="000000"
mysql_host="hadoop102"
mysql_DB="data_supervisor"
mysql_tbl="null_id"

# 认证为 hive 用户，如果在非安全环境（Hadoop 未启用 Kerberos 认证）中，则无须认证
kinit -kt /etc/security/keytab/hive.keytab hive

# 空值个数
RESULT=$($HIVE_ENGINE    -e    "set    hive.cli.print.header=false;select    count(1)    from
$HIVE_DB.$TABLE where dt='$DT' and $COL is null;")

#将结果插入 MySQL 表中
mysql -h"$mysql_host" -u"$mysql_user" -p"$mysql_passwd" \
 -e"INSERT INTO $mysql_DB.$mysql_tbl VALUES('$DT', '$TABLE', '$COL', $RESULT, $MIN, $MAX,
$LEVEL)
ON DUPLICATE KEY UPDATE \`value\`=$RESULT, value_min=$MIN, value_max=$MAX, notification_
level=$LEVEL;"
```

2. 重复 id 检查脚本

在 IDEA 中创建一个文件 duplicate.sh，在文件中编写如下内容。

实现的主要功能是：计算重复值个数，并将结果和自定义的阈值上/下限插入 MySQL 表中。

```
#!/usr/bin/env bash
# -*- coding: utf-8 -*-
# 监控某张表中某一列的重复值
# 参数解析
while getopts "t:d:c:s:x:l:" arg; do
  case $arg in
  # 要处理的表名
```

```
  t)
    TABLE=$OPTARG
    ;;
  # 日期
  d)
    DT=$OPTARG
    ;;
  # 要计算重复值的列名
  c)
    COL=$OPTARG
    ;;
  # 重复值指标下限
  s)
    MIN=$OPTARG
    ;;
  # 重复值指标上限
  x)
    MAX=$OPTARG
    ;;
  # 报警级别
  l)
    LEVEL=$OPTARG
    ;;
  ?)
    echo "unkonw argument"
    exit 1
    ;;
  esac
done

# 如果没有设置 DT 和 LEVEL，那么 DT 的默认值是昨日，报警级别是 0
[ "$DT" ] || DT=$(date -d '-1 day' +%F)
[ "$LEVEL" ] || LEVEL=0

# 数据仓库名称
HIVE_DB=gmall

# 查询引擎
HIVE_ENGINE=hive

# MySQL 相关配置
mysql_user="root"
mysql_passwd="000000"
mysql_host="hadoop102"
mysql_DB="data_supervisor"
mysql_tbl="duplicate"

# 认证为 hive 用户，如果在非安全环境（Hadoop 未启用 Kerberos 认证）中，则无须认证
kinit -kt /etc/security/keytab/hive.keytab hive

# 重复值个数
```

```
RESULT=$($HIVE_ENGINE -e "set hive.cli.print.header=false;select count(1) from (select
$COL from $HIVE_DB.$TABLE where dt='$DT' group by $COL having count($COL)>1) t1;")

# 将结果插入 MySQL 表中
mysql -h"$mysql_host" -u"$mysql_user" -p"$mysql_passwd" \
  -e"INSERT INTO $mysql_DB.$mysql_tbl VALUES('$DT', '$TABLE', '$COL', $RESULT, $MIN, $MAX,
$LEVEL)
ON DUPLICATE KEY UPDATE \`value\`=$RESULT, value_min=$MIN, value_max=$MAX, notification_
level=$LEVEL;"
```

3. 值域检查脚本

在 IDEA 中创建一个文件 range.sh，在文件中编写如下内容。

实现的主要功能是：计算超出规定值域的值的个数，并将结果和自定义的阈值上/下限插入 MySQL
表中。

```
#!/usr/bin/env bash
# -*- coding: utf-8 -*-
# 计算某一列的异常值个数

while getopts "t:d:l:c:s:x:a:b:" arg; do
  case $arg in
  # 要处理的表名
  t)
    TABLE=$OPTARG
    ;;
  # 日期
  d)
    DT=$OPTARG
    ;;
  # 要处理的列
  c)
    COL=$OPTARG
    ;;
  # 不在规定值域的值的个数下限
  s)
    MIN=$OPTARG
    ;;
  # 不在规定值域的值的个数上限
  x)
    MAX=$OPTARG
    ;;
  # 报警级别
  l)
    LEVEL=$OPTARG
    ;;
  # 规定值域为 a-b
  a)
    RANGE_MIN=$OPTARG
    ;;
  b)
    RANGE_MAX=$OPTARG
    ;;
```

```
?)
  echo "unkonw argument"
  exit 1
  ;;
esac
done

# 如果没有设置 DT 和 LEVEL, 那么 DT 的默认值是昨日, 报警级别是 0
[ "$DT" ] || DT=$(date -d '-1 day' +%F)
[ "$LEVEL" ] || LEVEL=0

# 数据仓库名称
HIVE_DB=gmall

# 查询引擎
HIVE_ENGINE=hive

# MySQL 相关配置
mysql_user="root"
mysql_passwd="000000"
mysql_host="hadoop102"
mysql_DB="data_supervisor"
mysql_tbl="rng"

# 认证为 hive 用户, 如果在非安全环境（Hadoop 未启用 Kerberos 认证）中, 则无须认证
kinit -kt /etc/security/keytab/hive.keytab hive

# 查询不在规定值域的值的个数
RESULT=$($HIVE_ENGINE  -e  "set  hive.cli.print.header=false;select  count(1)  from
$HIVE_DB.$TABLE where dt='$DT' and $COL not between $RANGE_MIN and $RANGE_MAX;")

# 将结果写入 MySQL 表中
mysql -h"$mysql_host" -u"$mysql_user" -p"$mysql_passwd" \
  -e"INSERT INTO $mysql_DB.$mysql_tbl VALUES('$DT', '$TABLE', '$COL', $RESULT, $RANGE_MIN,
$RANGE_MAX, $MIN, $MAX, $LEVEL)
ON DUPLICATE KEY UPDATE \`value\`=$RESULT, range_min=$RANGE_MIN, range_max=$RANGE_MAX,
value_min=$MIN, value_max=$MAX, notification_level=$LEVEL;"
```

4. 数据量环比检查脚本

在 IDEA 中创建一个文件 day_on_day.sh，在文件中编写如下内容。

实现的主要功能是：计算数据量环比增长值，并将结果和自定义的阈值上/下限插入 MySQL 表中。

```
#!/usr/bin/env bash
# -*- coding: utf-8 -*-
# 计算某一张表中单日数据量环比增长值
# 参数解析
while getopts "t:d:s:x:l:" arg; do
  case $arg in
  # 要处理的表名
  t)
    TABLE=$OPTARG
    ;;
```

```
# 日期
d)
  DT=$OPTARG
  ;;
# 环比增长指标下限
s)
  MIN=$OPTARG
  ;;
# 环比增长指标上限
x)
  MAX=$OPTARG
  ;;
# 报警级别
l)
  LEVEL=$OPTARG
  ;;
?)
  echo "unkonw argument"
  exit 1
  ;;
esac
done

# 如果没有设置 DT 和 LEVEL，那么 DT 的默认值是昨日，报警级别是 0
[ "$DT" ] || DT=$(date -d '-1 day' +%F)
[ "$LEVEL" ] || LEVEL=0

# 数据仓库名称
HIVE_DB=gmall

# 查询引擎
HIVE_ENGINE=hive

# MySQL 相关配置
mysql_user="root"
mysql_passwd="000000"
mysql_host="hadoop102"
mysql_DB="data_supervisor"
mysql_tbl="day_on_day"

# 认证为 hive 用户，如果在非安全环境（Hadoop 未启用 Kerberos 认证）中，则无须认证
kinit -kt /etc/security/keytab/hive.keytab hive

# 昨日数据量
YESTERDAY=$($HIVE_ENGINE  -e  "set  hive.cli.print.header=false;  select  count(1)  from
$HIVE_DB.$TABLE where dt=date_add('$DT',-1);")

# 今日数据量
TODAY=$($HIVE_ENGINE   -e   "set   hive.cli.print.header=false;select   count(1)   from
$HIVE_DB.$TABLE where dt='$DT';")
```

```
# 计算环比增长值
if [ "$YESTERDAY" -ne 0 ]; then
  RESULT=$(awk "BEGIN{print ($TODAY-$YESTERDAY)/$YESTERDAY*100}")
else
  RESULT=10000
fi

# 将结果写入 MySQL 表中
mysql -h"$mysql_host" -u"$mysql_user" -p"$mysql_passwd" \
  -e"INSERT INTO $mysql_DB.$mysql_tbl VALUES('$DT', '$TABLE', $RESULT, $MIN, $MAX, $LEVEL)
ON    DUPLICATE    KEY    UPDATE    \`value\`=$RESULT,   value_min=$MIN,   value_max=$MAX,
notification_level=$LEVEL;"
```

5. 数据量同比检查脚本

在 IDEA 中创建一个文件 week_on_week.sh，在文件中编写如下内容。

实现的主要功能是：计算数据量同比增长值，并将结果和自定义的阈值上/下限插入 MySQL 表中。

```
#!/usr/bin/env bash
# -*- coding: utf-8 -*-
# 计算某一张表中一周数据量同比增长值
# 参数解析
while getopts "t:d:s:x:l:" arg; do
  case $arg in
  # 要处理的表名
  t)
    TABLE=$OPTARG
    ;;
  # 日期
  d)
    DT=$OPTARG
    ;;
  # 同比增长指标下限
  s)
    MIN=$OPTARG
    ;;
  # 同比增长指标上限
  x)
    MAX=$OPTARG
    ;;
  # 报警级别
  l)
    LEVEL=$OPTARG
    ;;
  ?)
    echo "unkonw argument"
    exit 1
    ;;
  esac
done

# 如果没有设置 DT 和 LEVEL，那么 DT 的默认值是昨日，报警级别是 0
[ "$DT" ] || DT=$(date -d '-1 day' +%F)
```

```
[ "$LEVEL" ] || LEVEL=0

# 数据仓库名称
HIVE_DB=gmall

# 查询引擎
HIVE_ENGINE=hive

# MySQL 相关配置
mysql_user="root"
mysql_passwd="000000"
mysql_host="hadoop102"
mysql_DB="data_supervisor"
mysql_tbl="week_on_week"

# 认证为 hive 用户，如果在非安全环境（Hadoop 未启用 Kerberos 认证）中，则无须认证
kinit -kt /etc/security/keytab/hive.keytab hive

# 上周数据量
LASTWEEK=$($HIVE_ENGINE  -e  "set  hive.cli.print.header=false;select  count(1)  from
$HIVE_DB.$TABLE where dt=date_add('$DT',-7);")

# 本周数据量
THISWEEK=$($HIVE_ENGINE  -e  "set  hive.cli.print.header=false;select  count(1)  from
$HIVE_DB.$TABLE where dt='$DT';")

# 计算同比增长值
if [ $LASTWEEK -ne 0 ]; then
  RESULT=$(awk "BEGIN{print ($THISWEEK-$LASTWEEK)/$LASTWEEK*100}")
else
  RESULT=10000
fi

# 将结果写入 MySQL 表中
mysql -h"$mysql_host" -u"$mysql_user" -p"$mysql_passwd" \
 -e"INSERT INTO $mysql_DB.$mysql_tbl VALUES('$DT', '$TABLE', $RESULT, $MIN, $MAX, $LEVEL)
ON  DUPLICATE  KEY  UPDATE  \`value\`=$RESULT,  value_min=$MIN,  value_max=$MAX,
notification_level=$LEVEL;"
```

14.4.2 集成检查规则脚本

将 14.4.1 节中编写的检查规则脚本按照层级进行集成，每层详细的集成步骤如下。

1. ODS 层

ODS 层需要检查的项目如表 14-3 所示。

表 14-3 ODS 层需要检查的项目

表	检 查 项 目	依 据	异常值上限	异常值下限
ods_order_info_inc	同比增长	数据总量	-10%	10%
	环比增长	数据总量	-10%	50%
	值域检查	final_amount	0	100

在 IDEA 中创建一个文件 check_ods.sh，在文件中编写如下内容。

```
#!/usr/bin/env bash
DT=$1
[ "$DT" ] || DT=$(date -d '-1 day' +%F)

#检查表 ods_order_info_inc 中数据量的日环比增长
#参数： -t 表名
#     -d 日期
#     -s 环比增长下限
#     -x 环比增长上限
#     -l 报警级别
bash scripts/day_on_day.sh -t ods_order_info_inc -d "$DT" -s -10 -x 10 -l 1

#检查表 ods_order_info_inc 中数据量的周同比增长
#参数： -t 表名
#     -d 日期
#     -s 同比增长下限
#     -x 同比增长上限
#     -l 报警级别
bash scripts/week_on_week.sh -t ods_order_info_inc -d "$DT" -s -10 -x 50 -l 1
```

2. DWD 层

DWD 层需要检查的项目如表 14-4 所示。

表 14-4　DWD 层需要检查的项目

表	检 查 项 目	依　据	异常值上限	异常值下限
dwd_trade_order_detail_inc	空值检查	id	0	10
	重复值检查	id	0	5
	异常值检查	split_total_amount	0	100

在 IDEA 中创建一个文件 check_dwd.sh，在文件中编写如下内容。

```
#!/usr/bin/env bash
DT=$1
[ "$DT" ] || DT=$(date -d '-1 day' +%F)

# 检查表 dwd_trade_order_detail_inc 中的重复 id
#参数： -t 表名
#     -d 日期
#     -c 检查重复值的列
#     -s 异常指标下限
#     -x 异常指标上限
#     -l 报警级别
bash scripts/duplicate.sh -t dwd_trade_order_detail_inc -d "$DT" -c id -s 0 -x 5 -l 0

#检查表 dwd_trade_order_detail_inc 中的空 id
#参数： -t 表名
#     -d 日期
#     -c 检查空值的列
#     -s 异常指标下限
#     -x 异常指标上限
#     -l 报警级别
bash scripts/null_id.sh -t dwd_trade_order_detail_inc -d "$DT" -c id -s 0 -x 10 -l 0
```

```
#检查表 dwd_trade_order_detail_inc 中的订单异常值
#参数: -t 表名
#      -d 日期
#      -s 指标下限
#      -x 指标上限
#      -l 报警级别
#      -a 值域下限
#      -b 值域上限
bash scripts/range.sh -t dwd_trade_order_detail_inc -d "$DT" -c split_total_amount -a 0 -
b 100000 -s 0 -x 100 -l 1
```

3. DIM 层

DIM 层需要检查的项目如表 14-5 所示。

表 14-5　DIM 层需要检查的项目

表	检 查 项 目	依　据	异常值上限	异常值下限
dim_user_zip	空值检查	id	0	10
	重复值检查	id	0	5

在 IDEA 中创建一个文件 check_dim.sh，在文件中编写如下内容。

```
#!/usr/bin/env bash
DT=$1
[ "$DT" ] || DT=$(date -d '-1 day' +%F)

#检查表 dim_user_zip 中的重复 id
#参数: -t 表名
#      -d 日期
#      -c 检查重复值的列
#      -s 异常指标下限
#      -x 异常指标上限
#      -l 报警级别
bash scripts/duplicate.sh -t dim_user_zip -d "$DT" -c id -s 0 -x 5 -l 0

#检查表 dim_user_zip 中的空 id
#参数: -t 表名
#      -d 日期
#      -c 检查空值的列
#      -s 异常指标下限
#      -x 异常指标上限
#      -l 报警级别
bash scripts/null_id.sh -t dim_user_zip -d "$DT" -c id -s 0 -x 10 -l 0
```

14.5　编写报警脚本

报警脚本主要用于检查 MySQL 中的检查结果是否有异常，若有异常就发送报警信息。报警方式可选择使用电子邮件或者第三方报警平台——睿象云，睿象云的具体使用方法详见其官方网站说明。

在 MySQL 官方网站中下载 mysql-connector-python-2.1.7-1.el7.x86_64.rpm 并进行安装。详细安装步骤如下。

（1）将该 rpm 包上传到 hadoop102 节点服务器，并执行以下命令。

```
[atguigu@hadoop102 ~]$ sudo rpm -i mysql-connector-python-2.1.7-1.el7.x86_64.rpm
```

（2）新建 Python 脚本，用于查询数据监控结果表并发送报警电子邮件，该脚本主要由如下 3 个函数组成。

- one_alert()函数：用于向睿象云发送报警信息。
- mail_alert()函数：用于发送电子邮件报警。
- read_table()函数：用于读取指标有问题的数据。

在 IDEA 中创建一个文件 check_notification.py，在文件中编写如下内容。

```python
#!/usr/bin/env python
# -*- coding: utf-8 -*-

import mysql.connector
import sys
import smtplib
from email.mime.text import MIMEText
from email.header import Header
import datetime
import urllib
import urllib2
import random


def get_yesterday():
    """
    :return: 前一日的日期
    """
    today = datetime.date.today()
    one_day = datetime.timedelta(days=1)
    yesterday = today - one_day
    return str(yesterday)


def read_table(table, dt):
    """
    :param table:读取的表名
    :param dt:读取的数据日期
    :return:表中的异常数据(统计结果超出规定上/下限的数据)
    """

    # MySQL 必要参数设置，需要根据实际情况做出修改
    mysql_user = "root"
    mysql_password = "000000"
    mysql_host = "hadoop102"
    mysql_schema = "data_supervisor"

    # 获取 MySQL 连接
    connect = mysql.connector.connect(user=mysql_user, password=mysql_password, host=mysql_host, database=mysql_schema)
    cursor = connect.cursor()

    # 查询表头
    # ['dt', 'tbl', 'col', 'value', 'value_min', 'value_max', 'notification_level']
    query = "desc " + table
    cursor.execute(query)
    head = map(lambda x: str(x[0]), cursor.fetchall())
```

```
    # 查询异常数据（统计结果超出规定上/下限的数据）
    # [(datetime.date(2021, 7, 16), u'dim_user_zip', u'id', 7, 0, 5, 1),
    # (datetime.date(2021, 7, 16), u'dwd_order_id', u'id', 10, 0, 5, 1)]
    query = ("select * from " + table + " where dt='" + dt + "' and `value` not between
value_min and value_max")
    cursor.execute(query)
    cursor_fetchall = cursor.fetchall()

    # 将指标和表头映射成 dict 数组
    #[{'notification_level': 1, 'value_min': 0, 'value': 7, 'col': u'id', 'tbl':
u'dim_user_zip', 'dt': datetime.date(2021, 7, 16), 'value_max': 5},
    # {'notification_level': 1, 'value_min': 0, 'value': 10, 'col': u'id', 'tbl':
u'dwd_order_id', 'dt': datetime.date(2021, 7, 16), 'value_max': 5}]
    fetchall = map(lambda x: dict(x), map(lambda x: zip(head, x), cursor_fetchall))
    return fetchall


def one_alert(line):
    """
    集成第三方报警平台——睿象云，使用其提供的通知媒介发送报警信息
    :param line: 一个等待通知的异常记录，{'notification_level': 1, 'value_min': 0, 'value': 7,
'col': u'id', 'tbl': u'dim_user_zip', 'dt': datetime.date(2021, 7, 16), 'value_max': 5}
    """

    # 集成睿象云需要使用的 rest 接口和 App KEY，需要在睿象云平台获取
    one_alert_key = "c2030c9a-7896-426f-bd64-59a8889ac8e3"
    one_alert_host = "http://api.aiops.com/alert/api/event"

    # 根据睿象云的 rest API 要求，传入必要的参数
    data = {
        "app": one_alert_key,
        "eventType": "trigger",
        "eventId": str(random.randint(10000, 99999)),
        "alarmName": "".join(["表格", str(line["tbl"]), "数据异常."]),
        "alarmContent": "".join(["指标", str(line["norm"]), "值为", str(line["value"]),
                        ", 应为", str(line["value_min"]), "-", str(line["value_max"]),
                        ", 参考信息: " + str(line["col"]) if line.get("col") else ""]),
        "priority": line["notification_level"] + 1
    }

    # 使用 urllib 和 urllib2 向睿象云的 rest 结构发送请求，从而触发睿象云的通知策略
    body = urllib.urlencode(data)
    request = urllib2.Request(one_alert_host, body)
    urlopen = urllib2.urlopen(request).read().decode('utf-8')
    print urlopen


def mail_alert(line):
    """
    使用电子邮件的方式发送报警信息
```

```
    :param line: 一个等待通知的异常记录, {'notification_level': 1, 'value_min': 0, 'value': 7,
'col': u'id', 'tbl': u'dim_user_zip', 'dt': datetime.date(2021, 7, 16), 'value_max': 5}
    """

    # 使用 SMTP 协议发送电子邮件的必要设置
    mail_host = "smtp.126.com"
    mail_user = "skiinder@126.com"
    mail_pass = "KADEMQZWCPFWZETF"

    # 报警内容
    message = ["".join(["表格", str(line["tbl"]), "数据异常."]),
               "".join(["指标", str(line["norm"]), "值为", str(line["value"]),
                        ", 应为", str(line["value_min"]), "-", str(line["value_max"]),
                        ", 参考信息: " + str(line["col"]) if line.get("col") else ""])]
    # 报警电子邮件发件人
    sender = mail_user

    # 报警电子邮件收件人
    receivers = [mail_user]

    # 将电子邮件内容转换为 HTML 格式
    mail_content = MIMEText("".join(["<html>", "<br>".join(message), "</html>"]), "html",
"utf-8")
    mail_content["from"] = sender
    mail_content["to"] = receivers[0]
    mail_content["Subject"] = Header(message[0], "utf-8")

    # 使用 smtplib 发送电子邮件
    try:
        smtp = smtplib.SMTP_SSL()
        smtp.connect(mail_host, 465)
        smtp.login(mail_user, mail_pass)
        content_as_string = mail_content.as_string()
        smtp.sendmail(sender, receivers, content_as_string)
    except smtplib.SMTPException as e:
        print e

def main(argv):
    """
    :param argv: 系统参数, 共有 3 个, 第 1 个为 Python 脚本本身, 第 2 个为报警方式, 第 3 个为日期
    """

    # 如果没有传入日期参数, 则将日期定为昨日
    if len(argv) >= 3:
        dt = argv[2]
    else:
        dt = get_yesterday()

    notification_level = 0
```

```
# 通过参数设置报警方式，默认使用睿象云
alert = None
if len(argv) >= 2:
    alert = {
        "mail": mail_alert,
        "one": one_alert
    }[argv[1]]
if not alert:
    alert = one_alert

# 遍历所有表，查询所有错误内容，如果大于设定的报警级别，就发送报警信息
for table in ["day_on_day", "duplicate", "null_id", "rng", "week_on_week"]:
    for line in read_table(table, dt):
        if line["notification_level"] >= notification_level:
            line["norm"] = table
            alert(line)


if __name__ == "__main__":
    # 2 个命令行参数
    # 第 1 个为报警方式：one 或 mail
    # 第 2 个为日期，留空取昨日
    main(sys.argv)
```

14.6　调度模块

14.6.1　在 Worker 节点上安装 MySQL 客户端

1. 安装包准备

（1）在 hadoop103 和 hadoop104 节点服务器上使用 rpm 命令并配合管道符查看 MySQL 是否已经安装，其中，-q 选项为 query；-a 选项为 all，意思为查询全部安装。如果已经安装 MySQL，则将其卸载。

① 查看 MySQL 是否已经安装。

```
[atguigu@hadoop103 ~]$ rpm -qa | grep -i -E mysql\|mariadb
mariadb-libs-5.5.56-2.el7.x86_64
[atguigu@hadoop104 ~]$ rpm -qa | grep -I -E mysql\|mariadb
mariadb-libs-5.5.56-2.el7.x86_64
```

② 卸载 MySQL，-e 选项表示卸载，--nodeps 选项表示无视所有依赖强制卸载。

```
[atguigu@hadoop103 ~]$ sudo rpm -e --nodeps mariadb-libs-5.5.56-2.el7.x86_64
[atguigu@hadoop104 ~]$ sudo rpm -e --nodeps mariadb-libs-5.5.56-2.el7.x86_64
```

（2）将 MySQL 客户端安装包分别上传至 hadoop103 和 hadoop104 节点服务器的/opt/software 目录下。

```
[atguigu@hadoop103 software]# ls
01_mysql-community-common-5.7.16-1.el7.x86_64.rpm
02_mysql-community-libs-5.7.16-1.el7.x86_64.rpm
03_mysql-community-libs-compat-5.7.16-1.el7.x86_64.rpm
04_mysql-community-client-5.7.16-1.el7.x86_64.rpm
[atguigu@hadoop104 software]# ls
01_mysql-community-common-5.7.16-1.el7.x86_64.rpm
02_mysql-community-libs-5.7.16-1.el7.x86_64.rpm
```

```
03_mysql-community-libs-compat-5.7.16-1.el7.x86_64.rpm
04_mysql-community-client-5.7.16-1.el7.x86_64.rpm
```

2. 安装 MySQL 客户端

按照以下步骤，分别在 hadoop103 和 hadoop104 两台节点服务器上安装 MySQL 客户端。

（1）使用 rpm 命令安装 MySQL 所需的依赖，-i 选项为 install，-v 选项为 vision，-h 选项用于展示安装过程。

```
[atguigu@hadoop103    software]$    sudo    rpm    -ivh    01_mysql-community-common-5.7.16-
1.el7.x86_64.rpm
[atguigu@hadoop103    software]$    sudo    rpm    -ivh    02_mysql-community-libs-5.7.16-
1.el7.x86_64.rpm
[atguigu@hadoop103    software]$    sudo    rpm    -ivh    03_mysql-community-libs-compat-5.7.16-
1.el7.x86_64.rpm
```

（2）安装 mysql-client。

```
[atguigu@hadoop103    software]$    sudo    rpm    -ivh    04_mysql-community-client-5.7.16-
1.el7.x86_64.rpm
```

14.6.2　配置工作流

通过 DolphinScheduler 框架调度数据质量监控工作流，数据质量监控工作流依赖数据仓库工作流，具体配置如下所示。

（1）使用 atguigu 用户登录，将所有脚本上传到 scripts 文件夹下，如图 14-15 所示。

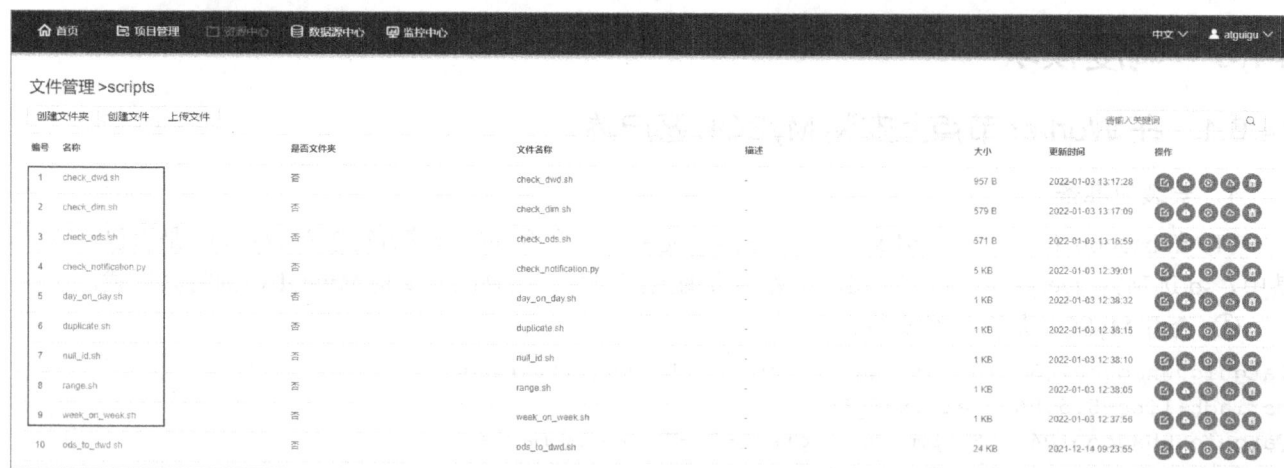

图 14-15　上传所有脚本

（2）创建新的数据质量监控工作流 data_supervisor，如图 14-16 所示。

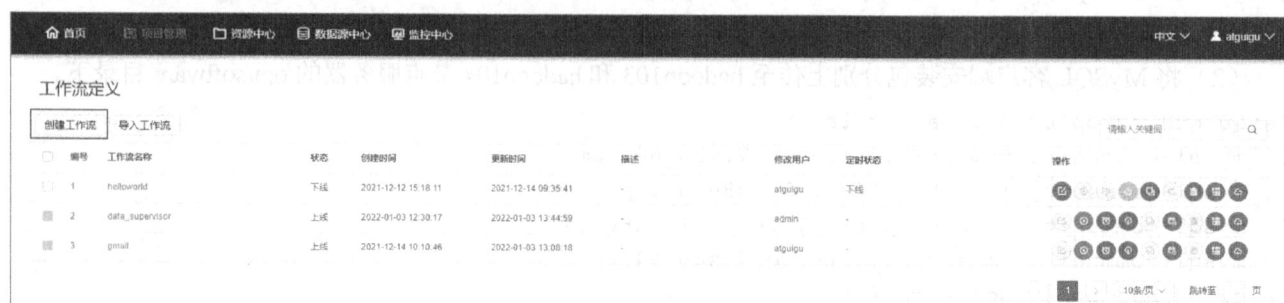

图 14-16　创建新的数据质量监控工作流 data_supervisor

（3）在工作流下，新建任务节点。

① 新建 dep_ods 节点，类型为 dependent，如图 14-17 所示。

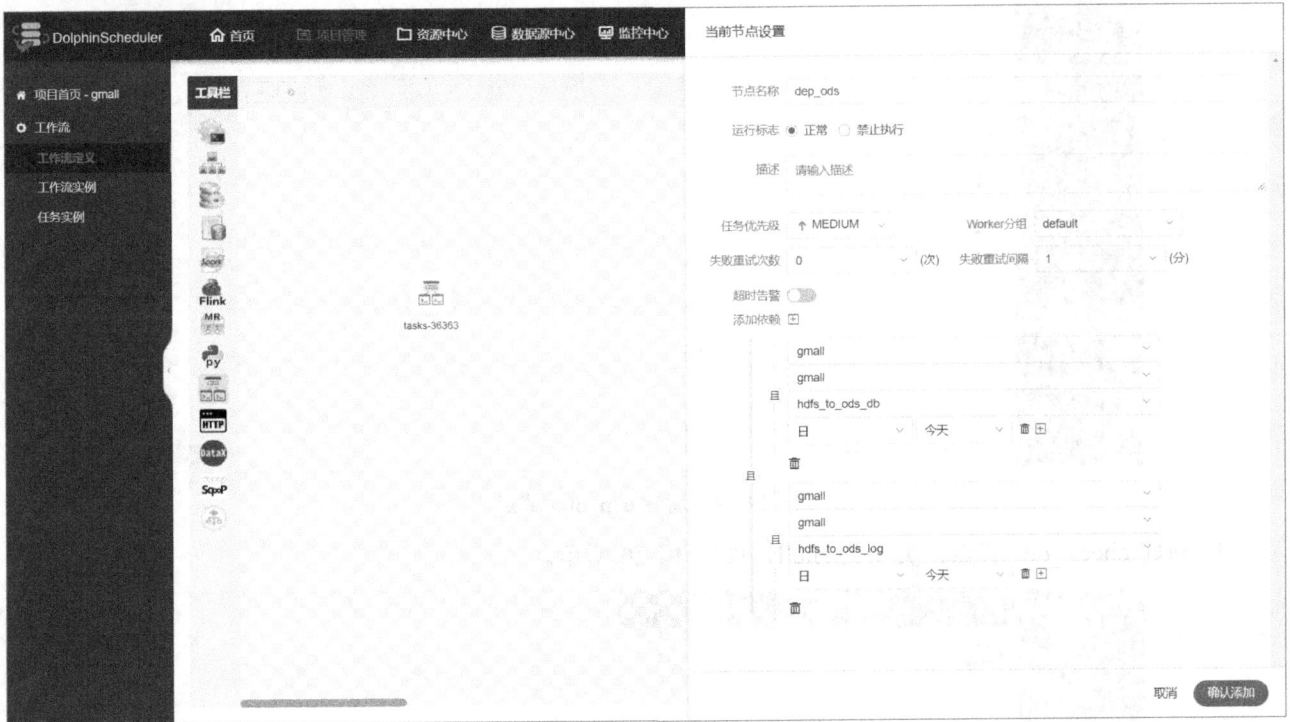

图 14-17　新建 dep_ods 节点

② 新建 dep_dwd 节点，类型为 dependent，如图 14-18 所示。

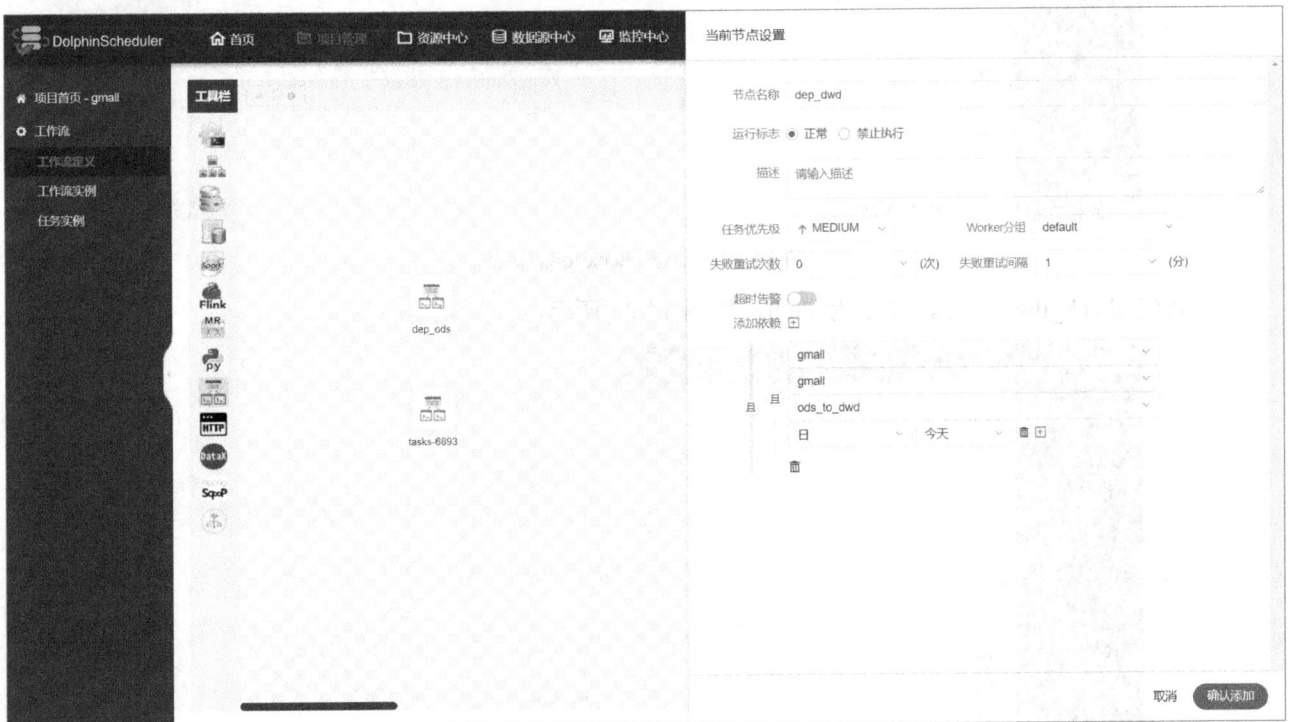

图 14-18　新建 dep_dwd 节点

③ 新建 dep_dim 节点，类型为 dependent，如图 14-19 所示。

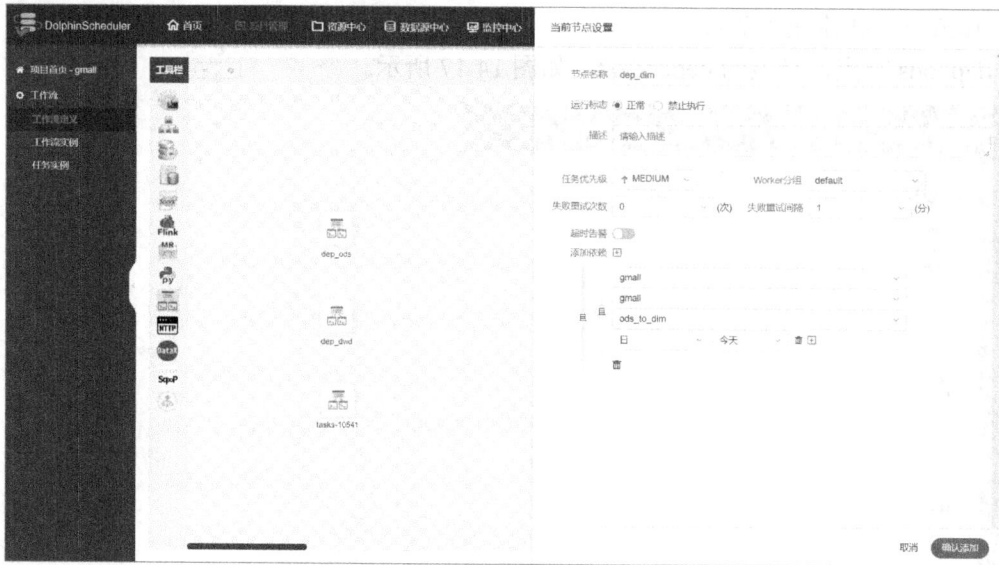

图 14-19　新建 dep_dim 节点

④ 新建 check_ods 节点，类型为 shell，如图 14-20 所示。

图 14-20　新建 check_ods 节点

⑤ 新建 check_dwd 节点，类型为 shell，如图 14-21 所示。

图 14-21　新建 check_dwd 节点

⑥ 新建 check_dim 节点，类型为 shell，如图 14-22 所示。

图 14-22　新建 check_dim 节点

⑦ 新建 notification 节点，类型为 shell，如图 14-23 所示。

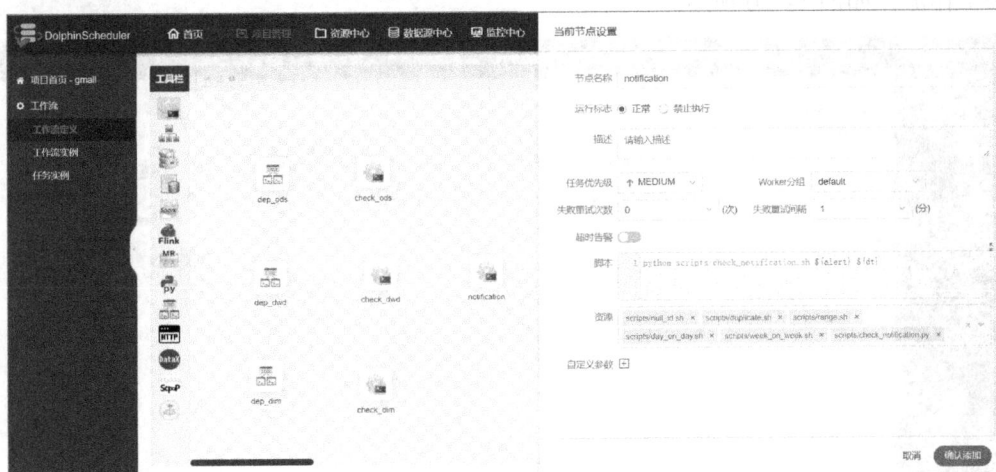

图 14-23　新建 notification 节点

（4）创建完所有的任务节点后，设置任务节点间的依赖关系，如图 14-24 所示。

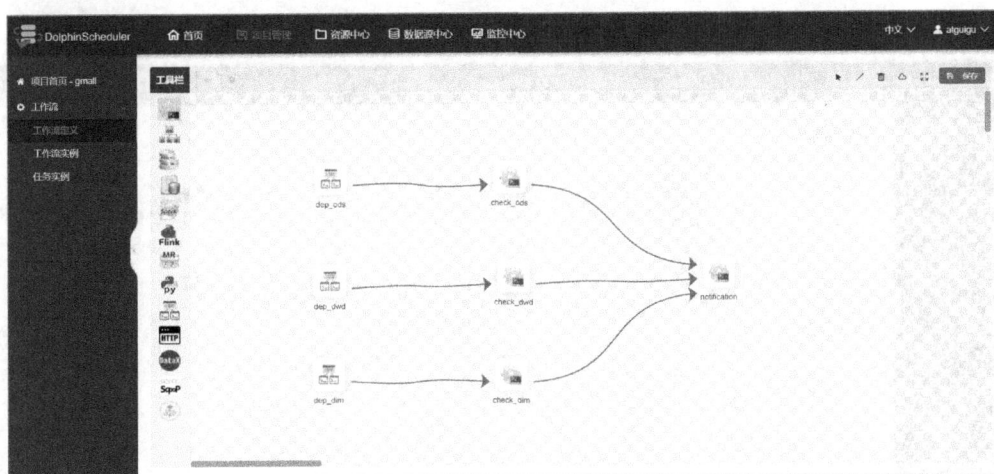

图 14-24　设置任务节点间的依赖关系

（5）保存工作流，设置全局参数，如图 14-25 所示。

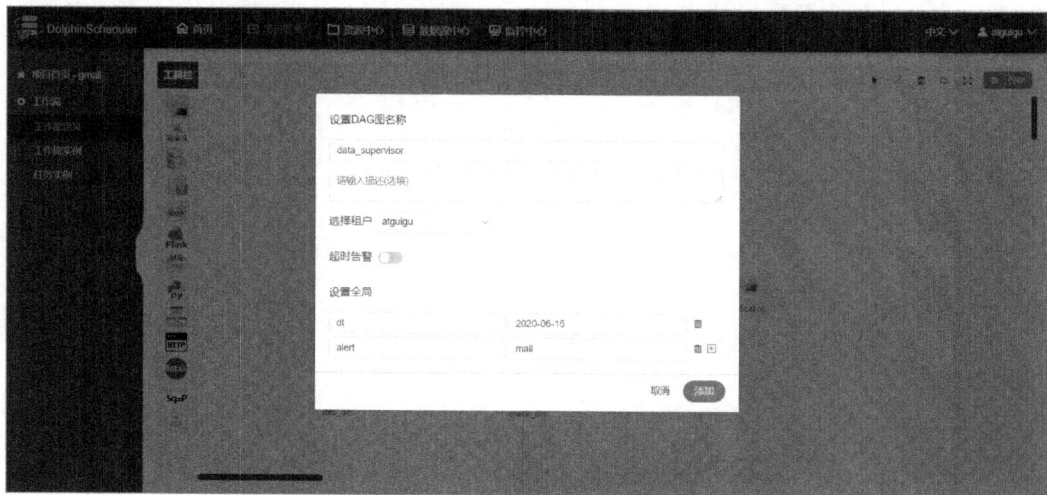

图 14-25　设置全局参数

（6）上线工作流，如图 14-26 所示。

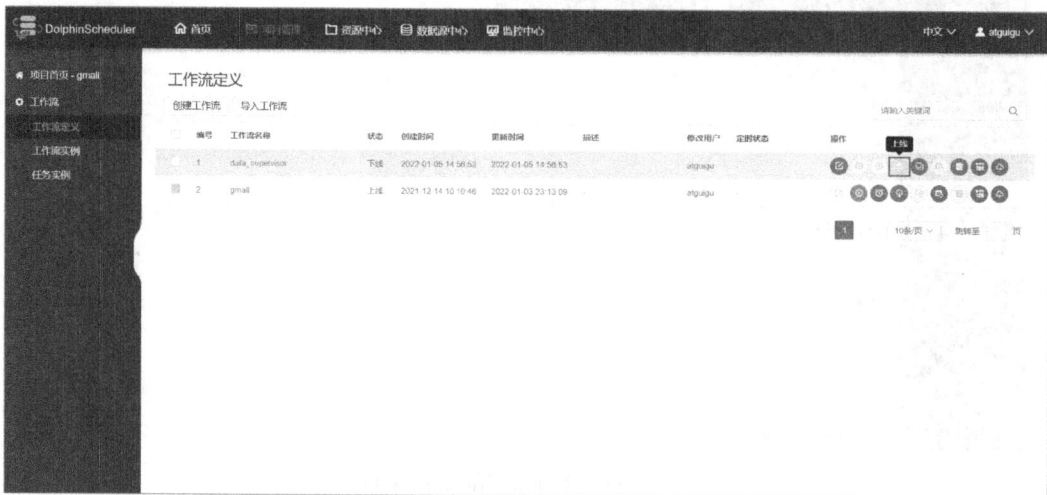

图 14-26　上线工作流

（7）运行工作流，如图 14-27 所示。

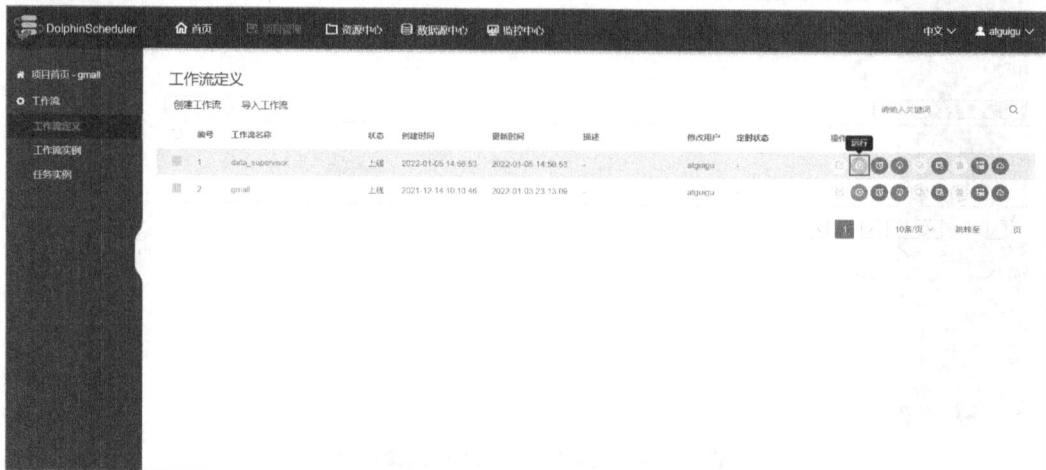

图 14-27　运行工作流

（8）工作流运行成功后的结果如图 14-28 所示。

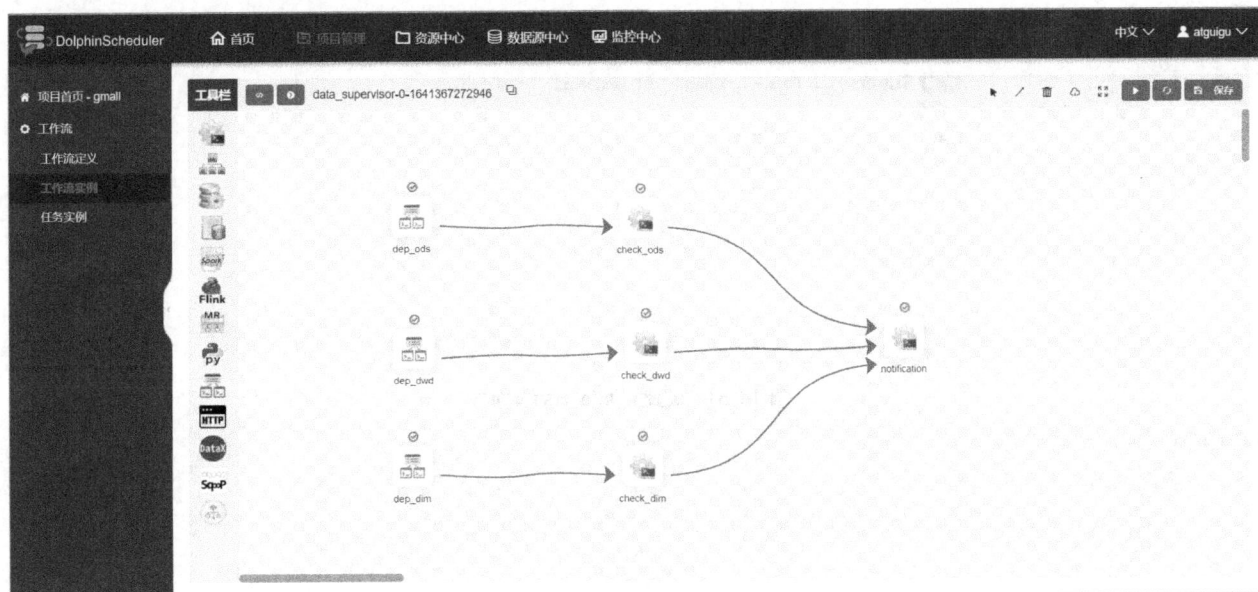

图 14-28　工作流运行成功后的结果

14.7　可视化模块

可以采用 Superset 对监控结果进行可视化。Superset 部署流程可参照 8.1 节相关内容。
具体配置步骤如下。

（1）在 Superset 中新建数据库连接，如图 14-29 和图 14-30 所示。

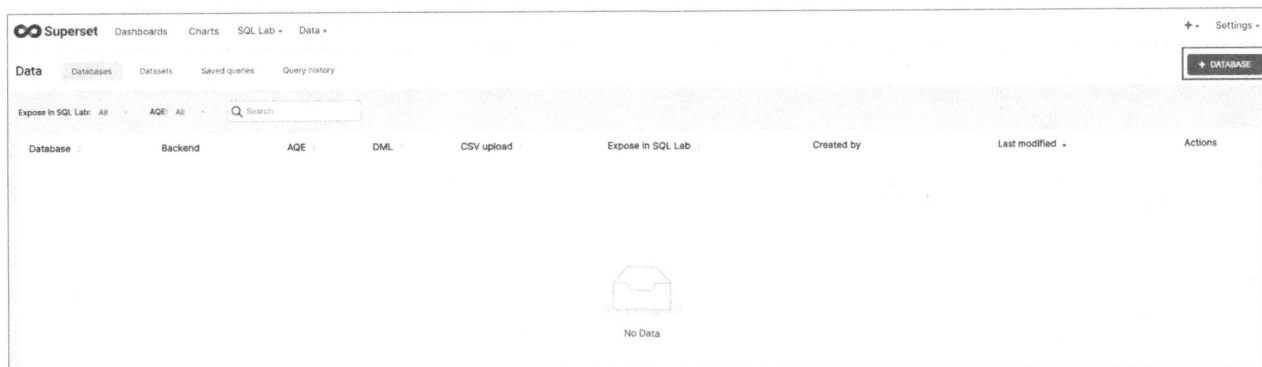

图 14-29　新建数据库连接入口

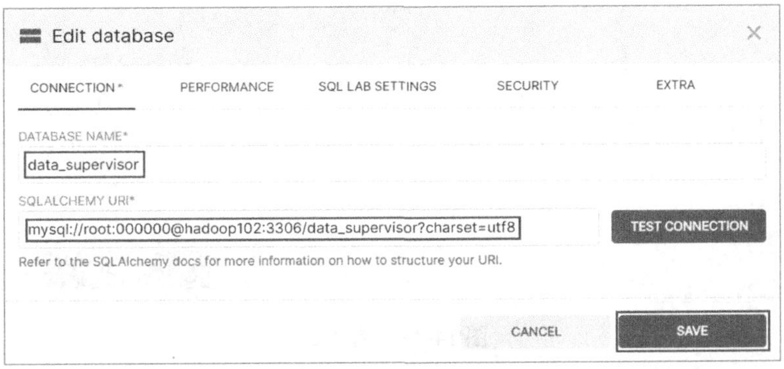

图 14-30　连接数据库

（2）选择 Datasets 选项，单击+DATASET 按钮，导入所有数据表，如图 14-31、图 14-32 和图 14-33 所示。

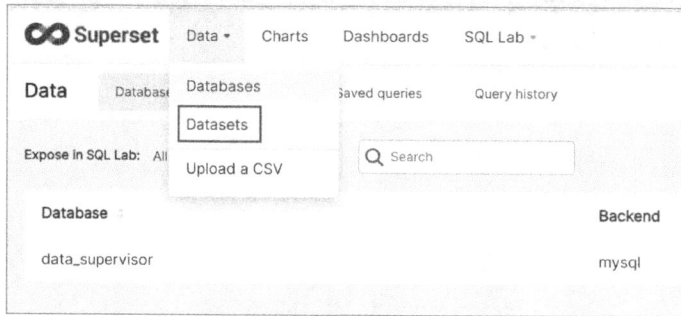

图 14-31　选择 Datasets 选项

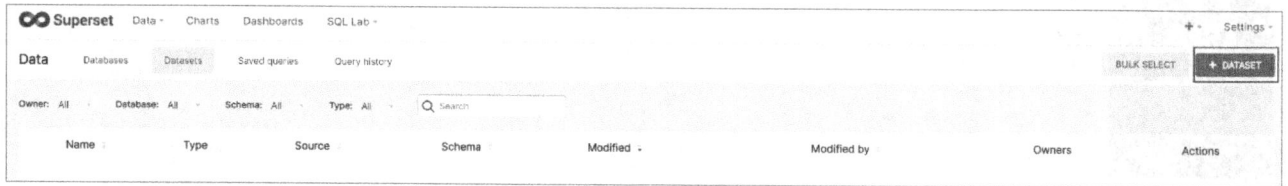

图 14-32　单击+DATASET 按钮

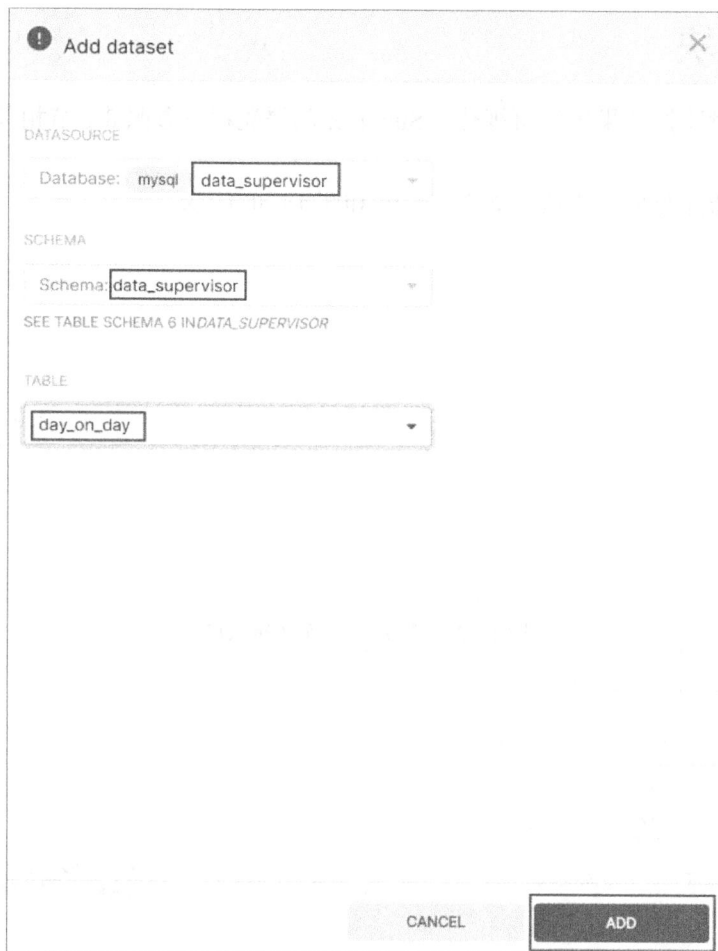

图 14-33　选择表

5 张表全部添加完成后的效果如图 14-34 所示。

图 14-34　5 张表全部添加完成后的效果

（3）新建一个仪表盘，并命名为 data_supervisor，单击 SAVE 按钮进行保存，如图 14-35 和图 14-36 所示。

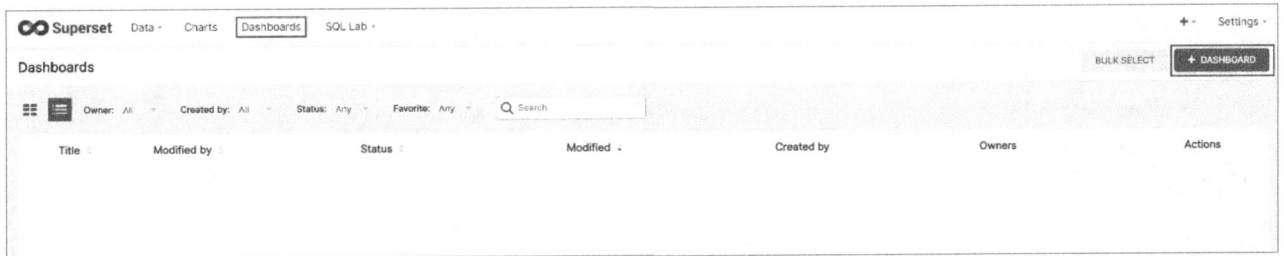

图 14-35　新建仪表盘

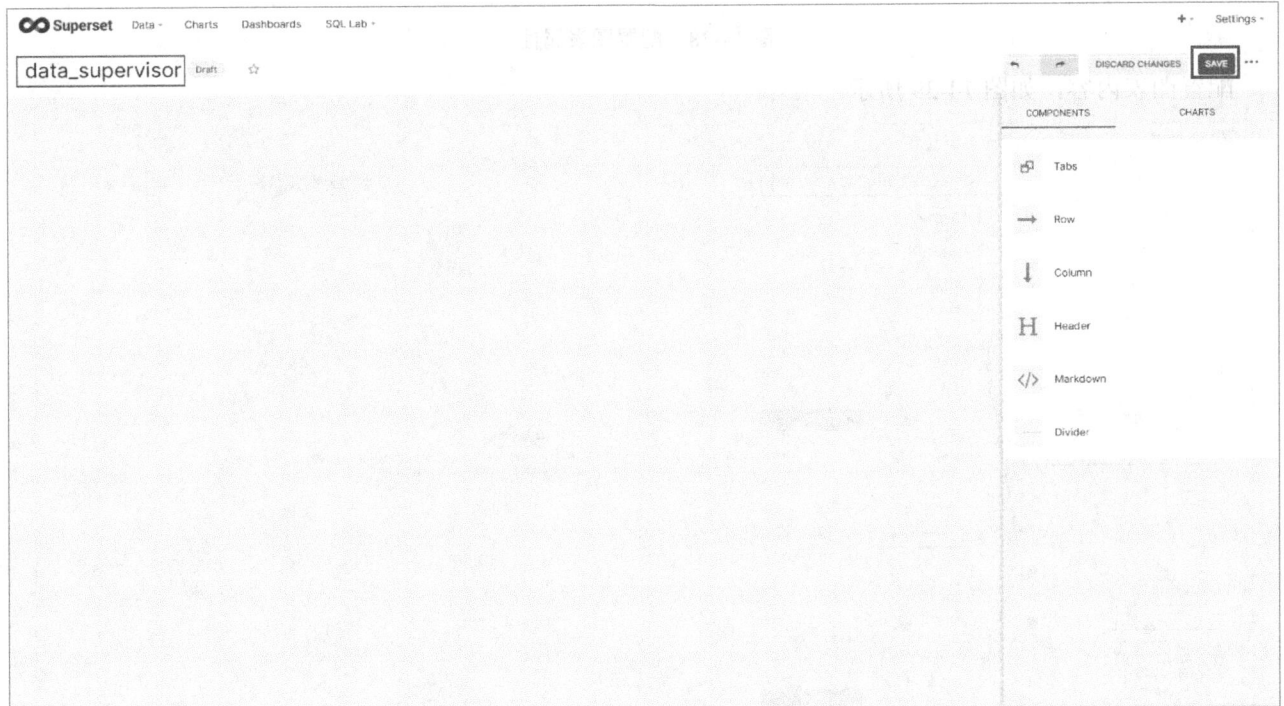

图 14-36　命名仪表盘

（4）新建一张图表并将其保存到仪表盘中，在 Charts 页面中单击+CHART 按钮，选择图表展示的 dataset 及图表类型，如图 14-37 和图 14-38 所示。

图 14-37　新建图表

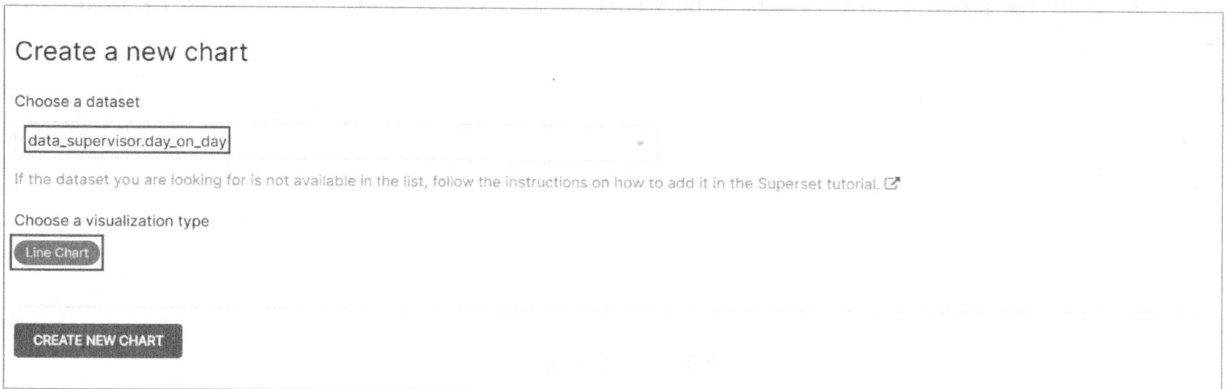

图 14-38　配置图表属性

配置图表内容，如图 14-39 所示。

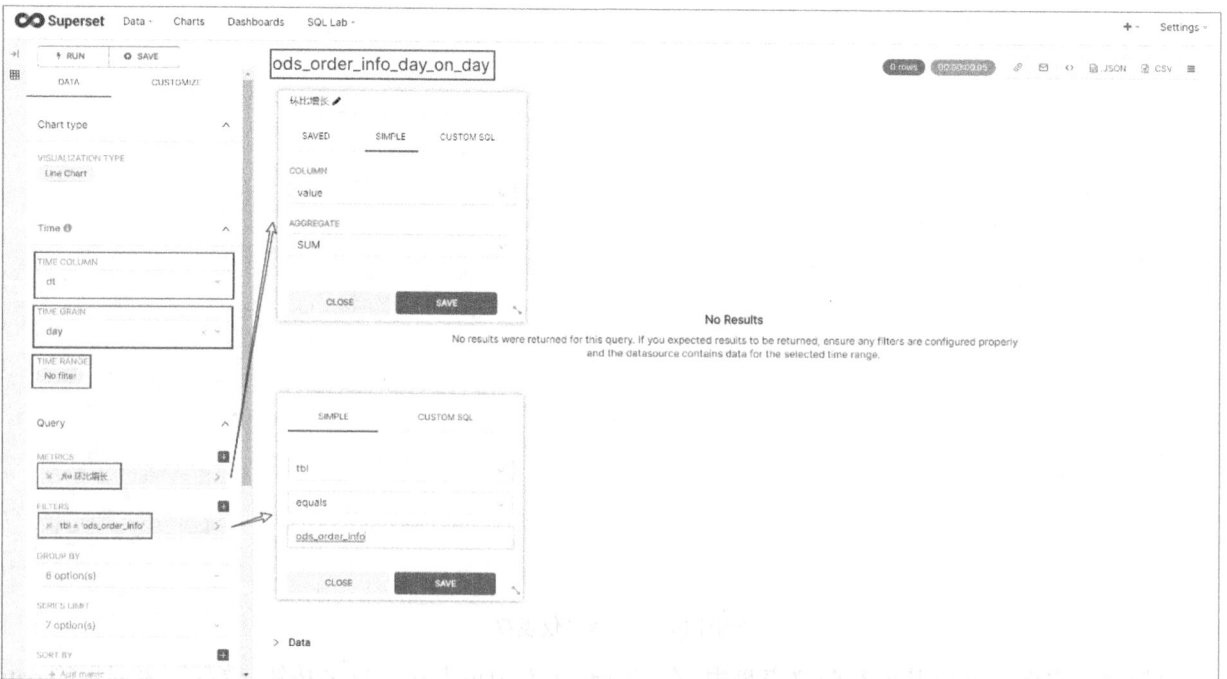

图 14-39　配置图表内容

在 METRICS 栏中添加 value、value_min、value_max 3 列，单击 RUN 按钮，就完成了 chart 的配置，

如图 14-40 所示。

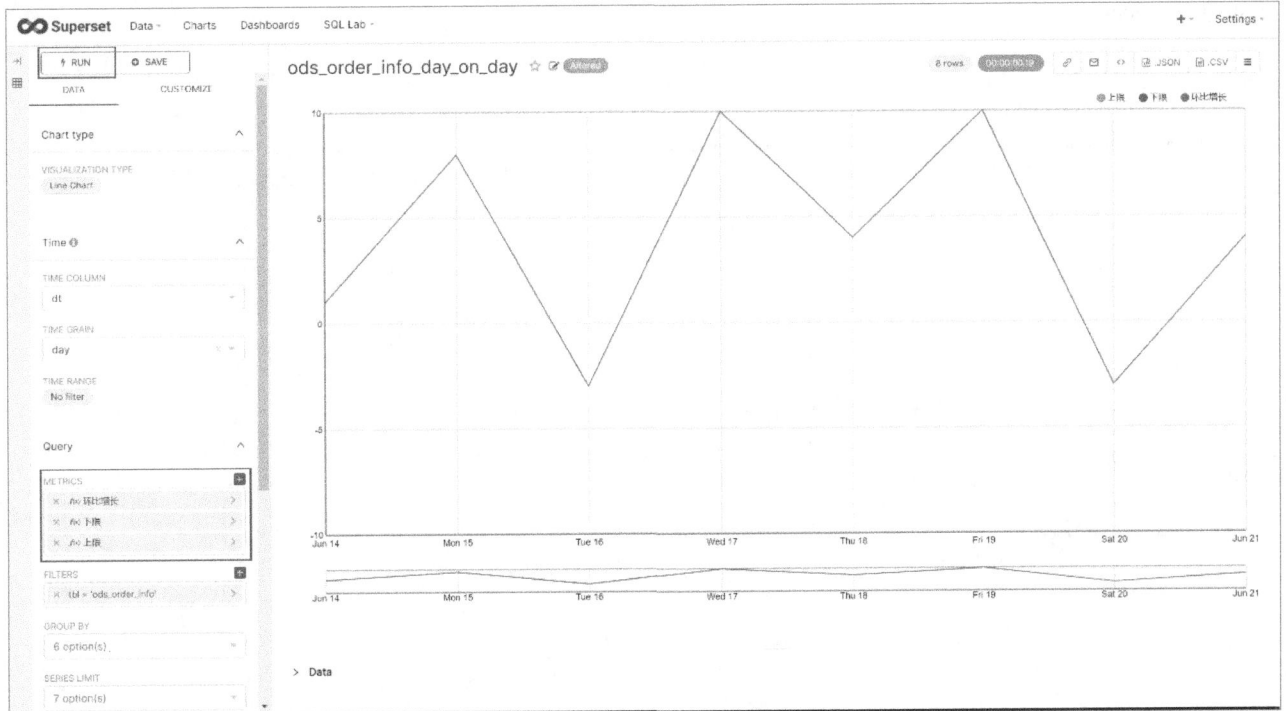

图 14-40　完成 chart 的配置

单击 SAVE 按钮，将 chart 保存到 Dashboard 中，如图 14-41 所示。

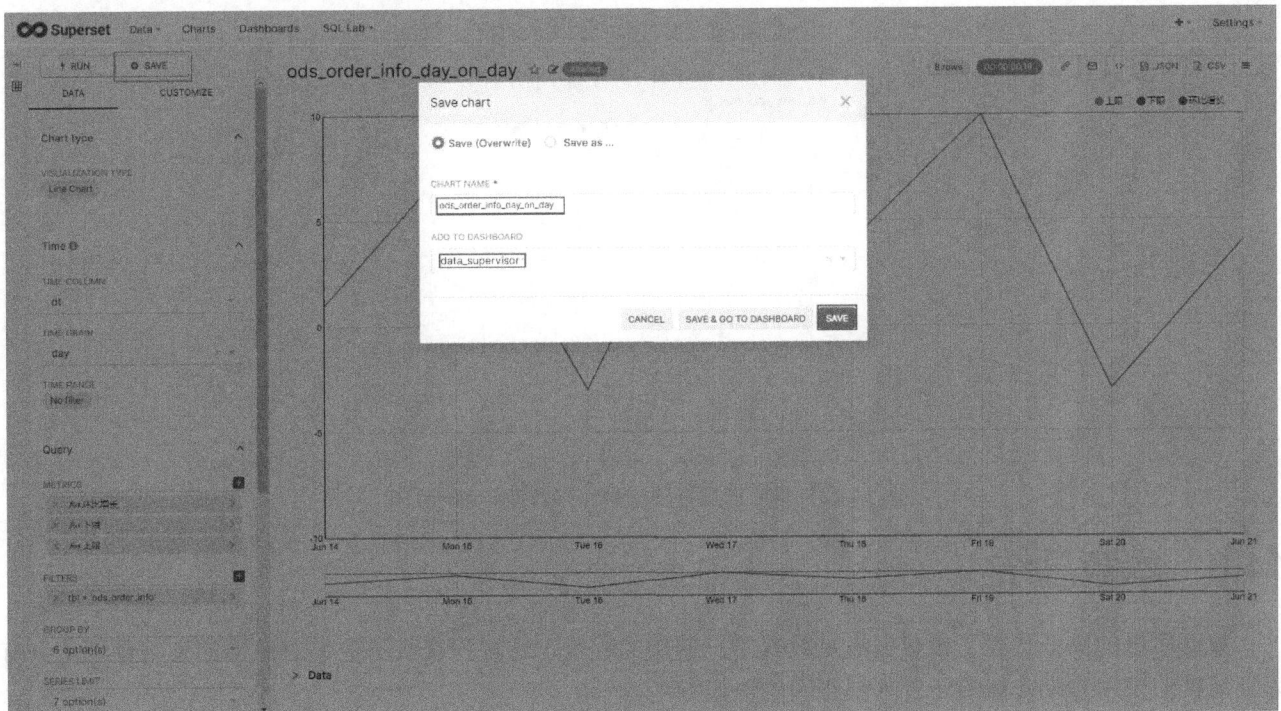

图 14-41　将 chart 保存到 Dashboard 中

（5）为所有监控的指标创建图表，并将其保存到 Dashboard 中，如图 14-42 所示。

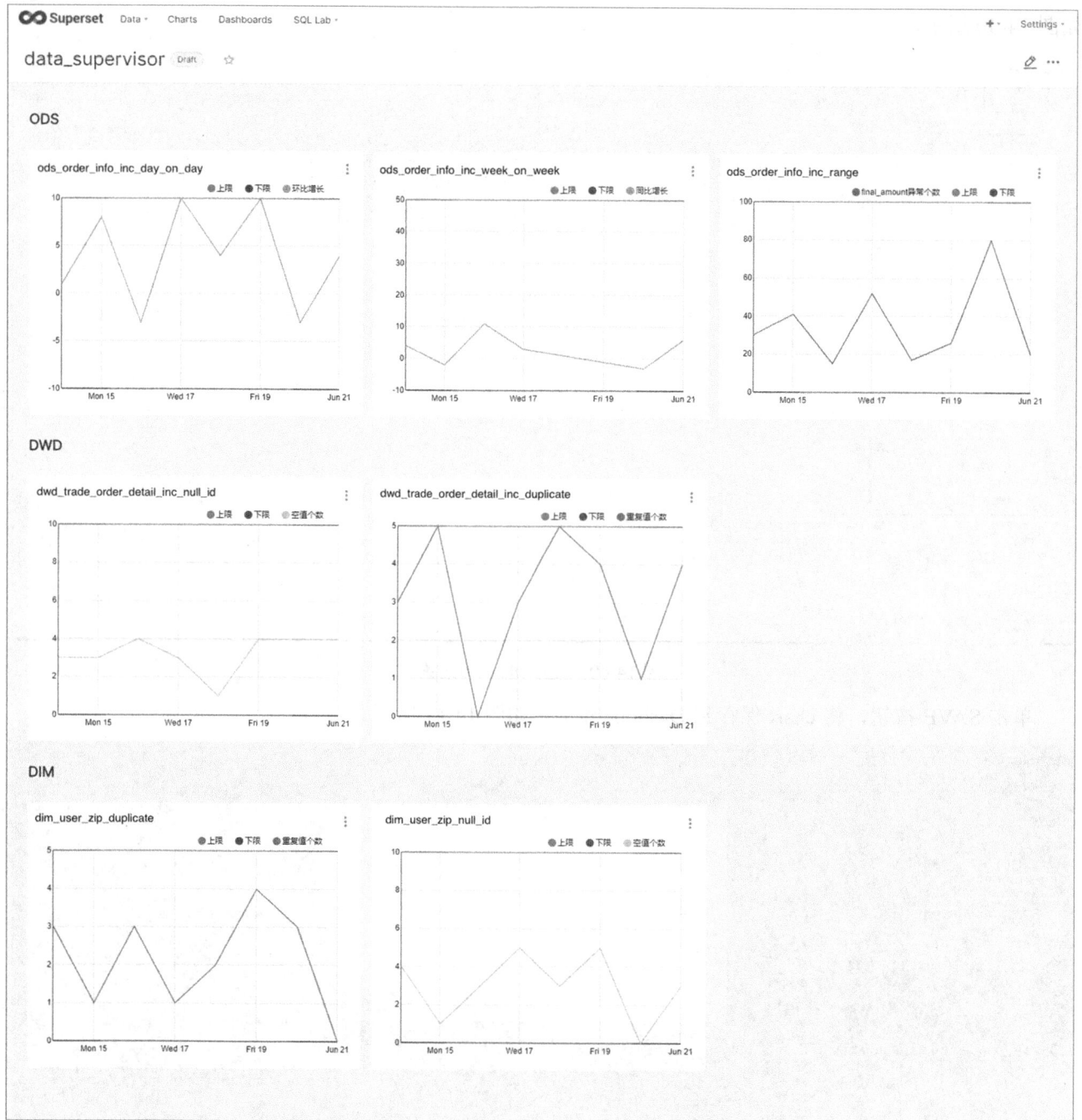

图 14-42 将监控指标的图表保存到 Dashboard 中

14.8 本章总结

数据质量的高低代表了该数据满足数据用户期望的程度，这种程度基于他们对数据的使用预期，只有达到数据的使用预期才能给予管理层正确的决策参考。